酒×食・聖經

食物與酒、咖啡、茶、礦泉水的完美搭配，
73位權威主廚與侍酒師的頂尖意見

WHAT to DRINK with WHAT you EAT

The Definitive Guide to Pairing Food with Wine, Beer, Spirits, Coffee, Tea - Even Water -
Based on Expert Advice from America's Best Sommeliers

凱倫・佩吉＆安德魯・唐納柏格　著
KAREN PAGE & ANDREW DORENBURG

麥可・索弗斯基　攝影
Michael Sofronski

黃致潔　譯

致蘇珊・巴克里・巴特勒——

《成為自我的執行長》的作者，她的座右銘給予我們靈感：

食物的風味能顯露葡萄酒的特質，並提升酒的滋味。而葡萄酒也使食物帶來的愉悅加倍，更昇華到精神層次。

——路易吉・「吉諾」・梅樂內里，酒評人（1926-2004）

FOR SUSAN BULKELEY BUTLER, AUTHOR OF THE WONDERFUL BOOK *BECOME THE CEO OF YOU, INC.,* FOR HER INSPIRING MOTTO

The flavor of a food almost always reveals the quality of a wine and exalts it. In turn, the quality of a wine complements the pleasure of a food and spiritualizes it.

— LUIGI "GINO" VERONELLI, wine critic (1926 - 2004)

CONTENTS

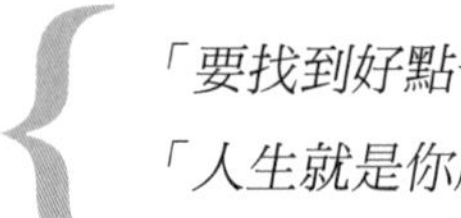

前言 Preface

「要找到好點子，你得先有一大堆點子。」 ——萊納斯・鮑林（Linus Pauling）
「人生就是你所有抉擇的總和。」 ——阿爾貝・卡繆（Albert Camus）

我們撰寫這本書有兩個簡單的原因：1）開一個頭，在酒食搭配上激發讀者更多的想法。2）引導讀者在挑選飲品時，做出更好的選擇。如此一來，每次用餐都有機會享受美味的顛峰體驗！

我們認同鮑林的看法，相信點子越多，就越有可能找到好的（甚至是出色）的點子。我們也同意卡繆的見解，認為做出好的選擇，就能造就更美好的生活。我們希望本書能激發你更多點子，做出更好的選擇，而於最終走向更美好的人生。

《酒╳食聖經》很可能會是你今年度讀到最重要的書。想想看，還有什麼事你一天要做上三次？又有什麼書能藉此帶給你更多樂趣？我們希望幫助讀者在日常生活中拓展美食經驗，鼓勵讀者認識新的領域，了解葡萄酒、啤酒、雞尾酒、咖啡、茶，甚至是水。

仔細思考許多飲品之後，篩選出最後決定的最佳方法是什麼？為了創造最大的愉悅（也讓客人心滿意足），應該考量自己（以及客人）對飲品的偏好，這是本書第二章討論的主題。本書第四章當中，我們也討論如何善用身邊的食材／飲品，並做好萬全準備，以因應各種場合。各位大概也想知道該如何為料理打造完美的飲品搭配，我們會在第三、五、六章探討這個主題。

本書呈現我們兩人畢生研究的精華。我們花了長達二十年的時間蒐集書中的守則以及推薦清單，並在能力所及的範圍盡可能嘗試所有搭配。我們不斷鑽研經典的酒食組合，也藉由親身體驗，發現許多組合很經得起考驗。不論是生蠔配松塞爾產區的酒，或巧克力配陳年波特酒，都是如此。某些搭配則是在旅行和造訪餐廳時向頂尖的侍酒大師及主廚學習而來的。（如果沒有到土桑市的 Janos 餐廳，我們怎麼可能會知道香煎鹿肉配亞利桑納州的金芬黛是如此美味。）其餘的組合，則是多年來累積的研究，以及撰寫其他書籍時訪談食物飲品界頂尖人物的成果。其實我們十年前在撰寫《烹飪藝術》（*Culinary Artistry*）一書時，就已經開始研究食物及飲品搭配，只是受限於篇幅，無法將大部分飲品收錄到四百多頁的指南中。

本書所列出的一千五百多種推薦組合，大多來自多年來我們訪問的許多專業人士，包含多位美國頂尖的侍酒大師。總體而言，這些推薦組合已經是一座寶庫，收入食物和飲品的各種搭配巧思。

在本書的研究過程中，我們也大開眼界：

⊙*已故名廚尚路易・巴拉丹（Jean-Louis Palladin）帶我們品嘗百年的法國索甸區甜白酒搭配炒鵝肝醬，我們從中得到無上喜悅，同時也學會在夏日午後的野餐中享受*

一瓶簡單的薄酒萊！

⊙紐約 Riingo 餐廳主廚馬克斯．山繆森（Marcus Samuelsson）的美味餐點讓我們感到驚喜，以韃靼生肉三重奏（含牛肉）搭配德國麗絲玲，打破了我們原先認為紅肉只能搭配紅酒的觀念。

⊙我們到艾美．撒可（Amy Sacco）在紐約經營的 Bette 餐廳參加餐酒會。吃開胃菜時，發現法國粉紅酒搭配 Katz's 熟食店的五香燻牛肉原來是如此美好。那場餐酒會我們畢生難忘。

⊙今年，我們與朋友在 Gilt 餐廳吃晚餐慶祝情人節時，侍酒師傑森．費利斯（Jason Ferris）以一支罕見的澳洲塔斯馬尼亞黑皮諾驚豔四座。這支酒搭配主廚保羅．李布蘭特（Paul Liebrandt）料理的鴨肉與牛排，成了絕妙組合。

然而我們對於酒食搭配的愛好，還可以追溯到更久之前。凱倫回憶自己兒時，就談到：

有些小朋友很挑嘴，但我不會。任何食物我都願意試，不管是鯷魚、裹上巧克力的螞蟻或鴨血湯都沒有問題。

不過談到飲品，我可挑剔了。比起一般的牛奶，大多數的小朋友都比較喜歡喝巧克力牛奶，我卻覺得巧克力牛奶配三明治很糟。而且我只能單喝巧克力牛奶，或搭配最簡單的餅乾，像是香莢蘭威化餅。

每到秋天，禮拜天上完教會之後，我們家會到密西根州羅契斯特市的 Yates 蘋果汁製造廠。我在那裡發現，新鮮的甜甜圈搭配同樣新鮮的蘋果汁，是世界上最美味的組合。後來我到冰淇淋店打工，也發現吃完聖代冰淇淋後，最能讓味蕾煥然一新的，莫過於冰涼的白開水。

我第一次認識葡萄酒，尤其是義大利葡萄酒，是大學時期在伊凡斯頓的 Dave's Italian Kitchen 當服務生的時候。餐廳當時的政策是客人得自己帶酒，於是我為客人開了無數瓶經典奇揚地搭配主廚大衛．格拉特（Dave Glatt）的披薩。另外也有人帶蘇瓦韋產區波拉酒莊的酒，搭配白醬蛤蜊義大利麵。

我大學時代的男朋友非常熱愛精品啤酒，還認真考慮自己開釀酒廠。我嘗過他自釀的私房酒（在宿舍走廊上的衣櫥釀造），也跟著他從緬因州到加州參觀許多微型釀酒廠。英國的啤酒權威麥可．傑克森（Michael Jackson）到美國的時候，我們還招待他到家中作客。這位出色的客人讓我有機會嘗試水果自然發酵的酸啤酒，我為之傾倒，並發現以水果啤酒搭配甜點的滋味勝過甜點本身。

好幾年前，我到紐約市 Amy's Bread 麵包店用簡餐，發現 Fizzy Lizzy 蔓越莓氣泡果汁可以讓火雞肉三明治變得更加美味，那實在太令人驚豔了。當時回到家，我還找了果汁包裝上的地址，發了 email 給果汁公司的創辦人麗絲．馬林（Liz Marlin），並隨即得知 Blue Hills at Stone Barns 那樣的高級餐廳也供應她的氣泡果汁，讓我們對這種「成人汽水」的搭配更感興趣。

由於對酒食搭配充滿熱忱，我也在心中闢出一個地方存放特定的美好組合。

- *⊙我們 1990 年在波士頓 Biba 餐廳的婚宴，主廚莉蒂亞・西爾（Lydia Shire）以馬鈴薯魚子醬披薩搭配鐵馬酒莊特製的婚宴黑中白氣泡酒（Wedding Cuvee）。*
- *⊙主廚馬利歐・巴達利（Mario Batali）最愛的舊金山 Taqueria San Jose #2 餐廳，以水果口味的鮮水（agua fresca）搭配塔可捲餅。*
- *⊙威斯康辛州日內瓦湖的 Gilbert 餐廳，生物動力葡萄酒配上主廚肯恩・尼洛（Ken Hnilo）的有機料理，大大加分。*
- *⊙我們 2004 年第一次到西班牙時，在多羅的 Bodegas Farina 餐廳嘗到一道簡單但燜煮得恰到好處的豬肋排，搭配 Gran Colegiata Crianza 紅酒，是我們嘗過最令人驚喜的搭配之一。*
- *⊙主廚尚喬治・馮耶瑞和頓（Jean-Georges Vongerichten）在巴黎的 Market 餐廳中，原本單吃味道很烈的百香果果凍，配上阿爾薩斯格烏茲塔明娜變得無比美妙。*
- *⊙好幾個月前，紐約某個夏日夜晚，我們吃印度料理，侍酒師貝琪・夏瑪（Bikky Sharma）幫我們搭配一款冰涼、微干的白酒：阿爾薩斯格烏茲塔明娜，2002 年辛・溫貝希特酒莊（Domaine Zind Humbrecht）出產。這款葡萄酒創造了絕妙組合，成熟甜瓜、香蕉和其他熱帶水果的精華，配上多道香辣的開胃菜與甘甜扇貝，讓我們到現在都還回味無窮。*

過去幾年當中，我們自己也反覆查閱未出版的手稿——也就是大家手中的這本書，來決定要喝哪一種飲品。慶祝中國農曆新年的時候，我們在社區的中國餐廳點了北京烤鴨。當時我們翻閱專業人士推薦的烤鴨搭配，發現大多是帶水果風味的紅酒和白酒，於是我們想起一週之前參加社區的品酒會時，買了一款難得帶果香的梅洛酒。搭配飲用之後，我們當場給了這個組合＋ 2 的分數（是我們書中－ 2 到＋ 2 分的評等中的最高等級）。

我們希望本書可以成為美味指南，激發大家更多想法，為未來難忘的每一餐做好準備。瀏覽書中的清單，找出讓自己食指大動的組合，也同時記錄自己最喜歡的搭配。

你握在手中的，是美國酒食搭配頂尖專家的集體智慧。我們藉由本書，邀請大家敞開心胸，也打開味蕾，探索飲品世界所帶來的無上喜悅。我們希望酒食搭配能成為讀者生活的一部分，也期待讀者每天花幾秒鐘參考本書，看看自己能如何透過口中的飲品進入更廣闊的世界，也得到更多快樂。

希望在讀完這本書之後，你的靈感，或者你的美味選擇，都源源不絕！

凱倫・佩吉及安德魯・唐納柏格，2006 年 4 月

謝辭 ACKNOWLEDGMENTS

「重大的發明與進展一定來自於許多人共同的合作。」

——**亞歷山大・格雷翰・貝爾**（Alexander Graham Bell）

我們由衷感謝歷史上的美食家，藉由他們所嘗試的經典酒食搭配，造就了我們無限的樂趣。我們也感謝無數的侍酒師、大廚以及諸位專業人士，撥冗接受本書的訪談，傾囊相授（還耐心十足地回答我們在訪談之後延伸的無數問題）。特別感謝接受我們以前其他著作中訪問的專業人士，由於你們的分享，我們才得以增進知識。

感謝以下所有人對我們在大事以及小事上的協助：InPursuitOfTea.com 的賽巴斯汀・貝克威（Sebastian Beckwith）；Ana Mandara 餐廳的喬安娜・布瑞斯林（Joanna Breslin）、托比・坎西諾（Tobie Cancino）、Slanted Door 餐廳的馬克・艾倫柏根（Mark Ellenbogen）、芝加哥法式烘焙學校（the French Pastry School in Chicago）、Boyd 咖啡公司（Boyd Coffee Company）蓋瑞・傑考伯（Gary Jacob）、西班牙商務辦事處（Trade Commission of Spain）梅西迪・拉美密（Mercedes Lamamie）（紐約）以及帕拉馬艾索克瑞拉（Paloma Escorihuela）（西班牙）、菲利普・菲爾貝瑞克（Philippe Faure-Brac）（帶我們在巴黎的 Le Bistrot du Sommelier 品嘗到美妙的酒食搭配）、Bouquet du Vin 總經理艾美・梅爾（Amy Meyer）、幫我們打逐字稿的芭芭拉・林德・米拉德（Barbara Linder Millard）、麥可・墨瑞（Michael Murray）、文字編輯及研究員蘿斯瑪莉・尼翰（Rosemary Newnham）、加拿大領事處的菲利普・尼克斯（Philip A. J. Nichols）以及潘蜜拉・瓦林（Pamela Wallin）、蘇姬・佩特（Sukey Pett）、赫夫・提斯（Herve This）以及查理・凡莫夫林（Charlie von Mueffling）。

特別感謝安・伯沙默（Ann Balsamo）、凱莉・波登（Carrie Bowden）、戴比・布里吉（Debi Bridges）、安莉亞・秦（Andria Chin）、伊麗莎白・丹維爾（Elizabeth Denvir）、戴比拉・迪克蒙堤（Deborah DiClementi）、艾美・恩瑞奇（Amy Ehrenreich）、羅倫・福克（Lauren Falk）、喬治・法克斯（Georgette Farkas）、山姆・菲爾（Sam Firer）、索尼亞富勒（Sonia Fuller）、克里斯金柏（Chris Gimbl）、瑞秋海頓（Rachel Hayden）、愛琳・賀里亞托斯（Irene Holiastos）、潔西卡・傑芙（Jessica Jaffe）、克莉斯汀・基芙（Kristine Keefer）、尚恩・拉希里（Sean Lashley）、蘿拉・李曼（Laura Lehrman）、克蘿伊・馬塔（Chloe Mata）、塔拉・麥彼得（Tara McBride）、克莉斯汀・柯卡・麥克拉堤（Kristin Koca McLarty）、蜜蜜・萊斯（Mimi Rice）、皮爾・羅吉兒（Pierre Rougier）、海瑟・希爾布克福（Heather Sherer-Berkoff）、莎拉・瓦賽里克（Sarah Waselik）、凱倫・溫恩（Karen Wynn）以及梅蘭尼・楊（Melanie Young）。

謝謝我們的讀者以及好朋友，支持我們 CookbookRave 計畫。謝謝瑪麗莎・博曼（Melissa Balmain）、凱文・巴克（Kevin Barker）、吉爾・巴倫博士（Dr. Jill Baron）、湯尼・伯爾（Toni Boyle）、比爾・布拉頓（Bill Bratton）、瑪吉爾・布拉迪克（Margaret Burdick）、蘇珊・布凱利・巴特樂（Susan Bulkeley Butler）、唐恩・珂曼（Don Cogman）、賴尼・達洛（Leni Darrow）、布萊克・達維斯（Blake Davis）、羅拉・戴（Laura Day）、露絲・旦丹菲爾（Ruth Dondanville）、馬克以及馬利達琪・唐納柏格（Mark & Meredith Dornenburg）、羅波・唐納柏格（Robert Dornenburg）、米歇爾・富吉達（Michelle Fujita）、愛雪麗・加瑞特（Ashley Garrett）、依蓮・格堤（Elaine Gilde）、馬克・格蘭西亞（Mark H. X. Glenshaw）、史考特・格蘭恩（Scott Green）、蘇珊・格琳堡（Susan Greenberg）、露西・格露斯諾（Lucie Grosvenor）、珠蒂琪・哈柏克恩（Judith R. Haberkorn）、愛麗森・海明（Allison Hemming）、蘇珊・賀茲伯格（Susan Hertzberg）、愛倫・瓊斯（Alan Jones）、瑞馬・凱特卡爾（Rama Katkar）、愛文・卡樂貝爾(Evan Kleber)、瑞奇・凱樂門（Rikki Klieman）、凱倫・卡貝斯基（Karen Kobelski）、羅拉・劉（Laura Lau）、克雷曼・羅（Clement Lo）、約翰・羅根（John Logan）、李・羅根（Lee Logan）、羅麗・盧德維格（Lori Ludwig）、琳達・萊利（Lynda Lyle）、大衛・媚比（Dave Mabe）、蘇珊・媚比（Susan Mabe）、布蘭登・墨爾本（Brendan Milburn）、蘇珊・米勒（Susan Miller）、保羅・尼克森（Paul Nicholson）、凱薩琳・諾森（Katherine Noesen）、裘蒂・歐柏斐德（Jody Oberfelder,）、凱莉 & 史考特・歐森（Kelley & Scott Olson）、潔西卡・佩吉（Jessica Page）、裘蒂 & 凱文・佩姬（Julie & Kevin Page）、辛西亞 & 傑夫・潘尼（Cynthia & Jeff Penney）、羅拉・彼德森（Laura Petersen）、麗莎・波茲卡（Lisa Prochazka）、吉根・萊恩（Juergen Riehm）、巴瑞・沙吉曼（Barry Salzman）、吉姆・夏爾（Jim Shaw）、柯林・崔恩（Corinne Trang）、維洛利・維格達（Valerie Vigoda）, 史蒂夫・威爾森（Steve Wilson）、史蒂文麗・溫斯頓（Stephanie Winston）、克蘭姆・& 沙麗・伍德 (Clem & Sally Wood)

我們打從心裡感謝比爾・布萊頓以及瑞奇・克里曼（Bill Bratton & Riki Klieman）（你們是全世界最棒的人，也是最好的朋友）、傑林・賓恩（Jason Binn）以及 LA Confidential 節目、米奇・布吉斯（Mitchell Burgess）以及羅賓・格林（Robin Green）、攝影師霍華・柴爾德

（Howard Childs），馬莉亞・庫摩爾（Maria Cuomo）以及凱尼斯・柯爾（Kenneth Cole）、蓋兒・格林（Gael Greene）、保羅・格蓋德博士（Dr. Paul Greengard）以及烏蘇拉・凡里德絲瓦（Ursula von Rydingsvard）、賴瑞格瑞夫（Larry Greifer）、琳達・亞柏吉（Linda Japngie）、理察・強森（Richard Johnson）、愛瑞克＆特利・克萊（Eric & Tori Klein）、愛文・羅伯（Evan Lobel）、瓊恩・路瑟（Joan Luther）、凱西・萊利（Kathy Reilly）、泰米・李查（Tammy Richards）、吉米・羅德利斯（Jimmy Rodriguez）、堂娜・舒曼（Dawna Shuman）、愛德爾・索特娜爾（Andre Soltner）、愛迪＆蓋瑞・湯米（Addie & Gary Tomei）、李查・特爾利（Richard Turley）與蘇珊・威克曼比爾德（Suzanne Wickham-Beaird），謝謝你們如此慷慨。

我們也要感謝親友一路以來支持，也因為你們，使得我們大家聚在一起享受酒食的時光特別美好。特別感謝蘿拉・戴（Laura Day）、山姆森・戴（Samson Day）＆亞當・羅伯森（Adam Robinson）（謝謝你們讓我們借用你們的家，完成本書，也謝謝亞當給予本書許多建議）；愛雪麗・加瑞特（Ashley Garrett）＆艾倫・瓊斯（Alan Jones）；麥可・吉柏爾（Michael Gelb）＆戴比拉・多曼斯基（Deborah Domanski）；蓋兒・格林（Gael Greene）＆史蒂芬・李查爾（Steven Richter）；辛西亞＆傑夫・潘尼（Cynthia & Jeff Penney）、戴比拉・貝恩斯（Deborah Pines）＆東尼・史瓦茲特（Tony Schwartz）

我們與才華洋溢的攝影師麥可・索弗斯基（Michael Sofronski）合作得非常愉快，由於麥可的獨到眼光，總能在瞬間補捉到故事的精華。我們也特別感謝麥可的妻子貝絲（Beth），以及兒子蓋文（Gavin），謝謝他們把麥可借給我們；另外，我們也非常感謝蘇珊・戴（Susan Dey）和柏那德・索弗斯基（Bernard Sofronski），把麥可介紹給我們。

我們與麥可都非常感謝各個單位以及人員的協助，讓麥可得以拍到書中美麗畫面，感謝：Amy' s Bread 麵包、Artisanal 餐廳（以及名廚泰倫斯・布南（Terrance Brennan））、Beppe 餐 廳、Blue Hill at Stone Barns 餐廳、Blue Smoke 餐廳、Buttercup Bake Shop 糕餅店（以及珍妮佛艾波（Jennifer Appel））, Channing Daughters 酒莊（以及艾莉森・杜賓（Allison Dubin））, Eleven Madison Park 餐廳、Fauchon 餐廳（以及保羅・康士丁（Paul Constine））、Fiamma 餐廳、好水網（FineWaters.com）、Inside 餐廳（以及查琳・巴德曼（Charleen Badman））Kai 餐 廳、Katz' s 餐 廳（以及肯尼・肯恩（Kenny Kohn）、Lombardi' s 披薩、Manley' s Wine and Spirits（以及羅曼・荻蒙特（Ramon Del Monte））、Maremma 餐廳（以及凱撒・克西拉（Cesare Casella））、Maxie 餐廳（以及力丸啟恩（Keishi Rikimaru）、Pearl 生蠔吧（Pearl Oyster Bar）、Relais & Châteaux House 餐廳（以及丹尼爾・布呂德（Daniel Boulud）、丹尼爾荻維丘（Daniel Del Vecchio）、瑞秋・海頓（Rachel Hayden）、布蘭達・赫姆（Brenda Homick）、派翠克・歐康乃爾（Patrick O' Connell）、以及尚喬治・馮耶瑞和頓（Jean-Georges Vongerichten）、Shake Shack 餐 廳、Solera 餐廳、Union Square 咖啡館、Vino 餐廳, Wild Edibles 餐廳以及 Zarela 餐廳（以及撒瑞拉・馬丁那（Zarela Martinez）。感謝我們的模特兒，包括托比・肯西諾（Tobie Cancino）、蘿拉・戴（Laura Day）、山姆森・戴（Samson Day）, 諾亞・法蘭奇（Noah French）、布蘭登・墨爾本（Brendan Milburn）、辛西亞＆傑夫・潘尼（Cynthia & Jeff Penney）、喬西琳・理察森（Jocelyn Richardson）、亞當・羅伯森（Adam Robinson）、維樂莉・維哥達（Valerie Vigoda）、愛麗西亞・威爾斯（Alicia Wells）、瑞默・威利斯（Rumer Willis）、史蒂夫・威爾森（Steve Wilson）、麗莎・伍德（Lisa Wood）以及史戴西・吉岡（Stacy Yoshioka）。

最後也最重要的是，我們要感謝我們的經紀人——聰明伶俐的亞尼斯・康諾（Janis Donnaud），就像是最頂尖的侍酒師一樣，幫我們找到新的搭配合作出版社。我們由衷、深切地感謝 Little, Brown,and Bulfinch 的同仁。特別感謝副出版人凱倫・默哥羅（Karen Murgolo）（唯有她才讓我們奇蹟似的對所有的辛苦甘之如飴）及出版人吉兒・柯恩（Jill Cohen）。謝謝 Bulfinch 的公關人員馬修・布拉斯（Matthew Ballast）以及克萊兒・格林斯潘（Claire Greenspan）文字編輯部經理佩姬・弗德斯（Peggy Freudenthal）以及文字編輯德利・瑞德（Deri Reed）；製作經理丹尼斯拉克哥（Denise LaCongo）；廣告與宣傳附屬權利經理傑森巴索洛姆（Jason Bartholomew）; Bulfinch 出版社銷售總監哈利・赫姆（Harry Helm）以及特別銷售總監蘇姍亞・伯特（Suzanne Albert）；編輯助理吉姆・希夫（Jim Schiff）；Vertigo 公司才華洋溢的設計師們；YC Media 公關人員金游瑞（Kim Yorio）以及艾美・碧安卡（Aimée Bianca）；也謝謝所有協助我們的人，幫助讓這本書成為如此美好的作品。凱倫也特別感謝美國 Hachette Book 集團的副總裁以及出版商默琳・愛根（Maureen Egen），在 2005 年的十一月份偶然與她共度了一餐。

安德魯也堅持要在致謝辭中特別謝謝凱倫。因為凱倫的遠見以及努力，才讓我們的合作得以開花結果。

凱倫・佩吉以及安德魯・唐納柏格
KAREN PAGE and ANDREW DORNENBURG

攝影師謝辭

我要特別感謝我的太太貝絲，謝謝她的關愛以及支持；謝謝我的父親與蘇姍，謝謝他們的關心和教導。謝謝我的母親，對我一直以來的照顧。也謝謝蓋文。謝謝所有與我們合作的大廚，謝謝他們將料理呈現得如此美味，讓我只要按下快門就完成任務了。最後，謝謝凱倫以及安德魯，謝謝他們給我這次機會。

麥可・索弗斯基 MICHAEL SOFRONSKI

CHAPTER 1

1 + 1 = 3
善用酒食搭配，打造無上體驗

「要過美好人生，就必須活得有智慧、活得有尊嚴、活得正正當當。然而，若是無法過美好人生，就無法活得有智慧、活得有尊嚴、活得正當。」

——伊比鳩魯，公元前四世紀的哲學家

主張享樂主義，即享用精緻飲食，並以精於飲食為樂

要享受人生，就少不了享受佳餚及品嘗美酒。選擇食物和飲品，你也就有了機會獲得快樂，因為無論是早餐、午餐或晚餐，對的飲品都能讓你享受更多食物之樂。反之，選錯了飲料卻會毀了你的一餐，而一天可是有三餐的！做出更精心的搭配，你的人生保證會更加美妙。

飲品和食物密不可分。過去幾十年來，我們大概都已經體認到食物與飲品搭配的重要性，不論是餅乾配牛奶、椒鹽蝴蝶餅（pretzel）配啤酒或是葡萄酒配乳酪，都是如此。如果你跟我們一樣，一想到剛出爐的巧克力杯子蛋糕配上一大杯冰牛奶就口水直流，或者想到黑巧克力甜點搭配陳年波特酒就食指大動，那麼，一旦你認識了那些擄獲我們的搭配，你將會獲得更多樂趣。

搭配食物的飲品，常被視為一道菜的終極「調味料」。反之，錯誤的搭配（我們稱為「搭配冤家」）就可能壞了一鍋粥，讓原本美味的菜餚食之無味。所以飲品應該被視為配料，在所有食物中發揮畫龍點睛的功效（你不會在冰淇淋上加塔巴斯克辣椒醬，飲用單寧強勁的卡本內蘇維濃時，也不可搭配過甜的食物）。只要多留心，避開搭配常犯的錯誤，就能充分享受飲食之樂。

食物與飲品的搭配潛能

the POTENTIAL of FOOD and BEVERAGE PAIRING

> *不論你把什麼東西放進嘴裡，都應該好好思考你攝取的是什麼。你的食物應該要有好品質，還要誘人，因為用餐時其他的活動都停止了，正是凝神思考、與自己及朋友相處，並且分享想法的時刻。因此你帶到餐桌上有的東西，無論是實質的食物或抽象的言談和氣氛，都應該讓人覺得樂趣無窮，這其中也包含可口飲品。*
>
> ——丹尼爾・強斯（Daniel Johnnes），Daniel 餐廳飲品總監，紐約市

美食學（也就是食物及飲品的科學）最令人著迷之處，就是結合了用餐的種種層面：氣氛、服務、食物及飲品——特別是葡萄酒，而這也是本書的重點。飲品與食物一旦完美結合，味蕾感受到的感官享受簡直有無可比擬的魔力。美國的頂級餐廳認為，要創造客人永難忘懷的美味經驗，酒食搭配是不可或缺的一環。廚師與侍酒師攜手合作，找到最完美的搭配（或是「結合」），激發出食物及飲品的最佳風味，期待兩者能發揮一加一大於二的作用。

過去十多年來，我們的研究時常引用丹尼爾・布呂德（Daniel Boulud），把他的話當成金科玉律。丹尼爾所經營的四星級餐廳 Daniel，被同業視為紐約的必訪餐廳。我們問丹尼爾，要如何才能讓客人享受到極致的一餐。我們原本以為他會先提自己多年來研發的招

牌菜，沒想到他絕口不提那著名的酥烤馬鈴薯包鱸魚，反而把重點擺在葡萄酒及食物，並向我們吐露他的美味菜單是如何圍繞著酒食搭配而設計：

> 我們可以從晚收的麗絲玲喝起，或是羅亞爾河一帶的甜酒，搭配的是鵝肝醬佐無花果。這樣的酒食搭配相當濃郁，是非常豐盛的開胃菜。用餐前先享受這種搭配，挑動味蕾，再來就可以飲用較不具甜味、更需要認真品嘗的葡萄酒了。可以用白蘇維濃這類較清淡的酒搭配馬鈴薯冷湯，隨後迎向更重的風味，像是海鮮配夏多內白酒。接下來的主餐會以魚搭配白酒或紅酒，然後是肉，先搭配隆河河谷的葡萄酒，之後再搭配卡本內蘇維濃或希哈葡萄酒，這就隨季節而定了。

丹尼爾的熱忱讓我們感受到酒食搭配是美食學的精髓，以及當今世上最挑剔的味蕾是如何將食物與飲品視為一體。

主廚的菜單加上搭配好的飲品，正是各種風味的完美融合，凡是嘗過的人，必能了解最完美的搭配能創造無上的味覺經驗。絕佳搭配帶來自然的極樂。1960-70 年代，美國人在「性愛、藥物、搖滾樂」中尋求亢奮；而今日這個名廚世代，則是由名餐廳一手為我們這代人打造這種極樂（且合法）的體驗。

經典搭配常能提供這類無上體驗，那也是過去的享樂主義者留下的禮物。前人面臨的挑戰，是必須先試過無數種搭配，然後才能發現：「哇，原來番茄加羅勒嘗起來更棒！」或者「燒烤牛排加紅酒真是絕妙！」歷經時間考驗的搭配，為我們的每一餐立下參考的準則。

嘗試美食及飲品的絕佳經典搭配，能立即讓你踏上刺激的旅程前往異國（例如經由榛果義式脆餅與義大利甜白酒前往義大利），甚至前往另一個時空（例如透過鵝肝醬與老索甸甜白酒來到十九世紀的法國）。饕客一定都想親身體驗這樣的經典組合，何不就從今日的晚餐開始？

為何現今的酒食搭配比以往更富挑戰？

WHY FOOD and BEVERAGE PAIRING is MORE CHALLENGING TODAY

十九世紀的法國人，似乎是以索甸甜白酒來搭配所有食物，因為在還未發展出冷藏技術時，人們只能釀造甜酒。當時的法國人如果知道今日酒食搭配的選擇如此五花八門，一定會嚇得目瞪口呆。不過，現代人又何嘗不是如此？我們面臨的問題是美味的飲品實在太多，有時覺得快被淹沒，感到無所適從，甚至望之生畏。

現今的食物與飲品越來越多元複雜，在北美一帶，兩者的選擇之多，已是前所未見（食物有來自世界各地的食材以及烹調方法，飲品則從葡萄酒、啤酒、清酒到水都有）。

既有的規則（例如白酒配白肉，或紅酒配紅肉）以及迷思（例如紅酒比白酒及粉紅酒更高檔等）在過去或許可行，今日卻已不再適用。這樣的發展也讓許多人束手無策，只好屈就於不怎麼理想的搭配。

法國料理及葡萄酒走過同樣的年代，原本就是天生一對，因此也成了經典組合。然而今日的廚師卻是使用世界各地的風味及烹調法來進行自己的創作料理，這些不斷推陳出新的菜色，如何一問世便能找到完美的飲品搭配？創新的美國料理也改變了料理界的風景。一般美國人短短一週內所吃的食物，可能就來自七個國家，從披薩、壽司到墨西哥薄餅等。美國餐桌上有越來越多世界各地的風味和烹調手法，並研發出更多創意料理，標榜全新的風味組合，因此在飲品選擇上我們要有新的思考。

葡萄酒因好市多這類大型量販店而蔚為主流，今日要喝葡萄酒已比過去容易太多。但就如侍酒大師約瑟夫・史畢曼（Joseph Spellman）所言：「很不幸，在這些大型量販店，食物與葡萄酒的連結是最薄弱的，因此美國人大多無法獲得專業人士的協助，只能不斷受挫。大型量販店淘汰了傳統酒行，但這些專業的葡萄酒商家，才是真正能夠提供（或曾經提供）專業意見的地方。」我們的希望就是藉由這本書，提供相關的專業引導。

前所未有的飲品選項

食物及飲品的搭配比二、三十年前更為困難。以前只要選擇紅酒或白酒、法國酒或加州酒，而且也只有高級餐廳的侍酒師會在意酒食搭配，為我們展示經典組合。但現在不同了，我們每晚都可以在家中享受到酒食搭配的樂趣。

這是快遞的時代，透過網路上的各類酒商及品酒俱樂部，你可以請人把一整個飲品世界送到你家門口。今日到餐廳用餐，酒單上的葡萄酒可能來自美國各地，可能是亞利桑那州的金芬黛，也可能是維吉尼亞州的維歐尼耶。（到了 2002 年，美國的五十州已經都有葡萄酒莊）。除了歐洲的傳統葡萄酒，現在也可品嘗到世界各地的葡萄酒，五花八門。經典的夏多內白酒及卡本內蘇維濃也開始改變，橡木味時濃時淡，就像女子的裙擺時長時短，變化多端，很難篤定某種酒的風味這次會跟先前所喝的一模一樣。

今日的非葡萄酒酒品及非酒精飲料也比以往更多。一天中有某些時刻並不適合喝酒精飲料，例如晨間，但這不代表你就該在早餐時刻關上味覺，放棄理想的搭配。另外，有許多人因為健康或其他因素而不喝酒，卻又想要（並且也值得）品嘗美味。因此，本書除了討論食物跟葡萄酒的搭配，還加入食物跟啤酒、清酒、調酒、咖啡、茶的搭配，甚至還有水。

雖然食物與飲品的搭配大有學問，但未必得是葡萄酒或飲品達人才有機會享受。我們不需要知道葡萄酒的產地跟年份，就能判斷自己喜不喜歡這款酒。我們不該被「殘糖」（residual sugar）或「風土」（terroir）之類的專有名詞嚇到，也不該被某款酒的評分是 95 分或是 76 分給迷惑。這種評比分數跟該款葡萄酒是否適合搭配你所喜歡的食物幾乎沒有任何關係，或者說，這跟你會不會喜歡這樣的搭配沒有任何關係。無論如何，你在食物跟飲品搭配上已經摸索了大半輩子，因此不要誤以為你還要耗費許多精力。你曾經吃牛排配紅酒嗎？披薩配可樂？沙士配香草冰淇淋？如果答案是肯定的，你的經驗已經比你想像中還要豐富了。

侍酒師都在做什麼？

芝加哥 Alinea 餐廳的喬・凱特森（Joe Catterson）說：

我們在侍酒的時候，多半可以為顧客的餐食提供絕佳的葡萄酒搭配，讓客人嘗試前所未有的組合，享受到更出色的風味，並提升客人在食物與飲品上的經驗，讓他們感受到酒食可以如何影響彼此的風味。

我讀到了一句很有趣的話，說明了我為何願意大費周章去搭配食物跟葡萄酒，並讓人們看到搭配之妙。這本葡萄酒書上有這麼一段話：「每道菜都有最適合的葡萄酒，但是對大多數人而言，人生苦短，根本無暇找到它。」這句話讓我愣了一下，我想：「怎麼會這麼說呢？那不正是我的工作嗎？」

就是因為人生苦短，所以需要專業人士為大家代勞。這就是我的工作。

維吉尼亞州 Inn at Little Washington 的史考特・卡爾弗特（Scott Calvert）說：

廚師怎麼烹調出一道好料理，我就怎麼找出好搭配。廚師會選用許多食材，再以調味料來改變整體風味。我做的事情也是一樣，只不過我的「食材」是已上桌的菜餚，而我的「調味料」則都是瓶裝飲品。

為何食物及飲品搭配在今日更有趣？

WHY FOOD and BEVERAGE PAIRING is MORE FUN TODAY

Daniel 餐廳的飲品總監約翰．強斯說：「以前，消費者從來沒有機會像今日這樣選購世界各地的平價好酒。」葡萄酒價格因全球競爭而下滑，加上近年來飲品的質與量都大幅提升，對我們這些饕客而言，是一大福音。

當然，要花大錢買酒很容易。只要願意，花上千或上萬美元來買一瓶酒都不成問題。不過如果懂得挑選（詳見第四章），也可以買到一瓶十或十五美元物超所值的葡萄酒以及飲品。

紐約酒商 Le Dû's 的尚盧．拉杜（Jean-Luc Le Dû）說：「市面上新推出的葡萄酒，讓酒食搭配變得更有趣、引人入勝。面對五花八門的葡萄酒，我們的味蕾有了更多選擇，可以嘗試用更多葡萄酒去搭配日漸多元的食物。我們在十年前才剛開始討論新推出的酒，包括綠菲特麗娜酒及紐西蘭白蘇維濃等，然而，酒類市場從那時便開始變熱，市面上也出現越來越多奧地利的葡萄酒（例如麗絲玲甜白酒）或葡萄牙的紅酒。」

專業人士指出，在眾多葡萄酒產國中，西班牙的品質變好了，從新的生產技術到橡木桶陳化（簡稱桶陳）皆有進步。過去十年來，西班牙都被視為世界級的產地，生產出一些最物超所值的葡萄酒。另外，義大利葡萄酒的評價也越來越高。

拉杜說：「世界各地所生產的葡萄酒，平均水準都有提升，即便法國某些經典產區也是如此。葡萄酒必須和其他世界級的酒類競爭，那就像是當頭棒喝，葡萄酒的品質必須全面提升。」

結論

CONCLUSION

「食物跟葡萄酒之間的距離有種魔力，理想的搭配填補了這道鴻溝。」

——德瑞克．陶德（Derek Todd），**Blue Hill at Stone Barns 餐廳侍酒師，紐約州**

我們向全美最頂尖的味蕾取經，綜合這些專業人士的意見，讓他們的共識及淵博見識成為你的導師。我們訪談的專業人士不僅從歷史中學習（參考經典的酒食搭配），也在高級餐廳的工作中累積第一手經驗，並在工作之餘親身體驗。本書訪談的對象也包括印度裔及喜愛其他異國美食的專業人士，請他們談如何搭配相關傳統飲品及食物。

究竟哪種食物和飲品的絕妙搭配最讓你滿意？人生苦短，我們都沒有時間一一嘗試，尤其某些搭配已經證明行不通。不過我們卻可以從前人的智慧中學習，向本書訪談的專業人士取經。接下來的章節就有他們畢生累積的知識及經驗。

不論是在家自己煮、叫外送，或者是外食，我們都希望能好好享受每一餐，讓生活更快樂。接下來的章節中，你會看到吃烤雞、泰式咖哩以及感恩節火雞大餐時，可以搭配哪些絕佳飲品。或許你可以因此學會如何以更新更好的方式去享用傳統既有的組合，或為你最愛的夏多內找到最佳的下酒宵夜。

派翠克・歐康乃爾（Patrick O'Connell）談如何克服面對葡萄酒時的不知所措

二十五年前，維吉尼亞州 Inn at Little Washington 的派翠克・歐康乃爾就發現，每當談到葡萄酒，不論是客人或員工都可能會有些不知所措。為了改善這種情形，他採用一個簡單的方法：把他的員工訓練成專業人士，結果他創造了一支團隊，不僅讓葡萄酒更平易近人，也使客人更能盡情享用。

我們剛開始營業時，很多員工從未踏出維吉尼亞州（餐廳位於維吉尼亞州較偏遠的區域，距離華府大約 75 分鐘），甚至從未踏出這個郡。雖然我們的餐廳當時很陽春，酒單上的選擇並不多，但對許多人來說已是非常嚇人。這份酒單彷彿是一道高牆，讓人無法靠近，因為太難懂了。

如果想精進廚藝，我通常會建議大家先選一道菜，反覆練習如何料理，直到整個過程變成身體的一部分。對於葡萄酒也是，我們每個員工的「作業」，就是選一種他們喜歡或特別有感覺的酒，買個一整箱，然後去研究這款葡萄酒的任何事項，成為世界上最懂這款酒的專家。

一開始他們覺得：「才怪，我怎麼可能成為全球頂尖的專家……」

即便如此，我們的員工還是各自買了一箱酒，而最後的結果是他們感到無比自豪。他們一開始也只是試喝，之後便在用餐時拿來搭配。接著，他們慢慢培養出鑑別能力，發現這款酒搭配甲、乙、丙等三種食物時，味道完全不對。我還記得有個女員工以某種粉紅酒搭配冰淇淋，然後發現自己並不喜歡。

接著，他們或打電話給美國酒莊，或寫信給歐洲酒莊，告訴對方這項研究計畫。我們萬萬沒想到，酒莊的反應非常熱烈。員工在開會時會說：「我剛才跟史特林酒莊（Sterling Vineyards）的小姐聯絡，她人真好。我跟她說我們餐廳有這項計畫，她說：『我明天下午會把所有葡萄酒的酒標寄給你，然後讓你跟釀酒師聊一聊。他可以跟你介紹你所選的葡萄酒，還有我們怎麼處理葡萄。』」

這項計畫成功的第一個指標，就是我們的員工成了最懂某款酒的專家。若有客人問起他們的酒，他們會飛奔到餐桌旁。那種驕傲是非常明顯的。當然，每個員工談起酒來，都像是天才一樣，因為他們對葡萄、氣候、土壤……無所不知。

還有最誇張的一次，我們的餐廳經理問我：「員工有必要跟客人聊到釀酒師跟誰睡覺嗎？」我回答說：「你說的沒錯，是有點過分。」不過，這也代表我們的員工已經徹底了解某一種酒，可以開始研究同一種葡萄在其他酒莊釀出來的酒了。例如，如果有人研究的是某款夏多內白酒，接下來就可以研究其他款的夏多內，然後便不再對夏多內感到陌生或抗拒。他們建立了自信，因為知道自己有能力精通葡萄酒。

布萊恩．鄧肯（Brian Duncan）談葡萄酒研究

芝加哥 Bin 36 餐廳暨酒行的總監布萊恩．鄧肯說：「很多人覺得葡萄酒是外太空來的。在消除客戶畏懼方面，我們這行做得很差。我們店裡的海報通常是酒杯裡盛滿不同的水果及香料，就是希望運用各種方法，讓大家知道葡萄酒其實離我們很近。」

「我想為葡萄酒創造出每個人都能辨認的視覺印象。大家看到杯子裡裝的是焦糖、桃子、青蘋果或是一片青草，就比較能想像葡萄酒的風味。他們過去也曾聽到有人用這些風味形容葡萄酒，卻覺得對方只是在裝模作樣。不過，現在如果我說：『這葡萄酒喝起來像不像鄰居在除草時所散發出的青草味？』客人已經可以大聲回答：『沒錯！』」

Bin 36 海報上的酒杯中盛裝著下列物件，以表現各種酒類的風味及香氣：

酒類	*用來描繪的事物*
波爾多 BORDEAUX	漿果、黑醋栗、黑櫻桃、西洋杉、李子、黑巧克力、橡木
香檳及氣泡酒 CHAMPAGNE AND SPARKING WINE	青蘋果、檸檬、柑橘、櫻桃、草莓、土司、比司吉
夏多內 CHARDONNAY	蘋果、西洋梨、柑橘、甜瓜、鳳梨、桃子、奶油、蜂蜜、焦糖、奶油硬糖、各種香料
黑皮諾 PINOT NOIR	覆盆子、櫻桃、草莓、蔓越莓、紫羅蘭、玫瑰、李子、巧克力
白蘇維濃 SAUVIGNON BLANC	新鮮青草味、青蘋果、醋栗、蘆筍
甜葡萄酒／甜點酒 SWEET / DESSERT WINE	蜂蜜、橙、鳳梨、山杏、無花果乾、葡萄乾、榛果
阿爾薩斯葡萄品種（例如麗絲玲） ALSATIAN VARIETALS (E.G., RIESLING)	桃子、青蘋果、荔枝籽、肉桂
隆河葡萄品種 RHÔNE VARIETALS	水果乾、黑莓、黑醋栗、李子、煙燻、胡椒

CHAPTER 2 追求享樂

盡情探索感官及情感上的愉悅

「我們選擇了什麼，避開了什麼，都是以享樂為出發點。」

——伊比鳩魯

何謂享樂？談到享樂，大家會想到美食美酒。其實所謂的享樂，是享受我們喜歡的東西（也避開我們討厭的事物）。

然而談到享樂，除了感官的享受，情感層面也同樣重要。也因為如此，食物及飲品的搭配就包含生理及心理兩個層面。我們會在第五章跟第六章提到，光是一道菜就有數十種飲料可以搭配，因此要在該料理最「正確」的搭配（例如主廚推薦的飲品）與客人喜愛的口味（例如從酒單上挑選客人最可能喜歡的飲品）中求得平衡，可是一門藝術。

餐廳侍酒師的工作很棘手，通常得運用直覺（或至少要用非常體貼周到的態度）來評估客人的預算、對酒的了解和口味，以及嘗試新事物的意願。很多客人不擅於表達自己在飲料方面的偏好，這讓侍酒師的工作難上加難。芝加哥 Everest 餐廳侍酒大師阿帕納・辛（Alpana Singh）說：「客人總是問我，我會喝什麼，我都會開玩笑說：『我喝的你不會要啦，我在這行打滾太久了，跟著我喝，你可能會喝到不知哪裡出產的怪異黑皮諾。有可能你愛的是濃郁奶油香的夏多內，而我卻興趣缺缺。』」

紐約州 Stone Barns 餐廳的廚師丹・巴柏（Dan Baber）會用盡心思評估客人的喜好，以確保顧客用餐愉快。巴柏說：「有時重點就在客人有多少冒險精神。不止是喝酒，用餐也一樣。如果客人不願意嘗試粉紅酒，八成也不會想要試羊腦。這些事情都可以類推。」

在討論食物跟飲品在舌尖上的交互作用之前，至少要先考慮兩者在我們的腦海裡會如何交互作用，並估量我們的思想及情感會如何影響感官。要了解自己是戴著哪副眼鏡看世界，才能知道這會如何影響我們的知覺跟判斷。

本書希望能帶著讀者發掘並且開發自己的喜好，同時放下成見，享受更多種飲品。本書列出非常多可以用來搭配料理及食材的飲品，希望讀者看過之後，能盡情嘗試更全面的飲食之樂（例如可以搭配牡蠣的飲品，就包括葡萄酒、香檳、啤酒、司陶特啤酒、清酒，甚至調酒）。

冒險派及保守派

ADVENTURERS and COMFORT SEEKERS

> *「人的欲望之中，有些是自然且必要，有些是自然但不必要，還有些既不自然又不必要，而這都是無來由的意見使然。」*
>
> ——伊比鳩魯

身而為人，我們既會追求冒險，又會追求舒適安逸。當然一般而言，一個人或許會偏向某一方，

不過我們在某個當下所作的決定，卻常會受到心情及情境的影響。招待客人的時候，

我們要像餐廳的侍酒師那樣，更敏於察覺客人的特質。

渥太華 Beckta Dining & Wine 的老闆史蒂夫・貝克塔（Steve Beckta）認為，身為侍酒師，幫客人尋找合適的飲料，比為食物尋找合適的飲料更加重要。他說：「身為侍酒師，最重要的不是品酒能力，而是能夠體察客人想要什麼。」

貝克塔曾在渥太華亞岡昆學院攻讀熱門的侍酒師課程。他回母校演講時如此教導學弟妹:「我告訴他們的第一件事就是:『很好，你們已經學到葡萄酒以及酒食搭配的所有美妙。不過大家要知道，葡萄酒只是殷勤體貼顧客的一環。酒的目的是讓人們感到快樂。』

「那番話顛覆了他們對葡萄酒的看法。他們心裡都在想：『才不是，葡萄酒這麼棒，我們應該要捍衛如此美好的東西！』但是事實上，最美好的事物並不是葡萄酒本身，而是透過葡萄酒與另一個人產生連結。葡萄酒是一座橋，而我們之所以跨過這座橋，是為了做我們真正想做的事，也就是與他人建立情感上的連結。」

那麼，該如何用葡萄酒讓客人感到開心？貝克塔說：「假設有三個大個子的商務人士到餐廳吃飯。其中一個說：『我點羊肉，他點大比目魚，另一位吃扇貝。我們想要一款酒來搭配這三道菜。』」這時候我就會說：『了解。你們希望我幫三位各選一款酒，一個人一杯搭配各自的菜餚嗎？』客人回答：『不不不，我們只要一瓶，來點特別的。』」

貝克塔又說:「一方面，如果考量到扇貝精緻的口感以及大比目魚與羊肉較重的口味，理論上應該可以找到一款最『適合』的酒。但是從他們剛剛跟我聊天的內容來判斷，我認為他們一定不會喜歡那款酒。這三位應該比較想喝可以大口暢飲的澳洲大屁股紅酒。對我來說，客人開不開心，比起餐與酒是否完美搭配更重要。所以這時候，我會先撇開客人要求的條件，拿出他們在餐廳裡尋求的東西，也就是舒服。我會尊重客人的偏好，不會逼他們跨出自己的舒適圈。」

「不過，隔壁那桌也開出一模一樣的條件，我卻推薦不同的酒。因為他們剛剛跟我聊到去泰國鄉下旅行的故事，又談到最近正在讀杜斯妥也夫斯基的名著。這些客人顯然喜歡跨出舒適圈，會想嘗試未曾喝過、風味豐富醇熟、更酸、更苦、更芳香的酒。這組客人不想要甜美的果香，那種酒他們以前就嘗過了。他們也覺得：『夠了，我不想喝那種酒。我喜歡變化、冒險跟刺激，想要嘗試不一樣的味道。』」

就這樣，保守派的客人可能會喝到厚實、有新鮮果香的澳洲希哈；冒險派的客人則會喝到完全不一樣的酒，像是綠菲特麗娜、羅亞爾河的莎弗尼耶產區白酒（Savennieres），以及他們從未聽過的酒。

我們在不同場合會有不同態度。倘若我們在自己婚禮上喝過鐵馬酒莊的氣泡酒，在結婚紀念日的酒單上又看到同一款酒，勢必會再點一次（完全是保守派的行為）；但有時我們會把自己交給最信任的侍酒師，讓對方帶著我們「矇瓶試飲」世界各地的神祕酒款，享受驚喜（雖然揭曉答案時，我們多半猜不出是什麼酒，不過偶爾也有幾次成功）。

保守派：安於熟悉的顏色

在侍酒師心中，男人常是極端的保守派。Bin 36 的布萊恩．鄧肯說：「男人最糟糕了。他們常會趾高氣昂地說：『我只喝紅酒。』一副我應該頒獎表揚他們放棄世上另一半的酒似的。不過老兄，真抱歉，這種態度是不行的。」

芝加哥 Tru 餐廳，史考特．泰瑞（Scott Tyree）也認同以上看法，他說：「我有個客人來應酬，他在看酒單的時候，我就覺得他想喝豐厚的紅酒。所以他問我時，我就打斷他：『你喜歡喝豐厚、醇厚、強勁的紅酒。』他很興奮地回答：『沒錯！』很多客人覺得豐厚、醇厚、強勁的紅酒就是好酒。那位客人點的第一道菜是魚子醬。通常我不會用厚實濃郁的卡本內蘇維濃搭配魚子醬，但客人就是想喝紅酒配魚子醬。這時候圓融一點就很重要，此時我不該跟客人說：『不行，不能這樣搭。』」

泰瑞說：「跟客人應對就像是玩爵士樂，客人會丟出難題，然後我們就得即興創作。如果客人不認同我的建議，我也不會覺得受傷，因為一道菜可以配的酒有千百種，我提出的也只是其中一種。」

保守派：安於熟悉的葡萄品種

> *「有些客人會一來就點他們在特殊節日喝過的酒，其實是想要重溫記憶，而不是真的想喝那款酒。結果他們都會說：『這個味道跟我印象中不一樣。』當然不一樣，怎麼可能一樣？這種情況下，我就會推薦客人試試沒喝過的酒，累積新的經驗，創造新的回憶。」*
>
> **——艾瑞克．瑞諾德（Eric Renaud），Bern's Stake House 侍酒師，坦帕市**

美國連鎖酒行 Best Cellars 專賣 15 美元以下的酒，合夥人喬許．韋森（Joshua Wesson）的心得是：「美國人喝的葡萄酒中，有 70% 都是國內生產，其中 80% 來自加州，實在太驚人了。某些喝葡萄酒的人會很自我設限，問題出在他們把選酒當成零和遊戲，像是喜歡夏多內就不會喜歡麗絲玲，反之亦然。為什麼不能喜歡所有的酒呢？我實在不懂信奉 ABC 主義（Anything but Chardonnay，什麼都喝就是不喝夏多內）的人在想什麼，我喜歡夏多內！如果你愛喝葡萄酒，如果你是享樂主義者，你也會喜歡夏多內。畢竟一款酒就只是一種顏色，如果你是畫家，畫盤上不會只有一種顏色，你會希望顏色越多越好，因為這樣才能盡情揮灑。喝葡萄酒也一樣，多嘗試不同種類，生活會更精采。」

紐約 Eleven Madison Park 餐廳的理察．布克瑞茲（Richard Breitkreutz）也同意。他說：「你得嘗試，而且是不斷嘗試。請想像自己把手指頭伸到番茄醬的瓶子裡，舔一口嘗一嘗。現在你知道也想像得出番茄醬的味道跟氣味，因為你已經嘗過很多次。葡萄酒也是如此。多方嘗試，做筆記，就會得到更多參考點。」

布克瑞茲說到：「厲害的爵士樂手需要先花時間熟悉經典曲目，才能放手即興演出。

這一點也適用於葡萄酒，先了解經典酒款，然後就可以放手實驗了。」

保守派：安於熟悉的酒標

Everest 餐廳的阿帕納．辛很能認同保守派必須從熟悉的酒標中尋求安全感，她也說到自己喜歡在除夕或情人節提供美國經典葡萄酒。她說：「我喜歡端出大家都認得出來的加州葡萄酒，為了特殊節日而出外用餐的客人，一年可能只吃一次大餐。客人的重要日子我不想冒險端出他們不認識、以後也喝不到的酒。」

雖然 Everest 餐廳的廚師史恩．約賀（Jean Joho）是法國阿爾薩斯人，菜餚也是阿爾薩斯料理，但阿帕納．辛發現，客人在特殊節日喝阿爾薩斯葡萄酒未必自在。她說：「如果我端出的全是阿爾薩斯葡萄酒，有些客人會有壓力。我問客人喜不喜歡這樣的搭配，他們甚至會嚇到答不出來，反而丟出一些藉口，諸如：『我不是那麼懂葡萄酒……』之類的話。我會感到很難受、挫折！我其實只想知道你喜不喜歡，不要告訴我你不懂酒。」

阿帕納．辛又若有所思地說：「葡萄酒這一行很有趣。我們去買車的時候，不可能直接對業務員說：『你知道嗎？我對車子一竅不通，不如你替我選一輛吧？』但是當我跟朋友聊到我的職業時，有一半的人會說：『我不是那麼懂葡萄酒』或是『我不是美食家』。如果這些朋友告訴我：『我喜歡喝……』我就會跟他們說，其實擁有自己的喜好，就是美食家了！」

要是遇到除夕夜，阿帕納．辛可能會搭配的酒有：約瑟費普酒莊的 1.5 公升英絲妮亞（Insignia）、Mer Soleil 酒莊的夏多內、凱穆士酒莊謎語白酒（Caymus Conundrum）、紐頓酒莊未過濾夏多內（Newton unfiltered Chardonnay）、阿爾薩斯氣泡酒（Alsatian Crement），然後甜點搭配索甸甜白酒。阿帕納．辛說：「我們有些客人會說他們沒那麼懂酒，但是他們其實知道很多酒莊名，例如 Silver Oak、Sonoma Cutrer、Grgich Hill、Cakebread、Jordan 以及蒙岱維（Mondavi）等等。對我而言，這些酒的特殊之處在於，端上這些酒能讓我以身為美國人為榮。在加州膜拜酒大行其道之前，蒙岱維、Grgich 和 Martini 都是酒莊的先驅，為我們奠定基礎。我現在會在這裡做侍酒師，正是因為馬汀尼先生曾在納帕山谷釀酒。可惜的是，現在較時髦的酒單流行奧地利酒，有時甚至見不到馬汀尼的酒。所以，如果能在除夕夜或是情人節之類的日子端上經典酒款，回顧前輩事蹟，向歷史及傳統致敬，會是很美好的事。」

辛又說到：「我的酒單上有 30-40% 是美國經典葡萄酒，客人點這些酒的時候我都很開心。不過有時我們也想推薦其他酒款，卻不免感到喪氣。我們希望有更多客人願意嘗試新酒。只要客人試了，之後也向我要同款酒，我就完成任務了，因為這表示我為他們創造了新的回憶。」

由保守到冒險，一路享用到底

ENJOYING BEVERAGES ALL ALONG the COMFORT / ADVENTURE SPECTRUM

其實嘗試新飲品的風險不高，報酬也挺豐厚的。布萊恩．鄧肯說：「我時常在想，為什麼我們要扼殺自己心裡的孩子呢？那個第一次看見棉花糖時興奮到喘不過氣來的孩子跑到哪去了？談到品酒，你心中的孩子到哪去了？品酒是一趟漫長的發現之旅，我們終其一生都在不停探索，所以要好好享受！最糟的情況頂多是喝到不喜歡的酒，之後不要再喝或者不要買就好了。」

想要小小冒險的保守派可以從小處著手。如果喜歡卡本內蘇維濃，或許可以嘗試其他紅酒，或是酒體飽滿的過桶白酒，或是深色愛爾啤酒。如果想進一步了解，可參考第 16 到 17 頁的「如果你喜歡這種酒，你可能也會喜歡……」。

我們的心情時常影響飲品的選擇。出外用餐時，有時會想要「放開雙手，享受雲霄飛車的快感」，於是請侍酒師全權負責，由他們創造驚喜。或者有時候，我們只想要「手牽手坐摩天輪」，於是就點平常最愛的葡萄品種或是最喜歡的酒莊。

「刺激感官」的飲品

"SENSATIONAL" BEVERAGES

「我們無論如何都要忠於自己的感官。」

—— 伊比鳩魯

酒食搭配的重點，在於相信自己的眼、鼻、口。許多人大吃大喝，卻嘗不出什麼；即便品嘗了，也未必相信自己的感官可以辨別優劣。你的味覺或許會不同於我的味覺，或者好朋友或推薦人的味覺，所以更應該學習感受並相信自己的味覺；味覺是不會騙你的。

我們自出生起便一直在喝飲料，所以談論如何品嘗飲料，似乎有點荒謬。然而，許多侍酒師可不這麼想。

布萊恩．鄧肯認為：「對於很多新手來說，喝酒不過是『從嘴巴到喉嚨』的過程，沒有什麼特別的。這時我會請客人慢慢喝，這樣才能真正品嘗葡萄酒，也才能培養鑑賞力，品嘗出獨特之處。我發現，請大家花時間用心品酒，的確能改變品酒跟用餐的經驗。」

當然，重質有時候就無法兼顧量。鄧肯說：「大家遊納帕山谷想到的都是，『這一次可以嘗到幾種酒？』或是『這一趟可以參觀幾家酒莊？』但是我有一次在舉辦加州氣泡酒製造商 Schramsberg caves 的品酒會時，就大鳴哨音提醒大家：『安靜！請大家注意一下。花點時間去觀察、嗅聞酒杯裡到底是什麼東西。』」

鄧肯希望每個人都可以從喜愛的飲品中得到最多樂趣。他說：「如果你沒有嗅聞食物跟葡萄酒就吞下去，你就是在自欺欺人。因為 80% 的味覺其實來自嗅覺。當大家放慢速度，就代表免費多出 80% 的享受！」

如何品嘗葡萄酒

HOW to TASTE WINE

許多侍酒師都會提到，他們倒酒給客人之後，客人立即拿起酒杯喝一大口。

Tru 餐廳的侍酒師史考特．泰瑞說：「我常常都想大喊：『等一下！』你如果不停下來看一看、聞一聞，喝葡萄酒的樂趣就少了一大半。」

侍酒師建議的步驟有三。第一，先停下來看一看。泰瑞說：「對於葡萄酒，你首先感受到的，一定不是風味，而是外觀及葡萄酒在酒杯裡看起來有多美。光是這點就是很棒的經驗了。接著，觀察葡萄酒的質地及酒液如何附著在杯壁上。」

第二，對著手上這杯酒吸一口氣。泰瑞問到：「你聞到什麼呢？嗅覺是感受並享用葡萄酒的一部分。你或許沒辦法認出番石榴、百香果或其他奇珍異果的氣味，但還是會想要留意酒杯裡散發的香氣。我們不需要指出個別氣味，只要聞得出有香氣就可以了。」

第三，終於可以嘗口酒了。泰瑞說：「希望你能嘗到甘美的果香跟動人的酸味，另外，你一定不想嘗到令人不快的味道，像是酸醋味或霉味。你不需要是專家，就可以辨別酒的優劣。如果嘗起來味道不對，表示酒可能不好。如有任何疑慮，可以請侍酒師也嘗一嘗。」

品酒數回之後，你或許就會發現新的香氣或風味。而不論你對這款酒產生什麼樣的印象，這些感覺都是真實的。品酒很主觀，也很個人，不要怕出醜，也別擔心在描述品酒經驗時用錯詞彙。知識淵博的侍酒師能事先告訴我們特定品種或產區的葡萄酒特色，你可以從中找到線索，想像自己將會品嘗到什麼滋味。泰瑞說：「在享用正餐時，要特別留意葡萄酒並不容易，所以身為侍酒師，我會說明為什麼選擇這款酒搭配今天的菜色，並且講解我預期葡萄酒將如何襯托出食物的風味，希望酒跟食物的風味能在客人口中共舞而非互相衝突。食物搭配葡萄酒其實只有一項簡單的原則：兩者一起享用時是美味的。」

如果你喜歡這種酒，你可能也會喜歡……

採納史蒂夫・貝克塔、凱西・克西（Kathy Casey）、羅傑・達格（Roger Dagorn）、井內宏美（Hiromi Iuchi）、凱倫・金恩、萊恩・馬格利恩（Ryan Magarian）、朗恩・米勒（Ron Miller）、加列・奧立維、阿帕納・辛、卡洛斯・索利斯（Carlos Solis）、曼黛蓮・提芙（Madeline Triffon）等專家的建議。

該如何判斷自己對葡萄酒的喜好呢？葡萄酒的新手或許會想召集一群朋友，共同品嘗法國葡萄酒史上幾種具代表性的品種：1）卡本內蘇維濃；2）夏多內；3）梅洛；4）黑皮諾；5）麗絲玲；6）白蘇維濃。

留意一下自己最喜歡哪款葡萄酒，還有喜歡的特質（例如喜歡紅酒還是白酒、清淡還是厚實的酒、不甜的酒或是果味重一點的酒。）

接下來你就可以使用這份表格，找出其他可能也會喜歡的飲品了。

如果你喜歡……	*你可能也會喜歡……*
卡本內蘇維濃 CABERNET SAUVIGNON	葡萄酒：教皇新堡葡萄酒、梅洛、波爾多紅酒或布根地、希哈、西班牙紅酒（包含利奧哈）、金芬黛 啤酒：深色或淺色苦味愛爾啤酒 烈酒：威士忌或白蘭地
香檳 CHAMPAGNE	葡萄酒：氣泡酒，如義大利亞斯堤氣泡酒、西班牙氣泡酒、 蜜思嘉微氣泡甜酒、義大利氣泡酒、德國氣泡酒、希哈氣泡酒或梧雷產區 啤酒：自然發酵酸啤酒 清酒：發泡清酒
夏多內 CHARDONNAY	葡萄酒：夏布利白酒、格烏茲塔明娜、梅索白酒、灰皮諾（阿爾薩斯區）、維歐尼耶、布根地白酒 啤酒：優質的皮爾森啤酒或斯帕登啤酒
奇揚地 CHIANTI	葡萄酒：布魯內羅、教皇新堡、黑皮諾、普里奧拉、利奧哈、山吉歐維列、田帕尼歐
格烏茲塔明娜 GEWÜRZTRAMINER	葡萄酒：灰皮諾（阿爾薩斯區）、麗絲玲、維歐尼耶
梅洛 MERLOT	葡萄酒：薄酒萊、波爾多紅酒、金芬黛 啤酒：深色愛爾啤酒，特別是奇美修道院啤酒（藍標）
麝香葡萄酒 MUSCATEL	茶：大吉嶺紅茶
灰皮諾 PINOT GRIGIO / PINOT GRIS	葡萄酒：阿爾巴利諾、安fa品種白酒、菲亞諾、維蒂奇諾品種白酒
黑皮諾 PINOT NOIR	葡萄酒：希濃、格那希、皮諾塔基、布根地紅酒、西班牙斗羅河岸產區、利奧哈、山吉歐維列、斯貝博貢德（黑皮諾）、田帕尼歐、多羅 啤酒：波特啤酒

如果你喜歡……	你可能也會喜歡……
麗絲玲 RIESLING	葡萄酒：阿爾巴利諾、休蕾柏、查克利 啤酒：豪格登比利時白啤酒
白蘇維濃 SAUVIGNON BLANC	葡萄酒：阿爾巴利諾、綠菲特麗娜、普依芙美、松塞爾、查克利 啤酒：英式印度淺色苦味愛爾、內華達山脈淺色苦味愛爾 烈酒：琴酒或伏特加基底調酒加上柑橘，微甜、帶香草香調
雪利酒 SHERRY	啤酒：湯瑪斯哈代愛爾啤酒 清酒：大古酒（一款陳年清酒） 茶：祁門紅茶（中國傳統紅茶）
希哈 SHIRAZ / SYRAH	葡萄酒：教皇新堡、黑達沃拉、普里奧拉、多羅、金芬黛
偏甜的酒 SWEETER WINE	葡萄酒：灰皮諾、遲摘麗絲玲或精選麗絲玲 、蜜思嘉微氣泡甜酒 啤酒：覆盆子自然發酵酸啤酒或其他水果口味啤酒、豪格登比利時白啤酒 清酒：發泡清酒、甜清酒
白酒 WHITE WINE	啤酒：拉格啤酒 烈酒：酒精濃度稍低的酒（如伏特加、琴酒）、氣泡酒 清酒：大多數清酒

「如果你喜歡加州卡本內蘇維濃，不妨試試西班牙酒。西班牙酒常用美國橡木桶，所以會喝到水果、椰子跟蒔蘿的香味。如果有客人請我介紹 70 美元上下、優質的卡本內蘇維濃，受限於價格，我未必辦得到。不過我一定可以推薦風味及質地類似的西班牙酒。」

——阿帕納・辛，Everest 餐廳侍酒大師，芝加哥

「你或許可向保守派的客人介紹教皇新堡產區的格那希葡萄酒。也可以介紹隆河北部產區的希哈葡萄酒，希哈有一些熟成的特質，但也有一些醇熟的豐富風味，帶有一點草本味、辛香，以及汽柴油等比較難以立即接受的味道，同時又有令一般人安心的醇厚新鮮果香。你要考慮的是：你要把客人帶離他的舒適圈多遠？」

——史蒂夫・貝克塔，Beckta Dining & Wine 餐廳老闆，渥太華

「深色的比利時啤酒讓我想到布根地，至於較陳、較烈的英國啤酒則跟雪利酒比較相近。」

——加列・奧立維，Brooklyn Brewery 釀酒師

品酒：更上一層樓

TASTING: the NEXT LEVEL

品酒的經驗越豐富，對葡萄酒的酸度、橡木味、質地、平衡感及深度的了解就越透徹。假以時日，你就能辨識出不同葡萄品種、產區，甚至透過香氣及味道就能辨識出特定的酒。

侍酒大師賴瑞．史東（Larry Stone）以訓練及指導美國許多頂尖的侍酒師聞名。在他的指導下，幾位侍酒師學會以一套嚴謹的方法去品嘗及分析葡萄酒，包括舊金山 Michael Marina 餐廳的侍酒大師拉傑．帕爾（Rajat Parr）。帕爾自己也承認，跟著史東學習，可是一點也不輕鬆。

帕爾說：「賴瑞是最頂尖的。他是我的師父，非常厲害，但要求也相當嚴格。我們在餐廳裡上酒之前都會自己先品嘗（這樣餐廳才能在上酒之前知道是否有哪瓶酒變質了）。賴瑞會在我忙進忙出的時候拿一杯 15 毫升的葡萄酒到我面前，量少到幾乎嗅聞不出氣味，然後問我：『這是什麼酒？』我氣急敗壞地回他：『賴瑞，我在忙！』但賴瑞會再問一次：『這是什麼酒？』我就是這樣學會矇瓶試飲的。所以現在我矇瓶試飲時，可以用最快的速度分辨出酒款。」

舊金山 Masa's 餐廳的侍酒大師艾倫．莫瑞（Alan Murray）是史東及帕爾的徒弟。莫瑞回憶道：「我加入舊金山 Rubicon 餐廳時，帕爾對我很嚴格。我可能會在三樓的宴會廳忙，而他就跑上來遞給我一杯葡萄酒，跟我說：『1983 年的瑪歌堡』，或者叫我矇瓶試飲，然後自己又下樓去上酒。他會確保我有嘗到酒。

「我還在學品酒的時候，有天晚上帕爾讓我喝一種酒。我說：『很好喝，我以前沒喝過。』帕爾當場停下來，很嚴肅地看著我說：『你喝過，我給過你。夠了，你一定要把我給你的酒記下來，不然我不會再讓你喝了。』那讓我的心臟少跳了一拍，也讓我發現我必須把每一種喝過的酒記下來。我也了解到自己必須非常專注，否則沒辦法訓練味覺。

「如果你沒有留意，就表示你不專心。你必須分辨出這是不是一瓶好酒？是不是有好好保存？能不能喝出這款酒的風味？我們也會跟其他侍酒師通電話，看看最近有沒有喝過那款酒。」

如果你想嘗試多種酒款，以簡單為上策。一次品嘗兩款酒就可以學到很多東西，而且一個禮拜中的任一晚都可以輕鬆嘗試。

泰瑞說：「一般人不需要太了解風土（指土壤等會影響到葡萄酒風味的環境條件）。相反地，他們應該關注的，是涼爽的羅亞爾河谷及溫暖的納帕山谷所出產的白蘇維濃，兩者在風格上有何差異。差異在哪裡？釀酒師又做了哪些變動？例如你喝了松塞爾酒莊的葡萄酒之後，再喝蒙岱維酒莊的白芙美，可能會發現後者帶有橡木味，酒精濃度較高，果香味比土壤味重；松塞爾葡萄酒則酸度較高，可能完全沒有橡木味，卻有濃厚的草本及青草味。這就是同樣的葡萄品種在不同氣候下生長的差別。之後你要為朋友搭配餐酒時，就該想到這些風味輪廓。

頂尖的侍酒師都具備「回味」（taste without tasting）的能力，也就是憑藉過去幾個月或甚至幾年前品嘗某支酒的經驗，回憶起該款酒的風味及質地。在實際品酒、尤其是搭配食物一起品酒時，這種能力更顯得格外重要。Union Square Café 的首席侍酒師凱倫．金恩（Karen King）說：「我們在 Union Square Café 品酒時一定會搭配食物，這樣才能讓員工了解食物與酒如何改變彼此風味。有這些概念是一回事，還是得親身體驗過才能真正了解。」

你能享用的，不止葡萄酒

ENJOYMENT is not LIMITED to BOTTLES with CORKS

來自世界各地的啤酒、清酒及五花八門的飲品，就跟葡萄酒一樣令人眼花撩亂。而且，學習品嘗這些飲品，與學習品嘗葡萄酒一樣，都能帶來許多收穫。

有些人可能只視葡萄酒為上品，而對其他飲品不屑一顧，但這通常是經驗不足才會有的想法。

Brooklyn Brewery 釀酒師加列．奧立維（Garrett Oliver）表示：「長久以來我學到了一件事，就是『如果你認為自己比其他人有品味，你八成錯了。』每個人都能培養出好品味，只是缺乏學習的機會罷了。」

「有品味代表你分得出好惡。如果你對於所接觸的一切，舉凡服裝、食物、飲料等，統統都喜歡，就表示你沒有品味，這樣就糟糕了。我們的目標並不是愛上所有品過的酒。品過之後喜歡，當然很好；但是不喜歡，也沒什麼大不了。例如你可能不喜歡格烏茲塔明

娜白酒中的荔枝味，或是苦啤酒或黑啤酒，但只要試過一次，也培養了自己的品味，那就夠了。」

奧立維發現，許多人第一次嘗到品質優良的啤酒時都會感到驚喜。他說：「每次我們辦啤酒品嘗會，就好像開啟了新的美食之門。我通常會用音樂作比喻。你會酷愛爵士樂，可能是因為有一天某個人放了一張約翰．柯川或邁爾士．戴維斯的專輯，而你聽到之後驚為天人。這是件小事，但就在那一天，有扇門敞開了，而你走了進去。門的另一端是更美好的生活，因為你發現了一樣嶄新的事物，你愛上了，且樂在其中。我們這一行最能發揮作用的，就是這件事。」

是什麼讓你感到愉悅？

WHAT'S YOUR PLEASURE?

侍酒師阿帕納．辛通常會用溫和的方法，去試著了解某一桌客人的喜好。「我一開始會問；『你們喜歡紅酒還是白酒？干的還是帶果香的？如果對方喜歡果香，也喜歡灰皮諾及麗絲玲，但是又覺得維歐尼耶太甜了，我就會知道對方其實很懂酒，可以用另一種方法服務。如果對方說：『我喜歡干型的酒』，但在我進一步追問時只會重複『不甜』二字，我就會問對方：『以前有沒有喝過什麼很喜歡的酒？』這樣子就不用一直講術語。事實上，侍酒師說話的方式很古怪，滿口酒腳、酒體、水果、香蕉、桃子、荔枝、鳳梨等，客人會很難跟上！」

請記住，重點是讓你跟你的客人感到愉悅。

那麼，究竟什麼能帶給你愉悅？是冒險，還是安全感？你可能兩者都接受，端視場合和心境而定。堅定的保守派，或許平常只喜歡白酒，但是第一次到義大利旅行時卻受到刺激，並享受他們的第一杯奇揚地搭紅醬義大利麵。溫和的保守派，平常可能喜歡各種葡萄酒，但到亞洲餐廳用餐後，開始對清酒產生興趣。至於頑強的冒險派，可能隨時都想嘗試不同飲品！

我們應該了解自己的喜好，如此一來，在家用餐時就可以挑選喜愛的飲品，外食的時候則能與侍酒師溝通自己的偏好。侍酒師建議的佐餐葡萄酒或飲品，能讓我們在用餐時享受到最大的樂趣。

那麼，要怎麼跟侍酒師溝通？最好跟對方說明你喜歡的口味，還有幾樣你個人喜歡或不喜歡的東西。例如，你喜歡的是紅酒或白酒或兩者？你喜歡的葡萄酒是干型、微干或甜？你喜歡酒體輕盈還是飽滿的酒？你喜歡帶泡沫的氣泡酒，還是微微冒泡的微氣泡酒？你有偏好哪個國家或產地的酒嗎？若侍酒師推薦你喝清酒、烈酒或啤酒，你願意放膽一試嗎？

重點在於了解自己。知道自己的口味，才能讓自己跟同伴獲得最大的愉悅。

CHAPTER 3 食物飲品搭配入門

要牢記在心的搭配規則

想知道白酒的搭配祕訣嗎？想像一下涼爽氣候產區的未過桶葡萄酒，例如松塞爾、灰皮諾或富萊諾，然後把葡萄酒想成一顆萊姆。如果你的食物能夠搭配萊姆，也就可以搭配未過桶的白酒。像秘魯酸漬海鮮及松塞爾白酒就是絕配；白醬雞肉跟松塞爾白酒，大概就不太合。現在請再想像一下過桶、有橡木味的葡萄酒，像是加州夏多內白酒，然後把這種酒想成奶油。如果某道菜可以配奶油，也就可以配這些酒。例如龍蝦跟夏多內，絕配！秘魯酸漬海鮮跟夏多內，千萬不要！

——侍酒大師，葛雷格・哈林頓（Greg Harrington）

要學會搭配特定飲品與菜餚，得花上好多年時間鑽研。要成為侍酒師，必須學習不同的領域，從生物學、化學到地理學甚至地質學，樣樣都得精通。幸運的是，你只要跟著本章中的捷徑，就可以在短時間內培養出侍酒大師等級那無懈可擊的品味，得以處理最複雜的酒食搭配，並做出決定。本書第五、第六章提供簡易的表格，教你專業級的搭配技巧。如果時間緊迫，馬上就想知道晚餐菜色該搭配何種飲品，請直接跳到第五章。如果想針對某款特別的葡萄酒、啤酒、清酒或其他飲品來搭配食物，請直接翻到第六章。

不過，如果想學習美國頂尖侍酒師的搭配法則，應該會對本章感興趣。我們將帶你了解完美搭配背後的主要法則，也會分享真知灼見，以協助你發展出自己的搭配方法。這樣的知識至少能讓你更懂得享受桌上的食物；或許你請客人到家中共進晚餐時，也可以一展美食方面的博學，臨場發揮、閒聊一下如何依據產區以及酒的酸鹼值搭配餐酒，帶給朋友更多啟發。

先設定目標

BEGIN with the END in MIND

搭配是否成功，取決於喝的那口飲料與剛入口的食物在嘴巴中的作用。如果覺得太刺激或不愉悅，表示搭配得不好；如果口感不錯，甚至極為順口，就表示找到出色的搭配了。

紐約現代美術館 The Modern 餐廳葡萄酒總監史蒂芬・柯林（Stephane Colling）說：「我的目標是讓葡萄酒如『浪潮』般搭配菜餚。我希望葡萄酒能不斷「刷亮」菜餚的不同部分，同時又能保持各自的特色。」

根據舊金山 Masa's 大師級侍酒師艾倫・莫瑞（Alan Murray）的說法，葡萄酒與食物搭配時，一定會產生以下三種結果：

1. 食物的風味蓋過葡萄酒，葡萄酒退居次位。
2. 葡萄酒的風味蓋過食物。
3. 食物為葡萄酒增色，葡萄酒也為食物增色。

莫瑞說：「第三種情形最少見，但也是我一直以來的目標。」這段話簡單道出了所有侍酒師的心聲，因為所有侍酒師都會如痴如醉地歌頌食物及葡萄酒完美交融、相得益彰的那一刻。

芝加哥 Alinea 餐廳的喬・凱特森喜歡用葡萄酒來襯托食物。他說：「我最喜歡先讓客人品酒，讓味蕾為接下來的菜餚做準備。」他如此描述一口佳餚和一口完美搭配的葡萄酒彼此來回交融的高峰經驗。凱特森說：「有時候葡萄酒會清除口中菜餚的部分風味，再以自己獨特的風味來取代。葡萄酒的餘味（吞下去之後留在口中的味道）有時又會再次帶出菜餚的某一兩種風味。這對我來說實在太迷人了。」

凱特森回憶道，他某次吃了以鳳梨為基底的甜點，搭配奧地利晚收白蘇維濃，就達到了這種境界。他說：「我啜飲了一口酒，忽然間，鳳梨的風味再度跑回來。在這種情況下，有時被帶出來的風味在一開始並不突出，甚至不是菜餚最主要的風味。於是你不禁要問：『剛才為何沒有嘗到這種味道？』這會激起我們的興趣，非得回去再吃一口菜餚，然後再配一口酒。」就我自己而言，這種時刻總會想再來份甜點和葡萄酒！

以這種超凡入聖的體驗對比糟糕透頂的體驗，反映出酒食搭配絕對有不同層次（有好的層次也有壞的層次）。以下量表將這些層次分成五個等級（從 +2 分到 -2 分，代表最好到最糟）。

評分	*丹尼・梅爾*（*Danny Meyer*）	*洛可・狄史畢利托*（*Rocco Dispirito*）	*麥克斯・麥卡門*（*Max McCalman*）	*描述*
+2	😃	超凡入聖	完美	絕佳搭配
+1	🙂		佳	好的搭配
0	😐	無傷大雅	中等	
-1	☹		不佳	最糟的搭配。我們也會在本書第五、六章教你如何避免。
-2	😖	糟糕透頂	劣	

通往目的地最好的道路

the BEST ROAD to Take to GET THERE

佛教有個「以指見月」的比喻，意思是說如果只專注於手指，就會看不到所指的月亮。

同理，想達到同樣目標，即找到超凡入聖的菜餚與葡萄酒搭配，方法有很多，而且也同樣有效。走哪條路不重要，是否抵達目的地才是重點。既然殊途同歸，我們就把握以下原則，放手相信自己的直覺吧。

本書訪問了美國數十位最有才華、經驗老到的侍酒師。雖然大家對酒食搭配的幾個要素都有共識，但每位侍酒師對於搭配方式又各有其獨到之處。例如說：

- *對地理及旅行有興趣的人，可能喜歡從地域的角度切入酒食搭配。French Laundry 及 Per Se 餐廳的侍酒大師保羅・羅伯斯（Paul Roberts）認為，地域（或者找出某種食物或葡萄酒產區的傳統搭配）的重要性是 75%。他先以地域為起點了解一道菜餚的來龍去脈，之後才分析其他因素。*

⊙ *重視感官的人，可能會喜歡從食物及葡萄酒的感官層面著手，包括外觀、風味要件、質地及溫度等等。Jean-Georges Management 飲品總監伯納・森（Bernard Sun）告訴我們：「酒食搭配的祕訣，就在於食物及葡萄酒的相對重量，以及酸度和甜度上的平衡，這三點是決定酒食搭配是否成功的要素。」*

⊙ *偏好科學方法的人，或許會想效法 Rubicon 餐廳的侍酒大師賴瑞・史東，因為他善用大學時代所受的科學訓練，從化學觀點來思考酒食搭配，分析菜餚及葡萄酒的酸鹼值（pH）：酸鹼值越低表示酸度越高，口味比較清爽。你可以放一小撮鹽巴或擠點檸檬汁來調整菜餚的酸鹼值，以搭配特定的葡萄酒。*

接下來我們會詳加討論以上幾點。大家學會這些準則之後，搭配時就有參考的依據。

請記住，酒食搭配比較像藝術，而不是科學。每道菜餚或每種飲品都各有其主要特色，我們可以此為出發點，逐步縮小可供搭配的範圍。菲尼克斯度假村 Mary Elaine's 餐廳侍酒大師葛雷格・崔斯納（Greg Tresner）談到：「每當我看到一道菜，就會立即進行分析，拆解這道菜餚會帶來的影響、由哪些東西組成，以及是如何製作出來的，如此我才能大致了解該如何搭配。」

要為菜餚搭配葡萄酒時，通常得縮小選擇範圍，限定在某個特定品種或是特定類型，例如夏多內。決定葡萄品種之後，再以產區（要加州的索諾瑪河谷還是法國的布根地）或酒莊（如 Sonoma-Cutrer）來選定特定風格。

Rubicon 餐廳的賴瑞・史東建議：「最好的辦法就是實驗，把食物跟葡萄酒放在一起品嘗。」談到他的徒弟艾倫・莫瑞以及拉傑・帕爾的成就時，史東說：「我並沒有用自己的酒食搭配方法來訓練他們，他們的成就我沒辦法邀功。他們的味覺本來就很靈敏，喜歡烹飪也愛好葡萄酒。如果你跟他們一樣認真，也可以成為酒食搭配的專家。」

崔斯納喜歡把酒食搭配比喻成跑電腦程式，他說：「一旦抓到訣竅，連想都不用想了。只不過學習的過程真令人抓狂！」

我們希望藉由以下三個簡單的規則，盡量讓大家在學習的過程中不用抓狂：

規則 1：*在地思考：同產區的食物，就是相配的食物*
規則 2：*善用感官：以五感來引導你的選擇*
規則 3：*平衡風味：用不同方式來挑動味蕾*

規則大致是如此，接下來我們再來看看規則背後的細節。

規則 1：在地思考 同產區的食物，就是相配的食物

RULE #1: THINK REGIONALLY
If It Grows Together, It Goes Together

> *「世界各地的人都吃類似的蛋白質。侍酒師的工作，就是了解這道菜源自哪個區域，並找出相配的葡萄酒。」*
>
> ——保羅．羅伯斯，納帕 French Laundry 餐廳及紐約市 Per Se 餐廳侍酒大師

> *「同一產區的食物搭配同一產區的酒，是再好也不過。這種配法非常天然。我認為傳統的搭配，例如肉類熟食配麗絲玲，或是白蘆筍配蜜思嘉，對我們的客人是具有附加價值的，就好像到產地一遊！」*
>
> ——阿帕納．辛，Everst 餐廳侍酒大師，芝加哥

> *「如果你在尼斯喝馬賽魚湯，然後搭配一瓶拉斐堡酒莊的酒，一定是很棒的經驗，只因為你喝的是頂級酒拉斐！但是，如果你喝的是既不花俏又不昂貴的卡西斯白酒，其實跟馬賽魚湯更合，那就好像一邊暢飲淺齡的粉紅酒，一邊吃著新鮮番茄羅勒沙丁魚。」*
>
> ——提姆．科帕克（Tim Kopec），Veritas 餐廳葡萄酒總監，紐約市

我們常說入境隨俗，專業大廚則說：「同產區的食物，就是相配的食物。」

根據專家侍酒師的看法，以在地思考（以同產區的料理搭配同產區的飲品）來進行搭配，美味任務就已經完成了一半（有時甚至是全部）。許多基本食材（例如雞肉）世界各地都有，但是不同地區會烹調出不同風味（像法國就有香料烤雞，亞洲則有炒雞柳和滷雞肉），所以搭配的重點是確定產地，然後選擇該產地一帶的飲品。

這道菜來自哪裡？義大利？西班牙？還是日本？披薩與義大利麵的紅醬跟義大利紅酒（尤其是奇揚地）可謂天作之合，西班牙小菜跟干型西班牙雪利酒則是絕配，日式生魚片與清酒也是天生一對。

經典搭配代表過去累積的智慧。琳瑯滿目的食材跟任君挑選的飲料，餐飲組合簡直有無限可能，但是我們不需要從零開始，就能找到最好的搭配。我們可以師法過去的大廚和葡萄酒專家，受益於美食家多年來嘗試和累積的經典配對。本書第五和第六章納入數千種食物與飲品的搭配，皆是禁得起時間考驗的經典組合。

紐澤西州 Ryland Inn 大廚克萊格．薛爾頓（Craig Sheraton）認為，學習經典搭配並站在前人的肩膀上，是有道理的。克萊格指出，地圖上的法國及其與義大利、德國及西班牙的

接壤處，便幾乎涵蓋了所有的葡萄品種。他說：「所以你光是學習這些區域的基礎烹飪風格、了解該區出產的葡萄酒（也就是涵蓋法國大多地數地區及鄰近國家的主要區域），酒食搭配也就學會了一大半。」（在接下來談論各國的章節中，我們已為你做好部分工作。）

芝加哥 Alinea 餐廳走的是雖然是創意料理的路線，但是侍酒師喬・凱特森依循的仍是搭配的經典原則。他說：「如果我發現這道菜餚及食材都來自義大利南部，我可能就會搭配義大利南部的葡萄酒，而這種搭配往往也會成功。先前我們菜單上有道帕瑪乳酪跟義大利香草的料理，於是我就從義大利酒著手。或者說，如果食材中有茄子，我就會想說：『什麼樣的料理會用到大量茄子？這屬於哪個地區的料理？』如果知道產區，你就知道該從何著手。」

The Modern 餐廳的凱倫・金恩認為，用同產區的葡萄酒或飲品來搭配食物，是學習酒食搭配的第一步。她說：「我認為這個法則的有效度達到 90%。就看看義大利吧，不管是義大利哪一區，當地的料理跟酒食搭配都有數千年的歷史，而且我在義大利嘗到的組合都好吃得要命！」

因此，當地葡萄酒搭配當地菜餚，成了天經地義的事。華盛頓特區 Kinkead's 餐廳的麥可・富林（Michael Flynn）說：「其實只要看看阿爾薩斯地區，像是洋蔥塔、醃肉和肉腸這些食物，都跟干型或微干的麗絲玲和格烏茲塔明娜這種帶水果味的白酒很搭，就知道在地組合確實可行。」

了解區域性的搭配是非常重要的黃金法則，因此 French Laundry 及 Per Se 餐廳的侍酒師保羅・羅伯斯建議，葡萄酒愛好者若買了一本葡萄酒的書，最好也買一本當地食譜。他說：「你當然可以天真地說：『我很懂托斯卡尼的葡萄酒。』但如果你沒有同時深入了解托斯卡尼的菜餚，那又有什麼用？只不過是個葡萄酒怪客罷了。葡萄酒的知識得要有脈絡才行。」

茄汁配奇揚地、卡門貝爾乳酪配蘋果白蘭地，甚至烤肉配冰茶，都源於區域搭配的概念。Daniel 餐廳飲品總監丹尼爾・強斯認為，最棒的幾種酒食搭配就是當地傳統菜餚配上當地出產的葡萄酒。「例如說，我覺得西班牙利奧哈紅酒配羊腿就很棒，或是波爾多的卡本內蘇維濃，例如波雅克區的酒配羊腿。」

既然如此，羊腿搭配其他葡萄酒是不是就沒道理？根據強斯的看法：「人類喜歡實驗，並嘗試新的組合。葡萄酒的種類琳瑯滿目，我覺得有時候必須放寬自己的界限，告訴自己：『雖然波雅克區的酒跟這道料理是絕配，但我也想試試不一樣的。』或許你會認為：『這道菜我想配隆河地區出產或是具有類似風味的酒，或是醇厚、優雅的葡萄酒。』總之，無需畫地自限。」

的確，在地思考讓我們大開眼界、看到新的可能，因為能受到世界各地經典組合的啟發。保羅・羅伯斯說：「美國人常常太拘泥於傳統搭配，紅肉一定要配波爾多或卡本內蘇維濃。但如果想一想托斯卡尼地區的經典搭配，你也會發現，經典奇揚地或是布魯內羅這種山吉歐維列葡萄品種的紅酒，拿來搭配紅肉也美味極了。所以倘若你有機會為紅肉進行搭配，你也可以用布魯內羅紅酒。嘗的人一定會覺得：『哇！以前我吃牛排只配卡本內蘇維濃，但是現在我還知道有托斯卡尼的布魯內羅這款好酒！』這種經驗對客人而言就彷彿頓悟，因為過去從未想過這種組合。

在地思考雖然是很好的出發點，卻也有少數例外。乳酪專家麥克斯．麥卡門提到，對於某些西班牙及葡萄牙的乳酪來說，有些外地葡萄酒還更搭。他表示：「利於生產乳酪的土壤，未必就有利於生產葡萄酒，因為放牧動物的土地並不是栽種葡萄的土壤，這裡就沒有所謂的加乘作用。」

即便如此，在酒食搭配時從地域的角度出發，大致上都不會出錯。

法國

了解地域的差別，即便是同一個國家的各個區域，一定大有幫助。大廚丹尼爾．布呂德及侍酒師菲利普．馬歇（Philippe Marchal）指出，他們在紐約市四星級 Daniel 餐廳的法國酒酒單，就是「由北到南」列出葡萄酒。因為氣候的關係，法國北部出產的通常是酒體較輕盈的白酒，往南部則是較飽滿的紅酒。

紐澤西州 Ryland Inn 的老闆兼主廚克萊格．薛爾頓，針對法國料理提出一個大方向，他說：「如果從法國中央，大約是里昂那一帶畫一條水平線，水平線以上的地區，菜餚多半用奶油烹調；水平線以下的地區，則多半用橄欖油及鴨油烹調。」

市面上已經有許多書籍都在談法國料理及葡萄酒，不過為了讓初學者有個開始，本書把幾樣法國典型菜色與飲品以區域略分如下：

區域	*食物／飲品*
東北部：阿爾薩斯／洛林 ALSACE / LORRAINE	野味、豬肉、法式鹹派、德國酸菜、肉腸 *微干白酒（格烏茲塔明娜、麗絲玲、白皮諾品種）*
東北部：香檳 CHAMPAGNE	野味、鯡魚、肉腸 *啤酒、香檳*
中北部：巴黎大區／巴黎 ILE DE FRANCE / PARIS	融合各區美食 *融合各區葡萄酒及其他飲品*
西北部：布列塔尼 BRITTANY	可麗餅、魚、牡蠣、海鮮、貝類 *蘋果汁、蘋果氣泡酒、蜜思卡得產區葡萄酒*
西北部：羅亞爾河谷地 LOIRE VALLEY	羊乳酪、野味、豬肉、鱒魚、野菇 *清淡爽口的白酒，如普依芙美產區、松塞爾產區、梧雷產區、卡本內弗朗品種等葡萄酒*
西北部：諾曼地 NORMANDY	蘋果、卡門貝爾乳酪、鮮奶油 *卡瓦多斯（蘋果白蘭地）、蘋果氣泡酒*
東南部：布根地 BURGUNDY	培根、紅酒燉牛肉、芥菜 *夏多內、黑皮諾品種葡萄酒*

區域	*食物／飲品*
東南部：第戎 DIJON	黑醋栗、螯蝦、薑餅、芥菜 *布根地葡萄酒、基爾調酒（白酒加黑醋栗香甜酒）*
東南部：法蘭什孔泰 FRANCHE-COMTÉ	布列斯雞、孔德乳酪、莫比耶乳酪 *黃酒（搭配雞肉尤佳）；甜麥桿酒*
東南部：里昂 LYON	牛肉、螯蝦、洋蔥湯、內臟、豬肉 *薄酒萊、里昂丘*
東南部：普羅旺斯 PROVENCE	羅勒、馬賽魚湯、大蒜、羊肉、橄欖油、海鮮、番茄 *粉紅酒及紅酒，尤其是邦斗爾及卡西斯紅酒*
西南部：巴斯克 BASQUE	鱈魚、火腿、洋蔥、胡椒、番茄 *居宏頌、馬第宏產區葡萄酒*
西南部：波爾多 BORDEAUX	可麗餅、洋肉、牡蠣、肥鵝肝醬、肉腸、松露 *卡本內蘇維濃品種葡萄酒、干邑白蘭地、梅洛品種葡萄酒、索甸產區甜白酒、格拉夫產區白酒*
西南部：加斯科涅 GASCONY	鴨肉、鵝肝醬、鵝肉、胡椒、乾果李、松露 *雅馬邑白蘭地、居宏頌甜酒*
西南部：佩里戈爾 PERIGORD	黑松露、鴨肉、鵝肝醬、菇蕈 *卡歐紅酒、蒙巴西亞克甜白酒*

義大利

義大利料理琳瑯滿目，而搭配在地的酒會讓料理更美味可口。義大利在地的菜餚及酒類五花八門（而且區域眾多），因此要通曉義大利所有的葡萄酒，其實是件困難的事。

Jean-Georges Management 飲品總監伯納．森說：「就算是專業人士，要駕馭所有的酒也很困難。義大利三大葡萄酒產區分別是皮耶蒙、托斯卡尼以及維內多。皮耶蒙區產的葡萄包括巴羅洛、巴貝瑞斯可及內比歐羅。托斯卡尼區有名的是山吉歐維列葡萄。托斯卡尼因為奇揚地葡萄酒而聞名，後來又出現了布魯內羅葡萄酒，而之後出現的超級托斯卡尼，又讓托斯卡尼成為地圖上的亮點，因為超級托斯卡尼能媲美波爾多以及加州的卡本內蘇維濃，並將該產區葡萄酒的平均價格從一瓶 20 美元拉抬到 60 美元。另外，談到維內多區，就想到清爽可口、帶柑橘味的灰皮諾，也會想到阿馬龍葡萄酒[1]。」

紐約 I Trulli 餐廳的查爾斯．史沁柯隆內（Charles Scicolone）憶及最近的義大利旅行，提起他造訪的幾間餐廳都強烈建議他點餐廳的招牌酒。他說：「因為招牌酒在當地生產，比別的酒更適合搭配菜餚。他們十次有九次都是對的。」

1．編注 阿馬龍（Amarone）並非葡萄品種或產區，而是義大利著名的古老傳統釀酒法。

區域	食物／飲品
東北部，如維內多 VENETO	醃肉、燉飯、海鮮、義式蒜味肉腸 *阿馬龍 、灰皮諾、氣泡酒、特雷比雅諾品種*
西北部，如皮耶蒙 PIEDMONT	義式開胃菜、 義大利麵、義式玉米餅 *安聶品種、巴貝瑞斯可產區、巴貝拉品種、巴羅洛產區、多切托品種、蜜思卡得產區、內比歐羅品種等葡萄酒*
中部，如托斯卡尼 TUSCANY	燉飯、松露 *山吉歐維列葡萄品種（布魯內羅、奇揚地、超級托斯卡尼）、特雷比雅諾品種、維納西品種*
南部／島嶼，如西西里島 SICILY	義大利麵、披薩、沙丁魚 *馬沙拉、黑達沃拉品種*

喬・巴斯提昂奇（Joe Bastianchi）推薦義大利葡萄酒入門款

紐約餐飲業者喬・巴斯提昂奇（Joe Bastianchi）說：「義大利有七百多款葡萄酒，社會地理的多樣性讓這個國家與眾不同。例如西西里島的最南端，就比非洲的北海岸更南；而義大利最北端則深入阿爾卑斯山，住在這個山區的人講的是德語。」

由於義大利葡萄酒變化多端，我們請巴斯提昂奇推薦一箱入門款的葡萄酒給新手。這是他為新手提供的選購標準：「我推薦平價、能凸顯風土特色的葡萄酒」。

葡萄酒款	搭配範例
安聶 Arneis	薄切生牛肉
巴貝拉 Barbera	野生禽鳥，如乳鴿
奇揚地 Chianti	燒烤牛排
多切托 Dolcetto	焗烤白南歐刺菜薊佐芳汀那乳酪
蒙鐵布奇亞諾 Montepulciano	茄汁燉章魚佐刺山柑及橄欖
蜜思嘉微氣泡甜酒 Moscato d'Asti	配甜點，或者酒本身就可當作甜點
黑達沃拉 Nero d'Avola	劍魚佐刺山柑及鷹嘴豆油炸餡餅
氣泡酒 Prosecco	義式蘆筍蛋三明治
蘇瓦韋 Soave	義式玉米餅及戈根索拉乳酪
塔烏拉希 Taurasi	義式辣茄汁燴鮟鱇魚
托凱 Tocai	義大利生火腿
瓦波利切拉 Valpolicella	戈根索拉乳酪燉飯

西班牙

西班牙各區有自己的飲食文化，有美酒，也有不同的表現方式。紐約 Solora 餐廳領班朗恩．米勒（Ron Miller）說道：「舉例來說，北部阿爾巴利諾的酒搭配當地海鮮就是絕配，正驗證了『同產區的食物，就是相配的食物』。葡萄酒莊位於海邊懸崖，出產的葡萄酒除了有海洋清新的風味，也富含礦物味。」

「巴斯克區的查克利（Txakoli）白酒也是一樣的例子。查克利有種清新的蘋果香，還帶點梨子味以及貝殼跟海洋感的礦物味。查克利是酸度高、活潑的葡萄酒，很類似阿爾巴利諾。這種葡萄酒清新爽口的餘味來自其酸味，能喚醒味蕾，跟各類海鮮都能搭配。查克利跟西班牙經典的 Pil Pil 醬汁鱈魚也很搭。Sidra 則是巴斯克區的蘋果氣泡酒，配海鮮也很合宜。所有販售蘋果氣泡酒的商家都有供應海鮮。」

西班牙南部以炸物著稱，因此就有較為清新、爽口的白酒，好去除油膩。西班牙中部的烤物則需要搭配比較飽滿、厚重的葡萄酒，例如阿蒙特拉多或歐洛索雪利酒。西班牙靠大西洋沿岸地區的燉菜料理也適合搭配雪利酒，像是阿蒙特拉多、歐洛索或菲諾。最後，地中海沿岸的海鮮（如龍蝦）米飯料理，就需要比較豐厚的酒，像是西班牙維歐尼耶。

葡萄酒	*搭配範例*
北方	海鮮 *阿爾巴利諾*
巴斯克區	Pil Pil 醬汁鱈魚、海鮮 *Sidra（西班牙蘋果氣泡酒）、查克利*
中部	烤物 *雪利酒（阿蒙特拉多或歐洛索）*
大西洋沿岸	燉煮菜餚 *雪利酒（阿蒙特拉多、菲諾或歐洛索）*
南部	炸物 *清新、爽口的白酒*
地中海沿岸	海鮮飯料理，特別是龍蝦 *西班牙維歐尼耶品種*

德國

侍酒師丹尼爾．強斯告訴我們，德國的葡萄只有麗絲玲比較值得一談。我想許多人也都會同意，德國是以款式眾多的啤酒聞名於世。不過，我們還是希望從稍微寬廣的角度，看看德國 13 個葡萄酒產區中最重要的 4 個，還有這些產區的酒如何搭配料理。

葡萄酒	*搭配範例*
摩澤爾河區 MOSEL	濃郁的乳酪 *麗絲玲*
普法爾茲 PFALZ	豬肉、瑞士乳酪 *格烏茲塔明娜、米勒－土高（Muller-Thurgau）、麗絲玲、休蕾柏等品種*
萊茵高區 RHEINGAU	野味（禽鳥） *麗絲玲、黑皮諾（斯貝博貢德）等品種葡萄酒*

萊茵黑森區 RHEINHESSEN	*冷肉 麗絲玲、米勒-土高、席瓦納等品種、氣泡酒*

啤酒侍酒師卡洛斯·索利斯（Carlos Solis）談在地思考

比利時：全世界我最愛的啤酒都在這裡。比利時的啤酒非常「豐厚」：風味多樣，酒精濃度多半較高。帶有顯著的水果乾、焦糖、無花果、葡萄乾、太妃糖和巧克力風味。
*搭配：*野味、豬肉、羊肉，以及煮好放置了一天的法蘭德斯啤酒燉肉。

德國：德國科隆淺色混合型啤酒以及皮爾森啤酒很清新、順口，外觀跟口感也很清爽。酒精含量低，有明顯的烘烤味，餘味僅有微苦。
*搭配：*大多是辛香、重調味的料理，例如亞洲或墨西哥料理，或是燒烤和燻烤的肉類，以及披薩、燒烤肉腸。

英國：有很棒的波特啤酒、司陶特啤酒、英式印度淺色苦味愛爾以及比較特殊的酒，像是帶點雪利酒味的原版湯瑪斯哈代愛爾啤酒。以上都很適合做餐後酒。
*搭配：*我喜歡用波特啤酒和司陶特啤酒配甜點，因為能夠匹敵巧克力蛋糕濃郁的味道，也適合配家常布丁、大部分節日吃的點心以及精緻的巧克力草莓。

美國：美國啤酒的最大特色就是單一風味啤酒花，超級多的啤酒花！美國啤酒很苦、酒精濃度低。美國近幾年出現啤酒的再生風潮，微型釀酒廠開始在世界各地推出各種不同種類的啤酒，包括淡德國科隆淺色混合型啤酒、自然發酵酸啤酒、皇家司陶特啤酒、比利時 Triple 型態淺色烈啤酒類以及雙倍啤酒花英式印度淺色苦味愛爾。美國西北部微型釀酒廠儼然成了啤酒花愛好者跟冒險家的天堂。
*搭配：*不管是週末在後院烤肉，或是正式的晚餐，各種場合都有可以搭配的啤酒。我自己的最愛是：

⊙ 皮爾森啤酒配燒烤肉及蔬菜。
⊙ 煙燻波特啤酒及司陶特啤酒配煙燻鮭魚或是剖開的牡蠣。
⊙ 英式印度淺色苦味愛爾配清蒸貽貝或蛤蜊；大部分淡愛爾啤酒及英式印度淺色苦味愛爾因為酒花多、偏苦、風味豐富，因此跟海鮮非常搭。

規則 2 ：善用感官 以五感來引導你的選擇

RULE #2: COME to YOUR SENSES
Let Your Five Senses Guide Your Choices

> *侍酒師的工作就是拆解，把菜餚最顯著的特質跟葡萄酒並列或對比。如果只專注於單一成分，例如蛋白質，會見樹不見林。你會只針對菜餚中的單一成分進行酒食搭配，因此錯過了能同時搭配其他數種成分的餐酒，以及可帶出的複雜變化。*
>
> ——阿帕納．辛，Everest 餐廳侍酒大師，芝加哥

「紅酒配紅肉，白酒配白肉及魚肉」，這句古諺主要著眼於菜餚中的蛋白質。以往的飲食內容較為單純，這個規則還有其道理，然而現今料理的主要風味往往來自醬料或調味料，甚至是特定的烹調方式，因此重點在於，不能只考慮菜餚中的重點食材。舉例來說，雞肉沙拉不能只考慮到雞肉這個食材，還要考慮雞肉是水煮的、醃製的或燻烤過的。

掌握烹煮方法（成就食材的質地及溫度）以及菜餚中的特定材料（主要食材、特色食材、醬料及香草或香料等調味料），有助於你作出理想的酒食搭配。越了解所搭配的菜餚，就越能分辨其中的細微差異，做出最完美的搭配。

例如，倘若你知道某道料理含有菇蕈，可能會先想到，一般而言紅酒跟菇蕈還滿互補的。倘若你又知道這個菇蕈是野生的，就會曉得它會有較重的土壤味。要是你進一步得知這野菇就是雞油菌（通常搭配微干的白酒）加上帶肉質風味和口感的牛肝蕈（通常搭配厚實飽滿的紅酒），你就會更細緻地斟酌能同時搭配兩者的葡萄酒。

搭配時，我們通常會去思考料理的整體印象，影響這一點的因素包括食材的重量感、強度、質地跟溫度等，而這些特性往往又受到主要食材、調味料或是烹調方式的影響。

重量感（weight）

> *葡萄酒的重量感必須與料理的重量感相稱。如果菜餚十分濃郁，就需要搭配酒體飽滿或至少風味十足的葡萄酒。*
>
> ——史考特．卡爾弗特（Scott Calvert），
> The Inn at Little Washington 侍酒師，維吉尼亞州

先了解料理的相對重量感很重要。這道菜是輕盈、中等還是厚重？再搭配相應的輕盈、中等或飽滿的酒體。

烹調方式也影響菜餚的重量感。比較一下稍微水煮菜餚和燒烤的料理，以及在紅酒醬

汁裡燜煮了數小時的菜餚。水煮的菜餚適合酒體輕盈的葡萄酒，燒烤及燜煮則適合酒體中等及飽滿的葡萄酒。

酒食搭配跟人生一樣，會受到季節影響。我們不會在冬天穿亞麻料的衣服，也不會去喝冰涼、酒體輕盈的粉紅酒。同樣的道理，夏天也不適合穿著厚重的喀什米爾毛衣出外野餐，因此也不適於飲用酒體厚重的卡本內蘇維濃。我們得確定葡萄酒與料理的重量感相稱，也跟季節相稱。

頂尖的大廚會依據季節時令來烹調，他們很可能會在不同季節應用不同的食材及烹調方式。就像你在大熱天會燻烤蝦子或雞肉（在這個季節沒人想動用烤箱），天冷時則會燜煮、烘烤或燉煮紅肉。清淡的海鮮和禽鳥適合搭配酒體輕盈的葡萄酒，風味較重的肉類則適合酒體飽滿的葡萄酒。

現今，夏多內這種酒體飽滿具橡木味的白酒，重量感很容易就勝過黑皮諾這種酒體輕盈的紅酒。所以搭配餐酒時，了解酒的重量感會比酒的顏色更重要。侍酒師伯納·森說：「雖然厚重的紅酒還是要配紅肉，不過黑皮諾這種酒體輕盈的紅酒，就與鮭魚這種重量感厚重的魚類非常搭配。布根地出產的清爽黑皮諾甚至可以搭配白肉魚類。雞肉或小牛肉等白肉也可以搭配中等酒體的白酒或紅酒。不過，大部分海鮮還是適合酒體輕盈的白酒。」

該如何判斷杯中液體的重量感？其中一個方式是留意大家如何談論或描述。有時候人們會用「豐厚」（big）來描述葡萄酒，通常代表酒體較飽滿、酒精濃度較高；至於「輕柔」（soft）或細緻的葡萄酒，通常意指酒體較輕盈、酒精濃度較低。

葡萄酒的酒體通常跟酒精濃度有關（也跟甜度、單寧含量等有關），所以酒標上法定的酒精濃度含量可以提供我們一些訊息。通常酒精濃度低於 12%，是酒體較輕盈的酒；酒精濃度高於 13-14%，則是酒體較飽滿的酒。

French Laundry 以及 Per Se 餐廳的保羅·羅伯斯告訴我們一個簡單的方法，可直接用「嘗」的來判斷葡萄酒的重量感：嘗一口酒，感受在酒在舌頭中央的感覺，「如果像水一樣稀薄，就是輕盈的酒體；如果感覺像全脂牛奶，就是飽滿的酒體。如果介於兩者之間，感覺像低脂牛奶，就是中等酒體。」

經由羅伯斯的比喻，我們可以這麼分類：

輕盈酒體：*如麗絲玲（白酒）及黑皮諾（紅酒），口感類似水。*

中等酒體：*如白蘇維濃（白酒）及梅洛（紅酒），口感類似低脂牛奶。*

飽滿酒體：*如夏多內（白酒）及卡本內蘇維濃（紅酒），口感類似全脂牛奶。*

「強度」（volume）

> *酒食搭配最重要的規則，就是顧及食物以及葡萄酒的風味強度。*
>
> ——Bectka Dining & Wine 餐廳老闆，史蒂夫．貝克塔（Steve Beckta），渥太華

一道料理除了要考慮重量感，風味強度也不可忽視。史蒂夫．貝克塔說：「如果把風味比喻成音響的喇叭，就是去設想它的音量會有多大？風味的音量如果從 1 到 10，細緻的綠色生菜灑檸檬汁可能是 2，而肋眼牛排配上藍紋乳酪則可能是 10。」

同樣地，細緻的水煮魚有如輕聲細語，但是塗覆各種香料、在牧豆木上燒烤，再搭配哈拉貝紐莎莎辣醬的魚，就變得震天價響。輕聲細語的菜餚適合同樣聲量的葡萄酒，喧囂的菜餚則得搭配能承受如此音量的葡萄酒。料理的酸度（像是生菜沙拉或其他醬料）或甜度（像是甜點及水果醬汁）若是夠高（夠大聲），選擇飲品時就必須考慮這些特質（通常必須相襯）。例如綜合生菜沙拉淋上酸酸的油醋醬，就跟偏酸的白蘇維濃相配。

專為辛辣菜餚侍酒的侍酒師，面臨的挑戰就更不同了。Emeril's New Orleans 餐廳的侍酒師麥特．里列特（Matt Lirette）提供了一些通則，告訴我們如何中和克利歐奧爾式[2]的辛辣調味，以及如何平衡這類料理的強度。他說：「我會用有殘糖的白酒來平衡我們的食物。」意思就是以甜味來調節熱辣感跟辛香味。里列特又說：「我也會選擇酒精濃度較低的酒。紅酒的單寧跟酒精會加強食物的熱辣感，而且因為單寧（偏苦）跟鹽其實不搭，所以我不會拿單寧強勁的紅酒配鹹食（例如義大利生火腿）。」

料理的重量感跟強度雖然時常呈正相關，但也絕非必然。以下幾組例子就足以說明：

重量感／強度	*料理*
厚重／喧囂	燒烤牛排佐藍紋乳酪
厚重／靜謐	奶油雞蛋麵
輕盈／喧囂	辣椒及燈籠椒
輕盈／靜謐	水煮扇貝

2．譯注 Creole-style，美國南方的傳統料理風味，混合了南歐、美國印第安以及非洲的烹調方式，以酸和辣見稱。

飲品與食物一樣，有各自的強度。史蒂夫・貝克塔說：「在 1 到 10 的風味強度量表上，年份波特酒的口感可能是 10 分，但輕盈的白蘇維濃則是 2 分。我們希望餐與酒可以相互匹敵，而不是讓一方壓過另一方。食物在口中時，味蕾得同時嘗得出葡萄酒的風味，而飲用葡萄酒時也要能嘗出食物的味道。如此酒食搭配才能相得益彰，而不會互相競爭。」

受歡迎的葡萄酒有怎樣的重量感及強度？請見以下的例子：

重量感／強度	*料理*
飽滿／喧嚣	卡本內蘇維濃
飽滿／靜謐	夏多內，尤其是（幾乎）沒有橡木味的
輕盈／喧嚣	麗絲玲
輕盈／靜謐	蘇瓦韋

重點在於讓同樣重量感／強度的餐酒互相搭配。上述兩個圖表中的食物與葡萄酒剛好十分相配。

搭配時考慮重量感及強度

	輕盈／靜謐		*厚重／喧嚣*
食材	魚 貝類 蔬菜	豬肉 禽鳥 小牛肉	牛肉 野味 羊肉
烹調方式	沸煮 水煮 蒸	烘燒 炒 烘烤	燜 燒烤 燉
醬料	柑橘／檸檬 油醋醬	奶油醬汁／奶油白醬 橄欖油	半釉汁 肉類高湯
葡萄酒	灰皮諾 麗絲玲 白蘇維濃 酒精濃度 <12%	夏多內 梅洛 黑皮諾 酒精濃度 12-13%	卡本內蘇維濃 希哈 金芬黛 酒精濃度 >13-14%
啤酒	拉格 皮爾森 小麥啤酒	巴克 德國啤酒節 淺色苦味愛爾	棕色愛爾 波特 司陶特
清酒	大部分清酒	陳年清酒	
烈酒	白色 （如琴酒、伏特加）		棕色 （波本威士忌、威士忌）
茶	綠茶	烏龍茶	紅茶
咖啡	淺焙	中焙	深焙
水	無氣泡	微量氣泡	大量氣泡

質地及溫度

料理的質地及溫度也會影響酒食搭配。口感酥脆的料理通常是炸的，需要搭配香檳、氣泡酒或啤酒等有氣泡的飲品，才會比較爽口。烘烤菜餚通常搭配厚重的飲品，例如鵝肝醬搭配索甸甜白酒。

就像我們夏天愛吃涼的、冬天想吃熱的，天氣炎熱時也會想喝清涼的飲料，天氣轉涼時則想喝溫熱的飲品。同樣是烤雞肉，趁熱吃可以搭黑皮諾，放涼後冷食則更適合搭配冰過的粉紅酒。

烹調方式會影響菜餚的質地跟溫度。鮪魚可以做生魚片，也可以做烤魚，兩種料理各有不同的風味、溫度、質地以及可搭配的飲品（前者香檳，後者黑皮諾）。也可以想像一下冰涼爽脆的生紅蘿蔔以及紅蘿蔔熱湯的差別，兩種吃法都有適合的葡萄酒：生紅蘿蔔適合清新爽口的葡萄酒（如白蘇維濃），紅蘿蔔湯比較適合有殘糖的葡萄酒（例如微干的麗絲玲）。

規則 3：平衡風味 用不同方式來挑動味蕾

RULE #3: BALANCE FLAVORS
Tickle Your Tongue in More Ways than One

DavidRosengarten.com 網站總編大衛．羅森加騰（David Rosengarten）與喬許．韋森（Joshua Wesson）於 1989 年合著的《紅酒與魚的搭配藝術》」（*Red Wine with Fish*）中，提倡應該掌握菜餚中的風味元素，從而並列或是對比各種風味。

羅森加騰說：「這本書集結多年經驗，而我要提出的就是，一定要聽從自己的味覺。如果要我把酒食搭配的學問簡化成一句話，那就是相信舌頭嘗到的風味元素就對了。」把食物分成甜、酸、苦及鹹，葡萄酒也分成甜、酸及苦。此外，葡萄酒還要考量酒精濃度、橡木味跟單寧。

羅森加騰拍胸脯保證：「只要熟悉這些風味元素搭配的訣竅，就做對 99% 了！」

人的味蕾感受得到四種基本風味元素（甜、酸、苦、鹹），你想搭配的菜餚或飲品中，具有哪些風味元素？哪種最強？一旦你知道料理及飲品的風味元素，接下來就要決定你最喜歡的組合。

平衡之道：兩者並列或創造對比

你選擇讓兩者並列，或是創造對比呢？如果是兩者並列，就選擇味道或質地相似的食物及飲品。如果想要創造差異，就刻意讓兩種風味造成對比。

這兩種一直是我們所採用的方法。紐約 Hearth 餐廳的保羅・葛利克（Paul Grieco）笑著說：「就拿 Oreo 餅乾配牛奶來說好了，還有什麼比這種搭配更棒的？以甜的配甜的、濃郁的配濃郁的。至於對比，我們時常吃的就是椒鹽蝴蝶餅配啤酒，一鹹一酸，這會讓你一口接一口，停不下來！酥脆配上氣泡，在口感上形成對比，一整個完滿無缺。」

並列與對比各有其優缺點。不過，要以對比做出成功的酒食搭配，風險較高，所以 French Laundry 兼 Per Se 餐廳的侍酒師保羅・羅伯斯通常是打安全牌，採取並列法。他說：「採對比法，你可能一炮而紅，也可能一敗塗地。除非我有辦法在上菜前先試吃試飲，不然我對於對比搭配通常會非常非常小心，因為這有可能搞得一塌糊塗。」

不確定該怎麼做的話，安全起見，或許你最好採取並列法而別使用對比法。

酒食搭配的平衡原則

甜味食物

並列：鮮甜的食物，可用帶一點或更多甜味的葡萄酒來搭配。

並列：甜點，可用相同甜度或更甜的葡萄酒來搭配。

苦味食物

並列：帶苦味的食物，如胡桃或燒烤菜餚，可用單寧強勁（帶苦味的）葡萄酒來搭配。

對比：帶苦味的食物，可用帶果香、風味飽滿的葡萄酒來平衡。

酸味食物

並列：帶酸味的食物，可用相同酸度或更酸的葡萄酒來搭配。

並列：帶酸味的食物，可用干型（不甜）的葡萄酒來搭配。

鹹味食物

對比：鹹食，可用帶酸味的葡萄酒來平衡。

對比：鹹食，可用氣泡飲料來平衡。

對比：鹹食，可用甜的葡萄酒來平衡。

酒食搭配的其他平衡原則

重量感

並列：輕盈的食物搭配酒體輕盈的葡萄酒，厚重的食物搭配酒體飽滿的葡萄酒。

強度

並列：細緻的料理搭配同等細緻的葡萄酒。

對比：辣／辛香的食物，可用稍帶甜味甚至更甜的葡萄酒來平衡。

濃淡

並列：濃郁的食物搭配同等濃郁或更為濃郁的葡萄酒，這類葡萄酒通常來自溫暖地區。

對比：油膩、多脂的食物，可用高酸度的葡萄酒來平衡，以去油解膩。

豐富程度

並列：豐盛的料理搭配豐厚的葡萄酒。

並列／對比：簡單的料理配簡單的酒，不過有時以豐厚的紅酒來平衡簡單的漢堡也是不錯。

果香／土壤味

> *帶果香的料理就要搭配新世界出產的葡萄酒，帶土壤味的料理則搭配舊世界出產的葡萄酒。新世界與舊世界要如何區分？如果這個國家 16 世紀時有國王或皇后（例如法國、義大利、西班牙），就屬於舊世界。如果這個國家以前是探險家的目的地（例如美國）或罪犯流放之處（例如澳洲），就屬於新世界。*
>
> ——葛雷格．哈林頓，侍酒大師

酒食搭配的平衡原則

> *酸適合用來搭配菜餚，因為酸可以清除味道並淨化味蕾，可說是葡萄酒中最重要的元素。舊世界的葡萄酒通常酸度剛剛好，麗絲玲的酸度則尤其適中。*
>
> ——保羅．葛利克，Hearth 餐廳總經理，紐約市

> *確定酸度最好的方式就是問問自己：嘗完之後分泌的口水多不多？下唇後方舌頭正下方就是感受酸度之處，而酸度越高，分泌的口水越多。唾液的分泌量就是判斷酸度的指標。夏布利白酒酸度高，格烏茲塔明娜則酸度低。如果同時品嘗兩者，就能感覺得到口水分泌量的差別。*
>
> ——伯納．森，Jean-George Management 飲品總監，紐約市

酸度高的酒（如香檳、蜜思卡得產區）

並列：高酸度的葡萄酒，可用高酸度的料理（如淋上油醋醬的生菜沙拉、茄汁義大利麵）來搭配。

對比：高酸度的葡萄酒，可用高脂、厚實或濃郁的食物（如熟肉、法式肉派[2]、煙燻鮭魚）來平衡；葡萄酒可解膩。

對比：高酸度的葡萄酒，可用鹹食來平衡（如魚子醬、牡蠣）。

單寧強勁的葡萄酒（如卡本內蘇維濃；請注意葡萄酒越陳，單寧越柔和）

對比：單寧強勁的葡萄酒，可用較油膩的料理（如油花多的牛排）來平衡。

並列：單寧強勁的葡萄酒，可用苦的食物（如燒烤茄子、胡桃）來平衡。

帶橡木味的葡萄酒（如過桶的夏多內）

並列：帶橡木味的葡萄酒，可用燒烤菜餚（如烤雞）來搭配。

並列：帶橡木味、口感厚重的葡萄酒，可用奶油含量高的乳脂狀料理（如龍蝦佐白醬）來搭配。

甜葡萄酒（如微干到甜的麗絲玲或甜點酒）

並列：甜酒，可用有點甜或是偏甜的食物（如莎莎芒果醬佐魚、甜點）來搭配。

對比：甜酒，可用辛辣菜餚（如四川菜）來平衡。

對比：甜酒，可用鹹味菜餚（如藍紋乳酪）來平衡。

2．編注 pâtés，法式開胃菜，由主料絞碎後混以肉類脂肪與香料，再經調理而成。

從飲品開始時

WHEN STARTING with the BEVERAGE

我在思考某瓶葡萄酒要如何搭配時，首先會想這種葡萄的主要產區在哪裡。一般來說，通常是歐洲。接著我會想想這個區域的各種食物。我不是說喝麗絲玲就一定要變出黑森林的料理。不過，倘若你能想想這個區域中各種食物的種類及風味組合，就可以從過往的經驗找出真正可行的搭配。對我而言，地理條件最重要，起碼可以帶來靈感。

——喬治・克斯特（George Cossette），Silverlake Wine 合夥人，洛杉磯

假設有人送了你一瓶葡萄酒，你在思考要搭配什麼料理，可能會想做點功課了解這支酒的特色，以進行事先規畫。還好現在有網路，只要上網搜尋一下就能找到答案。

重要的線索包括葡萄酒的顏色、產地（先前談到的地域性）、重量感（酒體是輕盈、中等還是飽滿）、年齡（淺齡葡萄酒的風味通常較奔放，陳年葡萄酒的風味則較細緻）、價格（是適合平常喝，或是留待特殊場合飲用），以及侍酒師所談的結構：酒精濃度、酸度、甜度、單寧和橡木味。

葡萄酒的結構跟製造過程大有關係，所以許多葡萄酒書才會深究葡萄皮的單寧量、葡萄皮跟酒液的接觸時間（接觸時間越長，酒液中的單寧就越多），以及葡萄裡的天然糖分有多少轉化成酒精、多少成為殘糖（殘糖越多，葡萄酒就越甜，不過甜度可能受其他因素抵銷，使葡萄酒甜度降低），或是葡萄酒是否置於橡木桶中陳化，如果是話，用的是哪種橡木桶？浸泡的時間又有多久？（葡萄酒的橡木味越重，

奶油、香莢蘭的風味就越濃。）

釀酒商 Channing Daughters 的克里斯多夫・崔西（Christopher Tracy）認為，搭配時，葡萄酒的重量感比顏色重要，第二重要的是紅酒的單寧量以及白酒的甜度。他說：「舉例來說，如果你想以白肉魚、蔬菜或是輕食來搭配紅酒，你絕對不會想搭配高單寧、高酒精濃度、酒體飽滿的深色紅酒，而會想飲用酒體輕盈、單寧含量低的紅酒，以免相互衝突。」

崔西又說：「另一方面，如果你喝的是高單寧、高萃取物（如礦物質）、顏色深且酒體飽滿的紅酒，就必須搭配適合的食物。你需要吃一些比較能緩和澀味或苦味菜餚，所以羊腿或肋眼牛排與加州卡本內蘇維濃或是優質的波爾多正是經典組合。」

侍酒大師約瑟夫・史畢曼（Joseph Spellman）談了解葡萄酒結構的重要性

依據法國傳統，高酸度的葡萄酒通常配高脂肪的食物，例如以奶油為基底的醬料。這種搭配能夠解膩（搭配的葡萄酒剛好可以去油脂）。然而，現今料理很多本身已經達到完美平衡，因為大廚通常都已為菜餚的酸度、鹹度、甜度、質地以及顏色方面取得平衡。如果料理本身已經很完美了，該如何選擇搭配的葡萄酒，為料理增色？

如果料理中已有檸檬汁、巴薩米克醋或是其他有酸味的成分，葡萄酒的酸度根本就是多此一舉。所以接下來的重點是，葡萄酒中的何種風味能夠包覆整道菜餚？哪種葡萄酒能讓菜餚中的每樣風味更加精緻？哪種葡萄酒可以加強料理的酸度、口感，並延長風味餘味？

這種方式與過去的思維大相逕庭。以前要花時間研究香氣或風味，但現在我想大部分的人都會同意，葡萄酒的結構才是重點。

我們無法改變葡萄酒的結構，因為結構來自土壤、葡萄藤蔓，以及葡萄成熟過程中吸收的能量；我們也無法全盤改變葡萄酒的酸度、酒精以及單寧等要素。這正是葡萄酒的迷人之處，也是年份重要的理由，因為每年出產的葡萄酒，結構就是不一樣。

找到「對」的答案

COMING UP with "THE RIGHT ANSWER"

好消息是，一道菜通常可以搭配多款酒，甚至數十種、上百種選擇也不足為奇！

我們與侍酒師貝琳達．張（Belinda Chang）共進晚餐時，就學到了這樣寶貴的一課。我們在舊金山 Fifth Floor 餐廳用餐時，貝琳達替我們搭配兩款（而不是一款）葡萄酒。其中一款酒與菜餚中的肉類特別搭，另一款酒則與醬料很配。能夠品嘗到這兩款葡萄酒如何與同一道料理發生不同的作用，感覺實在很奇妙。紐約市 Chantelle 餐廳侍酒大師羅傑．達格（Roger Dagorn）談到如何協助客人以不同方式享受大廚大衛．華塔克（David Waltuck）的菜餚時，就說他會各推薦一支新世界及舊世界出產的葡萄酒。

芝加哥 Bin 36 餐廳的葡萄酒總監布萊恩．鄧肯則會從餐廳豐富的酒單上，為每一道料理推薦兩種以上的選擇。他說：「我很少會認為某道料理只能搭配某一款酒。我反而喜歡用拳擊的方式：每道料理我都會建議搭配紅白酒各一款，因為效果不一樣。這就像是從兩個角度切入同一道菜，一種酒能夠帶出的風味，另一種酒辦不到。」

結論：我們感到開心嗎？

CONCLUSION: Are We Having Fun Yet?

> *遇強則強，香氣也要勢均力敵。*
>
> ——**皮耶羅．賽伐吉歐**（Piero Selvaggio），**Valentino 餐廳老闆，洛杉磯**

如果你不是先跳到第五章及第六章找「答案」，而是先讀完這一章，你應該很能認同多方嘗試酒食搭配是一件樂事。探險的過程應該會讓人收穫豐盛，不僅能在當下獲得立即的愉悅，還能鍛鍊出更敏銳的味覺，在下一次酒食搭配時更得心應手。

洛杉磯 Valentino 餐廳老闆皮耶羅．賽伐吉歐觀察到，其實要享受酒食搭配，根本不用想太多。他說：「你可以選擇經典組合，像是牛排配卡本內蘇維濃就很棒。雖然沒什麼新意，但是很安全，也是最簡單的作法。」

他又說：「如果你喜歡分析自己嘗到的味道，最好先吃一口食物、喝一小口酒，然後讓兩者在口腔內滾動。滾動的速度越慢，越能感受到究竟嘗到了什麼滋味。」

賽伐吉歐說：「要讓味覺更敏銳，關鍵就在於多方思考。當你擁有更多知識，就能再往前推進一步，在感官知覺跟經驗方面更上一層樓。

「我們會嘗試食物，嘗試葡萄酒，也會兩者一同嘗試，然後決定最佳搭配，並提出自己的看法。你的想法代表你的喜好。請不要忘記，你從吃與喝的過程中得到的感受，都必須讓你滿足，而不是被葡萄酒專家羅伯·派克（Robert Parker）或是其他人牽著鼻子走。專業人士雖然可以給我們一些指引，教我們如何品酒或搭配，但最終下判斷的人還是你自己。」

大廚派翠克·歐康乃爾教你設定目標

身為羅萊夏朵美食家北美分會會長，我會參加羅萊夏朵精品酒店集團（Relais & Chauteau）舉辦的國際會議，享受當地頂尖大廚提供的晚餐。我很喜歡享有這種完整的體驗，可以嘗到當地特有別處吃不到的食物，再佐以地產的葡萄酒，感覺好像拼圖全部拼在一起，一切是如此合理。

美國人談酒食搭配時，常常想太多，變成用大腦思考，而不是用心感覺。

就我個人而言，我對酒食搭配的喜愛，並不是因為酒食搭配帶給我的衝擊、震驚或威嚇，而是在受整體經驗所吸引。換句話說，我覺得酒食搭配跟音樂有點類似：倘若你還能察覺到其中的個別或部分元素，就表示尚未達到渾然忘我的境地。對我來說，渾然忘我的時候，才會獲得彷如得道升天的體驗。

有位葡萄酒作家曾向我描述他前一晚享用的美味大餐。有人問他：「你的主菜搭配什麼葡萄酒？」他答道：「我太陶醉了，想不起來。」這種說法讓我感到耳目一新。我覺得真正享用一餐就應該要這樣，而不是聽到人們說：「我喝了一杯高級的 1964 年份的某某堡葡萄酒……」那種感覺還滿倒胃口的。

當然，如果那頓餐搭配得不完美，這位作家或許就不會忘記他吃了什麼，畢竟人們通常會特別記得缺點。就像有人在整首天籟中走了一個音，大家就會耿耿於懷。但倘若唱得十全十美，大家就會說：「這是當然的！」「可不是嘛！」最棒的東西總是顯得舉重若輕。

大廚丹尼爾・布呂德及侍酒師菲利普・馬歐談上菜順序

丹尼爾・布呂德

布呂德：有些客人用餐時，喜歡跟侍者及侍酒師互動，以此學習更多東西、獲得樂趣。不過大部分的人，還是喜歡邊用餐邊跟朋友聊天。

餐前酒

布呂德：美國人在餐前喝的酒通常比餐後喝得多，他們可能會在餐前喝三杯馬丁尼，但是不喝餐後酒；歐洲人則是餐後酒喝得多。歐洲人的伏特加喝得沒有美國人多，一開始多半喝杯白酒或香檳，然後就差不多了。

品嘗菜單

布呂德：你端出嘗鮮菜單上的菜色加上搭配的葡萄酒時，客人會覺得很受干擾。有些客人到某些餐廳時，置身於侍者、侍酒師與所有事物之間，會有本末倒置的感覺，好像主角不是客人，而是餐廳或一場秀。

我們盡可能專業、謹慎。客人如果想了解更多，我們很樂意提供資訊。如果他們想知道菲利普對白蘇維濃以及釀酒師的看法，當然也沒有問題，這是我們的榮幸。重點是要了解客人究竟想知道多少，因為要給多給少其實不好拿捏，要提供足夠資訊卻又不能太超過。

有的客人只愛喝紅酒，那我們當然欣然接受！也許有時候客人的想法跟我一樣：「給我紅酒，我就滿足了。」

只要客人點了好酒，品味也不錯，我們通常不會干涉。我可以尊重某些只喝特定葡萄酒、不喝其他酒的客人，因為那代表他們已經找到最能讓自己快樂的酒。

我們有很多客人只喝布根地白酒或是波爾多紅酒。他們不想嘗試其他酒款，所以我們最好只提供他們那兩區出產的酒，再藉由年份的不同讓他們感到驚奇。

這些客人並非對酒無動於衷；他們喜歡葡萄酒，也知道自己喜歡的原因。所以重點不在於喝特定產區的名酒，而在於是否品嘗到該區最優質以及最佳年份酒。

嘗試酒食搭配，理想的人數是六到八人，這樣就可以為每道菜開不同的酒，如此便有機會選擇較特別的酒。

依照地理位置品嘗：由北部酒嘗到南部酒

馬歐：以葡萄酒來說，品酒時我們通常會從法國北部的酒一路往法國南部嘗去。法國北部日照較少，葡萄的糖分通常較少也較多礦物味，所以在用餐時先喝。這種酒往往橡木味較淡，聞起來有石油味。法國南部日照充足，葡萄酒香氣較多樣，也較明顯。

布呂德：我們餐廳的酒單和思考取向，當然就是法國葡萄酒了。法國北部的酒完全熟成、細緻、帶花香。白酒的話，我們也是從北喝到南，從布根地區、上隆河河谷、羅第丘、艾米達吉、教皇新堡，再往南到朗格多克或普羅旺斯。

依照出菜順序品嘗

鵝肝醬

布呂德：我們先上鵝肝醬或法式肉凍，不過不會搭索甸甜白酒，因為一開始用餐就喝實在太甜了。如果我們先上鵝肝醬，就會提供休姆－卡德甜白酒、晚收的阿爾薩斯白酒、梧雷區出產的酒或者是香檳。

馬歇：我也認為先上索甸甜白酒太甜了，如果餐前就上，之後要上什麼？我也喜歡阿爾薩斯區的晚收葡萄酒，或是梧雷區出產的半干型氣泡酒，這些酒的餘味都帶點清爽度。

布呂德：以上這些酒跟熟肉店的各式熟肉及以水果調味的菜餚很搭。在用餐中喝甜酒，味蕾會大受干擾。我們有時候會在最後上烤鵝肝醬，這時候才會搭配冰酒。即便法國人覺得索甸甜白酒跟鵝肝醬是絕配，我們還是比較建議以更甜的葡萄酒搭配熱鵝肝醬，而不是搭配冷的法式肉凍。

馬歇：Daniel 餐廳的一餐大約包含八到十道菜。如果一開始喝太厚實的酒，到第三道菜味蕾就疲乏了。這樣就完了，因為實在太重了。

魚類

馬歇：如果是醃漬油甘魚[3] 或是醃製比目魚，我通常會配紐西蘭的白蘇維濃、羅亞爾河谷的葡萄酒，或加州的白蘇維濃（若帶有奇特果香）。如果是奶油甜餡煎餅卷、龍蝦、菠菜、蘆筍，我會搭配普依富賽產區葡萄酒，因為這種葡萄酒的礦物味足以搭配龍蝦跟菠菜。

布呂德：品酒時，我們通常會用魚料理來帶出紅酒。我們會提供多肉的魚，例如鮪魚佐波爾多醬、松露或雞油菌，都滿能搭配伯恩丘或俄勒岡州的黑皮諾。

野味或野生禽鳥

布呂德：鴨肉佐櫻桃跟隆河河谷南部略帶辛香味的格那希滿相合的。鴨或乳鴿之類的野生禽鳥跟格那希也很搭，尤其是較陳的格那希。

紅肉

布呂德：以紅肉為主的料理，我們通常會上羊肉、野鹿或牛肉，這些肉類可能帶點胡椒或辛香味，可搭配希哈或美國的卡本內蘇維濃。

3‧編注　hamachi，正式名稱為「鰤魚」，料理上多稱為「油甘魚」。

乳酪

布呂德：乳酪料理可視客人的喜好，搭配四種葡萄酒：

1. *白酒：如果客人吃的是山羊乳酪，適合配阿爾薩斯的格烏茲塔明娜、松塞爾或普依芙美的酒。以白酒搭配乳酪，口感較為清淡、溫和。*
2. *紅酒：我是法國希哈酒痴，所以會選擇隆河河谷出產、口感較圓潤的法國希哈酒！有時紅酒的單寧會破壞乳酪的味道。不過年份較久、單寧較低、有圓潤果香的紅酒很適合搭配乳酪。*
3. *甜酒。* 4. *波特酒。*

馬歇：香檳因為酸度的關係，很適合配乳脂狀的乳酪，例如三重脂肪乳酪。

甜點

布呂德：如果是水果甜點，尤其是熱帶水果配上甜的香料，如香莢蘭或卡非萊姆，我們可以大膽一點，配甜酒。

馬歇：這種情況下我們會端上澳洲、南非、德國、加拿大、美國及奧地利的葡萄酒。

布呂德：甜酒特性比較多元。我們也喜歡朗格多克產區的酒，如蜜思嘉以及義大利氣泡酒。

巧克力

布呂德：夏天我們會供應比較清爽、帶莓果等水果的巧克力甜點，這時我們會搭配淺齡、帶果香的班努斯產區甜紅酒。

馬歇：我也會端上義大利甜白酒（vin santo），意思是神聖的酒。甜白酒是陳放五年的干型酒，我通常會以微冰的溫度上酒。

布呂德：波特酒與某些巧克力滿配的，但也不是什麼都能搭。如果甜點中帶有深色、濃郁、乳脂般的甘納許，且帶有強烈的巧克力風味，那麼年份波特酒就非常適合。

白巧克力、牛奶巧克力以及風味較淡的黑巧克力（例如巧克力慕斯），就不適合搭配波特酒。如果你一下子跳太遠，非常苦的黑巧克力也不適合搭配波特酒。

班努斯的甜紅酒帶有烘烤及堅果香氣，而且不會太甜，適合搭配乳脂狀的巧克力甜點。

餐後酒

布呂德：因為現在餐廳內部禁菸，所以餐後酒的銷量也跟著下滑。以前我們賣一支雪茄就可以搭配好幾杯干邑白蘭地。我覺得應該在戶外擺幾張桌子，然後把飲料車給推出去！

布呂德以及馬歇：不同地區的人會有不同偏好。亞洲人喜愛干邑白蘭地、雅馬邑白蘭地及威士忌；歐洲人喜歡水果蒸餾酒；英國人喜歡卡瓦多斯（蘋果白蘭地）；美國人喜歡雅馬邑白蘭地、干邑白蘭地以及渣釀白蘭地；義大利、西班牙還有南美洲的人也喜歡渣釀白蘭地。以文化而言，歐洲、南美洲還有亞洲人喜歡餐後再坐一下。

白酒配紅肉？紅酒配魚？

> *酒食搭配有 98% 是要避免餐與酒互相破壞。*
>
> ——克萊格・薛爾頓，Ryland Inn 大廚兼老闆，紐澤西

> *酒食搭配最重要的，就是知道如何避免餐與酒衝突。*
>
> ——史蒂夫・貝克塔，Beckta Dining & Wine 餐廳老闆，加拿大

你會以白酒搭配紅肉嗎？史蒂夫・貝克塔打趣地說：「肋眼牛排跟白蘇維濃會衝突嗎？不會。只是這樣葡萄酒等於浪費，還不如喝含酒精的水就好，因為這樣搭配完全嘗不到葡萄酒的滋味。」白酒通常無法與紅肉的風味抗衡，還會被蓋掉。傳統酒食搭配的智慧就是依此衍生出來的。話雖如此，酒食搭配的世界現在已經發生改變，以往白酒被認為比較清淡、清新，紅酒則酒體飽滿、單寧含量高。但今日你也會發現酒體飽滿、含橡木味的夏多內（白酒），比起酒體輕盈的黑皮諾（紅酒）可說是有過之而無不及。那麼，你到底會不會以紅酒搭配魚肉呢？華盛頓特區 Kinkead's 餐廳侍酒師麥可・富林說：「若是鮪魚這種跟牛排較相似的魚類，就可以搭配紅酒。你可以搭溫和一點的紅酒，例如新世界的黑皮諾、梅洛、金芬黛，或是舊世界土壤味較重的葡萄酒，像是教皇新堡酒，或是隆河河谷南邊的格那希。」

然而，傳統而言，紅酒與白肉魚是不相合的。Jean-Georges Management 餐廳集團的伯納・森說：「因為單寧會跟海鮮裡的碘相互作用，所以嘗起來會有金屬味或罐頭味。紅酒會帶出碘的味道，如果搭配著蝦子飲用，會覺得好像從罐頭裡喝酒一樣。」Kinkead's 餐廳的特長就是海鮮料理，並幫客人做好酒食搭配，而麥可・富林擬的酒單多半是黑皮諾、巴貝拉、利奧哈以及山吉歐維列品種的紅酒。富林說：「如果要上紅酒，至少選擇單寧溫和一點、帶果香的紅酒，這樣比較安全。」我們都知道，白酒可以搭配魚類跟禽鳥白肉。舊金山 Jardiniere 餐廳的大廚崔西・黛查丹（Traci Des Jardins）指出，這種經典準則非常好用：「這個通則也指出，豐厚的隆河河谷葡萄酒、卡本內蘇維濃品種以及波爾多產區的葡萄酒，顯然較適合厚重的紅肉、牛肉以及羊肉。」

以上當然沒錯，不過大家有想過為什麼嗎？伯納・森說：「紅酒配紅肉，是因為單寧是蛋白質，而紅肉也是蛋白質。口腔後方有受體，會接受蛋白質／單寧。單寧讓口腔出現乾澀感，而且會堵住味蕾的受體。紅肉也是蛋白質，同樣會堵住味蕾的受體，因而單寧在口腔產生的乾澀感就不會那麼明顯。相反地，紅酒放得越久，蛋白質就會聚集在一起：淺齡葡萄酒中的細小分子在放置一段時間之後，就會凝結成較大的蛋白質團塊及蛋白質鏈，體積一旦夠大，就會形成固體，沉澱在酒瓶底部。因此，較陳的葡萄酒中，單寧並沒有消失，只是形態改變，讓葡萄酒變得更為溫和。這不過是物理變化，因為單寧其實還在，只是轉換成另一種形態。

紅酒及白酒，依酒體排序

雖然個別葡萄品種會因為年份或釀酒商的不同，而帶有不同酒體，但大致上都可分成輕盈、中等及飽滿。若對某款葡萄酒有疑問，實際品嘗便能讓你做出更好的酒食搭配。雖然如此，以下大致的分類仍有助於你有個順利的開始。

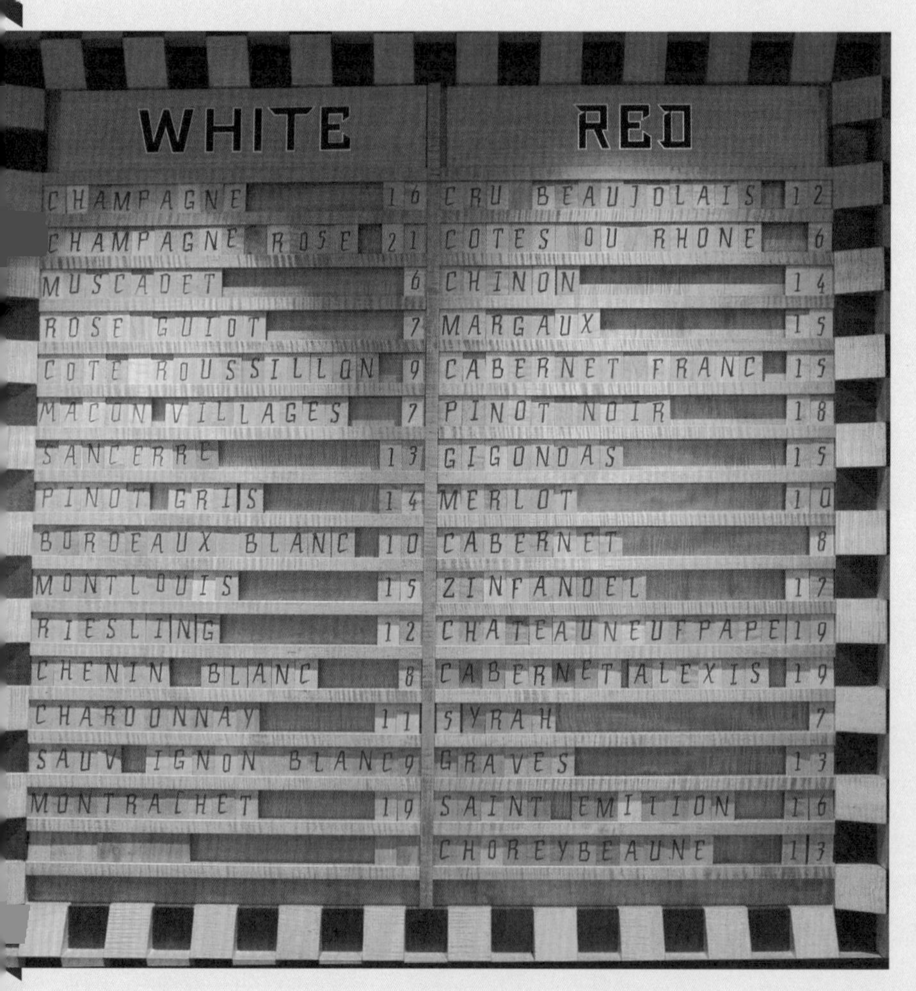

白酒：由輕盈酒體至飽滿酒體

輕盈酒體

波爾多產區白酒
夏布利產區
義大利白酒
德國米勒－土高品種
蜜思卡得產區
奧維特產區
白皮諾
灰皮諾
義大利氣泡酒
麗絲玲
白蘇維濃
蘇瓦韋
維蒂奇諾產區
綠酒

中等酒體

阿爾巴利諾
波爾多白酒
布根地白酒
法國夏布利
香檳
夏多內（未過桶）
白梢楠品種
格烏茲塔明娜
綠菲特麗娜
艾米達吉產區白酒
馬貢村莊產區
梅索白酒
白皮諾
阿爾薩斯產區白皮諾
灰皮諾

＊重複出現於兩種分類之下的葡萄酒，表示可以分屬兩種類別。

粗體字表示比較偏向此類別，**黑體字**則指專屬於此類別。

普依富賽產區
普依芙美產區
干型麗絲玲
利奧哈白酒
松塞爾產區
白蘇維濃
莎弗尼耶產區
塞米雍品種
經典蘇瓦韋
阿爾薩斯產區希瓦那品種
富萊諾品種
黃酒
梧雷產區

飽滿酒體
布根地產區白酒，特級葡萄園尤佳
夏布利產區高級品
帶橡木味的夏多內品種，加州及澳州尤佳
夏山－蒙哈榭村
孔德里約產區
伯恩丘產區
格雷科－迪圖福產區
梅索產區
阿爾薩斯產區灰皮諾
普里尼－蒙哈榭村
隆河產區白酒
史酷琳品種
維歐尼耶品種

紅酒：由輕盈酒體至飽滿酒體

輕盈酒體
巴貝拉品種
巴多利諾產區
薄酒萊產區
薄酒萊村莊酒
布根地產區紅酒
卡本內弗朗品種
奇揚地產區
希濃產區
伯恩丘產區
多切托品種
嘉美品種
藍布斯寇品種 / 產區
黑皮諾，尤其是平價款
利奧哈產區佳釀級
粉紅酒
山吉歐維列品種
田帕尼優品種
瓦波利切拉產區

中等酒體
巴貝拉品種
薄酒萊村莊酒
波爾多產區紅酒
布魯內羅品種 / 產區
布根地產區紅酒
卡本內弗朗品種
卡本內蘇維濃品種
卡歐產區
經典奇揚地
希濃產區
伯恩丘產區
夜丘產區
羅第丘產區
隆河丘產區
多切托品種
格拉夫產區
馬爾貝克品種
梅多克產區
梅洛品種
蒙地普奇亞諾產區
莫維多品種
黑皮諾，高價款尤佳
玻美侯產區
波瑪村
葡萄牙紅酒
利奧哈產區精選級
聖愛美濃產區
山吉歐維列品種
希哈品種
渥爾內產區
金芬黛品種

飽滿酒體
艾格尼科品種
阿馬龍葡萄酒
邦斗爾產區
巴貝瑞斯可產區
巴羅洛產區
波爾多產區紅酒
布魯內羅品種 / 產區
布根地產區特級紅酒
卡本內蘇維濃品種
卡歐產區
教皇新堡產區
羅第丘產區
克羅茲－艾米達吉產區
艾米達吉產區
馬第宏產區
阿根廷馬爾貝克品種
梅洛品種
那瓦拉產區
小希哈
南非皮諾塔基品種
隆河紅葡萄酒及隆河混釀葡萄酒
里貝拉．多諾產區
利奧哈產區特級陳年酒
希哈品種
金芬黛品種

搭配時的酸鹼值（pH）之樂

對數字感到恐懼的人，別害怕，你不需要有化學博士學位，也能搭出好的餐酒配對！以下提供的基本資訊，僅供你以更科學的方式來進行搭配。

酸鹼值由 0（極酸）到 14（極鹼）。酸鹼值 7.0 代表中性（酸鹼中和）。水的酸鹼值就是 7.0。

大部分的食物都偏酸（pH < 7.0），不過蛋白（8.0）、海蝸牛（魚類，8.0）以及小蘇打（8.5）除外。

酸鹼度介於 3.0-3.4 的食物適合搭配白酒，3.3-3.6 的食物則適合紅酒。

以下提供幾項比較基準：橙汁的酸鹼值在 3.5 上下，可樂的酸鹼值為 2.5，雪碧 3.2（參見可口可樂網站）。

檸檬汁的酸鹼值為 2.4，醋的酸鹼值則為 2.8。

如何運用以上資訊，搭出美味組合：

如果葡萄酒比菜餚還酸，可以擠點檸檬汁或加點醋到菜餚中，讓搭配能夠平衡。

如果菜餚比葡萄酒還酸，可以加點鹽巴到菜餚裡（可直接加鹽，或是常用的鹹味調味料。例如亞洲料理可加醬油，地中海料理可加鯷魚），讓搭配能夠平衡。

侍酒大師賴瑞・史東說：

「我會知道某道料理必須搭配某種葡萄酒，是因為我對烹調方式夠熟悉，如此提出的建議才不至於大幅改變料理的口味，而是讓料理跟葡萄酒相得益彰。」

談到酒食搭配時，我們時常碰到一個問題：我們不知道食物哪裡出錯了。其實未必是料理本身出了問題，而是料理的酸鹼平衡出了問題，搭了不適合的葡萄酒。

我們可能有道很棒的菜，可是搭錯酒，就走味了。有一次我跟溫哥華 Lumiere 餐廳的大廚羅伯・菲尼（Rob Feenie）一起進行酒食搭配酒會。他是很棒的大廚。他準備了一道湯，食材中有百香果，偏酸。因為湯是早就準備好的，不可能剔除百香果，所以我就跟羅伯說，如果加一點鹽巴的話，會稍微降低酸性，提高湯的酸鹼值，跟葡萄酒會更配。於是我們加了一點點鹽巴，大幅改變了湯與葡萄酒的搭配效果。

後來呢？酒食搭配大成功，我們獲得客人的大力讚賞！

Selecting and Serving Beverages
Being Perfectly Prepared to Pour a Perfect Pairing

CHAPTER 4 選擇並享用飲品
做好完美準備，喝出完美搭配

「有三種葡萄酒像變色龍一樣，除了甜點之外幾乎百搭：澳洲列賓斯酒莊 2001 年的夏多內、蒙多瑞酒莊 2001 年的塔維勒干型粉紅酒以及 Haut de Terres Blanches 酒莊 2000 年的教皇新堡。這三款酒比較淺齡、酸度高，不太有橡木味，果香濃，單寧極少，甚至不含單寧，因此適合各種食物。」

—— 曼黛蓮・提芙（Madeline Triffon）

Matt Prentice 餐飲集團葡萄酒總監暨侍酒大師，底特律

一頓餐通常不會只配一種飲品。如果是很特別的晚餐，會先上餐前酒或調酒，餐桌上附礦泉水，用餐時上一種或好幾種葡萄酒，餐後吃甜點配甜點酒，之後再附上咖啡或茶等餐後飲料。光是這一餐，便提供了酒食搭配的種種可能。

如果每種搭配都有可能打造出無上體驗，那我們要怎樣做好萬全準備？首先，手邊有越多種飲料，找出完美搭配的機率當然就越高，而這很明顯不是在家裡放瓶紅酒或白酒就足以應付。本章的第一節提供專業人士的建議，告訴大家平常在家裡該儲藏哪些葡萄酒。

用正確的方法飲用葡萄酒，與選擇何種葡萄酒同等重要。因此，必須找到最佳溫度及適合的酒杯。想要賓主盡歡，這些要素會比起你所想像還要重要。不當的處理或飲用方式就跟糟糕的酒食搭配一樣，都很容易毀掉昂貴的葡萄酒。相反的，便宜的葡萄酒若在適當的溫度下使用適合的酒杯，喝起來會出色許多。本章的第二節，就有專業人士指導我們正確的飲用方法，以凸顯每種飲品的優點。

第一節 備齊飲品

Part 1: Beverages: Stocking Up

如果你覺得蓋個酒窖太難，不如換個角度想，當作是在補貨，讓酒架、冰箱或櫥櫃擺滿葡萄酒、啤酒、水、茶跟咖啡。我們會幫助你，確保你隨時都找得到飲料搭配食物。

葡萄酒

WINE

喝酒人士中，只有不到 1% 的人認為要享受葡萄酒就要買到好酒，然後把酒陳放在酒窖裡。羅科．迪斯皮里托（Rocco DiSpirito）在 Wine.com 網站上成立完美搭配葡萄酒俱樂部（Perfect Pairing Wine Club），也在紐約市的 WOR 電台主持美食節目。迪斯皮里托說：「99% 的人享受葡萄酒的方式，是買一瓶 10 美元的葡萄酒，然後迅速喝掉。」他也談到：「我有一些聽眾不敢喝酒，覺得如果不花 30-50 美元，就買不到好酒，而如果自己只能買 10 美元的酒，還不如喝啤酒。」

迪斯皮里托常常提醒大家，其實花上 10 美元就可以買到不少美味的葡萄酒。他說：「露飛諾酒莊的灰皮諾一箱不到 100 美元，很配 Eli's 的帕瑪乳酪蘇打餅。不開玩笑，那搭配真是人間美味。我也很喜歡加州 Fife 酒莊的粉紅酒，一瓶只要 10 美元。」

用高級咖啡館一杯飲料的價格，就可以買到世上的頂級啤酒。再多加幾美元，就可以把一瓶極好的葡萄酒帶回家。本書作者最愛的葡萄酒之一是 Osborne Solaz，以西班牙卡本內及其他葡萄品種混釀而成，中等酒體、風味飽滿，可以搭配許多料理。在紐約市，一瓶標價不到 9 美元，一瓶以 5 杯計算，不到 2 美元就可以享受一杯酒。

大家普遍認為法國葡萄酒價格高昂。若有人推薦你從布根地的紅酒或白酒開始入門，先別緊張，接下來我們就介紹一些平價酒款。

法國葡萄酒：買得起的奢侈品

Best Cellars 的喬許・韋森（Joshua Wesson）說：「很多人認為法國葡萄酒價位太高，喝不起。這是錯誤的想法。整個法國的大門都為你而開，因為你在這個國家任何以酒自詡的地方都買得到好酒，有些地方甚至可以買到大量的酒。」

聽到韋森的斷言，我們的反應是：「怎麼可能！」於是我們將預算訂在每瓶 15 美元，請韋森帶我們來一趟法國之旅。韋森想都不想，馬上引領我們展開一場想像的「環法賽」，告訴我們各個區域可以買到什麼類型的葡萄酒。

阿爾薩斯：*白皮諾，很好的酒；另外也有很棒的氣泡酒，或是令人驚豔的希瓦那。*

薄酒萊區：*可以買到頂級的薄酒萊特級村莊酒（cru Beaujolais，由該區最優的白汁黑嘉美葡萄釀造）。*

波爾多：*這一區有幾乎 1/3 的葡萄酒你都買得起。波爾多的釀酒商數目居全法之冠，雖然多半沒沒無聞，但價格實在。這裡也可以買到上梅多克產區還有聖愛美儂衛星產區的酒，以及大量特級波爾多。*

布根地：*美味的紅酒或白酒，或布根地氣泡酒這種佳釀。*

卡歐：*可以買到許多酒。*

香檳區：*半瓶香檳。*

普羅旺斯丘：*一瓶相當不錯的紅酒或白酒。*

馮度丘：*一瓶不錯的酒。*

加斯科涅：*整區的酒都可以買！*

朗格多克：*15 美元可以買到本區 2/3 的酒。不管你的車子在這區的任何地方拋錨，都可以在當地買到酒。你還可以買一瓶超棒的蜜思嘉。*

羅亞爾河谷：*頂級蜜思卡得或氣泡酒。*

馬孔區：*令人驚豔的葡萄酒。*

普羅旺斯區：*很厲害的粉紅酒！*

隆河區：*不錯的紅酒、白酒或粉紅酒。*

松塞爾區：*不錯的紅酒或粉紅酒。*

普依－芙美區：*不錯的入門款葡萄酒。*

聖維宏區：*令人驚豔的酒。*

西南區：*應有盡有。*

梧雷區：*一瓶相當不錯的酒。*

看完這張清單後，我們認同韋森的說法，也覺得各位如果想嘗試第五章或第六章的法國葡萄酒，價格應該不是太大的問題。

手邊必備的葡萄酒，因應各種場合

第八章中，專業人士與我們分享他自己一定要有的葡萄酒。我們也詢問專業人士，哪一樣是我們「必備」的葡萄酒。尚盧·拉杜說：「家裡最好備有清爽到濃郁型的紅白酒，適合不同的心情。」我們採納尚盧·拉杜以及其他侍酒師的建議，歸納出一份「新手酒單」。只要備好這些酒款，不管是外帶何種食物回家，都可以依不同心情，開一瓶做搭配。

推薦入門酒款，隨時打造料理絕配

1. **德國麗絲玲**：*專業人士將麗絲玲形容為最「食物友善」的白酒。拉杜指出：「麗絲玲有很棒的酸度，平衡感也讓人驚豔，喝起來比實際上更干。」芝加哥 Tru 餐廳的史考特·泰瑞推薦摩澤爾河 J.J. Prum 酒莊的麗絲玲。侍酒師貝琳達·張投票給杜荷夫酒莊 Schlossböckelheimer Kupfergrube 的遲摘麗絲玲。*

2. **黑皮諾／布根地紅酒**：*專業人士將黑皮諾和布根地紅酒形容為最「食物友善」的紅酒。Kinkead 餐廳的麥可·富林時常以俄勒岡州黑皮諾配紅肉，而同桌客人若有人點紅肉有人點魚肉，他就會推薦加州黑皮諾。貝琳達·張說：「加州聖塔瑞塔山 Melville 酒莊的黑皮諾很棒；法國布根地 Gevrey Chambertin 產區的紅酒價格很合理 。」泰瑞推薦俄勒岡州 Eyrie 葡萄園的黑皮諾，拉杜則推薦夜丘的黑皮諾。*

3. **布根地白酒／夏多內**：*這款多變的葡萄酒在全球都有擁護者。拉杜說：「夏多內是很特別的葡萄品種，以法國布根地出產的品質最佳，義大利次之，加州則急起直追，平*

衡感越來越好，也比較沒有橡木味。」貝琳達．張喜歡 Chassagne-Ramonet；泰瑞則喜歡 Puligny-Montrachet Domaine Leflaive。

4. **香檳或氣泡酒**（例如西班牙 Cava 或義大利 Prosecco）：貝琳達．張建議我們：「不知道上什麼酒時，就上有氣泡的酒！」無論是什麼特殊場合，手邊的香檳或氣泡酒都可以讓你為一餐揭開序幕，而且還可以完美搭配炸物或鹹開胃菜。」Kinkead 餐廳的富林也說：「粉紅香檳適用於大量場合。」貝琳達．張則說：「俄勒岡州威廉梅特谷 Beacon Hill 的 Soter 酒莊出產的干型粉紅酒（氣泡酒）幾乎是百搭。」

5. **卡本內蘇維濃**：家裡最好有瓶卡本內好搭配紅肉料理。至於卡本內的最佳產區，拉杜說：「加州山谷的酒莊跟法國玻美侯不相上下。西班牙跟義大利也很棒。」張說：「Sequoia Grove 酒莊的卡本內一瓶 10 美元，味道很好，價格也實惠，所以我也推薦給辦婚宴的新人。」

6. **希哈**：另一瓶可以隨時端出的好酒，搭配土壤味較重的紅肉。拉杜說：「整體而言，澳洲出產的希哈酒最好。以小區域的年份酒來說，法國隆河北邊、科特－羅第還有艾米達吉產區的希哈酒最優。」侍酒大師葛雷格．哈林頓投華盛頓州出產的希哈酒一票。他說：「我很愛希哈酒配燒烤，或配豐盛的香草料理或帶點土壤味的醬汁。」

7. **紅酒**：粉紅酒的用途廣泛到難以置信：可搭配白肉或紅肉，可在餐桌上喝，戶外野餐也適合。Best Cellars' 的喬許．韋森說：「粉紅酒就是葡萄酒界的布特羅斯－蓋里，家裡只要有一瓶極干型的粉紅酒跟較不甜的粉紅酒，就幾乎沒什麼不能搭的食物」。富森提到西班牙也生產「優質的粉紅酒」，名為 rosado。

8. **格烏茲塔明娜**：格烏茲塔明娜可以搭配家中的各種食物，從辛辣菜餚、海鮮再到乳酪，無一不可。米爾瓦基的 Sanford 餐廳大廚姍迪．達瑪多（Sandy D'Amato）說：「如果不知道海鮮要搭什麼酒，就配格烏茲塔明娜吧。」芝加哥 Everest 餐廳侍酒大師阿帕納．辛也說：「我們發現，法國阿爾薩斯的所有人都喝格烏茲塔明娜配乳酪。」

9. **紐西蘭白蘇維濃**：可完美搭配沙拉、蔬菜跟海鮮。芝加哥 Frontera Grill 餐廳侍酒師吉兒．吉貝許（Jill Gubesch）把紐西蘭白蘇維濃形容成她的「萬用酒」。她說：「白蘇維濃有熱帶果香，例如百香果跟鳳梨，酸度比較高，所以餘味也比較干。這種酒也具有萬種風情，跟其他白蘇維濃都不一樣。」

10. 奇揚地：紐約 I Trulli 餐廳的查爾斯．西歐林尼（Charles Scicolone）將經典奇揚地視作「最適合搭配食物的葡萄酒」。紐約 Veritas 餐廳的提姆．科帕克（Tim Kopec）說：「披薩和紅醬一般很難搭配葡萄酒，此時就是飲用平價奇揚地的完美時機。」喝奇揚地配茄汁義大利麵也非常適合。

11. 雪利酒：我們很意外，西班牙雪利酒竟然如此受歡迎。專業人士再三推薦，認為雪利酒可以當餐前酒，也可以搭配正餐，甚至餐後也能喝。The Modern 餐廳的凱倫．金恩說：「雪利酒配食物很棒。」提姆．科帕克說：「雪利酒可以搭配各種食物，像是沙丁魚、鯷魚、杏仁、烤彩椒、朝鮮薊心，甚至巧克力，這點很令人著迷。而且好的雪利酒一瓶只要 15 美元。」

12. 蜜思嘉微氣泡甜酒：家中最好備有可以配甜點的葡萄酒。專業人士都將蜜思嘉微氣泡甜酒視為最萬用的甜點酒。曼黛蓮．提芙說蜜思嘉微氣泡甜酒是她「最愛的萬用甜酒」。

附加酒款——發酵蘋果酒：喬許．韋森認為最食物友善的飲品是發酵蘋果酒。他說：「蘋果氣泡酒有三種：干型、微干、甜型，可以搭配所有你想像得到的食物。蘋果氣泡酒酒精含量低，而且有氣泡，比酒精濃度高、沒有氣泡的酒更適合搭配食物。這表示辣的、油的、甜的、酸的還有鹹的食物，都可以搭蘋果氣泡酒。這種特性也讓蘋果氣泡酒形同啤酒的完美替身。而且啤酒無法那麼甜，蘋果氣泡酒就可以。蘋果度也比啤酒酸，所以是很好的選擇。」

啤酒

BEER

> *在一天內嘗過 50 到 100 種葡萄酒之後，侍酒師的味覺會非常疲乏，此時就需要啤酒這樣溫和一點的酒。啤酒的酸度很低，因此跟許多辛辣食物很相配。*
>
> ——伯納．森（Benard Sun），Jean-Georges Management 飲品總監

即使是許多為葡萄酒瘋狂的侍酒師，也都承認有時就是要喝啤酒！我們請專業人士推薦幾款很好搭配的啤酒。以下就是我們的酒單：

1. 可狂飲的啤酒：很順的啤酒，可能是拉格啤酒（曼黛蓮．提芙很喜歡）或墨西哥提卡特啤酒（保羅．羅伯斯及大衛．羅森加騰的最愛）。

2. 皮爾森啤酒：*皮爾森啤酒相當受專業人士歡迎，可以搭配的食物從花生、熱狗、披薩到軟殼螃蟹三明治都有。*
3. 小麥啤酒：*從早午餐到午餐（沙拉、三明治）、從炸物到辛辣菜，都可搭配。*
4. 愛爾啤酒：*選擇琥珀色的愛爾啤酒搭配炸物或鹹食。如果喜歡吃牛排，選擇棕色的愛爾啤酒。*
5. 比利時自然發酵酸啤酒：*原味的自然發酵酸啤酒可搭配雞蛋、秘魯酸漬海鮮；水果口味（如櫻桃或覆盆子）可當甜點。*
6. 司陶特啤酒：*如果喜歡吃牡蠣，準備好愛爾蘭健力士啤酒，如果喜歡吃甜食，就準備巧克力或是皇家司陶特（跟巧克力口味的甜點非常搭）。*

水

WATER

你喜歡哪一種水？自來水還是瓶裝水？要不要有氣泡？外出用餐時，第一個要選擇的常常就是水。我們在《紐約時報》評鑑 4 顆星的紐約餐廳 Alain Ducasse at the Essex House 學會品水。餐廳都會問客人對水的偏好，例如礦物質含量、鹹度，還有氣泡的大小，再從銀色籃子的六種水中挑出合適的。

因為水會不斷沖洗、恢復我們的味蕾，所以在用餐中扮演很重要的角色。如果用餐時唯一的飲品就是水，水的任務就更重大了。雖然水沒有顏色，多半也沒有味道，但是跟其他飲品一樣，把不同種類的水並列比較，一定能嘗出差別。

瓶裝水並不完全相同，而且分成無氣泡跟氣泡式之後，還可以再細分。好水網 FineWaters.com 依照氣泡的含量，把瓶裝水區分為五種：

無氣 STILL　無氣泡

微量 EFFERVESCENT　微小氣泡

輕量 LIGHT　小氣泡

一般 CLASSIC　中氣泡

大量 BOLD　大氣泡

要選擇氣泡或無氣泡礦泉水，取決於你的食物。好水網創辦人麥可・邁沙（Michael Mascha）說：「在搭配食物時，氣泡的量、大小或是密度都很重要。因為水沒多少香味，所以口感是重點。沛綠雅礦泉水的氣泡很大顆，喝了像是在嘴裡放煙火。生魚片的口味比較細緻，可能不適合這種礦泉水。如果要配生魚片，無氣泡礦泉水或是氣泡比較細小的水就比較適合。」

挑選礦泉水時，兩個可以留意的指標是總溶解固體（TDS 值）以及酸鹼值（pH）：

⊙ *TDS 是總溶解固體（total dissolved solids）的簡稱，代表水蒸發後留下來的礦物質。TDS 值高，表示礦物質含量高，味道較重。邁沙說：「水的 TDS 值越高，濃度就越大。比利時絲帕礦泉水的 TDS 值是 33，接近雨水（軟水）。德國愛寶琳娜礦泉水的 TDS 值為 2650，表示礦物質含量較高（硬水），口感較扎實。」*

⊙ *選礦泉水也要注意水的酸鹼值（pH），那代表水的相對酸鹼性。與葡萄酒及其他飲品一樣，酸鹼值是 0-14，7.0 為中性。酸鹼值低於 7 表示水為酸性（口感偏酸），高於 7 則是鹼性（口感偏苦）。沛綠雅礦泉水的酸鹼值為 5.5，口感稍微偏酸。*

以下是比較受歡迎的礦泉水及其特性、TDS、酸鹼值，你可以從找出自己的偏好開始。

受歡迎的礦泉水（依 TDS 值排列）

品牌	*好水網分類*	*TDS 值*	*酸鹼值*
芙絲 Voss（挪威）	無氣泡、微量氣泡	22	6.4
絲帕 Spa（比利時）	無氣泡	33	6.0
法朵 Font D'or(西班牙)	無氣泡	128	7.7
斐濟 Fiji (斐濟)	無氣泡	160	7.5
提藍特 Ty Nant（英國）	無氣泡、大量氣泡	165	6.8
希頓 Hildon (英國)	無氣泡、微量氣泡	312	7.4
太陽 Sole（義大利）	無氣泡、輕量氣泡	412	7.2
沛綠雅 Perrier（法國）	大量氣泡	475	5.5
法薇爾 Wattwiller（法國）	無氣泡	889	7.6
聖沛黎洛 San Pellegrino（義大利）	一般氣泡	1109	7.7

茶

TEA

茶比葡萄酒更細緻……懂得品味茶的精微，自然也能享受葡萄酒。

—— **詹姆士．勒柏**（James Labe），**Teahouse Kuan Yin 侍茶師暨老闆，西雅圖**

許多大廚熱愛食物和葡萄酒，但對茶愛不釋手的也大有人在。The Inn at Little Washington 的派翠克．歐康乃爾一整天就只喝茶。該旅店於下午茶時段供應二十幾種茶，冬天的爐子上隨時都有溫熱的養生茶供廚房人員飲用。Sanford 餐廳的珊迪．達瑪多也愛喝茶，他到美國南方時都以餐廳的冰茶品質來挑選用餐地點。

用餐時要選對茶，不過別太擔心，酒食搭配的原則也適用於茶，因為兩者的搭配原則大同小異。凱．安德森（Kai Anderson）服務於紐約茶館的先驅伊藤園（Ito En）及其旗下的曼哈頓餐廳 Kai 。安德森說：「一開始用餐時先喝白茶跟淡茶，用完餐後喝比較濃的烏龍茶或紅茶。用甜點時喝花茶或薰花茶。」

安德森說：「如果喝綠茶，香料多的菜餚會蓋過綠茶的味道。另一方面，烏龍茶的味道就不會被辛辣蓋過，而且能使味覺清爽，也幫助消化。」詹姆士．勒柏又說：「大吉嶺紅茶在舌尖上有種清新感，可以搭配檸檬或番茄咖哩等偏酸或偏辣的食物。」

建議家中常備的茶

想要任何場合都端得出適合的茶嗎？我們訪問的品茗人士建議以下茶品。加拿大第一位侍茶師麥可．歐布列尼（Michael Obnowlenny）說：「如果有嗜茶的朋友到家中作客，以下清單上的茶就足以讓你搭配任何食物。不過記得，買茶一定要找優質茶行。」

幾種茶類的入門清單：

1. **早餐茶或紅茶：***搭配早餐、酥皮點心、甜點甚至口味比較重或辛辣的食物，可以選擇是否加牛奶。麥可．歐布列尼說：「強勁的紅茶如大吉嶺、錫蘭或肯亞紅茶帶有豐富口感。」*
2. **阿薩姆紅茶：***濃烈的紅茶，可配牛奶。安德森說：「阿薩姆是很好的早餐茶，也很搭奶油甜點。紐約的 Tamarind Tea Room 則建議喝阿薩姆配鮭魚及羊肉三明治。*
3. **烏龍茶：***視茶樹品種可搭配清爽或油膩的食物。安德森建議可用較圓潤的烏龍茶搭配魚類、肉類或甜點。*
4. **中國綠茶：***可搭配海鮮。安德森說：「頂級綠茶應該單喝，不配食物。但是其他中國*

綠茶就很適合搭配魚肉或清爽的菜餚。」

5. 日本煎茶：*配海鮮或巧克力皆可。詹姆士・勒柏說：「煎茶的味道濃郁、又甜又苦。濃烈的煎茶跟巧克力真是絕配。」安德森也喜歡以煎茶配日式或韓式料理。*

6. 花草茶：*例如洋甘菊茶或是薄荷茶，飯後喝可幫助消化。*

勒柏說：「洋甘菊茶跟烘烤過的食物很相配，從烤過的堅果到肉類都不錯。黑洋甘菊茶很適合搭薄荷，例如薄荷冰淇淋。另外胡椒薄荷茶配巧克力或香莢蘭也很棒。」

另外，花果茶也是很好用的茶。歐布列尼說：「花果茶不算是真的茶，而是混合了各種水果跟花草。你可能會喜歡深色莓果類（如藍莓及黑莓）、覆盆子及唐棣。或者也可以選柑橘類（甜橙、鳳梨、檸檬），再配上玫瑰果及木槿花增添茶湯的顏色。

如果你是新手，還在探索自己的喜好，可以考慮*焙茶*，就是烘焙過的日本綠茶。安德森說：「*焙茶*是很好的入門茶，彈性大，口味溫順，幾乎可以搭配任何食物，包括主菜、甜點甚至草莓。焙茶也很好泡，不太會出錯。」

咖啡

COFFEE

我們大多時候是在早上、下午以及餐後或上甜點時喝咖啡。吃沙拉或牛排時，多半不會想要喝咖啡。儘管如此，咖啡的重要性卻絲毫不減。

咖啡能為一餐增色，特別是考量到地域性的時候。義大利烘焙咖啡或義式濃縮咖啡都很搭提拉米蘇或義式脆餅。吃完墨西哥菜再吃三*奶蛋糕*當甜點，就很適合喝*咖啡牛奶*。吃越南菜的話，喝越式咖啡（咖啡加煉乳）配法式焦糖布丁，感覺就像吃兩份甜點。

知道咖啡的產地，就可以知道咖啡的特性。星巴克資深副總經理杜黑（Dub Hay）與我們分享不同區域的咖啡特色：

東非：*有花香跟莓果香，濃度從清淡到溫和。*

中美洲、拉丁美洲：*帶堅果香，像是杏仁或核桃麵包。風味清新、爽口、細緻。*

亞洲：*通常很飽滿、深焙，有甘甜味及焦糖香。*

由咖啡豆烘焙的程度，就可以得知該種咖啡的風味、濃度以及適合搭配的食物。雖然不同的公司會有不同的命名，不過大多可分為淺焙、中焙、深焙咖啡，分別可搭配清爽、中等還有口味重的菜餚。

其他飲品

OTHER BEVERAGES

> *客人不喝酒的時候，除了水之外，如果還端上其他飲品，例如特別的冰茶或非酒精飲料，他們往往會很感動。*
>
> **—— 派翠克．歐康乃爾，The Inn at Little Washington 大廚兼老闆，維吉尼亞**

我們希望滴酒不沾的人不再被視為二等公民，現在也有許多跡象顯示這種改變。

侍酒大師保羅．羅伯斯（Paul Roberts）在納帕山谷 French Laundry 餐廳及紐約市 Per Se 餐廳工作，他為成人及小朋友搭配的果汁及非酒精飲料非常聞名。紐約市 The Modern 餐廳侍酒師史蒂芬．柯林每個月都會更換水的種類，而芝加哥 Alinea 餐廳的喬．凱特森則在菜單上列出水跟食物的搭配。另外 The Blue Hill Café at Stone Barns 餐廳則以供應 Fizzy Lizzy 的氣泡果汁自豪。

以用餐搭配的飲料而言，我們已經進入飲品的戰國時代。BevNet.com 網站專門介紹瓶裝、罐裝飲料產業，評論的飲品逾兩千種，從 Moxie cherry cola（新英格蘭地區 1884 年創立，美國第一支大眾軟性飲料，主打健康）到紐約飲料界的新兵 Fizzy Lizzy（紐約地區的獲獎製造商，產品優於其他氣泡果汁或「成人汽水」，因為後兩者使用了更多添加性果汁如白葡萄、蘋果、梨子等，廣告所宣稱的果汁風味反而較低）。好水網評論幾百款瓶裝水，光是美國的品牌就有上百種。星巴克網站介紹二十多種咖啡豆，其中還不包含無咖啡因的豆子。紐約伊藤園及西雅圖 TeahouseChoice.com 等獨立店家，則介紹數十種茶。

隨著許多公司進入汽水市場，汽水的品質已經大幅提升，開始出現新推出的「成人汽水」，成份較優，比較不甜，口味也比較精緻。

即便過了好多年，我們對當年在溫哥華 Vij's 餐廳嘗到的現做薑汁檸檬汽水配印度咖哩仍記憶猶新，我們也沒有忘記在舊金山 Pancho Villa 喝的墨西哥鮮水（agua fresca，新鮮水果如西瓜或草莓碾碎，加入萊姆或檸檬汁、糖、水、冰塊）配墨西哥菜。Mijita 餐廳的大廚崔西．黛查丹針對後者推出了升級版：在舊金山的農夫市集買水果做鮮水，搭配剛做好的墨西哥捲。

飲品接下來會如何發展呢？答案很難說。The Blue Hill Café at Stone Barns 餐廳的大廚丹．巴柏及麥可．安東尼（Michael Anthony）用精緻的手藝打造餐後的一小杯果醋，以幫助消化。安東尼說：「醋是爾文．古根鮑爾（Erwin Gegenbauer）製作的，以特拉密葡萄釀成，裡面還留有葡萄的殘糖。」巴柏補充說：「他是不折不扣的藝術家，由於對自己的作品很有自信，才會要你喝下去！」

第二節 飲品：正確飲用

PART II: Beverages: Serving Them Up Right

溫度

TEMPERATURE

許多專業人士都強調在適當溫度下端出飲品，才能凸顯最佳風味。

以葡萄酒來說，最常犯的錯誤就是溫度太高。紐約市 Fairway 市場乳酪商的史蒂芬．簡金斯（Steven Jenkins）說：「這是有罪的！室溫 22℃，比紅酒適合的溫度高出 5-8℃（假定酒窖的溫度是 13℃）。這樣當然不可能喝到紅酒的美味。」

溫度過高的紅酒喝起來又熱又粗劣。Everst 餐廳的阿帕納．辛說：「葡萄酒溫度太高的話，最先嘗到的是酒精，而非水果。涼一點的話，就能帶出果香，並降低酒精味。比較淡的紅酒只要降溫幾度就能提升果味。」另一方面，白酒若太涼，風味會難以釋放，就會顯得過於單調乏味。

大部分的家庭都沒有恆溫酒窖，通常只是從酒架上或購物袋裡拿出一瓶酒，或是直接從冰箱取出。該怎樣用最簡單的方法，確保酒的理想溫度？ Verita 餐廳的提姆．科帕克有一個簡單的原則：「喝紅酒前 15 分鐘把酒放進冰箱，喝白酒前 15 分鐘把白酒拿出冰箱。」

餐廳就跟家庭一樣，很容易在錯誤的溫度中端出酒來。我們會用雙手捧著溫度過低的白酒，讓酒溫升高，釋放香氣跟風味。如果紅酒放在溫度偏高的架上，我們會請服務生把酒倒入冰過的酒杯裡，讓紅酒涼一點。

水也有理想的溫度。好水網的麥可・邁沙提醒我們不要喝太冰的水。他說：「一瓶好水若加了冰塊，水會太冰不好喝。酒窖溫度的水最美味。另外，如果非加冰塊不可，最好考慮一下冰塊的來源和新鮮度。不新鮮的冰塊不止會稀釋水，還會把冷凍庫的味道帶入水中。」

啤酒跟紅酒和水一樣，最好在酒窖的溫度飲用。洛杉磯 Sheraton Four Points 餐廳的餐飲總監暨主廚卡洛斯・索利斯（Carlos Solis）說：「溫度很重要。啤酒太冰的話，味道會被蓋掉。上好的啤酒最好保存在 10-13℃之間。我通常在逼近結冰的溫度端出（大眾市場啤酒），大部分喝這種啤酒的人也喜歡這個溫度。

冰茶被稱為「南方的店酒」。如果你還不相信溫度的影響，想像一下你吃烤肉配的冰茶一點都不冰，而且還是熱的。伊藤園的凱・安德森說：「烤肉跟熱茶一定不搭，但跟冰茶卻是絕配。冰茶也很適合重口味的韓國或印度料理。紅茶配冰牛奶就很像喝拉西（優格飲品）配印度菜。」

酒杯

GLASSWARE

掌握了完美溫度之後，下一步是選擇理想的酒杯。

選擇酒器對飲品有影響嗎？ Riedel Glassware 公司的總裁及酒器製造商第 11 代傳人麥斯米林・瑞德（Maximilian Riedel）說：「酒杯的選擇對於品酒的各個層次都非常重要，包含外觀、氣味、口味。」他又說：

> 酒杯的清澈度（薄，不帶顏色及花紋）讓品酒客在深入品嘗之前，先看到葡萄酒的顏色及質地。
>
> 杯口的大小對於品酒時能聞到多少香氣影響重大。杯口必須要大到輕搖酒杯時能讓空氣飄過，以散開酒香。比起舌頭，我們的鼻子能夠辨認幾百種以上的味道，而一般人對於葡萄酒的感覺，多半取決於氣味。酒杯薄透的邊緣以及杯口的形狀可以引導葡萄酒流入口中。

不同款的酒，應該用哪些酒器？瑞德認為：

紅酒多半需要跟空氣接觸，因此用的酒器比白酒大。
白酒杯口需要大到可以醒酒，不過水只需要裝在方便使用又美觀的容器裡就可以了。
細長的香檳杯可保存香檳的氣泡，如果是比較扁平的酒杯，氣泡會散得比較快。

黑白電影的電影明星會用寬口扁平的酒杯喝酒，看起來總是風度非凡，殊不知這種端起來好看的酒杯只會毀了香檳，讓氣泡很快就散去。最適合香檳的，是細長的香檳杯。

要享受品酒之樂，提姆・科帕克建議先投資酒杯，再投資酒窖。「與其花幾百美元買酒，把好酒裝在蹩腳的酒杯（大小不適合，或是杯緣過厚），還不如先花錢投資 Riedel 或是 Spiegelau 的酒杯。這種投資比為了某場聚會而購入的酒要保值多了。」

每一種優質的飲品都應該像葡萄酒一樣受到重視，因此也要使用最理想的杯具。Riedel 不止生產葡萄酒酒杯，也設計水、清酒、啤酒及其他飲料杯。若你很重視價格，Riedel 還推出物美價廉的酒杯。

不管選擇什麼酒杯，重點是使用前要徹底清潔。Veritas 餐廳的提姆・科帕克就提醒大家：「如果我們到親戚家作客，對方迫不及待用最好的酒杯招待我們。但是杯子已經 7 個月沒用過了，這時不論往酒杯裡倒什麼，喝起來都會有櫥櫃味。」

有了精挑細選又清潔的完美酒杯，應該斟入什麼酒呢？請翻開第五章……

大廚柯林·阿勒瑞斯（Colin Alevras）
談 Tasting Room 餐廳的美國葡萄酒單

我們有一份美國的酒單，以向歐洲模式致敬，意思是，如果我們到了法國，就要喝法國酒；到了義大利，就喝義大利酒。我們尊重地方菜配地方酒的傳統，加上餐廳用的都是在地食材，所以我們認為我們應該只提供美國出產的葡萄酒。眾所皆知，現在美國出產的好酒比比皆是。

我在決定葡萄酒要配何種菜餚時，考慮的是葡萄酒的酸度、橡木味還有單寧。這款葡萄酒是濃郁滑潤還是清爽？**喝白酒的話，最好搭調性相反的食物（參見第三章「對比」的概念）；喝紅酒最好配互補的食物（參考「並列」的概念）**。例如，如果有一瓶橡木味重、濃郁的白酒，就要配較酸的菜餚，才能平衡口感。紅酒就剛好相反：紅酒越濃郁，菜餚口味也要越重。

在美國生產葡萄酒很民主：想在哪裡種植葡萄都可以。如果生產的酒夠好，大家就會喝。如果這種葡萄不好，還可以改變主意，再種其他種葡萄。相對的，法國有法律規定，特定品種只能在特定區域種植，還有一個法定組織管理酒莊及葡萄酒生產，沒辦法隨心所欲。美國現在有很多酒莊都還在實驗並發掘更好的方法。在 1960 年代，就沒有人想過可以在聖塔巴巴拉跟索諾瑪郡種葡萄。

法國布根地區在上千年歷史中發展出最好的葡萄跟土壤，然而在美國，我們還在嘗試，希望在一下個千年，我們也可以做到。

美國葡萄酒的代表有哪些？

五指湖出產的麗絲玲：*我喜歡用五指湖地區出產的麗絲玲搭配比較新鮮甚至生的菜餚，例如鱒魚或蕁麻，因為這些食材具有地方特色（當地森林茂盛）。*

小希哈：*適合燜煮菜餚（牛肉、羊肉）以及其他味道濃郁的菜餚，像是野味（鴨肉、乳鴿、野鹿）、菇蕈還有重口味的乳酪（例如硬質乳酪、藍紋乳酪）。*

金芬黛：*一種很多變的品種，反應產區的特色。可以搭配小希哈的菜餚（紅肉、蘑菇、乳酪），也可以搭配金芬黛。我喜歡金芬黛的新鮮果香，很適合配油膩的肉類料理，我也覺得比較成熟的金芬黛（帶一點殘糖）很能配辛辣的料理（例如有辣椒的菜餚）。晚收的金芬黛跟黑巧克力是天作之合（甚至勝過年份波特酒），跟大多數的乳酪也是完美搭配。*

隆河產區白酒，如維歐尼耶及胡婣等品種：*加州及維吉尼亞州都有不錯的表現。*

我喜歡把有香味、帶桃香跟蜂蜜香的維歐尼耶跟淋上檸檬及橄欖油或加上新鮮水果的沙拉配在一起（The Tasting Room 餐廳供應下列加州地區酒莊出產的維歐尼耶葡萄酒：Calera、Gregory Graham、Jaffurs、Jeanne Marie、Miner Family Vineyards、Spencer Roloson。）

要平衡酸味的時候，胡姍白葡萄品種是我的「萬用葡萄酒」。這種白酒很適合喝紅酒的人，因為很濃郁、酒體飽滿又帶土壤味，如果閉著眼睛喝，會以為是紅酒。我會用色澤較清澈的胡姍配海鮮，然後用其他胡姍配亞洲料理或美國西南方佐萊姆或柑橘的肉類料理。（Tasting Room 餐廳提供的胡姍白酒來自加州的幾家酒莊：Alban Vineyards、Copain、Sine Qua Non、Tablas Creek。）

黑皮諾：*我很喜歡黑皮諾。餐廳也供應俄勒岡州以及索諾瑪出產的黑皮諾（俄勒岡州如 Ken Wright Cellars、St. Innocent，索諾瑪郡區如 Littorai、Lookout Ridge、Peay Vineyards、Raido Coteau）。我覺得俄勒岡州出產的黑皮諾比較有土壤味，有較多菇蕈味及黴味，跟嫩煎蘑菇很配。索諾瑪郡出產的黑皮諾則結構扎實、骨幹強健，可以佐野味（如雉雞等白肉）、法式肉凍以及醃肉。中央海岸出產的黑皮諾介於上述兩者之間，風味沒有索諾瑪郡出產的豐富，但結構不錯，因此可以搭配多種食物，從魚類到比較清淡的肉類都適宜。*

大廚阿勒瑞斯最愛的美國葡萄酒

東岸一帶：

紐約五指湖區 Hermann J. Wiemer **酒莊**出產非常優質的麗絲玲（適合搭配海鮮、清淡的肉類、水果及乳酪），其中包括*晚收麗絲玲*（適合搭配龍蝦、奶油醬汁、新鮮水果及乳酪）以及*格烏茲塔明娜*（適合搭配辛辣的料理、濃郁的醬料以及水果類的甜點。）

紐約長島 Channing Daughters **酒莊（位於布里奇漢普敦）**出產優質的義大利北部單一葡萄品種酒，例如*白葡萄酒*（Vino Bianco）。*Schneider Vineyards 酒莊*（位於北叉）經過一番艱難摸索，現在成為*卡本內弗朗*的大師（適合搭配鴨肉、野味及其他燒烤菜餚）。Paumanok **酒莊（位於北叉）**則是家族第二代經營的酒莊，出產很棒的波爾多頂級酒（*卡本內弗朗及梅洛*）。

西岸一帶：

Littorai **酒莊（索諾瑪郡）**：*夏多內及黑皮諾*

Peay Vineyards **酒莊（索諾瑪郡）**：*黑皮諾、希哈、夏多內、維歐尼耶以及胡姍／馬姍。*

Brewer-Clifton **（聖塔巴巴拉）**：*夏多內及黑皮諾*

（Eric）Hamacher Cellars **酒莊（俄勒岡州）**：*夏多內及黑皮諾*

Ken Wright Cellars **酒莊（俄勒岡州，威廉梅特谷）**：*出產優質的黑皮諾。*

Tony Soter **（俄勒岡州）**：*The Tasting Room 餐廳供應單杯的 Soter Firefly Rose（黑皮諾品種）。*

Bob Foley **（納帕區）**：*Switchback Ridge 地區的小希哈絕對是最豐富也最有意思的葡萄酒，我將之形容為冷的義式濃縮咖啡跟血液的綜合體。*

CHAPTER 5 以飲品佐食 為你的食物找出飲品搭配

我吞下帶著強烈海味的牡蠣，冰涼的白酒沖淡了微微的金屬味，嘴裡只留下海洋氣息和多汁的質地。當我吸著牡蠣殼裡的汁液，連同清爽的白酒吞下肚時，空虛被我拋諸腦後，我愉悅了起來，開始計畫下一步。

—— 海明威《流動的饗宴》

人常囿於一道菜只能搭配一種酒的觀念。我喜歡提供兩種酒，讓人們去發現不同酒對餐點的影響。

——**貝琳達・張，Osteria Via Stato 餐廳葡萄酒總監，芝加哥**

酒食搭配有兩種基本方式：以酒佐食（先選好要享用的食物，再挑出最適合的酒）或以食佐酒（先決定要喝的葡萄酒、啤酒或清酒，再挑選最合適的食物）。在本章中，我們先探討以酒佐食的方法，下一章再探索以食佐酒。

以下列表延續了前作《烹飪藝術》一書中頂尖名廚的創新食材搭配概念。本書也採用相同方法：我們走遍北美，耗費數千小時採訪首屈一指的侍酒師及其他飲品專業人士最推薦的酒食搭配，並循著他們的餐廳菜單、網站或食譜搜尋他們的記憶，挖掘酒食搭配的深刻見解，最後將這些建議整理成這份全面且方便使用的清單。

本章其他部分是按英文字母排列的食物清單，涵蓋食材（從普羅旺斯蒜泥蛋黃醬到節瓜花）、各國特色料理（從亞洲到越南）、菜色（從開胃菜到甜點），甚至還有各種場合（從夏日野餐到感恩節晚餐）。我們列出大量特定餐點，以方便你作出區別，例如同樣是鮭魚，佐柑橘醬和佐紅酒醬就有不同選擇。還有一部分特別介紹不同的香料、香草、醬料及其他調味料，光是辣椒便有十多種，都可以找到飲品搭配，甚至還有最適合達美樂披薩或大力水手炸雞的葡萄酒。

使用本章有些小技巧：多留意附在建議之後的附加說明，那會幫助你做出絕佳的選擇，將不止是一般的選擇。例如微干的麗絲玲有時也可以搭配蘋果塔，但較甜的麗絲玲才是極致絕配。另外，有些飲品說明的後方標有「避免」的注記，可以引導你避開與餐點格格不入的飲品。以肉蛋白為主的餐點如炸雞或燉牛肉，都會列在雞肉或牛肉之下，但魚類因為風味及口感變化太多，因此會另外分類，如鮭魚、真鰈等。其餘的大致分類還有麵食、三明治和湯品。

最後，我們建立了一套基本的評比系統，告訴你哪些搭配是真正的主角。**黑體字**加上星號（＊）表示該飲品乃是歷時悠久的非凡經典，這樣天造地設的搭配僅占 1-2%。**黑體字**標示的則是極度推薦的組合，**粗體字**代表多次獲得推薦，普通字體則為一般推薦。提醒你：即使只有一位頂尖侍酒師推薦，也仍是精采的酒食搭配。

一旦具備以下專業知識，你就知道該如何選擇飲品來為媽媽的家常菜錦上添花，或是替你最愛的外帶中式料理選擇最合適的飲品。從現在起，美國一些頂尖侍酒師將供你差遣，為你提供酒食搭配的私房建議。

以飲品佐食

MATCHING BEVERAGES to FOODS

線索：一般字體標記的飲品是一位或數位專家推薦的組合。

粗體字代表經常獲得專家推薦的組合

黑體字表示極度推薦的組合

黑體字加上星號（＊）表示的是聖杯級、所有美食主義者此生至少要嘗試一次（或多次！）的經典搭配

酸味食物或菜餚
Acidic (or Tart) Foods or Dishes
（如山羊乳酪、番茄）

酸度高的葡萄酒（如酸度高的白酒：灰皮諾、白蘇維濃；酸度高的紅酒：黑皮諾、淺齡金芬黛；亦請參閱第六章，第200頁）

酸味會彼此吸引！酸味食物會凸顯葡萄酒的果香。

——曼黛蓮・提芙
Matt Prentice 餐廳集團
葡萄酒總監／侍酒大師，底特律

冒險一下
Adventure

有你從未試過的酒嗎？（如綠菲特麗娜、莎弗尼耶產區或希哈氣泡酒？）

晚餐後
After Dinner

香甜酒，堅果口味尤佳（如杏仁甜露酒、富蘭葛利榛果香甜酒、胡桃香甜酒）

烈酒（如雅馬邑白蘭地、白蘭地、卡瓦多斯、干邑白蘭地、馬德拉酒、波特酒、雪利酒）

白蘭地調酒最適合晚餐後飲用，特別是側車調酒：干邑白蘭地、君度橙酒、新鮮檸檬以及一點新鮮的橙，有紅柑更好。別忘了堅果口味的香甜酒。

——萊恩・馬格利恩，Kathy Casey 廚藝教室調酒師，西雅圖

下午
Afternoon

咖啡及咖啡基底飲品（如卡布奇諾、拿鐵）

茶，綠茶或花草茶尤佳

花茶、果茶

蒜泥蛋黃醬
Aïoli

阿爾巴利諾

綠菲特麗娜

干型粉紅酒

莎弗尼耶產區白酒

蘇瓦韋產區

馬德拉酒（華帝露品種）

杏仁（烘烤過尤佳）
Almonds

一般

啤酒

夏布利

夏多內

羅第丘，搭配燻烤過的杏仁尤佳

果汁，蘋果、山杏或草莓尤佳，特別是氣泡飲品（如 Fizzy Lizzy）

馬德拉酒（布爾或馬瓦西亞品種）

蜜思嘉

黑皮諾，搭配亞洲料理的杏仁尤佳

年份波特或陳年波特

義大利氣泡酒

索甸甜白酒

白蘇維濃

＊菲諾雪利酒或曼薩尼亞尤佳

當甜點

巴薩克產區甜白酒

香檳，粉紅香檳尤佳

冰酒

遲摘麗絲玲

馬德拉酒

蜜思嘉

波特酒

索甸甜白酒

甜雪利酒（如奶油雪利酒或歐洛索）

托凱貴腐甜白酒

我是鯷魚狂！只要一些好手藝作出的鯷魚片、一把鹽烤杏仁再配上冰涼的菲諾雪利酒，我就有如置身天堂數小時。細細品嘗，體驗一波波風味。鯷魚和稍微陳年的山羊乾酪確實是絕配，有許多人都還未體驗過。

——史蒂芬・簡金斯，Fairway 市場乳酪商，紐約市

義大利甜白酒

鯷魚
Anchovies

弗拉斯卡蒂產區
圖福格萊克產區
檸檬基底飲品（如氣泡水加檸檬）
蜜思卡得產區
奧維特產區
帶果香的紅酒
麗絲玲
粉紅酒，干型尤佳（如邦斗爾產區）、西班牙粉紅酒
白蘇維濃
菲諾雪利酒或曼薩尼亞尤佳
特雷比雅諾品種
查克利品種
維蒂奇諾品種
維納西品種

茴香籽
Anise（參見小茴香）

黑皮諾
維歐尼耶

義式開胃菜
Antipasto

啤酒，拉格或皮爾森尤佳
奇揚地
阿爾巴產區多切托品種紅酒
弗拉斯卡蒂產區
圖福格萊克產區
蒙地普奇亞諾
奧維特產區
灰皮諾
干型粉紅酒
蘇瓦韋產區
特雷比雅諾品種白酒
瓦波利切拉產區
維蒂奇諾品種
維納西品種

餐前酒
Aperitif（餐前飲用，與法式小點一起享用尤佳）

阿爾巴利諾
安畾品種
啤酒，帶果香、小麥啤酒尤佳
香檳，干型尤佳（如白中白）
白梢楠
君度橙酒
多切托品種
法國橙香白葡萄餐前酒
阿爾薩斯白皮諾
灰皮諾
麗絲玲，德國尤佳
白蘇維濃
雪利酒，菲諾或曼薩尼亞尤佳
氣泡酒，干型尤佳（如西班牙氣泡酒、義大利亞斯堤氣泡酒、義大利氣泡酒）
阿爾薩斯的希瓦那
苦艾酒
梧雷產區干型白酒

開胃菜（參見餐前酒）
Appetizers

蘋果
Apples

一般
卡瓦多斯
夏多內
白梢楠
蘋果氣泡酒，干型或含酒精的蘋果氣泡酒尤佳
調酒，以美國蘋果白蘭地、白蘭地、干邑白蘭地、君度橙

酒、金萬利香橙甜酒、櫻桃白蘭地、馬德拉酒、蘭姆酒調製尤佳
水果蒸餾酒
格烏茲塔明娜
薑汁汽水
檸檬基底飲品（如檸檬水，氣泡水加檸檬）
灰皮諾
紅酒
麗絲玲，德國尤佳（由微干到甜均可）
蘭姆酒
白蘇維濃
氣泡酒
大吉嶺或阿里山烏龍茶
苦艾酒
維歐尼耶

甜點
邦若產區白酒，搭配法式反烤蘋果派尤佳
卡瓦多斯
甜白梢楠
甜蘋果氣泡酒，搭配法式反烤蘋果派尤佳
咖啡，特別是加牛奶（如咖啡歐蕾、拿鐵），搭配蘋果派尤佳
格烏茲塔明娜
冰酒
晚收白酒（如格烏茲塔明娜、麗絲玲）
馬德拉酒，搭配法式反烤蘋果派尤佳
蜜思嘉微氣泡甜酒
蜜思嘉甜白酒，搭配法式反烤蘋果派尤佳
威尼斯－彭姆產區的蜜思嘉甜白酒
休姆－卡德產區甜白酒
麗絲玲，德國尤佳（從微干到極甜）
遲摘麗絲玲
索甸甜白酒
遲摘榭密雍
雪利酒，歐洛索尤佳
氣泡酒，半干型尤佳
匈牙利托凱貴腐甜白酒
義大利甜白酒，搭配堅果甜點尤佳
梧雷產區甜白酒

以蘋果派這種簡單的蘋果甜點而言，索甸甜白酒會是輕柔甜美的搭配。但蘋果派若淋上焦糖醬，酒喝起來就會平淡無味。

——曼黛蓮・提芙
Matt Prentice 餐廳集團
葡萄酒總監／侍酒大師，底特律

杏桃
Apricots

一般
白梢楠，羅亞爾河尤佳
調酒，以白蘭地、干邑白蘭地、君度橙酒、金萬利香橙甜酒、櫻桃白蘭地調製尤佳
孔德里約產區微甜白酒
水果基底飲品（檸檬或覆盆子尤佳，如 Fizzy Lizzy）
薑汁啤酒
德國麗絲玲，精選或晚收尤佳
義大利維都羅品種白酒
維歐尼耶

當甜點
杏桃愛爾啤酒
冰酒
馬德拉酒
蜜思嘉微氣泡甜酒
威尼斯－彭姆產區的蜜思嘉甜白酒
蜜思嘉，橘香蜜思嘉尤佳
陳年波特酒
晚收麗絲玲
索甸甜白酒
甜榭密雍
白毫烏龍茶
匈牙利托凱貴腐甜白酒

朝鮮薊
Artichokes

安聶白酒
法國布依區，搭配朝鮮薊心尤佳
夏布利
香檳，特別是白中白或干型，搭配醃漬朝鮮薊尤佳
夏多內，特別是未過桶，搭配朝鮮薊佐荷蘭醬尤佳
加州白梢楠
干型酒
弗拉斯卡蒂產區，搭配炸朝鮮薊尤佳

有人說朝鮮薊含有某種化學成分，會讓其他食物嘗起來更甜，因而無法配酒。如果真是這樣，只要飲品能夠改變其中的平衡就好了。如果有支酒太干而無法單飲，搭配朝鮮薊就能讓酒更美味。

——大衛・羅森加騰
DavidRosengarten.com 網站主編

有很多方法可以讓酒食完美交融。Alain Chapel 餐廳曾推出朝鮮薊心和小牛肉、小牛胰臟的組合，那時我們喝的是高檔酒，我想：「這下子糟了。」沒想到餐廳用茉莉花茶煮朝鮮薊心，梗味因此變淡了。如果你想推出朝鮮薊心，搭配曼薩尼亞雪利酒或菲諾雪利酒會是神奇的組合。如果想辦場很棒的宴會，可以找幾個朋友一起下廚，想在朝鮮薊裡鑲入什麼食材都可以，然後搭配一杯清新冰涼的曼薩尼亞雪利酒，這樣你的晚餐就有了絕佳開場！

——提姆・科帕克（Tim Kopec）
Veritas 餐廳葡萄酒總監，紐約市

圖福格萊克產區
綠菲特麗娜
酸度高的酒
檸檬基底飲品（如檸檬水、氣泡水加檸檬等）
馬貢產區白酒
蜜思卡得產區
奧維特產區
灰皮諾，**阿爾薩斯尤佳**
普依芙美產區
麗絲玲，阿爾薩斯尤佳
利奧哈白酒
干型粉紅酒，法國（如邦斗爾產區或塔維勒產區）或義大利尤佳
松塞爾產區
干型白蘇維濃，紐西蘭尤佳
干型榭密雍
菲諾或曼薩尼亞雪利酒，搭配朝鮮薊心尤佳
蘇瓦韋產區
維蒂奇諾品種，搭配檸檬油醋醬尤佳
維門替諾品種，搭配帕瑪乳酪尤佳
維納西品種
葡萄牙的綠酒，搭配炸朝鮮薊尤佳
維歐尼耶
干型且酒體輕盈的白酒
避免
紅酒，特別是單寧重的
甜葡萄酒（注意：朝鮮薊會加強甜味）

朝鮮薊會讓你的酒嘗起來更甜，如果你拿珍品麗絲玲佐餐，喝起來會比較像遲摘麗絲玲。——伯納·森
Jean-Georges Management 飲品總監

芝麻菜
Arugula
義大利安蕌白酒
夏布利
夏多內
檸檬基底飲品（如檸檬水、氣泡水加檸檬等）
白皮諾
白蘇維濃

亞洲料理（特別是環太平洋地區）
Asian Cuisine
啤酒，愛爾、拉格或皮爾森
香檳，包括粉紅香檳
干型到半干型夏多內
白梢楠，搭配柑橘味菜餚尤佳
帶甜味、以琴酒或伏特加等白烈酒調製的調酒
隆河丘產區
格烏茲塔明娜
蜜思卡得產區，搭配辛辣菜餚尤佳
黑達沃拉品種
白皮諾，搭配辛辣菜餚尤佳
未過桶灰皮諾，搭配柑橘調味菜餚尤佳
黑皮諾
梅酒，餐後飲用
米酒（如清酒、紹興酒）
阿爾薩斯或澳洲的麗絲玲
德國麗絲玲（從珍品級到遲摘級），搭配辛辣菜餚尤佳
粉紅酒
干型、半干型或紐西蘭的白蘇維濃
氣泡酒，包括粉紅氣泡酒
希哈，帶辛香味尤佳
茶
托凱貴腐甜白酒
維歐尼耶
梧雷產區，搭配柑橘類水果調味菜尤佳
水
金芬黛，搭配辛辣菜餚尤佳
避免
酒體濃郁、豐厚的紅酒
帶橡木味的夏多內

亞洲食物的味道很複雜（酸、甜、苦、辣、鹹），最好搭配綠茶，為了餐後促進消化也該喝上一杯，這種飲食法在多數亞洲文化已成傳統。話雖如此，多數西方人仍喜歡啤酒或來杯葡萄酒。若選擇葡萄酒，最好是輕盈到中等酒體、干型到半干型的白酒，如干型到半干型的白蘇維濃、格烏茲塔明娜、匈牙利托凱貴腐甜白酒或夏多內。我甚至試過灰皮諾跟維歐尼耶，效果也很不錯。由米發酵製成的酒可分為幾類：蒸餾烈酒（有些超過 57% 且只能用來烹飪，如醉蝦）、香甜酒及米酒。一般來說，如果真要喝，我喜歡在飯後來杯烈酒，既幫助消化又可去除口腔異味。米酒在一整餐中都可以喝。香甜酒太甜，我不怎麼喜歡，還寧願餐後喝梅酒，梅酒有濃厚的果香，酒精濃度不高。許多人吃亞洲菜時最喜歡配啤酒，我要提醒的是：選擇淡一點的啤酒（拉格、皮爾森或愛爾啤酒）。多數人會選擇有名的牌子，如日本三寶樂、法國 33、越南西貢、印度泰姬瑪哈陵、印尼 Bintang、韓國 OB、印度翠鳥還有泰國勝獅，這些都不錯。

——寇妮·莊（Corinne Trang）
《亞洲烹飪精髓》作者

亞洲美食適合搭配清淡無色烈酒（如琴酒、伏特加）調製的調酒。
——萊恩·馬格利恩
Kathy Casey 廚藝教室調酒師，西雅圖

Vong餐廳有最引人入勝的酒單。Vong提供的是南亞料理，並受到泰國、越南、中國的影響，因此有許多酒可以搭配。酒單中絕大多數是阿爾薩斯還有德國珍品麗絲玲、格烏茲塔明娜，以及一般人唸不出來的優質餐酒。我們也賣紅酒，因為有些人無論如何都要喝紅酒。能搭配南亞菜的無非是黑皮諾、辛香的希哈還有西西里的黑達沃拉品種。葡萄酒向來不容易搭中餐，因此我們的「66」中餐廳提供了不少香氣豐郁的白酒。

——伯納・森
Jean-Georges Management飲品總監，紐約市

說到亞洲料理，你得注意到甜、酸或強烈的香味。就越南、中國或泰國菜而言，你得留意甜與酸的平衡，不一定是辣。你要考量的是醬油或魚露以及辣椒醬，而這所有風味都會融成一體。因此我們會選擇珍品或遲摘麗絲玲，不那麼複雜，果香及酸度也很平衡。

——阿帕納・辛
Everest餐廳侍酒大師，芝加哥

蘆筍
Asparagus

一般
薄酒萊，搭配燒烤蘆筍尤佳
啤酒，小麥啤酒尤佳
波爾多干型白酒
布根地白酒，搭配奶油或荷蘭醬尤佳
夏布利，搭配奶油或荷蘭醬尤佳
香檳
夏多內，未過桶，搭配奶油或荷蘭醬尤佳
白梢楠，羅亞爾河產區尤佳
白芙美
格烏茲塔明娜
格拉夫產區
綠菲特麗娜
檸檬基底飲品（如檸檬水、氣泡水加檸檬等）
蜜思卡得產區
干型蜜思嘉，阿爾薩斯尤佳
白皮諾，搭配奶油或荷蘭醬尤佳
灰皮諾
普依芙美產區，冰後享用尤佳
義大利氣泡酒
阿爾薩斯干型麗絲玲，冰涼後搭配奶油或荷蘭醬尤佳
德國麗絲玲，干型尤佳
舊世界粉紅酒，搭配燒烤蘆筍、佐油醋醬尤佳
清酒
松塞爾產區
＊干型白蘇維濃，紐西蘭尤佳
莎弗尼耶產區，蘆筍趁熱上菜尤佳
樹密雍
蘇瓦韋產區
氣泡酒
維蒂奇諾品種
維門替諾品種
梧雷產區
微干白酒

白蘆筍
香檳
蜜思嘉甜白酒
白皮諾
阿爾薩斯特級葡萄園麗絲玲

避免
紅酒，特別是高單寧
過桶白酒

提示：蘆筍或朝鮮薊淋上乳酪醬汁更容易搭配葡萄酒。

細嫩如手指的蘆筍尖不同於粗蘆筍，不含與葡萄酒相衝突的化學成分。如果你打算拿蘆筍搭配香檳，記得挑鉛筆粗細的蘆筍。

——麗仙・拉普特
（Lisane Lapointe），香檳王（Dom Pérignon）品牌大使

就食物而言，蘆筍幾乎無法搭酒，但紐西蘭的白蘇維濃夠酸，因此和蘆筍可以配合得絲絲入扣。大多數時間我會要求主廚把蘆筍烤久或煮久一點，去除蘆筍的強烈風味。

——伯納・森
Jean-Georges Management
飲品總監，紐約市

我常常拿1984年的夏布利一級園「Montée de Tonnerre」來搭配蘆筍，這樣的組合令人著迷。

——理察・翁利
（Richard Olney）

秋天
Autumn

蘋果氣泡酒
波爾多紅酒
布根地紅酒
卡本內蘇維濃
香檳
艾米達吉產區
紅酒，酒體飽滿尤佳
隆河紅酒
利奧哈
索甸產區及其他甜點酒
茶，楓葉紅茶尤佳

每一季我們都會換茶，也換搭配的食物。去年秋天我們供應白胡桃瓜及蔓越莓佐溫巧克力塔，搭配的是楓葉茶。

——麥可・歐布列尼
加拿大第一位侍茶師

酪梨
Avocados（參見酪梨沙拉醬）
薄酒萊
香檳，干型尤佳
夏布利
夏多內，加州或新世界尤佳
格烏茲塔明娜
葡萄柚氣泡果汁（如 Fizzy Lizzy）
綠菲特麗娜
藍布斯寇品種紅酒
萊姆基底飲品（如萊姆水、氣泡水加萊姆等）
白皮諾
灰皮諾
粉紅酒，干型尤佳
松塞爾產區
白蘇維濃，紐西蘭尤佳
番茄基底飲品（如血腥瑪莉、聖母瑪麗亞）
阿根廷的多隆蒂絲品種白酒

有一次我在家開了一支華芳莊園的夏布利，手上剛好有葡萄柚、酪梨跟南瓜子，就乾脆用這些材料做了道沙拉。我就只是把東西混在一起，沒考慮到搭配，可是配著夏布利吃時，我發現這樣的組合非常棒。酪梨的肥腴、葡萄柚強烈的柑橘香氣和夏布利混合起來，效果非常好。這個發現真是太妙了。

——崔西・黛查丹
Jardiniere 餐廳主廚，舊金山

培根
Bacon
薄酒萊
啤酒，煙燻啤酒或司陶特，搭配家常菜尤佳
布根地紅酒
夏布利
干型、未過桶的夏多內，搭配培根生菜番茄（BLT）三明治尤佳
格那希
馬爾貝克品種
梅洛產區
藍布斯寇品種
阿爾薩斯灰皮諾
黑皮諾，加州、俄勒岡州或其他新世界尤佳
麗絲玲，遲摘級尤佳
利奧哈
粉紅酒
歐洛索雪利酒
希哈
氣泡酒
法國希哈
未過桶田帕尼優
金芬黛

倘若搭配培根，我喜歡用新世界的黑皮諾，那通常比較醇厚、橡木味重且有較多培根風味。

——丹尼爾・強斯
Daniel 餐廳飲品總監，紐約市

貝果夾燻鮭魚及奶油乳酪
Bagel, with smoked salmon and cream cheese
香檳
柑橘類微氣泡酒（如葡萄柚或橙口味）
氣泡酒

我的早餐常是貝果、奶油乳酪跟燻大麻哈魚，或至少是一天中的第一餐，通常配咖啡或牛奶不加糖。燻大麻哈魚有鹹味，再者我是在早上吃，因此我也會用橙汁或葡萄柚汁來降低鹹度跟奶油乳酪的油膩感。我妹妹極力推薦香橙氣泡調酒，我則喜歡蝸牛絲起子。（如果單吃煙燻鮭魚，我想到的是香檳或義大利氣泡酒，雖然冰透的伏特加也很讚。）
我最近開始習慣調葡萄柚或橙汁微氣泡酒（微氣泡酒可以降低果汁所含的卡路里，也幫我的賽爾茲碳酸水調味）。隨便是哪種，跟貝果、燻大麻哈魚還有奶油乳酪都是絕配。

——亞瑟・許維茲
（Arthur Schwartz）
《紐約市美食》作者

香蒜鯷魚熱蘸醬
Bagna Cauda（蔬菜佐義式蒜泥蛋黃醬）
巴貝拉品種
多切托品種
哥維產區
白蘇維濃

火焰雪山[1]
Baked Alaska
義大利亞斯堤氣泡酒
甜調酒
甜氣泡酒

比起其他甜點，火焰雪山比較容易找到調酒搭配，只要有點甜味就好，太甜的話會互衝。

——羅伯・賀斯
（Robert Hess）
Drinkboy.com 創辦人

南方美人
Southern Beauty
以下為羅伯・賀斯搭配火焰雪山的調酒食譜

1．編注　火焰雪山是一種甜點，由蛋糕和冰淇淋組成，於表面澆上烈酒，用火點燃。

白蘭地 $1\frac{1}{4}$ 盎司
南方安逸香甜酒 $1\frac{1}{4}$ 盎司

和冰塊攪拌均勻，篩入調酒杯，用湯匙覆上一層稍微打發的鮮奶油作為裝飾。

果仁蜜餅巴克拉瓦
Baklava

蜜思嘉甜白酒，威尼斯－彭姆產區尤佳
甜麗絲玲
索甸甜白酒
茶
匈牙利托凱貴腐甜白酒

香蕉
Bananas（包括甜點）

澳洲餐後甜酒
班努斯產區
啤酒，巧克力啤酒或小麥啤酒尤佳
白蘭地
香檳
調酒，以雅馬邑白蘭地、白蘭地、蘋果白蘭地、干邑白蘭地、櫻桃白蘭地或蘭姆酒調製尤佳
椰汁基底飲品
格烏茲塔明娜
晚收葡萄酒，麗絲玲尤佳
馬德拉酒，馬瓦西亞品種尤佳
蜜思嘉或威尼斯－彭姆產區的蜜思嘉
波特酒，陳年波特尤佳
休姆－卡德產區甜白酒
粉紅酒
蘭姆酒
索甸甜白酒
雪利酒，PX 尤佳
氣泡酒，粉紅氣泡酒尤佳

我們的香蕉乳酪派和休姆－卡德甜白酒搭配滋味絕妙。

——艾瑞克・瑞諾德（Eric Renaud）
Bern's 牛排館侍酒師，坦帕市

燻烤
Barbecue（烤肉加煙燻、甜醬汁）

一般
愛爾啤酒，麥味重
巴貝拉，搭配醋基底醬汁尤佳
薄酒萊，薄酒萊特級村莊酒尤佳
＊啤酒，煙燻、琥珀、拉格或小麥啤酒尤佳
卡本內蘇維濃，智利或納帕山谷搭配牛胸肉尤佳
粉紅香檳
櫻桃可樂（如櫻桃可樂、Dr. Pepper）
奇揚地
加入棕色烈酒的調酒（如波本酒、白蘭地、陳年蘭姆酒、威士忌），柑橘汁基底或冰茶類尤佳
可樂（如可口可樂）
隆河丘
冰淇淋汽水
格烏茲塔明娜
格那希
冰茶
檸檬水加／不加波本酒或白蘭地、些許安古斯圖臘苦精
馬爾貝克品種
梅洛，加州或南美尤佳
薄荷冰酒
過桶葡萄酒
淺色苦味愛爾啤酒
小希哈
南非的皮諾塔基品種
黑皮諾
隆河紅酒，搭配以乾燥香料醃烤的烤肉尤佳
利奧哈
干型粉紅酒
澳洲希哈
法國希哈
瓦波利切拉產區，搭配牛肉尤佳
＊加州金芬黛，搭配牛肉、豬肋排尤佳
白金芬黛

肋排
巴貝拉
啤酒，拉格或小麥啤酒尤佳
卡本內弗朗
卡本內蘇維濃
教皇新堡
棕色烈酒調製的調酒
南隆河的隆河丘村莊
黑皮諾
隆河產區紅酒，淺齡尤佳
西班牙粉紅酒
新世界希哈，淺齡尤佳
法國希哈
單寧強勁的葡萄酒
＊加州金芬黛，淺齡尤佳
白金芬黛

烤肉會用上很多食材，從雞肉到牛肉，而且通常都是夏天在戶外舉行，天氣炎熱。因此要留意的是，就這個時節而言，新世界希哈跟金芬黛太厚實了些。你需要能和各種食物搭配的酒，所以我喜歡鄉村酒，特別是粉紅酒，適合各種食物。

——尚盧・拉杜
Le Dû's 酒窖，紐約市

搭配烤肉和某些亞洲菜這類又辣又甜的食物，我喜歡帶甜味且低酒精的酒，若是有氣泡的酒款更好。

——曼黛蓮・提芙
Matt Prentice 餐廳集團
葡萄酒總監／侍酒大師，底特律

吃烤肉的時候，你肯定會想來杯以棕色烈酒（如波本酒、白蘭地、陳年蘭姆酒）為基底的柑橘類調酒。不論是威士忌戴茲（威士忌、庫拉索酒（橙皮味烈酒）、新鮮檸檬及蘇打水混合碎冰）或經典的薄荷冰酒，或是一杯簡單的波本酒或灑上幾滴安古斯圖臘苦精的白蘭地檸檬水都可以。棕色烈酒和烤肉的濃郁風味互補，酸味則可去除異味，又能保持口腔清爽。

——萊恩・馬格利恩
Kathy Casey 廚藝教室
調酒師，西雅圖

單寧跟烤肉很合，不論是冰茶或紅酒的單寧都好……葡萄酒基本上就是有酒精的烤肉醬。

——丹尼・梅爾
Blue Smoke 餐廳 Wine for Swine
講座負責人，紐約市

烤肉醬
Barbecue Sauce

一般
卡本內蘇維濃
梅洛
德國麗絲玲，遲摘級尤佳
新世界希哈，帶果香尤佳
微甜的葡萄酒
金芬黛，帶果香尤佳

塗雞肉
白梢楠
金芬黛，帶果香尤佳

塗魚肉
白蘇維濃，新世界尤佳
榭密雍

羅勒
Basil（參見義式青醬）

卡本內蘇維濃
粉紅香檳
未過桶夏多內
教皇新堡白酒
奇揚地
哥維產區
梅洛
內比歐羅品種
義大利奧維特產區
灰皮諾
粉紅酒
山吉歐維列，搭配家常菜尤佳
白蘇維濃
希哈
蘇瓦韋產區
紅、白金芬黛

鱸魚
Bass（參見條紋鱸魚及其他味道清淡的魚種，如比目魚、海鱸、真鰈）
阿爾巴產區的巴貝拉，搭配燒烤鱸魚尤佳
布根地白酒，搭配烘烤、炙烤鱸魚，佐或不佐白酒醬汁
夏布利
香檳
未過桶夏多內，搭配燒烤鱸魚尤佳
蜜思卡得產區
白皮諾
普依芙美產區
普依富賽產區，搭配燒烤鱸魚尤佳
麗絲玲
松塞爾產區
白蘇維濃
蘇瓦韋產區

月桂葉
Bay Leaf
巴貝拉
卡本內蘇維濃
奇揚地
皮諾塔基品種
山吉歐維列
白蘇維濃
金芬黛

豆類
Beans
烘烤
啤酒
卡本內弗朗
格那希
內比歐羅
皮蜜提品種
新世界希哈
金芬黛

黑豆
啤酒
調酒，以馬德拉酒、橙汁、氣泡水調製尤佳（如 Fizzy Lizzy）
隆河產區紅酒

紅豆（通常配米飯）
奇揚地
新世界希哈
金芬黛

白豆
布根地白酒
夏布利
紅酒
氣泡酒

四季豆
Beans, Green
麗絲玲
松塞爾產區
白蘇維濃，加州尤佳

牛肉
Beef（參見漢堡、牛排）
一般
巴貝瑞斯可
巴羅洛
啤酒，干型波特或愛爾
波爾多紅酒
布魯內羅品種
布根地紅酒
卡本內蘇維濃
教皇新堡
奇揚地
調酒，以馬德拉酒調製尤佳
加州的梅洛
黑皮諾
隆河產區紅酒
利奧哈
歐洛索雪利酒
希哈
茶，紅茶或烏龍茶尤佳
金芬黛

燻烤牛胸肉
奇揚地
新世界希哈
金芬黛
紅酒燉牛肉
巴羅洛
薄酒萊
啤酒，比利時愛爾尤佳
波爾多紅酒
＊布根地紅酒
卡本內蘇維濃
教皇新堡
隆河丘產區，淺齡尤佳
多切托品種紅酒
黑皮諾
利奧哈
希哈
金芬黛

沸煮牛肉
薄酒萊

波爾多紅酒醬汁
波爾多紅酒（如瑪歌或梅多克產區）

燜煮
艾格尼科品種
巴貝瑞斯可
巴貝拉
巴羅洛
薄酒萊
比利時奇美啤酒
布根地紅酒
奇揚地，經典奇揚地尤佳
隆河丘產區紅酒
隆河紅酒
粉紅酒
金芬黛

用啤酒燜煮
啤酒

墨西哥烤肉
馬爾貝克

薄切生牛肉
安茹白酒
巴貝瑞斯可
巴貝拉
巴羅洛

紅酒燉牛肉熬煮的時間太長，會壓過布根地紅酒的味道。你需要的是酒體更厚重的酒，像是教皇新堡。

——尚盧・拉杜
Le Dû's 酒窖，紐約市

牛肉的脂肪跟蛋白質能讓單寧重的酒款變柔和，如布魯內羅或卡本內蘇維濃。

——曼黛蓮・提芙
Matt Prentice 餐廳集團葡萄酒總監／侍酒大師，底特律

卡本內蘇維濃和波爾多混合酒是一般搭配牛肉的好選擇。我們供應大火油煎　牛腰肉佐秘魯焗烤馬鈴薯、辣椒荷蘭醬和香料紅酒汁，這道菜就該配上加州的卡本內蘇維濃。傳統一點的如Heitz、Phelps、Beringer 等酒廠或較新的膜拜酒如 Maya、Harlan Estates 或 Araujo 都很棒。較干型的卡本內蘇維濃、蒙岱維酒莊的複雜酒款、Dominus 酒莊的混釀或優質的波爾多，都非常適合簡單料理的牛肉。

——亞諾斯・懷德（Janos Wilder）
Janos 餐廳主廚／老闆，土桑市

粉紅香檳
黑皮諾
粉紅酒，干型尤佳
山吉歐維列

砂鍋牛肉
卡本內蘇維濃
希哈
金芬黛

冷牛肉
薄酒萊
卡本內蘇維濃
香檳
梅洛
粉紅酒

鹽漬（參見鹽漬牛肉）

佐薑
布魯內羅品種
布根地紅酒

佐肉汁
啤酒

燒烤牛肉（亞洲菜式）
清酒
新世界希哈

燜燉牛肉
卡本內蘇維濃
梅洛，智利尤佳
金芬黛

牛肋排
布根地紅酒，淺齡尤佳
卡本內蘇維濃
經典奇揚地珍藏紅酒
嘉美品種紅酒
梅洛
黑皮諾
新世界希哈
金芬黛

烘烤肋排
波爾多紅酒
布根地紅酒
卡本內蘇維濃，納帕產區尤佳
馬爾貝克
梅洛
黑皮諾，加州或俄勒岡尤佳

大塊烘烤肉
愛爾啤酒，英式印度淡色愛爾
巴貝瑞斯可
巴貝拉
巴羅洛
波爾多紅酒
布根地紅酒
加州卡本內蘇維濃
教皇新堡
馬爾貝克
梅洛
黑皮諾
普里奧拉產區
斗羅河岸產區
利奧哈
希哈
陶瓦希產區
金芬黛

牛小排
卡本內蘇維濃
小希哈
西班牙斗羅河岸產區
利奧哈
希哈
金芬黛

認證安格斯牛肋排佐希哈濃縮焦香醬料，應該搭配阿根廷七芒星特級紅酒（馬爾貝克、梅洛、卡本內、法國希哈）。

——曼黛蓮・提芙
Matt Prentice 餐廳集團
葡萄酒總監／侍酒大師，底特律

燉牛肉（如紅酒燉牛肉）
愛爾啤酒或啤酒
巴羅洛
波爾多紅酒
卡本內蘇維濃，法國尤佳
教皇新堡
隆河丘產區紅酒
北隆河的克羅茲－艾米達吉產區
馬爾貝克
內比歐羅
黑皮諾

隆河紅酒
利奧哈
希哈
金芬黛

翻炒牛肉（亞洲菜）
卡本內蘇維濃
帶果香的梅洛，搭配醬油尤佳
加州或俄勒岡州的黑皮諾，搭配橙尤佳
希哈，搭配鐵板燒牛肉尤佳
帶果香的金芬黛，搭配醬油尤佳

俄羅斯酸奶牛肉
巴貝拉
波爾多紅酒
布魯內羅
卡本內蘇維濃
隆河丘
艾米達吉產區
梅洛
隆河紅酒
金芬黛，酒體輕盈尤佳

墨西哥塔可捲餅
鮮水
卡本內蘇維濃
梅洛
希哈，阿根廷或法國尤佳
西班牙的田帕尼優

烘烤嫩牛腰肉
布根地紅酒
英式印度淺色苦味愛爾啤酒
梅洛

威靈頓牛肉派
波爾多紅酒
布根地紅酒
黑皮諾
利奧哈

甜菜
Beets
卡本內蘇維濃
格烏茲塔明娜
檸檬基底飲品（如檸檬水、氣泡水加檸檬等）
梅洛
阿爾薩斯灰皮諾
黑皮諾，帶果香尤佳
麗絲玲，特別是德國，搭配烘烤甜菜尤佳
粉紅酒
松塞爾產區
白蘇維濃，紐西蘭尤佳

烘烤甜菜和麗絲玲是絕配。
——艾倫·莫瑞
Masa's 餐廳葡萄酒總監，舊金山

莓果類
Berries
一般
氣泡酒
薄酒萊
布拉切托·達桂氣泡紅酒
卡本內弗朗
卡本內蘇維濃
卡歐產區
粉紅香檳
調酒，覆盆子調製尤佳
蜜思嘉甜白酒，微干至甜尤佳
黑皮諾
波特酒
晚收麗絲玲
微干至甜麗絲玲
粉紅酒
干型至甜氣泡酒
金芬黛，酒體輕盈尤佳

甜點
冰酒
晚收甜白酒，麗絲玲尤佳
蜜思嘉，黑蜜思嘉尤佳
紅寶石波特或年份波特
梧雷產區甜酒

印度波亞尼肉飯
Biryani（印度以飯為主的餐點）
帶果香、過桶的黑皮諾，聖塔芭芭拉產區及紐西蘭尤佳
白酒，搭配以番紅花調味的米飯尤佳

吃印度波亞尼肉飯時，我會想喝黑皮諾，特別是果香、橡木味明顯的酒款，例如俄羅斯河的風格。此外，紐西蘭或聖塔芭芭拉的黑皮諾會有烘焙的香料風味，像是小茴香芹或芫荽。
——阿帕納·辛
Everest 餐廳，芝加哥

義大利脆餅
Biscotti
氣泡酒
濃縮咖啡
冰酒
晚收白酒
馬沙拉酒
蜜思嘉，橘香蜜思嘉尤佳
波特酒，陳年波特搭配堅果義式脆餅尤佳
隆河紅酒
甜雪利酒（如奶油雪利酒或PX）
＊義大利甜白酒
金芬黛

翡冷翠大牛排
Bistecca Alla Fiorentina
蒙塔奇諾布雷諾產區
奇揚地
蒙塔奇諾若索產區酒[2]

苦味食物或菜餚
Bitter Foods and Dishes（從芝麻菜到燒烤菜餚皆可）
卡本內蘇維濃
黑皮諾
白蘇維濃
有適當單寧的酒
避免
單寧過度強勁的葡萄酒

2．譯注 相較於蒙塔奇諾布雷諾產區，是酒體較輕盈、只經一年桶陳就裝瓶上市的酒款。

黑莓
Blackberries
布拉切托品種
咖啡，肯亞尤佳
莫利產區
威尼斯－彭姆產區的蜜思嘉
黑蜜思嘉
波特酒，紅寶石尤佳
德國麗絲玲，微干到甜尤佳
晚收麗絲玲
白毫烏龍茶

俄式薄煎餅佐魚子醬或燻鮭 魚 Blini, With Caviar or Smoked Salmon（參見魚子醬及燻鮭魚）
香檳，白中白尤佳
伏特加

藍莓
Blueberries（包含甜點）
義大利亞斯堤氣泡酒
布拉切托品種
香檳
調酒，以波本酒、干邑白蘭地、君度橙酒、金萬利香橙甜酒調製尤佳
咖啡，衣索比亞 Harrar 咖啡尤佳
冰酒
晚收葡萄酒
檸檬或萊姆基底飲品（如檸檬水、氣泡水加萊姆）
蜜思嘉，微干到甜皆可（如威尼斯－彭姆產區或橘香蜜思嘉）
桃子基底飲品（如桃子氣泡水）
波特酒
晚收麗絲玲
微干到甜麗絲玲
甜氣泡酒
梧雷產區甜白酒

一般喝衣索比亞咖啡是為了品嘗強烈的藍莓風味，如果是我，會再配上藍莓煎餅。

——杜黑
星巴克資深副總裁

竹莢魚
Bluefish
波爾多白酒
布根地白酒
夏多內，加州、過桶的尤佳
格烏茲塔明娜
艾米達吉產區白酒
義大利白酒
加州白蘇維濃，搭配燒烤魚尤佳
渥爾內產區

野豬
Boar ,wild（參見野味及豬肉）
巴貝瑞斯可
巴貝拉
巴羅洛
卡本內蘇維濃
經典奇揚地，奇揚地珍藏紅酒尤佳
慕維得爾品種
隆河紅酒
斗羅河岸產區
利奧哈
希哈
超級托斯卡尼
加州的金芬黛
避免
白酒

沸煮菜餚
Boiled Dishes
酒體輕盈的葡萄酒

燜煮菜餚
Braised Dishes（特別是紅肉）
啤酒
卡本內蘇維濃
粉紅香檳
酒體飽滿的紅酒
希哈
金芬黛

焗烤鱈魚
Brandade（馬鈴薯泥和鹽漬鱈魚）
阿爾巴利諾
夏布利，特定範圍葡萄園
灰皮諾
粉紅酒
松塞爾產區
白蘇維濃
維蒂奇諾品種

麵包
Bread
一般
愛爾啤酒或一般啤酒
帶奶油香的加州夏多內
早餐烤麵包
茶，烏龍茶尤佳

酸麵團麵包和葡萄酒搭不起來。我們有一群試酒的朋友，會聚在一起試各種陳年紅酒。有一次有人帶了酸麵團麵包來，麵包的酸味改變了味蕾的酸鹼值，味覺因此失準，低酸度的酒喝起來變得乏味。我們有位資深酒友，他的聞名事蹟就是會自備麵包，如果餐廳提供的是酸麵團麵包。

——拉傑・帕爾
the Mina 集團
葡萄酒總監／侍酒大師

麵包布丁
Bread Pudding
冰酒
晚收白酒（如白梢楠、蜜思嘉、麗絲玲）
馬德拉酒
蜜思嘉，橘香蜜思嘉尤佳
波特酒
麗絲玲，遲摘級尤佳
索甸甜白酒
雪利酒，甜雪利尤佳
托凱貴腐甜白酒
義大利甜白酒

早餐／早午餐
Breakfas / Brunch

蘋果汁或蘋果氣泡酒，搭配法式土司或煎餅尤佳
薄酒萊
小麥啤酒
血腥瑪莉
布拉切托．達桂氣泡紅酒
布根地紅酒，搭配牛排及蛋
布根地白酒，搭配龍蝦蛋餅
香檳
粉紅香檳，搭配法式土司或煎餅尤佳
帶奶油香的未過桶加州夏多內，搭配龍蝦煎蛋捲
番茄蛤蜊汁，搭蔬菜蛋餅尤佳
咖啡，餐前飲用尤佳
果汁
葡萄柚汁
冰茶
檸檬水
含羞草調酒（以香檳與荔枝或洋梨汁調成），搭配法式土司或煎餅尤佳
蜜思嘉微氣泡甜酒
橙汁
洋梨汁或氣泡洋梨酒，搭配法式土司或煎餅尤佳
阿爾薩斯灰皮諾，搭配班尼迪克蛋或燻肉（如火腿、肉腸）蛋餅
德國麗絲玲，搭配墨西哥式蛋料理，如墨西哥鄉村蛋餅
白蘇維濃，羅亞爾河產區並搭配蔬菜蛋餅尤佳
希哈氣泡酒，搭配法國土司或煎餅佐莓果尤佳
氣泡酒
茶，阿薩姆、紅茶、錫蘭、大吉嶺、武夷山正山小種、煙小種或滇紅尤佳
番茄汁，搭配雞蛋及蛋餅，或搭配牛肉湯佐豬肉蛋餅尤佳
蔬菜汁（如 V8），搭配蔬菜蛋餅尤佳

早餐最好用的就是希哈氣泡酒，因為酒精度夠低、酸度足。在某個大夥大吃特吃的自助餐場合，我準備了十多支酒，其中一支就是希哈氣泡酒。結果從香果圈到煎餅（無論是否佐以水果），冠軍搭配就是希哈氣泡酒，其次是義大利氣泡紅酒巴切托．達桂，以及蜜思嘉微氣泡甜酒。

——喬許．韋森
Best Cellar's 葡萄酒總監

對大多數的早餐而言，咖啡的單寧實在太多了，因此咖啡要在餐前先上。
然後是煎餅跟法國吐司。我通常喜歡來杯梨子汁，說得更正確點，我在家都是來杯梨子氣泡酒。因為我有兩個小孩，所以常到 IKEA 扛一大箱回家。梨子氣泡酒不會太甜，而且氣泡可以減輕早餐帶來的豐厚口感。蘋果氣泡酒也有異曲同工之妙，但梨子氣泡酒的柔順才近乎完美。
鹹的蛋類料理則需要較不甜的飲料。我喜歡來點番茄汁，簡單的果汁配簡單的蛋，V8 番茄汁或番茄蛤蜊汁則搭配素食煎蛋捲。葷食煎蛋捲則搭配牛高湯加番茄汁（血腥公牛版本），讓口感厚實些。
吃早午餐比較像參加活動，酒款千變萬化，但同樣的規則還是適用。咖啡從來不會跟著食物一同上桌。我通常會先送上法國吐司和煎餅，搭配一杯粉紅香檳，或是梨花蜜或荔枝汁做成的氣泡調酒。
我喜歡用酒搭配蛋料理，而且幾乎都是白酒。班尼迪克蛋或是火腿／肉腸煎蛋捲要搭配優質灰皮諾（如辛．溫貝希特酒莊或 Josmeye 酒莊微干的酒）。素食煎蛋捲則要配上羅亞爾河谷帶草味、更多植物氣息的優質白蘇維濃，像是松塞爾產區的 Alphonse Mellot 酒莊和 Henri Bourgeois 酒莊。龍蝦煎蛋捲要搭上好的布根地白酒，濃郁的加州夏多內也可以。（就後者而言，我偏好俄羅斯河的乳脂感及香料氣息，另外還有特級葡萄園克利優－巴達－蒙哈榭 。用更多香料調味的菜色如墨西哥鄉村蛋餅則需配上較甜的酒，像是優質的德國麗絲玲（我極度推薦普法爾茲產區較肥厚的遲摘級，或是較為強勁的 J. J. Prüm 酒莊）。
只有當我需要大家好好打個盹，好讓我準備牛排跟蛋的時候，紅酒才有機會上桌，這時的選擇就是一支上好的、酒體密實的布根地紅酒。

——史考特．卡爾弗特
the Inn at Little Washington 侍酒師，維吉尼亞

青花菜
Broccoli
夏多內，新世界尤佳
檸檬基底飲品（如檸檬水、氣泡水加檸檬等）
白蘇維濃

球花甘藍
Broccoli Rabe
義大利白酒，洛克羅統都產區尤佳
微干麗絲玲
白蘇維濃

避免
紅酒

洛克羅統都產區生產的義大利白酒，如果單飲會有點難以入口。這是一款厚重、老派帶點油感的酒，但搭配球花甘藍卻相當美妙。我在一個美食社團推出這組搭配，他們試酒時一副我瘋了的樣子，但等到他們吃了球花甘藍再喝酒，就忍不住「哇」地讚歎不已。

——查爾斯．西歐林尼
I Trulli 及 Enoteca 餐廳
葡萄酒總監，紐約市

布朗尼
Brownies（參見巧克力）
班努斯產區
司陶特啤酒，皇家司陶特尤佳
波本酒
咖啡，中度至重度烘焙、瓜地馬拉安提瓜產區尤佳
濃縮咖啡基底飲品
蜜思嘉
波特酒
PX 雪利酒

黃砂糖
Brown Sugar
甜麗絲玲
索甸甜白酒

早午餐
Brunch（參見早餐）
球芽甘藍
白蘇維濃

水牛城辣雞翅
Buffalo Chicken Wings（常佐以藍紋乳酪蘸醬）
加入大量啤酒花的愛爾啤酒
啤酒
粉紅香檳
微干粉紅酒
金芬黛

忙了一天之後，我喜歡來瓶啤酒。啤酒酸度低，能搭配許多辛辣食物，所以才會說啤酒跟香辣雞翅是絕配，因為有啤酒花，酸度也低，還有氣泡包覆住舌頭，有助於抵禦熱辣感。

——伯納．森
Jean-Georges Management
飲品總監，紐約市

奶油及奶油醬汁
Butter and Butter Sauce（如法式奶油白醬）
布根地白酒
香檳
夏多內，帶奶油香的加州酒款尤佳
維歐尼耶

奶油糖果
Butterscotch（包含甜點）
重烘焙咖啡

甘藍及甘藍基底菜餚
Cabbage and cabbage-based dishes，如法式酸菜
一般甘藍
清淡的啤酒、小麥啤酒
卡本內弗朗
調酒，以馬德拉酒調製尤佳
格烏茲塔明娜，阿爾薩斯尤佳
艾米達吉紅酒，陳年並搭配綠甘藍尤佳
麗絲玲，干型尤佳
葡萄酒，白酒尤佳

紫甘藍
蘋果汁基底飲品（如氣泡蘋果氣泡酒）
多切托品種紅酒
梅洛
紅酒

凱真族料理
Cajun Cuisine
啤酒，拉格、皮爾森、小麥啤酒尤佳
夏多內，搭配辛辣的魚料理尤佳
阿爾薩斯格烏茲塔明娜
微干麗絲玲
白蘇維濃
金芬黛，搭配肉類尤佳

蛋糕
Cake（包含杯子蛋糕 Cupcake）
一般
氣泡酒
香檳，極干型尤佳（搭配相當甜的蛋糕除外）
咖啡
冰酒
馬德拉酒（布爾或馬瓦西亞品種）
馬沙拉酒
牛奶
蜜思嘉微氣泡甜酒
甜蜜思嘉
蜜思卡得產區
陳年波特
德國麗絲玲，甜的尤佳
晚收麗絲玲
索甸甜白酒
奶油雪利酒
氣泡酒，半干型尤佳
茶
托凱貴腐甜白酒
義大利甜白酒
梧雷產區氣泡酒

杏仁
萊陽丘產區
蜜思嘉微氣泡甜酒
義大利甜白酒

天使蛋糕
香檳
馬德拉酒
波特酒
甜麗絲玲
氣泡酒

柑橘口味
咖啡，輕度烘焙尤佳
蜜思嘉
茶

咖啡口味
咖啡
冰酒
蜜思嘉
茶，紅茶尤佳
義大利甜白酒

磅蛋糕
咖啡，輕度烘焙尤佳
晚收白酒（如麗絲玲）
蜜思嘉，橘香蜜思嘉尤佳
波特酒
甜雪利酒（如奶油雪利酒）
茶

香料水果蛋糕
啤酒，比利時愛爾啤酒（如Unibroue 酒廠）
蜜思嘉
陳年波特
義大利甜白酒

避免
比蛋糕不甜的酒和香檳

吃生日或結婚蛋糕時以干型香檳乾杯真是太恐怖了！如果甜點比酒甜，酒喝起來會更不甜。我的最愛是萬用的甜白酒非蜜思嘉微氣泡甜酒。

——曼黛蓮・提芙
Matt Prentice 餐廳集團
葡萄酒總監／侍酒大師，底特律

槍烏賊
Calamari（參見烏賊）

炸槍烏賊佐泰式酸甜醬可以搭配小麥啤酒。醬料本身跟這種啤酒一樣，都有辣、酸和甜等滋味。皮爾森啤酒就沒那麼搭。如果你想配葡萄酒，就選格烏茲塔明娜吧。不過啤酒還含有碳酸氣體，可以去除口腔異味。

——加列・奧立維
布魯克林啤酒廠釀酒師

披薩餃
Calzone（參見披薩）
藍布斯寇品種紅酒
希哈

菠菜起司麵捲
Cannelloni（參見搭配特殊醬料的義式麵食）
奇揚地
多切托品種紅酒
弗拉斯卡蒂產區
蒙地普奇亞諾產區
山吉歐維列

奶油甜餡煎餅卷
Cannoli（義式瑞可達乳酪甜點）
咖啡，中度烘焙尤佳
蜜思嘉微氣泡甜酒

洋香瓜（哈密瓜）
Cantaloupe（參見甜瓜）
氣泡酒
班努斯產區
干型香檳
甜白梢楠
甜麗絲玲

酸豆
Capers
高酸度的薄酒萊
啤酒
蜜思卡得產區
灰皮諾，干型尤佳
黑皮諾，俄羅斯河谷產區尤佳
干型粉紅酒
松塞爾產區
白蘇維濃
干型白酒

焦糖
Caramel（包含醬汁及甜點）
香檳，半干尤佳
咖啡，瓜地馬拉安提瓜產區的重烘焙咖啡尤佳
馬德拉酒，馬瓦西亞品種尤佳
蜜思嘉，威尼斯－彭姆產區尤佳
陳年波特
甜麗絲玲（如貴腐精選 TBA 級）
索甸甜白酒
甜雪利酒（如 PX）

葛縷子籽
Caraway Seeds
格烏茲塔明娜
梅洛
黑皮諾
麗絲玲
白蘇維濃
希哈

加勒比海料理
Caribbean Cuisine
啤酒，拉格或牙買加紅紋尤佳
卡本內蘇維濃，搭配肉類料理尤佳
調酒，蘭姆酒調製尤佳（如莫吉托）
果汁（如鳳梨氣泡水）
薑汁啤酒
格烏茲塔明娜
微干麗絲玲，搭配辛辣菜餚尤佳
利奧哈，搭配肉類料理尤佳
白蘇維濃，搭配海鮮尤佳

氣泡酒，搭配油炸類尤佳
帶甜味的飲品，搭配辛辣菜餚尤佳
金芬黛，搭配風乾食材尤佳

薄切生牛肉
Carpaccio
巴貝拉
粉紅香檳
經典奇揚地
多切托品種紅酒
梅洛
義大利氣泡酒
干型粉紅酒
山吉歐維列
瓦波利切拉產區

胡蘿蔔
Carrots
啤酒，小麥啤酒尤佳
夏布利
新世界的夏多內
蘋果氣泡酒
調酒，以白蘭地、馬德拉酒或馬沙拉酒調製尤佳
多切托品種紅酒
薑汁啤酒
綠菲特麗娜
檸檬基底飲品（如檸檬水、氣泡水加檸檬等）
蜜思嘉，搭配甜點尤佳，如胡蘿蔔蛋糕）
橙汁基底飲品（如 Fizzy Lizzy 橙氣泡水）
麗絲玲，干型尤佳
紐西蘭白蘇維濃榭密雍
托凱貴腐甜白酒，搭配甜點尤佳
蘇瓦韋產區
維歐尼耶

腰果
Cashews
黑皮諾
義大利氣泡酒
香料茶（如香料瑪黛茶 Yerba Mate），搭配腰果甜點

白豆什錦鍋
Cassoulet（白豆加肉的砂鍋）
雅馬邑白蘭地（晚餐後）
巴貝拉
啤酒，法國啤酒尤佳
***法國卡歐產區**
隆河紅酒
干型粉紅酒
希哈
金芬黛

卡歐產區的酒公認是白豆什錦鍋的理想佐餐酒。

——理察・翁利
（Richard Olney）

在法國朗格多克產區，白豆什錦鍋是由一層層油脂煮成，材料有鵝、鵝肝和肉腸，吃過一口你就會愛上，再吃第二口也還是很美味，但是到第三口就飽了。卡歐爾產區的酒則有很重的單寧，喝起來彷彿會割舌頭。單吃這道菜或單喝這種酒都很不理想，但兩者搭在一起簡直是天作之合。如果你先吃一口白豆什錦鍋，再輕啜一口酒，這道菜的油脂會讓酒的單寧變柔和，而單寧也能去除脂肪的油膩感。兩者相加，變成了一道天啟。

——克萊格・薛爾頓
Ryland Inn 主廚／老闆
紐澤西州

吃過白豆什錦鍋之後來點雅馬邑白蘭地，是有助消化的甜點。

——琳賽・雪爾
（Lindsey Shere）
Chez Panisse 餐廳
資深糕點主廚，加州柏克萊

鯰魚
Catfish（參見其他味道清淡的魚類，如比目魚、海鱸、鰈魚）
薄酒萊
啤酒
夏布利
夏多內，法國夏多內搭配炸或炒鯰魚
格烏茲塔明娜，搭配煎黑鯰魚
冰茶（美國南方的餐酒！）
藍布斯寇品種
蜜思卡得產區
阿爾薩斯白皮諾
灰皮諾
普依芙美產區
麗絲玲，干型尤佳
松塞爾產區
氣泡酒

花椰菜
Cauliflower
淺齡卡本內蘇維濃
格烏茲塔明娜，阿爾薩斯尤佳
義大利白酒
檸檬基底飲品（如檸檬水、氣泡水加檸檬等）
灰皮諾，俄勒岡州尤佳
麗絲玲，德國、微干尤佳
白蘇維濃
氣泡酒

魚子醬
Caviar
露酒
啤酒，酒體輕盈尤佳，如干型皮爾森或加了檸檬的墨西哥提卡特
***干型香檳，白中白尤佳**
加州夏多內
調酒，特別是伏特加、琴酒或馬丁尼調酒，不那麼烈的琴酒尤佳（如 Bombay Sapphire 或 Hendricks）
檸檬基底飲品（如氣泡水加檸檬等）
灰皮諾，阿爾薩斯尤佳
清酒
干型氣泡酒
托凱貴腐甜白酒，阿爾薩斯尤佳

查克利白酒
苦艾酒
＊伏特加，搭配味道強勁魚子醬、俄式薄煎餅及酸奶尤佳

魚子醬搭香檳？算了吧！香檳對魚子醬來說太甜了。我曾做過一次大型試飲，結果99%的香檳都不夠好，因為味道會相衝。我偏好伏特加，不甜，沒有太多味道，才能專注品嘗魚子醬的風味。

——尚盧・拉杜
Le Dû's 酒窖，紐約市

我認為香檳和魚子醬會是很棒的組合，只是必須慎選香檳。香檳應該要充滿活力、爽口，白中白就很合適。但如果你上了一支桶內發酵或桶陳、頗具酒體的香檳，魚子醬會破壞香檳的風味。還有要注意香檳的年份，應該要淺齡、爽口、清新。

——丹尼爾・強斯
Daniel 餐廳飲品總監，紐約市

芹菜
Celery

白蘇維濃

芹菜根
Celery Root

干型麗絲玲
松塞爾產區

秘魯酸漬海鮮
Ceviche

阿爾巴利諾
啤酒，淺色拉格尤佳
夏布利
香檳
白梢楠
格烏茲塔明娜
綠菲特麗娜
蜜思卡得產區（未過桶）
灰皮諾
麗絲玲，阿爾薩斯及德國尤佳
清酒
松塞爾產區
＊白蘇維濃，紐西蘭尤佳
雪利酒，曼薩尼亞
氣泡酒
維蒂奇諾品種
葡萄牙的綠酒，淺齡且干型尤佳

德國干型麗絲玲是我搭配秘魯酸漬海鮮的最愛之一。這道菜用的是萊姆或酸橙，酸度很高（秘魯酸漬海鮮是把生魚醃漬在果汁裡，將海鮮「煮熟」）。這些酒之所以出色，在於可以用紅柑的香氣帶出萊姆的風味，而且酸度充足，因此餘味不甜。秘魯酸漬海鮮太酸，要是選錯酒，喝完餘味就會是甜的。如果搭配秘魯酸漬海鮮，即使是干型酒喝起來也是甜的。香檳因為有酸度和柑橘類香氣，可以搭配秘魯酸漬海鮮。

——吉兒・吉貝許
Frontera Grill 及 Topolobampo
餐廳侍酒師，芝加哥

要搭配秘魯酸漬海鮮，可以挑選帶有花香、酸度均衡、也許帶點殘糖的清爽白酒。具備以上特點的酒款，莫過於德國及阿爾薩斯麗絲玲，還有灰皮諾、格烏茲塔明娜、綠菲特麗娜、阿爾巴利諾、維蒂奇諾、紐西蘭的白蘇維濃，以及松塞爾產區的白酒。

——亞諾斯・懷德
Janos 餐廳主廚／老闆，土桑市

熟肉
Charcuterie（冷的切片熟肉）

阿里哥蝶品種
巴貝拉
＊薄酒萊特級村莊酒
啤酒
布根地白酒
白梢楠
隆河丘產區
多切托
格烏茲塔明娜
梅洛
蜜思卡得產區
灰皮諾
帶果香的紅酒
阿爾薩斯麗絲玲
粉紅酒
松塞爾產區
白蘇維濃
梧雷產區，微甜尤佳
干型白酒

要搭配各式熟肉，我會選梧雷產區和以白梢楠為主的酒款，因為我喜歡甜美圓潤的白酒，酸度低，還帶些許礦物質，效果很好。我也喜歡格烏茲塔明娜。

——尚盧・拉杜
Le Dû's 酒窖老闆，紐約市

乳酪
Cheese

綜合乳酪
啤酒，琥珀、水果或拉格尤佳
發酵蘋果氣泡酒，蘋果或梨子酒尤佳
微甜的酒精強化型葡萄酒
＊阿爾薩斯格烏茲塔明娜
蜜思嘉微氣泡甜酒
波特酒，陳年波特搭配藍紋及其他風味濃烈的乳酪尤佳
微干到甜麗絲玲，搭配較溫和的乳酪尤佳
白蘇維濃，紐西蘭、干型、帶酸度及果香者尤佳
甜雪利酒
較甜的酒款
水，有細微氣泡且 TDS 高者尤佳（如羅馬尼亞的寶賽克天然氣泡礦泉水）
白酒，酒體飽滿、微干尤佳
或是提供兩種酒，一支是微干、帶酸度、有果香的白蘇

FRONTERA GRILL/TOPOLOBAMPO 餐廳（*芝加哥，伊利諾州*）

瑞克・貝雷斯主廚的經典秘魯酸漬海鮮

開胃菜（8 人份）或點心（12 人份）

- *半公斤新鮮去皮的笛鯛、鱸魚、大比目魚或其他海魚魚片（我喜歡上述魚種是因為這些魚的肉多且厚），切丁（約 1.3 公分或更小一些）。*
- *$1^{1}/_{2}$ 量杯的現榨萊姆汁*
- *1 顆中型白洋蔥，切成 0.6 公分小塊*
- *2 顆中型至大型（半公斤）番茄，切成 0.6 公分小塊*
- *適量的新鮮青辣椒（大約 2-3 支塞拉諾辣椒或 1-2 支哈拉佩諾辣椒），去梗、去籽後切碎*
- *1/3 量杯新鮮芫荽葉切碎，部分葉片留作裝飾*
- *1/3 量杯切碎的去核綠橄欖（想要有獨特的墨西哥風味，挑選馬沙尼拉橄欖品種）*
- *1-2 湯匙橄欖油，最好是特級初榨橄欖油（非必要，但建議使用，讓菜色看起來油亮誘人）*
- *鹽*
- *3 湯匙現榨橙汁或 1/2 湯匙糖*
- *1 大顆或 2 小顆熟酪梨，去皮、去核後切丁*
- *西班牙烤麵包片、玉米脆餅或鹹蘇打*

1. **醃漬魚料**：在 1.4 公升的玻璃碗或不　鋼碗裡拌勻魚料、萊姆汁和洋蔥。萊姆汁要足夠蓋過魚料，讓魚料微微浮起，果汁太少會讓魚料「烹煮」不均勻。蓋上蓋子冷藏約 4 小時，直到魚塊切開時看起來不像生的。倒進濾鍋，將萊姆汁濾乾。
2. **調味**：用大碗將番茄、青辣椒、芫荽葉、橄欖和橄欖油（非必要）拌勻。加入魚料後用鹽（約 3/4 茶匙）、橙汁或糖調味（橙汁或糖的甜味可以平衡秘魯酸漬海鮮特有的強烈風味）。如果不是立即食用，蓋上蓋子冷藏。
3. **上菜**：上桌前加入酪梨丁，小心別弄碎了。上這道菜有幾種方式：裝在大碗上桌，讓客人自行裝盤後搭配玉米脆餅或鹹蘇打享用；裝在小碗上桌（我喜歡碗底鋪一層綠捲鬚苣菜再放上秘魯酸漬海鮮，再搭配西班牙烤麵包片、玉米脆餅或鹹蘇打享用）；又或是把秘魯酸漬海鮮放在脆餅或西班牙烤麵包片上，讓客人自行取用。無論你選擇何種方式，記得在端上桌先前用芫荽葉裝飾一下。

- **事前準備工作**：魚料可在一天前先醃漬好。當魚「煮熟」後（大約 4 小時），要把魚料瀝乾以免酸味太重。為了保持最新鮮的風味，在上桌幾小時前把調味料加進去就好。

侍酒師吉兒・吉貝許的餐酒搭配建議：要搭配秘魯酸漬海鮮，我選擇 2003 年份德國普法爾茲產區 Dr. von Basserman-Jordan 酒莊的干型麗絲玲，或 1999 年份美國俄勒岡州威廉梅特谷產區菱花酒莊的干型氣泡酒。爽口好喝的香檳也很搭這道菜，像是法國 Jouy-les-Reims 產區 L. Aubry 一級園的無年份香檳。

維濃，另一支是酒體豐厚帶果香的卡本內蘇維濃或金芬黛

Alt Urgell y La Cerdanya （西班牙牛乳酪）
啤酒
白酒，過桶尤佳

美式（白色或黃色的軟質再製牛乳酪）
啤酒，皮爾森尤佳

愛亞格乳酪（義大利硬質牛乳酪）
巴貝瑞斯可，搭配陳年乳酪尤佳
巴貝拉
巴羅洛
夏多內，有桶味的新世界酒款尤佳
內比歐羅
菲諾雪利酒尤佳

Baby Bel 乳酪（法國軟質牛乳酪，近似荷蘭艾登乳酪）
薄酒萊

Baby Swiss 乳酪
義大利亞斯堤氣泡酒

世界上最「乳酪友善」的飲品？

世界上最適合搭配乳酪的飲品是什麼？阿爾薩斯格烏茲塔明娜是也。

——尚盧・拉杜，Le Dû's 酒窖老闆，紐約市

格烏茲塔明娜和乳酪的確很搭。如果要我舉出另一支完美的酒，就表示我得放棄其他眾多的選擇，像是白蘇維濃或黑皮諾，諾曼地或布列塔尼的發酵梨子酒、發酵蘋果氣泡酒……

——史蒂芬・簡金斯，Fairway 市場乳酪商，紐約市

一般來說，適合細細品味的酒比適合暢飲的酒更適宜搭配乳酪。帶甜味或果香的酒比較容易搭配多數乳酪。單寧和乳酪不合，所以紅酒通常不太適合。乳脂含量高的乳酪能夠緩和紅酒裡單寧的澀感。牛乳乳酪搭紅酒最為美味，不過我也發現更多白酒與乳酪的天作之合。格烏茲塔明娜是許多乳酪的百搭款，但我會選擇較優質的蜜思嘉微氣泡甜酒。雖然這不是我單飲的最佳選擇，但拿來配乳酪幾乎不可能出錯。除此之外，啤酒的口感也適合搭配乳酪。啤酒的氣泡有助稀釋酸度，並降低乳酪的厚重感，味蕾才不會太疲乏，啤酒的口感也會緩和過於極端的風味。英式印度淺色苦味愛爾跟多數乳酪都很對味，從陳年豪達乳酪到斯提爾頓乳酪都很好搭。

——麥斯・麥克曼，Picholine and Artisanal Cheese Center 乳酪師，紐約市

世界上最「飲品友善」的乳酪？

說到搭配葡萄酒、啤酒或清酒等任何一種酒，硬質乳酪絕對是首選。雖未必是最佳選擇，卻是最安全的。硬質乳酪特色鮮明。一塊優質的英國農家切達乳酪可以搭配多種酒款，而說到瑞士的斯品之乳酪（算是義大利帕瑪乳酪的始祖），我可還沒遇過有哪種飲品是無法搭配的。西班牙用牛乳製作的碧優斯乳酪在品酒會上表現優異，餘味綿長，會在舌尖上化為奶油，和酒精也很能搭配。西班牙馬約卡的瑪宏乳酪也不錯，乳牛吃的是帶鹽分的草，且在製作過程中經鹵水浸洗。這不代表不好，只是會讓乳酪吃起來帶點鹹味。綿羊乳酪因為帶堅果香且質地滑順，所以和多種葡萄酒、啤酒及烈酒都很搭。

——麥斯・麥克曼，Picholine and Artisanal Cheese Center 乳酪師，紐約市

Banon（法國軟質乳酪，通常使用山羊乳）
布根地白酒
克羅茲－艾米達吉產區
粉紅酒

Beaufort（瑞士未殺菌牛乳酪）
波爾多
布根地白酒
黑中白香檳
教皇新堡
隆河丘產區
艾米達吉白酒
黑皮諾，加州尤佳
隆河紅酒
索甸甜白酒

貝爾佩斯乳酪（義大利奶香濃郁的牛乳酪）
巴貝拉
夏多內，清淡酒款尤佳

碧優斯乳酪（西班牙乳酪）
多數葡萄酒

奧弗涅藍紋乳酪（法國奶香濃郁的牛奶藍紋乳酪）
波爾多紅酒
蒙巴西亞克產區
索甸或巴薩克產區
甜葡萄酒

藍紋乳酪（參見乳酪，戈根索拉、侯克霍及斯提爾頓乳酪）
班努斯產區
卡本內蘇維濃
冰酒
馬德拉酒
梅洛
蜜思嘉
波特酒，陳年波特及年份波特搭配半硬質乳酪尤佳
陳年清酒
索甸甜白酒
雪利酒，干型尤佳（如菲諾；或甜的，如歐洛索）
氣泡酒
甜酒
金芬黛

如果你享用的是昂貝圓柱乳酪或侯克霍乳酪這類藍紋乳酪，甜酒會比其他酒款迷人得多。

——尚盧・拉杜
Le Dû's 酒窖老闆，紐約市

Boerenkaas（荷蘭農家乳酪）
波本酒（如肯塔基產區）
卡瓦多斯
琴酒
烈酒
威士忌

柏欣乳酪（法國可塗抹的三重脂肪乳酪，常以蒜、香草或胡椒調味）
格烏茲塔明娜
松塞爾產區

Brick（美國牛乳酪）
夏多內
灰皮諾
麗絲玲
白蘇維濃

布利乳酪（法國白黴牛奶乳酪）
薄酒萊，搭配淺齡乳酪尤佳
啤酒，干型司陶特或覆盆子口味尤佳
陳年的波爾多紅酒，搭配陳年乳酪尤佳
卡本內蘇維濃，搭配美國布利乳酪尤佳
白中白香檳或粉紅香檳
夏多內
黑皮諾
麗絲玲，干型尤佳
白蘇維濃
雪利酒，甜雪利酒尤佳
氣泡酒

Brie de Meaux（法國產區認證A.O.C.的白黴牛奶乳酪）
司陶特啤酒
布根地，陳年紅或白酒尤佳

香檳
Brillat-Savarin（法國三重脂肪乳酪）
波爾多紅酒，瑪歌產區尤佳
香檳

布萊德阿莫爾乳酪（科西嘉島的綿羊乳酪）
布根地白酒
粉紅香檳
阿爾薩斯麗絲玲

英國乳酪，原味
啤酒及愛爾啤酒

Bûcheron（法國新鮮山羊乳酪）
夏多內
白蘇維濃

Burrata（義大利牛乳酪）
啤酒，水果啤酒尤佳
粉紅香檳

卡伯瑞勒斯藍紋乳酪（西班牙藍紋牛乳酪）
波爾多紅酒，波雅克產區尤佳
利奧哈
干型雪利酒（如曼薩尼亞）或甜雪利酒（歐洛索、PX）
氣泡酒，西班牙氣泡酒尤佳。
甜酒

卡門貝爾乳酪（法國白黴牛乳酪）
薄酒萊
皮爾森啤酒
波爾多紅酒，陳年酒款尤佳
布根地紅酒，酒體輕盈尤佳
卡本內弗朗
卡本內蘇維濃
卡瓦多斯
香檳，干型尤佳
夏多內
教皇新堡
白梢楠
發酵的干型或甜蘋果氣泡酒，或是諾曼地蘋果釀成的氣泡酒
波爾多的梅多克產區
梅洛
黑皮諾
干型麗絲玲
陳年清酒
白蘇維濃
氣泡酒，從干型（如西班牙氣泡酒）到甜（如蜜思嘉微氣泡甜酒）皆可

Cantabria（西班牙牛乳酪）
帶果香的淺齡紅酒

康塔爾乳酪（法國牛乳酪，早期的切達乳酪風格）
薄酒萊
布根地紅酒
香檳
夏多內
Côte d'Auvergne 產區
玻美侯產區
普依富賽產區

卡司特爾馬紐乳酪（義大利生牛乳酪）
巴貝瑞斯可
巴羅洛

我在 20 歲那年開始接觸酒食搭配，人生從此改變。那是 1988 年，我住在著名釀酒師路其阿諾・桑鐸內的車庫裡，他開了一瓶 1985 年的巴羅洛產區 Cannubi Boschis 葡萄園讓我搭配卡司特爾馬紐乳酪享用。就在那一刻，我看見了天堂。

——約瑟夫・巴斯提昂尼奇（Joseph Bastianich）
餐廳老闆／經營者，
義大利酒進口商，紐約市

Charolais（法國布根地的山羊乳酪）
馬貢產區白酒

Chaource（法國雙倍脂肪量白黴牛乳酪）
夏布利
香檳，黑中白尤佳
Chaumes（法國牛乳酪）
布根地白酒
黑皮諾，加州尤佳

Chavignol（法國羅亞爾河產區的山羊乳酪）
馬貢產區白酒
松塞爾產區

切達（英國乾式半硬質牛乳酪）
阿馬龍紅酒
大麥酒
啤酒，棕色愛爾或英式印度淺色苦味愛爾尤佳
薄酒萊，搭配陳年乳酪尤佳
波爾多紅酒，搭配陳年乳酪尤佳
卡本內蘇維濃，加州酒款搭配味道濃烈的切達乳酪尤佳
香檳，搭配清淡的切達乳酪尤佳
過桶的夏多內，搭配清淡的切達乳酪尤佳
波爾多紅酒
格烏茲塔明娜
梅洛
黑皮諾，俄勒岡州或索諾瑪郡尤佳
波特酒，紅寶石波特或年份波特
紅酒，干型且酒體輕盈尤佳
隆河紅酒
利奧哈，搭配味道濃烈的切達乳酪尤佳
雪利酒，干型尤佳（如阿蒙特拉多或歐洛索）
希哈
金芬黛，帶果香尤佳

柴郡乳酪（英國硬質牛乳酪）
啤酒和愛爾啤酒
布根地紅酒
夏多內
蘋果氣泡酒
隆河丘紅酒

普依芙美產區

Chèvre（法國山羊乳酪）
薄酒萊特級村莊酒
啤酒，水果啤酒或小麥啤酒
干型白梢楠
Moscadello di Montalcino 產區
比諾夏朗特甜酒
灰皮諾
普依芙美產區
粉紅酒
玫瑰茶
＊松塞爾產區
白蘇維濃，加州、干型尤佳
莎弗尼耶產區
梧雷產區干型、高酸度的白酒
避免
過桶葡萄酒

Chimay（比利時修道院牛乳酪）
啤酒
奇美修道院啤酒

科爾比乳酪（美國牛乳酪）
啤酒，棕色愛爾尤佳
波爾多紅酒
香檳
夏多內
多切托品種紅酒
黑皮諾
波特酒
麗絲玲
雪利酒，干型尤佳
金芬黛

孔德乳酪（法國牛乳酪）
啤酒，波特或司陶特尤佳
香檳
綠菲特麗娜
黑皮諾

可提亞乳酪（墨西哥陳年牛乳酪）
夏多內
麗絲玲

奶油乳酪（美國牛乳酪抹醬）
香檳
夏多內
冰酒
新世界的黑皮諾
白金芬黛

甜點（參見乳酪蛋糕）
冰酒
晚收白酒
甜榭密雍

Crottin（法國山羊乳酪）
安糵白酒
香檳
白梢楠
普依芙美產區
松塞爾產區
白蘇維濃

丹麥藍紋乳酪（參見其他藍紋乳酪）
啤酒，干型司陶特尤佳
卡本內蘇維濃
波特酒
索甸甜白酒

Derby（英國牛乳酪）
白梢楠
白蘇維濃

Double Gloucester（英國牛乳酪，近似非常清淡的切達乳酪）
啤酒，棕色愛爾尤佳
麗絲玲
利奧哈
松塞爾產區

熟成稍久的傑克乳酪（加州乾式牛乳酪，參見乳酪，蒙特利傑克乳酪）

Edam（荷蘭或美國較硬質的牛乳酪）
啤酒，小麥愛爾尤佳
香檳，干型尤佳
黑皮諾
中等酒體紅酒
麗絲玲
希哈
金芬黛

愛蒙塔爾乳酪（法國或瑞士牛乳酪）
薄酒萊
啤酒，司陶特尤佳

布根地白酒
隆河丘
梅洛
麗絲玲，阿爾薩斯尤佳
希哈
金芬黛

艾波瓦斯乳酪（法國布根地洗浸牛乳酪）
布根地紅酒，搭陳年乳酪尤佳
布根地白酒，搭淺齡乳酪尤佳
香檳，黑中白或粉紅香檳尤佳
教皇新堡
格烏茲塔明娜，酒體飽滿、低酸度且帶果香尤佳
渣釀白蘭地
索甸甜白酒

我帶到美國的艾波瓦斯乳酪（當時我是第一位進口商）之美味，真可說是「美味到令人心痛」。這種乳酪用渣釀白蘭地手工浸洗，兩種味道合在一起真可說是絕配。

——*史蒂芬・簡金斯*
Fairway 市場乳酪商，紐約市

Explorateur（法國三重脂肪量牛乳酪）
布根地紅酒
香檳，白中白尤佳

希臘菲達羊酪（希臘羊乳酪）
希臘阿西爾提可品種
薄酒萊
啤酒，小麥啤酒尤佳
夏多內，未過桶者尤佳
梅洛
希臘茴香酒
白皮諾
灰皮諾
黑皮諾
松香酒[3]
麗絲玲
白蘇維濃

芳汀那乳酪（瑞典紅黴牛乳酪）
巴貝瑞斯可
巴貝拉品種
巴羅洛產區
白梢楠
奇揚地
多切托品種紅酒
格烏茲塔明娜
遲摘級
內比歐羅
灰皮諾
麗絲玲
蘇瓦韋產區
維蒂奇諾品種

昂貝圓柱乳酪（法國滑順的藍紋乳酪）
班努斯產區
薄酒萊
波爾多紅酒
布根地紅酒
西班牙佳釀級紅酒
阿爾薩斯格烏茲塔明娜
年份波特酒

Gamonedo（西班牙較清淡的藍紋乳酪）
雪利酒，阿蒙特拉多

3・譯注 松香酒為希臘雅典 Attica 地區將松脂加入酒中發酵，帶有特殊松脂香氣的酒款。
4・譯注 以 William 品種洋梨釀製的白蘭地。

加洛特薩乳酪（西班牙灰黴山羊乳酪）
司陶特啤酒
夏多內，一級葡萄園和特級葡萄園尤佳
普里奧拉產區
斗羅河岸產區
阿爾薩斯麗絲玲

Gloucester（英國牛乳酪）
啤酒，棕色愛爾尤佳
黑皮諾
金芬黛

山羊乳酪（以山羊乳製成的乳酪，從新鮮、滑順到陳年易碎）
啤酒，比利時、喜鬆或小麥啤酒，搭配陳年山羊乳酪尤佳
波爾多白酒
卡本內弗朗
夏布利
基本款香檳或粉紅香檳，搭配新鮮山羊乳酪
新世界的夏多內
晚收葡萄酒，搭配陳年乳酪尤佳
黑皮諾
普依芙美產區
****松塞爾產區**，搭配新鮮山羊乳酪
白蘇維濃，紐西蘭或加州酒款搭配新鮮山羊乳酪尤佳
氣泡蘋果氣泡酒（蘋果或洋梨），搭配乳酪甜點或甜的菜色尤佳
氣泡酒
陳年法國希哈，搭配陳年山羊乳酪尤佳

一道菜裡如果有山羊乳酪，就會凸顯葡萄酒的果香。
——曼黛蓮・提芙
Matt Prentice 餐廳集團
葡萄酒總監／侍酒大師，底特律

陳年的山羊乳酪會完全毀了一支紅酒的結構，不過如果你準備的是新鮮或稍微陳年的山羊乳酪配上白蘇維濃，就可以盡情享受。
——尚盧・拉杜
Le Dû's 酒窖，紐約市

介於葡萄酒和干邑白蘭地之間的彼諾甜酒，最佳拍檔就是同樣產自法國西部的山羊乳酪。只要試過一次，你就會隨時準備一組在家，炎炎夏日享用再美味也不過。
——史蒂芬・簡金斯
Fairway 市場乳酪商，紐約市

戈根索拉乳酪（義大利牛乳藍紋乳酪）
阿馬龍紅酒
巴貝瑞斯可
巴貝拉
大麥啤酒
巴羅洛
蒙塔奇諾布雷諾產區
奇揚地，奇揚地珍藏紅酒
洋梨蒸餾酒（如 Poire William[4]）
格烏茲塔明娜
吉恭達產區
晚收葡萄酒（如麗絲玲）
年份波特或陳年波特
索甸甜白酒
雪利酒，較干型尤佳
氣泡蘋果氣泡酒或洋梨酒
氣泡酒，微干或甜的酒款（如蜜斯嘉微氣泡甜白酒）
甜酒，義大利尤佳
金芬黛

熟成豪達乳酪（荷蘭琥珀色熟成牛乳酪）
愛爾、琥珀、棕色愛爾或英式印度淺色苦味愛爾
巴貝瑞斯可
巴羅洛
啤酒，比利時喜鬆或波特尤佳
波爾多紅酒
蒙塔奇諾布雷諾產區
布根地白酒
卡本內蘇維濃
香檳
夏多內
白梢楠
羅第丘
多切托
梅洛
白皮諾
麗絲玲，德國或遲摘級尤佳
雪利酒

Grana（義大利陳年牛乳酪，用於刨絲）
阿馬龍紅酒
巴羅洛
巴貝瑞斯可
蒙塔奇諾布雷諾產區
義大利氣泡酒

葛黎耶和乳酪（瑞士牛乳酪）
啤酒，雙山羊、拉格、德國啤酒節或波特尤佳
布根地紅酒
布根地白酒
香檳，干型、白中白或年份香檳尤佳
夏多內，舊世界尤佳
格烏茲塔明娜
黑皮諾
微干到晚收麗絲玲
白蘇維濃
菲諾雪利酒
微干氣泡酒
白酒，中等酒體的干型酒尤佳
金芬黛

Havarti（丹麥牛乳酪，有時會加入時蘿或胡椒調味）
啤酒，拉格或皮爾森尤佳
卡本內蘇維濃，加州尤佳
夏多內
白梢楠
蜜思卡得產區
麗絲玲
利奧哈
白蘇維濃

Jarlsberg（瑞士風格的挪威牛乳酪）
夏布利
黑皮諾

蘭開夏乳酪（英國切達乳酪形式的牛乳酪）
夏多內
綠菲特麗娜
蜜思卡得產區
黑皮諾
陳年波特

利瓦侯乳酪
法國烈性啤酒（如 Castelain 酒廠）
諾曼地的蘋果氣泡酒
阿爾薩斯格烏茲塔明娜
雪利酒，歐洛索尤佳

Mahon 乳酪（西班牙牛乳酪）
啤酒
果香重的葡萄酒
陳年波特
紅酒，搭配陳年瑪宏乳酪
利奧哈

Majorero（西班牙硬質山羊乳酪）
干型且帶果香的紅白酒
雪利酒，曼薩尼亞及歐洛索尤佳

蒙契格乳酪（西班牙羊乳酪）
西班牙氣泡酒，搭配淺齡乳酪
甜的西班牙蜜思嘉品種葡萄酒
普里奧拉產區
斗羅河岸產區
利奧哈，珍藏等級搭配陳年蒙契格乳酪尤佳
雪利酒，阿蒙特拉多或菲諾搭配淺齡乳酪尤佳
希哈，陳年尤佳
避免
單寧強勁的紅酒

Maroilles（法國洗浸牛乳酪）
啤酒，比利時啤酒尤佳
布根地紅酒
香檳
教皇新堡
隆河丘紅酒
琴酒，荷蘭琴酒尤佳
托凱貴腐甜白酒
阿爾薩斯灰皮諾

自古以來，荷蘭和北法人就喝冰琴酒搭配帶臭味的牛奶乳酪如馬魯瓦耶乳酪，那真是經典！

——史蒂芬・簡金
Fairway 市場乳酪商，紐約市

馬士卡彭乳酪（參見馬士卡彭乳酪）

Mimolette（法國硬式橘外皮切達乳酪形式乳酪）
大麥酒
卡歐產區
粉紅香檳，搭配陳年乳酪
聖愛美濃產區
烏龍茶

Montenebro（西班牙味道濃烈的山羊乳酪）
蜜思嘉微氣泡甜酒
蜜思嘉甜白酒
麗絲玲
粉紅酒
索甸甜白酒
甜雪利酒
阿爾薩斯的白酒

蒙特利傑克乳酪（美國清淡牛乳酪）
皮爾森啤酒
波爾多紅酒
卡本內蘇維濃，搭配熟成稍久的傑克乳酪尤佳
夏多內，加州尤佳
白梢楠
梅洛，搭配熟成稍久的傑克乳酪尤佳
陳年波特
麗絲玲
干型雪利酒，搭配熟成稍久的傑克乳酪尤佳
希哈，搭配熟成稍久的傑克乳酪尤佳
金芬黛

莫比耶乳酪（法國未經殺菌的牛乳酪，有層灰將乳酪分成兩層）
阿爾伯產區的白酒或紅酒
阿爾巴產區的巴貝拉品種
薄酒萊特級村莊酒
布根地白酒
隆河丘
阿爾薩斯麗絲玲

莫札瑞拉乳酪（義大利新鮮牛乳酪）
希臘艾格尼科品種
小麥啤酒
夏布利
奇揚地
多切托品種
菲亞諾品種
圖福格萊克產區
奧維特產區白酒
灰皮諾
黑皮諾
義大利氣泡酒
山吉歐維列
蘇瓦韋產區

莫恩斯特乳酪（阿爾薩斯或德國辛辣的洗浸牛乳酪）
巴貝拉
薄酒萊
啤酒（如比利時、奇美、棕色或琥珀拉格）
波爾多紅酒
布根地紅酒
多切托品種紅酒
＊阿爾薩斯格烏茲塔明娜，低酸度、帶果香者尤佳
阿爾薩斯晚收格烏茲塔明娜
馬德拉酒

蜜思卡得產區
陳年波特
阿爾薩斯麗絲玲
菲諾或歐洛索雪利酒
希哈
托凱貴腐甜白酒
灰皮諾
金芬黛

帕瑪乳酪（義大利硬質牛乳酪）
阿馬龍紅酒
巴貝瑞斯可
巴貝拉
巴羅洛產區
琥珀啤酒、淺色苦味愛爾或拉格啤酒
蒙塔奇諾布雷諾產區
卡本內蘇維濃，加州、淺齡尤佳
西班牙氣泡酒多士蘋果白蘭地
香檳，干型尤佳
夏多內
奇揚地，陳年尤佳
渣釀白蘭地
義大利氣泡酒
酒體飽滿的紅酒
山吉歐維列
蘇格蘭威士忌，蘇格蘭雙重調和威士忌
雪利酒，奶油或菲諾尤佳
超級托斯卡尼
瓦波利切拉產區
金芬黛

熟成六年的帕瑪乳酪濃烈且複雜。你可以用手剝成小塊放在盤子裡，當成杏仁一樣隨手抓來吃。你得準備強勁、繁複的超級托斯卡尼、巴羅洛或年份較高的奇揚地才配得上。我甚至會考慮略過葡萄酒，直接來杯蘇格蘭調和威士忌或渣釀白蘭地，甚至是卡瓦多斯。

——史蒂芬・簡金斯
Fairway 市場乳酪商，紐約市

在英國，斯提爾頓乳酪和波特酒是傳統組合，世界上還會有什麼更好的乳酪與酒的組合，我實在想不到了。

——尚盧・拉杜
Le Dû's 酒窖，紐約市

Pave Affinois（法國軟質白黴牛乳酪，不使用動物性凝乳酵素）
松塞爾產區
白蘇維濃

佩科利諾乳酪（義大利羊乳酪）
阿馬龍紅酒
巴羅洛
啤酒，棕色愛爾尤佳
蒙塔奇諾布雷諾產區
經典奇揚地產區、奇揚地珍藏紅酒
Lungarotti 酒廠，搭配翁布里亞產區的乳酪尤佳
梅洛
波特酒，陳年波特尤佳
紅酒，酒體飽滿的義大利紅酒尤佳
松塞爾產區干型紅酒或粉紅酒，搭配科西嘉產的佩克里諾尤佳
山吉歐維列
瓦波利切拉產區
金芬黛

Piave（義大利牛乳酪）
粉紅香檳
格那希
菲諾雪利酒

Pierre Robert（法國三重脂肪乳酪）
啤酒，水果啤酒或喜鬆啤酒
波爾多紅酒，瑪歌產區尤佳

彭雷維克乳酪（法國洗浸牛乳酪）
啤酒或愛爾啤酒（如奇美）
波爾多紅酒

布根地紅酒
卡本內蘇維濃
發酵蘋果氣泡酒
梅索產區
黑皮諾
陳年波特
隆河產區紅酒
阿爾薩斯白酒（如格烏茲塔明娜、蜜思嘉、麗絲玲、托凱貴腐甜白酒、灰皮諾）

波特沙露乳酪（法國牛乳酪）
薄酒萊
酒體較輕盈的波爾多紅酒
布根地紅酒
卡本內蘇維濃
香檳，干型香檳搭配淺齡乳酪尤佳
隆河丘紅酒
黑皮諾
紅酒，酒體輕盈者搭淺齡乳酪，酒體飽滿者搭陳年乳酪
麗絲玲

波伏洛乳酪（義大利牛乳酪，因陳年而有清淡至濃郁不同的口感）
義大利巴多利諾產區，搭配淺齡義大利波伏洛乳酪尤佳
巴羅洛
啤酒，清淡的愛爾啤酒尤佳
卡本內蘇維濃
夏多內
白梢楠
經典奇揚地產區或奇揚地珍藏紅酒
多切托品種紅酒
梅洛
義大利酒體飽滿的紅酒
麗絲玲
希哈
義大利甜白酒

哈葛來特乳酪（法國或瑞士牛乳酪）
巴貝拉
薄酒萊

夏布利
格烏茲塔明娜
黑皮諾
麗絲玲，干型尤佳
松塞爾產區
山吉歐維列
白蘇維濃
希哈

霍布洛雄乳酪（法國未經殺菌的牛乳酪）
布根地紅酒，淺齡尤佳
布根地白酒，阿里哥蝶品種尤佳
帶果香的紅、白酒
北隆河的艾米達吉產區
黑皮諾，酒體輕盈尤佳
年份波特
德國珍品麗絲玲
松塞爾產區
白蘇維濃
波爾多的聖愛美濃產區

瑞可達乳酪（義大利清淡淺齡的牛乳酪）
布拉切托品種
夏多內
白梢楠
藍布斯寇品種
干型馬沙拉酒
灰皮諾
陳年波特酒
白蘇維濃

羅比歐拉乳酪（義大利洗浸牛乳酪）
阿馬龍紅酒
巴貝瑞斯可
巴羅洛
義大利氣泡酒
義大利酒體飽滿的紅酒

羅馬諾乳酪（義大利硬質牛乳酪）
巴貝瑞斯可
巴貝拉
巴羅洛
布魯內羅品種
奇揚地
梅洛
內比歐羅
義大利紅酒
山吉歐維列

隆卡爾乳酪（西班牙羊乳酪）
阿爾巴利諾
布根地白酒
梅洛
西班牙紅酒，那瓦拉產區尤佳
利奧哈
粉紅酒，西班牙尤佳
氣泡酒，西班牙氣泡酒尤佳
金芬黛，帶果香尤佳

侯克霍乳酪（法國藍紋羊乳酪）
班努斯產區
巴薩克產區
啤酒，比利時愛爾啤酒或奇美啤酒
布根地紅酒
布根地白酒
帶果香的卡本內蘇維濃
教皇新堡
西班牙佳釀級紅酒
冰酒
晚收葡萄酒，金芬黛尤佳
馬德拉酒
梅索產區白酒
蜜思嘉甜白酒，威尼斯－彭姆或麗維薩特產區尤佳
紅寶石波特、陳年波特、年份波特
酒體飽滿的紅酒
隆河產區紅酒
阿爾薩斯產區麗絲玲、晚收麗絲玲
＊索甸甜白酒
甜雪利酒，歐洛索或 PX 尤佳
甜酒，酒體飽滿尤佳
金芬黛
Saint-Felicien（法國牛乳酪）
夏多內，干型尤佳
白蘇維濃，干型尤佳
Saint-Marcellin（法國軟質牛乳酪）
羅第丘
北隆河艾米達吉產區的紅、白酒
威尼斯－彭姆產區的蜜思嘉
隆河產區紅酒

Saint-Nectaire（法國半軟質牛乳酪）
薄酒萊
波爾多紅酒，格拉夫、瑪歌或聖愛美濃等產區尤佳
布根地白酒
教皇新堡
隆河丘
郎格多克產區的紅酒
黑皮諾
隆河產區紅酒
麗絲玲，阿爾薩斯尤佳
梧雷產區，半干型尤佳

史普林乳酪（瑞士硬質牛乳酪）
任何飲品皆可
薄酒萊
香檳
年份波特
阿爾薩斯白酒

謝爾河畔塞勒乳酪（法國山羊乳酪，販賣時通常呈圓餅狀、表面灰黑）
波爾多白酒
布根地白酒
松塞爾產區
白蘇維濃

Serena（西班牙母羊乳酪，使用凝乳酵素使其凝結）
陳年波特
酒體飽滿的紅酒，西班牙的斗羅河岸（Ribera del Duero）

綿羊乳酪（參見特定乳酪）
愛爾啤酒、琥珀色愛爾
卡歐產區
微干到晚收麗絲玲，搭配陳年

乳酪尤佳
雪利酒，搭配陳年乳酪尤佳

煙燻乳酪
啤酒，愛爾、拉格或煙燻尤佳
阿爾薩斯格烏茲塔明娜
蜜思嘉
希哈
威士忌

斯提爾頓乳酪（英國藍紋牛乳酪）
巴貝瑞斯可
＊大麥酒
巴羅洛
啤酒，特別是比利時愛爾或英式印度淺色苦味愛爾
波爾多紅酒
冰酒
馬德拉酒
＊波特酒，陳年或年份波特尤佳
酒體飽滿的紅酒
隆河產區紅酒
晚收麗絲玲
利奧哈
索甸甜白酒
雪利酒
甜酒
正山小種茶
金芬黛

在英國，斯提爾頓乳酪和波特酒是傳統組合，世界上還會有什麼更好的乳酪與酒的組合，我實在想不到了。

——尚盧・拉杜
Le Dû 酒窖，紐約

瑞士乳酪（美國牛乳酪，模仿愛蒙塔爾乳酪）
啤酒，德國啤酒節啤酒尤佳
格烏茲塔明娜
黑皮諾
隆河產區紅酒
阿爾薩斯白酒

泰勒吉奧羊奶乳酪（義大利軟質牛乳酪）
巴貝瑞斯可
巴羅洛產區
蒙塔奇諾布雷諾產區
奇揚地珍藏紅酒
Muscat de Rivesaltes 產區
內比歐羅

泰勒門乳酪（加州牛乳酪）
水果啤酒
加州的卡本內蘇維濃
夏多內，未過桶的加州夏多內尤佳
加州的梅洛
松塞爾產區
加州白蘇維濃

僧侶頭乳酪（瑞士濃乳酪刨片）
啤酒，愛爾、波特及司陶特尤佳
教皇新堡
晚收葡萄酒
艾米達吉產區
年份波特
酒體飽滿的紅酒

Tetilla（西班牙西洋梨形狀羊乳酪）
阿爾巴利諾
干型、菲諾雪利酒
西班牙白酒
氣泡酒，西班牙氣泡酒尤佳

西班牙托爾塔德恰薩爾乳酪（西班牙羊乳酪）
阿爾巴利諾
布根地紅酒
酒體飽滿的紅酒（如希哈）
菲諾、曼薩尼亞、歐洛索或PX雪利酒
甜酒

三重脂肪乳酪（法國乳酪，60-75% 以上乳脂含量尤佳
香檳，白中白尤佳

馬德拉酒
氣泡酒
干型白酒

維切林乳酪（法國或瑞士生牛乳酪）
薄酒萊
波爾多紅酒
布根地紅、白酒
夏布利
白中白香
夏多內
帶果香的酒款
灰皮諾
黑皮諾
普里－蒙哈榭產區
阿爾薩斯麗絲玲
灰皮諾托凱貴腐甜白酒
黃酒，搭配蒙多瓦什酣乳酪
金芬黛

蒙多瓦什酣乳酪是世界上僅次於義大利佩科里諾乳酪的美味乳酪，我原以為這種等級的乳酪該配上卡本內蘇維濃、希哈或其他豐厚的酒，其實不然。法國黃酒這種溫和的酒反而才是最佳選擇，因為乳酪雖複雜，但不濃烈，我們常錯把濃烈當成複雜了。

——史蒂芬・簡金斯
Fairway 市場乳酪商，紐約市

瓦德翁乳酪（西班牙藍紋牛乳酪，有時亦包含山羊乳酪）
薄酒萊特級村莊酒
嘉美品種紅酒
西班牙的胡米亞產區
蜜思嘉品種
甜雪利酒，PX 尤佳
甜酒（如晚收葡萄酒、索甸甜白酒）

乳酪與飲品搭配的結語

A LAST WORD on CHEESE & BEVERAGE PAIRING

我不想只吃一種乳酪，能吃兩種的話我會很高興，三種會非常開心，但四種就有點太多了。吃到四種乳酪的時候，你的味蕾會忙不過來，這也污辱了其他三種乳酪，因為你不希望這些乳酪彼此競爭。三種乳酪和兩種飲品的選擇就夠讓我開心了，可以紅白酒各一，或者，如果你只獨鍾紅酒或白酒，就來兩杯非常不同的紅酒或白酒吧！這樣你可以完全自己判斷那種組合最對你的味。品嘗後，想一想，味道有融合在一起嗎？還是一方壓過另一方？乳酪和酒來自同一產區嗎？有沒有相同的歷史傳統呢？這樣的嘗試是很有趣的。

——史蒂芬・簡金斯，Fairway 市場乳酪商，紐約市

要端出一道乳酪拼盤，再選一支適合搭配三到四種乳酪的酒很難，除非乳酪全來自同一產區，例如來自羅亞爾河谷的羊乳酪。酒和乳酪的搭配非常特定，在我們的嘗鮮菜單上，每種酒只搭配一種乳酪。

——崔西・黛查丹，Jardiniere 餐廳主廚，舊金山

在芝加哥的 Everest 餐廳，我們提供的乳酪拼盤包含牛乳、綿羊乳及山羊乳。波爾多紅酒可以搭配牛乳乳酪，但不能搭山羊乳酪。波特酒適合許多乳酪，但也不適合山羊乳酪。最適合搭配的其實是白酒，如格烏茲塔明娜，但客人都想喝紅酒！帕索羅布斯產區 Kunin 酒廠的清淡型金芬黛具備波特酒的甜美果香並保有酸度，搭配山羊乳酪不致太過厚重。但沒有任何一支酒可以搭配所有乳酪。酒和乳酪的搭配重點，在於乳酪的酸度、質地及味道濃烈程度。極酸的乳酪要搭配極酸的白酒。山羊乳酪一向相當酸，因此需要松塞爾產區的白酒。至於法國卡門貝爾乳酪、義大利羅比歐拉乳酪和 Explorator 乳酪這類肥厚、帶奶油香的乳酪，搭配重點在於質地：你需要找一支和乳酪質地相仿的紅酒，例如金黃色如糖漿的甜點酒，像是索甸甜白酒、托凱酒以及波特酒。要搭配硬質乳酪如帕瑪乳酪或蒙契格乳酪，就要找單寧、果香和酸度明顯的厚實紅酒。帕瑪乳酪要搭巴貝瑞斯可產區或巴羅洛產區，才能襯托乳酪易碎的口感、鮮明的風味。至於蒙契格乳酪，就要配利奧哈。如果是味道濃烈的乳酪，低酸度、帶果香的格烏茲塔明娜可以蓋過艾波瓦斯乳酪或明斯特乳酪的強烈氣味，增加整體的平衡感。

——阿帕納・辛，Everest 餐廳侍酒大師，芝加哥

說到餐酒搭配，有所謂的「安全」組合，意思是對大多數人來說都可以接受。而更高的層次，則稱作「具啟發性」的組合。Humboldt Fog 乳酪（一種加州產的山羊乳酪）搭配亨　平啤酒（一種比利時風格的喜鬆啤酒，帶有橙、胡椒香氣，微干）就是「具啟發性」組合的最佳範例。兩者的酸度相合，而啤酒細緻的氣泡則可以洗去味蕾上的異味。種種風味共舞，向上攀升。另一個具啟發性的組合是英式大麥酒，如約翰・威利・李酒廠的豐收麥酒，配上 Colston-Basset 品牌的斯提爾頓乳酪。啤酒和乳酪的風味水乳交融，啤酒就像拿來喝的乳酪，而乳酪則像是可以吃的啤酒。

——加列・奧立維，Brooklyn Brewery 釀酒師

佛蒙特羊酪（美國羊乳酪）
夏多內
帶果香的酒款
黑皮諾
陳年波特、年份波特
希哈
微干麗絲玲

Zamarano（西班牙羊乳酪）
阿爾巴利諾
紅酒，淺齡且帶果香者尤佳
利奧哈
雪利酒，陳年尤佳
干型氣泡酒，西班牙氣泡酒尤佳
白酒，干型尤佳
金芬黛

布利乳酪和卡門貝爾乳酪和以卡本內蘇維濃為主的波爾多紅酒是絕妙搭配。

——尚盧·拉杜
Le Dû's 酒窖，紐約市

乳酪蛋糕
Cheesecake

義大利亞斯堤氣泡酒
水果口味啤酒
香檳，半干型尤佳
加州夏多內，酒體豐厚且帶奶油香者尤佳
白梢楠
咖啡，中度烘焙尤佳
濃縮咖啡，義式尤佳
冰酒
晚收白酒，麗絲玲尤佳
馬德拉酒，馬瓦西亞品種尤佳
蜜思嘉微氣泡甜酒
黑蜜思嘉或橘香蜜思嘉，加州蜜思嘉尤佳（如 Quady Essencia）
威尼斯－彭姆產區的蜜思嘉
波特酒，陳年波特搭配巧克力乳酪蛋糕尤佳
休姆－卡德產區甜白酒
麗絲玲，甜麗絲玲尤佳（如貴腐甜麗絲玲 BA 級、貴腐精選麗絲玲 TBA 級、晚收麗絲玲）
索甸甜白酒，搭配有水果裝飾的乳酪蛋糕尤佳
甜榭密雍
甜奶油雪利酒
氣泡酒
大吉嶺紅茶
梧雷產區甜白酒

我吃乳酪蛋糕時，會搭配酒體輕盈、帶花朵和桃子香氣的蜜思嘉微氣泡甜酒。

——史考特·泰瑞
Tru 餐廳，芝加哥

吃乳酪蛋糕的時候，我建議搭配酒體豐厚、帶奶油香氣的加州夏多內，像是 Kendall-Jackson 酒廠帶甜味及香莢蘭香氣的酒款。

——大衛·羅森加騰
DavidRosengarten.com 網站主編

乳酪泡芙或乳酪條
Cheese Puffs or Cheese Straws

有酸度的酒款
亞斯堤產區的巴貝拉，搭配義大利生火腿及帕瑪乳酪泡芙
啤酒，拉格尤佳
布根地紅、白酒
夏布利
香檳，白中白或干型尤佳
夏多內
馬貢村莊產區
黑皮諾
氣泡酒

乳酪醬及帶乳酪味的菜餚
Cheese Sauce and Cheesy Dishes

帶酸度的酒款
夏多內，幾乎未過桶或未過桶尤佳
黑皮諾

享用濃郁、乳酪味重的美食，你需要帶有酸味、清爽的葡萄酒。

——曼黛蓮・提芙
Matt Prentice 餐廳集團
葡萄酒總監／侍酒大師，底特律

櫻桃
Cherries

一般
薄酒萊
啤酒，櫻桃口味尤佳
卡本內蘇維濃
調酒，以雅馬邑白蘭地、白蘭地、干邑白蘭地、金萬利香橙甜酒、櫻桃白蘭地調製尤佳
檸檬基底飲品（如檸檬水、氣泡水加檸檬等）
黑皮諾
祁門紅茶

甜點
班努斯產區
啤酒，櫻桃口味尤佳
粉紅香檳
櫻桃酒
冰酒
櫻桃白蘭地
黑蜜思嘉，加州或威尼斯－彭姆產區尤佳
波特酒，紅寶石或年份波特尤佳
甜紅酒（如晚收金芬黛）
麗絲玲，甜的或晚收麗絲玲尤佳
索甸甜白酒

細葉香芹
Chervil

粉紅香檳
夏多內
格烏茲塔明娜
麗絲玲
松塞爾產區
白蘇維濃
法國希哈（如羅第丘、艾米達吉產區）

香草植物會改變酒的口感。如果你品嘗北隆河的希哈，如羅第丘或艾米達吉，然後吃一口細葉香芹，酒的味道會停留在味蕾上久一些，讓酒展現出另一種層次。

——尚盧・拉杜
Le Dû's 酒窖，紐約市

栗子
Chestnuts（包含甜點）

義大利亞斯堤氣泡酒，搭配栗子甜點尤佳
調酒，以白蘭地、蘿麻酒、干邑白蘭地、馬沙拉酒調製尤佳
蜜思嘉，黑蜜思嘉或橘香蜜思嘉
波特酒
索甸甜白酒
希哈
晚收維歐尼耶

雞肉
Chicken

一般
薄酒萊
卡本內蘇維濃，陳年尤佳
夏多內
調酒，以雅馬邑白蘭地、白蘭地、卡瓦多斯、干邑白蘭地、馬德拉酒或伏特加等調製尤佳
多切托品種
檸檬基底飲品（如檸檬水、氣泡水加檸檬等）
梅洛
黑皮諾，俄勒岡州或其他新世界產區尤佳
麗絲玲，搭配較清淡的菜色尤佳
阿蒙特拉多雪利酒

搭配朝鮮薊
白蘇維濃

烤雞佐奶油醬汁
酒體飽滿的夏多內，加州尤佳

烤雞佐番茄醬汁
巴貝拉

燻烤（搭配烤肉醬）
白梢楠
新世界的夏多內
麗絲玲，德國尤佳
希哈
金芬黛

義式獵人燉雞
經典奇揚地產區

冷雞肉
薄酒萊
德國麗絲玲
粉紅酒

法式紅酒燴雞

薄酒萊
布根地紅酒
梅克雷村莊紅酒
黑皮諾，加州黑皮諾搭配菇蕈類尤佳
隆河產區紅酒
波爾多的聖愛美濃
提示：搭配烹調用的同款酒就對了

搭配奶油醬汁
未過桶或幾乎未過桶的夏多內
白皮諾，阿爾薩斯尤佳
灰皮諾，俄勒岡州或紐西蘭尤佳
維歐尼耶

搭配咖哩醬
啤酒，拉格或清淡的愛爾尤佳
黑中白香檳
夏多內
格烏茲塔明娜

炸雞
啤酒，拉格尤佳
氣泡飲品（如啤酒、氣泡酒）
香檳
夏多內，未過桶加州夏多內尤佳
奇揚地，酒體輕盈的酒款
灰皮諾，俄勒岡州尤佳
黑皮諾，俄羅斯河谷產區尤佳
粉紅酒，干型尤佳
白蘇維濃，未過桶或幾乎未過桶的酒款尤佳
氣泡酒，如西班牙氣泡酒或義大利氣泡酒，搭配熱或冷雞肉
維門替諾品種

肯德基
阿爾薩斯格烏茲塔明娜
黑皮諾
干型雪利酒

Popeye's 炸雞
干型雪利酒

搭配水果醬汁
麗絲玲

搭配蒜頭
黑皮諾
加州白蘇維濃

燒烤
薄酒萊
啤酒
夏多內，加州、酒體豐厚且過桶尤佳

隆河丘
灰皮諾
麗絲玲，微干尤佳
白蘇維濃，加州尤佳
希哈
金芬黛

切碎雞肉丁
香檳
阿爾薩斯干型麗絲玲
氣泡酒

以香草調味
普羅旺斯的邦斗爾產區，搭配普羅旺斯香草尤佳
薄酒萊
粉紅酒
白蘇維濃

雞肉乾（如牙買加式烤雞肉）
啤酒，清淡的紅紋啤酒尤佳
格烏茲塔明娜
粉紅酒
氣泡酒

基輔雞（以奶油為內餡）
啤酒
布根地白酒
夏多內，加州、帶奶油香尤佳

搭配檸檬或萊姆
啤酒，拉格啤酒或皮爾森啤酒尤佳
香檳，粉紅香檳尤佳
夏多內，加州、未過桶
麗絲玲
加州白蘇維濃

肝（參見肝／雞肉）

搭配味噌
德國珍品麗絲玲

搭配蘑菇醬
經典奇揚地產區
黑皮諾

搭配芥末
夏多內，搭配第戎芥末尤佳

以紅辣椒調味
卡本內蘇維濃

水煮
布根地白酒
黑皮諾，俄羅斯河谷產區尤佳
麗絲玲

酥皮雞肉派
薄酒萊或薄酒萊村莊酒
氣泡酒，加州尤佳

烘烤
巴貝拉
薄酒萊
波爾多紅酒
布根地紅酒
布根地白酒
夏多內，加州或其他新世界尤佳
奇揚地，經典奇揚地產區尤佳
隆河丘
克羅茲－艾米達吉產區
多切托
阿爾巴產區的多切托
梅洛
灰皮諾，俄勒岡州尤佳
黑皮諾，俄勒岡州尤佳
利奧哈，精選級尤佳
希哈

和蒜、香草烘烤
白蘇維濃

炒（佐番茄醬汁）
奇揚地
蒙地普奇亞諾產區
希哈

雞湯（參見湯品／雞肉）

燉
酒體飽滿的白酒

翻炒
啤酒，拉格及皮爾森尤佳
格烏茲塔明娜
麗絲玲

糖醋
阿爾薩斯格烏茲塔明娜
微干麗絲玲

摩洛哥燉肉
灰皮諾
粉紅酒

印度唐杜里烤雞
薄酒萊
啤酒，拉格
新世界希哈
金芬黛

搭配龍蒿
波爾多白酒
布根地白酒
夏多內

泰式咖哩
麗絲玲
阿爾薩斯白酒（如格烏茲塔明娜、白皮諾）

印度香料雞
薄酒萊村莊酒
啤酒，小麥啤酒尤佳
印度產的卡本內蘇維濃
白梢楠
香料蘋果氣泡酒
隆河丘
格烏茲塔明娜
麗絲玲
紐西蘭的白蘇維濃
澳洲的希哈
氣泡酒
維歐尼耶
金芬黛

燒烤檸檬香草雞胸就該搭配澳洲 Logan 酒廠的夏多內。
——曼黛蓮・提芙
Matt Prentice 餐廳集團
葡萄酒總監／侍酒大師，底特律

鷹嘴豆
Chickpeas
干型粉紅酒
白蘇維濃

墨西哥香炸辣椒捲
Chile Rellenos
哥維產區
阿爾薩斯格烏茲塔明娜
紐西蘭的白蘇維濃

微干白酒

辣椒
Chiles（參見莎莎醬）

一般

有酸度的葡萄酒
薄酒萊
啤酒
卡本內蘇維濃
微干白梢楠
多切托
果香較重的酒款
白蘇維濃（白芙美）
格烏茲塔明娜
單寧不強烈的酒款
酒體輕盈的酒款
酒精濃度低的酒款
梅洛
帶甜味的酒款，由微干到甜皆可
灰皮諾
黑皮諾，帶果香加州酒款尤佳
德國的絲玲，精選級或微干酒款
利奧哈
白蘇維濃，紐西蘭尤佳
雪利酒
新世界希哈
甜酒
田帕尼優
未過桶葡萄酒
以金芬黛釀成的紅、白酒

避免

酒體飽滿的酒款
酒精濃度高的酒款
過桶葡萄酒
單寧強勁的酒款

阿納海椒 Anaheim
德國麗絲玲

安佳辣椒 Ancho
白蘇維濃，酒體飽滿尤佳
新世界希哈
北隆河的希哈
田帕尼優

若是要搭辣椒，我喜歡德國麗絲玲，或是搭希哈或金芬黛也沒問題。

——尚盧・拉杜
Le Dû's 酒窖，紐約市

青辣椒向來和白酒最配，乾辣椒該配紅酒。要找酒搭配墨西哥料理，可以先從醬料著手，再來才是辣椒醬底。許多辣椒的整體風味都和酒相合，例如瓜吉羅辣椒有著鮮明、刺激的香氣，你要搭的葡萄品種就要有覆盆子等成熟紅色水果的鮮明風味。用帕西里亞乾辣椒調製的醬料，會有巧克力的氣息及咖啡的香氣，有多少酒帶有可可這種黑色果實的餘味？搭配葡萄酒時，我有時會映照出辣椒的風味，特別是搭配純帕西里亞辣椒醬時，主要風味就是辣椒本身。然而這並不是唯一的作法，我也會根據醬料的不同，選擇呈現對比。如果我要搭配的是烘烤番茄及帕西里亞辣椒醬，自然熟成的番茄就會影響酒食的組合。處理這樣的醬料時，我會把重點放在番茄的風味上，選擇義大利酒如奇揚地或巴貝拉。

——吉兒・吉貝許
Frontera Grill and Topolobampo 餐廳侍酒師，芝加哥

鈴鐺辣椒 Cascabel
加州的黑皮諾

齊波特辣椒 Chipotle
阿根廷的馬爾貝克品種
田帕尼優

瓜吉羅辣椒 Guajillo
加州或郎格多克產區的希哈

哈巴內羅辣椒 Habanero
新世界的夏多內
維歐尼耶

哈拉佩諾辣椒 Jalapeño
俄勒岡州的灰皮諾
紐西蘭的白蘇維濃

帕西里亞乾辣椒 Pasilla
巴貝拉，搭配烘烤番茄和帕西里亞乾辣椒醬尤佳
智利的卡本內蘇維濃
奇揚地產區，搭配烘烤番茄和帕西里亞乾辣椒醬尤佳
金芬黛

波布蘭諾辣椒 Poblano
干型麗絲玲

塞拉諾辣椒 Serrano
俄勒岡州的灰皮諾
德國珍品麗絲玲
羅亞爾河白蘇維濃

泰椒 Thai
麗絲玲，遲摘級尤佳

墨西哥紅辣椒
Chili

薄酒萊
啤酒，拉格、皮爾森或小麥啤酒尤佳
卡本內蘇維濃
隆河丘產區
馬爾貝克品種
酒體飽滿的紅酒
麗絲玲
粉紅酒，干型尤佳
希哈
氣泡酒
金芬黛，帶果香、酒體輕盈尤佳

中式料理
Chinese Cuisine（參見湘菜及川菜）

薄酒萊，搭配微辣肉料理尤佳
皮爾森啤酒或小麥啤酒，搭配微辣菜尤佳
香檳，搭配港式點心或魚料理尤佳
粉紅香檳
夏多內，澳洲或加州酒體輕盈、未過桶或稍微過桶尤佳
白梢楠，微干尤佳
帶果香的葡萄酒
格烏茲塔明娜，阿爾薩斯產區，搭配微辣菜餚尤佳
綠菲特麗娜
黑皮諾，搭配鴨肉或肉料理尤佳
干型到微干麗絲玲（如德國珍品麗絲玲），搭配粵菜尤佳
粉紅酒，帶果香酒款搭配微辣菜色尤佳
白蘇維濃，紐西蘭酒款搭配油炸開胃菜、海鮮尤佳
七喜，與烈酒（如干邑白蘭地）混調尤佳
氣泡酒，搭配港式點心尤佳
茶，中國茶尤佳
維歐尼耶
梧雷產區
香氣馥郁、微干的白酒
白金芬黛
避免
單寧強勁的酒

細香蔥
Chives

夏多內
灰皮諾
黑皮諾
松塞爾產區
白蘇維濃
金芬黛

巧克力
Chocolate

一般
義大利亞斯堤氣泡酒，搭配較清淡的菜色尤佳
＊**班努斯產區**，陳年酒款，搭配較濃稠、濃郁的甜點尤佳
啤酒，水果啤酒搭配水果甜點尤佳；麥味重的棕色愛爾、波特或司陶特，皇家司陶特或燕麥司陶特尤佳
干型卡本內蘇維濃，搭配苦甜巧克力
香檳，干型或粉紅香檳尤佳
調酒，以蘭姆酒調製尤佳
咖啡，中度至重度烘焙或濃縮或瓜地馬拉安地瓜產區尤佳
干邑白蘭地
酒精強化型葡萄酒
覆盆子自然發酵酸啤酒
冰酒
晚收葡萄酒水果口味
香甜酒
馬德拉酒，布爾品種或馬瓦西亞品種
馬沙拉酒
莫利產區，搭配莓果或櫻桃尤佳
牛奶，搭配巧克力脆片尤佳
蜜思嘉
蜜思嘉微氣泡甜酒，搭配較清淡的甜點尤佳
蜜思嘉甜白酒，加州黑蜜思嘉或橘香蜜思嘉尤佳
威尼斯－彭姆產區的蜜思嘉
梅酒，日本甜酒
＊**波特酒，紅寶石、陳年波特或年份波特，搭配濃郁點心尤佳**
覆盆子葡萄酒
紅酒，甜的尤佳
晚收麗絲玲
甜清酒
索甸甜白酒
蘇格蘭威士忌，單一純麥（低溫飲用）
PX 雪利酒
甜雪利酒
甜氣泡酒，搭配口味較清淡的甜點尤佳
茶，肯亞或非洲的紅茶或是日式綠茶尤佳
托凱貴腐甜白酒
義大利甜白酒，搭配較清淡的甜點尤佳
梧雷產區
礦泉水，如斐濟（品牌名）
威士忌
金芬黛

PX

巧克力舒芙蕾配上班努斯產區的甜紅葡萄酒是經典的絕佳組合。但若是想找點刺激的人，我們也強烈推薦巧克力司陶特啤酒。
——理察．布克瑞茲，Eleven Madison Park 餐廳總經理，紐約市

巧克力甜點比較難搭，因為巧克力的味道可能壓過酒，所以我會推薦甜的酒精強化酒款，例如雪利酒、馬德拉酒或馬沙拉酒。
——皮耶羅．賽伐吉歐，Valentino 餐廳老闆，洛杉磯

光是想到紅酒配巧克力我就不自在，我覺得根本就不搭。波特酒、班努斯產區的酒或其他酒精強化酒還可以，但卡本內蘇維濃就不行了。班努斯產區非常奇妙，因為很少有酒可以搭配巧克力甜點。
——約瑟夫．史畢曼，Joseph Phelps 酒莊侍酒大師

非洲茶很好配點心，茶的天然莓類香氣和巧克力很搭。
——麥可．歐布列尼，加拿大第一位侍茶師

波本威士忌和陳年蘭姆酒曼哈頓（波本、甜苦艾酒、安古斯圖臘苦精）和巧克力是絕配，這點很多酒類都遠遠不及。
——萊恩．馬格利恩，Kathy Casey 廚藝教室調酒師，西雅圖

黑巧克力（亦即苦甜巧克力或半甜巧克力）
義大利亞斯堤氣泡酒
班努斯產區
加強型烈性拉格啤酒、麥味重的啤酒、皇家司陶特啤酒
卡本內蘇維濃
干邑白蘭地白蘭地
覆盆子自然發酵酸啤酒
馬瓦西亞品種馬德拉酒
陳年馬拉加酒
莫利產區
黑蜜思嘉
波特酒，年份波特或陳年波特尤佳
紅酒，甜的尤佳
清酒
蘇格蘭威士忌單一純麥（冰涼飲用）
PX 雪利酒
金芬黛，葡萄非常成熟、晚收尤佳

牛奶巧克力（亦即甜巧克力）
格烏茲塔明娜
馬德拉酒，琥珀色尤佳
蜜思嘉微氣泡甜酒
蜜思嘉，威尼斯－彭姆產區或橘香蜜思嘉品種尤佳
陳年波特
PX 雪利酒
托凱貴腐甜白酒
白巧克力
莓果口味飲品
晚收葡萄酒
蜜思嘉微氣泡甜酒
蜜思嘉，威尼斯－彭姆產區尤佳
橘香蜜思嘉
橙口味飲品（如 Fizzy Lizzy 橙氣泡果汁）

法式酸菜
Choucroute（參見德國酸菜）
啤酒，拉格或小麥啤酒尤佳
未過桶夏布利
阿爾薩斯格烏茲塔明娜
吃完法式酸菜醃肉肉腸後飲用櫻桃白蘭地
白皮諾，阿爾薩斯尤佳
阿爾薩斯灰皮諾
***阿爾薩斯或德國珍品麗絲玲**
阿爾薩斯白酒

吃過法式酸菜醃肉肉腸之後，最適合來一小杯櫻桃白蘭地，配上一把新鮮櫻桃。
——琳賽．雪爾
Chez Pnisse 餐廳
資深糕點主廚，加州柏克萊

聖誕節
Christmas
花旗松氣泡調酒
蛋酒

我們調了一款氣泡調酒，名叫花旗松氣泡。先將一片花旗松放入一瓶琴酒中，浸泡隔夜，再加入檸檬和糖漿，搖過後再撒上幾滴香檳。超好喝！大家都為之瘋狂，這根本就是假日的歡樂調酒。我們搭配的下酒菜，是出貓烤薯配魚子醬和布利乳酪配蘋果印度甜酸醬。
——凱西．克西（Kathy Casey），Kathy Casey 廚藝教室主廚／老闆，西雅圖

教堂炸雞
Church's Fried Chicken
氣泡酒，如義大利氣泡酒或德國賽克得氣泡酒。

說到雞肉，我可是教堂炸雞（速食店名）的忠實顧客。我喜歡配氣泡酒，但不是香檳，因為香檳精巧纖細的風味會消失無蹤。我覺得最好搭的還是優質的賽克得。
——喬許．韋森
Best Cellar's 葡萄酒總監

西班牙油條
Churros（西班牙的油炸麵團甜點）
香檳，半干型尤佳

蜜思嘉微氣泡甜酒
氣泡酒，西班牙氣泡酒尤佳

芫荽葉
Cilantro

巴貝拉
啤酒，美國愛爾尤佳
白梢楠，羅亞爾河產區尤佳
格烏茲塔明娜
灰皮諾
麗絲玲，德國珍品級尤佳
榭密雍
白蘇維濃，羅亞爾河或紐西蘭尤佳

肉桂
Cinnamon

香檳或其他氣泡酒
白梢楠，羅亞爾河產區尤佳
格烏茲塔明娜
梅洛
黑皮諾
希哈
金芬黛

柑橘類
Citrus（參見檸檬、萊姆、橙）

啤酒
夏多內
麗絲玲，德國貴腐甜（BA 級）麗絲玲搭配柑橘類甜點尤佳
白蘇維濃，紐西蘭尤佳
大吉嶺或正山小種紅茶

蛤蜊
Clams

一般（如生食、蒸或烤）
阿爾巴利諾
阿里哥蝶品種白酒
薄酒萊或村莊級薄酒萊
啤酒，較清淡的拉格或皮爾森，以及微干司陶特或生蠔司陶特尤佳
夏布利
香檳，白中白尤佳
夏多內
伯恩丘產區的夏山－蒙哈榭村莊
調酒，以綠茴香酒調製尤佳
德國或紐約州長島格烏茲塔明娜
＊蜜思卡得產區
灰皮諾，義大利或俄勒岡州尤佳
普依芙美產區，搭配濃郁菜色尤佳
麗絲玲
粉紅酒，干型粉紅酒搭配烤蛤蜊或較辛辣的菜色尤佳
清酒
松塞爾產區
白蘇維濃，紐西蘭尤佳
羅亞爾河安茹的莎弗尼耶產區
菲諾雪利酒
氣泡酒，西班牙氣泡酒或義大利氣泡酒尤佳
番茄基底飲品，如血腥瑪莉或純真瑪莉
葡萄牙的綠酒
梧雷產區，搭配較辛辣的菜色尤佳
未過桶白酒
避免
過桶葡萄酒

說到蛤蜊料理，事前準備特別重要。蛤蜊我最愛蒸來吃，一定要來點調味：胡椒粉、卡宴辣椒，甚至西班牙辣肉腸。要配這樣的餐點，我想到的是粉紅酒。

——丹尼爾·強斯
Daniel 餐廳飲品總監，紐約市

丁香
Cloves

夏多內，過桶尤佳
白梢楠
格烏茲塔明娜
黑皮諾
麗絲玲
法國希哈
維歐尼耶
金芬黛

椰子及椰奶
Coconut and Coconut Milk

夏多內，帶奶油香、過桶尤佳
冰酒，搭配椰子甜點尤佳
鳳梨汁
灰皮諾，稍甜尤佳
麗絲玲，德國尤佳
氣泡酒
熱帶水果的氣泡飲品，芒果、百香果或鳳梨尤佳
維歐尼耶
晚收白酒，搭配椰子甜點尤佳

鱈魚
Cod（參見鹽醃鱈魚、黑線鱈）

一般
安索尼卡品種
薄酒萊
愛爾、拉格或皮爾森啤酒搭配炸鱈魚尤佳
布根地紅酒，搭配外裹培根或義大利培根的鱈魚尤佳
布根地白酒，搭配烘烤、炙烤或煎炒的鱈魚尤佳
香檳
夏多內，酒體豐厚、帶奶油香的加州產夏多內尤佳
白梢楠，干型尤佳
酒體輕盈的奇揚地
干型蘋果氣泡酒
梅索白酒
黑皮諾，搭配外裹培根或義大利培根的鱈魚尤佳
麗絲玲，德國干型尤佳
西班牙干型粉紅酒，搭配羅梅斯科蘸醬[5]尤佳

5．譯注 為西班牙加泰隆尼亞省常用的醬汁，可以搭配蔬菜、海鮮及兔肉，將烤番茄、烤大蒜、烤麵包、乾紅椒、榛果、杏仁等磨碎再加入橄欖油、鹽、胡椒調味後即成。

法國干型粉紅酒，搭配焗烤鱈魚尤佳
清酒
松塞爾產區
白蘇維濃
阿爾薩斯的希瓦那品種
維歐尼耶
梧雷產區

黑鱈
夏多內，加州尤佳
酒體飽滿的白酒

咖啡口味甜點
Coffee-Flavored Desserts
班努斯產區
香檳，干型尤佳
咖啡
咖啡口味的司陶特啤酒，如義式濃縮咖啡司陶特
調酒，以干邑白蘭地白蘭地或榛果香甜酒調製尤佳（如義大利富蘭葛利榛果香甜酒）
馬德拉酒，馬瓦西亞品種尤佳
莫利產區
威尼斯－彭姆產區的蜜思嘉或黑蜜思嘉
陳年波特或年份波特
甜雪利酒，歐洛索尤佳

冷盤開胃菜
Cold Savory Foods and Dishes
薄酒萊
白梢楠
冰涼飲品
格烏茲塔明娜，阿爾薩斯尤佳
酒體輕盈的葡萄酒
微干葡萄酒
干型麗絲玲
粉紅酒

綠葉甘藍
Collard Greens
白蘇維濃
白酒

法式清湯
Consommé
馬德拉酒
雪利酒，阿蒙特拉多或菲諾尤佳

小甜餅
Cookies（參見義大利脆餅）
義大利亞斯堤氣泡酒
香檳，半干尤佳
咖啡
冰酒
馬德拉酒，搭配巧克力酥片尤佳
牛奶
蜜思嘉微氣泡甜酒
蜜思嘉甜白酒
蜜思嘉，黑蜜思嘉或橘香蜜思嘉搭配巧克力餅乾尤佳
威尼斯－彭姆產區的蜜思嘉
波特酒，年份波特尤佳
晚收麗絲玲
索甸甜白酒
甜雪利酒（如奶油雪利酒或PX），搭配杏仁或其他堅果餅乾
氣泡酒
茶
義大利甜白酒，搭配堅果餅乾尤佳

芫荽
Coriander
薄酒萊
小麥啤酒
粉紅香檳
夏多內
帶土壤味、礦物味的葡萄酒
格烏茲塔明娜
檸檬和萊姆口味飲品（如檸檬水、氣泡水加萊姆）
黑皮諾
麗絲玲
利奧哈
白蘇維濃
希哈
維歐尼耶

玉米
Corn（參見湯、玉米）
香檳
***帶奶油香、過桶的加州夏多內**
白梢楠
灰皮諾，阿爾薩斯尤佳
干型麗絲玲
紐西蘭的白蘇維濃
氣泡酒

玉米麵包
夏多內，帶奶油香的加州酒款尤佳

玉米片
Corn Chips（參見多力多滋）
可樂，可口可樂尤佳

鹽漬牛肉
Corned Beef
一般
薄酒萊或薄酒萊村莊酒
啤酒，深色拉格或愛爾蘭愛爾尤佳
香檳
阿爾薩斯白皮諾
阿爾薩斯灰皮諾
微干麗絲玲
芹菜籽汽水，搭配鹹牛肉三明治尤佳
金芬黛

牛肉馬鈴薯餅
啤酒，愛爾或拉格尤佳
香檳

春雞
Cornish Game Hens
薄酒萊
波爾多紅酒
夏多內
經典奇揚地產區
多切托
格烏茲塔明娜

格那希
梅洛
西班牙那瓦拉產區
灰皮諾
黑皮諾

庫斯庫斯
Couscous
啤酒，深色啤酒搭配深色肉尤佳
卡本內弗朗
夏多內
隆河丘
果汁
格那希
梅洛
小希哈
灰皮諾搭配海鮮尤佳
粉紅酒，干型尤佳
新世界希哈
灰葡萄酒
維歐尼耶
金芬黛

蟹類
Crab
一般
啤酒，較清淡的拉格、皮爾森及小麥啤酒尤佳
布根地白酒
法國夏布利
香檳
加州或法國未過桶夏多內，搭配較烘烤菜餚尤佳
白梢楠
以干邑白蘭地或馬德拉酒調製的調酒
酸度高的葡萄酒
檸檬基底飲品（如檸檬水、氣泡水加檸檬等）
梅索
白皮諾
灰皮諾
***麗絲玲，德國珍品級、遲摘級尤佳**
干型粉紅酒
白蘇維濃，加州尤佳
莎弗尼耶產區
氣泡酒
葡萄牙的綠酒
維歐尼耶
避免
過桶葡萄酒

加香料沸煮
啤酒，特別是皮爾森， Urquell **酒廠尤佳**

佐黑豆醬
干邑白蘭地混調七喜或水
阿爾薩斯格烏茲塔明娜
粉紅酒

蟹肉餅
啤酒，英式印度淡色愛爾尤佳
布根地白酒
夏多內，加州尤佳
干型阿爾薩斯或德國麗絲玲
白蘇維濃，加州尤佳
氣泡酒（如西班牙氣泡酒、香檳、義大利氣泡酒）
維歐尼耶

搭配芫荽或其他香料
格烏茲塔明娜

唐金蟹
布根地白酒，如梅索、普里－蒙哈榭
加州或義大利的夏多內
麗絲玲，干型尤佳
加州白蘇維濃
榭密雍

搭配葡萄柚
白蘇維濃，紐西蘭生產尤佳

軟殼蟹
波爾多白酒，干型尤佳
香檳，搭配酥炸軟殼蟹尤佳
夏多內，帶奶油香尤佳
白梢楠
以綠茴香酒調製的調酒
薑汁汽水
檸檬或萊姆基底飲品（如檸檬水、氣泡水加檸檬等）
麗絲玲，德國干型至微干尤佳
松塞爾產區
白蘇維濃
莎弗尼耶產區
維歐尼耶

石蟹腳
夏布利，法國尤佳
夏多內，濃郁帶奶油香尤佳
粉紅酒

拿麗絲玲配螃蟹最讚。

——珊迪・達瑪多
Sanford 餐廳主廚／老闆，米爾瓦基

在舊金山的斜門越南餐廳，我吃了一整隻唐金蟹，並以布根地梅索產區的白酒搭配奶油醬汁。

——吉兒・吉貝許
Frontera Grill and Topolobampo
餐廳侍酒師，芝加哥

我們菜單上的冷蟹肉沙拉，材料有唐金蟹、手指馬鈴薯、姑蕈脆片、新鮮朝鮮薊底部（公認的難配酒）、香草和黃金葡萄乾雪利油醋醬。有幾種搭配，不論是高級品的布根地白酒、加州中央海岸產區富花果香的夏多內、義大利夏多內或是較陽剛的榭密雍，都能相得益彰。

——亞諾斯・懷德
Janos 餐廳主廚／老闆，土桑市

蔓越莓及蔓越莓醬
Cranberries And Cranberry Sauce
薄酒萊
梅洛
橙基底飲品（如 Fizzy Lizzy 的橙氣泡果汁）
阿爾薩斯灰皮諾
德國麗絲玲，珍品級或遲摘級

尤佳
法國希哈
金芬黛

淡水螯蝦（螯蝦）
Crayfish

啤酒，小麥啤酒尤佳
布根地白酒，搭配煎小龍蝦、奶油醬汁尤佳
夏布利，搭配奶油醬汁、羊肚蕈尤佳
粉紅香檳
夏多內，新世界酒款尤佳
白梢楠
以干邑白蘭地白蘭地調配的調酒
布根地的蒙哈榭產區
白皮諾
灰皮諾
麗絲玲，搭配烤小龍蝦尤佳
粉紅酒
松塞爾產區
干型白酒

鮮奶油
Cream

開胃菜及醬汁
布根地白酒
香檳
帶奶油香的夏多內
灰皮諾
阿爾薩斯麗絲玲
白蘇維濃
氣泡酒
綠茶
維歐尼耶

避免
紅酒

甜點（如卡士達、布丁等）
燕麥司陶特啤酒
冰酒
晚收葡萄酒
馬德拉酒
蜜思嘉
陳年波特
甜麗絲玲
索甸甜白酒
梧雷產區，甜的酒款

烤布蕾（焦糖化的卡士達）

巴薩克產區
香檳，半干型尤佳
冰酒
晚收葡萄酒，麗絲玲尤佳
馬德拉酒，馬瓦西亞品種尤佳
蜜思嘉微氣泡甜酒
蜜思嘉甜白酒，威尼斯－彭姆或麗維薩特產區尤佳
波特酒，陳年波特尤佳
麗絲玲，甜的尤佳（如德國精選級或貴腐甜 BA 級麗絲玲）
索甸甜白酒
甜雪利酒，奶油雪利酒或甜的歐洛索尤佳
氣泡酒
茶，伯爵茶尤佳
匈牙利的托凱貴腐甜白酒

紐奧良克利奧爾式料理
Creole Cuisine

薄酒萊
啤酒
夏多內
以柑橘類果汁為基底的調酒
格烏茲塔明娜，阿爾薩斯尤佳
酒精濃度低的酒
微干到甜的葡萄酒
德國微干麗絲玲
紐西蘭的白蘇維濃
氣泡酒
白酒，阿爾薩斯尤佳
避免
酒精濃度高的酒
單寧強勁的酒

為熱食挑選佐餐酒時，我的技巧之一是挑選酒精濃度低的酒，有時也會選含有少量殘糖的白酒。我發現酒精和單寧都會讓餐點感覺更熱，反之，即便只有3公克的殘糖，也會減緩熱度。

——*麥特・里列特*
Emeril's 餐廳侍酒師，紐奧良

可麗餅
Crêpes

水果或甜的口味
義大利亞斯堤氣泡酒
西班牙氣泡酒多士蘋果白蘭地，搭配蘋果可麗餅
香檳，甜的尤佳（亦即半干或甜）
阿爾薩斯格烏茲塔明娜
晚收葡萄酒
蜜思嘉，橘香蜜思嘉尤佳
晚收麗絲玲
索甸甜白酒
甜雪利酒
氣泡酒，微干到甜的尤佳
梧雷產區，氣泡酒尤佳

鹹的口味
香檳，白中白搭配海鮮可麗餅尤佳
夏多內
干型、有氣泡的蘋果氣泡酒
阿爾薩斯白皮諾
黑皮諾，搭配菇蕈尤佳

生菜沙拉
Crudités

薄酒萊
啤酒，拉格尤佳
夏多內，義大利尤佳
干型白梢楠
奇揚地
白皮諾
灰皮諾
粉紅酒
白蘇維濃
氣泡酒，如西班牙氣泡酒或義大利氣泡酒）
梧雷產區

黃瓜
Cucumbers

以亨利爵士琴酒調製的調酒，帶有黃瓜香氣

麗絲玲，德國珍品級尤佳
粉紅酒
白蘇維濃
蘇瓦韋產區

孜然
Cumin

粉紅香檳
夏多內
黑皮諾，搭配紅肉尤佳
麗絲玲，干型尤佳
利奧哈
白蘇維濃，紐西蘭尤佳
希哈，搭配紅肉尤佳
田帕尼優
維歐尼耶
金芬黛

醋栗
Currants

班努斯產區，搭配醋栗甜點尤佳
薄酒萊，搭配紅醋栗尤佳
黑醋栗乳酒，搭配黑醋栗
格那希，搭配紅醋栗尤佳
波特酒，搭配醋栗甜點尤佳

咖哩
Curries（參見印度及泰式料理）

一般
薄酒萊，搭配牛肉或羊肉尤佳
啤酒，英式印度淺色苦味愛爾尤佳
夏多內，新世界尤佳
香料蘋果氣泡酒
格烏茲塔明娜，阿爾薩斯尤佳
梅洛，搭配較辛辣的咖哩尤佳
灰皮諾
麗絲玲，遲摘級搭配雞或魚肉尤佳
粉紅酒
陳年清酒
白蘇維濃，紐西蘭尤佳
微干雪利酒，阿蒙特拉多尤佳
希哈
阿薩姆紅茶
維歐尼耶
梧雷產區，搭配較甜的咖哩尤佳
金芬黛，搭配牛肉或羊肉尤佳
白金芬黛

椰汁基底咖哩（印度或泰式）
夏多內，加州尤佳
微干德國麗絲玲
維歐尼耶

魚類、海鮮或家禽肉咖哩
孔德里約產區
托凱貴腐甜白酒

蔬菜咖哩
氣泡酒

卡士達
Custard（參見烤布蕾、法式鹹派）

鹹味
夏多內，搭配烘烤蒜頭尤佳
白梢楠
羅亞爾河的希濃產區，搭配烘烤甜椒尤佳
隆河丘
格烏茲塔明娜
藍布斯寇品種，搭配帕瑪乳酪尤佳
陳年麗絲玲，搭配白胡桃瓜尤佳
粉紅酒，搭配紅甜椒尤佳
白蘇維濃，搭配蘆筍尤佳
維歐尼耶，搭配豆類尤佳
梧雷產區，搭配豆類尤佳

甜味（含卡士達甜點）
義大利亞斯堤氣泡酒
班努斯產區
調酒，以干邑白蘭地、君度橙酒或馬沙拉酒調製尤佳
冰酒，搭柑橘口味卡士達尤佳
晚收葡萄酒，麗絲玲尤佳
蜜思嘉，晚收或橘香蜜思嘉搭配橙口味卡士達尤佳
威尼斯－彭姆產區的蜜思嘉
陳年波特或年份波特
索甸甜白酒
甜雪利酒（如奶油雪利酒）
半干型氣泡酒，搭配柑橘口味的卡士達尤佳
梧雷產區，帶甜味的酒款

吃卡士達點心時，我喜歡來杯晚收麗絲玲。

——尚盧·拉杜
Le Dû's 酒窖，紐約市

椰棗
Dates

調酒，以白蘭地或蘭姆酒調製尤佳
馬德拉酒，馬瓦西亞品種
蜜思嘉
陳年波特或紅寶石波特
雪利酒，甜的酒款尤佳（如奶油、歐洛索、PX）
匈牙利托凱貴腐甜白酒

甜點
Desserts（參見特定甜點及主要食材）

棕色啤酒、皇家司陶特啤酒或自然發酵水果啤酒
半干、或甜的香檳，搭配輕盈膨鬆的甜點尤佳，如慕斯、舒芙蕾
咖啡
蜜思嘉微氣泡甜酒，搭配輕盈膨鬆的甜點或水果甜點尤佳
黑蜜思嘉或橘香蜜思嘉，搭配莓果或其他水果、堅果、以蘭姆酒調味的甜點
威尼斯－彭姆產區的蜜思嘉
波特酒，紅寶石或年份波特，搭莓果或其他水果甜點尤佳
帶甜味的麗絲玲，搭配水果、堅果甜點尤佳
索甸甜白酒，搭配奶油、水果甜點尤佳
甜雪利酒，搭配水果甜點尤佳
甜氣泡酒
茶，非洲茶、紅茶、大吉嶺紅茶、滇紅尤佳

義大利甜白酒，搭配杏仁、榛果、堅果、水果甜點尤佳

搭配甜點時，酒的甜度應該至少和點心相當，不然酒喝起來就顯得酸了。這就是關鍵。

——伯納・森

Jean George Management

飲品總監，紐約市

水果自然發酵酸啤酒很適合搭配義式奶酪、乳酪蛋糕和水果點心。這些甜點裝在香檳杯中真是美極了。

——加列・奧立維

Brookyn Brewery 釀酒師

吃甜點時，我喜歡配酒體輕盈、不會太甜膩的甜酒。我的最愛之一是南非開普敦附近帕爾產區的康斯坦天然甜白葡萄酒，口感不會過重或太膩，餘味非常清爽。

——史蒂芬・柯林

現代美術館 The Modern 餐廳

葡萄酒總監，紐約市

在甜酒後喝杯凍頂烏龍茶，真是美妙。

——詹姆士・勒柏

Teahouse Kuan Yin

侍茶師暨老闆，西雅圖

ChikaLicious 點心吧，提爾曼的甜點及葡萄酒搭配

紐約市提爾曼夫婦經營的 ChikaLicious 點心吧，店內只有 20 個座位，只提供一種點心套餐選擇，三道點心定價 12 美元，外加 7 美元可再搭配葡萄酒。說到點心與酒的搭配，最權威的莫過於《查加調查》（Zagat Survey）了。在最近一份《查加調查》中，ChikaLicious 的點心套餐得到「完美」的評價。套餐包括蘋果布丁蛋糕佐澳洲青蘋果雪酪及法式酸奶油，搭配 Dios Baco 酒廠奶油雪利酒；還有中溫水煮西洋梨佐亞洲梨沙拉和檸檬馬鞭草冰淇淋，搭配 Quady 酒廠以橘香蜜思嘉釀的甜白酒「依山霞」。老闆提爾曼說：

「我們的點心單幾乎每天換，方法是鎖定一些特定的葡萄品種，再去試出最合適的甜點。如果預算夠，我們的甜點十之八九會搭配 1967 年的伊肯堡甜白酒或 1985 年的沙龍酒廠白中白香檳。

我們有兩款主打甜點，一個是法式冰山白乳酪蛋糕，搭配帶有熱帶果香和蜂蜜香氣的法國居宏頌產區 Clos Uronlat 酒莊白酒，可以帶出白乳酪豐富的純粹風味。另一款是巧克力塔，搭配阿米埃爾酒莊的 10 Ans d'Age Cuvée Speciale（以格那希品種為基底釀造的酒精強化酒），酒的深紅褐色澤及巧克力、咖啡香氣，讓客人更能享受法芙娜巧克力的美味。乳酪拼盤則搭配兩種酒，其一是 Vinum 酒窖的小希哈，在舌尖迸發的黑莓、藍莓和巧克力風味，即便不搭配水果也非常美味。另一個選擇是格蘭姆酒廠的「六種葡萄」波特酒，酒液有鮮明的洋李香、濃郁的無花果香，跟椰棗泥非常搭。」

對提爾曼來說，餐酒搭配與其說是科學，不如說是藝術。不過他承認說：「有時候我以為很棒的搭配，結果卻不盡如人意。不過餐酒搭配的樂趣，大多在於定案前的試飲和反覆琢磨！」

蒔蘿
Dill
啤酒，拉格尤佳
夏多內
白梢楠
灰皮諾
松香酒
麗絲玲，德國尤佳
白蘇維濃
榭密雍
維歐尼耶
白酒

港式點心
Dim Sum
香檳
麗絲玲，德國尤佳
白蘇維濃，紐西蘭尤佳
氣泡酒
中國茶
酒體輕盈的白酒

多力多滋
Doritos（墨西哥脆片 Tortilla Chips）
原味
氣泡酒

辛辣
金芬黛，乾溪谷產區或索諾瑪郡尤佳

別笑我，我覺得辛辣多力多滋和乾溪谷產區或索諾瑪郡的金芬黛真是絕配。

——史考特．泰瑞
Tru 餐廳侍酒師，芝加哥

甜甜圈
Doughnuts（及其他甜的油炸麵團）
義大利亞斯堤氣泡酒
香檳
蘋果氣泡酒
咖啡
牛奶
蜜思嘉微氣泡甜酒
氣泡酒
義大利甜白酒

熱門影集《慾望師奶》第一季最後，泰莉海契所飾演的蘇珊．梅耶跟男友麥可．德拉芬諾說，她得回家拿牛奶，因為「我無法吃甜甜圈配果汁，那實在太怪了！」

鴨肉
Duck

一般
艾格尼科品種
巴貝瑞斯可
巴羅洛
啤酒，水果啤酒、清淡的愛爾或嚴規熙篤修道院啤酒尤佳
波爾多紅酒
布根地紅酒
卡本內蘇維濃，加州尤佳
教皇新堡
調酒，以雅馬邑白蘭地、波本酒、白蘭地、卡瓦多斯、干邑白蘭地、君度橙酒或金萬利香橙甜酒調製
隆河丘產區紅酒
蔓越莓氣泡果汁（如 Fizzy Lizzy）
水果基底飲品，蘋果、櫻桃或黑醋栗（如 Fizzy Lizzy）尤佳
蘋果氣泡果汁
格烏茲塔明娜，阿爾薩斯尤佳
薑汁汽水
格那希
梅洛
橙氣泡果汁（如 Fizzy Lizzy）
黑皮諾，加州尤佳
酒體中等至飽滿紅酒
隆河產區紅酒
麗絲玲，德國遲摘級尤佳
清酒，陳年尤佳
阿蒙特拉多雪利酒
希哈
茶，紅茶或大吉嶺尤佳
金芬黛

佐黑胡椒
粉紅香檳
教皇新堡
以干邑白蘭地調製的調酒
黑皮諾，加州尤佳
希哈
金芬黛

燜煮
巴貝拉
法國希哈

油封鴨
邦斗爾產區紅酒
波爾多
卡本內蘇維濃
卡歐產區
梅洛
黑皮諾
波爾多的聖愛美濃產區

佐芫荽
格烏茲塔明娜
阿薩姆紅茶

佐咖哩醬汁
格烏茲塔明娜
隆河產區紅酒，如羅第丘、艾米達吉

佐水果醬汁
卡本內蘇維濃
發酵蘋果氣泡酒
格烏茲塔明娜，搭配蘋果、無花果或橙尤佳
辛辣的格那希，搭配櫻桃尤佳
蜜思嘉
黑皮諾
麗絲玲
索甸甜白酒
維歐尼耶
金芬黛，搭配莓果尤佳

燒烤
薄酒萊
波爾多紅酒
卡本內弗朗
卡本內蘇維濃，加州尤佳
加州產的梅洛
黑皮諾
利奧哈
法國希哈
金芬黛

佐菇蕈
布根地紅酒
黑皮諾

佐橙汁
格烏茲塔明娜
黑皮諾
麗絲玲，德國精選級尤佳

北京烤鴨
布根地紅酒
格烏茲塔明娜
梅洛
黑皮諾
德國微干麗絲玲，精選級尤佳
希哈
金芬黛

烘烤
巴貝拉
波爾多紅酒
布根地紅酒
卡本內蘇維濃
教皇新堡
黑皮諾
隆河產區紅酒，羅第丘尤佳
利奧哈
波爾多的聖愛美濃產區
希哈
維歐尼耶
金芬黛

燻鴨
布根地紅酒
布根地白酒

佐醬油
粉紅香檳
干邑白蘭地和七喜混調
干型格烏茲塔明娜

亞洲餃類
Dumplings, Asian（參見港式點心）
香檳
氣泡酒

艾克力泡芙
Éclair, Chocolate
咖啡，中度或重度烘焙

鰻魚
Eel

阿馬龍紅酒，搭配鰻魚生魚片尤佳
露酒，搭配煙燻鰻魚尤佳
香檳，搭配燒烤鰻魚尤佳
檸檬基底飲品（如檸檬水、氣泡水加檸檬等）
黑皮諾
麗絲玲，搭配煙燻鰻魚尤佳
粉紅酒，搭配燒烤鰻魚尤佳
清酒，陳年清酒尤佳
松塞爾產區
莎弗尼耶產區，搭配煙燻鰻魚尤佳
菲諾雪利酒，搭配煙燻鰻魚尤佳
金芬黛，搭配鰻魚生魚片尤佳

茄子
Eggplant

一般
邦斗爾產區
巴貝拉
奇揚地
檸檬基底飲品（如檸檬水、氣泡水加檸檬等）
黑皮諾
酒體飽滿的紅酒
粉紅酒
法國希哈
單寧強勁的酒
田帕尼優
金芬黛

茄泥芝麻醬
粉紅香檳
灰皮諾
粉紅酒
維納西品種白酒

深炸
氣泡酒

燒烤
艾格尼科品種紅酒
淺齡卡本內蘇維濃
隆河產區紅酒
希哈
單寧高的紅酒

佐帕瑪乳酪
艾格尼科品種紅酒
巴貝拉
奇揚地
山吉歐維列
希哈

帶有苦味的茄子，有中和單寧的神奇效果，尤其是燒烤過的茄子，可以讓淺齡、單寧強勁的卡本內蘇維濃，變成平順易飲的佳釀。

——大衛・羅森加騰
DavidRosengarten.com 網站主編

芙蓉蛋
Egg Foo Yung

灰皮諾
維歐尼耶

蛋捲
Egg Rolls （參見春捲）

蛋及蛋基底菜餚
Eggs And Eggbased Dishes

（義式蛋餅、法式鹹派、西班牙蛋餅，參見早午餐）

一般
薄酒萊
啤酒，小麥啤酒
布根地白酒
香檳，白中白、干型酒款尤佳
帶果香且幾乎未過桶夏多內
格烏茲塔明娜
干型蜜思卡得產區
阿爾薩斯白皮諾
灰皮諾
麗絲玲，阿爾薩斯尤佳
粉紅酒，新世界尤佳
松塞爾產區
白蘇維濃或白芙美
蘇瓦韋產區
干型氣泡酒
茶，大吉嶺尤佳
番茄汁

避免
過桶的葡萄酒

魔鬼蛋
香檳
白蘇維濃
氣泡酒（如義大利氣泡酒）

班尼迪克蛋
香檳
未過桶夏多內
白皮諾，阿爾薩斯尤佳

義式蛋餅（義式煎蛋捲）
一般
香檳
氣泡酒（如義大利氣泡酒）

加馬鈴薯及蛋
山吉歐維列

加瑞可達乳酪
義大利的夏多內

墨西哥鄉村蛋餅等辛辣蛋料理
香檳
德國麗絲玲，遲摘級尤佳
紐西蘭白蘇維濃
氣泡酒

煎蛋捲
香檳
薄酒萊
小麥啤酒，搭配山羊乳酪尤佳
布根地白酒，搭配龍蝦尤佳
香檳
未過桶夏多內，搭配乳酪、香草、龍蝦、燻鮭魚尤佳
白梢楠，干型酒搭配乳酪尤佳
隆河丘，搭配火腿、菇蕈尤佳
阿爾薩斯白皮諾，搭配乳酪、香草尤佳
灰皮諾，搭配培根、火腿、菇

蕈尤佳
黑皮諾，搭配生火腿、姑蕈尤佳
麗絲玲，搭配培根、火腿、肉腸及葛黎耶和乳酪尤佳
干型粉紅酒，搭配香草、蔬菜尤佳
白蘇維濃，搭配香草、蔬菜尤佳
雪利酒，冰涼飲用、西班牙雪利酒尤佳
蘇瓦韋產區
氣泡酒
番茄汁
蔬菜汁，搭配蔬菜尤佳
阿爾薩斯白酒，搭配葛黎耶和乳酪尤佳

鵪鶉蛋
香檳
夏多內
氣泡酒

法式鹹派
薄酒萊
小麥愛爾啤酒、小麥啤酒尤佳
布根地白酒
香檳
未過桶夏多內，搭配洛林鄉村鹹派尤佳
隆河丘，搭洛林鄉村鹹派尤佳
白皮諾，阿爾薩斯尤佳
灰皮諾，干型、俄勒岡產區尤佳
阿爾薩斯、干型麗絲玲
粉紅酒
白蘇維濃，加州酒款搭配蘆筍法式鹹派尤佳
氣泡酒，干型尤佳
阿爾薩斯希爾瓦那品種
阿爾薩斯白酒，如麗絲玲，搭配洛林鄉村鹹派尤佳

佐牛排
布根地紅酒
別用過桶的葡萄酒搭配雞蛋，木桶和蛋是可怕的組合。如果你想要整人，就讓他喝桶陳的夏多內配蛋沙拉三明治吧。

——喬許・韋森
Best Cellar's 葡萄酒總監

蛋搭配布根地白酒真是妙不可言。

——德瑞克・陶德
石倉農場藍山餐廳侍酒師，紐約市

西班牙酥皮餃
Empanadas（填入肉餡的酥皮點心）
阿根廷的馬爾貝克品種
梅洛，智利尤佳
西班牙紅酒
粉紅酒
希哈
金芬黛

墨西哥玉米捲餅
Enchiladas
薄酒萊
啤酒
多切托
格烏茲塔明娜
綠菲特麗娜
小希哈
麗絲玲
紐西蘭微干白蘇維濃

苣菜
Endive
蘋果基底飲品（如 Fizzy Lizzy 氣泡蘋果汁）
檸檬基底飲品（如檸檬水、氣泡水加檸檬等）

土荊芥
Epazote
經典奇揚地產區
黑皮諾，紐西蘭尤佳
阿根廷多隆蒂絲品種

西班牙油炸醋魚

普依芙美產區
紐西蘭的白蘇維濃
維蒂奇諾品種

法式田蝸牛
Escargots （參見蝸牛）

衣索比亞料理
Ethopian Cuisine （參見印度料理）

衣索比亞料理很棘手，因為加入了咖哩，就像印度料理。衣索比亞酸薄餅也很難搭配。但能搭配印度料理的飲品，也可以用在衣索比亞料理上。

——阿帕納・辛
Everest 餐廳侍酒大師，芝加哥

法士達
Fajitas
薄酒萊
卡本內蘇維濃，搭配牛排尤佳
夏多內，搭配雞肉尤佳
馬爾貝克，搭配牛肉尤佳
梅洛，搭配牛肉尤佳
黑皮諾
紐西蘭白蘇維濃，搭配甜椒尤佳
新世界希哈，搭配牛肉尤佳
瓦波利切拉產區，搭配牛肉尤佳
金芬黛，搭配牛肉尤佳

小茴香
Fennel
巴貝拉
夏多內，帶奶油香尤佳
白梢楠
以綠茴香酒調製的調酒
奧地利的綠菲特麗娜
檸檬基底飲品（如檸檬水、氣泡水加檸檬等）
阿爾薩斯或新世界的白皮諾
灰皮諾
黑皮諾
普依芙美產區
麗絲玲

松塞爾產區
白蘇維濃
蘇瓦韋產區
苦艾酒
維歐尼耶

無花果（包含甜點）

粉紅香檳
白梢楠，羅亞爾河產區尤佳
以君度橙酒、庫拉索酒（橙皮味烈酒）或馬沙拉酒調製的調酒
水果基底飲品，橙或蔓越莓尤佳（如 Fizzy Lizzy 橙氣泡果汁）
馬德拉酒，馬瓦西亞品種尤佳
蜜思嘉，黑蜜思嘉尤佳
波特酒，陳年波特尤佳
普羅旺斯紅酒
麗絲玲，微干到甜的尤佳
粉紅酒，搭配義大利生火腿及無花果尤佳
雪利酒，甜雪利酒尤佳
氣泡酒，西班牙氣泡酒或義大利氣泡酒尤佳
義大利甜白酒
金芬黛

魚類

Fish（參見海鮮、貝類及特定海鮮）

一般
義大利巴多利諾產區
薄酒萊
啤酒，愛爾、皮爾森或小麥啤酒尤佳
布根地紅酒
布根地白酒
夏布利
香檳
夏多內
白梢楠
蘋果氣泡酒，添加酵母發酵且帶氣泡尤佳
以琴酒、苦艾酒或伏特加調製的調酒
義大利哥維產區
格烏茲塔明娜
檸檬基底飲品（如檸檬水、氣泡水加檸檬等）
蜜思卡得產區
義大利奧維特產區
白皮諾
灰皮諾
黑皮諾
德國萊因河產區白酒
麗絲玲，特別是較清淡的菜色，遲摘級尤佳
利奧哈
粉紅酒
松塞爾產區，搭配較清淡的菜色尤佳
白蘇維濃，搭配油脂豐富的魚類尤佳
榭密雍
蘇瓦韋產區，搭配較清淡的菜色尤佳
茶，綠茶及烏龍茶尤佳
維歐尼耶
葡萄酒，白酒尤佳

避免
過桶的白酒（佐奶油或奶油白醬除外）
單寧強勁的酒

烘燒
夏多內
麗絲玲

鹽焗
布根地白酒

燻烤
白蘇維濃，紐西蘭尤佳

煎焦
啤酒
夏多內
白梢楠
白皮諾
黑皮諾，俄勒岡州尤佳
白蘇維濃

炙烤
蜜思卡得產區
阿爾薩斯麗絲玲
松塞爾產區

搭配奶油醬汁
過桶的夏多內

薯片（炸魚及薄切馬鈴薯）
啤酒或愛爾啤酒
香檳
夏多內，未過桶尤佳
白皮諾

灰皮諾
麗絲玲
干型粉紅酒（如邦斗爾產區）
未過桶白蘇維濃
蘇瓦韋產區
氣泡酒

佐奶油白醬
啤酒，波特或干型司陶特尤佳
未過桶夏多內

佐咖哩醬汁
德國格烏茲塔明娜
德國遲摘麗絲玲

佐蒜
舊世界葡萄酒（即法國及義大利）
白蘇維濃
維歐尼耶

佐薑
加州夏多內
微干麗絲玲
白蘇維濃

燒烤
阿爾巴利諾
夏多內，加州或智利尤佳
那瓦拉產區
普依芙美產區
粉紅酒
松塞爾區
白蘇維濃
榭密雍
葡萄牙綠酒

佐香草
白蘇維濃
榭密雍

佐檸檬
夏多內，加州尤佳
白蘇維濃
麥當勞的麥香魚
白蘇維濃，紐西蘭尤佳

佐菇蕈
黑皮諾

以平底鍋煎
白蘇維濃

水煮
布根地白酒
無氣泡或微氣泡水（如波多或絲帕）

煙燻（參見煙燻魚、煙燻黑線鱈、鮭魚及鱒魚）

蒸
干型香檳
白蘇維濃
干型氣泡酒
干型白酒（如蜜思卡得產區）

燉
粉紅酒，干型法國或西班牙粉紅酒尤佳
白蘇維濃
干型白酒

要是舉棋不定，就拿格烏茲塔明娜吧！它能搭配任何魚類及貝類。

——珊迪・達瑪多
主廚／老闆，Sanford 餐廳
密爾瓦基

西班牙布丁
Flan（參見烤布蕾及卡士達）
陳年波特
雪利酒，歐洛索

漂浮之島
Floating Island（卡士達醬上覆以蛋白霜的甜點）
香檳
晚收白酒
氣泡酒

比目魚
Flounder（參見其他味道清淡的魚種，如大比目魚、海鱸、真鰈）
布根地白酒，搭配烘燒或炙烤比目魚尤佳
夏布利
夏多內，加州尤佳
白梢楠
干邑白蘭地基底調酒
蜜思卡得產區
阿爾薩斯白皮諾，搭配嫩煎比目魚尤佳
灰皮諾
黑皮諾，加州或俄勒岡州尤佳
普依芙美產區
德國麗絲玲
松塞爾產區
白蘇維濃
瓦波利切拉產區

鰈形比目魚
Fluke（參見其他味道清淡的魚種，如大比目魚、海鱸、真鰈）
夏布利
香檳
蜜思卡得產區
麗絲玲
松塞爾產區

鵝肝
Foie Gras
一般
雅馬邑
班努斯產區
巴薩克產區
比利時啤酒（如女皇爵黑啤酒）
布根地紅酒
香檳，干型、粉紅、半干型或不甜
以白蘭地調製的調酒
干邑白蘭地或馬德拉酒
恭得里奧產區
水果基底飲品，蘋果或葡萄尤佳（如蘋果氣泡果汁）
格烏茲塔明娜，晚收尤佳
格烏茲塔明娜，微干到甜尤佳
冰酒
阿爾薩斯，晚收葡萄酒

我會用較干的葡萄酒搭配前菜鵝肝醬，用較甜的酒搭配接近用餐尾聲的炒鵝肝。

——丹尼爾·布呂德
Daniel 餐廳老闆 / 主廚，紐約市

某位阿爾薩斯的釀酒師曾告訴我：「記住，鴨肝就該搭配黑皮諾，鵝肝則配格烏茲塔明娜。」

——約瑟夫·史畢曼
Joseph Phelps 酒莊侍酒大師

你不喜歡就大膽說出來，即使那是公認的經典搭配。我在家享用鵝肝時，因為不喜歡甜酒，所以搭配的不是索甸或班努斯產區的甜白酒，而是豐厚的紅酒。雖然我不喜歡甜白酒，但倒一些給客人也無妨，他們或許會喜歡。此外，我也喜歡用冰涼的雅馬邑白蘭地搭配鵝肝。

——史蒂芬·簡金斯
Fairway 市場乳酪商，紐約市

蜜思嘉
灰皮諾，果香強烈的阿爾薩斯灰皮諾、晚收尤佳
黑皮諾
紅寶石波特或陳年波特
普里尼－蒙哈榭村，搭配鴨肝尤佳
休姆－卡德產區
麗絲玲，精選、微干、晚收尤佳
麥根沙士
清酒，陳年尤佳
＊索甸甜白酒
雪利酒，PX 尤佳
匈牙利托凱貴腐甜白酒
梧雷產區半干型

烘烤或大火油煎
波爾多紅酒，玻美侯產區尤佳
冰酒
干型阿爾薩斯灰皮諾

法式肉凍、布包鵝肝或法式肉派
格烏茲塔明娜，阿爾薩斯、干型尤佳
格烏茲塔明娜，晚收尤佳
晚收葡萄酒
灰皮諾，**阿爾薩斯尤佳**
麗絲玲，阿爾薩斯、干型尤佳
晚收麗絲玲
索甸甜白酒
甜酒
阿爾薩斯的托凱灰皮諾甜白酒

瑞士火鍋
Fondue
乳酪
布根地白酒
香檳，搭配格呂耶爾乳酪尤佳
加州夏多內，幾乎未過桶或未過桶尤佳
干型白梢楠
隆河丘產區紅酒
多切托品種
蜜思嘉
黑皮諾，搭配煙燻肉尤佳
阿爾薩斯麗絲玲
紐西蘭白蘇維濃
氣泡酒
提示：搭配你用來做乳酪火鍋的酒款就對了。
肉類
波爾多紅酒
卡本內蘇維濃，加州尤佳
希哈

薯條
French Fries
啤酒
布根地白酒，馬貢產區尤佳
香檳

法國土司
French Toast（參見早餐 / 早午餐）

油炸食品
啤酒
香檳
帶果香的酒款
酸度高的酒款
酒體輕盈的酒款
白蘇維濃
菲諾雪利酒及曼薩尼亞
干型氣泡酒
白酒

義式蛋餅
Frittatas（參見蛋類，義式蛋餅）

酥炸海鮮蔬菜盤
Fritto Misto（油炸魚及蔬菜）
夏多內，義大利尤佳
義大利弗拉斯卡蒂產區
哥維產區
內比歐羅
奧維特產區
灰皮諾
山吉歐維列
蘇瓦韋產區
氣泡酒，如義大利氣泡酒
托凱貴腐甜白酒
維門替諾品種

水果乾
Fruit, Dried
義大利亞斯堤氣泡酒
干型香檳
嘉美品種
格那希
晚收葡萄酒（如金芬黛）
陳年波特酒

甜雪利酒
義大利甜白酒

新鮮水果
Fruit, Fresh

一般（含水果沙拉）
義大利亞斯堤氣泡酒
香檳，粉紅香檳、甜香檳尤佳
微干白梢楠
微干格烏茲塔明娜
晚收葡萄酒（如格烏茲塔明娜）
馬德拉酒，布爾或馬瓦西亞品種尤佳
蜜思嘉微氣泡甜酒
蜜思嘉，威尼斯－彭姆產區尤佳
微干至甜麗絲玲
索甸甜白酒
氣泡酒，半甜及甜尤佳
茶，祁門紅茶或白毫銀針尤佳

甜點（如塔）
義大利亞斯堤氣泡酒
巴薩克產區
比利時自然發酵酸啤酒、其他水果啤酒或司陶特啤酒
香檳，白中白或半干型（甜）尤佳
甜格烏茲塔明娜
冰酒
晚收葡萄酒
蜜思嘉微氣泡甜酒
蜜思嘉，威尼斯－彭姆產區尤佳
麗絲玲，德國精選或晚收尤佳
索甸甜白酒
托凱貴腐甜白酒
冰酒
義大利甜白酒

莎莎醬及醬汁（亦即搭配鹹食）
夏多內，加州尤佳
梅洛
灰皮諾
麗絲玲
白蘇維濃，加州或紐西蘭尤佳
維歐尼耶

熱帶水果
義大利亞斯堤氣泡酒
啤酒，比利時覆盆子自然發酵酸啤酒
半干型香檳
調酒，以君度橙酒、櫻桃白蘭地或蘭姆酒調製
格烏茲塔明娜
冰酒，搭配甜點尤佳
晚收白酒
檸檬、萊姆口味飲品（如檸檬水、氣泡水加萊姆等）
蜜思嘉
蘭姆酒，黑蘭姆酒尤佳
紐西蘭的白蘇維濃

澳洲特有的酒是路斯格蘭產區的「澳洲餐後甜酒」（stickies）。尤其是蜜思嘉釀成的甜酒。這種口感滑膩的甜酒最適合搭配你花時間製作的水果甜點，或直接從點心店買來也成。

——楊恩．史都賓
（Jan Stubeing）
Wine Australia 美國區總經理

野味
Game（參見兔肉、鹿肉、野豬肉等）

艾格尼科品種
阿馬龍紅酒
邦斗爾產區，搭配燉煮野味尤佳
巴貝瑞斯可
巴羅洛
深色愛爾、**加強型烈性拉格**、波特或司陶特啤酒
波爾多紅酒
蒙塔奇諾布魯內羅產區
布根地紅酒
加州的卡本內蘇維濃
教皇新堡產區，搭配烘烤野味尤佳
櫻桃基底飲品，如櫻桃氣泡果汁
琴酒或馬德拉酒基底的調酒
羅第丘產區
隆河丘產區
艾米達吉產區
黑皮諾
隆河紅酒，北隆河尤佳
利奧哈
希哈，搭配燒烤、烘烤、佐水果烹調尤佳
金芬黛，搭配燒烤及佐水果烹調尤佳

避免
單寧十分強勁的酒款

野禽肉
Game Birds（參見雉雞及乳鴿）

巴貝瑞斯可
巴羅洛
波爾多紅酒，搭配未吊掛熟成的野禽肉
蒙塔奇諾布魯內羅產區
布根地紅酒，特別是酒體輕盈酒款，搭配已吊掛熟成的野禽肉尤佳
新世界卡本內蘇維濃
教皇新堡
淡紅酒，陳年尤佳
蜜思妮產區紅酒
灰皮諾
黑皮諾，俄勒岡州尤佳
普里奧拉
紅酒
利奧哈
希哈

蒜
Garlic（參見普羅旺斯蒜泥蛋黃醬及洋蔥）

巴貝拉
啤酒，比利時尤佳
布根地，搭配烘烤蒜尤佳
卡本內蘇維濃，搭配烘烤蒜尤佳
夏多內，搭配烘烤蒜尤佳

帶果香的葡萄酒
格烏茲塔明娜
黑皮諾
麗絲玲，德國、微干尤佳
粉紅酒，邦斗爾產區、干型尤佳
白蘇維濃
干型雪利酒（如菲諾）
希哈
氣泡酒
維歐尼耶
干型白酒，搭配生蒜尤佳
金芬黛

西班牙冷湯
Gazpacho
義大利魯佳納產區白酒
普依芙美產區
德國珍品麗絲玲
白蘇維濃
干型菲諾雪利酒或曼薩尼亞尤佳
蘇瓦韋產區
維歐尼耶

西班牙冷湯是道足以扼殺眾多葡萄酒的極酸料理，我喜歡佐以義大利維內多省魯佳納產區的白酒，帶有鮮明的礦物味，同時是特雷比雅諾葡萄無性繁殖出的品種。

——德瑞克．陶德
Blue Hills at Stone Barns 餐廳侍酒師，紐約

魚餅凍
Gefilte Fish
白皮諾，阿爾薩斯尤佳
白蘇維濃

德國料理
German Cuisine（參見特定料理及食材）
啤酒，德國尤佳
葡萄酒，特別是德國麗絲玲，從干型（如珍品）到非常甜（如貴腐精選）尤佳

薑
Ginger
一般（鹹食）
香檳
夏多內，加州、過桶尤佳
格烏茲塔明娜，阿爾薩斯尤佳
蜜思嘉
灰皮諾
黑皮諾
麗絲玲，微干到甜尤佳
清酒
白蘇維濃
希哈
氣泡酒
維歐尼耶
白酒，帶果香、微干尤佳
金芬黛

甜點（如薑餅）
香檳，微干到甜
晚收格烏茲塔明娜
蜜思嘉微氣泡甜酒
甜蜜思嘉，威尼斯－彭姆產區或橘香蜜思嘉尤佳
甜麗絲玲
索甸甜白酒／巴薩克產區
甜榭密雍
匈牙利托凱貴腐甜白酒
義大利甜白酒

薑搭配格烏茲塔明娜、芥末搭配麗絲玲，總是能發揮相得益彰的效果。

——布萊恩．鄧肯
Bin 36 餐廳葡萄酒總監，芝加哥

義式麵疙瘩
Gnocchi（參見義式麵食，依醬汁搜尋）
梅洛
灰皮諾
瓦波利切拉產區

義式麵疙瘩與簡單的蔬菜燉肉最適合搭配瓦波利切拉產區的酒。

——尚盧．拉杜
Le Dû 酒窖，紐約

山羊
Goat
卡本內蘇維濃，搭配燻烤羊肉尤佳
馬爾貝克品種，特別是阿根廷出產，搭配燻烤羊肉尤佳
西班牙斗羅河岸，搭配燻烤羊肉尤佳
希哈，搭配燉羊肉尤佳

葡萄柚
Grapefruit
香檳
以金巴利氏苦精、君度橙酒、庫拉索酒（橙皮味烈酒）、金萬利香橙甜酒、蘭姆酒或伏特加調製的調酒
冰酒，搭配葡萄柚甜點尤佳
橘香蜜思嘉，搭配葡萄柚甜點尤佳
普依芙美產區
麗絲玲，搭配葡萄柚甜點尤佳
白蘇維濃，紐西蘭尤佳
氣泡酒
葡萄牙綠酒

冷醃鮭魚
Gravlax
露酒
啤酒
香檳，白中白或干型尤佳
夏多內
格烏茲塔明娜
阿爾薩斯灰皮諾
隆河產區白酒
麗絲玲，德國珍品級或遲摘級尤佳
梧雷產區干型

希臘料理
Greek Cuisine
薄酒萊村莊酒
啤酒，拉格尤佳
波爾多白酒
以希臘白蘭地調製的調酒
希臘葡萄酒
灰皮諾
松香酒
利奧哈，搭配肉料理尤佳
希臘羅迪蒂斯品種
干型粉紅酒
白蘇維濃
希哈，搭配肉料理尤佳
瓦波利切拉產區
干型白酒
金芬黛，搭配肉料理尤佳

四季豆
Green Beans（參見豆類、四季豆）

燒烤菜餚
Grilled Dishes（參見特定魚類、肉類、家禽及蔬菜）
薄酒萊
卡本內蘇維濃，加州尤佳
夏多內，加州或智利尤佳
以棕色烈酒調製的調酒（如波本酒、白蘭地、蘭姆酒），搭配燒烤紅肉
西班牙佳釀級紅酒
帶果香的葡萄酒
白芙美
格烏茲塔明娜
中等至飽滿酒體的葡萄酒
梅洛
那瓦拉產區
過桶葡萄酒
小希哈
黑皮諾
單寧強勁的紅酒
麗絲玲
粉紅酒，干型尤佳
隆河紅酒
山吉歐維列
白蘇維濃
希哈
氣泡酒
超級托斯卡尼
灰葡萄酒
***金芬黛紅酒**

酒的選擇某種程度上取決於烹調法。如果這道菜經過燒烤、帶有煙燻味，就適合搭配金芬黛、隆河產區以及南義釀自希哈或卡本內無性繁殖系較辛辣的葡萄酒。這些酒因風土人文條件之故均帶有胡椒風味，和燒烤菜餚是絕配。

——皮耶羅・賽伐吉歐
Valentino 餐廳老闆，洛杉磯

以波本威士忌酒、白蘭地、陳年蘭姆酒等棕色烈酒調製的調酒可以搭配許多燒烤肉。我最愛的搭配是加了山葵的伏特加，混入一點金萬利香橙甜酒，以柑橘的甜味平衡刺激感。盤邊裝飾不是橄欖，而是只用鹽和胡椒調味的燒烤小里肌頭部。

——萊恩・馬格利恩
Kathy Casey 廚藝教室調酒師，西雅圖

石斑魚
Grouper
安聶品種
布根地白酒，搭配嫩煎魚尤佳
夏多內，搭配嫩煎魚尤佳
粉紅酒，搭配燒烤魚尤佳
白蘇維濃
榭密雍

酪梨沙拉醬
Guacamole（墨西哥的酪梨蘸醬）
啤酒
香檳
夏多內，未過桶的新世界酒尤佳
綠菲特麗娜
瑪格麗特調酒
灰皮諾
德國珍品麗絲玲
松塞爾產區
白蘇維濃，智利或紐西蘭尤佳
多隆蒂絲品種

我喜歡酪梨沙拉醬和薯片配上一杯瑪格麗特，或是爽口的白酒如松塞爾產區、多隆蒂絲品種或綠菲特麗娜，後者的胡椒香氣帶出智利的風味。澳洲 Trevor Jones 酒莊未過桶的夏多內令人驚豔，正因不曾過桶，酒莊稱之為「純潔的夏多內」。

——吉兒・吉貝許
Frontera Grill and Topolobampo 餐廳侍酒師，芝加哥

番石榴
Guavas
德國珍品麗絲玲
熱帶水果飲料，香蕉、鳳梨尤佳。如 Fizzy Lizzy、鳳梨氣泡果汁
微干白酒

炸甜奶球
Gulab Jamun（印度的深炸牛奶球）
格烏茲塔明娜，微干到甜
橘香蜜思嘉

炸甜奶球很甜，所以你需要同樣甜的酒——橘香蜜思嘉或格烏茲塔明娜，這類帶有花香的葡萄酒和淋在甜奶球上的玫瑰水很搭。

——阿帕納·辛
Everest 餐廳侍酒大師，芝加哥

黑線鱈
Haddock（參見鱈魚、煙燻黑線鱈）
布根地白酒
夏布利
夏多內
檸檬基底飲品（如檸檬水，氣泡水加檸檬）
普依芙美產區
麗絲玲，阿爾薩斯尤佳
白蘇維濃

大比目魚
Halibut（參見味道清淡的魚，如比目魚、海鱸、真鰈）
一般
波爾多白酒
布根地白酒
夏布利
夏多內，未過桶或幾乎未過桶
綠菲特麗娜
蜜思卡得產區
灰皮諾，搭配燜煮大比目魚尤佳
黑皮諾，美國尤佳
普依芙美產區
麗絲玲，德國珍品尤佳
松塞爾產區，搭配奶油白醬尤佳
白蘇維濃，搭配奶油白醬尤佳
莎弗尼耶產區
維歐尼耶，微干尤佳
梧雷產區干型
白酒

烘燒或烘烤
布根地白酒
白皮諾
黑皮諾，俄勒岡州尤佳

燒烤
夏多內，納帕山谷尤佳
格烏茲塔明娜
黑皮諾
白蘇維濃
維歐尼耶
水煮
布根地白酒
夏布利，法國尤佳

嫩煎
加州夏多內
阿爾薩斯麗絲玲

火腿
Ham
一般
薄酒萊，特級村莊酒尤佳
啤酒，愛爾、拉格或煙燻拉格尤佳
布根地紅酒
夏布利
香檳
未過桶或幾乎未過桶夏多內
羅亞爾河希濃產區紅酒
蘋果氣泡酒
以波本酒調製的調酒
馬德拉酒或苦艾酒
可樂（如可口可樂）
格烏茲塔明娜
薑汁汽水
藍布斯寇品種
馬貢產區紅酒
馬爾貝克品種
梅洛
鳳梨氣泡果汁（如 Fizzy Lizzy 氣泡果汁）
灰皮諾
黑皮諾，加州、酒體輕盈的酒款搭配芥末醬尤佳
麗絲玲，干型尤佳
粉紅酒，干型、微干、氣泡粉紅酒尤佳
菲諾雪利酒，搭配西班牙火腿尤佳
歐洛索雪利酒
未過桶田帕尼優
瓦波利切拉產區
灰皮諾
金芬黛，淺齡尤佳

伊比利火腿（西班牙橡實飼養的風乾生火腿）
香檳
斗羅河岸
西班牙粉紅酒
曼薩尼亞雪利酒
氣泡酒，西班牙氣泡酒尤佳

義大利生火腿（如帕瑪，參見義大利生火腿）

佐鳳梨
新世界夏多內，過桶尤佳
粉紅酒

塞拉諾火腿（西班牙薄切生火腿）
利奧哈未過桶白酒
干型菲諾雪利酒或曼薩尼亞尤佳
氣泡酒，西班牙氣泡酒尤佳
田帕尼優

人間最無與倫比的美味就是伊比利火腿，世上沒有什麼更美妙的東西了，其重要性與乳酪不相上下。

——史蒂芬·簡金斯
Fairway 市場乳酪商，紐約

在西班牙，搭配伊比利火腿的酒款因地而異：在安達露西亞省是曼薩尼亞雪利酒，在卡斯堤亞省是斗羅河岸的紅酒，至於加泰隆尼亞省則是氣泡酒。2002 年，我們在德國辦了場試酒會，以 10 支西班牙酒來搭配伊比利火腿。最適合的酒是斗羅河岸產區 Santa Eulalia 酒莊的 Conde de Siruela 紅酒（1997 年份、佳釀級），以及佩內德斯（Penedés）產區 Miguel

Torres 酒莊的粉紅酒（2001 年份）。
2004 年的杜林 Salone del Gusto 美食展期間，我們又試了西班牙、義大利、法國及阿根廷的酒，根據現場觀眾反應，與伊比利火腿堪稱絕配的是香檳。事實上，皇家伊比利火腿（Real Ibérico）正在義大利與香檳王合作促銷活動。
——米高．烏里巴里
（Miguel Ullibarri）
西班牙 Real Ibérico 公司

漢堡
Hamburgers
一般
薄酒萊，佐番茄醬尤佳
啤酒，琥珀色、巴斯愛爾或皮爾森尤佳
波爾多紅酒
布根地紅酒
卡本內蘇維濃，智利或其他平價酒款尤佳
奇揚地
隆河丘產區紅酒
阿爾巴產區的多切托品種
檸檬水
馬爾貝克品種
梅洛
奶昔
黑皮諾
輕盈至中等酒體的紅酒
西班牙粉紅酒
希哈，酒體輕盈尤佳
瓦波利切拉產區
***金芬黛**

佐乳酪
卡本內蘇維濃
梅洛
黑皮諾
粉紅酒
希哈
氣泡水（如愛寶琳娜或聖沛黎洛）
紅、白金芬黛

佐乳酪及培根
啤酒，施麗茲啤酒尤佳
利奧哈

佐全部配菜
啤酒，比利時啤酒尤佳

燒烤
啤酒，棕色愛爾、美式或英式啤酒尤佳
卡本內蘇維濃
隆河丘產區
梅洛
蒙納詩翠品種
希哈
***金芬黛**

佐芥末
啤酒
氣泡酒

佐醃漬帶甜味的佐料
格烏茲塔明娜
白金芬黛

麥當勞（參見麥當勞大麥克）

漢堡肉一分熟
陳年紅酒

漢堡肉全熟
淺齡且帶果香的紅酒

培根切達乳酪漢堡適合搭配利奧哈紅酒，因為酒本身的煙燻味與培根很合，或是來杯冰透的施麗茲啤酒也可以。
——史考特．泰瑞
Tru 餐廳侍酒師，芝加哥

法國四季豆
Haricot Verts
松塞爾產區
白蘇維濃

榛果及榛果油
Hazelnuts And Hazelnut Oil
一般
布根地白酒
新世界過桶夏多內
年份波特

甜點
馬德拉酒，馬瓦西亞品種
休姆－卡德產區
精選麗絲玲
索甸甜白酒
雪利酒，帶甜味的歐洛索
義大利甜白酒

香草
Herbs（包含以香草入菜的料理及醬汁；參見特定香草）
薄酒萊
卡本內弗朗
卡本內蘇維濃
奇揚地
格烏茲塔明娜
綠菲特麗娜
梅洛
普依芙美產區
隆河產區紅酒，搭配乾燥香草尤佳
麗絲玲，阿爾薩斯尤佳
利奧哈
松塞爾產區
白蘇維濃
榭密雍，搭配乾燥香草尤佳
希哈
維歐尼耶，搭配乾燥香草尤佳
金芬黛

避免
陳年、複雜的紅酒

鯡魚
Herring（參見煙燻魚）
露酒
啤酒
香檳
蜜思卡得產區

白皮諾
麗絲玲，干型尤佳
松塞爾產區
白蘇維濃
菲諾雪利酒尤佳

墨西哥胡椒葉
Hoja Santa（一種氣味濃郁的香草，常用於墨西哥料理）
干型麗絲玲，阿爾薩斯或澳洲尤佳

墨西哥胡椒葉，又稱為聖胡椒葉，味甜且有股茴香籽的香氣，適合搭配阿爾薩斯或澳洲干型麗絲玲，堪稱美味絕配。

——吉兒・吉貝許
Frontera Grill and Topolobampo
餐廳侍酒師，芝加哥

荷蘭醬
Hollandaise（參見醬汁，荷蘭醬）

蜂蜜
Honey
一般
白梢楠，羅亞爾河尤佳
阿爾薩斯灰皮諾
麗絲玲，微干至甜尤佳
甜點
冰酒
晚收白酒，麗絲玲尤佳
蜜思嘉，橘香蜜思嘉尤佳
希哈
義大利甜白酒

山葵
Horseradish
薄酒萊
愛爾啤酒
香檳，干型粉紅香檳尤佳
格烏茲塔明娜
微干至微甜的葡萄酒
灰皮諾
黑皮諾
阿爾薩斯麗絲玲
利奧哈
粉紅酒
白蘇維濃
希哈
氣泡酒
番茄基底飲品（如血腥瑪麗或純潔瑪麗）
加州維歐尼耶
金芬黛

提示：加點鮮奶油可以讓山葵（眾所周知的葡萄酒殺手）更適合搭酒

海綿奶油夾心蛋糕
Hostess Twinkie
義大利亞斯堤氣泡酒

熱狗
Hot Dogs
一般
巴貝拉
薄酒萊
啤酒，拉格尤佳
香檳
嘉美品種
梅洛
干型蜜思嘉
灰皮諾
黑皮諾，俄勒岡州尤佳
西班牙佳釀級紅酒
麗絲玲，德國珍品尤佳
西班牙粉紅酒
汽水
希哈
紅、白金芬黛

芝加哥風格熱狗（佐配菜、醃漬食品及所有佐料）
梧雷產區的半干型酒款
金芬黛

熱辣菜餚
Hot Dishes（參見辛辣菜餚）

玉米黑穗菌
Huitlacoche（即 CORN SMUT，墨西哥料理視為菇蕈使用）
布根地紅酒
黑皮諾，法國或加州尤佳
田帕尼優

玉米黑穗菌和布根地紅酒很搭，黑穗菌的土壤氣息搭配布根地簡直天衣無縫。田帕尼優也因為其「森林底層」的菇蕈及土壤味而成為絕佳選擇。

——吉兒・吉貝許
Frontera Grill and Topolobampo
餐廳侍酒師，芝加哥

鷹嘴豆泥醬
Hummus
布根地白酒
香檳，粉紅香檳
加州夏多內（帶奶油香）
奇揚地
希臘白酒
義大利灰皮諾
黑皮諾
粉紅酒
白蘇維濃，紐西蘭尤佳
維納西品種
干型白酒

湘菜
Hunan Cuisine（參見亞洲及辛辣菜餚）
薄酒萊，搭配較辛辣的肉料理
啤酒
阿爾薩斯格烏茲塔明娜
麗絲玲，微干尤佳（如遲摘或精選）
氣泡酒，微干尤佳

冰淇淋
Ice Cream
水果啤酒
香檳
冰酒

晚收葡萄酒
水果香甜酒
馬德拉酒
蜜思嘉微氣泡甜酒
蜜思嘉，黑蜜思嘉或橘香蜜思嘉尤佳
威尼斯－彭姆產區的蜜思嘉
波特酒，陳年波特搭配巧克力冰淇淋尤佳
麥根沙士
索甸甜白酒
蘇格蘭單一純麥威士忌，搭配香莢蘭冰淇淋尤佳
甜雪利酒（如奶油、PX或歐洛索），搭配香莢蘭冰淇淋尤佳
義大利甜白酒
水

避免
酒精濃度高的酒

印度料理
Indian Cuisine

薄酒萊或薄酒萊村莊酒
啤酒，拉格、淺色苦味愛爾、英式印度淺色苦味愛爾、皮爾森或小麥啤酒搭配咖哩及其他辛辣菜餚尤佳
波爾多，白酒尤佳
卡本內蘇維濃
夏布利
印度香料奶茶，搭配早餐尤佳
香檳，粉紅香檳尤佳
夏多內，特別是陳年的加州或其他新世界酒，搭配印度唐杜里烤雞尤佳
白梢楠，搭配印度香料雞尤佳
冰涼的微干葡萄酒
熱飲的加糖香料蘋果氣泡酒，搭配印度香料雞尤佳
以柑橘、蜂蜜、芒果、木瓜、番紅花、伏特加、優格調製的調酒
隆河丘產區，搭配印度香料雞及燜肉尤佳
芬達橘子汽水
水果飲料或水果調酒，搭配濃厚料理尤佳
帶果香葡萄酒
嘉美品種
格烏茲塔明娜，德國或阿爾薩斯尤佳
匈牙利葡萄酒
拉西（印度優格飲料），搭配最熱辣的料理、大比目魚或鮭魚尤佳
檸檬水或萊姆水
馬爾貝克品種，搭配雞肉及羊肉料理尤佳
梅洛，搭配雞肉、羊肉、其他肉類、甜味咖哩尤佳
小希哈，搭配肉類料理尤佳
灰皮諾，陳年尤佳
黑皮諾，搭配印度唐杜里烤雞尤佳
隆河紅酒，搭配燜肉料理尤佳
麗絲玲，特別是遲摘，搭配辛辣沙威瑪及魚類料理尤佳
利奧哈，搭配鴨肉料理尤佳
粉紅酒，搭配較辛辣菜餚尤佳
紐西蘭白蘇維濃，搭配沙拉、辛辣開胃菜、孜然、咖哩或八角尤佳
七喜
香蒂酒搭配大比目魚、羊肉、沙威瑪、鮭魚尤佳
希哈
氣泡酒，搭配油炸、較清淡的料理尤佳
茶
多隆蒂絲品種，搭配蘿蔔煎餅尤佳
維歐尼耶
陳年、半干型梧雷產區酒
氣泡水
微干白酒，阿爾薩斯尤佳
酒體輕盈的金芬黛，搭配紅肉料理尤佳

避免
細緻酒款
酒精濃度高的酒款（如希哈）
單寧十分強勁的酒款（如卡本內蘇維濃
過桶葡萄酒

布魯克林英式印度淺色苦味愛爾（IPA）能和熱辣抗衡，而且有足夠的存在感。微干白酒面對許多辛辣菜色根本無用武之地，但IPA就是可以。

——加列・奧立維
Brooklyn Brewery 釀酒師

印尼料理
Indonesian Cuisine

啤酒，拉格或皮爾森尤佳
夏多內
德國麗絲玲
希哈
中國茶、薑茶

印度料理的餐酒搭配

白啤酒因帶有芫荽和橙皮香氣，所以很搭印度料理。經典搭配如爽口的豪格登啤酒，粉紅酒和微辣的印度料理也是絕配。

——理察・布克瑞茲，Eleven Madison Park 餐廳總經理，紐約市

我喜歡印度料理，香料多又複雜。令我驚訝的是，可以搭配墨西哥料理的酒，同樣可以搭配印度料理。紐西蘭的白蘇維濃和印度咖哩餃或四季豆印度乳酪（matar paneer）等開胃菜很搭。隆河丘則適合搭配非常辛辣的「印度香料雞」（tikka masala）。我還點了蘿蔔煎餅（radish paratha），並以阿根廷多隆蒂絲品種的白酒來帶出蘿蔔的甘甜風味。

——吉兒・吉貝許，Frontera Grill and Topolobampo 餐廳侍酒師，芝加哥

要搭配印度料理，你會習慣性地想到格烏茲塔明娜跟麗絲玲，這些都沒問題。但如果要搭配孜然、八角及芫荽這些褐色香料，你需要的是有點酒齡、氧化的白酒，以突出印度料理所用的香料，例如白梢楠或陳年梧雷、灰皮諾，甚至更老、帶有成熟果香的夏多內。帶果香的酒有助於緩和熱辣感。若是紅酒，最好不要挑選單寧太重或酒精濃度太高的酒款，那會讓辣度更強烈，結果並不好。一支果香豐富、輕盈至中等酒體、稍微冰涼的紅酒是最佳選擇。薄酒萊、嘉美、黑皮諾及較清爽的金芬黛都很合適。

——阿帕納・辛，Everest 餐廳侍酒師，芝加哥

我是印度人，而且熱愛印度料理。要搭配印度北方菜像是沙威瑪或魚肉料理，我會選擇遲摘麗絲玲或梧雷產區的半干型白酒。白蘇維濃很適合搭配開胃菜、清淡的料理、沙拉（如鷹嘴豆及薄荷沙拉）。若要搭配豐盛的燉羊肉及其他肉料理，我的最愛是艾米達吉、聖艾斯台夫及隆河丘等產區。

——拉傑・帕爾，Mina 集團侍酒大師 / 葡萄酒總監

希哈幾乎可以搭配印度料理的所有菜系。在舊世界酒款中，阿爾薩斯白酒很不錯。匈牙利的酒款雖然難找，但因為含有大量小茴香及孜然香氣，搭配結果也很出色，但不幸的是，這些酒並不便宜。至於無酒精飲料，我愛帶有接骨木果及荔枝香味的 Devi 檸檬水。在印度，我們比較常喝芬達橘子汽水或七喜，因為兩者都有柑橘香味。印度餐廳裡最受歡迎的飲料是用七喜、萊姆汁和啤酒調製而成的，清爽又好喝。另一種熱門飲品叫香蒂酒，裡頭加了啤酒、檸檬水跟一點蘇打水。這些飲料都跟印度料理配合得絲絲入扣。

——蘇維爾・沙朗，Dévi 餐廳主廚，紐約

要搭配印度料理的柑橘、蜂蜜、芒果、木瓜及優格等風味，試試浸泡過番紅花的伏特加，棒透了！

——萊恩・馬格利恩，Kathy Casey 廚藝教室調酒師，西雅圖

義大利料理

Italian Cuisine（參見特定食材及料理）

只要談到餐酒搭配，首要同時也是最根本的問題是，你想創造的是和諧還是不和諧的搭配？同一地域生產的食材最能互相搭配，這是非常義式的概念。「同產區的食物，就是相配的食物」這句話在義大利的餐桌上非常風行。

——約瑟夫・巴斯提昂尼奇
餐廳老闆／經營者，
義大利酒進口商，紐約市

我們都愛金巴利氏苦精，還有尼克羅尼調酒，它那融和苦與甜的神祕香氣，在面對許多義式紅肉料理時毫不遜色。說到開胃酒，我偏好琴酒加上義式風味元素，也就是苦艾酒。

——萊恩・馬格利恩
Kathy Casey 廚藝教室調酒師
西雅圖

牙買加料理

Jamaican Cuisine（參見加勒比海料理）

什錦飯

Jambalaya

啤酒，拉格啤酒尤佳
加州夏多內，搭配雞肉、海鮮尤佳
干型白梢楠，搭配海鮮尤佳
黑皮諾
松塞爾產區
加州或紐西蘭白蘇維濃
希哈
田帕尼優
金芬黛

日本料理

Japanese Cuisine（參見生魚片、壽司及照燒醬）

薄酒萊
啤酒，日本、拉格啤酒尤佳
布根地紅酒及白酒
夏布利，搭配生魚料理尤佳
香檳，尤其是白中白，搭配生魚料理或天婦羅尤佳
白梢楠
調酒，以黃瓜、萊姆、清酒、伏特加調製，搭配魚類、壽司或天婦羅尤佳
偏干葡萄酒
帶果香葡萄酒
格烏茲塔明娜
梅洛，搭配燒烤或照燒料理尤佳
味噌湯
蜜思卡得產區，搭配生魚料理尤佳
灰皮諾
麗絲玲，搭配壽司尤佳
＊清酒
松塞爾產區，搭配油炸或燒烤菜餚尤佳
白蘇維濃，搭配壽司尤佳
紅或白氣泡酒，搭配生魚片及壽司尤佳
茶，綠茶（特別是焙茶）或麥茶尤佳
梧雷產區氣泡酒
威士忌，加冰塊
酒體輕盈的白酒
紅、白金芬黛

清酒加上用中性烈酒（伏特加）浸泡過的黃瓜，再以少許糖和萊姆調味，跟多數的壽司、天婦羅和日本魚肉製品都是絕配。

——萊恩・馬格利恩
Kathy Casey 廚藝教室調酒師
西雅圖

凱西・克西的「黃瓜清酒」調酒

一人份

如果你是壽司迷，你一定要試試這款亞洲風的馬丁尼，用來搭配壽司或其他亞太地區料理及開胃菜都是完美選擇。黃瓜的風味清脆又爽口，選用一般超市的大型黃瓜即可（風味比英國品種更濃郁）。

三條黃瓜切片，再切對半
1.5 盎司伏特加
0.5 盎司優質清酒
0.75 盎司新鮮萊姆汁
0.75 盎司糖漿
黃瓜薄片，裝飾用

將黃瓜片放進調酒搖杯，裝滿冰塊，加入伏特加、清酒、萊姆汁及糖漿。蓋上杯蓋，用力搖，直到酒變得非常冰，將調酒濾進冰過的馬丁尼杯。讓黃瓜薄片漂在上方裝飾。

豆薯
Jicama
柑橘基底飲品，萊姆尤佳（如萊姆水、氣泡水加萊姆等）
灰皮諾

杜松子
Juniper Berries
調酒，以琴酒調製尤佳
阿爾薩斯白酒
金芬黛

羽衣甘藍
Kale
白酒

避免
紅酒

肯得基炸雞
KFC Fried Chicken
阿爾薩斯格烏茲塔明娜
黑皮諾
西班牙干型雪利酒

番茄醬
Ketchup
微甜酒款

腰子
Kidneys
巴貝拉
薄酒萊
波爾多紅酒，酒體輕盈尤佳
布根地紅酒
卡本內蘇維濃
奇揚地
以白蘭地、干邑白蘭地、琴酒、馬德拉酒、馬沙拉酒或苦艾酒調製的調酒
檸檬基底飲品（如檸檬水、氣泡水加檸檬等）
黑皮諾
利奧哈
希哈
金芬黛，帶果香尤佳

巧克力棒
Kit Kat

非洲茶

Kit Kat 巧克力棒有很多口味，香、柑橘、覆盆子和草莓。你可以用草莓口味的 Kit Kat 搭配非洲混調茶（75% 的肯亞紅茶加 25% 的莓果花果茶）。肯亞紅茶可搭配巧克力。

——麥可・歐布列尼
加拿大第一位侍茶師

奇異果
Kiwi Fruit
以櫻桃白蘭地調製的調酒
晚收葡萄酒
萊姆基底飲品（如萊姆水、氣泡水加萊姆等）

韓國料理
Korean Cuisine
匈牙利富爾民特品種干型白酒

普里奧拉產區白格那希品種
艾米達吉白酒
酸度高的葡萄酒
普依芙美產區
珍品麗絲玲
希哈，Qupé 酒廠，搭配燒烤甜辣牛肉尤佳
茶，麥茶或綠茶尤佳
查克利白酒
葡萄牙綠酒

避免
布根地白酒
夏多內

我愛韓國料理，但除非是葡萄牙綠酒或非常酸的酒，例如風味相當纖瘦的珍品麗絲玲、查克利白酒或普依芙美的高酸度白酒，否則很難搭配，因為泡菜的酸味會把酒殺得片甲不留。

——拉傑・帕爾
Mina 集團侍酒大師、葡萄酒總監

我非常愛泡菜！泡菜味道有點刺鼻，而我找到的搭配是匈牙利以富爾民特品種（用來釀造匈牙利著名的甜點酒）釀成的干型白酒。這干型白酒的氧化風味和泡菜很相合。如果你能找到同樣有氧化風味的西班牙普里奧拉產區白格那希或艾米達吉白酒，效果也一樣好。要搭配自己調理的燒烤甜辣牛肉，我會選擇加州聖塔馬利亞山谷產區 Qupé 酒廠的 Bien Nacido 希哈，因為不那麼厚重。以新世界而言，Qupé 酒廠釀酒師 Bob Lindquist 的典型風格是酒精濃度較低，帶有更多法國風格，較不厚重，是支優雅且保有些許果香的酒，因此我喜歡拿來作為餐酒。

——吉兒・吉貝許
Frontera Grill and Topolobampo 餐廳侍酒師，芝加哥

金桔
Kumquats

以露酒、琴酒、蘭姆酒或伏特加調製的調酒
青蘋果氣泡果汁（如 Fizzy Lizzy）
鳳梨氣泡果汁（如 Fizzy Lizzy）

宮保雞丁
Kung Pao Chicken

啤酒
帶果香的葡萄酒
格烏茲塔明娜
微干到較甜的麗絲玲

羊肉
Lamb

一般
阿馬龍紅酒
巴貝瑞斯可
巴貝拉
巴羅洛
美式或英式棕色愛爾、淺色苦味愛爾、深色愛爾，或波特、司陶特啤酒
＊波爾多紅酒
布根地紅酒
卡本內蘇維濃，加州或智利尤佳
香檳，粉紅酒
教皇新堡
波爾多紅酒
馬德拉酒或蘭姆酒調製的調酒
隆河丘產區
克羅茲艾米達吉產區
檸檬基底飲品（如檸檬水、氣泡水加檸檬等）
馬爾貝克品種
梅洛
黑皮諾，加州或俄勒岡州尤佳
隆河產區紅酒（如羅第丘、艾米達吉）
斗羅河岸，精選級尤佳
利奧哈
雪利酒，歐洛索
希哈
大吉嶺紅茶
田帕尼優
金芬黛，帶果香尤佳

羔羊（風味細緻的羊肉）
酒體輕盈的波爾多紅酒
斗羅河岸
利奧哈
粉紅酒
金芬黛

燻烤
卡本內蘇維濃
馬爾貝克品種，阿根廷尤佳
斗羅河岸

燜
吉恭達斯產區
艾米達吉產區
馬爾貝克品種
利奧哈
希哈

漢堡
希哈

羊排
艾格尼科品種
波爾多紅酒，淺齡尤佳
卡本內蘇維濃
馬爾貝克品種，搭配燒烤羊排尤佳
梅洛
利奧哈，搭配燒烤羊排尤佳
希哈
田帕尼優，搭配燒烤羊排尤佳

佐咖哩
格烏茲塔明娜
加州梅洛
隆河產區白酒
麗絲玲，德國珍品尤佳
邦斗爾產區粉紅酒
希哈

餐酒搭配：羊肉

帶有美國西南部風味的料理，有些很適合搭配希哈。我們提供的墨西哥式羊肉四吃，包含烤羊舌炸玉米餅、燻烤羊腿玉米粽 、雙份羊排佐哈拉佩諾煙燻辣椒，以及以南瓜子混合香料加墨西哥摩爾醬及燻烤羊腿肉汁製成的湯。想像一下這道料理有多少濃烈風味，從果香、辛香、土壤到野味。教皇新堡產區有些酒因混用了隆河產區的多種葡萄，似乎足以匹配這道菜。希哈的單一品種酒，只要品質好、果味豐沛、單寧細柔且餘味綿長，無論是來自隆河、澳洲或加州，都會是絕佳搭配。

——亞諾斯・懷德，Janos 餐廳老闆 / 主廚，土桑市

雖然我是素食主義者，但我住過希臘，因此不時會吃到羊肉。羊肉的野味與舊世界帶有動物特徵（即汗水、穀倉、肉腸或皮革氣味）的紅酒很搭。羊肉搭上北隆河紅酒或希哈簡直像家族聚會，食物與酒的風味會交融無間！

——曼黛蓮・提芙，Matt Prentice 餐廳集團葡萄酒總監 / 侍酒大師，底特律

要搭配羊肉，我喜歡美式或英式棕色愛爾啤酒。

——加列・奧立維，Brooklyn Brewery 釀酒師

燒烤
艾格尼科品種
波爾多紅酒，搭配燒烤羊腿尤佳
卡本內蘇維濃
隆河產區或隆河品種調配
利奧哈，精選級尤佳
希哈
金芬黛，帶果香尤佳

佐山葵
利奧哈

沙威瑪或串燒烤肉
卡本內蘇維濃
灰皮諾
干型或帶果香的粉紅酒
金芬黛

摩洛哥香料塔吉鍋料理
小希哈
粉紅酒
維歐尼耶
金芬黛

佐菇蕈及香草
波爾多紅酒，波雅克產區尤佳
克羅茲艾米達吉產區

烘烤
巴羅洛
波爾多紅酒
卡本內蘇維濃
奇揚地，經典奇揚地尤佳
梅多克產區
加州梅洛
加州或俄勒岡州的黑皮諾
利奧哈，精選級尤佳
希哈

烘烤羊腿
波爾多紅酒
卡本內蘇維濃，納帕山谷尤佳
梅多克產區
利奧哈

與蒜烘烤
金芬黛

與芥末烘烤
布根地紅酒
隆河丘產區

烘烤羊排
邦斗爾產區
波爾多紅酒
蒙塔奇諾布魯內羅產區

加州卡本內蘇維濃
梅洛
希哈
金芬黛

與迷迭香烘烤
卡本內蘇維濃

羊膝
卡本內蘇維濃
梅洛
利奧哈
金芬黛

羊肩
波爾多紅酒
希哈

佐香料
邦斗爾產區
教皇新堡
奇揚地
波瑪村
希哈

燉羊肉
啤酒，愛爾或司陶特尤佳
波爾多紅酒或白酒
卡本內蘇維濃，智利尤佳
奇揚地
隆河丘產區
梅洛
黑皮諾，新世界尤佳
利奧哈
希哈

海螯蝦
Langoustines（參見明蝦及蝦）

阿爾巴利諾
布根地白酒
夏布利
未過桶加州夏多內稍微過桶
白梢楠，搭配培根裹海螯蝦尤佳

千層麵
Lasagna（參見義式麵食）

巴貝拉
卡本內蘇維濃，舊世界尤佳
奇揚地，經典奇揚地尤佳
黑皮諾，搭配菇蕈千層麵尤佳
山吉歐維列
普級餐酒紅酒

拉丁美洲料理
Latin American Cuisine

吃拉丁美洲菜餚一定要喝調酒！不僅是為了配合拉美飲食歡愉的氣氛，也是因為拉丁美洲有許多主要的香草、香料、蔬菜及辣椒都已完美融入調酒。新鮮的鼠尾草瑪格麗特在土壤味、干度、酸度及些許甜味上已達到絕佳均衡，非常適合各式拉美料理。光是改變你所用的龍舌蘭，就能在餐桌上搭配不同的菜色。以辛辣的銀級龍舌蘭調出的鼠尾草瑪格麗特搭配前菜令人心醉神馳，而黃色龍舌蘭或陳年龍舌蘭等級則是搭配燒烤肉及墨西哥摩爾醬的最佳選擇。

——萊恩．馬格利恩
Kathy Casey 廚藝教室調酒師
西雅圖

韭蔥
Leeks（參見洋蔥）

夏多內
蘋果氣泡酒
蜜思卡得產區
麗絲玲

檸檬
Lemon

一般
布根地白酒
夏布利
蜜思卡得產區
灰皮諾
麗絲玲
松塞爾產區
白蘇維濃

醬汁（如搭配鹹食）
黑皮諾
白蘇維濃
維蒂奇諾品種

甜點
義大利亞斯堤氣泡酒，搭配口味清淡的甜點
啤酒，小麥愛爾啤酒尤佳
咖啡，淺焙尤佳
阿爾薩斯晚收格烏茲塔明娜
冰酒
馬德拉酒
蜜思嘉微氣泡甜酒
蜜思嘉，加州蜜思嘉、白蜜思嘉或橘香蜜思嘉尤佳
威尼斯－彭姆產區蜜思嘉
晚收、甜麗絲玲（如貴腐甜或貴腐精選）
索甸甜白酒，搭配濃厚、熱的甜點尤佳
晚收蘇維濃
甜榭密雍，搭配乳脂狀的甜點尤佳
托凱貴腐甜白酒
梧雷產區甜葡萄酒

檸檬香茅
Lemongrass

夏多內
白梢楠
灰皮諾
麗絲玲
松塞爾產區
白蘇維濃
德國休蕾柏品種
梧雷產區

萊姆
Lime

一般
啤酒，美式愛爾或拉格尤佳
香檳
匈牙利富爾民特品種
酸度高的葡萄酒
俄勒岡州灰皮諾
麗絲玲

白蘇維濃，酸度高尤佳
澳洲華帝露品種

佐海鮮
白梢楠，加州尤佳
俄勒岡州灰皮諾
麗絲玲
紐西蘭白蘇維濃
梧雷產區

甜點（如萊姆派、餡餅）
半干型香檳
咖啡，淺烘尤佳
冰酒
橘香蜜思嘉
晚收或其他甜麗絲玲
索甸甜白酒

在料理中加萊姆，有助於降低酒中的酸度。

——曼黛蓮·提芙
Matt Prentice 餐廳集團
葡萄酒總監／侍酒大師，底特律

覆盆子林茲蛋糕
Linzer Torte（覆盆子口味的甜點）
覆盆子自然發酵酸啤酒
咖啡
冰酒

肝
Liver
小牛肝
薄酒萊，搭配燒烤牛肝尤佳
啤酒，愛爾或波特尤佳
波爾多紅酒
布根地紅酒，酒體輕盈尤佳
教皇新堡
經典奇揚地
隆河丘產區紅酒
檸檬基底飲品（如檸檬水、氣泡水加檸檬等）
梅洛
黑皮諾
酒體輕盈的紅酒
利奧哈，佳釀級尤佳
粉紅酒
山吉歐維列
希哈

雞肝（參見法式肉派）
巴貝拉
布根地紅酒，搭配培根尤佳
義大利夏多內
奇揚地，搭配燒烤雞肝尤佳
調酒，以白蘭地、干邑或馬德拉酒調製尤佳
隆河丘產區紅酒
阿爾薩斯干型格烏茲塔明娜
馬德拉酒
梅洛
干型蜜思卡得產區
黑皮諾，搭配培根尤佳
阿爾薩斯干型麗絲玲
山吉歐維列，搭配燒烤雞肝尤佳
白蘇維濃
雪利酒，阿蒙特拉多尤佳
維納西品種
阿爾薩斯干型白酒（如格烏茲塔明娜、麗絲玲）

龍蝦
Lobster
一般
安矗品種
啤酒
＊布根地白酒，酒體飽滿尤佳（如夏山－蒙哈榭村、高登－查理曼特級葡萄園、梅索村、蒙哈榭等產區）
香檳，白中白或粉紅香檳尤佳
＊夏多內，加州尤佳（即帶奶油香、過桶）
以波本酒、白蘭地、干邑或馬德拉酒調製的調酒
恭得里奧產區
阿爾薩斯格烏茲塔明娜，搭配炙烤龍蝦尤佳
檸檬基底飲品（如檸檬水、氣泡水加檸檬等）
奧維特產區
白皮諾
灰皮諾
黑皮諾，俄羅斯河谷或俄勒岡州尤佳
麗絲玲，阿爾薩斯或德國珍品尤佳
利奧哈白酒
粉紅酒
白蘇維濃，新世界尤佳
莎弗尼耶產區
蘇瓦韋產區
氣泡酒
特雷比雅諾品種
維蒂奇諾品種
維門替諾品種
維納西品種
維歐尼耶
梧雷產區

冷食
香檳，白中白
白梢楠
干型麗絲玲

佐奶油白醬，如紐堡龍蝦
特級葡萄園夏布利
香檳
帶奶油香的夏多內

佐咖哩
托凱貴腐甜白酒
維歐尼耶，恭得里奧產區尤佳

燉肉
梅爾檸檬汽水／氣泡果汁

佐薑
布根地白酒
香檳，干型香檳尤佳

燒烤或炙烤
布根地白酒，梅索產區尤佳
香檳
加州夏多內
格烏茲塔明娜
松塞爾產區
莎弗尼耶產區

慕斯
布根地白酒
香檳

烘烤
布根地白酒（如普里尼－蒙哈榭村）

舒芙蕾
布根地白酒
夏多內
格拉夫產區

加奶油蒸煮
布根地白酒
夏多內
馬姍品種
梅克雷村莊白酒
灰皮諾
氣泡酒
梧雷產區干型葡萄酒

與檸檬同蒸
夏布利，特級葡萄園尤佳
夏多內，法國尤佳
梧雷產區干型葡萄酒

佐泰式香料
布根地白酒，梅索產區尤佳
香檳
夏多內
紐西蘭白蘇維濃
氣泡酒
維歐尼耶
佐香莢蘭
布根地白酒，梅索產區尤佳

避免
紅酒

荔枝
Lychees
粉紅香檳
格烏茲塔明娜，阿爾薩斯、晚收尤佳
冰酒
晚收白酒
蜜思嘉
清酒，偏甜尤佳

夏威夷果
Macadamia Nuts（尤指甜點）
澳洲餐後甜酒（豐厚、複雜的甜點酒）
馬德拉酒，馬瓦西亞品種尤佳
蜜思嘉
年份波特
索甸甜白酒
甜雪利酒（如 PX）
匈牙利托凱貴腐甜白酒
義大利甜白酒

我們的夏威夷果冰淇淋和色深味豐的陳年波特、口感更重一些的蜜思嘉或澳洲餐後甜酒都是絕配。

——艾瑞克·瑞諾德
Bern's Steak House 餐廳侍酒師
坦帕市

通心粉與乳酪
Macaroni and Cheese（搭配傳統的切達乳酪）
薄酒萊
啤酒或愛爾啤酒
布根地白酒
夏多內，幾乎未過桶或未過桶尤佳
干型白梢楠
梅洛
灰皮諾
黑皮諾
氣泡酒

通心粉與乳酪有著濃厚、包覆味蕾的醬汁。夏多內會是肥美、精彩的搭配——兩者會彼此交融，而布根地白酒則有較為堅實的酸度和明顯的對比。

——曼黛蓮·提芙
Matt Prentice 餐廳集團
葡萄酒總監／侍酒大師，底特律

鯖魚
Mackerel
薄酒萊村莊酒
啤酒，皮爾森或小麥啤酒尤佳
義大利夏多內
干型蘋果氣泡酒
格拉夫產區
檸檬基底飲品（如檸檬水、氣泡水加檸檬等）
蜜思卡得產區，干型尤佳
灰皮諾
隆河產區酸度低的酒（如馬姍、維歐尼耶）
阿爾薩斯麗絲玲
清酒，大吟釀尤佳
松塞爾產區
白蘇維濃，新世界尤佳
榭密雍
葡萄牙綠酒
干型白酒

鯖魚通常會用醋醃過後搭配洋蔥上桌，所以你需要一支酸度低的隆河酒。

——尚盧·拉杜
Le Dû's 酒窖，紐約市

鯕鰍魚
Mahi-Mahi
阿爾巴產區的巴貝拉品種，搭配燒烤鯕鰍魚尤佳
布根地紅酒，搭配燒烤鯕鰍魚尤佳
灰皮諾
黑皮諾
普依芙美產區
熱帶水果飲品，木瓜、鳳梨尤佳（如 Fizzy Lizzy 鳳梨氣泡果汁）

麥芽
Malt
陳年波特酒
甜清酒

我會選擇用 10 年的陳年波特來搭配我們的麥芽乳布丁。

——保羅・柯利克
Hearth 餐廳總經理，紐約市

芒果
Mangoes

一般
夏多內
以櫻桃白蘭地或蘭姆酒調製的調酒
恭得里奧產區
格烏茲塔明娜
冰酒
萊姆基底飲品（如萊姆水、氣泡水加萊姆等）
覆盆子基底飲品（如 Fizzy Lizzy 覆盆子檸檬氣泡果汁）
麗絲玲，較甜或晚收尤佳
白蘭姆酒
白蘇維濃，新世界尤佳
維歐尼耶

甜點
半干型香檳
冰酒
晚收白酒
蜜思嘉（如麗維薩特產區）
索甸甜白酒

楓糖漿
Maple Syrup

布根地白酒
帶奶油香的夏多內
德國麗絲玲
希哈氣泡酒
維歐尼耶

墨角蘭
Marjoram

梅洛
黑皮諾
松香酒
白蘇維濃
榭密雍

馬士卡彭乳酪
Mascarpone（義大利新鮮三倍乳脂乳酪）

水果啤酒
香檳，干型尤佳
檸檬香甜酒（義大利香甜酒）
馬沙拉酒
蜜思嘉微氣泡甜酒
蜜思嘉
晚收麗絲玲
甜酒

美乃滋
Mayonnaise

未過桶夏布利
香檳
未過桶或幾乎未過桶夏多內
琴酒調製的馬丁尼
微甜葡萄酒
氣泡酒

麥當勞的大麥克
Mcdonald's Big Mac

薄酒萊村莊酒
卡本內蘇維濃
卡本內、希哈調配
白梢楠
格烏茲塔明娜
微干麗絲玲
微干粉紅酒
白金芬黛

麥當勞的麥香魚
Mcdonald's Filet-O-Fish

白蘇維濃，紐西蘭尤佳

肉餅
Meat Loaf

薄酒萊
波爾多紅酒
卡本內蘇維濃
多切托品種
馬爾貝克品種
梅洛
黑皮諾
金芬黛

地中海料理
Mediterranean Cuisine（如鯷魚、橄欖、胡椒等）

粉紅香檳
教皇新堡白酒
白皮諾
紅酒，酸度高、舊世界尤佳
維蒂奇諾品種，搭配洋蔥基底料理尤佳

要搭配地中海料理，可以喝酸度高、干型舊世界紅酒

——曼黛蓮・提芙
Matt Prentice 餐廳集團
葡萄酒總監／侍酒大師，底特律

甜瓜
Melon

一般
班努斯產區
莓果口味飲品（如 Fizzy Lizzy 覆盆子檸檬氣泡果汁）
香檳，半干型尤佳
以干邑白蘭地、君度橙酒、庫拉索酒（橙皮味烈酒）、金萬利香橙甜酒、櫻桃白蘭地或馬德拉酒調製的調酒
格烏茲塔明娜
薑汁汽水
冰酒
晚收葡萄酒
檸檬或萊姆基底飲品（如檸檬水、氣泡水加萊姆等）
蜜思嘉微氣泡甜酒
蜜思嘉，威尼斯－彭姆產區尤佳，或橘香蜜思嘉
白皮諾
波特酒
麗絲玲，微干至甜尤佳
粉紅酒
雪利酒，奶油雪利酒尤佳
茶，優質祁門紅茶，搭配密露瓜尤佳
梧雷產區半干型葡萄酒

佐義大利生火腿
檸檬基底飲品（如檸檬水、氣泡水加檸檬等）
馬德拉酒
干型蜜思嘉
灰皮諾
波特酒
粉紅酒，加州尤佳
歐洛索雪利酒
干型氣泡酒，義大利氣泡酒尤佳
維納西品種

蛋白霜烤餅
Meringues
義大利亞斯堤氣泡酒
香檳，甜香檳尤佳
蜜思嘉微氣泡甜酒
蜜思嘉，威尼斯－彭姆產區或橘香蜜思嘉尤佳
索甸甜白酒，搭配濃厚的甜點尤佳
氣泡酒，甜氣泡酒尤佳

墨西哥料理
Mexican Cuisine（參見辣椒，因墨西哥料理的搭配重點為醬汁而不在於肉）
一般
鮮水（墨西哥無酒精水果飲品）
阿爾巴利諾，搭配魚肉及其他海鮮尤佳
巴貝拉，搭配番茄基底醬汁尤佳
薄酒萊特級村莊酒
啤酒，拉格、雙山羊（特別是搭配豆類及菇蕈）、墨西哥啤酒、皮爾森、波特（特別是搭配墨西哥摩爾醬）或小麥啤酒尤佳
卡本內蘇維濃，智利生產搭配肉料理尤佳
干型香檳
白梢楠，搭配鹹味、辛辣開胃菜尤佳
奇揚地
格烏茲塔明娜
格那希
綠非特麗娜
瓦倫西亞杏仁茶（以米及杏仁製成的無乳飲品），搭配辛辣菜餚尤佳
馬爾貝克品種，搭配牛肉、羊肉或豬肉尤佳
瑪格莉特調酒
梅洛，酒體輕盈、新世界酒，搭配肉料理尤佳
墨西哥葡萄酒（如卡慕堡酒廠 Château Camou）和啤酒
微干至較甜的酒款
小希哈
灰皮諾，搭配較為辛辣的料理尤佳
黑皮諾
麗絲玲，德國微干尤佳
粉紅酒，搭配辛辣菜餚尤佳
山吉歐維列，搭配番茄基底醬汁尤佳
紐西蘭白蘇維濃，搭配海鮮、蔬菜及香草調味料理尤佳
希哈，搭配肉料理尤佳
干型氣泡酒，如西班牙氣泡酒、葡萄牙綠酒（氣泡酒款）及新墨西哥州的 Gruet 酒廠
羅望子水，以羅望子做成的墨西哥版檸檬水
龍舌蘭
瓦波利切拉產區
維歐尼耶
金芬黛，搭配肉料理尤佳

開胃菜，尤指油炸料理
阿爾巴利諾
香檳
干型氣泡酒

避免
單寧十分強勁的酒

提示：紐約 Zarela 餐廳的主廚 Zarela Martinez 最早告訴我們墨西哥釀酒業復興的消息，並介紹卡慕堡酒廠給我們，所釀的酒與法國的維歐尼耶品種相似，很適合搭配料理。

在墨西哥餐廳，我會喝瑪格麗特和啤酒。說到啤酒，啤酒迷看到墨西哥啤酒時會問：「為何要釀這種啤酒？這根本是小便！」我反識這跟美國的小便啤酒完全不同。美國的劣質啤酒聞起來就像兄弟會的地板。拜託！那根本不是用大麥發酵製成，而是用米跟玉米。提卡特和可樂娜很清淡，不太有個性，但是能幫你清除味蕾上的辣椒油。比較好的啤酒，像是 Pacifico 皮爾森和 Negro Modello 慕尼黑黑麥拉格就更有個性。至於較不辣、整體風味類似綠番茄、土荊芥、芫荽和綠辣椒的墨西哥食物，搭配紐西蘭的白蘇維濃似乎不錯。

如果要用紅酒搭配墨西哥菜，只要不是辛辣的菜色，中規中矩的金芬黛應可勝任，尤其是搭配肉料理。要搭配香料，我喜歡氣泡酒。細緻的香檳絕不是我搭配辛辣墨西哥菜的選擇，因為香檳會風味盡失，但其他氣泡酒就不錯，如西班牙氣泡酒、葡萄牙綠酒（氣泡酒款）及新墨西哥州 Gruet 酒廠的氣泡酒。

——大衛・羅森加騰
DavidRosengarten.com 網站主編

葡萄酒比其他飲品更能帶來令人愉悅的複雜度——更多層次繁複的香氣、更多樣的風味、更多活力。也就是說，要搭配已有數世紀歷史、種類繁多的墨西哥傳統飲食，葡萄酒絕對能提供最完美的餐酒搭配。

——吉兒・吉貝許
Frontera Grill and Topolobampo 餐廳侍酒師，芝加哥

吃墨西哥料理時，你會想喝拉格啤酒，如 Urquell 捷克皮爾森拉格、可樂娜和海尼根也行。

——卡洛斯・索利斯
洛杉磯 Sheraton Four Points 餐廳啤酒食物及飲品總監

有一回我和《美食雜誌》的編輯在 La Palapa 餐廳用餐，我們點了煙燻啤酒搭配野菇薄餅。雖然他不特別喜歡煙燻啤酒，但這樣的搭配讓他發出一聲驚呼。以煙燻啤酒搭配豬排或豬菲力佐墨西哥綠南瓜籽醬（pipian）時，真是非常棒！墨西哥料理帶有強烈土壤風味，從豆子到煙燻辣椒都有相當的土壤氣息，加入萊姆汁就有股張力，因此很適合搭具土壤麥芽味的啤酒。雙山羊啤酒聞跟嘗起來都有剛出爐黑麵包的太妃糖香氣，和豆類及菇蕈很搭。

——加列・奧立維
Brooklyn Brewery 釀酒師

中東料理
Middle Eastern Cuisine

薄酒萊或薄酒萊村莊酒
經典奇揚地
帶果香的酒
灰皮諾
新世界黑皮諾
麗絲玲
干型粉紅酒
白蘇維濃
希哈
瓦波利切拉產區
維納西品種
維歐尼耶

避免
單寧十分強勁的酒

義大利蔬菜濃湯
Minestrone（參見湯品，義大利蔬菜濃湯）

薄荷
Mint

一般
卡本內弗朗
加州卡本內蘇維濃
格烏茲塔明娜
梅洛
黑皮諾
麗絲玲
白蘇維濃
希哈

甜點
義大利氣泡酒
蜜思嘉微氣泡甜酒
威尼斯－彭姆產區蜜思嘉

味噌及味噌湯
Miso and miso soup

香檳
夏多內
加州黑皮諾

清酒
氣泡酒

墨西哥摩爾醬
Mole

一般
啤酒，棕色愛爾或波特尤佳
麗絲玲，德國精選尤佳
金芬黛，搭配水果摩爾醬尤佳

沒有什麼酒能比得上波特酒搭墨西哥摩爾醬的組合，這是最厲害的搭配！

——加列．奧立維
Brooklyn Brewery 釀酒師

鮟鱇魚
Monkfish

布根地白酒，恭得里奧或普里尼－蒙哈榭村尤佳
夏多內，加州尤佳
教皇新堡白酒
蘋果氣泡酒
阿爾薩斯格烏茲塔明娜，搭配亞洲料理或咖哩醬
艾米達吉白酒
檸檬基底飲品（如檸檬水、氣泡水加檸檬等）
白皮諾
灰皮諾，阿爾薩斯尤佳
黑皮諾，加州產區尤佳
淺齡及單寧強勁的紅酒
麗絲玲，特別是阿爾薩斯、干型，搭配烘烤鮟鱇魚尤佳
粉紅酒
托凱貴腐甜白酒

羊肚蕈
Morels（參見菇蕈，羊肚蕈）

早上
Morning（參見早餐／早午餐）

咖啡
紅茶，阿薩姆、錫蘭、秋收大吉嶺及滇紅尤佳

摩洛哥料理
Moroccan Cuisine

卡本內蘇維濃
微干麗絲玲
利奧哈
粉紅酒，搭配沙拉
白蘇維濃，搭配雞肉及魚肉尤佳
薄荷茶，餐後喝
灰葡萄酒
維歐尼耶

慕莎卡
Moussaka（希臘焗烤茄子及羊肉）

卡本內蘇維濃
奇揚地
隆河產區
希臘葡萄酒（如 Nemea 產區、松香酒、羅迪蒂斯品種等）
斗羅河岸
利奧哈

慕斯
Mousse（輕盈的甜點）

香檳，甜香檳尤佳
蜜思嘉微氣泡甜酒
氣泡酒，半甜型尤佳

水果馬芬
Muffins, Fruit

淺焙咖啡

菇蕈及菇蕈醬
Mushroom and Mushroom Sauces

一般
陳年葡萄酒
巴貝瑞斯可
巴羅洛
波爾多紅酒，玻美侯產區尤佳
布根地紅酒
卡本內蘇維濃，搭配波特貝羅大香菇尤佳
未過桶夏多內，搭配菇蕈佐奶油白醬尤佳
教皇新堡白酒
白梢楠
以馬德拉酒調製的調酒
檸檬基底飲品（如檸檬水、氣泡水加檸檬等）
馬德拉酒
馬爾貝克
梅洛
白皮諾
***黑皮諾，俄勒岡州尤佳**
紅酒
利奧哈
白蘇維濃
雪利酒
氣泡酒
金芬黛

雞油菌／酒杯蘑菇
義大利安聶品種
麗絲玲
阿爾薩斯灰皮諾托凱貴腐甜白酒
微干白酒

羊肚蕈
布根地紅酒
布根地白酒（如梅索白酒）
卡本內蘇維濃
香檳
加州夏多內
檸檬基底飲品（如檸檬水、氣泡水加檸檬等）
梅洛
黑皮諾
粉紅酒
松塞爾產區
索甸甜白酒
梧雷產區

蠔菇
義大利安聶品種
白蘇維濃
樹密雍

牛肝蕈
巴羅洛
波爾多紅酒，干型尤佳（如玻

菇蕈搭配葡萄酒很具魔力，是唯一可讓葡萄酒大展身手的食材。菇蕈搭配土壤味的紅酒或帶些年份的白酒，都非常棒。

——提姆・科帕克
Veritas 餐廳葡萄酒總監，紐約市

黑皮諾搭配菇蕈簡直美味到難以置信。

——崔西・黛查丹
Jardinere 餐廳，舊金山

只要菇蕈跟葡萄酒的特性能相合，兩者搭配就非常美味。一般，我喜歡酒杯蘑菇搭配稍干的白酒，例如干型的德國、阿爾薩斯或奧地利麗絲玲。羊肚蕈通常適合搭配比較濃厚、風味溫和的肉類，像是小牛肉，而且很適合搭配布根地、波爾多、納帕山谷及華盛頓州出產的卡本內。西班牙田帕尼優、巴羅洛及豐厚的托斯卡尼葡萄酒則適合多肉的菇蕈，像是椎茸、刺蝟菇及牛肝蕈。

——賴瑞・史東
Rubicon 餐廳侍酒大師，舊金山

我們有許多料理使用野生及養殖的菇蕈。蘑菇果仁蜜餅巴克拉瓦這種料理搭配帶土壤味的黑皮諾就很棒。不過，也不是所有黑皮諾都適合菇蕈料理。有些黑皮諾品質雖然不錯，但釀法卻會凸顯果香。我會用樸素一點的葡萄酒搭配果仁蜜餅巴克拉瓦，這樣才嘗得到土壤跟陽光的味道。我們要找的酒可能來自夜丘、俄勒岡州某座葡萄園，或是喬許・詹森（Josh Jensen）經營的 Calera 酒莊，他用布根地的風格來釀製黑皮諾酒。

——亞諾斯・懷德
Janos 餐廳主廚／老闆，土桑市

美侯產區）
馬沙拉酒調製的調酒
梅洛
黑皮諾
田帕尼優

波特貝羅大香菇
卡本內蘇維濃
黑皮諾

椎茸
巴羅洛
啤酒，三寶樂啤酒或其他日式啤酒尤佳
波爾多產區
蒙塔奇諾布魯內羅產區
布根地紅酒

卡本內蘇維濃
夏布利，特級葡萄園
綠非特麗娜
梅洛
灰皮諾
干型紅酒，義大利、葡萄牙或西班牙尤佳
清酒
田帕尼優

野生菇蕈
巴貝瑞斯可
巴貝拉
巴羅洛
薄酒萊
夏多內
教皇新堡

經典奇揚地珍藏紅酒
恭得里奧產區
梅洛
黑皮諾
利奧哈紅酒
山吉歐維列
氣泡酒
超級托斯卡尼
維歐尼耶

貽貝
Mussels

一般
阿爾巴利諾
啤酒，比利時、德國白啤酒、小麥或皮爾森尤佳
布根地白酒
夏布利
香檳，搭配蒸煮貽貝尤佳
夏多內，加州產區尤佳（特別是佐奶油、奶油醬汁、蒜醬）
以干邑白蘭地或綠茴香酒調製的調酒
格拉夫產區干型白酒
檸檬基底飲品（如檸檬水、氣泡水加檸檬等）
***蜜思卡得產區**
灰皮諾
麗絲玲，干型尤佳
粉紅酒
松塞爾產區
白蘇維濃，特別是加州或紐西蘭，搭配蒜味、香草味、辛辣的貽貝尤佳
莎弗尼耶產區
榭密雍，陳年尤佳
雪利酒，阿蒙特拉多或菲諾尤佳
氣泡酒
特拉密品種／麗絲玲
維蒂奇諾品種
維歐尼耶
梧雷產區

佐椰漿、加辣
夏多內
綠非特麗娜

微干麗絲玲
白蘇維濃
微干希瓦那品種
維歐尼耶

澳洲蘿絲蔓酒廠釀造的特拉密品種／麗絲玲白酒是調配了格烏茲塔明娜及麗絲玲。我曾經以這款酒搭配貽貝，並佐奶油、奶油白醬及白酒肉汁。貽貝很鮮甜，奶油白醬在收汁時也變得更甘甜。配上葡萄酒實在太美味了。

——喬許．韋森
Best Cellars 葡萄酒總監

芥末及芥末醬
Mustard and Mustard Sauce
布根地白酒
夏布利
未過桶夏多內
蘋果氣泡酒
隆河丘產區
梅洛
灰皮諾
黑皮諾
麗絲玲，德國珍品尤佳
松塞爾產區
紐西蘭白蘇維濃，搭配第戎或甜芥末
希哈
金芬黛

提示：第戎芥末是對葡萄酒最友善的芥末。

墨西哥玉米片
Nachos（參見墨西哥料理）
啤酒，拉格尤佳
瑪格麗特調酒
氣泡酒
金芬黛

油桃
Nectarines（參見桃子）
半干型香檳
冰酒
蜜思嘉微氣泡甜酒
蜜思嘉，威尼斯－彭姆產區尤佳
甜麗絲玲（如貴腐甜、晚收）
索甸產區或巴薩克產區
氣泡酒，甜的尤佳
梧雷產區半干型葡萄酒

肉豆蔻
Nutmeg
布根地白酒
卡本內蘇維濃
夏多內，過桶尤佳
梅洛
白皮諾
黑皮諾，新世界尤佳
希哈
維歐尼耶
金芬黛

堅果
Nuts（參見特定堅果）
一般（包含鹹味菜餚）
薄酒萊
啤酒，愛爾尤佳
夏多內
奇揚地
馬德拉酒，干型尤佳
梅洛
黑皮諾
陳年波特或年份波特
紅酒
山吉歐維列
干型雪利酒，阿蒙特拉多、菲諾尤佳
甜雪利酒，西班牙歐洛索尤佳
氣泡酒，微干尤佳
單寧強勁的紅酒
金芬黛

大家時常忽略堅果其實可以搭配葡萄酒。最好是連皮一起吃，因為皮的風味可以搭配紅酒的單寧。

——史蒂芬．簡金斯
Fairway 市場乳酪商，紐約市

甜點
義大利杏仁香甜酒
歐白芷
義大利亞斯堤氣泡酒
班努斯產區
半干型香檳
夏多內
晚收葡萄酒
馬德拉酒
馬沙拉酒
蜜思嘉
波特酒，陳年或年份尤佳
雪利酒，甜型尤佳（如奶油、歐洛索或 PX）
氣泡酒，干型尤佳
義大利甜白酒

橄欖油及橄欖
Olive Oil and Olives
阿爾巴利諾
邦斗爾產區
啤酒
格烏茲塔明娜
紅酒，舊世界尤佳
麗絲玲
利奧哈
干型粉紅酒，搭配沙拉尤佳
白蘇維濃
＊干型雪利酒，特別是菲諾、曼薩尼亞或阿蒙特拉多，搭配綠橄欖尤佳
氣泡酒
苦艾酒／苦艾酒加微氣泡酒的調酒

煎蛋捲
Omelet（參見蛋、煎蛋捲）

洋蔥
Onions 煮熟（參見湯、洋蔥）
薄酒萊
啤酒
布根地白酒
香檳
夏多內，帶奶油香尤佳
隆河丘產區
格烏茲塔明娜，阿爾薩斯尤佳

綠菲特麗娜
梅洛
阿爾薩斯白皮諾，搭配洋蔥派尤佳
阿爾薩斯灰皮諾，搭配洋蔥派尤佳
阿爾薩斯晚收麗絲玲，搭配洋蔥派尤佳
粉紅酒
希哈
氣泡酒
田帕尼優
維蒂奇諾品種
阿爾薩斯白酒

生洋蔥（放入沙拉或裝飾用）
啤酒或愛爾啤酒
粉紅酒
干型白酒

葡萄酒要搭配料理時，我會特別留意洋蔥、細香蔥還有韭蔥，因為風味通常很重。如果經過烘烤或是炒過，風味會比較溫和，也比較容易搭配葡萄酒。

——提姆・科帕克
Veritas 餐廳飲品總監，紐約市

橙
Orange

甜點
義大利亞斯堤氣泡酒
香檳
咖啡，淺焙尤佳
冰酒
蜜思嘉微氣泡甜酒
蜜思嘉，帶橙的風味或威尼斯－彭姆產區尤佳
日本梅酒
晚收麗絲玲
甜麗絲玲
索甸甜白酒
氣泡酒
阿薩姆紅茶或甜的滇紅
匈牙利托凱貴腐甜白酒

鹹味菜餚
調酒，以雅馬邑白蘭地、君度橙酒、金萬利香橙甜酒或櫻桃白蘭地調製
格烏茲塔明娜
德國麗絲玲
新世界白蘇維濃
榭密雍
雪利酒
氣泡酒
茶

提示：紐約市 Maremma 餐廳的主廚凱撒・凱西拉（Cesare Casella）的招牌菜是蝦子佐紅橙小茴香沙拉，搭配添加一小匙紅橙汁的氣泡酒。

奧勒岡
Oregano

啤酒
卡本內蘇維濃
教皇新堡
多切托
吉恭達斯產區
梅洛
內比歐羅品種
山吉歐維列，包括奇揚地
白蘇維濃
希哈
金芬黛

Oreo 餅乾
Oreo

班努斯產區
牛奶
波特酒

牛奶最愛餅乾了。

—— Oreo 廣告語

義式燉牛膝
Osso buco（及其他濃郁、多肉的料理）

巴貝瑞斯可
巴貝拉
巴羅洛
蒙塔奇諾布魯內羅產區
卡本內蘇維濃
阿爾巴產區的多切托品種
梅洛
黑皮諾
酒體飽滿紅酒
希哈
超級托斯卡尼
瓦波利切拉產區
金芬黛

牛尾
Oxtails

巴貝瑞斯可
巴羅洛
薄酒萊特級村莊酒
啤酒，棕色愛爾尤佳
蒙塔奇諾布魯內羅產區
布根地紅酒
教皇新堡
以馬德拉酒調製的調酒
馬德拉酒，陳年尤佳
梅洛
斗羅河岸產區
阿蒙特拉多雪利酒
希哈
金芬黛

牡蠣
Oysters

一般（即生的或蒸熟的）
阿爾巴利諾
阿里哥蝶品種
啤酒，特別是司陶特（如干型或生蠔司陶特），更尤其是健力士、拉格、皮爾森或波特酒，搭配淋上醬汁的牡蠣（如生蠔醬或紅酒香蔥醋汁）尤佳
波爾多白酒
布根地白酒
西班牙氣泡酒
＊干型法國夏布利（*非加州夏布利*）
香檳，白中白、干型尤佳
未過桶夏多內
干型白梢楠

主廚蕾貝佳・爾斯（Rebecca Charles）搭配牡蠣的金玉良言

生蠔

我非常喜歡香檳，連吃生蠔時也喝，純粹因為我很喜歡！香檳是我的最愛。生蠔的主要風味是海水跟礦物味，最好搭配酸度比較高、干型、含礦物味的葡萄酒，帶清爽、純淨的餘味。生蠔比較不適合配滑膩、口感鬆散的葡萄酒。另外生蠔搭配葡萄酒時，務必要避開帶橡木味的葡萄酒，選擇**夏布利**、**白蘇維濃**或**未過桶的夏多內**就不會出錯。如果想找平價一點的酒，**蜜思卡得產區**或**白皮諾**都是不錯的選擇。輕盈、帶青蘋果香的白皮諾很能夠配生蠔。生蠔搭蜜思卡得也是很經典的組合，而且蜜思卡得還被視為「生蠔酒」。帶一點氣泡又有蘋果香的酒，也很不錯。**粉紅酒**也是不可錯過的酒。帶一點果香的粉紅酒很適合油脂比較豐厚的生蠔，像是加州的熊本生蠔。以不帶氣泡的酒而言（假設我不喝香檳的話），**松塞爾產區**的酒最適合，因為帶青蘋果氣息，清新又有果香，但又不會過重。如果想為荷包著想，松塞爾產區的酒就是最佳選擇了。我最喜歡的松塞爾酒是 Crochet 酒莊，另外木十字園也很棒。但是，如果我坐在水邊，我會想喝掉半公升的啤酒！不過生蠔要搭配簡單一點的啤酒，顏色不能太重。建議挑選顏色偏金色的啤酒，像是**拉格**或**皮爾森**。我會選擇德國或捷克啤酒，稍苦，風味較淡。**伏特加**跟生蠔也是好的搭配，唯一的問題是喝了幾杯伏特加之後，就嘗不出生蠔的味道了。我喜歡**發酵蘋果氣泡酒**（例如 Maeves 的生蘋果氣泡酒）搭配生蠔，甜度跟結構都夠，可匹配生蠔，兩者的光芒也不會蓋過彼此。

熟牡蠣

熟牡蠣搭配飲品時，需要考慮其他食材，而不止是牡蠣本身。你用的是什麼醬？燒烤的牡蠣淋上法式奶油白醬非常美味。我喜歡在白醬上撒上龍蒿或一點切碎的甜菜。如果是奶油醬汁，最好找一些解膩的酒，如**夏布利**、**白蘇維濃**或**蜜思卡得產區**。如果是較甜的奶油醬汁，可以搭配果香較濃、帶點甜味的酒，像是**干型麗絲玲**或是**綠菲特麗娜**。南方人通常在燒烤後還會塗上甜的烤肉醬。如前所述，此時就可以搭配德國或奧地利的葡萄品種。奶油白醬燉牡蠣以雪利酒及鮮奶油烹調，適合搭配**干型雪利酒**。若是洛克菲勒焗牡蠣，建議搭配**香檳**，這是傳統的搭配。不過，我覺得冰涼的**伏特加**是更好的選擇。

蘋果氣泡酒
以綠茴香酒調製的調酒
酸度高的葡萄酒
檸檬基底飲品（如檸檬水、氣泡水加檸檬等）
羅亞爾河谷白酒
酒精濃度低的葡萄酒
＊蜜思卡得產區，搭配新鮮、鹹澀的牡蠣
白皮諾
灰皮諾
極干麗絲玲
清酒，吟釀尤佳
松塞爾產區
干型白蘇維濃，加州或紐西蘭產區尤佳
莎弗尼耶產區
干型菲諾雪利酒或曼薩尼亞尤佳
氣泡酒
干型富萊諾白酒
查克利
葡萄牙綠酒
伏特加
梧雷產區干型葡萄酒
未過桶白酒
極干極酸白酒

避免
帶果香的葡萄酒
酒精濃度高的葡萄酒
酸度低的葡萄酒
過桶葡萄酒（配生蠔）
紅酒
麗絲玲，最干以外其餘皆不可
甜酒
單寧強勁的葡萄酒

鹹澀的海鮮及牡蠣要找到好的葡萄酒搭配並不容易。我個人建議大家嘗試清酒配牡蠣。牡蠣跟干型曼薩尼亞雪利酒也是很好的組合，不過要大家嘗試雪利酒的搭配，比要大家嘗試清酒更困難。有些人很排斥雪利酒，認為是給老太太喝的，或是他們以為我指的是奶油雪利酒，這種酒搭配牡蠣會很可怕。熊本蠔的風味細緻，配葡萄酒的效果很好。法國貝隆蠔或卡多芮岩蠔就很適合配清酒。

——賴瑞・史東
Rubicon 餐廳侍酒大師，舊金山

牡蠣是一球鹹脂肪，或者說是一球又鹹又溫醇的脂肪，所以要搭配有酸度的東西。過桶的葡萄酒不太適合配牡蠣。酒精濃度要低，所以你要找一支清爽俐落的酒。經典組合大概是夏布利或蜜思卡得產區，也是英國人最常見的組合。或者也可以試試義大利北部的富萊諾或是干型德國麗絲玲。

——葛雷格・哈林頓
侍酒大師

夏布利跟牡蠣是經典搭配，但因為牡蠣的結構不同，所以未必每種牡蠣都合適。好的奧林匹亞生蠔、加拿大馬佩奎灣生蠔或是貝隆生蠔都適合搭配夏布利。但是比較大型的 Gulf 生蠔，夏布利就不適合。熊本蠔的口味較重，適合松塞爾產區這種口味重一點的葡萄酒。我個人認為麗絲玲跟牡蠣不配，因為麗絲玲有種特殊果香，跟牡蠣的鹹味及礦物味不太對盤。麗絲玲跟鹹土壤味不太配，夏多內、白蘇維濃或蜜思卡得就可以。我也不覺得香檳適合配牡蠣，氣泡的質地不對。如果將牡蠣的海水鹹味跟香檳微甜的口味配在一起，會嘗到金屬味。蜜思卡得這種樸實一點的酒來自羅亞爾河，出產的環境跟牡蠣類似，搭配牡蠣就很完美。

——約瑟夫・史畢曼
Joseph Phelps 酒莊侍酒大師

用清酒沖洗一下酒杯，讓杯子帶點清酒味，然後把清酒倒掉。加冰塊、小黃瓜、伏特加還有萊姆酸酒，然後搖一搖。這款調酒的口味清新，配牡蠣、貽貝或生魚片都很美味。

——凱西・克西
Kathy Casey 廚藝教室主廚 / 老闆，西雅圖

佐奶油醬汁或奶油白醬
布根地白酒
香檳
夏多內，帶奶油香尤佳
教皇新堡白酒

佐蘋果紅酒香蔥醋汁
蘋果氣泡酒
蜜思卡得產區，帶蘋果香尤佳
白蘇維濃，帶蘋果香尤佳

炸
加州夏多內
氣泡酒
帶大型氣泡的礦泉水（如愛寶琳娜）

煎烤
夏布利
干型雪利酒

紐奧良炸生蠔
啤酒，拉格或皮爾森尤佳

洛克菲勒焗牡蠣

香檳
伏特加

燉
阿爾巴利諾
夏多內，豐厚且帶奶油香尤佳
麗絲玲，阿爾薩斯、干型尤佳
加州樹密雍
菲諾雪利酒
貝隆蠔
夏布利
蜜思卡得產區
清酒
干型雪利，曼薩尼亞尤佳

東岸蠔（如藍點生蠔、加拿大馬佩奎灣生蠔，外殼較光滑，體積較大、較薄、油脂較少、溫和、較鹹）
啤酒，司陶特尤佳
香檳
灰皮諾
白蘇維濃
雪利酒，干型尤佳

日本蠔（油脂較多、較濃郁）
粉紅酒
清酒

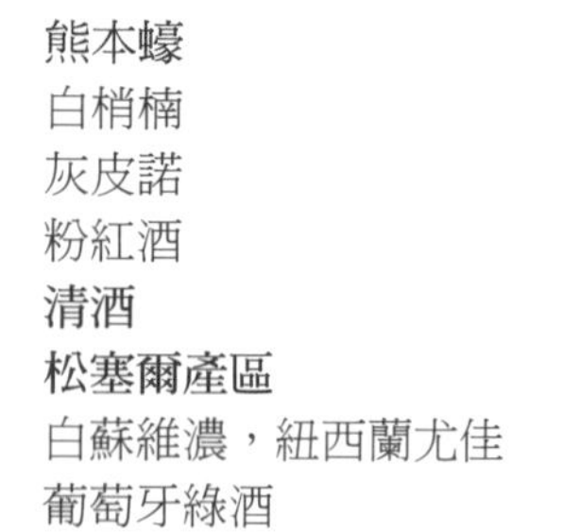
熊本蠔
白梢楠
灰皮諾
粉紅酒
清酒
松塞爾產區
白蘇維濃，紐西蘭尤佳
葡萄牙綠酒

路易西安那（較大、土壤味較重）
夏布利
酒體飽滿的葡萄酒
蜜思卡得產區

馬佩奎灣生蠔
夏布利

奧林匹亞生蠔
夏布利

卡多芮岩蠔
清酒

Wellfleet 生蠔
香檳

西岸生蠔（如奧林匹亞生蠔，外殼較粗糙，較小、較多肉、較濃郁、較滑潤、較甘甜、較具礦物味）
夏布利
干型夏多內
干型白皮諾
加州白蘇維濃

泰式炒河粉
Pad Thai
啤酒，勝獅或小麥啤酒尤佳
阿爾薩斯格烏茲塔明娜
酒精濃度低的葡萄酒
微干至較甜白酒
德國珍品或遲摘麗絲玲
紐西蘭白蘇維濃
阿爾薩斯白酒或微干德國白酒

避免
酒精濃度高的葡萄酒
單寧強勁的葡萄酒
如果搭配炒河粉，我會喝德國遲摘或珍品麗絲玲。如果喝珍品，就是萊茵高產區；如果喝遲摘，就是摩澤爾河產區。如果喝的是格烏茲塔明娜，就選阿爾薩斯產區。建議選擇稍微偏干的德國白酒，或是風味飽滿的阿爾薩斯葡萄酒。酒精濃度低、有甜度、香氣濃的葡萄酒，最適合炒河粉。

——提姆・科帕克
Veritas 餐廳飲品總監

西班牙海鮮飯
Paella
阿爾巴利諾
薄酒萊，淺齡尤佳
淺齡的西班牙紅酒
斗羅河岸產區，搭配雞肉及肉腸海鮮飯尤佳
利奧哈，搭配多肉的海鮮飯尤佳
利奧哈白酒，搭配貝類海鮮飯尤佳
干型西班牙或普羅旺斯丘粉紅酒
菲諾雪利酒或曼薩尼亞
淺齡的希哈
田帕尼優
查克利
西班牙維歐尼耶，搭配西班牙海鮮飯尤佳
維奧娜品種

煎餅
Pancakes（參見早餐／早午餐）

義式奶酪
Panna Cotta（義大利類似卡士達的甜點）
義大利亞斯堤氣泡酒
晚收麗絲玲
蜜思嘉微氣泡甜酒
蜜思嘉，橘香尤佳

木瓜
Papayas
夏多內
格烏茲塔明娜
薑汁汽水
晚收葡萄酒
檸檬或萊姆口味飲品（如檸檬水、氣泡水加萊姆等）
波特酒
麗絲玲
熱帶水果汁（百香果、鳳梨）、氣泡果汁（如 Fizzy Lizzy）
維歐尼耶

甜椒
Paprika
啤酒，拉格尤佳
藍色佛朗克品種
波爾多紅酒，陳年尤佳
淺齡的卡本內蘇維濃
匈牙利葡萄酒
梅洛
帶果香的金芬黛

荷蘭芹
Parsley
白蘇維濃

百香果
Passion Fruit
香檳
晚收葡萄酒
蜜思嘉
蜜思嘉微氣泡甜酒
甜麗絲玲，特別是精選、晚收或貴腐精選（TBA）麗絲玲
索甸甜白酒

義式麵食
Pasta（注意：以醬汁選酒搭配）
一般（以防有人請你帶酒配麵，卻沒告訴你是用什麼醬）
巴貝拉
啤酒，琥珀或拉格尤佳
奇揚地
義大利葡萄酒，紅酒尤佳
皮蜜提品種
山吉歐維列

佐朝鮮薊
白蘇維濃
維門替諾品種

烘燒（如千層麵）
奇揚地
梅洛

我比較傾向選擇阿爾巴利諾白酒或查克利白酒搭配西班牙海鮮飯。雖然我很愛紅酒，但這兩款酒帶有純淨、新鮮的酸度。西班牙海鮮飯是家常菜，人們常在戶外橙果園的藤蔓下料理。由於在戶外烹調，所以海鮮飯帶有煙燻風味。海鮮飯也不是以高湯烹煮，而是泉水。如果食材包含肉類，通常會先用平底鍋炒過才加入米飯，因此也帶有煙燻風味。吃的時候請留意番紅花的香調。以上這些特質，都會讓我想搭配利奧哈酒，因為利奧哈也帶煙燻風味。

——朗恩・米勒
Solera 餐廳領班，紐約市

我偏好粉紅酒配西班牙海鮮飯，因為利奧哈有時候會有過重的土壤味。

——尚盧・拉杜
Le Dû's 酒窖，紐約市

佐甜菜
山吉歐維列
波隆那肉醬
卡本內蘇維濃，新世界尤佳
奇揚地
新世界的梅洛
山吉歐維列
金芬黛

佐奶油醬汁
夏多內，帶奶油香尤佳
灰皮諾
維納西品種

培根蛋麵
阿馬龍
阿爾巴產區的巴貝拉品種
夏多內，酒體輕盈的義大利酒尤佳
經典奇揚地
奧維特產區經典酒款
白皮諾
灰皮諾

佐乳酪醬汁
巴貝拉
夏多內，酒體輕盈的義大利酒尤佳
奇揚地
多切托品種
灰皮諾
麗絲玲，德國珍品尤佳

佐雞高湯
巴貝瑞斯可

佐蛤蜊醬汁
安聶品種
布根地白酒
新世界的未過桶夏多內
干型義大利氣泡酒
蘇瓦韋產區

佐奶油白醬
義大利夏多內
哥維產區
白皮諾
灰皮諾
義大利氣泡酒
麗絲玲，德國珍品級尤佳
蘇瓦韋產區

佐乳脂狀的海鮮醬
夏多內
維納西品種
維歐尼耶

義式奶油白醬
夏多內，帶奶油香尤佳

佐龍蝦
布根地白酒，梅索尤佳
香檳
新世界的夏多內
麗絲玲

佐肉丸、肉類醬汁
阿爾巴或亞斯堤產區的巴貝拉品種
奇揚地，經典奇揚地（或Rufina）產區尤佳
阿爾巴產區的多切托品種
梅洛，義大利尤佳
蒙地普奇亞諾阿布魯佐產區
內比歐羅
山吉歐維列
瓦波利切拉產區
金芬黛

佐菇蕈
巴貝拉
義大利夏多內
多切托品種
梅洛
黑皮諾，新世界尤佳
粉紅酒，帶果香尤佳

佐貽貝
白梢楠
灰皮諾
麗絲玲
粉紅酒
白蘇維濃
干型氣泡酒
蒙地普奇亞諾貴族酒

佐橄欖油
巴貝拉，搭配蒜、香草尤佳
奇揚地，搭配蒜尤佳
多切托品種，搭配乾辣椒片尤佳
加列斯托土質
白蘇維濃
蘇瓦韋產區，搭配乾辣椒片尤佳
瓦波利切拉產區
維門替諾品種，搭配蒜尤佳

佐義式青醬（參見義式青醬）

清淡奶油白醬佐蔬菜（Primavera）
安聶品種
夏多內
灰皮諾
義大利氣泡酒
新世界的白蘇維濃

佐瑞可達乳酪（如千層麵、大型通心麵、義式方麵餃）
經典奇揚地或奇揚地珍藏紅酒，搭配番茄醬尤佳
蒙地普奇亞諾產區
金芬黛

佐沙丁魚
義大利夏多內
維蒂奇諾品種
葡萄牙綠酒
白酒，西西里產區尤佳

佐肉腸
巴貝拉
希哈
金芬黛

佐海鮮
阿爾巴利諾
義大利酒體輕盈的夏多內
弗拉斯卡蒂產區
蜜思卡得產區
奧維特產區
灰皮諾
白蘇維濃
蘇瓦韋產區
維蒂奇諾品種
維門替諾品種
維納西品種

佐貝類
義大利夏多內
哥維產區
灰皮諾
維蒂奇諾品種

佐蝦子
加州或義大利的夏多內
奧維特產區
蘇瓦韋產區

佐鮮榨番茄
多切托品種
灰皮諾
白蘇維濃

佐番茄醬
巴貝拉
啤酒，琥珀或拉格尤佳
奇揚地
蒙地普奇亞諾產區
灰皮諾
山吉歐維列
新世界的白蘇維濃
維蒂奇諾品種
金芬黛，帶果香尤佳

避免
單寧強勁的紅酒

佐蔬菜
巴貝拉
義大利未過桶夏多內
奇揚地，淺齡尤佳
多切托品種
灰皮諾
白蘇維濃
蘇瓦韋產區

五香燻牛肉
Pastrami（參見三明治，五香燻牛肉）

酥皮點心
Pastries
香檳，甜型尤佳
咖啡
馬德拉酒
威尼斯－彭姆產區蜜思嘉
陳年波特酒
氣泡酒，微干到甜型尤佳
茶，阿薩姆紅茶、紅茶或英式早餐紅茶尤佳

法式肉派
PÂTÉ
薄酒萊（或其他淡紅酒），搭配鄉村風的肉派尤佳
啤酒，較濃烈的拉格啤酒尤佳
布根地白酒
夏多內，搭配海鮮肉派或蔬菜派尤佳
干型麗絲玲，搭配海鮮肉派尤佳
德國麗絲玲，特別是遲摘，搭配肝派尤佳
粉紅酒
索甸甜白酒，搭配雞肉或鵝肝派尤佳
榭密雍

桃子
Peaches（包括甜點）
義大利杏仁香甜酒
義大利亞斯堤氣泡酒
莓果口味飲品，覆盆子或草莓尤佳（如 Fizzy Lizzy 覆盆子氣泡果汁）
半干型、粉紅香檳
以波本酒、白蘭地、卡瓦多斯、卡西斯、干邑白蘭地、君度橙酒、覆盆子自然發酵酸啤酒、金萬利香橙甜酒、**櫻桃白蘭地**、馬德拉酒、馬沙拉酒或蘭姆酒所調製的調酒
冰酒
覆盆子香甜酒
馬德拉酒
馬沙拉酒
蜜思嘉微氣泡甜酒
橘香蜜思嘉
威尼斯－彭姆產區的蜜思嘉
橙基底飲品（如橙汁、氣泡水加橙等）
陳年波特酒
覆盆子氣泡水加檸檬（如 Fizzy Lizzy 氣泡果汁）
甜麗絲玲，德國精選或晚收尤佳
索甸甜白酒
甜雪利酒
氣泡酒，半干型尤佳
烏龍茶，白毫烏龍尤佳
義大利甜白酒
微干至晚收的維歐尼耶
梧雷產區氣泡、甜型酒
晚收白酒

花生和花生醬
Peanuts And Peanut Sauce
啤酒，拉格尤佳
過桶夏多內
格烏茲塔明娜
琴湯尼
麗絲玲

避免
紅酒

紐約的 Blue Smoke 餐廳有道開胃菜取名藍煙花生（Blue Smoke Peanuts），是把未開封的罐裝花生放在餐盤上，旋開蓋子端出。很簡單，但風味絕佳。配什麼酒好呢？一杯琴湯尼。我剛成年可以喝酒的時候，常和我爸坐下來喝著琴湯尼配上一大罐 Planters 牌花生。
——大衛・羅森加騰
DavidRosengarten.com 網站主編

西洋梨
Pears（參見蘋果相關建議）
義大利亞斯堤氣泡酒
班努斯產區，搭配紅酒燴西洋梨尤佳
卡西斯
香檳，特別是半干型，搭配梨香舒芙蕾尤佳
夏多內，搭配鹹味菜餚尤佳（如沙拉）
以雅馬邑白蘭地、波本酒、白蘭地、卡瓦多斯、干邑、庫拉索酒、金萬利香橙甜酒、櫻桃白蘭地、馬沙拉酒或蜜思嘉調製的調酒
咖啡，淺焙、加牛奶尤佳
甜格烏茲塔明娜，晚收尤佳
薑汁汽水
冰酒
晚收葡萄酒，特別是麗絲玲、榭密雍，搭配西洋梨派尤佳
檸檬基底飲品（如檸檬水、氣泡水加檸檬等）
蜜思嘉微氣泡甜酒
黑蜜思嘉或橘香蜜思嘉
威尼斯－彭姆產區蜜思嘉
橙基底飲品（如 Fizzy Lizzy 氣泡橙汁）
麗絲玲，特別是德國微干至甜，以貴腐甜（BA）或晚收麗絲玲尤佳
白蘇維濃，搭配鹹味菜餚尤佳（如沙拉）
索甸甜白酒
甜氣泡酒
紅茶，阿薩姆或滇紅尤佳

豆子
Peas
布根地白酒
帶奶油香的夏多內
白梢楠
干型綠菲特麗娜
紐西蘭的白蘇維濃
維歐尼耶
梧雷產區，干型尤佳

美洲山核桃
Pecans（美洲山核桃派或其他種類的甜點尤佳）
香檳
波本酒或蘭姆酒調製的調酒

冰酒
馬德拉酒，布爾或馬瓦西亞品種尤佳
威尼斯－彭姆產區蜜思嘉
蜜思嘉微氣泡甜酒
蜜思嘉
波特酒，陳年尤佳
歐洛索或 PX 雪利酒
香料茶（如瑪黛茶）
托凱貴腐甜白酒

黑胡椒
Peppers, black
啤酒
卡本內蘇維濃
粉紅香檳
格烏茲塔明娜
山吉歐維列
希哈
金芬黛

黑胡椒牛排的黑胡椒可以增加葡萄酒的風味。一瓶 10-15 年的陳年卡本內蘇維濃就非常適合。我偏愛美國的陳年卡本內蘇維濃（或卡本內弗朗），它其實比大家想得更好喝。
——尚盧・拉杜
Le Dû 酒窖，紐約市

燈籠椒
Peppers, Bell
薄酒萊
卡本內弗朗
卡本內蘇維濃
隆河丘產區
梅洛
麗絲玲，搭配紅椒、青椒尤佳
利奧哈
粉紅酒，特別是西班牙粉紅酒，搭配紅椒尤佳
白蘇維濃
榭密雍，搭配紅椒尤佳
希哈，搭配牛肉餡鑲青椒尤佳
田帕尼優
維歐尼耶，搭配紅椒尤佳
金芬黛，搭配紅椒和青椒尤佳

佩姬羅紅椒
Peppers, piquillo
干型菲諾雪利酒尤佳

河鱸
Perch
白梢楠
粉紅酒
加州白蘇維濃
梧雷產區

柿子
Persimmons
白蘭地，西洋梨口味尤佳
以白蘭地或櫻桃白蘭地調製的調酒
威尼斯－彭姆產區蜜思嘉，搭配柿子甜點尤佳

義式青醬
Pesto
阿爾本加產區
巴貝拉
布根地白酒
夏布利
未過桶夏多內，義大利尤佳
教皇新堡產區白酒
五漁村產區
多切托品種
哥維產區
圖福格萊克產區
梅索
灰皮諾
白蘇維濃
蘇瓦韋產區
干型氣泡酒
維門替諾品種
維納西品種
白酒，義大利尤佳

義式青醬起源自義大利利古里亞（Liguria），應搭配來自同樣區域的葡萄酒，如阿爾本加產區、五漁村產區或維門替諾品種。——皮耶羅・賽伐吉歐
Valentino 餐廳老闆，洛杉磯

食用乳酪和松子的時要搭配有點酒體的酒，我個人會選以夏多內為基底的舊世界酒（例如布根地白酒、夏布利、梅索白酒等）。
——尚盧・拉杜
Le Dû 酒窖，紐約

雉雞
Pheasant
蘋果基底飲品（如氣泡蘋果汁等）
巴羅洛
啤酒，淺色苦味愛爾尤佳
波爾多紅酒，特別是玻美侯或聖愛美濃產區，搭配烘烤雉雞尤佳
布根地紅酒，搭配烘烤雉雞尤佳
卡本內蘇維濃
粉紅香檳
加州出產、豐厚、橡木味濃的夏多內
以白蘭地、卡瓦多斯、馬德拉酒、馬沙拉酒或威士忌調製的調酒
檸檬基底飲品（如檸檬水、氣泡水加檸檬等）
梅洛
橙基底飲品（如氣泡水加橙）
黑皮諾，加州或俄勒岡州出產、酒體飽滿尤佳
麗絲玲，搭配蘋果飲用尤佳
利奧哈
希哈

醃漬食品
Pickles
啤酒，較輕盈的愛爾和拉格尤佳

野餐
Picnics
薄酒萊
冰鎮紅酒和白酒
平價葡萄酒
檸檬水

黑皮諾
覆盆子檸檬氣泡果汁（如 Fizzy Lizzy 氣泡果汁）
干型或微干麗絲玲
粉紅酒／西班牙粉紅酒，干型尤佳
汽水
氣泡酒
冰茶
酒體輕盈的金芬黛
白金芬黛

派類
Pie
中焙咖啡，搭配以鮮奶油為基底的派尤佳
淺焙咖啡，搭配水果口味的派尤佳

梭子魚
Pike
麗絲玲，阿爾薩斯干型尤佳
白蘇維濃
氣泡酒
梧雷產區

鳳梨
Pineapple
一般
啤酒，白啤酒尤佳
莓果口味飲品，覆盆子或草莓尤佳（如蔓越莓氣泡果汁）
調酒，以白蘭地、干邑、君度橙酒、金萬利香橙甜酒、**櫻桃白蘭地**或**蘭姆酒**調製
椰子口味飲品
微干麗絲玲，德國尤佳
蘭姆酒，黑蘭姆酒尤佳
維歐尼耶

甜點
香檳，半干型尤佳
咖啡，中焙到深焙尤佳
甜格烏茲塔明娜，晚收尤佳
冰酒
晚收葡萄酒，麗絲玲和白蘇維濃尤佳
蜜思嘉微氣泡甜酒
甜蜜思嘉，威尼斯－彭姆產區或橙口味尤佳
甜麗絲玲，德國精選或晚收尤佳
蘭姆酒，黑蘭姆酒尤佳
索甸甜白酒
義大利甜白酒

提示：我們很推薦 Quady 酒廠的 Electra 甜酒（酒精濃度 4% 的橘香蜜思嘉），搭配鳳梨甜點尤佳

開心果
Pistachios
義大利亞斯堤氣泡酒
夏多內，義大利出產尤佳
紅酒，帶果味的義大利款尤佳
大吉嶺紅茶、焙火烏龍
義大利白酒

披薩
Pizza
一般（亦即番茄和乳酪）
巴貝拉品種，加州或義大利出產尤佳
啤酒，琥珀色愛爾、義大利啤酒、拉格啤酒、皮爾森啤酒、其他酒體輕盈的啤酒尤佳
奧地利藍色弗朗克
卡本內蘇維濃，陳年尤佳
香檳
奇揚地，經典奇揚地尤佳
可樂，如可口可樂
隆河丘產區

阿爾巴產區多切托品種
藍布斯寇品種
馬爾貝克品種
梅洛
蒙地普奇亞諾，阿布魯佐產區尤佳
史坎薩諾產區莫雷利諾
阿爾薩斯的 Picon Biere 調酒
灰皮諾
黑皮諾
義大利氣泡酒，搭配純餅皮披薩尤佳
干型粉紅酒，特別是加州或西班牙產區、干型，搭配鯷魚尤佳
山吉歐維列
氣泡酒（如義大利氣泡酒）與其他氣泡飲品
紅或粉紅希哈
托斯卡尼紅酒
瓦波利切拉產區
氣泡水，搭配中型至大型氣泡尤佳（例如：朗羅沙氣泡水）
金芬黛，酒體輕盈尤佳

佐菇蕈
教皇新堡
黑皮諾

佐義式辣肉腸
巴貝拉
啤酒，美式拉格啤酒尤佳
奇揚地
蒙地普奇亞諾，阿布魯佐產區尤佳

佐胡椒和洋蔥
卡本內弗朗
奇揚地
白蘇維濃

佐肉腸
巴貝拉
皮蜜提品種
希哈
金芬黛

達美樂披薩
Pizza, Domino's（亦即比一般披薩更甜的披薩）
巴貝拉
阿根廷的馬爾貝克品種
梅洛
山吉歐維列，搭配義式辣肉腸尤佳

避免
卡本內蘇維濃
希哈
金芬黛

如果你到拿坡里式的餐廳觀察客人，大家吃披薩一定是喝氣泡水、可樂或啤酒；吃純餅皮披薩則搭配義大利氣泡酒，反正有氣泡就對了。

——查爾斯・史柯隆內
I Trulli and Enoteca 餐廳
葡萄酒總監，紐約市

披薩很好搭配，我特別喜歡帶果香的托斯卡尼葡萄酒，例如史坎薩諾莫雷利諾或蒙地普奇亞諾阿布魯佐產區的酒款。

——約瑟夫・巴斯提昂尼奇
餐廳老闆／經營者，
義大利酒進口商，紐約市

披薩其實很難搭配。大家都說奇揚地產搭配披薩很對味。可是在我看來這是最糟糕的組合，因為美式披薩大多口味偏甜，但奇揚地一點都不甜。奇揚地的酒偏酸，單寧強勁，還有水果乾的風味。甜的食物應該配甜的飲品，而水果和糖都有甜味。我推薦加州產的巴貝拉，果香比義大利巴貝拉更濃郁。如果想要營造神祕感，可以嘗試奧地利的藍色佛朗克。

——葛雷格・哈林頓
侍酒大師

我個人最愛義式辣肉腸配菇蕈。我通常都會選擇義大利酒，尤其是山吉歐維列和奇揚地。除此之外，蒙地普奇亞諾阿布魯佐產區、巴貝拉或多切托，也都不錯。吃披薩的時候，我通常不會點太高檔或複雜的酒，而會選符合場合的酒。話雖如此，如果有人倒豐厚、高檔的酒給我，我當然也欣然接受！

——喬治・克斯特
Silverlake Wine 負責人，洛杉磯

大家都知道紅醬披薩很難搭配葡萄酒。不妨考慮平價的奇揚地或山吉歐維列，都會是絕配。我之所以會這樣選擇，是由於一次慘烈的教訓。我曾經因為圖方便，用手邊高檔的波爾多或加州的膜拜酒搭配披薩，結果酒香全被破壞殆盡，一點也不美味。搭配披薩，建議你找出最合你胃口也最平價的奇揚地酒，專程買一瓶收藏在酒窖吧！

——提姆・科帕克
Veritas 餐廳葡萄酒總監，紐約市

大蕉
Plantains
帶奶油香的夏多內
以蘭姆酒調製的調酒
氣泡酒，搭配油炸大蕉尤佳

洋李
Plums（含甜點）
義大利亞斯堤氣泡酒
班努斯產區
白蘭地或蜜思嘉調製的調酒
生命之水（水果蒸餾酒），洋李白蘭地
薑汁汽水
冰酒
檸檬口味飲品（如檸檬水、氣泡水加檸檬等）
蜜思嘉微氣泡甜酒
黑蜜思嘉

威尼斯－彭姆產區蜜思嘉
橙口味飲品（如 Fizzy Lizzy 氣泡橙汁）
波特酒，紅寶石或年份波特尤佳
甜紅酒（如晚收金芬黛）
甜型或晚收麗絲玲
烏龍茶，白毫烏龍尤佳
晚收金芬黛

水煮菜餚
Poached Dishes
帶酸味的葡萄酒
酒體輕盈的葡萄酒
灰皮諾
麗絲玲
白酒，帶果香尤佳

避免
風味濃厚的葡萄酒
單寧強勁的葡萄酒

紐奧良炸生蠔
Po' Boy（參見三明治，紐奧良炸生蠔；牡蠣，紐奧良炸生蠔）

玉米糕
Polenta（參見其中主要食材）
啤酒，偏甜尤佳
帶奶油香的夏多內，搭配乳酪、菇蕈尤佳
多切托品種
義大利葡萄酒
梅洛，特別是新世界出產，搭配乳酪、菇蕈尤佳
黑皮諾，特別是俄勒岡州，搭配香菇尤佳
粉紅酒，普羅旺斯丘出產尤佳
蘇瓦韋產區，搭配戈根索拉乳酪尤佳
干型氣泡酒，義大利氣泡酒尤佳

波蘭料理
Polish Cuisine（也適用於俄羅斯及其他東歐料理）
啤酒，波蘭啤酒尤佳
卡本內弗朗，搭配甘藍料理尤佳
希濃或是羅亞爾河谷出產的紅酒
格烏茲塔明娜
較溫和的葡萄酒
微干麗絲玲

避免
風味豐富的葡萄酒
卡本內蘇維濃
希哈

波蘭料理的口味清淡，適合搭配溫和的葡萄酒，不適合加州產的卡本內或澳洲產的希哈。羅亞爾河谷的紅酒如希濃是不錯的選擇。波蘭料理使用大量甘藍，適合搭配卡本內弗朗。越是陳年的卡本內弗朗就越具蔬菜香氣，例如燈籠椒、綠胡椒或茄子。

——提姆・科帕克
Veritas 餐廳葡萄酒總監，紐約市

石榴
Pomegranates（含甜點）
柑橘汁飲品（如氣泡檸檬汁或氣泡橙汁）
冰酒，搭配甜點尤佳
帶果香的紅酒，搭配鹹味菜餚尤佳（如黑皮諾、金芬黛）
晚收麗絲玲，搭配甜點尤佳
索甸甜白酒，搭配甜點尤佳
白蘇維濃，搭配鹹味菜餚尤佳

爆米花
Popcorn
香檳
夏多內，帶奶油香尤佳
蘇格蘭威士忌，煙燻泥煤味尤佳（如拉弗格酒廠）
氣泡酒

惡名昭彰的 Garrett's 牌「乳酪／焦糖爆米花」（芝加哥特產），搭配香檳恰恰好！Garrett's 是我的最愛之一，特別推薦有特殊濃郁口感的 Bruno Paillard Premier Cuvée。

——吉兒・吉貝許
Frontera Grill and Topolobampo
餐廳侍酒師，芝加哥

大力水手炸雞
Popeye's Fried Chicken
干型西班牙雪利酒

各家大力水手速食店應該開始賣雪利酒！雪利酒可以讓味蕾清新，而且本身鹹鹹的口感正好呼應油炸食物的鹹味。可謂天作之合。

——保羅・羅伯斯
Hearth 餐廳總經理，紐約市

豬肉
Pork（參見培根、火腿、肉腸等的推薦組合）
蘋果口味飲品（如氣泡蘋果汁）
薄酒萊，特級村莊尤佳
啤酒，琥珀色或德國啤酒節尤佳
香檳
夏多內，加州尤佳
白蘭地、卡瓦多斯、干邑白蘭地、馬沙拉酒或威士忌所調製的調酒
水果口味飲品
格烏茲塔明娜，阿爾薩斯尤佳
薑汁汽水
梅洛，特別是帶果香，搭配豬排尤佳
橙口味飲品（如氣泡水加橙）
白皮諾，阿爾薩斯尤佳
灰皮諾，阿爾薩斯尤佳
黑皮諾，酒體輕盈尤佳
斗羅河岸
麗絲玲，特別是阿爾薩斯、干型，搭配濃重料理尤佳
干型粉紅酒
清酒，古酒尤佳
希哈

茶，烏龍茶尤佳
田帕尼優
維歐尼耶
白酒
金芬黛，酒體輕盈尤佳

豬排，特別是燒烤或烘烤
啤酒，雙山羊尤佳
梅洛
灰皮諾
黑皮諾，加州尤佳
麗絲玲，阿爾薩斯或德國珍品尤佳
金芬黛，搭配佐水果醬汁的菜肴尤佳

佐乳脂狀醬汁
夏多內（淡橡木味）

佐水果或水果醬汁（如蘋果）
夏多內
格烏茲塔明娜
麗絲玲
維歐尼耶
梧雷產區

燒烤
夏多內，新世界尤佳（淡橡木味）
奇揚地
梅洛
黑皮諾
粉紅酒
金芬黛

里肌肉，烘烤尤佳
布根地紅酒，淺齡且帶果香尤佳
黑皮諾
麗絲玲，美國產地或遲摘尤佳

佐蘑菇醬
夏多內（淡橡木味）
黑皮諾

佐芥末醬
夏多內（淡橡木味或無橡木味）

烘烤
薄酒萊
酒體飽滿淡橡木味新世界夏多內
奇揚地
格烏塔茲明娜，阿爾薩斯尤佳
黑皮諾，阿爾薩斯尤佳
麗絲玲，珍品或遲摘尤佳
利奧哈
干型粉紅酒
托凱灰皮諾甜白酒
金芬黛

塗抹香料或其他辛辣食物
格烏茲塔明娜

星期三晚上一到，就是品嘗豬排的時候，再配上一罐雙山羊啤酒就太棒了，而且只要2元美元！

——加列．奧立維
Brooklyn Brewery 釀酒師

炸豬皮
Pork Rinds, Fried
啤酒
菲諾雪利酒
氣泡酒

葡萄牙料理
Portuguese Cuisine
葡萄牙紅酒，如阿連特茹產區、杜羅產區，搭配紅肉尤佳
葡萄牙綠酒，搭配海鮮尤佳

墨西哥燉玉米碎粒濃湯
Posole
啤酒，特別是墨西哥式（如可樂娜或帕奇菲科）
紐西蘭白蘇維濃

洋芋片
Potato Chips
一般
啤酒
香檳
氣泡酒

燻烤
金芬黛

鹽醋口味
可樂，可口可樂尤佳

法式蔬菜燉肉鍋
Pot au Feu
薄酒萊
隆河丘產區，淺齡尤佳
圖福格萊克產區

燜燉牛肉
Pot Roast（參見牛肉，燜燉牛肉）

禽肉／家禽
Poultry（參見肉、春雞、珠雞及火雞）
夏多內
灰皮諾
白蘇維濃
氣泡果汁，蔓越莓或橙尤佳

磅蛋糕
Pound Cake（參見蛋糕，磅蛋糕）

椒鹽蝴蝶餅
Pretzels
啤酒，山羊啤酒（烈性拉格）、德國拉格或德國啤酒節尤佳
阿爾薩斯 Picon Biere
白金芬黛

Picon Biere 是用阿爾薩斯的橙味棕可可香甜酒加上大約一盎司啤酒調製，一般都視之為阿爾薩斯餐前酒，可以拿來跟基爾調酒（Kir）相比。大家會在冬天至寒、夏天至熱的時候喝這種酒——再配上阿爾薩斯的椒鹽蝴蝶餅，夫復何求。

——史蒂芬．柯林

紐約現代藝術博物館 The Modern
餐廳葡萄酒總監，紐約市

牛肋排
Prime Rib（參見牛肉，牛肋排）

泡芙塔
Profiteroles（奶油泡芙甜點）
馬德拉酒
蜜思嘉，威尼斯－彭姆產區或橘香蜜思嘉尤佳
年份波特酒

義大利生火腿
Prosciutto
巴貝拉紅酒，阿爾巴產區尤佳
啤酒，拉格尤佳
粉紅香檳
義大利夏多內
奇揚地
多切托品種
藍布斯寇品種
甜瓜口味飲品（如氣泡水加甜瓜泥）
奧維特產區
灰皮諾
義大利氣泡酒，搭配無花果或甜瓜尤佳
干型粉紅酒
山吉歐維列
菲諾雪利酒
蘇瓦韋產區
富萊諾
特雷比雅諾品種
瓦波利切拉產區，經典酒款尤佳
維蒂奇諾品種
維納西品種

乾果李
Prunes
雅馬邑白蘭地
班努斯產區
布根地紅酒
以雅馬邑白蘭地、白蘭地、櫻桃白蘭地或蘭姆酒調製的調酒
檸檬口味飲品（如檸檬水、氣泡水加檸檬等）
馬德拉酒，布爾品種尤佳
蜜思嘉
陳年波特酒
索甸甜白酒
歐洛索雪利酒

南瓜
Pumpkin
一般
帶奶油香加州夏多內
以波本酒、干邑白蘭地或蘭姆酒調製的調酒
嘉美品種
格烏茲塔明娜，微干尤佳
薑汁汽水
麗絲玲，微干尤佳
希哈
瓦波利切拉產區
維歐尼耶
微干白酒

甜點（如派或布丁）
咖啡，加肉桂尤佳
晚收葡萄酒（如麗絲玲）
馬德拉酒，馬瓦西亞品種尤佳
蜜思嘉，威尼斯－彭姆產區尤佳
陳年波特酒
索甸甜白酒
甜榭密雍
甜雪利酒（如奶油或歐洛索）
匈牙利托凱貴腐甜白酒

鵪鶉
Quail（尤其是燒烤或烘烤）
波爾多紅酒
布根地紅酒
卡本內蘇維濃
香檳，粉紅香檳尤佳
豐厚及帶橡木味的新世界夏多內
蘋果氣泡酒
以干邑白蘭地或琴酒調製的調酒
隆河丘產區紅酒
檸檬口味飲品（如檸檬水、氣泡水加檸檬等）
黑皮諾，新世界或俄勒岡州尤佳
利奧哈，精選級尤佳

希哈

鵪鶉蛋
Quail Eggs
香檳
夏多內
氣泡酒

墨西哥薄餅
Quesadillas（墨西哥薄餅夾融化乳酪）
啤酒
西班牙氣泡酒
夏多內，搭配雞肉口味尤佳
瑪格麗特調酒
梅洛
粉紅酒
白蘇維濃
氣泡酒

榲桲
Quinces
一般
以干邑白蘭地調製的調酒

甜點
格烏茲塔明娜，阿爾薩斯尤佳
冰酒
馬德拉酒
威尼斯－彭姆產區蜜思嘉
晚收麗絲玲

榲桲醬（如搭配乳酪）
晚收葡萄酒

兔肉
Rabbit
一般
邦斗爾產區，特別是陳年酒，搭配燉煮兔肉尤佳
巴貝瑞斯可，搭配燉煮兔肉尤佳
巴羅洛，搭配燉煮兔肉尤佳
薄酒萊
啤酒，愛爾尤佳
波爾多紅酒
布根地紅酒
法國香檳
帶橡木味的加州夏多內，搭配燒烤兔肉尤佳
教皇新堡白酒，搭配燉煮兔肉尤佳
奇揚地，經典奇揚地尤佳
希濃產區，陳年尤佳
蘋果氣泡酒
調酒，白蘭地或馬沙拉酒調製
羅第丘
艾米達吉
梅洛
阿爾薩斯灰皮諾，搭配燉煮兔肉
黑皮諾，輕盈、俄勒岡州尤佳
玻美侯產區
斗羅河岸
利奧哈
阿蒙特拉多雪利酒
希哈
渥爾內產區
紅酒
金芬黛

佐配雞油菌／酒杯蘑菇及奶油白醬
布根地白酒，高登－查理曼特級葡萄園尤佳
夏多內

佐芥末
薄酒萊
布根地紅酒
夏多內

格烏茲塔明娜
梅洛
黑皮諾
希哈

佐紅酒醬汁
巴羅洛
用於醬汁中的紅酒

櫻桃蘿蔔
Radishes
白蘇維濃

葡萄乾
Raisins
薄酒萊
格那希
馬瓦西亞品種馬德拉酒
陳年波特酒
甜雪利酒

覆盆子
Raspberries
一般
薄酒萊，薄酒萊村莊酒尤佳
香檳，粉紅香檳尤佳
以白蘭地（尤其是覆盆子口味）、卡西斯、干邑白蘭地、金萬利香橙甜酒或櫻桃白蘭地調製的調酒
生命之水（水果蒸餾酒）
檸檬口味飲品（如檸檬水、氣泡水加檸檬等等）
蜜思嘉微氣泡甜酒
蜜思嘉，黑蜜思嘉或是麗維薩特產區尤佳
麗絲玲，微干至甜型尤佳（如德國遲摘、精選、貴腐甜，或晚收）
索甸甜白酒
氣泡希哈
金芬黛，酒體輕盈尤佳

甜點
班努斯產區
覆盆子自然發酵酸啤酒或小麥啤酒
香檳，半干型或粉紅香檳尤佳
覆盆子自然發酵酸啤酒
冰酒
蜜思嘉微氣泡甜酒
波特酒，紅寶石或陳年波特酒
晚收麗絲玲，搭配乳脂狀甜點尤佳
索甸甜白酒
氣泡酒，半甜型尤佳

普羅旺斯燉菜
Ratatouille（普羅旺斯料理，包含茄子、番茄及節瓜等）
卡本內蘇維濃
梅洛，輕盈酒體尤佳
干型粉紅酒
金芬黛

煎焦紅肉魚
Blackened Redfish
夏多內
阿爾薩斯格烏茲塔明娜
白皮諾
阿爾薩斯麗絲玲
加州白蘇維濃

紅鯛
Red Snapper
啤酒，拉格尤佳
布根地白酒
卡本內弗朗
加州夏多內
白梢楠
黑皮諾，美國或紐西蘭出產尤佳，搭配燒烤紅鯛
德國麗絲玲
帶橡木味的利奧哈白酒
西班牙粉紅酒
粉紅酒，特別是邦斗爾產區、干型，搭配燒烤紅鯛尤佳
清酒，大吟釀尤佳
白蘇維濃，特別是新世界，搭配烘燒、烘烤、佐蒜尤佳
榭密雍，搭配燒烤紅鯛尤佳
葡萄牙綠酒，搭配燒烤紅鯛尤佳
梧雷產區

酸黃瓜
Relish, Pickle
微甜葡萄酒

大黃
Rhubarb（包含甜點，如甜點塔）
香檳
白蘭地調製的調酒
格烏茲塔明娜
蜜思嘉，橘香尤佳
德國貴腐甜或晚收麗絲玲
微干麗絲玲
索甸甜白酒
甜酒

米布丁
Rice Pudding
班努斯產區
啤酒，皇家司陶特尤佳
馬德拉酒
蜜思嘉，黑蜜思嘉尤佳
波特酒，陳年尤佳
麗絲玲，甜型尤佳
索甸甜白酒
甜雪利酒
氣泡酒，甜型尤佳

濃郁菜餚
Rich dishes（亦即濃厚、多脂肪、高油脂）
香檳
酸味飲品
氣泡酒
茶，普洱茶尤佳，享用濃郁菜餚後飲用
苦艾酒加微氣泡酒調製的調酒

酸度可以解油膩。享用濃厚的料理，就搭配比較輕鬆活潑的飲品。或者吃牛排的時候，選擇有點酸度跟單寧的酒。就像是牛排刀能夠切開肉排一樣，酒的酸度也可以深入料理的風味，讓味蕾比較清新。

——喬治・克斯特
Silverlake Wine 負責人，洛杉磯

肉凍
Rillettes（類似法式肉派的肉醬）
梧雷產區

義大利燉飯
Risotto
一般
巴貝瑞斯可
巴貝拉
巴多利諾產區
布魯內羅
香檳，陳年尤佳
夏多內，酒體輕盈、義大利尤佳
多切托
白皮諾
灰皮諾
經典蘇瓦韋產區，淺齡尤佳
氣泡酒，義大利氣泡酒尤佳
瓦波利切拉產區

避免
果香過濃的葡萄酒
單寧太過強勁的葡萄酒

佐蘆筍
義大利白酒
白蘇維濃

野味燉飯
蒙塔奇諾布魯內羅產區

佐戈根索拉乳酪
瓦波利切拉產區

佐香草
白蘇維濃
佐菇蕈
巴貝瑞斯可
巴貝拉
布根地白酒
黑皮諾，加州尤佳
酒體輕盈的紅酒
帶土壤味的白酒

佐洋蔥
粉紅酒，邦斗爾產區尤佳

佐南瓜（或白胡桃瓜）
干型麗絲玲
維歐尼耶
微干白酒

佐海鮮
夏多內（不帶橡木味）
白蘇維濃

佐蝦或魷魚
蘇瓦韋產區

佐蔬菜
夏多內，義大利尤佳（不帶橡木味）
白皮諾
灰皮諾
托凱貴腐甜白酒

佐白松露
巴貝瑞斯可
布根地白酒
陳年香檳

果香過於豐富的紅酒若是用於搭配義大利燉飯，果香可能會破壞柔滑綿密的料理。同時，也要避免單寧強勁的葡萄酒，因為這類酒搭配柔軟、烘烤菜餚，感覺可能過於生硬。最好選擇陳年香檳，濃郁、帶點堅果及土壤味，氣泡也比較少，且仍然保有酸度，搭配義大利燉飯會十分令人驚豔。

——喬許・韋森
Best Cellars 葡萄酒總監

烘烤菜餚
Roasted dishes（參見特定食物）
粉紅香檳
酒體中等至飽滿葡萄酒
陳年紅酒

迷迭香
Rosemary
卡本內蘇維濃
粉紅香檳
教皇新堡
吉恭達斯產區
梅洛
黑皮諾
紅酒
麗絲玲
山吉歐維列
白蘇維濃
希哈
金芬黛

想到迷迭香，就讓我想到卡本內蘇維濃這款白酒。

——尚盧・拉杜
Le Dû 酒窖，紐約市

俄羅斯料理
Russian Cuisine（參見波蘭料理）
伏特加

番紅花
Saffron
阿爾巴利諾
卡本內弗朗
夏多內
梅洛
利奧哈
干型粉紅酒
干型雪利酒
維歐尼耶
干型白酒

鼠尾草
Sage
梅洛，新世界尤佳
黑皮諾
紅酒
麗絲玲
白蘇維濃
希哈

提示：料理中加點鼠尾草，會讓料理更適合搭配紅酒。

印度菠菜乳酪
Sag Paneer
灰皮諾

印度菠菜乳酪很適合配灰皮諾。這道料理同時帶有土壤味和絲質感，就跟灰皮諾一樣。
——阿帕納．辛
Everst 餐廳侍酒大師，芝加哥

沙拉
Salad
一般
薄酒萊
啤酒，特別是拉格、小麥或愛爾（干型棕色愛爾尤佳）
香檳
夏多內，未過桶、奧地利尤佳
白梢楠
調酒，以檸檬、萊姆或葡萄柚調製尤佳
義大利菲亞諾品種
嘉美品種
阿爾薩斯白皮諾
灰皮諾
干型麗絲玲
利奧哈白酒
干型粉紅酒
松塞爾產區
新世界白蘇維濃
干型雪利酒，搭配乳酪、堅果尤佳
氣泡酒，干型尤佳
義大利托凱貴腐甜白酒
苦艾酒加微氣泡酒調製的調酒
葡萄牙綠酒
維歐尼耶
白酒，干型尤佳

義式開胃菜
義大利白酒（如奧維特、灰皮諾、蘇瓦韋、維蒂奇諾）

亞洲沙拉（參見沙拉，雞肉，亞洲風味）
麗絲玲，微干尤佳

蘆筍沙拉
小麥啤酒
未過桶夏多內
白蘇維濃

冷切牛肉沙拉
薄酒萊

甜菜佐山羊乳酪沙拉
啤酒，清淡的愛爾及拉格尤佳
白皮諾
白蘇維濃

凱薩沙拉
安簏品種
薄酒萊
啤酒，小麥啤酒尤佳
夏布利
夏多內，新世界、稍微或中度過桶尤佳
微干麗絲玲
干型粉紅酒
松塞爾產區
白蘇維濃
氣泡酒，義大利氣泡酒尤佳
無氣泡的水，中度 TDS 值（如法薇爾）

凱撒沙拉加了許多帕瑪乳酪及油醋沙拉醬，所以非常適合搭配安簏（皮耶蒙產區、帶堅果味、酸度剛好的白酒）
——史考特．泰瑞
Tru 餐廳侍酒大師，芝加哥

槍烏賊沙拉
粉紅酒
莎弗尼耶產區

主廚沙拉
新世界夏多內
干型麗絲玲
蘇瓦韋產區
維歐尼耶
白金芬黛

雞肉沙拉
薄酒萊
啤酒，愛爾或小麥啤酒尤佳
法國或新世界夏多內
干型白梢楠
灰皮諾
麗絲玲，德國尤佳
粉紅酒
松塞爾產區
紐西蘭白蘇維濃
瓦波利切拉產區
梧雷產區

亞洲雞肉沙拉
夏多內
白梢楠
麗絲玲
維歐尼耶
梧雷產區

鷹嘴豆沙拉
粉紅酒
灰葡萄酒

柑橘類水果基底沙拉（如葡萄柚等）
利奧哈白酒

彩虹沙拉（蔬菜配侯克霍乳酪、酪梨、雞肉等）
薄酒萊
夏多內
格烏茲塔明娜
黑皮諾，搭配培根較多的沙拉尤佳
白蘇維濃
金芬黛

蟹肉沙拉
香檳，白中白尤佳
白皮諾
干型麗絲玲
蘇瓦韋產區
維歐尼耶
梧雷產區

佐奶油沙拉醬
加州夏多內

鴨肉沙拉
薄酒萊
黑皮諾

無花果、戈根索拉乳酪及核桃沙拉
阿爾薩斯格烏茲塔明娜
干型索甸甜白酒

醃漬魚
啤酒

水果沙拉
義大利亞斯堤氣泡酒
啤酒，水果啤酒、小麥啤酒尤佳
微干格烏茲塔明娜
蜜思嘉微氣泡甜酒
干型至甜型的麗絲玲
氣泡酒
葡萄牙綠酒

希臘沙拉（亦即佐希臘菲達羊酪）
希臘白酒，如阿西爾提可品種、羅柏拉品種
干型西班牙粉紅酒
白蘇維濃

蔬菜沙拉（亦即以萵苣、香草為主）
啤酒，小麥啤酒尤佳
夏多內
白皮諾，阿爾薩斯尤佳
粉紅酒
白蘇維濃

蔬菜沙拉佐山羊乳酪
普依芙美
松塞爾產區
白蘇維濃

棕櫚心沙拉
氣泡葡萄柚汁
干型梅爾檸檬汽水
干型麗絲玲

龍蝦沙拉
布根地白酒
香檳，白中白尤佳
普依芙美
氣泡酒，干型尤佳

美乃滋基底沙拉
干型麗絲玲

菇蕈沙拉
薄酒萊
啤酒，愛爾尤佳
白皮諾
粉紅酒
松塞爾產區
維納西品種

尼斯沙拉
隆河丘產區，白酒尤佳
干型麗絲玲
西班牙粉紅酒
干型粉紅酒，邦斗爾產區尤佳
白蘇維濃
維歐尼耶
金芬黛

章魚沙拉
阿爾巴利諾
義大利白酒（如哥維產區、維蒂奇諾品種）

義麵沙拉
義大利或新世界的夏多內

馬鈴薯沙拉
干型粉紅酒
阿爾薩斯白酒

海鮮沙拉
阿爾巴利諾
香檳，白中白尤佳
夏多內，搭配美乃滋基底海鮮沙拉尤佳
灰皮諾
麗絲玲，干型尤佳
白蘇維濃
蘇瓦韋產區
氣泡酒
維蒂奇諾品種

蝦沙拉
夏多內
蘇瓦韋產區

菠菜沙拉
薄酒萊
夏多內，酒體輕盈、未過桶尤佳
梅洛，搭配培根尤佳
奧維特產區
黑皮諾，搭配培根尤佳
白蘇維濃
蘇瓦韋產區
維納西品種

番茄沙拉
巴貝拉
干型粉紅酒
松塞爾產區
新世界白蘇維濃
維蒂奇諾品種

鮪魚沙拉
弗拉斯卡蒂產區
德國干型麗絲玲（如珍品）
干型粉紅酒
維納西品種

燒烤蔬菜沙拉
梅洛
白蘇維濃

油醋醬基底沙拉
夏布利
香檳
德國干型麗絲玲

華爾道夫沙拉
灰皮諾
麗絲玲
粉紅酒

氣泡酒
維歐尼耶

白豆沙拉
夏多內

帶酸味的新鮮水果調酒，尤其是用檸檬、萊姆或葡萄柚調製的調酒，搭配沙拉真是妙不可言。調酒的材料和新鮮、在地的蔬菜互補，而調酒的酸度又跟沙拉醬的酸度調和。這就像酸度比較高的沙拉醬，會用高酸度的葡萄酒去平衡一樣。

——萊恩·馬格利恩
Kathy Casey 廚藝教室調酒師
西雅圖

提示：沙拉中可加入其他食材，如肉、乳酪及堅果，讓沙拉更能搭配葡萄酒。

義大利撒拉米肉腸
Salami（以及相似的熟肉冷盤）

巴貝拉
巴多利諾產區
薄酒萊
啤酒，拉格尤佳
奇揚地
梅洛
蒙地普奇亞諾產區
黑皮諾，加州尤佳
隆河產區紅酒
麗絲玲，干型或微干尤佳
干型粉紅酒
維蒂奇諾品種
加州金芬黛

鮭魚
Salmon

一般
薄酒萊
啤酒，比利時愛爾、淺色苦味愛爾或夏季啤酒，搭配燒烤鮭魚尤佳
布根地紅酒
布根地白酒，搭配水煮或蒸煮的鮭魚尤佳
夏布利
香檳，粉紅酒尤佳
夏多內，帶奶油香的加州酒，搭配燒烤或水煮鮭魚尤佳
夏多內，未過桶或幾乎未過桶尤佳
以干邑白蘭地、馬德拉、苦艾酒或伏特加調製的調酒
檸檬或萊姆口味飲品（如檸檬水、氣泡水加萊姆等）
灰皮諾，阿爾薩斯或俄勒岡州尤佳

＊灰皮諾，淺齡的俄勒岡州產區，搭配燒烤或香煎鮭魚尤佳
麗絲玲，搭配水煮或蒸煮的鮭魚尤佳
粉紅酒
清酒，陳年或本釀造酒、純米酒尤佳
白蘇維濃
莎弗尼耶

佐奶油醬汁
松塞爾產區

佐辣椒粉
粉紅香檳

佐柑橘或熱帶水果醬汁
布根地白酒
加州夏多內

佐椰漿
帶奶油香的加州夏多內

佐奶油白醬
布根地白酒
加州夏多內
醃製（參見冷醃鮭魚）

佐蒔蘿
白蘇維濃

佐小茴香
粉紅酒，干型尤佳

佐燒烤紅洋蔥
薄酒萊

佐荷蘭醬
布根地白酒，梅索尤佳
夏多內

佐檸檬醬汁（尤其是水煮鮭魚）

夏多內，特別是加州出產，搭配蒔蘿尤佳

白蘇維濃
氣泡酒

佐味噌
無橡木味夏多內

生鮭魚或韃靼鮭魚
香檳
加州白蘇維濃
氣泡酒

鮭魚卵
香檳
清酒
氣泡酒

煙燻（參見煙燻鮭魚）

我想不到比黑皮諾更能搭配鮭魚的酒了。這樣說有點不好意思，因為這本來就是大家的既有印象。不過沒關係，相同的例子還有侯克霍乳酪配索甸甜白酒葡萄酒。最重要的是，這兩者都是完美搭配。侍酒師有時為了跳脫框架，會推薦一些異想天開的組合，也許是為了證明自己的專業能力，或是強調他們的知識。我覺得突破界限，鼓勵他人嘗試新鮮事物的確很好。但如果已經找到完美搭配，又何必多此一舉？為什麼還要嘗試其他組合？

——丹尼爾・強斯
Daniel 餐廳飲品總監，紐約市

以杜朋季節特釀啤酒（Saison Dupont）代替黑皮諾，搭配燒烤鮭魚。大家一定會愛不釋手！如果料理鮭魚時加了黑胡椒，配杜朋季節特釀啤酒更是大大加分，因為胡椒會帶出啤酒的胡椒風味。

——加列・奧立維
Brooklyn Brewery 釀酒師

吃鮭魚時，建議喝可以跟油脂抗衡的酒，例如由伏特加這種烈酒調製的酒，或是莫吉托加櫻桃也不錯。櫻桃很適合搭配鮭魚，不止解膩，更能增添風味。以琥珀蘭姆酒調製的曼哈頓或古典調酒搭配鮭魚也不錯。

——凱西・克西
Kathy Casey 廚藝教室
主廚／老闆，西雅圖

莎莎醬
Salsa（參見辣椒）
啤酒，拉格尤佳
瑪格麗特調酒
微干麗絲玲
紐西蘭白蘇維濃
希哈
金芬黛

鹽漬鱈魚
Salt cod
阿爾巴利諾
夏布利
香檳
弗拉斯卡蒂產區
綠菲特麗娜
白皮諾
灰皮諾
利奧哈
粉紅酒，干型尤佳
紐西蘭白蘇維濃
干型雪利，菲諾或曼薩尼亞尤佳
蘇瓦韋產區
氣泡酒，西班牙氣泡酒尤佳

鹹味食物與菜餚
Salty foods and dishes
帶酸味的葡萄酒
啤酒
香檳
調酒，由新鮮柑橘製作的微甜調酒（如柯夢波丹、湯姆克林 Tom Collins）尤佳
冷涼的葡萄酒
帶果香的葡萄酒

格烏茲塔明娜
蜜思卡得產區
灰皮諾
黑皮諾
麗絲玲
干型粉紅酒
白蘇維濃
榭密雍
雪利酒
汽水
氣泡酒
甜或至少微干葡萄酒
茶，紅茶或正山小種尤佳
白酒，干型尤佳
金芬黛

避免
酒精濃度高的葡萄酒（亦即酒精濃度高於 12-13%）
過桶葡萄酒
單寧強勁的葡萄酒

吃鹹食最好搭配新鮮、帶果香的葡萄酒，甚至可以配有一點甜味的葡萄酒。

——曼黛蓮・提芙
Matt Prentice 餐廳集團
葡萄酒總監 / 侍酒大師，底特律

鹹味菜餚和酸度相互對立，搭配的效果很好。酸度配鹹味，鹹味便比較清爽。若以鹹食搭配酒精濃度 14% 的加州白酒，葡萄酒嘗起來比較辣，也比較酸澀。

——大衛・羅森加騰
DavidRosengarten.com 網站主編

薩魯米臘腸
Salumi（參見熟肉及義大利生火腿）
布魯內羅
多切托
藍布斯寇品種紅酒
塔烏拉希產區
瓦波利切拉產區

印度咖哩餃
Samosas（印度的炸餃子）
半干型或粉紅香檳
粉紅酒
紐西蘭白蘇維濃
氣泡希哈，搭配包肉的印度咖哩餃
氣泡酒，加州出產、帶果香尤佳

我喜歡印度咖哩餃配半干型香檳、加州氣泡酒，或是帶一點果香的飲品。粉紅香檳、Schramberg 酒莊氣泡酒或 Pacific Echo 酒廠干型氣泡酒也不錯。我之所以選擇帶甜度的酒，是想要對比羅望子蘸醬的辣和強烈風味。咖哩餃如果包肉，也適合配氣泡希哈，剛好對比羅望子蘸醬的深色香料。整體而言，我喜歡用香檳搭配油炸食物。香檳豐厚的氣泡可以降低餃子皮豐厚的油膩感，在口感上也是很好的對比。

——阿帕納・辛
Everst 餐廳侍酒大師，芝加哥

三明治
Sandwiches（參見漢堡）
一般
薄酒萊
啤酒
冰茶
檸檬水
干型麗絲玲

培根生菜番茄三明治（BLT）
薄酒萊
啤酒，深色拉格尤佳
夏多內
奇揚地
灰皮諾
黑皮諾，培根用得較多的三明治尤佳
干型粉紅酒
氣泡酒

費城牛肉乳酪三明治
啤酒
卡本內蘇維濃
梅洛
希哈
金芬黛

雞肉
新世界夏多內
麗絲玲，遲摘尤佳
粉紅酒
茶，正山小種尤佳

鹽漬牛肉
啤酒，拉格尤佳
芹菜籽汽水（Dr. Brown's Cel-Ray soda）

奶油乳酪
大吉嶺紅茶

法式烤乳酪三明治（Croque Monsieur）
薄酒萊
夏多內

黃瓜三明治
錫蘭紅茶
冰茶

蛋沙拉三明治
白皮諾
灰皮諾
希瓦那
大吉嶺紅茶
特拉密品種

避免
過桶葡萄酒

希臘串烤肉片三明治（Gyro）
啤酒，琥珀色尤佳

火腿三明治
薄酒萊
氣泡鳳梨汁（如 Fizzy Lizzy 氣泡果汁）

干型粉紅酒
伯爵茶

火腿乳酪三明治（如格呂耶爾乳酪）
薄酒萊
啤酒
隆河丘產區
梅洛
阿爾薩斯灰皮諾
干型粉紅酒

義式牛肉三明治（芝加哥風味牛肉切片潛艇堡）
啤酒，皮爾森尤佳
松塞爾產區
汽水

我很喜歡 Mr. Beef 餐廳（專賣義大利牛肉三明治）。這是芝加哥我最推薦的餐廳之一。我通常是搭配汽水，但是我也想找清爽的酒，像是松塞爾產區，以平衡三明治的辛辣。

——吉兒．吉貝許
Frontera Grill and Topolobampo
餐廳侍酒師，芝加哥

龍蝦三明治
啤酒，捷克皮爾森尤佳
香檳
麗絲玲，德國尤佳
粉紅酒
澳洲榭密雍品種
澳洲華帝露品種
未過桶白酒

避免
草本風味的白蘇維濃

五香燻牛肉三明治
薄酒萊
啤酒，深色拉格尤佳
香檳
芹菜籽汽水
氣泡水
金芬黛

紐奧良炸生蠔三明治（參見牡蠣，紐奧良炸生蠔）
啤酒
麥根沙士，Barq's 品牌尤佳

烤鹽醃牛肉三明治（Reuben）
啤酒，深色拉格尤佳
芹菜籽汽水

烘烤牛肉三明治
薄酒萊
梅洛
麗絲玲，德國遲摘尤佳
肯亞紅茶
瓦波利切拉產區

義大利撒拉米肉腸三明治
梅洛
粉紅酒
山吉歐維列
金芬黛

煙燻鮭魚
氣泡酒
正山小種茶

軟殼蟹三明治
啤酒

切片牛排三明治
希哈

茶點型三明治
茶

番茄與莫札瑞拉三明治
葡萄牙綠酒

鮪魚沙拉三明治
粉紅酒
白維翁，搭配無甜味佐料的鮪魚沙拉尤佳
干型淺齡白酒，搭配有甜味佐料的鮪魚沙拉尤佳

火雞三明治
薄酒萊村莊酒，冰涼尤佳
夏多內，新世界尤佳
干型麗絲玲
粉紅酒，法國尤佳
金芬黛紅酒或白金芬黛

吃鹽漬牛肉三明治的時候，我不在乎配什麼酒。我特別喜歡低卡芹菜籽汽水，不像原味那麼甜。另外活潑、輕盈、清爽、清新的拉格啤酒也是不錯的搭配。

——喬許．韋森
Best Cellars 葡萄酒總監

沙丁魚
Sardines
阿爾巴利諾
薄酒萊村莊酒
哥維產區，搭配燒烤沙丁魚尤佳
檸檬基底飲品（如檸檬水、氣泡水加檸檬等）
蜜思卡得產區，搭配燒烤沙丁魚尤佳
灰皮諾，搭配燒烤沙丁魚尤佳
粉紅酒
松塞爾產區，搭配燒烤沙丁魚尤佳
白蘇維濃，新世界尤佳
干型雪利酒
經典蘇瓦韋
查克利
維門替諾品種
維納西品種
***葡萄牙綠酒，搭配燒烤沙丁魚尤佳**
干型白酒

生魚片
Sashimi（參見壽司）
香檳
礦物味較重的夏多內
蜜思卡得產區
灰皮諾
干型麗絲玲（如德國珍品）
清酒
松塞爾產區，干型尤佳

新世界白蘇維濃
莎弗尼耶
氣泡酒
中式綠茶
梧雷產區

避免
啤酒
過桶葡萄酒

沙嗲
Satay（**亞洲肉串、魚串或家禽的肉串，搭配花生醬**）
夏多內
阿爾薩斯格烏茲塔明娜
氣泡酒

醬汁
Sauce（**參見義式麵食**）
貝納斯醬汁
薄酒萊
香檳
夏多內，加州、過桶尤佳
阿爾薩斯灰皮諾
麗絲玲，德國尤佳
氣泡酒
梧雷產區

亞洲黑豆醬
格烏茲塔明娜
干型麗絲玲
梧雷產區
奶油醬汁（如法式奶油白醬）
帶奶油香的夏多內
帶酸味的白酒

乳酪醬汁
啤酒，波特或干型司陶特尤佳
多切托
灰皮諾

蛤蜊醬汁
安聶品種
哥維產區
灰皮諾
白蘇維濃
蘇瓦韋產區
維納西品種

奶油白醬
夏多內
阿爾薩斯白酒

海鮮醬（燻烤用）
豐厚帶橡木味的夏多內

荷蘭醬

波爾多白酒
布根地白酒，梅索尤佳
干型香檳
帶橡木味的夏多內
阿爾薩斯灰皮諾
松塞爾產區
氣泡酒
梧雷產區
白酒

蒜香番茄醬（義式不帶肉類的番茄醬）
巴貝拉
奇揚地
奧維特產區
山吉歐維列

美乃滋
香檳
夏多內
氣泡酒
白酒

日式柚子醋
麗絲玲
白蘇維濃
希哈
干型氣泡酒
金芬黛

煙花女醬
黑皮諾
山吉歐維列
維納西品種
金芬黛

紅酒醬汁
卡本內蘇維濃
紅酒
希哈

羅曼斯科醬料
阿爾巴利諾
普里奧拉產區
斗羅河岸
利奧哈
粉紅酒或西班牙粉紅酒

海鮮醬
一般（參見義式麵食，佐海鮮）

奶油海鮮醬
白酒

番茄基底
紅酒及粉紅酒

番茄醬汁
帶酸味的葡萄酒
巴貝拉
奇揚地
山吉歐維列
白蘇維濃

醋為基底的醬汁
帶酸味的葡萄酒

白酒醬汁
白酒

提示：在醬汁中加一點用來佐餐的酒，可以將料理跟葡萄酒連繫起來。

我一旦嘗到醬汁中的酒味，就會一邊品嘗一邊調味。有時加點佐餐的酒到紅酒醬汁中也不錯，這樣醬汁就不會沸騰，酒精也會揮發。其實只要加一點點酒，就能幫醬汁畫龍點睛。

——崔西・黛查丹
Jardiniere 主廚，舊金山

香檳跟荷蘭醬是很好的搭配。荷蘭醬會帶出香檳酒的風味，因為即使是干型香檳也有一點糖分。

——尚盧・拉杜
Le Dû's 酒窖，紐約市

德國酸菜
Sauerkraut（參見法式酸菜）

蘋果口味飲品（如氣泡蘋果汁）
啤酒，深色、德國、拉格啤酒尤佳
格烏茲塔明娜，阿爾薩斯尤佳
麗絲玲，干型尤佳（如德國珍品）

肉腸
Sausage

一般
蘋果口味飲品（如氣泡蘋果汁）
薄酒萊，搭配蒜、燒烤肉腸尤佳
啤酒，特別是淺色苦味愛爾、琥珀色及深色拉格，搭配德國肉腸尤佳
香檳，搭配西班牙辣肉腸尤佳
蘋果氣泡酒
隆河丘產區
格烏茲塔明娜
義大利紅酒，搭配義大利肉腸尤佳
馬爾貝克品種
梅洛
灰皮諾
麗絲玲，微干或干型，搭配熱的、辣的或白肉腸尤佳
希哈，搭配燒烤肉腸尤佳
氣泡酒，搭配辣味肉腸尤佳
瓦波利切拉產區
阿爾薩斯白酒，搭配昂杜耶肉腸尤佳
金芬黛，搭配燒烤肉腸尤佳

德國肉腸
啤酒，淡色皮爾森尤佳
金芬黛

雞肉或火雞肉腸
酒體輕盈的紅酒（如薄酒萊、黑皮諾）
白酒（如夏多內、格烏茲塔明娜、干型麗絲玲）

西班牙辣肉腸
阿爾巴利諾
啤酒
香檳

夏多內
那瓦拉產區
皮諾塔基品種
利奧哈
西班牙粉紅酒
菲諾雪利酒或曼薩尼亞
希哈
西班牙田帕尼優
西班牙多羅

義大利肉腸
巴貝拉
奇揚地
多切托品種
蒙地普奇亞諾產區
蒙塔奇諾若索產區

波蘭蒜味燻腸（Kielbasa，調味重的燻腸）
啤酒，愛爾或拉格尤佳
氣泡酒

法式蒜味肉腸（Saucisson）
薄酒萊
布根地白酒
隆河丘產區

海鮮肉腸
布根地白酒
未過桶夏多內
希瓦那

煙燻肉腸
干型麗絲玲（如德國珍品）

辣味肉腸
邦斗爾產區紅酒
薄酒萊
夏布利
奇揚地
多切托
蒙地普奇亞諾產區
灰皮諾
麗絲玲
利奧哈
雪利酒
金芬黛
白肉腸（如布克肉腸、白肉腸等）
啤酒，拉格或淺色苦味愛爾尤佳
白梢楠
阿爾薩斯灰皮諾
阿爾薩斯麗斯玲

香檳中的氣泡可解西班牙辣肉腸的辛辣，讓味蕾清新。麗絲玲及夏多內也會解辣，甜味則可平衡辛辣。

——曼黛蓮．提芙
Matt Prentice 餐廳集團
葡萄酒總監／侍酒大師，底特律

扇貝
Scallops

一般
啤酒
波爾多白酒
布根地白酒，搭配比較烘烤菜餚方式（如燜煮）
特級葡萄園夏布利，搭配海灣扇貝尤佳
香檳，特別是白中白，搭配蒸煮扇貝尤佳
夏多內，搭配燒烤或嫩煎的扇貝
教皇新堡白酒
白梢楠
以白蘭地、琴酒、綠茴香酒或苦艾酒調製的調酒
綠菲特麗娜
檸檬或萊姆口味飲品（如檸檬水、氣泡水加萊姆）
白皮諾
灰皮諾
普依富賽產區
干型至半干型麗絲玲，搭配嫩煎扇貝尤佳
白蘇維濃，搭配烘燒或烘烤扇貝尤佳
微甜的葡萄酒
蘇瓦韋產區，經典產區尤佳
氣泡酒
包種烏龍茶
維歐尼耶
梧雷產區，特別是半干型，搭配烘燒或烘烤扇貝尤佳

避免
紅酒

佐焦化奶油
深色啤酒（如泰迪波特 Taddy Porter），搭配焦糖化扇貝

佐魚子醬
布根地白酒
香檳，白中白尤佳

秘魯酸漬海鮮
綠菲特麗娜
松塞爾產區

佐中式香料
微干麗絲玲
阿爾薩斯微干白酒

佐柑橘醬汁（葡萄柚、檸檬、萊姆、橙）
夏多內，酒體輕盈尤佳
麗絲玲
紐西蘭白蘇維濃

扇貝佐白酒醬汁（Coquilles St. Jacques）
啤酒，白啤酒尤佳
法國夏布利
香檳，干型尤佳
普依芙美
白蘇維濃

佐奶油白醬
布根地白酒，梅索尤佳
香檳
夏多內，新世界尤佳
麗絲玲，德國、半干型尤佳

佐薑
阿爾薩斯白皮諾
隆河產區白酒
麗絲玲

燒烤扇貝
帶奶油香的夏多內
阿爾薩斯、干型麗絲玲

嫩煎扇貝
布根地白酒
香檳，干型尤佳
夏多內
干型麗絲玲

佐醬油
黑皮諾
清酒

泰式
加州夏多內，搭配椰漿尤佳
白蘇維濃，搭配檸檬香茅及辣椒尤佳

我跟紐約 Westchester 鄉村俱樂部的眾主廚吃過一頓有趣的晚餐。我當時以山繆史密斯泰迪波特啤酒搭配大火油煎深海扇貝佐焦香奶油醬汁。這種啤酒顏色深，帶奶油香，含殘糖，有焦糖味，稍微帶點巧克力香氣。他們很驚訝，竟然要用深色啤酒來搭配清淡的料理。我們分析這道扇貝料理，知道它帶甜味、焦糖化反應及焦化奶油醬汁的奶油。我藉由啤酒與焦糖的搭配，釋放出圓潤柔軟的奶油風味，並以碳酸化氣泡沖去油膩感。在場的主廚嘗過之後全都非常驚喜，並聲稱是他們有生以來試過最棒的酒食搭配之一。

——加列．奧立維
Brooklyn Brewery 釀酒師

北歐料理
Scandinavian Cuisine
露酒
拉格啤酒
斯內普香甜酒

炸小牛肉片
Schnitzel（參見小牛肉，維也納炸豬排）

司康餅
Scone
茶，英式早餐茶或尼爾吉利紅茶

小鱈魚
Scrod（參見鱈魚）
夏多內

海鱸
Sea Bass（參見其他口味溫和的魚類，如大比目魚、鱒魚等）
布根地白酒，搭配烘燒、烘烤海鱸尤佳
夏布利，特別是特級葡萄園，**搭配烘燒、烘烤海鱸尤佳**
香檳，搭配嫩煎海鱸尤佳
夏多內，特別是橡木味全無或輕微者，搭配烘燒或烘烤鱸魚尤佳
教皇新堡產區白酒
馬德拉酒調製的調酒
波爾多白酒
檸檬口味飲品（如檸檬水、氣泡水加檸檬）
義大利灰皮諾或灰皮諾，加州或俄勒岡州產區尤佳
黑皮諾
普依芙美產區
松塞爾
白蘇維濃，搭配蒜尤佳
西班牙青葡萄品種，搭配烘燒或烘烤海鱸尤佳
維蒂奇諾品種
維門替諾品種

海鮮
Seafood（參見魚類、貝類及特定海鮮）
一般
阿爾巴利諾
啤酒，小麥啤酒尤佳，搭配簡單、油炸的料理
香檳
夏多內，搭配水煮、燒烤或蒸煮的海鮮尤佳
西班牙蘋果氣泡酒
柑橘口味汽水或氣泡果汁（如葡萄柚、萊姆、橙）
調酒，以伏特加調製尤佳（如伏特加馬丁尼）
檸檬口味飲品（如檸檬水、氣泡水加檸檬）
1900 年左右馬丁尼（即一半琴酒混一半干型苦艾酒，加入數滴橙苦精）
灰皮諾，搭配水煮海鮮尤佳
麗絲玲，干型搭配清爽、水煮菜餚尤佳
清酒
白蘇維濃
干型菲諾雪利酒或曼薩尼亞尤佳
蘇瓦韋產區
氣泡酒，搭配炸海鮮尤佳
查克利白酒
維歐尼耶，搭配沸煮或蒸煮海鮮尤佳
伏特加馬丁尼

避免
過桶葡萄酒，搭配海鮮或高油脂的魚
單寧強勁的葡萄酒（如卡本內蘇維濃、奇揚地、梅洛、希哈），特別是搭配精緻的海鮮

綜合海鮮杯[6]或海鮮冷盤
夏布利
香檳
蜜思卡得產區
松塞爾產區

6．編注 cocktail seafood，一種墨西哥料理，將綜合海鮮以檸檬汁、去籽辣椒、橄欖油等調味，加上紅蘿蔔丁、芹菜丁等，盛在調酒杯中端出。

白蘇維濃
氣泡酒

佐奶油白醬（如乳酪奶油白醬燴海鮮）
夏多內
白梢楠，干型尤佳
哥維產區
灰皮諾
白酒

佐咖哩醬
德國格烏茲塔明娜
德國麗絲玲

佐蒜醬
白蘇維濃
維歐尼耶

佐蘑菇醬
黑皮諾

肉腸
灰皮諾
維歐尼耶

佐番茄醬
紅酒以及粉紅酒

海膽
Sea urchin
布根地白酒
夏布利，特級葡萄園尤佳
香檳，白中白尤佳
檸檬或萊姆口味飲品（如檸檬汁、氣泡水加萊姆）
麗絲玲，阿爾薩斯、干型尤佳
粉紅酒
松塞爾產區
氣泡酒

芝麻
Sesame（含芝麻油以及芝麻醬）
過桶的夏多內
麗絲玲，德國尤佳
清酒
維歐尼耶

貝類
Shellfish（參見海鮮以及特定海鮮）
一般（亦即生的或蒸的）
阿爾巴利諾
啤酒，特別是拉格、淺色苦味愛爾、皮爾森、波特、干型、生蠔司陶特或小麥啤酒，搭配炸的或煎的貝類尤佳
波爾多白酒
布根地白酒
夏布利，搭配生的或不佐奶油白醬的貝類尤佳
香檳，特別是干型或不甜，搭配炸的或煎的貝類尤佳
無橡木味或輕微橡木味夏多內，搭配不佐奶油醬汁的貝類尤佳
白梢楠
以琴酒、苦艾酒或伏特加調製的調酒
哥維產區
檸檬口味飲品（如檸檬汁、氣泡水加檸檬）
＊蜜思卡得產區，搭配生的貝類尤佳
白皮諾
灰皮諾
普依芙美產區
麗絲玲，干型、阿爾薩斯尤佳
粉紅酒，干型尤佳
清酒
＊松塞爾產區
白蘇維濃，特別是紐西蘭等新世界酒，搭配蒜味貝類尤佳
榭密雍
雪利酒，干型尤佳（如菲諾及曼薩尼亞）
蘇瓦韋產區
氣泡酒，搭配炸或煎的貝類尤佳
大吉嶺紅茶或日式綠茶
查克利白酒
葡萄牙綠酒
維歐尼耶，搭配佐香草的貝類尤佳
梧雷產區
干型白酒

避免
單寧強勁的紅酒，搭配精緻海鮮，卡本內蘇維濃、奇揚地、豐厚的梅洛或希哈

燒烤
夏多內
普依芙美產區
松塞爾產區
白蘇維濃
榭密雍

佐芒果莎莎醬
加州夏多內

佐美乃滋基底白醬
夏多內
白皮諾
麗絲玲
白蘇維濃

蜜思卡得產區與松塞爾及普依芙美產區的酒一樣，可以讓生的貝類嘗起來無比美味！
——理察・翁利

牧羊人派
Sherpherd's pie
薄酒萊
卡本內蘇維濃
希哈
金芬黛

烤肉串
Shish Kebab[7]
啤酒，拉格或皮爾森尤佳

小排
Short Ribs（參見牛肉，小排）

蝦
Shrimp
一般
阿里哥蝶品種，搭配冷蝦尤佳

啤酒，特別是琥珀色愛爾、皮爾森、波特、司陶特或小麥啤酒，搭配燻烤蝦或辛辣水煮蝦尤佳
波爾多白酒
布根地白酒，搭配梅索產區和烘燒蝦尤佳
夏布利
夏多內，加州尤佳
柑橘口味飲品，檸檬、萊姆、橙（如氣泡水加檸檬）尤佳
以白蘭地、干邑白蘭地、馬德拉酒、綠茴香酒或伏特加調製的調酒
綠菲特麗娜
酸度高的葡萄酒
蜜思卡得產區，搭配冷蝦尤佳
灰皮諾
麗絲玲，搭配干型或微干的阿爾薩斯氣泡酒及燻烤蝦尤佳
白蘇維濃，特別是紐西蘭，搭配燻烤蝦尤佳
氣泡酒

避免
過桶葡萄酒
紅酒

加香料沸煮
皮爾森啤酒（如捷克皮爾森 Urquell 或比利時 Stella Artois）

蝦杯
阿里哥蝶品種
香檳
夏多內
白梢楠
蜜思卡得產區
白皮諾
麗絲玲
白蘇維濃
氣泡酒（如西班牙氣泡酒或義大利氣泡酒）

咖哩調味
格烏茲塔明娜，阿爾薩斯尤佳

佐蒜
啤酒，皮爾森啤酒尤佳

燒烤
阿爾巴利諾
啤酒，提卡特啤酒尤佳
布根地白酒，梅索尤佳
夏多內，帶奶油香、橡木味、加州出產的尤佳
綠菲特麗娜
瑪格麗特
麗絲玲

佐檸檬
布根地白酒
加州夏多內

剝殼吃
夏多內
麗絲玲
紐西蘭白蘇維濃

佐義式青醬
普依芙美產區

佐法式蕾慕拉芙
馬丁尼、琴酒

佐羅曼斯科醬料
粉紅酒或西班牙粉紅酒

嫩煎
布根地白酒
夏布利
蜜思卡得產區
白皮諾

大蝦
夏布利
義大利夏多內

辛辣或佐肉腸
啤酒
格烏茲塔明娜
阿爾薩斯麗絲玲

佐甜酸醬
白梢楠

若是以美乃滋為基底調成的醬汁，我習慣搭配馬丁尼，琴酒的味道在這組合裡有非常好的效果。在替法式蕾慕拉芙醬鮮蝦挑選搭配的調酒時，我發明了一種以黃金比例調配的馬丁尼，用 Peychaud 的苦精代換橙苦精。

——**羅伯・赫斯**
DrinkBoy.com 網站創辦人

提利坎姆調酒 Tillicum

羅伯・赫斯調配出的這款冰調酒和法式蕾慕拉芙醬鮮蝦搭配得天衣無縫。

加入 2 1/4 盎司的琴酒（普利茅斯琴酒尤佳）
加入 3/4 盎司的干型苦艾酒
加入 2 dash 的 Peychaud 苦精

將琴酒、苦艾酒、苦精和冰塊一起攪拌，倒入調酒杯，用牙籤插一片燻鮭魚作裝飾。
羅伯・赫斯表示：「在試著以這款調酒搭配法式蕾慕拉芙醬鮮蝦時，我換了幾種不同的琴酒，結果頗令人驚訝。我用手邊的三種琴酒（英國 Boodles、亨利爵士琴酒、普利茅斯）作實驗，發現差異頗大。普利茅斯明顯勝出。」

7．編注　伊斯蘭料理，以羊肉最常見，通常和番茄、洋蔥串在一起烤。

鰩魚
Skate

阿爾巴利諾
布根地白酒，搭配嫩煎鰩魚尤佳
無橡木味或輕微橡木味夏多內，搭配嫩煎鰩魚尤佳
普依芙美產區，搭配嫩煎鰩魚尤佳
干型麗絲玲（如阿爾薩斯或德國珍品麗絲玲）
松塞爾產區
輕微橡木味的白蘇維濃，搭配嫩煎鰩魚尤佳

煙燻或煙燻風味的食物及菜餚
Smoked or Smoky Flavored Foods and Dishes

啤酒
香檳，搭配煙燻鱒魚尤佳
粉紅香檳
帶果香的葡萄酒
格烏茲塔明娜
灰皮諾
黑皮諾
麗絲玲
干型粉紅酒
未過桶白蘇維濃
未過桶榭密雍
希哈
氣泡酒
維歐尼耶
純威士忌酒
金芬黛
避免
酒精濃度高的酒
過桶葡萄酒
單寧強勁的葡萄酒

煙燻魚
Smoked Fish

露酒
啤酒，愛爾或拉格尤佳
布根地白酒
香檳，白中白尤佳
夏多內，新世界尤佳
干型麗絲玲，阿爾薩斯、德國珍品麗絲玲或摩澤爾河產區尤佳
松塞爾產區
白蘇維濃，加州或紐西蘭尤佳
干型菲諾雪利酒或曼薩尼亞尤佳
氣泡酒
伏特加

避免
帶金屬味的白酒

煙燻黑線鱈
Smoked haddock

阿爾薩斯格烏茲塔明娜
粉紅酒
雪利酒
梧雷產區
干型或微干白酒

煙燻鮭魚
Smoked Salmon

露酒
啤酒，愛爾、拉格、淡色皮爾森、煙燻啤酒、干型司陶特或小麥啤酒尤佳
夏布利，一級葡萄園尤佳
香檳，干型粉紅酒或白中白尤佳
新世界夏多內
阿爾薩斯干型格烏茲塔明娜
檸檬口味飲品（如檸檬汁、氣泡水加檸檬等）
灰皮諾
黑皮諾
麗絲玲，干型至微干尤佳
松塞爾產區
白蘇維濃，紐西蘭尤佳
莎弗尼耶產區
單一麥芽蘇格蘭威士忌
干型雪利酒（如菲諾或曼薩尼亞）
氣泡酒
阿爾薩斯托凱貴腐甜白酒
伏特加
梧雷產區
帶礦物味的水（如 Vichy）
威士忌

煙燻鱒魚
Smoked Trout

啤酒，淺色苦味愛爾、拉格或皮爾森尤佳
香檳
夏多內，帶橡木味尤佳
格烏茲塔明娜
干型麗絲玲
松塞爾產區
加州白蘇維濃
干型菲諾雪利酒或曼薩尼亞尤佳
氣泡酒

蝸牛
Snails

布根地白酒，搭配蒜茸奶油醬汁
干型夏布利
香檳，搭配香檳奶油醬汁尤佳
普依芙美產區
干型麗絲玲
干型粉紅酒
白蘇維濃
阿蒙特拉多雪利酒
氣泡酒（如義大利氣泡酒）
阿爾薩斯希瓦那
白酒
避免
紅酒

笛鯛
Snapper （參見紅鯛）

蕎麥麵
Soba noodles

格烏茲塔明娜
麗絲玲
清酒
茶
維歐尼耶

真鰈
Sole（參見其他口味溫和的魚，如大比目魚、鱒魚等）

一般

＊布根地白酒，搭配炸的或燒烤真鰈尤佳

夏布利，搭配真鰈佐奶油醬汁尤佳

香檳，搭配水煮真鰈尤佳

夏多內，特別是輕盈酒體或不帶橡木味，搭配炸的或嫩煎的真鰈、奶油白醬尤佳

馬沙拉酒或苦艾酒調製的調酒

檸檬口味飲品（如檸檬水、氣泡水加檸檬）

白皮諾

灰皮諾

普依芙美產區

麗絲玲，特別是阿爾薩斯或珍品麗絲玲，搭配燒烤真鰈、佐白醬尤佳

葡萄酒醬汁

松塞爾產區

白蘇維濃，搭配嫩煎真鰈尤佳

蘇瓦韋產區，搭配檸檬醬汁尤佳

維歐尼耶，搭配嫩煎真鰈尤佳

酒體輕盈、法國北部的白酒

多佛真鰈

布根地白酒，陳年尤佳

陳年法國夏布利

夏多內

夏山－蒙哈榭村陳年酒

哥維產區

梅索，搭配燒烤多佛真鰈尤佳

白蘇維濃

榭密雍

多佛真鰈搭配簡單的法式奶油白醬，再配上布根地白酒，簡直是超凡組合。

——艾倫．莫瑞
侍酒大師暨 Masa's 餐廳
葡萄酒總監，舊金山

冰沙
Sorbet

義大利亞斯堤氣泡酒

香檳

生命之水（水果蒸餾酒），與冰沙的口味並列或對比

義大利渣釀白蘭地

水果香甜酒

蜜思嘉微氣泡甜酒

甜的氣泡酒

避免

酒精濃度高的酒

酸模
Sorrel

粉紅香檳

未過桶夏多內

綠菲特麗娜

阿爾薩斯干型麗絲玲

白蘇維濃，紐西蘭尤佳

干型苦艾酒

舒芙蕾
Soufflé

一般

香檳，白中白尤佳

氣泡酒

乳酪

香檳

黑皮諾

松塞爾產區（搭配山羊乳酪）

白蘇維濃（配山羊乳酪）

氣泡酒

甜的

義大利亞斯堤氣泡酒

班努斯產區，搭配巧克力舒芙蕾尤佳

香檳，半干型尤佳

覆盆子酒，搭配巧克力舒芙蕾尤佳

晚收葡萄酒（如麗絲玲）

馬德拉酒，布爾或馬瓦西亞品種尤佳

蜜思嘉微氣泡甜酒

蜜思嘉

波特酒，陳年或年份波特搭配巧克力舒芙蕾尤佳

麗絲玲，微干至甜尤佳

索甸甜白酒

氣泡酒

湯品
Soup

一般

＊雪利，干型尤佳（先在湯中加一點雪利酒，再將雪利酒盛在小酒杯中飲用）

豆子加培根

奇揚地

黑皮諾

希哈，搭配較辛辣的湯

金芬黛

黑豆

卡歐產區

隆河丘產區

歐洛索雪利酒

羅宋湯

啤酒，皮爾森尤佳

梅洛

白蘇維濃

伏特加

白金芬黛

馬賽魚湯

邦斗爾產區白酒

波爾多白酒

布根地白酒

卡西斯（黑醋栗白酒）

粉紅香檳

夏多內，加州尤佳

普羅旺斯白酒（如卡西斯或西蒙古堡酒莊白酒）

麗絲玲

粉紅酒，干型尤佳（如普羅旺斯產區或塔維勒產區）

白蘇維濃

榭密雍，陳年尤佳

雪利酒

高湯／肉汁（參見湯，法式清湯）

白胡桃瓜（參見湯，南瓜湯）

花椰菜
白梢楠

乳酪
啤酒，愛爾尤佳

雞肉
夏多內
白梢楠
黑皮諾

蛤蜊濃湯
曼哈頓式（番茄基底）
薄酒萊
梅洛
利奧哈

新英格蘭式（奶油基底）
布根地白酒
夏布利
夏多內，帶奶油香、橡木味的加州夏多內尤佳
灰皮諾
富萊諾

冷湯
馬德拉酒
雪利
氣泡酒

法式清湯
波爾多白酒
馬德拉酒
黑皮諾
雪利酒，阿蒙特拉多或菲諾尤佳

玉米湯
布根地白酒，梅索尤佳
帶奶油香的加州夏多內
干型馬德拉，德國珍品麗絲玲尤佳

華帝露品種
維歐尼耶

蟹肉濃湯
豐厚及帶奶油香的夏多內
雪利酒，阿蒙特拉多或菲諾尤佳

奶油湯（如雞肉、蘑菇、海鮮湯）
啤酒，拉格或皮爾森尤佳
波爾多白酒
夏多內
白蘇維濃
蘇瓦韋產區
維歐尼耶

黃瓜湯（冷湯，加薄荷或香草）
弗拉斯卡蒂產區
灰皮諾
白蘇維濃
氣泡酒
維蒂奇諾品種

魚湯
白皮諾
干型粉紅酒
白蘇維濃

魚濃湯
啤酒
夏多內
蘋果氣泡酒
干型白酒

水果湯
水果啤酒
香檳
蜜思嘉微氣泡甜酒
麗絲玲，德國珍品尤佳
氣泡酒

蒜味
克羅茲－艾米達吉產區白酒
灰皮諾

西班牙番茄冷湯
阿爾巴利諾
西班牙氣泡酒
利奧哈白酒
白蘇維濃
西班牙白酒或紅酒
查克利白酒

美國南方海鮮秋葵湯飯（Gumbo）
啤酒，淺色苦味愛爾或拉格尤佳
黑皮諾，俄勒岡州或其他新世界產區尤佳
白金芬黛

龍蝦濃湯
香檳
夏多內，豐厚及帶奶油香尤佳

味噌湯（參見味噌及味噌湯）

義大利蔬菜濃湯
巴貝拉品種
啤酒，拉格尤佳
奇揚地
山吉歐維列品種
白蘇維濃

蘑菇湯
黑皮諾
義大利氣泡酒

蘑菇泥
布根地白酒
夏多內，加州產區尤佳
梅洛
粉紅酒

洋蔥或法式洋蔥湯（如加融化的乳酪）
薄酒萊或薄酒萊新酒
啤酒
布根地紅酒或白酒
夏多內，加州尤佳
隆河丘產區紅酒
綠菲特麗娜
干型雪利酒，曼薩尼亞尤佳

阿爾薩斯白酒（如白皮諾或灰皮諾）

豆子湯
薄酒萊
帶奶油香的夏多內
干型格烏茲塔明娜
干型綠菲特麗娜
白蘇維濃

燈籠椒
阿爾薩斯格烏茲塔明娜
加州白蘇維濃
梧雷產區

馬鈴薯湯（參見湯品，馬鈴薯冷湯）
夏多內
奇揚地

南瓜、甘藷及冬南瓜（如白胡桃瓜）
夏多內
格烏茲塔明娜
干型至微干麗絲玲
氣泡酒
維歐尼耶

義式麵包豆子湯
奇揚地
超級托斯卡尼（如梅洛／山吉歐維列混釀）

根莖蔬菜湯
粉紅香檳

海鮮湯
阿爾巴利諾
白蘇維濃
葡萄牙綠酒

海鮮濃湯（參見蛤蜊濃湯、魚濃湯及龍蝦濃湯）
布根地白酒
夏多內，加州或其他新世界產區尤佳
白蘇維濃

海鮮燉湯
干型粉紅酒
白蘇維濃

冬南瓜湯（參見南瓜湯）

草莓甜湯
蜜思嘉微氣泡甜酒
帶果香的黑皮諾

甘藷湯（參見南瓜湯）

番茄湯
奇揚地
干型格烏茲塔明娜
粉紅酒，搭配冷湯尤佳
白蘇維濃

玉米粉圓餅湯
利奧哈
紐西蘭白蘇維濃

蔬菜湯
紐西蘭白蘇維濃
蘇瓦韋產區，搭配葉菜尤佳

蔬菜泥
夏多內

馬鈴薯韭蔥冷湯（VICHYSSOISE）
波爾多白酒，干型尤佳
白蘇維濃
菲諾雪利酒或曼薩尼亞

冬南瓜湯（參見南瓜湯）

比較干的馬德拉酒配上玉米濃湯出色極了。

——艾倫·莫瑞
侍酒大師暨 Masa's 餐廳
葡萄酒總監，舊金山

酸味菜餚

Sour Dishes（如含柑橘、醋等食材）
酸度高的葡萄酒（請見第 200 頁）
干型葡萄酒

美國西南方料理

Southwestern Cuisine（如由卡宴辣椒及墨西哥紅番椒調味的食物；參見美式墨西哥料理）
啤酒
波爾多紅酒，搭配牛肉尤佳
加州卡本內蘇維濃，搭配牛肉尤佳
格烏茲塔明娜
黑皮諾，搭配菇蕈尤佳
麗絲玲，特別是德國麗絲玲，搭配秘魯酸漬海鮮及辛辣菜餚尤佳
利奧哈
白蘇維濃，紐西蘭尤佳
希哈，搭配羊肉尤佳
加州金芬黛，搭配辣椒調味的料理尤佳

醬油

Soy sauce（參見中式料理以及日本料理）
薄酒萊
啤酒
夏布利
香檳，粉紅香檳尤佳
夏多內，幾乎或完全不帶橡木味尤佳
調酒（如干邑白蘭地加七喜）
帶果香的葡萄酒
格烏茲塔明娜
酸度高的葡萄酒
低單寧的葡萄酒
梅洛
黑皮諾，加州出產尤佳
麗絲玲，德國或奧地利、微干尤佳
干型粉紅酒
清酒
白蘇維濃，紐西蘭或未過桶尤佳
干型氣泡酒
金芬黛

避免
單寧強勁的葡萄酒

西班牙料理

Spanish Cuisine（參見料理中特定的食材）

油炸食物（中南部）：爽口、清新的白酒
米飯料理（地中海）：西班牙維歐尼耶，搭配海鮮尤佳
烘烤菜餚（中部）：雪利酒，阿蒙特拉多或歐洛索尤佳
燉煮菜餚（北部及大西洋）：雪利酒，阿蒙特拉多、菲諾或歐洛索尤佳

辛辣食物及菜餚

Spicy Foods and Dishes（如衣索比亞、湘菜、印度、墨西哥及川菜）

酸度高的葡萄酒
薄酒萊
啤酒，拉格、皮爾森、小麥、麥芽啤酒尤佳
香檳
白梢楠，微干尤佳
冰涼飲品
調酒（如莫吉托調酒）
帶果香的微干紅酒及白酒
格烏茲塔明娜
綠菲特麗娜
酒體輕盈的葡萄酒
酒精濃度低的葡萄酒
莫吉托調酒
蜜思嘉微氣泡甜酒
蜜思卡得產區
微干至較甜葡萄酒
灰皮諾
黑皮諾，加州尤佳
隆河產區紅酒
麗絲玲，德國（如遲摘）、微干尤佳
利奧哈
干型粉紅酒
白蘇維濃，加州尤佳
希哈
氣泡酒，平價的尤佳
甜酒，料理中帶有甜味食材尤佳
茶
葡萄牙綠酒
維歐尼耶
梧雷產區，干型或半干型尤佳
加州金芬黛，淺齡尤佳

避免
高酒精濃度葡萄酒
過桶葡萄酒
單寧強勁的葡萄酒

我在芝加哥Frontera Grill餐廳工作時，了解到搭配辣椒需要非常小心葡萄酒的單寧。這讓我想到卡通裡面有人嘴巴噴火的場景，因為搭配時一不小心，就會讓原本就辣的食物辣上加辣！有一次我跟某桌客人說：以帕西里亞乾辣椒調味的料理，不要搭配單寧強勁的卡本內蘇維濃。我提醒了他們之後，還是倒了他們所選的酒。不久之後一個女客人就站了起來，因為她被辣到了！在另外一家餐廳，有幾個男客人堅持以山吉歐維列搭配煎焦鯰魚。那其實是很差的組合。我在那一桌附近晃，想看看是否一切如常，結果有個客人抬起頭來，雖然辣到幾乎說不出話來了，仍然哽咽地說：「食物很美味，但實在太辣了！」我當時拿了一瓶格烏茲塔明娜給客人，他們喝了一口就說：「我們現在懂了！」

——布萊恩・鄧肯
Bin36 餐廳葡萄酒總監，芝加哥

由蘭姆酒、萊姆汁、糖及薄荷調製的莫吉托調酒，是很解辣的調酒。

——萊恩・馬格利恩
Kathy Casey 廚藝教室
調酒師，西雅圖

甜味、低酒精濃度及氣泡可以緩和辛辣。

——曼黛蓮・提芙
Matt Prentice 餐廳集團
葡萄酒總監／侍酒大師，底特律

菠菜

Spinach（及其他葉菜）

薄酒萊
無橡木味夏多內
檸檬口味飲品（如檸檬水、氣泡水加檸檬）
灰皮諾
紐西蘭黑皮諾
白蘇維濃，加州尤佳
榭密雍
蘇瓦韋產區
干型白酒

避免
紅酒

菠菜派（菠菜及希臘菲達羊酪酥皮）
綠菲特麗娜
松香酒
無橡木味白蘇維濃

春季

Spring

薄酒萊
卡本內弗朗
幾乎或完全沒有橡木味的輕盈酒體夏多內
格烏茲塔明娜
希臘白酒
酸模瑪格麗特調酒
蜜思卡得產區
輕盈酒體的紅酒
麗絲玲
粉紅酒
白蘇維濃
梧雷產區
白酒

每到春季跟夏季，就比較難設計可以搭配紅酒的菜色。春夏時我們會在料理中加入菇蕈，因為比較能搭配紅酒。

——丹・巴柏
Blue Hills at Stone Barns 餐廳
主廚，紐約

春捲
Spring Rolls
啤酒，巴斯愛爾尤佳
夏布利
香檳
麗絲玲
清酒
氣泡酒

乳鴿
Squab（鴿；參見雉雞的推薦組合）
巴貝瑞斯可
薄酒萊
波爾多紅酒
布根地紅酒，搭配乳鴿佐鵝肝醬
卡本內－蘇維濃，特別是加州，搭配燒烤或烘烤乳鴿尤佳
粉紅香檳
白蘭地或干邑白蘭地調製的調酒
克羅茲－艾米達吉產區
黑皮諾，搭配烘烤乳鴿尤佳
阿爾薩斯麗絲斯，搭配乳鴿佐鵝肝醬
利奧哈
山吉歐維列
希哈，搭配烘烤乳鴿
金芬黛，陳年尤佳

烘烤乳鴿的野味與希哈或雪利酒是絕配。
——艾倫・莫瑞
侍酒大師暨 Masa's 餐廳
葡萄酒總監，洛杉磯

小果南瓜
Squash
小青南瓜或白胡桃瓜
加州帶奶油香的夏多內
干型至微干格烏茲塔明娜
干型至微干麗絲玲
楓葉或印度茶
維歐尼耶品種
微干白酒

義大利麵瓜
微干格烏茲塔明娜
麗絲玲，微干尤佳

魷魚
Squid（亦稱為槍烏賊）
一般
薄酒萊村莊酒
哥維產區
檸檬口味飲品（如檸檬汁、氣泡水加萊姆等）
馬貢村莊
白皮諾，搭配燒烤魷魚尤佳
那瓦拉產區
奧維特產區
粉紅酒，干型尤佳
白蘇維濃，搭配燒烤魷魚尤佳
蘇瓦韋產區
維蒂奇諾品種
白酒，干型尤佳
金芬黛

油炸
小麥啤酒，佐辛辣醬汁
香檳
格烏茲塔明娜，加州或德國尤佳
灰皮諾
干型粉紅酒
松塞爾產區，佐普羅旺斯蒜泥蛋黃醬尤佳
白蘇維濃，佐普羅旺斯蒜泥蛋黃醬尤佳
氣泡酒（如西班牙氣泡酒或義大利氣泡酒）
特雷比雅諾品種
葡萄牙綠酒

八角
Star Anise
黑皮諾
白蘇維濃，紐西蘭尤佳

牛排
Steak（參見牛肉）
一般
深色愛爾啤酒，大量啤酒花尤佳
巴貝瑞斯可產區
巴羅洛產區
薄酒萊
啤酒，波特及司陶特尤佳
波爾多紅酒
蒙塔奇諾產區布魯內羅
布根地紅酒
***卡本內蘇維濃，加州尤佳**
奇揚地，珍藏紅酒尤佳
波本酒、干邑白蘭地、馬德拉酒或威士忌調製的調酒
隆河丘產區
馬爾貝克品種
梅洛品種
隆河紅酒，帶辛香尤佳
希哈，搭配燒烤牛排尤佳
金芬黛，特別是加州，搭配燒烤牛排尤佳

佐鯷魚
隆河丘產區
歐洛索雪利酒

佐貝納斯醬汁
巴羅洛
薄酒萊
夏多內

翡冷翠大牛排
蒙塔奇諾產區布魯內羅
經典奇揚地，珍藏紅酒尤佳
蒙塔奇諾產區
山吉歐維列

黑胡椒牛排
巴羅洛
卡本內蘇維濃，美國陳年尤佳
教皇新堡產區
隆河丘產區
格那希
艾米達吉產區

帶橡木味的紅酒
梅洛品種
小希哈
黑皮諾
隆河產區紅酒
聖愛美濃產區
希哈
金芬黛，帶胡椒香尤佳

佐藍紋乳酪
卡本內蘇維濃，搭配侯克霍乳酪尤佳
山吉歐維列，搭配戈根索拉乳酪尤佳
夏多布利昂牛排
波爾多紅酒，陳年尤佳
布根地陳年紅酒，搭配煎蘑菇尤佳

炸雞式牛排（亦即佐奶油肉汁醬）
啤酒
卡本內蘇維濃
粉紅香檳
梅洛
白金芬黛

佐辣椒
隆河產區紅酒
希哈
金芬黛

牛肩胛肉排
巴羅洛
金芬黛

冷的或室溫的切片肉排
啤酒
薄酒萊
黑皮諾，加州尤佳

無骨沙朗牛排（Delmonico）
羅第丘
艾米達吉產區
隆河產區紅酒

菲力牛排
波爾多紅酒
布根地紅酒
卡本內弗朗
卡本內蘇維濃
奇揚地，陳年尤佳
梅洛
黑皮諾
較陳年的紅酒
歐洛索雪利酒，搭配燒烤菲力
希哈
超級托斯卡尼
金芬黛，搭配燒烤菲力尤佳
佐薯條
薄酒萊
卡本內蘇維濃

牛腹肉排
薄酒萊
奇揚地
隆河丘產區
多切托品種
梅洛
內比歐羅
希哈

燒烤
啤酒，棕色愛爾尤佳
蒙塔奇諾產區布魯內羅
卡本內蘇維濃
奇揚地
佳釀級
梅洛
蒙納詩翠
小希哈
西班牙精選級紅酒
隆河產區紅酒
山吉歐維列
希哈
金芬黛

牛絞肉
梅洛

烤腹肉肌牛排
薄酒萊村莊
隆河丘產區
梅洛，納帕山谷尤佳

七分熟至全熟
陳年葡萄酒
薄酒萊
棕色愛爾啤酒，搭配燒焦　焦黑牛排尤佳
嘉美品種
梅洛
帶果香的葡萄酒

避免
單寧強勁的葡萄酒（如卡本內蘇維濃）

佐墨西哥式莎莎醬
智利邁波山谷出產的酒

佐味噌
希哈

佐菇蕈或菇蕈醬
巴貝瑞斯可
巴羅洛
波爾多紅酒
布根地紅酒
新世界卡本內蘇維濃
希哈

佐芥末醬
隆河丘產區
格那希品種
希哈

丁骨牛排
巴貝拉
美國卡本內蘇維濃
奇揚地
聖愛美濃產區

一分熟至三分熟
波爾多紅酒，淺齡尤佳
布根地紅酒，淺齡尤佳
卡本內蘇維濃，新世界、淺齡尤佳
格那希
單寧強勁的葡萄酒
淺齡葡萄酒
肋眼牛排

卡本內蘇維濃，加州尤佳
梅洛
利奧哈
山吉歐維列
西班牙紅酒
希哈
金芬黛

小塊牛腰肉
薄酒萊
卡本內蘇維濃，納帕山谷產區尤佳

沙朗牛排
巴羅洛
波爾多紅酒
卡本內蘇維濃，牛排佐乳酪尤佳（如藍紋乳酪、康塔爾乳酪）
經典奇揚地
艾米達吉產區紅酒
梅洛
隆河產區紅酒
利奧哈
希哈
金芬黛

側腹橫肌牛排
薄酒萊
隆河丘產區
希哈，搭配風味強烈的香料
金芬黛

紐約長牛排
波爾多紅酒
陳年布根地紅酒，搭配煎菇蕈尤佳
卡本內蘇維濃，淺齡、納帕山谷尤佳
羅第丘
艾米達吉產區
梅洛
小希哈
隆河產區紅酒
希哈

佐玉溜
梅洛，加州尤佳

丁骨牛排
波爾多紅酒
卡本內蘇維濃
經典奇揚地
梅洛
山吉歐維列
希哈，搭配燒烤丁骨牛排尤佳

佐番茄醬汁
奇揚地

提示：選擇葡萄酒時，思考一下你喜歡幾分熟的牛排。若是喜歡全熟的牛排，就要考慮牛排加熱後油脂融出，這樣的牛肉會凸顯酒中的單寧。所以吃全熟牛排最好避免搭配單寧強勁的卡本內蘇維濃。如果你很愛喝卡本內蘇維濃，建議選擇一分熟至三分熟的牛排。

一般牛排館提供的豐厚劣質紅酒跟牛排是天作之合。牛排中的鹽讓葡萄酒不那麼扎口，蛋白質會緩和「咬口感」，油脂則會讓葡萄酒更加柔順。菲力牛排的油脂不多，所以我傾向於搭配陳年紅酒，例如波爾多、卡本內蘇維濃或奇揚地。丁骨牛排的油脂比較豐厚，所以重點在於切片和料理方式。肋眼牛排油脂多、肉質較硬，但也很美味，所以我會搭配比較厚實、帶金屬味、複雜一點的西班牙紅酒或金芬黛。若是紐約客牛排，我會搭配淺齡、活潑、緊實一點的紅酒，例如納帕山谷的淺齡卡本內蘇維濃。黑胡椒牛排則可以跟帶一點橡木甘味的新世界葡萄酒搭配。

——曼黛蓮・提芙
Matt Prentice 餐廳集團
葡萄酒總監／侍酒大師，底特律

我們的餐廳供應好幾種醬汁搭配乾式熟成牛排，包括貝納斯醬汁、戈根索拉乳酪醬、牛肝蕈醬、野菇醬及松露汁。雖然如此，真正的酒客不會點醬汁，因為口味過重，可能蓋過葡萄酒的味道。

——艾瑞克・瑞諾德
Bern's Steak House 餐廳
侍酒師，坦帕市

雖然我不建議，不過如果有客人想喝白酒配牛排，布根地白酒是比較好的選擇。它比較濃郁、厚重，也帶清爽的酸度。

——艾瑞克・瑞諾德
Bern's Steak House 餐廳
侍酒師，坦帕市

韃靼牛肉
Steak tartare
薄酒萊
波爾多紅酒
布魯內羅
布根地紅酒，淺齡尤佳
卡本內蘇維濃
夏布利
粉紅香檳
經典奇揚地
多切托品種
帶辛香的格烏茲塔明娜
馬丁尼，伏特加馬丁尼尤佳
梅洛
黑皮諾，俄羅斯河產區尤佳
干型紅酒
粉紅酒
山吉歐維列
氣泡酒，干型、粉紅酒尤佳
伏特加

我非常喜歡俄羅斯河谷出產的黑皮諾搭配韃靼牛肉，這款黑皮諾比較濃郁，而且可以搭配紅酒剋星（如酸豆、塔巴斯克辣椒醬等）。

——艾瑞克・瑞諾德
Bern'sSteak House 餐廳
侍酒師，坦帕市

蒸的菜餚
Steamed Dishes

酸度高的葡萄酒
酒體輕盈的葡萄酒
灰皮諾
麗絲玲
酒體輕盈的白酒

避免
風味厚重的葡萄酒
單寧強勁的葡萄酒

燉菜及燉煮菜餚
Stews and Stewed Dishes（參見其中主要的食材）

愛爾啤酒，酒體飽滿尤佳
巴羅洛，搭配肉類或野味尤佳
薄酒萊
卡本內蘇維濃
教皇新堡產區
阿爾薩斯格烏茲塔明娜
吉恭達斯產區
隆河產區紅酒
阿蒙特拉多雪利酒
希哈

翻炒菜餚
Stir-Fried Dishes

啤酒，拉格或青島尤佳
格烏茲塔明娜
酒體輕盈的葡萄酒
灰皮諾
麗絲玲，微干尤佳
粉紅酒
白蘇維濃
氣泡酒
白酒
白金芬黛

草莓
Strawberries（包含草莓甜點）

義大利亞斯堤氣泡酒
班努斯產區
薄酒萊
布拉切托・達桂
香檳，半干型或粉紅酒尤佳
以卡西斯（黑醋栗白酒）、干邑白蘭地、君度橙酒、庫拉索酒（橙皮味烈酒）、金萬利香橙甜酒、櫻桃白蘭地或義大利茴香甜酒調製的調酒
水果口味飲品，如香蕉、橙或鳳梨（如 Fizzy Lizzy 氣泡鳳梨汁）
冰酒
檸檬口味飲品（如檸檬水、氣泡水加檸檬等）
蜜思嘉微氣泡甜酒
蜜思嘉，黑蜜思嘉尤佳
威尼斯－彭姆產區的蜜思嘉
黑皮諾，阿爾薩斯尤佳
紅寶石或陳年波特酒
微干至甜麗絲玲
索甸甜白酒，搭配濃厚的甜點尤佳
晚收榭密雍，搭配高脂鮮奶油或發泡鮮奶油尤佳
氣泡希哈
氣泡酒，半甜型尤佳
莖茶或京都櫻桃玫瑰煎茶
維歐尼耶
梧雷產區，搭配草莓奶油酥餅尤佳

我記得之前喝過野生草莓跟新鮮薄荷做的湯品，加入干型皇家粉紅酒，並搭配 1990 年份香檳王粉紅酒，美味極了。

——麗仙・拉普特
香檳王品牌大使

我們試過最棒的搭配，是以香檳醃漬草莓，再搭配京都櫻桃玫瑰煎茶。這是日本傳統煎茶，加入櫻桃調味。這種茶已經有好幾世紀的歷史，去混調這款茶，幾乎是種褻瀆，不過我們還是做了混調，而且味道真棒！

——麥可・歐布列尼
加拿大第一位侍茶師

條紋鱸魚
Striped Bass（精緻、古怪的魚，也稱為岩魚）

布根地白酒，搭配燒烤鱸魚
夏多內，特別是加州，搭配燒烤鱸魚尤佳
幾乎不帶橡木味的精緻白酒（搭配燒烤鱸魚）或無橡木味的精緻白酒（搭配非燒烤鱸魚）
阿爾薩斯白皮諾，搭配燒烤鱸魚尤佳
灰皮諾
白蘇維濃
維歐尼耶

壽喜燒
Sukiyaki（參見日本料理）

香檳
氣泡酒
金芬黛

夏季
Summer

鮮水（墨西哥水果飲料）
阿爾巴利諾
安富品種
巴西熱帶水果調酒（Badidas）
薄酒萊
啤酒，自然發酵酸啤酒（如覆盆子啤酒）尤佳
貝里尼調酒（白桃果汁加義大利氣泡酒）
卡皮利亞調酒（Caipirinhas）
氣泡金巴利調酒（金巴利香甜酒加橙汁及氣泡礦泉水）
西班牙氣泡酒
夏布利
白梢楠
柯夢波丹

自由古巴調酒
黛克瑞調酒（Daiquiris）
多切托品種
水果基底飲品
水果馬丁尼及其他水果調酒
格烏茲塔明娜
琴湯尼
希臘白酒
綠菲特麗娜
冰涼飲品
冰淇淋奶昔、汽水等飲品
冰咖排、冰茶等冰的飲品
檸檬水、萊姆水等水果飲品
酒體輕盈的葡萄酒
萊姆利克（Lime Rickey，一種軟性飲料），櫻桃或覆盆子口味
長島冰茶（加可樂的橙味調酒）
芒果拉西（優格飲品）
瑪格麗特調酒
馬丁尼，黃瓜尤佳
奶昔
莫吉托調酒
皮姆的調酒（Pimm's Cup）
鳳梨可樂達調酒
皮諾塔基品種
灰皮諾
農家樂調酒（Planter's Rum Punch）
義大利氣泡酒
水果調酒
酒體輕盈的紅酒
麗絲玲
粉紅酒
松塞爾
西班牙水果酒
白蘇維濃
稍微冰涼的紅酒（如薄酒萊、清淡的金芬黛）
氣泡酒
茶，綠茶、冰涼，冰紅茶尤佳
泰式冰茶
查克利品種
維歐尼耶
梧雷產區
無氣水或氣泡水
冰涼的白酒
白金芬黛

葡萄酒是有季節性的，夏季不適合喝豐厚、單寧強勁的紅酒，就像夏季不會想吃豐盛、厚重的肉料理一樣。冬天比較適合飽滿、濃郁的葡萄酒，夏季則該喝白酒及輕盈的紅酒。

——布萊恩·鄧肯
Bin36 餐廳葡萄酒總監，芝加哥

越南夏捲
Summer Rolls, Vietnamese

香檳
微干麗絲玲
紐西蘭白蘇維濃
氣泡酒

海陸大餐
Surf And Turf（亦即龍蝦和牛排）

俄勒岡州黑皮諾，搭配兩者皆可
阿爾薩斯麗絲玲，搭配龍蝦
希哈酒，搭配牛排

壽司
Sushi（參見生魚片）

一般
愛爾啤酒
阿馬龍搭配鰻魚
啤酒，日式啤酒、拉格或夏季愛爾
布根地紅酒
布根地白酒
夏布利，陳年尤佳
香檳，白中白、陳年或干型粉紅香檳尤佳
無橡木味夏多內
調酒，以黃瓜、清酒或伏特加調製尤佳
味噌湯
蜜思卡得產區
灰皮諾
麗絲玲，特別是干型至微干（如德國珍品麗絲玲），搭配辛辣壽司尤佳
清酒，大吟醸及純米大吟醸尤佳
白蘇維濃，加州產區尤佳
雪利酒，冰涼的菲諾及曼薩尼亞
氣泡酒
綠茶或烏龍茶
梧雷產區，陳年、干型
梧雷產區，半干型氣泡酒
無氣泡帶微氣泡的低 TDS 水
干型、酸度高、酒體輕盈、酒精濃度低的白酒
金芬黛，搭配鰻魚、梅子醬或鮪魚尤佳
避免
酒精濃度高的葡萄酒
過桶葡萄酒

螃蟹
白梢楠

鰻魚
阿馬龍
微干格烏茲塔明娜
微干麗絲玲
金芬黛

鯖魚
紐西蘭白蘇維濃

鮭魚
干型白梢楠
黑皮諾
干型、德國珍品麗絲玲

扇貝
白梢楠

海膽
梧雷產區

魷魚
蜜思卡得產區

甜蝦
香檳

SAPPORO
RESERVE

鮪魚或黃尾鮪魚
香檳，搭配微炙鮪魚
夏多內
氣泡酒
金芬黛

我會喝不甜的烏龍茶、清酒或愛爾啤酒配壽司。葡萄酒配壽司不太對我的味。

——尚盧・拉杜
Le Du's Wines，紐約市

配壽司最好喝清酒，因為壽司的食材是米飯，而且需要某種很純的東西去搭配魚。好的壽司味道很純，可能喝一杯葡萄酒，壽司的味道就被酒蓋過了。如果真的想配葡萄酒，建議選擇比較中性的酒，比方說夏布利，因為不帶橡木味，所以搭配起來還不錯。

——伯納・森
Jean-Georges Management
飲品總監，紐約市

我非常喜愛壽司及日本料理，一週至少會吃一次。日本料理適合搭配有酸度、低酒精濃度、不帶橡木味的酒。搭配壽司最好的酒是陳年、干型的梧雷產區酒，以及陳年夏布利或陳年香檳。因為陳放會帶來大豆香氣。

——拉傑・帕爾
Mina 集團葡萄酒總監 / 侍酒大師

我個人認為葡萄酒配壽司比清酒配壽司更優，搭配的空間也比較大。一般來說，梧雷產區的半干型氣泡酒配壽司就很棒。之前我到 Nobu 餐廳用餐時，點了香檳、格烏茲塔明娜、麗絲玲，以及利吉酒莊的金芬黛旗鑑酒萊頓泉（Lytton Spring）。同桌用餐的人都說我點金芬黛是不是瘋了，但那瓶金芬黛是我們當晚唯一不斷續點的酒。喝金芬黛配鮪魚，讓我覺得彷彿是第一次品嘗鮪魚！它跟鰻魚或梅子醬也很相配。你必須分解每一道菜：阿馬龍很適合搭配鰻魚的燻烤風味；白梢楠跟螃蟹還有扇貝的甜味十分相近，能帶出海鮮的甘甜；布根地白酒及橡木味較淡的夏多內搭配壽司也不錯；礦物味較濃的夏多內也很適合生魚片，尤其是貝類。還有，如果你喜歡吃辣，料理越辣，搭配麗絲玲就越佳。

——布萊恩・鄧肯
Bin36 餐廳葡萄酒總監，芝加哥

甜酸菜餚及醬汁
Sweet-and-Sour, Dishes and Sauces

微干白梢楠
帶果香葡萄酒
微干格烏茲塔明娜
酸度高的葡萄酒
灰皮諾
麗絲玲
紐西蘭白蘇維濃
微甜的葡萄酒
金芬黛

東南亞料理通常又酸又甜，酸度宜人。選擇餐酒有兩種方法：你喜歡以比較酸的酒去搭配食物的酸味，還是比較甜的酒去平衡酸味？如果菜餚是辣的，建議挑選偏甜、低酸度的葡萄酒。酸度會彼此加乘，所以有酸度的葡萄酒，會加強料理的酸度。如果你喜歡吃辣，配酸度高的葡萄酒很合宜。如果你只要小辣，建議搭配酸度低的葡萄酒，例如格烏茲塔明娜或灰皮諾。

——伯納・森
Jean-Georges Management
飲品總監，紐約市

小牛胰臟
Sweetbreads

薄酒萊
波爾多紅酒，酒體輕盈尤佳
布根地紅酒，酒體輕盈尤佳
布根地白酒
香檳，特別是法國，搭配嫩煎小牛胰臟尤佳
加州帶奶油香的夏多內，搭配佐芥末醬者尤佳
奇揚地
白蘭地、馬德拉酒或馬沙拉酒調製的調酒
阿爾薩斯格烏茲塔明娜
檸檬口味飲品（如檸檬水、氣泡水加檸檬）
黑皮諾，俄勒岡州尤佳
麗絲玲，德國干型、遲摘尤佳
干型粉紅酒
加州白蘇維濃
歐洛索雪利酒

甜食及甜味菜餚
Sweet Foods and Dishes（參見甜點）

香檳，半干型尤佳
白梢楠
甜的調酒
甜點酒，搭配甜點
帶果香的調酒
格烏茲塔明娜
冰酒
晚收的葡萄酒
馬德拉酒
波特酒
微干至甜**德國麗絲玲**
半甜或甜氣泡酒
較甜的葡萄酒
茶，紅茶尤佳
維歐尼耶
梧雷產區半干型葡萄酒

避免
干型葡萄酒

食物裡的甜味也愛葡萄酒裡的甜味。

——曼黛蓮・提芙
Matt Prentice 餐廳集團葡萄酒總監／侍酒大師，底特律

甘藷
Sweet Potatoes

加州夏多內
水果口味飲品，蘋果或橙尤佳（如氣泡蘋果汁）
格烏茲塔明娜，微干尤佳
薑汁汽水
微干至甜麗絲玲
至少帶點甜味的氣泡酒
維歐尼耶

瑞士蒸菜
Swiss chard

白蘇維濃

劍魚
Swordfish

一般
布根地紅酒，搭配燒烤劍魚尤佳
布根地白酒，搭配烘燒或炙烤劍魚尤佳
卡本內蘇維濃，搭配佐黑胡椒者尤佳
香檳
夏多內，特別是加州出產，搭配烘燒、炙烤或燒烤劍魚尤佳
檸檬口味飲品（如檸檬水、氣泡水加檸檬）
黑皮諾，俄勒岡州尤佳
阿爾薩斯干型麗絲玲
松塞爾產區
白蘇維濃
榭密雍，搭配燒烤劍魚尤佳
氣泡酒

佐培根
白蘇維濃
金芬黛，酒體輕盈尤佳

佐檸檬奶油醬汁
夏布利，特級葡萄園尤佳
松塞爾產區
白蘇維濃，加州尤佳

裹胡椒籽
卡本內蘇維濃
綠菲特麗娜
希哈
烘烤
夏多內，加州出產的尤佳
白蘇維濃

我們的招牌菜可以跟黑胡椒牛排一較高下，那就是胡椒籽裹劍魚。這道料理可以配紅酒，也可以配白酒。我們之前配綠菲特麗娜，效果很好。酒本身略帶一點白胡椒香，酸度也足以讓味蕾感到清新。這道料理配濃郁、帶李子香的澳洲希哈酒也不錯。希哈酒、卡本內蘇維濃也是很好的搭配。

——布萊恩・鄧肯
Bin36 餐廳葡萄酒總監，芝加哥

川菜
Szechuan Food（參見亞洲料理及辛辣菜餚）

薄酒萊，搭配較辛辣的肉料理
啤酒
阿爾薩斯格烏茲塔明娜，搭配較辛辣的料理尤佳
微干麗絲玲，如遲摘或精選
粉紅酒，搭配較辛辣菜餚尤佳
氣泡酒

塔巴斯克辣椒醬
Tabasco

啤酒
酒精濃度低的葡萄酒
黑皮諾，俄羅斯河產區尤佳
氣泡酒
葡萄牙綠酒

避免
酒精濃度高的葡萄酒
大部分的紅酒

熱辣的調味料會強化葡萄酒的酒精，所以配辛辣菜餚建議選擇酒精濃度低、清新的酒款。如果菜餚中加了大量的塔巴斯克辣椒醬，就用啤酒搭配。

——喬許・韋森
Best Cellars 葡萄酒總監

麥粒番茄生菜沙拉
Tabboulch（參見中東料理）

黑皮諾
干型粉紅酒
白蘇維濃
薄荷茶，綠薄荷尤佳

連鎖店炸玉米餅
Taco Bell Gorditas

粉紅酒
白蘇維濃，紐西蘭尤佳
氣泡酒

塔可（墨西哥捲）
Tacos

一般
啤酒，皮爾森或提卡特尤佳

牛肉
啤酒，提卡特尤佳
卡本內蘇維濃
隆河丘產區
梅洛
希哈
田帕尼優
金芬黛

羅望子
Tamarind

黑皮諾
麗絲玲

唐杜里菜餚
Tandoori Dishes（參見印度料理）

啤酒
格烏茲塔明娜

阿薩姆紅茶
金芬黛，搭配唐杜里雞尤佳

如果是唐杜里烤雞，我一定要配金芬黛！

——阿帕納・辛
Everst 餐廳侍酒大師，芝加哥

西班牙小菜
Tapas

一般
阿爾巴利諾
啤酒，拉格尤佳
西班牙氣泡酒
普里奧拉，搭配燒烤或燉的小菜尤佳
利奧哈白酒
干型粉紅酒
＊干型菲諾雪利酒或曼薩尼亞尤佳
查克利品種
葡萄牙綠酒

避免
紅酒

雪利酒跟西班牙小菜很合，因為酒精濃度高，剛好搭配西班牙小菜的重口味，也可以解膩，創造對比的口感。

——史蒂芬・貝克塔
Beckta Dining & Wine 老闆
渥太華

吃西班牙小菜的時候，我都先以粉紅酒或利奧哈搭配，然後再以普里奧拉配燉煮及燒烤的西班牙小菜。

——尚盧・拉杜
Le Dû's 酒窖，紐約

普羅旺斯橄欖酸豆鯷魚醬
Tapenade

香檳，白中白尤佳
干型粉紅酒
白蘇維濃
雪利酒
金芬黛

龍蒿
Tarragon

安蓋白酒
布根地白酒
未過桶夏多內
梅洛
黑皮諾
白蘇維濃
維歐尼耶

酸味食物
Tart Foods

帶果香的葡萄酒
酸度高、清爽的葡萄酒

酸味可互相匹配。食物的酸度可以減緩葡萄酒的酸度，所以酸味菜餚跟帶果香、酸而清爽的葡萄酒是很好的組合。

——曼黛蓮・提芙
Matt Prentice 餐廳集團
葡萄酒總監／侍酒大師，底特律

天婦羅
Tampura

一般
啤酒，拉格或小麥啤酒尤佳
夏布利
香檳，干型尤佳
調酒，以黃瓜、清酒或伏特加調製尤佳
清酒，本釀造酒或純米酒尤佳
松塞爾產區
白蘇維濃
氣泡酒，干型或極干型尤佳
海鮮
干型格烏茲塔明娜
蜜思卡得產區
白蘇維濃
干型菲諾雪利酒尤佳

照燒醬
Teriyaki

邦斗爾產區紅酒，搭配牛肉
薄酒萊或薄酒萊村莊酒，搭配牛肉
梅洛
黑皮諾，搭配鮭魚
麗絲玲，微干尤佳，搭配雞肉、豬肉或海鮮
粉紅酒
金芬黛，搭配牛肉

美式墨西哥料理
Tex-Mex Cuisine（參見墨西哥料理以及美國西南方料理）

薄酒萊
啤酒
紐西蘭白蘇維濃

暹羅羅勒
Thai Basil

白蘇維濃

泰國料理
Thai Cuisine

一般
薄酒萊，搭配咖哩及其他辛辣菜餚尤佳
啤酒（如愛爾、皮爾森、勝獅或德國啤酒），搭配咖哩及其他辛辣菜餚尤佳
夏布利
香檳，干型尤佳
過桶夏多內，搭配咖哩尤佳
以椰子、芫荽、咖哩醬、薑、萊姆、糖、伏特加調製的調酒
格烏茲塔明娜
奧地利綠菲特麗娜
酒精濃度低的葡萄酒
義大利黑達沃拉品種
葡萄酒，微干至較甜
白皮諾
灰皮諾，阿爾薩斯尤佳
黑皮諾
＊**麗絲玲**，特別是德國、微干、遲摘，搭配含椰奶、極辣料理尤佳
粉紅酒，搭配較辣料理尤佳
紐西蘭白蘇維濃，搭配檸檬香茅、蔬食菜餚尤佳
帶果香的希哈，搭配牛肉料理
氣泡酒
辛香的希哈，搭配肉食尤佳
泰式冰咖啡或茶
梧雷產區，搭配較甜的甜品尤佳

避免
酒精濃度高的葡萄酒，搭配較辣的料理
單寧強勁的葡萄酒

我住在中國城附近，那裡很多泰式料理。泰式料理跟格烏茲塔明娜是經典組合，但有時候菜餚的味道會被酒蓋過。我覺得阿爾薩斯麗絲玲或托凱灰皮諾比較好搭。

——理察・布克瑞茲
Eleven Madison Park 餐廳
總經理，紐約市

食用加椰奶的甜咖哩，我很愛搭配德國麗絲玲，因為跟薑的味道很合。若是檸檬香茅烹調的料理，我則喜歡配松塞爾那種比較纖瘦的白蘇維濃。梧雷產區的酒搭配甜味食物也不錯。梧雷產區的酒帶有濃郁的果香，比較偏向梨子的風味，但是也保有礦物味及酸度，還滿平衡的。

——吉兒・吉貝許
Frontera Grill and Topolobampo
侍酒大師，芝加哥

我妻子梅琳跟我每週日晚上都吃泰式料理，而且每次都點一樣的菜。我們都吃酸辣鳳梨蝦仁湯，還有鍋貼蘸辣椒醬油。每道菜都很適合搭配微干麗絲玲（不管是德國或尼加拉瓜）、格烏茲塔明娜或阿爾薩斯托凱黑皮諾。吃完這麼多又鹹又辣的食物，建議來款比較清爽、微干的酒。

——史蒂芬・貝克塔

Beckta Dining & Wine 老闆
渥太華

吃泰式料理時，建議搭配以新鮮椰汁、芫荽、黃咖哩醬、萊姆、糖以及伏特加調製的調酒，也稱為終極泰式調酒。雖然這款酒有一點誇張，但是跟泰式雞肉沙拉是絕配。我們之前也試過簡單一點的搭配，用薑汁柯夢波丹搭配泰式料理，以手工的方式將新鮮的薑榨汁，加入經典的柯夢波丹調酒，再以橙碎皮調味，讓感官享受多了道層次：聞香。

——萊恩・馬格利恩
Kathy Casey 廚藝教室調酒師
西雅圖

泰式魚露
Thai Fish Sauce（參見鯷魚）

百里香
Thyme
啤酒
卡本內蘇維濃
粉紅香檳
夏多內
教皇新堡產區
吉恭達斯產區
梅洛
灰皮諾
黑皮諾
紅酒
白蘇維濃
希哈
金芬黛

提拉米蘇
Tiramisu
義大利亞斯堤氣泡酒
馬德拉酒，馬瓦西亞品種尤佳
馬沙拉酒
蜜思嘉微氣泡甜酒
甜蜜思嘉、白蜜思嘉
波特酒，陳年尤佳
索甸甜白酒
甜雪利酒
義大利甜白酒

豆腐
Tofu
清酒，大吟釀尤佳
烏龍茶，搭配炸豆腐尤佳

綠番茄
Tomatillos
布根地紅酒
隆河丘產區
麗絲玲，阿爾薩斯尤佳
白蘇維濃，紐西蘭尤佳
希哈，新世界尤佳

如果要用綠番茄醬汁搭配葡萄酒，我會留意季節。夏季的綠番茄甜度高、酸度低，就可以搭配比較濃郁的酒，例如希哈。希哈帶有濃郁的水果辛香，風味鮮明，足以匹配綠番茄的焦甜味。

——吉兒・吉貝許
Frontera Grill and Topolobampo
侍酒師，芝加哥

番茄
Tomatos
一般
阿爾巴利諾，搭配油封番茄尤佳
巴貝拉，搭配煮過的番茄尤佳
奇揚地，搭配煮過的番茄尤佳
干型格烏茲塔明娜，特別是德國普法爾茲產區，搭配生番茄尤佳
義大利白酒
灰皮諾，搭配生番茄尤佳
黑皮諾，搭配煮過的番茄尤佳
干型麗絲玲，搭配生番茄尤佳
粉紅酒，如邦斗爾產區，搭配生番茄尤佳
山吉歐維列，搭配煮過的番茄尤佳
白蘇維濃，特別是紐西蘭，搭配生番茄尤佳
油炸綠番茄
灰皮諾
白蘇維濃

搭配番茄醬汁，我喜歡用同等酸度和單寧的紅酒，比方說奇揚地或山吉歐維列。

——曼黛蓮・提芙
Matt Prentice 餐廳集團
葡萄酒總監／侍酒大師，底特律

格烏茲塔明娜是最適合配生番茄的葡萄酒。大家時常忽略番茄是水果，而且酸度很高。如果番茄搭配酸度高又帶果香的葡萄酒，感覺就像第一次品嘗到番茄的鮮味。如果你想露一手，但又不太會做菜，可以準備各種顏色的番茄，淋上橄欖油，撒上一點海鹽及新鮮羅勒，再搭配格烏茲塔明娜。大家一定會讚不絕口！我推薦德國普法爾茲產區格烏茲塔明娜，因為酸度高，但是又不像阿爾薩斯的產區那麼過熟。

——布萊恩・鄧肯
Bin36 餐廳葡萄酒總監，芝加哥

日式鮪魚
Toro
清酒，本釀造酒或純米酒尤佳

玉米脆餅
Tortilla Chips
香檳
紐西蘭白蘇維濃，搭配玉米脆餅與莎莎醬
氣泡酒

墨西哥薄圓餅
Tortillas
夏多內，紐西蘭尤佳

鱒魚
Trout（參見其他風味溫和的魚，如鱸魚、大比目魚，以及煙燻鱒魚）

波爾多白酒，搭配嫩煎鱒魚佐奶油、檸檬尤佳
布根地白酒，特別是梅索，搭配奶油醬汁尤佳
夏布利
香檳，特別是白中白、年份酒，搭配鱒魚佐醬油尤佳
夏多內，特別是酒體輕盈，搭配鱒魚佐檸檬醬尤佳
白梢楠，搭配燒烤鱒魚、鱒魚佐杏仁尤佳
白蘭地或綠茴香酒調製的調酒
格烏茲塔明娜
檸檬口味飲品（如檸檬水、氣泡水加檸檬）
白皮諾，搭配鱒魚佐杏仁尤佳
阿爾薩斯灰皮諾，搭配鱒魚佐杏仁尤佳
黑皮諾，搭配燒烤鱒魚尤佳
普依芙美產區
麗絲玲，特別是阿爾薩斯、干型麗絲玲，搭配燒烤或嫩煎鱒魚尤佳
德國麗絲玲，特別是珍品麗絲玲，搭配燒烤鱒魚、佐奶油醬汁或奶油白醬者尤佳
松塞爾產區
白蘇維濃
氣泡酒，義大利氣泡酒尤佳
干型梧雷產區酒

French Quarter 調酒

Drinkboy.com 網站的羅伯．賀斯發名了這款調酒，搭配紐奧良 Antoine's 餐廳的杏仁鱒魚。

2.5 盎司白蘭地
0.75 盎司法國橙香白葡萄餐前酒

將白蘭地及法國橙香白葡萄餐前酒與冰塊攪拌，再濾到調酒杯中，加一小片檸檬作為裝飾。

松露
Truffles

陳年葡萄酒
＊最高品質的巴貝瑞斯可，搭配白松露
巴貝拉
＊最高品質的巴羅洛，搭配白松露
波爾多紅酒，波雅克產區尤佳
布根地紅酒，陳年尤佳
布根地白酒
香檳，干型尤佳
過桶夏多內
以干邑白蘭地或馬德拉酒調製的調酒
隆河丘產區
多切托品種
黑皮諾
玻美侯產區
斗羅河岸

談到松露，就不能不提巴羅洛跟巴貝瑞斯可。每到產松露的秋季，我總是迫不及待想品嘗這個組合。

——伯納．森
Jean-Georges Management
飲品總監，紐約市

鮪魚
Tuna

一般
薄酒萊
布根地白酒
卡本內弗朗
卡本內蘇維濃，搭配黑胡椒鮪魚尤佳
粉紅香檳
夏多內，未過桶、義大利或加州出產尤佳
教皇新堡
吉恭達斯產區
薑汁汽水
檸檬口味飲品（如檸檬水、氣泡水加萊姆）
梅洛，新世界、帶輕微橡木味尤佳
灰皮諾
＊黑皮諾，加州或俄勒岡州尤佳
隆河紅酒
麗絲玲
粉紅酒
清酒，本釀造酒或是純米酒尤佳
白蘇維濃，加州或紐西蘭尤佳
希哈
維歐尼耶
金芬黛

砂鍋菜
薄酒萊
夏多內，未過桶尤佳

秘魯酸漬海鮮
白梢楠
蜜思卡得產區
干型至微干麗絲玲

燒烤鮪魚
啤酒，拉格配辛辣菜餚尤佳
卡本內蘇維濃
加州夏多內
隆河丘產區紅酒
梅洛
黑皮諾，加州尤佳
白蘇維濃
綠茶

尼斯鮪魚（參見沙拉，尼斯沙拉）

配義式青醬
夏多內
奇揚地

生鮪魚（如薄切生魚片或韃靼鮪魚）
香檳，干型或粉紅香檳尤佳
灰皮諾
干型麗絲玲（如德國珍品麗絲玲）
白蘇維濃，新世界尤佳

Masa's 餐廳，*加州舊金山*

貴格利・修特（Gregory Short）的微炙鮪魚佐酪梨、芒果及芒果油醋醬

四人份

兩顆成熟的海頓芒果（Hayden Mangos）

約兩茶匙的檸檬汁

約一茶匙的薄鹽醬油

1.4 公斤的生魚片等級黃鰭鮪魚，切成小塊，每塊約 0.6 公分

一茶匙特級初榨橄欖油

鹽巴

黑胡椒

一顆成熟的酪梨，剝皮後切成小塊，每塊約 0.6 公分

視個人喜好，上菜前可加入烤土司小點心或淋上少許沙拉醬的小萵苣。

1. 芒果剝皮後，將果肉與芒果籽分離，果肉切成小塊，每塊約 0.6 公分，冷藏。

2. 製作芒果醬料：將大塊芒果放入攪拌機中，將果肉打碎成滑順的果泥。（如有需要，可酌量加水）。之後加入檸檬汁及醬油調味，冷藏。

3. 將鮪魚、橄欖油及切塊的芒果放入大碗中混合，以鹽巴及黑胡椒調味。加入酪梨，輕輕攪拌。調味後冷藏。

4. 上菜：使用圓形餅乾壓模或其他圓形的壓模，將上述鮪魚混料分成四份裝盤。在生鮪魚四周淋上幾滴芒果醬汁作為點綴。視個人喜好，上菜前可加入烤土司小點心或淋上少許沙拉醬的小萵苣。

侍酒師艾倫・莫瑞的搭配酒款：2003 年俄勒岡州巍峨酒莊灰皮諾
（Willakenzie Estate Pinot Gris Oregon 2003）

干型氣泡酒
維歐尼耶

大圓鮃
Turbot
布根地白酒
夏布利
香檳，搭配水煮大圓鮃
夏多內，特別是帶輕微橡木味，搭配燒烤大圓鮃尤佳
檸檬口味飲品（如檸檬水、氣泡水加檸檬）
普依芙美產區

火雞
Turkey（參見雞肉的推薦組合）
一般（如烘烤火雞）
薄酒萊，薄酒萊新酒尤佳
布根地白酒
卡本內蘇維濃
夏多內，加州或其他新世界產區，帶些微橡木味或無橡木味尤佳
以馬德拉或馬沙酒調製的調酒
氣泡蔓越莓汁（如 Fizzy Lizzy 氣泡果汁）
格烏茲塔明娜
梅洛
黑皮諾
麗絲玲
精選級利奧哈
白蘇維濃
希哈
梧雷產區
金芬黛

搭配薯塊
干型、阿爾薩斯產麗絲玲
粉紅酒

剩肉（冷盤）
薄酒萊
黑皮諾
德國麗絲玲

煙燻
干型粉紅酒

感恩節晚餐（加上填料、蔓越莓醬汁等）
阿馬龍
薄酒萊
布根地白酒
卡本內蘇維濃
夏布利
加州夏多內
帶果香的葡萄酒
格烏茲塔明娜
梅洛
微干葡萄酒
灰皮諾
黑皮諾，新世界尤佳
干型、珍品麗絲玲
希哈，無氣泡或有氣泡皆可
氣泡酒，干型、粉紅酒尤佳
希哈
金芬黛，帶果香尤佳

對侍酒師來說，感恩節是最有挑戰性的日子，因為每桌客人都不一樣，每個人的口味也互異，頂多找出人們大致上能接受的搭配。干型的氣泡希哈搭配感恩節晚餐相當令人驚豔，因為總能滿足每個人的某種需求。這是終極的「百變」葡萄酒，像變色龍一樣，造就完美搭配。

——喬許・韋森
Best Cellars 葡萄酒總監

香莢蘭
Vanilla
義大利亞斯堤氣泡酒
班努斯產區，搭配甜點尤佳
布根地白酒
香檳
夏多內，豐厚且帶奶油香的加州夏多內尤佳
咖啡
冰酒，搭配甜點尤佳
蜜思嘉微氣泡甜酒，搭配甜點尤佳
波特酒，特別是陳年波特，搭配甜點尤佳
甜型或遲摘麗絲玲
PX 雪利酒，搭配甜點尤佳
氣泡酒

小牛肉
Veal
一般
薄酒萊
啤酒，搭配簡單、油炸的料理尤佳
波爾多紅酒
布魯內羅
布根地紅酒
布根地白酒
卡本內弗朗
卡本內蘇維濃
粉紅香檳
夏多內
奇揚地，經典奇揚地尤佳
蘋果氣泡酒
以馬德拉、馬沙拉或苦艾酒調製的調酒
多切托品種
嘉美品種
檸檬口味飲品（如檸檬水、氣泡水加檸檬）
梅洛，干型、智利梅洛尤佳
灰皮諾
黑皮諾
麗絲玲
山吉歐維列
蘇瓦韋產區
梧雷產區
白酒或酒體輕盈的紅酒
金芬黛，酒體輕盈尤佳

燜煮的小牛腱或牛肩
波爾多紅酒，淺齡尤佳
加州黑皮諾，搭配佐迷迭香者尤佳
隆河產區紅酒
超級托斯卡尼
希哈

切片小牛排
巴羅洛
波爾多紅酒

布根地紅酒
卡本內蘇維濃
以干邑白蘭地或馬德拉酒調製的調酒
黑皮諾，加州尤佳
利奧哈

佐奶油白醬
布根地白酒
夏多內，酒體輕盈尤佳
灰皮諾
干型麗絲玲

燒烤
布根地紅酒
馬爾貝克品種
利奧哈
希哈

烘烤牛腰肉
波爾多紅酒
布根地白酒

佐柑橘醬汁
夏布利
夏多內，新世界尤佳

馬沙拉酒燉小牛肉
安聶白酒
夏多內
奇揚地
梅洛

佐羊肚蕈
布根地紅酒
帶橡木味夏多內
灰皮諾
梧雷產區

佐帕瑪乳酪
布魯內羅
奇揚地

烘烤
波爾多紅酒
蒙塔奇諾產區布魯內羅
布根地紅酒

布根地白酒
卡本內蘇維濃
夏多內
奇揚地，經典奇揚地尤佳
老藤格那希
梅洛
灰皮諾，阿爾薩斯或德國尤佳
黑皮諾
瓦波利切拉產區

義式薄肉排
灰皮諾
利奧哈
蘇瓦韋產區
氣泡酒，加州、干型尤佳

維也納炸豬排
皮爾森啤酒
綠菲特麗娜
德國麗絲玲
松塞爾
白蘇維濃
金芬黛

蔬菜及蔬食菜餚
Vegetables and vegetarian dishes（參見豆腐及特定蔬菜）

一般
薄酒萊
波爾多紅酒
香檳，粉紅香檳尤佳
夏多內（無橡木味）
綠菲特麗娜，酒體輕盈尤佳
梅洛
灰皮諾
干型麗絲玲
粉紅酒，干型尤佳
白蘇維濃，紐西蘭尤佳
氣泡酒
維歐尼耶
白酒，較干及未過桶尤佳

佐豆類等土壤風味食材
梅洛
紅酒

佐奶油白醬或乳酪醬
啤酒
夏多內
蘋果氣泡酒

佐山羊乳酪
松塞爾產區
白蘇維濃

燒烤
薄酒萊
夏多內，加州帶橡木味尤佳
梅洛
粉紅酒／西班牙粉紅酒，干型、新世界尤佳
金芬黛

慕斯
香檳
麗絲玲
清酒，大吟釀尤佳

蔬菜堡通常口味比較平淡，就像是空白的畫布，所以重點在於調味料，也就是畫布上揮灑的色彩。如果蔬菜堡加了番茄醬，就搭配微干粉紅酒。

——喬許·韋森
Best Cellars 葡萄酒總監

搭配蔬菜比搭配肉類或魚更難，因為重點在於醬汁。礦物味是一大關鍵，蔬菜跟葡萄都會從土壤中汲取礦物風味。

——德瑞克·陶德
Blue Hills at Stone Barns 餐廳侍酒師，紐約

艾倫·莫瑞的素食搭配推薦

我在 Masa's 餐廳搭配素食菜單的飲品已有五年，碰過不少挑戰。我從過去的經驗中學會以**未過桶**、非極干型的白酒搭配素食。素食也適合搭配粉紅酒。素食料理不太油膩，也不會太濃郁，重點在於帶出食材的鮮味，因此帶橡木味、酸度低的葡萄酒並不適合。

我們菜單上有道夏季豆子沙拉，包含三種豆子，並淋上油醋醬。這道菜要找到搭配的酒並不容易，而我選擇了**香檳**。

冬季的湯品我喜歡配**馬德拉酒**。玉米濃湯就很適合搭配干型的華帝露品種馬德拉酒。大部分的人都會選擇搭配夏多內或維歐尼耶，但是搭配這兩種酒，酒精味會過重，風味太過平淡。馬德拉則很能襯出湯的風味。陳年的馬德拉因為比較柔順，所以效果又比淺齡的好，搭配濃湯是超凡入勝的組合。

我努力思考搭配的問題。如果我點素食套餐，然後侍酒師侍給我四種白酒，我一定不想理他們！大部分人都期待可以喝到紅酒，但這對搭配而言是最大的挑戰。

如果最後一道菜是義式麵食或義大利燉飯，就容易多了。我們目前的最後一道菜是烘烤小果南瓜。為了搭配這道菜，我稍微作了弊，搭配**粉紅香檳**。如果同一道菜中有多種食材，像是鷹嘴豆泥醬、茄子魚子醬及其他比較細緻的口味，粉紅酒的效果就不錯，紅酒則應付不來。如果客人要求要配紅酒，我會用風味較重的紅酒，例如格那希或教皇新堡產區的酒，但是紅酒會成為主角。所以搭配紅酒還是可以，但卻不是最優的組合。

蒸煮
清酒，大吟釀尤佳
白酒，酒體輕盈尤佳

翻炒
白蘇維濃

塔或派
阿爾薩斯白皮諾

蔬菜堡
啤酒，拉格或皮爾森尤佳
發酵蘋果氣泡酒或蘋果氣泡酒
微干粉紅酒
避免
單寧強勁的紅酒

鹿肉
Venison
阿馬龍
巴貝瑞斯可
巴羅洛
啤酒，特別是愛爾、棕色愛爾或**＊加強型烈性拉格**
波爾多紅酒
卡本內蘇維濃，加州尤佳
粉紅香檳
教皇新堡
以白蘭地、琴酒或馬德拉酒調製的調酒
羅第丘
水果口味飲品，蘋果或櫻桃口味尤佳（如氣泡蘋果汁）
吉恭達斯產區
艾米達吉產區
梅洛
小希哈
新世界黑皮諾
隆河產區紅酒
歐洛索雪利酒
＊希哈，特別是新世界，搭配燒烤鹿肉尤佳
大吉嶺紅茶
金芬黛，特別是加州，搭配燉煮鹿肉尤佳
避免
白酒

搭配複雜的料理，要找出混調的搭配其實可以很有邏輯。我們在多倫多 The Fairmont 餐廳的主廚以巧克力醬佐鹿肉。我們發現大吉嶺加肯亞茶的組合非常適合搭配這道料理。兩種茶以 7:3 的比例調配，剛好跟鹿肉佐巧克力醬的比例相同。大吉嶺茶剛好配鹿肉，肯亞茶則配巧克力醬。

——麥可·歐布列尼
加拿大第一位侍茶師

越南料理
Vietnamese Cuisine

巴貝瑞斯可，搭配酸度低的料理，牛肉尤佳
巴羅洛，搭配酸度低的料理，牛肉尤佳
啤酒，奇美啤酒（特別是搭配豬肉）或白啤酒尤佳
布根地紅酒
清爽的未過桶夏多內
白梢楠
伯恩丘產區
格烏茲塔明娜
薑汁汽水
萊姆口味飲品（如萊姆水、氣泡水加萊姆）
灰皮諾，阿爾薩斯或俄勒岡州尤佳
酒體輕盈的紅酒
麗絲玲，德國尤佳
白蘇維濃，特別是紐西蘭，搭配海鮮、蔬食菜餚尤佳
茶
維歐尼耶
加州金芬黛

避免
酒精濃度高的葡萄酒
單寧極為強勁的葡萄酒

舊金山有兩家越南餐廳，因為菜色結構不同，也以不同品種的葡萄酒搭配。每位主廚都有自己的烹調方式，越南料理也是如此，所以每家越南餐廳的菜色都不盡相同。一定要先嘗過食物，再選擇要搭配的酒。Ana Mandara 餐廳的主廚深受法國料理的影響，所以他的菜色跟布根地白酒、隆河產區紅酒及加州梅里蒂奇（Meritage）酒十分相配。這位主廚的家人很喜愛法國料理，他本人也在藍帶廚藝學院學習，所以他的菜色不管在食材的範圍，或是平衡感及和諧度上，都比較接近經典的歐洲風格。The Slatned Doors 餐廳的主廚 Charles Phan（查爾斯·潘）才華洋溢，菜色較張揚，帶強烈的酸味，較不重視風味的協調性。他自己就說：「我的菜比較像越南小吃。」而越南小吃則比較適合搭配酸度較高的葡萄酒，像羅亞爾河谷的白蘇維濃是奧地利的綠菲特麗娜。查爾斯搭配的酒單也正好反映了這一點。

——賴瑞·史東
Rubicon 餐廳侍酒大師，舊金山

越南料理很辛辣，因此適合微干、帶點殘糖跟花香的白酒。想到白皮諾，我會聯想到甜瓜；想到格烏茲塔明娜，我會聯想到荔枝；想到維歐尼耶，則會聯想到芒果跟木瓜。為了搭配我們 Le Voyage 套餐上的越南菜，我們引進了多種啤酒。主打是奇美，也就是來自比利時、非常濃郁的紅修道院啤酒。奇美修道院啤酒跟焦香豬肉佐薑片也是絕配。

——史蒂芬·貝克塔
Beckta Dining & Wine 老闆，渥太華

我喜歡喝白啤酒（Weissbier）配越南料理，因為這種啤酒比較有特色，又不會過淡。葡萄酒的話，我喜歡格烏茲塔明娜。 搭配牛肉料理，我有時會選義大利巴羅洛或皮耶蒙產區的巴貝瑞斯可等紅酒。以紅酒佐餐時要特別注意，必須選擇比較不酸的料理。

——史蒂芬·柯林
紐約現代美術館 The Modern 餐廳葡萄酒總監，紐約市

油醋醬
Vinaigrette

啤酒
夏布利
香檳
夏多內
酸度高的葡萄酒
馬沙拉酒
灰皮諾
微干麗絲玲，搭配薑汁油醋醬尤佳
白蘇維濃
維蒂奇諾品種
葡萄牙綠酒

避免
酒精濃度低的葡萄酒
紅酒

很多人都說葡萄酒不能配沙拉，因為沙拉中的油醋醬會「毀了葡萄酒的風味」。不過，如果選擇酸度比較高的葡萄酒，酒跟沙拉就可以互相平衡，非常美味。

——大衛・羅森加騰
DavidRosengarten.com 網站主編

淋上油醋醬的沙拉應該是最不適合配葡萄酒的料理了。油醋醬的酸度太高，會讓葡萄酒喝起來更酸。如果要平衡兩者，就得選擇跟油醋醬酸度類似的葡萄酒。聽起來好像很傻，但是香檳或夏布利因為酸度夠高，所以很適合配油醋醬。

——伯納・森
Jean-Georges Management
飲品總監，紐約市

提示：醋非常酸，要搭配任何葡萄酒都很困難。一般而言，若以白酒配沙拉，沙拉便應加白酒醋；若以紅酒（如馬沙拉酒，即少數能夠搭配醋的葡萄酒）搭配沙拉，沙拉便應加紅酒醋。如果想讓沙拉更能搭配葡萄酒：

＊調製沙拉醬時，調高橄欖油對醋的比例。
＊加入風味鮮明的食材，如鯷魚、培根、乳酪或堅果，以改變風味的平衡。
＊以巴薩米克醋（較甜）代替酸度較高的醋，或直接以檸檬汁、芥末或酸果汁[8]代替醋。

醋
Vinegar

巴薩米克醋
卡本內蘇維濃
藍布斯寇品種
梅洛
斗羅河岸
麗絲玲，搭配陳年巴薩米克醋尤佳
瓦波利切拉產區

蘋果醋
啤酒
波爾多白酒
蘋果氣泡酒
具蘋果風味的蜜思卡得產區
具蘋果風味的白蘇維濃

麥芽醋
啤酒

料理要搭配精緻、陳年的葡萄酒時，請勿加入任何醋。我自己則是完全不碰醋，因為還有其他替代品，例如酸果汁、檸檬汁、白酒、紅酒或任何柑橘汁。所以，你的首要之務，就是找出方法平衡料理中的酸度。

——崔西・黛查丹
Jardiniere 餐廳主廚，舊金山

如果以蘋果醋調製紅酒香蔥醋汁來搭配生蠔，配上蘋果風味明顯的蜜思卡得產區或白蘇維濃會相當出色。如此一來，你其實是用紅酒香蔥醋汁搭配葡萄酒。

——蕾貝卡・查爾斯
（Rebecca Charles）
Pearl Oyster Bar 主廚／老闆
紐約市

核桃及核桃油
Walnut And Walnut Oil

一般
卡本內蘇維濃
加州帶橡木味的夏多內
馬德拉酒
梅洛
黑皮諾
波特酒，陳年波特或年份波特尤佳
麗絲玲
菲諾雪利酒、曼薩尼亞或歐洛索尤佳

甜點
義大利杏仁香甜酒
咖啡
馬瓦西亞品種馬德拉酒
蜜思嘉
波特酒，陳年或紅寶石
雪利酒，歐洛索尤佳
正山小種茶

山葵／日式芥末醬
Wasabi

香檳
格烏茲塔明娜
微干麗絲玲
清酒
新世界白蘇維濃
氣泡酒，西班牙氣泡酒尤佳
金芬黛

8．譯注 verjus，以未成熟的葡萄、野生蘋果榨出來的酸果汁。

避免
卡本內蘇維濃
單寧強勁的紅酒

我曾經在品酒會準備芥末豆（日式零食），好讓大家不再排斥麗絲玲。如果把芥末豆塞到某個不知情的人嘴中，因為風味太鮮明、強烈，所以馬上就得喝飲料來調和。我通常會請大家先單獨品嘗葡萄酒，然後再搭配芥末豆一起喝，接著他們就懂了。猜猜看，品酒會結束之後，大家決定買哪一款酒？除此之外，我們也要知道哪些搭配是行不通的。如果吃芥末豆配卡本內蘇維濃，兩種口味一定會互衝。大家還是要備好麗絲玲，以拯救自己的味蕾及生活。

——布萊恩·鄧肯
Bin36 餐廳葡萄酒總監，芝加哥

西瓜
Watermelon
香檳，干型粉紅香檳或半甜型香檳
麗絲玲，珍品麗絲玲尤佳
義大利小茴香甜酒

猶疑不定時
When in doubt
淺齡薄酒萊
香檳
發酵蘋果氣泡酒或蘋果氣泡酒
淺齡的加州黑皮諾
淺齡、帶果香、酒精濃度低的未過桶紅酒
麗絲玲
粉紅酒
氣泡酒

白城堡漢堡
White Castle Hamburgers
干型麗絲玲
粉紅酒
白金芬黛

維也納炸豬排
Wiener Schnitzel（參見小牛肉，維也納炸豬排）

葡萄酒基底食物
Wine-Based Food（如瑞士火鍋及醬汁）
料理或醬汁所使用的葡萄酒

冬季
Winter
大麥酒
薄酒萊新酒
血腥瑪麗
波爾多，陳年紅酒及白酒
布魯內羅
布根地，陳年紅酒
卡本內蘇維濃
香檳，節慶時尤佳
香檳水果調酒
酒體飽滿、橡木味中度至重度的夏多內
法式清湯
蛋酒
酒體飽滿的葡萄酒
熱飲（如熱巧克力、熱蘋果氣泡酒、熱可可、熱茶、托帝調酒等）
蘋果馬丁尼
加糖、香料的熱飲酒（如蘋果氣泡酒及葡萄酒）
黑皮諾
波特酒
紅酒，酒體極飽滿尤佳
濃郁的葡萄酒
利奧哈
熱奶油萊姆酒
山吉歐維列
索甸甜白酒及其他酒體飽滿的甜點酒
單寧強勁的葡萄酒
金芬黛

我會隨季節更換酒單。冬季會想喝濃郁、溫暖的葡萄酒，夏季則是喝輕盈、清爽的葡萄酒。

——史蒂芬·柯林
紐約現代美術館 The Modern 餐廳葡萄酒總監，紐約市

印度人冬天喜歡喝熱的加糖香料蘋果氣泡酒，加入少許干邑白蘭地，味道非常棒。因為帶有蘋果氣泡酒的辛香，再加上干邑白蘭地的精力，因此十分耐人尋味。我自己的香料蘋果氣泡酒會加入八角、大量的橙皮、丁香、小豆蔻、薑、紅辣椒、黑胡椒，還有些微肉桂。肉桂如果加太多，很容易過甜或太「美國味」。這款酒搭配印度菜非常協調，因為印度菜本來就含有大量柑橘和新鮮、溫暖的香料。喝了香料蘋果氣泡酒之後，口中會嘗到同樣的平衡。這款酒也可搭配佐醬汁的料理，尤其是番茄咖哩醬或其他咖哩醬。搭配印度香料雞也很完美。

——蘇維爾·沙朗
Dévi 餐廳主廚，紐約市

優格及優格醬
Yogurt And Yogurt Sauce
布根地白酒
新世界夏多內
水果口味飲品
松香酒
微干至較甜麗絲玲
干型粉紅酒
白蘇維濃
氣泡酒
干型白酒

薩巴里安尼醬
Zabaglione（義大利用馬沙拉酒製成的泡沫狀卡士達）
義大利亞斯堤氣泡酒
干型至甜型香檳
咖啡，義式咖啡尤佳
馬瓦西亞品種馬德拉酒
甜馬沙拉酒

蜜思嘉微氣泡甜酒
蜜思嘉，威尼斯－彭姆產區尤佳
波特酒
義大利氣泡酒
蘇瓦韋產區麗秋朵
德國麗絲玲，貴腐精選尤佳
索甸甜白酒
氣泡酒
義大利甜白酒

節瓜
Zucchini
巴貝拉，搭配番茄醬汁尤佳
薄酒萊
多切托品種
蒙地普奇亞諾產區
松塞爾產區
白蘇維濃
瓦波利切拉產區
干型白酒

節瓜花
Zucchini Blossoms（尤其是炸的）
安聶品種
布根地白酒，夏山－蒙哈榭村尤佳
夏多內
干型格烏茲塔明娜
白皮諾
灰皮諾
麗絲玲
白蘇維濃
蘇瓦韋產區
酒體輕盈的白酒，義大利尤佳

{ What to Eat with What you Drink
Matching Foods to Beverages }

CHAPTER 6

以食佐飲品

為你的飲品找出食物搭配

你必須留意葡萄酒跟食物之間的作用，因為好的葡萄酒可能會被不搭的風味給毀了。

——崔西・黛查丹，Jardiniere 餐廳主廚，舊金山俗話說「天涯何處無芳草」，愛情如此，飲食也是如此。一種葡萄酒或飲品可以搭配許多料理，所以不必單戀一枝花。但是就如戀愛一般，酒食搭配要找到天作之合也不容易。在本章，我們會找出最適合你手中飲品的食物。也許有人送你一瓶不熟悉的葡萄酒當禮物，或者你到店裡買了一支有意思的新款葡萄酒，想要回家嘗試，正苦思該如何搭配才能襯托出酒的優點。也或者，你擔心自己最喜歡的甜酒被味道過重的甜點蓋過，而想確保這款酒可以搭配最適合的食物。

這種情況常發生：你手邊有特別的飲品（不論是葡萄酒、清酒或啤酒），而你得決定搭配的食物，這時便得從上一章介紹的流程「反推」回去，從各類食物之中選擇一種來搭配特定飲品。這種情況下，參考本章就對了！本章依照英文字母列出各種飲品，包含葡萄酒、啤酒、清酒、茶、咖啡以及水。每種飲品都會再列出一系列食物、食材甚至烹調方式，告訴大家該種飲品適合搭配什麼。

跟上一章相同，**黑體字**加上星號（＊）表示的搭配是超凡的組合，以**黑體字**標示的則是高度推薦的組合，**粗體字**代表多次獲得推薦的組合，普通字體則為一般推薦的搭配。

如果你讀了專業人士推薦的組合，而想在搭配方面更上一層樓，可以再做點功課。像是在網路上搜尋所選飲品的相關資訊，了解飲品是怎麼製作出來的（例如若是在木桶內發酵，大概會有橡木味）、飲品的風味香調（例如嘗到的是酸、甜還是澀），以及其他有用資訊。

紐約州布里奇漢普敦 Channing Daughters 酒莊釀酒師克里斯多夫・崔西認為，可以從了解不同的葡萄品種開始。

> 「如果你要尋找搭配白蘇維濃的食物，經典組合就會是生蠔、新鮮山羊乳酪、蘆筍等等。然而你深入了解之後，發現這支白蘇維濃帶有木桶發酵的味道，以及釀造時為了增加圓潤度所加入的些微夏多內白酒，而這些夏多內也帶有些微的木桶發酵味。這樣一來，就知道喝酒時會嘗到辛香味或更濃郁的味道，也許會有香莢蘭味（來自橡木）。如此一來，搭配的食物中就可以加入肉類、蛋類，或是其他可以跟夏多內一決勝負的食物。」

累積越多葡萄酒的知識，越能了解葡萄酒之間的差異。練習品嘗不同產區的同品種葡萄酒，讓你更能辨別葡萄酒之間的根本差異。例如，同時品嘗加州出產的白蘇維濃（通常會帶青草及香草味）以及紐西蘭出產的白蘇維濃（通常帶柑橘般的果香），或是同時品嘗阿爾薩斯區以及奧地利以及德國麗絲玲，好好品味兩者之間的差異。

如果不知如何是好、束手無策，或覺得酒食搭配太困難、太花時間，我們的解決之道是：選一瓶麗絲玲或黑皮諾就對了。葡萄酒專業人士認為，這兩種酒是餐酒搭配的萬用款。到朋友家參加聚會時，只要擇一或各帶一瓶，不管吃什麼料理應該都能應付。倘若真不知如何選擇，挑氣泡酒就對了（例如香檳或其他氣泡酒），如此一來，任何一餐都能變得令人難忘。

閱讀以下的內容時，我們希望你將飲品當作朋友。芝加哥 Bin36 餐廳的侍酒師布萊恩・鄧肯打趣說道：「你的朋友圈中，有一起看電影的朋友，也有面臨重大問題時諮詢意見的朋友。」拓展自己的朋友圈，擁抱不同的葡萄酒以及飲品，讓每一天、每個特殊場合、每次野餐，都有多樣選擇，也讓每個舒適放鬆的晚餐或是冒險的白天（當然也可以反過來），都有各種飲品相伴。這個世界充滿了趣味，就等待你去發掘。

以食佐飲品

MATCHING FOODS to BEVERAGES

線索：一般字體標記的飲品是一位或數位專家推薦的組合。

粗體字代表經常獲得專家推薦的組合

黑體字表示極度推薦的組合

黑體字加上星號（＊）表示的是聖杯級、所有美食主義者此生至少要嘗試一次（或多次！）的經典搭配

注：對於葡萄酒界的新手來說，要分辨葡萄酒名稱所代表的意義往往不容易。同一種酒，可能以釀製的葡萄品種（如黑皮諾）也可能以產區（如布根地）來指稱。這種混亂的情況甚至一度導致各國實施貿易禁運，並立法規定必須明確標記，讓消費者一目了然。以下的表格，我們以不同方式來指稱葡萄酒，有些條目正是酒標上吸引你的關鍵字，這正好作為你學習酒食搭配的起點。我們希望你能在學習葡萄酒用語的過程中堅持下去，學會新的見解，找到新穎、優良的餐酒搭配。

依酒的種類分類

偏酸的酒
Acidic Wine
（如波爾多白酒、香檳、白梢楠、義大利白酒、蜜思卡得、灰皮諾、麗絲玲、松塞爾、白蘇維濃、葡萄牙綠酒、梧雷；紅酒，如薄酒萊、布根地、奇揚地、嘉美、黑皮諾、山吉歐維列）

酸味食物及菜餚
熟肉（如義大利火腿、肉腸）
奶油白醬
高油脂的食物及料理（如法式肉派）
鹹味食物及料理
濃郁的食物及料理
沙拉
番茄
醋、油醋醬

酸味與酸味相配。

——曼黛蓮・提芙
Matt Prentice 餐飲集團
葡萄酒總監／侍酒大師，底特律

陳年葡萄酒
Aged Wine
菲力牛排
風味溫和的魚類（如旗魚、鮪魚、大圓鮃）
醬汁，搭配肉料理
紅肉
豬肉
簡單的料理
小牛肉
避免
蒜
薄荷
洋蔥
醬料，白醬、水果醬汁、甜醬或酸醬尤佳
風味強烈的香草或其他調味料

Rubicon 餐廳供應細緻優雅的上百年葡萄酒。這種酒在開瓶之後，酒液就會大量揮發。這種情況下，一餐的主角就不該是食物，而要讓食物退居次位，扮演陪襯的角色。身為廚師，我完全能夠接受這點。事實上，我非常喜歡這類任務：擔任陪襯的角色，不一定要領銜主演。但對某些廚師來說，要做到這一點並不容易，因為要特別小心使用食材以及調味，才不會蓋過葡萄酒。

——崔西・黛查丹
Jardiniere 餐廳主廚，舊金山

冰涼葡萄酒 Chilled Wine
冷盤

含土壤味、燧石味、礦物味的葡萄酒
Earthy, Flinty, Minerally Wine
芫荽
乾燥的香料

帶果香的葡萄酒
Fruity Wine
蔓越莓
水果口味醬汁

酒體飽滿的葡萄酒
Full-Bodied Wine
紅酒
牛肉
燜煮菜餚
野味（如鹿肉）
燉煮菜餚
風味濃重的食物
白酒
龍蝦，搭配奶油醬汁或奶油白醬尤佳

帶香草味的葡萄酒
Herbaceous Wine（如帶青草味的白蘇維濃）
香草，綠色香草尤佳
荷蘭芹

高酒精濃度葡萄酒
High-Alcohol Wine（酒精濃度超過 12% 的酒，如巴貝瑞斯可、巴羅洛以及多種加州葡萄酒）
微甜的料理
較烘烤菜餚
避免
精緻的料理
偏鹹的料理，可能使葡萄酒嘗起來比較苦
辛辣菜餚

如果你喝奧地利葡萄酒配辛辣食物，要特別小心。某些釀酒廠會把葡萄汁液中的糖分全數發酵成酒，使得葡萄酒酒精濃度變高，而高酒精濃度的葡萄酒其實不能搭配辛辣食物。

——提姆・科帕克
Veritas 餐廳葡萄酒總監，紐約市

高單寧葡萄酒
High-Tannin Wine（亦即淺齡的紅酒，如巴羅洛、巴貝瑞斯可、波爾多紅酒、卡本內蘇維濃、梅洛、希哈、金芬黛）

苦或偏苦的料理
黑胡椒
球花甘藍
乳酪
濃厚料理
鴨肉
燒烤茄子
高油脂的料理
偏苦的葉菜
燒烤肉類、蔬菜
羊肉
紅肉，一分熟尤佳
黑橄欖
油脂豐富的料理
鹹味菜餚
牛排，一分熟尤佳
核桃
避免
奶油乳酪
魚類
辣食（如辣椒）

若你想以豐厚的紅酒來搭配料理，最好能帶出食物中的單寧，以與葡萄酒的單寧呼應。有一次我將高單寧的紅酒搭配乳鴿佐紅酒核桃醬。我在醬汁中加了許多核桃，因此醬汁會有核桃皮的單寧味，以稍微呼應高單寧紅酒的風味。

——崔西・黛查丹
Jardiniere 餐廳主廚，舊金山

酒體輕盈的葡萄酒
Light-Bodied Wine
紅酒（如黑皮諾）
魚類
鮭魚
白酒（如輕盈的麗絲玲及白蘇維濃）
沸煮菜餚
雞肉
清淡料理
清淡、不濃稠的醬汁
水煮菜餚
海鮮
貝類，沸煮或水煮尤佳
蒸煮料理
蔬菜，清淡尤佳

低酸度葡萄酒
Low-Acid Wine（如格烏茲塔明娜、灰皮諾、多種義大利葡萄酒）

蒜
橄欖油
辣食

低酒精葡萄酒
Low-Alcohol Wine（酒精濃度低於 12% 的酒；如德國麗絲玲、西班牙查克利）

清淡食物及料理
鹹味食物及料理

低單寧葡萄酒
Low-Tannin Wine（如巴貝拉、薄酒萊、多切托、羅亞爾河谷產區、白酒、灰皮諾、黑皮諾、麗絲玲、瓦波利切拉產區）

雞肉
魚類
簡單的食物
微辣的食物
火雞
避免
風味濃重的食物（如燜的肉類料理）

新世界葡萄酒
New World Wine（如歐洲之外等地區）

風味強勁的料理

帶橡木味葡萄酒
Oaky Wine（如加州夏多內）

燻烤
奶油醬汁
燒烤雞肉
乳脂狀的食物及醬料
高油脂的食物
魚類
燒烤肉類及其他食物
一分熟或三分熟的烤物（如肉類等）
海鮮
香莢蘭
避免
清淡的食物及料理
生食
鹹味食物及料理
壽司及生魚片
過甜的料理

生食沒辦法搭配有橡木味的白酒，這些風味在味蕾上太衝突了。

——拉傑・帕爾
Mina 集團
葡萄酒總監 / 侍酒大師

帶輕微橡木味或不帶橡木味的葡萄酒比較適合拿來搭配食物。橡木味對葡萄酒是加分，但搭配料理則未必。不過也有例外，像是烤肉的時候。這種情況下，橡木味越重越好。如果吃燒烤雞肉，就開一瓶濃厚、帶橡木味的加州夏多內吧！

——伯納・森
Jean-Georges Management
飲品總監，紐約市

舊世界葡萄酒
Old World Wine（尤其是波爾多、夏多內、黑皮諾）

經典法式料理
簡單料理的肉類
避免
無國界料理
生蒜
高酸度食物
辛辣
甜味
醋

甜葡萄酒／甜酒
Sweet Wine（如義大利亞斯堤氣泡酒、某些加州夏多內、白梢楠、德國葡萄酒、藍布斯寇、晚收葡萄酒、波特酒、麗絲玲、索甸甜白酒、雪利酒、梧雷產區酒）

乳酪
鴨肉
甜點
水果，熱帶水果尤佳
野味
鵝肉

我直接討論一款酒就好，因為很多有酒窖的收藏家都喜愛豐厚、有奶油味的加州夏多內，也願意花大錢購買。不過如果客人帶這種酒到餐廳來，我覺得要找到合適的搭配食物其實滿有挑戰性的。不過，要搭配這類酒還是有方法的。我會端上佐濃厚奶油醬汁的魚類或其他海鮮，通常只加一點香莢蘭豆，因為料理不能太甜。香莢蘭的香氣能夠平衡葡萄酒的風味。有一次我就準備了鵝肝佐香莢蘭豆醬料，用來搭配豐厚、濃郁、偏酸、帶木頭味的白酒，效果挺不錯的。

——崔西・黛查丹
Jardiniere 餐廳主廚，舊金山

我覺得美國市場太過忽視甜葡萄酒。我說的不是殘糖超過每公升100公克的甜點酒，而是大約每公升含10-40公克殘糖的葡萄酒。很多人一看到甜葡萄酒就自動跳過，其實這非常可惜，因為甜葡萄酒跟鹹食不可思議地相配。羅亞爾河谷出產很棒的葡萄酒，殘糖剛好跟酒的酸度達到平衡。阿爾薩斯晚收葡萄酒跟鴨肉、兔肉、野味、鵝肉或小牛肉簡直是絕配。大部分的甜葡萄酒都應該搭配乳酪，不管是晚收麗絲玲配莫恩斯特乾酪，或是西班牙蜜思嘉配蒙契格乳酪，都很不錯。

——保羅・葛利克（Paul Grieco），Hearth 餐廳總經理，紐約市

我試著鼓勵客人不要抗拒甜葡萄酒，而我自己設定的目標，是解除大家對甜葡萄酒的恐懼，因為甜葡萄酒是很棒的餐酒，各種甜度和風味應有盡有，不管是柑橘香或是熱帶水果香，一應俱全。甜葡萄酒的風味豐富，不管是一餐當中的哪個階段，都能派上用場。身為美國人，我們大多曾被劣質、過於甜膩、口感鬆散的甜酒嚇過，於是對甜葡萄酒就停留在過甜的印象中。但是大家其實沒有嘗過精緻、平衡好、微甜又帶絕佳酸味的葡萄酒，或是喝甜葡萄酒時沒有搭配到適當的料理。這樣非常可惜，因為麗絲玲是一種常見的平價酒款。

——史考特・泰瑞，Tru 餐廳侍酒師，芝加哥

堅果料理
兔肉
烘烤菜餚
鹹食
鹹中帶甜的料理（如魚類配水果莎莎醬）
辛辣菜餚
甜的料理
小牛肉
提示：甜點不該比葡萄酒更甜，鹹食也是如此。就鹹食而言，在料理中加一點酸味，例如加點醋、擠點檸檬或萊姆汁或是其他柑橘類水果，可能可以平衡風味。

依照飲品名稱分類

艾格尼科

Aglianico（義大利巴斯利卡塔產區酒體飽滿的紅酒）
牛肉，燜煮、燒烤或燉煮牛肉尤佳
乳酪，鹹味或風味濃重的乳酪尤佳（如豪達乳酪或義大利波伏洛乳酪）
佩科利諾乳酪
鴨肉
野味及野禽鳥，烘烤尤佳
羊肉，燒烤羊肉尤佳
肉丸
肉類，烘烤或燉煮尤佳
義式燉牛膝
義式麵食，烘燒（如千層麵）尤佳
披薩
豬肉
肉腸
辛辣菜餚
乳鴿
牛排
燉肉，濃厚尤佳
提示：艾格尼科品種跟辛辣肉腸披薩是完美搭配。

鮮水

Aqua Fresca（墨西哥鮮果汁飲料，加入萊姆或檸檬）
牛肉塔可，搭配木槿花鮮水尤佳
魚肉塔可，搭配黃瓜鮮水尤佳
墨西哥菜
塔可墨西哥捲

阿爾巴利諾

Albarino（西班牙加利西亞產區，中等酒體葡萄酒）
開胃菜
乾的鹽漬鱈魚
焗烤鱈魚
凱真族海鮮料理
秘魯酸漬海鮮
西班牙辣肉腸
螃蟹
魚類，燒烤魚、辛辣魚尤佳
龍蝦
蒸貽貝
章魚
牡蠣
西班牙海鮮飯
義式麵食
Pil Pil 醬汁鱈魚
披薩，義式辣肉腸口味尤佳
禽肉
米飯基底料理
沙拉，海鮮沙拉尤佳
沙丁魚
扇貝
海鮮，辛辣菜餚尤佳
貝類料理，辛辣尤佳
蝦子，燒烤尤佳
辛辣菜餚
烘烤蔬食菜餚及蔬菜

阿爾巴利諾時常被拿來跟麗絲玲相比。有多款價位以及種類，所以試著找到你喜歡的種類。貝類跟阿爾巴利諾都很相配。如果可以取得地中海出產的貽貝，去殼之後搭配西班牙甜椒油或者直接蒸煮。最經典的組合是「加利西亞風味章魚」，就是用海水沸煮章魚及馬鈴薯，再撒甜椒粉以及粗鹽。

——朗恩·米勒（Ron Miller）
Solera 餐廳領班，紐約市

愛爾啤酒

Ale（頂層發酵酒，由麥芽及啤酒花釀造；參見啤酒、波特酒、司陶特啤酒）
一般
紅肉
濃郁菜餚
燉
琥珀色愛爾 Amber（頂層發酵，顏色由琥珀色到深紅色）
亞洲料理
燻烤
加勒比海食物
乳酪
雞肉，烘烤尤佳
魚類，油炸尤佳
印度食物，咖哩尤佳
肉類，冷盤尤佳
墨西哥料理
義式麵食
披薩
豬肉
烘烤菜餚
沙拉，以萵苣為主的沙拉尤佳
三明治
湯
辛辣菜餚
番茄基底的料理及醬汁
避免
甜味菜餚

琥珀色愛爾：這款酒帶有焦糖香味，跟萵苣清淡的口味相合。我們的生菜沙拉會加藍紋乳酪、焦糖核桃、培根還有芫荽油醋汁，這些跟琥珀色愛爾都很相配。這款啤酒跟亞洲料理、印度料理以及加勒比海料理很搭，因為帶點橘皮、香蕉還有芫荽味。

——卡洛斯・索利斯
Sheraton Four Points 餐廳[1]
餐飲總監／主廚，洛杉磯

核桃棕色愛爾 Brown（美國或英國酒，酒體飽滿、啤酒花少）
杏仁
墨西哥潤餅
凱真族料理
炸雞
野味，以搭配棕色愛爾尤佳
漢堡
燒烤羊肉
肉腸
煙燻魚類，以搭配英式棕色愛爾尤佳
牛排

核桃棕色愛爾 Nut brown（干型，有麥芽與焦糖香味）
牛肉，燒烤牛排或烘烤乳酪尤佳，不論是豪達乳酪、羊奶乳酪或斯提爾頓乳酪皆可
雞肉，炸雞或烘烤雞尤佳
中式料理
肉腸
辛辣食物

核桃棕色愛爾啤酒很像啤酒界的馬德拉酒，是帶核桃香、棕色、有烘烤味的冬季愛爾啤酒，應該要小酌，不是牛飲。

——麥斯・麥克曼
Picholine and Artisanal Cheese Center 乳酪師，紐約市

英式印度淺色苦味愛爾 IPA（干型、強烈、啤酒花多）
燻烤
乳酪及乳酪料理
雞肉
蟹肉餅
溫和的咖哩
西班牙酥皮餃
墨西哥玉米捲餅
魚類
酪梨沙拉醬
漢堡
印度料理
鯖魚
紅肉，冷盤尤佳
墨西哥料理
披薩
豬肉
鮭魚
煙燻鮭魚
莎莎醬
三明治
辛辣肉腸
海鮮
蝦，燒烤蝦尤佳
美式墨西哥料理
越南料理
西班牙小菜
泰式料理

英式印度淺色苦味愛爾（IPA）跟海鮮非常搭，尤其是鮭魚。如果要跟葡萄酒比較的話，它比較像白蘇維濃，清爽度跟啤酒花會淡化魚類的強烈風味。如果想讓辛辣菜餚吃起來更辣，很多人都是喝英式印度淺色苦味愛爾。

——卡洛斯・索利斯
Sheraton Four Points 餐廳
餐飲總監／主廚，洛杉磯

淺色苦味愛爾啤酒 Pale（頂層發酵、酒體飽滿、啤酒花多）
燻烤
牛肉
墨西哥潤餅
凱真族料理
乳酪，切達乳酪、柴郡乳酪以及格呂耶爾乳酪尤佳
雞肉，烘烤雞肉或印度唐杜里烤雞尤佳
辣椒
鴨肉
魚類
油炸食物
酪梨沙拉醬
秋葵海鮮湯
漢堡
羊肉
清淡料理
龍蝦
肉類，濃厚的肉類尤佳
墨西哥及美式墨西哥料理（如墨西哥辣椒醬玉米捲餅、西班牙酥皮餃、法士達、塔可）
披薩
鮭魚，燒烤尤佳
莎莎醬
肉腸，辣肉腸尤佳
海鮮，油炸或辛辣尤佳
辛辣菜餚
泰式料理
越南料理
以醋為基底的料理

蘇格蘭啤酒 Scottish（頂層發酵、焦糖味麥芽汁）
烘烤牛肉
火腿
烘烤羊肉
三明治
肉腸

香料啤酒 Spiced（加肉桂等香料）
紅蘿蔔蛋糕
含香料的甜點
南瓜派

1．編注 福朋喜來登餐廳。

阿里哥蝶品種

Aligoté（法國布根地產區輕盈酒體白酒）
蛤蜊
牡蠣
海鮮
貝類，冷盤尤佳
蝦

阿爾薩斯葡萄酒

Alsatian Wine（參見格烏茲塔明娜、蜜思嘉、白皮諾、灰皮諾、麗絲玲、希瓦那等）
乳酪
魚類
白肉
辛辣菜餚

阿爾薩斯葡萄酒比其他地區或國家的葡萄酒，更適合搭配食物。

——丹尼爾・強斯
Daniel 餐廳飲品總監，紐約市

阿爾瓦里尼奧品種

Alvarinho（參見綠酒；阿爾巴利諾）

阿馬龍

Amarone（義大利維內多地區不甜、口味豐富、酒體飽滿的紅酒）
牛肉，燒烤牛肉尤佳
乳酪，陳年、濃厚或風味濃重的乳酪尤佳，如戈根索拉、豪達、帕達諾乳酪、帕瑪乳酪、義大利羅比歐拉乳酪
野味及野禽
羊肉，燜煮、燒烤或燉羊肉尤佳
肉類，燜煮、烘烤或燉肉尤佳
菇蕈及菇蕈醬料
堅果類
義式燉牛膝
義式麵食
義式青醬
義大利燉飯，佐帕瑪乳酪尤佳
牛小排，燜煮尤佳
牛排
火雞
鹿肉

阿馬龍是很棒的葡萄酒，帶有土壤味，酒精濃度高，很受人們喜愛。我喜歡以燜肉或佐蘑菇醬的菜餚搭配阿馬龍。阿馬龍也帶點甜味，所能搭配的料理非常多。優點是很適合搭配肉類，缺點則是價格昂貴，而且很少單杯賣。

——伯納・森，Jean-Georges Management 飲品總監，紐約市

露酒[2]

Aquavit（調味伏特加）
濃厚的乳酪
魚類，富含油脂的魚或者煙燻魚

雅馬邑白蘭地

Aramagnac（法國西南方深色白蘭地）
蘋果
鴨肉
無花果
鵝肝醬
水果
李子

安聶品種

Arneis（義大利皮耶蒙區出產的輕盈、中等酒體白酒）
義式開胃菜
餐前酒
牛肉，生牛肉尤佳（如薄切生牛肉）
凱撒沙拉
山羊乳酪
雞肉
魚類，清淡或水煮的魚尤佳
水果
龍蝦
義式麵食，佐香草及其他清爽醬汁尤佳，包括義式青醬
帕瑪火腿，佐甜瓜沙拉尤佳
海鮮，清淡、燒烤、烘烤尤佳
蝦
小牛肉
蔬菜

義大利亞斯堤氣泡酒

Asti（義大利皮耶蒙區微干至半甜型氣泡酒，以前稱為 Asti Spumante）
杏仁及杏仁甜點
餐前酒，干型亞斯堤尤佳
漿果
義大利脆餅
蛋糕
乳酪，溫和乳酪尤佳
小甜餅，清爽尤佳
甜點，水果、簡單尤佳
水果，新鮮水果或水果沙拉尤佳
檸檬甜點
蛋白霜烤餅
慕斯，巧克力口味尤佳
桃子及桃子甜點
西洋梨及西洋梨甜點
覆盆子及覆盆子甜點
舒芙蕾，檸檬口味尤佳

2．編注　斯堪的那維亞產的開胃烈酒「生命水」，由馬鈴薯或穀物蒸餾而成。

澳洲葡萄酒
Australian Wine

亞洲料理，搭配澳洲麗絲玲尤佳
牛肉，搭配希哈尤佳
燻烤雞，搭配白蘇維濃尤佳
甜點，特別是水果甜點，搭配澳洲餐後甜點酒尤佳
燻烤魚，搭配澳洲白蘇維濃尤佳
簡單的魚料理（如佐油醋醬），搭配澳洲干型麗絲玲或夏多內尤佳
風味飽滿的料理，搭配澳洲紅酒尤佳
漢堡，搭配希哈尤佳
印度料理，搭配澳洲紅酒尤佳
羊肉，搭配希哈尤佳
野餐食物，搭配希哈氣泡酒尤佳
沙拉，澳洲夏多內尤佳
三明治，特別是雞肉及魚肉三明治，搭配澳洲夏多內尤佳
簡單的貝類料理（如佐油醋醬），搭配澳洲干型麗絲玲尤佳
燻烤蝦，搭配澳洲白蘇維濃尤佳
辛辣菜餚，搭配澳洲紅酒尤佳
泰式料理，搭配澳洲麗絲玲尤佳
感恩節晚餐，搭配希哈氣泡酒尤佳
鱒魚，搭配澳洲夏多內尤佳
蔬食菜餚，搭配澳洲夏多內尤佳

澳洲干型麗絲玲清新、爽口的風味非常適合亞洲料理，尤其是泰式料理。這種酒帶點石灰及礦物味，可與亞洲料理完美融合。不帶木頭味的夏多內在澳洲也是流行酒款：新鮮的果香，不帶橡木味，配上蔬食菜餚、生菜沙拉以及雞肉或魚肉三明治，都相當適合。白蘇維濃或是榭密雍白蘇維濃混釀很適合配燻烤蝦，或是烤雞或烤魚。澳洲白蘇維濃的土壤味配上檸檬／柑橘味，能跟燻烤肉類多肉豐厚的特質相襯。希哈則是搭配羊肉或牛肉的絕佳選擇。不過，希哈跟金芬黛一樣有多種款式，從輕盈帶果香的酒到豐厚濃郁的種類都有。所以，吃漢堡可以搭配輕盈（平價的）的希哈，而且夏天可以稍微冰一下再喝！搭配肋排及頸脊肉，則可以喝巴羅沙產區或麥克雷倫谷產區的希哈。冰涼的希哈氣泡酒是澳洲特有的發泡性飲料，適合夏日的野餐，也可以搭配道地的美國感恩節晚餐。希哈氣泡酒的顏色較深、偏干，其中的氣泡會帶出希哈的果香及香料味，搭配火雞、沙拉醬以及蔓越莓醬料，簡直是無與倫比。另外很獨特的是澳洲路斯格蘭產區的餐後甜點酒，尤其是蜜思嘉。這種甘美的甜葡萄酒適合搭配耗工而特別的水果甜點（或者是從糕餅店櫥窗精挑細選出來的精緻點心）。

——揚・史徒賓（Jan Stubing）
Wine Australia 美國區區經理

邦斗爾
Bandol（法國普羅旺斯葡萄酒）

一般
熟肉
野味
蒜
肉類，燻烤或燒烤肉尤佳
橄欖
普羅旺斯料理
迷迭香
番茄
蔬菜，燻烤或燒烤蔬菜尤佳
野豬肉

紅酒（飽滿酒體）
牛肉
熟肉
魚類，燒烤尤佳
羊肉，烘烤尤佳
肉，燻烤尤佳
紅肉
義式麵食
披薩
豬肉，烘烤尤佳
肉腸
蔬菜，烘烤尤佳
鹿肉
野豬肉

粉紅酒（中等酒體）
鯷魚
焗烤鱈魚
魚類
烘烤胡椒
普羅旺斯料理
海鮮
西班牙小菜
鮪魚

白酒（輕盈酒體）
馬賽魚湯
魚類，燒烤尤佳
龍蝦

邦斗爾是較粗獷、酸澀[3]的酒。我不會拿邦斗爾搭配海鮮法式肉凍，但是它跟熟肉或野豬肉很合。

——提姆・科帕克（Tim Kopec），Veritas 餐廳葡萄酒總監，紐約市

班努斯

Banyuls（法國胡西雍區酒體飽滿甜紅葡萄酒）

漿果及漿果甜點
藍紋乳酪（如侯克霍乳酪），油脂豐富的乳酪尤佳
＊巧克力及巧克力甜點，風味濃厚尤佳
黑巧克力甜點
咖啡口味甜點
鴨肉
鵝肝醬法式肉凍
水果乾
熱巧克力醬
冰淇淋
堅果類
草莓及草莓甜點
提拉米蘇

班努斯很神奇，因為很少有酒可以搭配巧克力口味的甜點。
——約瑟夫・史畢曼，侍酒大師，Joseph Phelps 酒莊

巴貝瑞斯可

Barbaresco（義大利皮耶蒙出產的干型、風味豐富的紅酒；參見較輕盈的巴羅洛的搭配）

牛肉，燜、燒烤、烘烤或燉煮尤佳
白豆什錦鍋
乳酪，風味濃重或硬質乳酪尤佳（如芳汀那乳酪、豪達乳酪）
雞肉，燜煮或燉煮尤佳
鴨肉及油封鴨
茄子，佐帕瑪乳酪尤佳
紅酒醬汁煮魚
野味及野禽，燜煮或烘烤尤佳
蒜
羊肉，燒烤或烘烤尤佳
肝臟
肉類，紅肉及烘烤或燉肉尤佳
菇蕈
動物內臟
義式燉牛膝
牛尾，燜煮或燉煮尤佳
義式麵食，佐茄汁尤佳
雉雞
豬肉，烘烤尤佳
燜燉牛肉
兔肉
義大利燉飯
牛排
燉菜
＊白松露及松露油
烘烤小牛肉
烘烤蔬菜
蔬食菜餚
鹿肉
野豬肉

巴貝拉

Barbera（義大利皮耶蒙產區的中等酒體、高酸度果香紅酒）

蒜泥蛋黃醬
鯷魚
義式開胃菜
燻烤，燻烤肉排尤佳
羅勒
鱸魚，燒烤尤佳
豆類
乳酪，軟質或半軟質尤佳（如芳汀那乳酪）
乳酪，風味濃重尤佳（如佩科利諾乳酪）
雞肉，燒烤或烘烤尤佳
雞肝
辣椒
中式料理
燜煮鴨肉
魚類，燒烤尤佳
野禽
蒜
火腿
漢堡，夾培根及乳酪尤佳
香草基底醬料
義式番茄基底料理
羊肉，燒烤、烘烤或燉煮尤佳
千層麵
肝臟，雞肝尤佳
鯖鰍魚，燒烤尤佳
紅肉，燒烤或烘烤尤佳
菇蕈，燒烤或野菇尤佳
義式燉牛膝
＊義式麵食，佐番茄、高脂鮮奶油、肉類或義式青醬尤佳
披薩，義式辣肉腸口味尤佳
豬肉，燒烤或烘烤豬排尤佳
禽肉
義大利生火腿
風味強烈的料理
義大利燉飯，以含菇蕈的尤佳
風味強烈的料理
義大利撒拉米肉腸
鮭魚，燒烤尤佳
肉腸，燒烤尤佳
海鮮，佐醬料尤佳
湯品，豐盛的湯品尤佳
辛辣菜餚
乳鴿，燜煮尤佳
牛排
燉肉，牛肉及羊肉尤佳
劍魚，燒烤尤佳
＊番茄及茄汁
小牛肉肉塊，燒烤或烘烤尤佳
蔬菜，特別是根類，燒烤或烘烤尤佳
避免
魚類，細緻或白色的貝類

3・編注 auster，酒體不圓潤、缺乏深度、酸度高，需再陳放的淺齡葡萄酒的常有特質。

巴貝拉是最好搭配食物的葡萄酒之一，因為是以酸度佳的紅葡萄釀成，從肉類到一些海鮮料理（尤其是佐以醬料的），都可以搭配。

——查爾斯・史沁柯隆內
I Trulli 及 Enoteca 餐廳
葡萄酒總監，紐約市

阿爾巴產區的巴貝拉紅酒跟義式辣肉腸披薩是絕配，因為有果香、含脂量豐富、多汁，並含細緻的辛香味跟酸度。

——史考特・泰瑞
Tru 餐廳，芝加哥

義式麵食及披薩中的紅醬就該搭配巴貝拉。它有最高的酸度、豐富的果香，而且不含單寧。未陳放在新橡木桶的舊式巴貝拉，正是搭配義式料理的夢幻逸品。要找舊式巴貝拉的方式是透過價格辨別：如果低於 12 美元，就是舊式的；如果高於 20 美元，就是新式的。買這種酒就是要選便宜的！從最平價的地區找傳統的巴貝拉。以下以價格及知名度排序：
阿爾巴（Alba）是巴貝拉最有名（也最昂貴）的產區。
亞斯堤（Asti）的巴貝拉知名度稍微低一些（但價格也很昂貴）。
你該花最少的錢買蒙非拉多（Monferrato）的巴貝拉，因為品質跟其他地區出產的一樣好。

——大衛・羅森加騰
DavidRosengarten.com 網站主編

巴多利諾

Bardolino（義大利維羅納地區加爾達湖西南區出產的輕盈酒體、干型紅酒）

義式開胃菜
雞肉，燒烤或佐沙拉尤佳
魚類，油脂較多的魚尤佳
小牛肝
義式麵食，佐魚或茄汁尤佳
披薩
義大利生火腿配甜瓜
鵪鶉
義大利燉飯
義大利撒拉米肉腸
燒烤鮭魚

大麥酒

Barley Wine（頂層發酵，特烈、深色、濃郁的愛爾啤酒）

乳酪，藍紋乳酪尤佳（如 ***斯提爾頓乳酪**、山羊乳酪或重口味乳酪）
切達乳酪
格呂耶爾乳酪
黑巧克力及黑巧克力甜點
提示：別把大麥酒視為啤酒或葡萄酒，而應與波特酒或甜雪利酒歸在同一類。

巴羅洛

Barolo 義大利皮耶蒙區出產的干型、偏苦、單寧強勁、風味豐富的紅酒）

牛肉，燜煮、燒烤或燉煮尤佳
乳酪，特別是藍紋乳酪、硬質乳酪（如帕瑪、佩科利諾）、味道強烈或者有臭味
芳汀那乳酪
豪達乳酪
栗子
雞肉，燜煮或燉煮尤佳
鴨肉
茄子，以配帕瑪乳酪尤佳
野味，燜煮或燉煮尤佳
羊肉，燒烤、烘烤、燉煮或牛腱尤佳
肉類，紅肉，濃厚、燜煮、烘烤（一分熟）或者燉煮尤佳
菇蕈
高油脂的食物及料理
義式燉牛膝
牛尾，燜煮或燉煮尤佳
義式麵食，佐濃厚肉醬尤佳
雉雞
豬肉，烘烤尤佳
燜燉牛肉
兔肉，燜煮尤佳
濃厚食物及料理
義大利燉飯
牛小排
牛排，嫩後腿肉及後腰脊肉（沙朗牛排）佐濃郁的醬汁尤佳
燉菜，牛肉或羊肉尤佳
***白松露**
火雞
鹿肉，佐栗子尤佳
野豬肉

有些來到 Campanile 餐廳（克斯特曾在此擔任侍酒師）的客人，是在讀過相關文章之後慕巴羅洛紅酒的大名而來，但他們對葡萄酒其實不太了解。他們喝的是品質優良的巴羅洛，但喝了之後的評論是：「好像有點淡」。其實在 10-15 年前，巴羅洛仍算是豐厚的葡萄酒，但現在許多葡萄酒的酒精濃度達到 15%。葡萄酒的世界改變太大，以至我們喝到風味豐厚而又平衡、優雅的葡萄酒時，竟會覺得口味清淡。

——喬治・克斯特，
洛杉磯 Silverlake Wine 負責人

巴薩克產區

Barsac（法國白甜點酒；參見索甸甜白酒）
香蕉及香蕉甜點
義大利脆餅
乳酪，藍紋乳酪尤佳
小甜餅
甜點
水果
冰淇淋
堅果類
法式反烤蘋果派（焦糖蘋果塔）

薄酒萊

Beaujolais（嘉美葡萄釀造，法國干型、輕盈酒體紅酒；參見薄酒萊新酒及薄酒萊村莊酒）
亞洲料理，鹹味菜餚尤佳
培根
燻烤
燉牛肉，搭配酒體飽滿的葡萄酒尤佳
小酒館的料理
早午餐
＊熟肉或冷盤，搭配薄酒萊特級村莊酒尤佳
切達乳酪
乳酪，溫和、軟質或山羊乳酪尤佳（如羊乳酪）
櫻桃及櫻桃甜點
雞肉，燒烤或烘烤尤佳
雞肉沙拉及其他雞肉冷盤
白酒燴雞
咖哩
魚類，大比目魚佐紅酒醬汁尤佳
燒烤肉類及其他食物
火腿
漢堡
義式料理
羊肉，燉煮尤佳
小牛肝，燒烤尤佳
午餐
義大利乳酪通心粉
肉類，烘烤、燉煮或冷盤尤佳
肉餅
菇蕈
動物內臟、雜碎（如耳朵、腳、尾巴、睪丸、胃等）
煎蛋捲
義式麵食配蔬菜
黑胡椒
野餐
披薩
水煮菜餚
豬肉，肉塊、大塊烘肉或肉腸尤佳
法式蔬菜燉肉鍋
義大利生火腿
普羅旺斯料理（如以酸豆、橄欖為主的菜色）
法式鹹派
覆盆子及覆盆子甜點
義大利燉飯，含菇蕈或蔬菜尤佳
烘烤菜餚
沙拉（如綠捲鬚苣菜配義式乾醃豬脂、希臘沙拉、燒烤蔬菜沙拉、義式麵食沙拉等）
義大利撒拉米肉腸
三明治（如培根生菜番茄三明治、燒烤起司三明治）
肉腸，酥皮肉腸或燒烤肉腸尤佳
炒及嫩煎料理
辛辣菜餚
牛排，搭配炸薯條尤佳
燉菜
草莓及草莓甜點
夏日料理
泰式咖哩
感恩節晚餐
鮪魚，燒烤尤佳
烘烤火雞
蔬菜，燒烤、生食或烘烤尤佳

薄酒萊，就是放假時喝的酒，帶去海灘最棒了。

——丹尼爾・強斯
Daniel 餐廳飲品總監，紐約市

如果要以紅酒搭配魚類，烹調魚的時候就要使用可以搭配紅酒的食材，例如培根。嘉美葡萄中有來自橡木桶的烘烤味，正適合搭配培根的油脂。山羊乳酪的高酸度也能跟嘉美葡萄的酸度搭配。嘉美葡萄跟黑皮諾一樣，有天然的土壤味，非常適合搭配菇蕈。

——史蒂夫・貝克塔
Beckta Dining & Wine 老闆
渥太華

薄酒萊新酒

Beaujolais Nouveau（兩個月的法國輕盈酒體紅酒，11 月出產）

乳酪，山羊乳酪尤佳
雞肉
肉類，燒烤或烘烤尤佳
義式麵食，佐清淡醬料尤佳
豬肉
鮭魚
火雞
小牛肉

薄酒萊村莊酒

Beaujolais Villages（法國輕盈酒體紅酒，被認為比起一般薄酒萊還高一個等級）

乳酪，布利乳酪或切達乳酪尤佳
燒烤肉類
鮭魚，燒烤尤佳
肉腸，水煮尤佳
鮪魚，燒烤尤佳
火雞，冷盤尤佳

啤酒

Beer（由可發酵的糖分、啤酒花、水以及酵母製成的酒精飲料；參見愛爾啤酒 、拉格啤酒、皮爾森啤酒、波特酒、司陶特啤酒）

一般
杏仁
亞洲料理
燻烤
墨西哥潤餅
凱真族料理
加勒比海食物
乳酪，綿羊乳酪尤佳
雞肉，燻烤雞肉尤佳
辣椒
中式料理，辛辣尤佳
克里奧爾料理
醃肉
咖哩
油炸食物
蒜
漢堡
熱狗
印度料理
墨西哥料理
堅果類
橄欖
花生
椒類，甜椒尤佳
野餐
披薩
洋芋片
椒鹽蝴蝶餅
莎莎醬
三明治
＊肉腸
貝類，油炸尤佳
煙燻食物
美國西南方料理
醬油
豬肋排，燻烤尤佳
辛辣菜餚
風味強烈的料理
西班牙小菜
美式墨西哥料理
泰式料理

啤酒有季節性，春季跟夏季餐廳的啤酒都賣得很好，尤其是餐廳有戶外座位的時候。

——葛雷格・哈林頓，侍師大師

白啤酒 Blanche（輕盈酒體，頂層發酵白啤酒）

蘋果
燻烤
早午餐
新鮮山羊乳酪
柑橘
班尼迪克蛋
白肉魚
煎蛋捲
橙或其他柑橘類
鳳梨
肉
兔肉
沙拉
鮭魚，燒烤或煙燻尤佳
扇貝
海鮮
貝類
小牛肉

為了搭配我們Brooklyn Brewery出產的白啤酒，我會準備煎蛋捲佐炒澳洲青蘋果以及山羊乳酪。這種啤酒有庫拉索酒、橙皮以及芫荽的味道，顯示出啤酒可以輕盈同時又風味豐富。白啤酒的味道非常細緻，比其他白酒剛入口時更清淡。這種酒因為酸度不高，所以跟海魴或貝類還有清淡的魚類很搭。
——加列・奧立維
Brooklyn Brewery釀酒師

山羊啤酒 Bock（德國生產、麥芽味、酒體飽滿、底層發酵）
雞肉
鴨肉
火腿
羊肉
墨西哥摩爾醬
豬肉
肉腸
牛小排
鹿肉

雙山羊啤酒 Double Bock（德國啤酒、麥芽味濃厚、酒體飽滿、底層發酵）
乳酪
墨西哥香炸辣椒捲
甜點
鴨肉
野味
火腿，義大利生火腿尤佳
墨西哥料理
堅果類
胡椒
豬肉
南瓜（如南瓜派）
肉腸
帶香料的甜點（如香料蛋糕）
冬南瓜
鹿肉

鹿肉的最佳飲品拍檔是雙山羊啤酒。
——加列・奧立維
Brooklyn Brewery釀酒師

水果啤酒 Fruit（水果自然發酵酸啤酒，通常酒精濃度低，但水果香味明顯）
餐後
早午餐
乳酪，新鮮山羊乳酪及濃厚的乳酪蛋糕尤佳
巧克力，黑巧克力及巧克力甜點尤佳
濃厚的甜點
卡士達及卡士達甜點
鴨肉及油封鴨
含蛋的料理
鵝肝醬
水果甜點、沙拉或醬料，較清淡尤佳
冰淇淋
馬士卡彭乳酪
墨西哥摩爾醬
沙拉，佐乳酪或者水果舒芙蕾尤佳
鹿肉

含酵母小麥啤酒 Hefeweizen（夏季釀造小麥啤酒，帶酸甜的口味）
乳酪
水果
檸檬
豬肉，酸甜口味尤佳
貝類

德國啤酒節啤酒 Oktoberfest（德國拉格啤酒，帶麵包香氣，黃金色澤）
燻烤，用乾香料搓揉肋排再烤
雞肉
酸白菜
魚類
漢堡
肉類，燒烤尤佳
豬肉
椒鹽蝴蝶餅
肉腸
避免
海鮮，精緻料理
番茄

夏季啤酒 Saison（中等酒體，啤酒花多、帶柑橘香的辛香啤酒）
餐前酒
乳酪
雞肉
蟹肉餅
咖哩
魚類，較厚重的魚（如鮭魚、鮪魚）尤佳
什錦飯
辛辣菜餚
墨西哥料理（如辣椒、莎莎醬）
沙拉
肉腸
海鮮及貝類，沸煮、生食或蒸煮尤佳
辛辣菜餚
牛排
夏日料理
泰式料理
越南料理

如果這輩子用餐只能搭配一種啤酒，我會選夏季啤酒。
——加列・奧立維
Brooklyn Brewery釀酒師

煙燻啤酒 Smoked（帶煙燻風味及香氣的啤酒，如德國煙燻啤酒）
培根
＊燻烤
乳酪，煙燻尤佳
魚類，煙燻尤佳
燒烤食物
火腿
漢堡
印度料理，肉類為主料理尤佳
墨西哥料理，肉類為主料理尤佳
豬肉
烘烤食物
肉腸

燒烤海鮮
煙燻肉類及魚類
辛辣的食物及料理
牛排

小麥啤酒 Wheat（主要是德國及比利時啤酒；顏色及風味較淺，也稱為 Weizen Bier）
亞洲料理
燻烤肉類
鯰魚
山羊乳酪
雞肉，清淡及辛辣尤佳
中式料理
蟹肉及蟹肉餅
蛋類料理（如煎蛋捲、法式鹹派）
魚類，油炸尤佳
油炸食物
燒烤乳酪三明治
火腿
印度料理
牙買加香辣雞
清淡料理
龍蝦
肉類
墨西哥食物
牡蠣
蝦仁泰式炒河粉
義式麵食
豬肉
濃郁菜餚
沙拉
德國酸菜
肉腸
扇貝
海鮮
貝類
蝦，燒烤尤佳
湯品
辛辣菜餚
生魚片
美式墨西哥料理
泰式料理
蔬食菜餚

我們會以比利時豪格登小麥啤酒搭配牙買加香辣雞和辛辣的亞洲料理。豪格登啤酒搭配辛辣的食物非常爽口、清新。

——卡洛斯・索利斯
Sheraton Four Points 餐廳
餐飲總監／主廚，洛杉磯

藍色佛朗克

Blaufränkisch（奧地利紅酒）
硬質乳酪
雞肉
乳脂狀的醬汁
鴨肉
野味及野禽鳥
羊肉
駝鳥肉
牛尾
五香燻牛肉
豬肉
鮭魚
牛排
小牛肉
蔬菜，燒烤尤佳
鹿肉
野豬

血腥瑪麗

Bloody Mary（番茄汁加香料以及伏特加的調酒）
早午餐
牛肉馬鈴薯餅
蛋
墨西哥食物
牡蠣
貝類
煙燻魚

邦諾白酒

Bonnezeaux（法國萊陽丘的甜點酒）
蘋果及蘋果甜點
藍紋乳酪（如侯克霍乳酪）
甜點
鵝肝醬，法式肉凍尤佳
梨子及梨子的甜點
法式反烤蘋果派（焦糖蘋果塔）

波爾多紅酒

Bordeaux, Red（法國中等酒體葡萄酒；參見卡本內蘇維濃、格拉夫產區、梅多克產區、玻美侯產區、聖愛美濃產區）
燻烤肉類
牛肉，燜煮、燒烤或烘烤尤佳
陳年乳酪（如切達乳酪、科爾比乳酪）
乳酪，硬質、臭的乳酪尤佳（如侯克霍藍紋乳酪、布利乳酪、卡門貝爾乳酪），搭配淺齡波爾多酒尤佳
豪達乳酪
雞肉，油炸或烘烤尤佳
鴨肉，油封鴨、燒烤或烘烤尤佳
菲力牛排
鵝肝醬
瑞士炸肉火鍋
野味及野禽，烘烤尤佳
烘烤鵝肉
火腿
***羊肉，烘烤尤佳**
肝臟
紅肉，烘烤、燒烤尤佳
義式燉牛膝
雉雞，烘烤尤佳
野餐（搭配淺齡波爾多）
豬肉，烘烤尤佳
禽肉
牛肋排
鵪鶉
烘烤牛肉，三明治裡夾的冷牛肉尤佳
烘烤肉類，搭配陳年波爾多尤佳
乳鴿
燒烤牛排，搭配淺齡的波爾多尤佳
燉牛肉
小牛胰臟
豆腐，燒烤或煙燻尤佳
小牛肉，烘烤尤佳
鹿肉
野豬

避免
禽肉、白肉（跟波爾多搭配可能會產生金屬味）

花絮：我們為新書《主廚外出晚餐》舉辦巡迴宣傳時，在搖滾明星山米·海格（Sammy Hagar）的家裡錄了一段影片。海格帶我們參觀他的私人酒窖，還有他在擔任超級搖滾團Van Halen巡演的主唱時要求主辦單位提供的一級波爾多紅酒。幾天之後，我們在舊金山Bizou餐廳用餐時又碰到了海格，於是一起開了一瓶很棒的紅酒。

波爾多白酒
Bordeaux, White（法國干型、輕盈酒體葡萄酒：參見白蘇維濃）
山羊乳酪
烘烤雞肉
多佛真鰈
魚類，燻烤或燒烤尤佳
烘烤野禽，鵪鶉尤佳
龍蝦
白肉
貽貝
牡蠣
禽肉
兔肉
鮭魚，佐荷蘭醬尤佳
扇貝
海鮮
貝類
蝦
軟殼蟹
鱒魚，炒的尤佳
蔬菜

布拉切托·達桂
Brachetto D'acqui（義大利氣泡甜紅酒）
漿果，紅色漿果尤佳
早午餐
巧克力，黑巧克力尤佳
甜點，焦糖、鮮奶油、含水果的點心尤佳
法國吐司
水果及水果沙拉
馬士卡彭乳酪
煎餅
酥皮點心
桃子
覆盆子
瑞可達乳酪
草莓
鬆餅

布魯內羅
Brunello（義大利托斯卡尼地區出產的干型、中等酒體紅酒，也稱為Brunello Di Montalcino）
豆類料理
牛肉，烘烤尤佳
乳酪，陳年乳酪尤佳：愛亞格、豪達、帕瑪、佩科利諾乳酪
燒烤雞肉
鴨肉，烘烤尤佳
茄子，配帕瑪乳酪尤佳
野味（如鹿肉、野豬），燉煮尤佳
野禽（如雉雞、鵪鶉），烘烤尤佳
燒烤肉類
羊肉及羊肉塊，烘烤尤佳
雞肝
肉類，紅肉尤佳；燜煮、烘烤或燉煮尤佳
肉類醬汁
菇蕈，烘烤或燉煮尤佳
牛尾
義式麵食佐肉類醬汁（如牛肉、鴨肉、兔肉醬汁）
兔肉
義大利燉飯，含野味及肉類尤佳
湯，含豐盛肉類、蔬菜尤佳
牛排，熟成、燒烤尤佳
燉菜，含豐盛肉類、蔬菜尤佳
蔬菜，燒烤尤佳
鹿肉

布根地紅酒
Burgundy, Red（參見黑皮諾）
牛肉，燜煮、烘烤或燉煮尤佳，搭配比較飽滿的酒體
紅酒燉牛肉
乳酪，布利乳酪、卡門貝爾乳酪及其他較溫和的乳酪尤佳
櫻桃
雞肉，白酒燴雞或烘烤尤佳
鴨肉，燒烤、烘烤尤佳；搭配酒體較飽滿的酒尤佳
土壤味的食物
魚類，烘烤尤佳
鵝肝醬
野味，燒烤或烘烤尤佳
野禽
鵝肉，燒烤或烘烤尤佳
火腿
漢堡
腰只
羊肉，烘烤或燉煮尤佳
雞肝
燒烤鯖鰍魚
紅肉，清淡或烘烤尤佳
菇蕈，如牛肝蕈、波特貝羅大香菇
動物內臟
雉雞，烘烤尤佳
烘烤豬肉
禽肉
牛肋排，一分熟尤佳
鵪鶉，烘烤尤佳
兔肉
稍微煮過的牛肉及其他紅肉
烘烤菜餚
鮭魚，烘燒、燒烤或烘烤尤佳
海鮮
乳鴿
燉菜，牛肉尤佳
燒烤劍魚
松露及松露油
烘烤火雞
小牛肉，烘烤，佐菇蕈、紅酒醬汁尤佳
蔬食菜餚
鹿肉，搭配酒體飽滿的酒尤佳

布根地白酒

Burgundy, White（中等至飽滿酒體；參見夏多內、夏山－蒙哈榭村、梅索、普依富賽、普里尼－蒙哈榭村等）

鱸魚，烘燒或炙烤尤佳
奶油及奶油醬汁
乳酪，特別是布利、休曼、聖安德雷、聖耐克戴爾乳酪等
雞肉，水煮或烘烤尤佳
蛤蜊
鱈魚，烘燒或炙烤尤佳
玉米
螃蟹
石蟹腳
淡水螯蝦，嫩煎尤佳
奶油白醬
多佛真鰈佐奶油檸檬白醬
魚，白肉魚尤佳；燒烤、水煮、烘烤、佐濃厚醬汁尤佳
比目魚，烘燒或炙烤尤佳
蒜，烘烤尤佳
大比目魚
海魴，大火油煎、佐奶油白醬尤佳
檸檬
龍蝦，沸煮、水煮或蒸尤佳
菇蕈
貽貝，蒸的尤佳
牡蠣
義式麵食或義式麵疙瘩，佐奶油醬汁尤佳
豬肉，腰肉尤佳
義大利燉飯，含菇蕈尤佳
鮭魚，燒烤尤佳
煙燻鮭魚
扇貝
海鱸
海鮮，佐濃厚醬汁尤佳
貝類
蝦，烘燒或嫩煎尤佳
真鰈
小牛胰臟
劍魚，以烘燒或炙烤尤佳
鱒魚
白松露及松露油
大圓鮃，烘燒、炙烤或烘烤尤佳
火雞
香莢蘭
小牛肉，佐奶油白醬、烘烤尤佳

丹尼爾・強斯，Daniel 餐廳飲品總監，談布根地葡萄酒入門

布根地你只需要認識兩種葡萄品種：**夏多內**白葡萄還有**黑皮諾**紅葡萄。經典的布根地白酒比較有礦物味、有點纖瘦[4]，酒體不像美國或澳洲夏多內那麼飽滿。布根地紅酒酒體更纖瘦、風味更集中，不像加州、俄勒岡州、紐西蘭或其他新世界出產的黑皮諾那麼色深、強勁又飽滿。布根地的酒比較有花味，喝起來較為細緻，可以嘗到果香味，餘味比起新世界的黑皮諾更帶礦物味、酸度更高、沒那麼奔放。

此外你還得知道，喝布根地葡萄酒時，若從一般酒款喝到特級酒款，會感覺到細緻度、複雜性跟強度持續增加。

買布根地葡萄酒就好像玩轉盤遊戲一樣，我可以提供的建議就是，購買有信譽的酒莊製造的酒。或許是你曾經嘗過也覺得喜歡的酒，或諮詢侍酒師或酒商，或者在不同刊物中閱讀相關資訊。購買布根地葡萄酒，心態要像是挑選手工鞋這樣的工藝品。留意酒莊或釀酒廠的名稱，不管是 Michel Lafarge、Domaine Leflaiver、Dominique Lafont 或是其他的名稱都好。這些酒莊在瓶身打上自己的品牌時，都是引以為傲的。

4・編注 lean，偏酸而缺乏果香。

我很愛把扇貝、蝦或是鋼頭鱒包在鹽烤麵皮之中，然後搭配布根地白酒。

——艾倫・莫瑞
Masa's 餐廳侍酒大師
兼飲品總監，舊金山

我自己百裡選一的完美搭配，是布列斯雞佐蘑菇醬和松露，搭配布根地葡萄酒。只要嘗一口，你就會覺得，「這款酒跟這道菜簡直是天造地設的一對！」

——伯納・森
Jean-Georges Management
飲品總監，紐約市

卡本內弗朗

Cabernet Franc（法國波爾多及羅亞爾河谷出產的中等酒體紅酒）

牛肉，特別是瘦肉，烘烤尤佳
甘藍
熟肉
乳酪，風味濃重的（如山羊乳酪）尤佳
燻烤雞肉
鴨肉
土壤味的料理
茄子
魚類，燒烤尤佳
野味，搭配酒體飽滿的酒尤佳
燒烤料理，肉類尤佳
烘燒火腿
漢堡
羊肉，羊排、腰肉、烘烤尤佳
肝臟，小牛肝尤佳
紅肉，燒烤、烘烤尤佳
菇蕈
義式麵食，豐盛的食材佐紅醬、辣醬尤佳
法式肉派
燈籠椒
雉雞
披薩
豬肉，佐水果醬料、烘烤尤佳
禽肉，燒烤尤佳
兔肉
烘烤肉類及其他烤物
沙拉
燒烤鮭魚
肉腸
炒及嫩煎料理
煙燻肉類
辛辣食物
牛排，佐胡椒尤佳
燉菜
小牛胰臟
感恩節晚餐
番茄
鮪魚
火雞
蔬菜，烘烤及素食料理尤佳
鹿肉，搭配酒體飽滿的酒尤佳
節瓜

卡本內弗朗陳放之後，會散發出蔬菜的香氣，比較像是胡椒或是茄子，所以跟蔬食菜餚很合。

——提姆・科帕克
Veritas 餐廳葡萄酒總監
紐約市

卡本內蘇維濃

Cabernet Sauvignon（酒體飽滿的紅酒）

羅勒
月桂葉
牛肉，燜煮、燒烤、烘烤或燉煮尤佳
燜煮菜餚
炙烤料理
乳酪，陳年、藍紋、臭的（如布利乳酪、卡門貝爾）尤佳
戈根索拉乳酪
豪達乳酪，陳年尤佳
帕瑪乳酪
烘烤雞肉
巧克力，苦甜黑巧克力尤佳
黑醋栗
鴨肉，烘烤尤佳
風味濃重的蛋料理
茄子
菲力牛排
野味及野禽
蒜，較清淡的尤佳
鵝肉
燒烤肉類
漢堡，特別是燒烤的漢堡；搭配加州卡本內蘇維濃尤佳
較厚重的料理
羊肉，燜煮、燒烤、烘烤或是頸脊肉尤佳
扁豆
小牛肝
紅肉，燜、醃、燒烤、烘烤、煙燻或油脂豐富的尤佳
肉類口味的醬汁
肉餅
薄荷
摩洛哥料理，含羊肉的菜色尤佳
菇蕈
芥末，第戎芥末尤佳
堅果類
洋蔥
奧勒岡
義式燉牛膝
義式麵食，以搭配義大利卡本內蘇維濃為佳
黑胡椒
燈籠椒
豬肉
燜燉牛肉
馬鈴薯
禽肉
牛肋排
兔肉
紅酒醬汁
肋眼牛排
濃厚料理或醬汁
義大利燉飯，含菇蕈尤佳
烘烤牛肉
大塊烘肉
迷迭香
肉腸，搭配阿根廷卡本內蘇維濃尤佳
醬汁，濃郁、厚重醬汁尤佳
炒或嫩煎料理
牛小排

煙燻肉類
乳鴿，燒烤尤佳
牛排（如肋眼牛排），特別是燒烤或一分熟，搭配較淺齡卡本內蘇維濃尤佳；或是法式黑胡椒牛排搭配加州卡本內蘇維濃尤佳
燉肉
百里香
小牛肉
燒烤蔬菜
鹿肉，燒烤或烘烤尤佳
核桃
避免
精緻料理
魚類，煙燻尤佳
水果
牡蠣
海鮮及貝類
辛辣菜餚

要去哪裡找優質的卡本內蘇維濃呢？加州山谷區的酒莊或法國玻美侯的酒可謂實力相當。義大利跟西班牙也出產很棒的卡本內蘇維濃。

——尚盧・拉杜
Le Dû's 酒窖，紐約市

如果想要喝豐厚、剛出產的卡本內蘇維濃膜拜酒，建議搭配稍微偏苦的食物。燒烤牛排因為有點燒焦，所以帶點苦味，跟卡本內蘇維濃就很合。

——大衛・羅森加騰
DavidRosengarten.com 網站主編

花絮：本書蒐集資料的過程當中，我們曾經與布魯斯・威利的女兒一起用餐，得知布魯斯・威利只喝 Opus One 酒莊的酒：產自加州納帕山谷，以卡本內蘇維濃葡萄為主，帶波爾多風格的混釀。

卡歐

Cahors（法國西南方酒體飽滿的紅酒）

牛肉，烘烤尤佳
白豆什錦鍋
熟肉
風味強烈乳酪（如藍紋乳酪）
鴨肉及油封鴨
羊肉，燉煮尤佳
紅肉
菇蕈
豬肉，烘烤尤佳
兔肉，燜煮或燉煮尤佳
乳鴿

卡瓦多斯

Calvados（諾曼地地區出產的蘋果白蘭地）

蘋果及蘋果甜點
麵包布丁
乳酪，特別是洗浸乳酪，以卡瓦多斯或蘋果氣泡酒擦洗的乳酪（如卡門貝爾乳酪、利瓦侯、Pavadoche 或彭雷維克乳酪）
奶油白醬
甜點

卡瓦多斯來自世界上最盛產乳酪的地區。如果能夠吃到以卡瓦多斯或蘋果氣泡酒擦洗乳酪外皮的洗浸乳酪，像是Pavadoche、彭雷維克或利瓦侯乳酪，會十分愉快。你一定要嘗過卡門貝爾乳酪搭配諾曼地出產的卡瓦多斯或是高酒精濃度蘋果氣泡酒，才算真正了解這種美味。這種組合真的太神奇了。

——史蒂芬・簡金斯
Fairway 市場乳酪商，紐約市

我們提供15-20種卡瓦多斯，跟乳酪還有甜點都是絕配。每一種卡瓦多斯都有些許差異，有的比較溫和、圓潤，比較像白蘭地，有的則比較粗獷。

——大衛・羅森加騰
DavidRosengarten.com 網站主編

卡諾納烏

Cannonau（義大利撒丁尼亞島出產，以格那希品種為主的飽滿酒體紅酒）

培根
羊肉
肉類，燒烤或烘烤尤佳
義式麵食佐肉醬
豬肉
鮪魚

卡西斯

Cassis（法國普羅旺斯地區白酒）

馬賽魚湯
山羊乳酪
雞肉，燉雞尤佳
魚類
海鮮
蝦子

西班牙氣泡酒

Cava（西班牙加泰隆尼亞地區出產中等酒體氣泡酒）

白酒
燻烤
乳酪（尤其是卡伯瑞勒斯藍紋乳酪）及乳酪基底料理尤佳
中式料理，港式點心尤佳
甜點
蛋
新鮮無花果
魚類，油炸尤佳
油炸食物，開胃菜尤佳
薑
塞拉諾火腿
開胃菜
日本料理
義式麵食，搭配海鮮醬汁尤佳
法式鹹派
烘烤菜餚
沙拉
鮭魚
煙燻鮭魚
生魚片
炒或嫩煎料理
湯品
壽司
西班牙小菜

粉紅酒
中式料理
蛋料理（煎蛋捲、西班牙馬鈴薯蛋餅）
鮭魚，燒烤尤佳

夏布利

Chablis（法國布根地出產，中等酒體，以夏多內葡萄釀造的酒）

酪梨
清淡的奶油醬汁
乳酪，山羊乳酪尤佳
雞肉，燒烤或烘烤尤佳
蛤蜊
奶油白醬
魚類，白肉魚（如多佛真鰈）尤佳
油炸食物
極清爽的水果莎莎醬及水果醬汁（如百香果）
大比目魚，水煮尤佳
沸煮或燒烤龍蝦，搭配特級夏布利尤佳
貽貝
煮過的牡蠣（或洛克菲勒焗牡蠣）
***牡蠣，特別是生蠔，美國西岸、法國貝隆、加拿大馬佩奎灣、華盛頓州奧林匹亞生蠔尤佳**
豬肉，腰肉尤佳
義大利海鮮燉飯
鮭魚，水煮或嫩煎尤佳
鮭魚卵
扇貝
海鮮
貝類，生食尤佳
蝦，燒烤尤佳
蝸牛
真鰈
辛辣菜餚
條紋鱸魚
劍魚
鱒魚，嫩煎尤佳
鮪魚
蔬菜及素食料理

夏布利的香氣跟海帶相似，因此跟美國西岸的牡蠣很合。

——保羅・羅伯斯
紐約市 Per Se 餐廳及納帕山谷 The French Laundry 餐廳侍酒大師

香檳

Champagne（透過二次發酵、碳酸氣泡葡萄酒，通常為中等酒體；參見西班牙氣泡酒、義大利氣泡酒以及氣泡酒）

一般
開胃菜
杏桃
亞洲料理，辣度中等料理尤佳
蘆筍
培根，佐蛋尤佳
燜煮菜餚
早午餐
奶油及奶油醬汁
炸槍烏賊
法式小點[5]
焦糖
焦糖料理
***魚子醬**
乳酪，特別是鹹的、伯堡、布利、卡門貝爾、康塔爾、孔德、豪達、葛黎耶和、蒙契格以及帕瑪乳酪
雞肉
中式料理，海鮮尤佳
肉桂
蛤蜊
鱈魚
芫荽
螃蟹，佐生菜沙拉及清淡料理尤佳

螯蝦
奶油白醬及其他乳脂狀料理
可麗餅，鹹味尤佳
孜然
咖哩，蔬菜咖哩尤佳
蛋及蛋料理
魚類，佐奶油白醬尤佳；高油脂的魚肉尤佳
鵝肝醬
薯條
油炸食物
水果甜點（如水果塔）
薑及薑餅
鹽漬鮭魚
燒烤菜餚
火腿
荷蘭醬
蜂蜜
印度料理
日本料理
檸檬草
甘草
龍蝦
馬士卡彭乳酪
鮟鱇魚
菇蕈
肉豆蔻
堅果，烘烤、鹹味尤佳
煎蛋捲
炒甜洋蔥
牡蠣，熊本蠔尤佳
桃子
胡椒
洋李
爆米花
豬肉
鵪鶉
法式鹹派
兔肉，燉煮尤佳
烘烤菜餚
番紅花
沙拉
鮭魚
煙燻鮭魚
鮭魚卵
鹽漬鱈魚
鹹食
生魚片
扇貝，嫩煎或大火油煎尤佳
奶油蒜頭檸檬炒大蝦
海鱸
海鮮
海膽
貝類
蝦及海螯蝦
鰩魚
煙燻料理
蝸牛
真鰈，水煮尤佳
舒芙蕾
湯品
醬油
辛辣菜餚
蒸煮料理
鱘魚
煙燻鱘魚
壽司
小牛胰臟，嫩煎尤佳
鱒魚
松露
鮪魚，以鮪魚韃靼尤佳
大圓鮃，水煮尤佳
火雞
香莢蘭
小牛肉
清淡蔬食菜餚

香檳跟食物是百搭，不知道要配什麼的時候，喝有氣泡的酒就對了！

——貝琳達・張，Osteria via Stato 餐廳葡萄酒總監，芝加哥

我們每年都會舉辦盛大的香檳活動。今年我們租了一台爆米花機，並提供松露奶油爆米花。不只香氣撲鼻，跟香檳搭在一起實在太讚了。有一年我們爆米花吃完了，所以我請廚師供應薯條，搭配香檳的效果也很好。香檳跟油炸食物幾乎都可以配！

——布萊恩・鄧肯
Bin36 餐廳葡萄酒總監，芝加哥

白中白香檳（法國碳酸氣泡葡萄酒，由 100% 夏多內葡萄釀造）
＊魚子醬
乳酪，帕瑪乳酪尤佳
魚類，煙燻魚肉尤佳
油炸食物
＊牡蠣
海鱸
海膽
白松露

我認為香檳跟魚子醬是很好的組合，但必須是淺齡、強勁、清爽的香檳。白中白香檳跟魚子醬是絕配，但如果你上的酒是桶內發酵或曾經過桶、酒體較飽滿的香檳，魚子醬可能會破壞香檳的風味。

——丹尼爾・強斯，
Daniel 餐廳飲品總監，紐約市

我仍然相信一些基本規則，例如「一餐最好先上香檳」。我以前認為冷的伏特加配魚子醬最合適，但是後來發現伏特加會讓味蕾麻木，讓你嘗不到魚子醬又鹹又富含油脂的風味。現在我比較喜歡白中白香檳。

——約瑟夫・史畢曼，
侍酒大師，Joseph Phelps 酒莊

黑中白香檳（法國碳酸氣泡葡萄酒，由 100% 黑皮諾葡萄釀造）
法式小點 [4]
蛋及蛋料理（如煎蛋捲）
鮭魚
貝類
煙燻魚類
壽司
干型（Burt/Dry）
餐前酒
雞肉，烘烤尤佳
中式料理
牡蠣
貝類
煙燻魚類
壽司

甜香檳（Demi-Sec/Sweet）
甜點
新鮮水果

最甜香檳（Doux/Sweetest）
甜點
酥皮點心

粉紅香檳（法國碳酸氣泡葡萄酒，由黑皮諾、皮諾莫尼耶葡萄釀造）
開胃菜
燻烤
牛肉（跟香檳同種顏色，如一分熟）
甜菜
漿果
馬賽魚湯
燜煮菜餚
薄切生牛肉
紅蘿蔔
節慶料理
乳酪（如布利、艾波瓦斯、新鮮山羊乳酪）
櫻桃
巧克力
螯蝦
鴨肉
無花果
魚類
烘烤野禽
燒烤菜餚
火腿
羊肉（跟香檳同種顏色，如一分熟）
龍蝦
紅肉
動物內臟
桃子
黑胡椒
洋李
豬肉
禽肉
義大利生火腿

鵪鶉
覆盆子
烘烤菜餚
沙拉
鮭魚，燒烤或煙燻尤佳
海鮮
貝類
煙燻料理
草莓
感恩節晚餐
番茄
鮪魚
情人節
小牛肉

微甜香檳（Sec/Slightly Sweet）
餐前酒
鵝肝醬

5・譯注 Canapés，將麵包上塗特製的醬料，再擺上不同菜餚。

水果乾
堅果類
貝類
避免
紅肉
干型香檳搭配甜味菜餚

我幾年前辦了一些活動，以香檳搭配世界各地的料理。我們以法國酩悅香檳搭配日本料理以及壽司；以干型粉紅香檳搭配含橄欖油以及番茄的地中海料理；以白星香檳搭配美式食物，不管是配二焗馬鈴薯或是墨西哥辣肉醬都很棒。那時我們還有迷你漢堡，裡面夾醃黃瓜，本來覺得跟香檳一定不搭，結果沒想到兩者的搭配讓大家驚豔。這個活動結束之後，已經沒有人想在夏天烤肉時搭配啤酒了。對我來說，白星香檳在美國成為最暢銷的香檳一點也不意外，因為它跟美式食物太合了。

——麗仙・拉普特，Dom Pérignon（香檳王）品牌大使

選擇何種香檳是非常個人的事情。有些人喜歡庫克香檳的濃烈，有些人則喜歡保羅傑香檳（Pol Roger）的細緻。我一向會詢問大家的偏好。喜歡庫克的人可能也會喜歡得樂夢香檳（Delamotte）的 Clos des Mesnil 干型無年份香檳（得樂夢是沙龍酒莊的副品牌），可能也會喜歡 Egly-Ouriet 酒莊的 Ambonnay 高級干型無年份香檳。每一種香檳的價格大約是庫克香檳的 1/3 到 1/4。

——艾瑞克・瑞諾德，Bern's Steak House 餐廳侍酒師，坦帕市

花絮：我們訪問多位芝加哥侍酒師，無意間發現歐普拉最愛的香檳是水晶（Cristal）香檳。

沙邦樂

Charbono（義大利皮耶蒙區酒體飽滿、濃郁的紅酒）

乳酪
野禽
紅肉，燒烤或烘烤尤佳
義式麵食
避免
海鮮

夏多內

Chardonnay（世界多個地區出產的中等至飽滿酒體，濃郁、複雜的白酒）

一般
杏仁
酪梨
培根
羅勒
竹莢魚，搭配酒體飽滿、帶奶油香的夏多內尤佳
燜煮菜餚，以夏多內白酒料理的菜餚尤佳
奶油及奶油醬汁（含焦香奶油醬汁）
鯰魚，油炸或嫩煎尤佳
乳酪，特別是乳脂狀的山羊乳酪、綿羊乳酪（如布利、卡門貝爾、豪達、傑克、帕瑪等乳酪）
***雞肉，烘燒、油炸、燒烤或佐奶油白醬尤佳**
蛤蜊，烘燒或油炸尤佳
椰子
鱈魚，烘燒尤佳
玉米
螃蟹，包括唐金斯螃蟹、軟殼蟹及蟹肉餅
淡水螯蝦
鮮奶油及奶油白醬
咖哩，搭配未過桶夏多內
蛋及蛋料理（如煎蛋捲、法式鹹派）
白肉魚，燒烤、炒、佐奶油白醬或是鹽焗尤佳
比目魚
酥炸海鮮蔬菜盤
水果及熱帶水果基底的印度甜酸醬、莎莎醬以及醬汁
春雞
蒜，特別是烘烤，搭配未過桶的夏多內尤佳
薑
鵝肉
燒烤菜餚
酪梨沙拉醬，搭配未過桶的夏多內
大比目魚，特別是燒烤，搭配酒體輕盈的夏多內尤佳
火腿
檸檬及檸檬基底醬汁
龍蝦，燒烤尤佳，特別是搭配加州、酒體飽滿、帶奶油香的夏多內
芒果及其他熱帶水果
美乃滋
肉類，特別是較清爽的肉類，燒烤、煙燻尤佳
鮟鱇魚，烘燒、炙烤或嫩煎尤佳
菇蕈及野菇
芥末，第戎芥末尤佳
肉豆蔻
橙
牡蠣，煮過尤佳（如油炸或炒牡蠣）
義式麵食及通心粉沙拉，佐奶油白醬尤佳
花生
西洋梨
燈籠椒
義式青醬
雉雞
義式玉米餅
豬肉，特別是燒烤、烘烤，搭配未過桶、酒體飽滿的夏多內尤佳
禽肉
兔肉
義大利燉飯
烘烤菜餚
番紅花
新鮮鼠尾草

沙拉，搭配未過桶的夏多內
凱撒沙拉
鮭魚，特別是燒烤、烘烤、佐檸檬汁，搭配酒體飽滿、未過桶的夏多內尤佳
三明治，雞肉或火雞肉尤佳
炒或嫩煎料理
扇貝，嫩煎尤佳
小鱈魚，嫩煎尤佳
海鱸，烘烤或嫩煎尤佳
海鮮，燒烤、嫩煎、佐濃郁醬汁（如奶油或鮮奶油）尤佳
海鮮沙拉
貝類，搭配未過桶夏多內
蝦和明蝦，特別是沸煮、燒烤，搭配未過桶夏多內
煙燻魚肉（如鮭魚）
笛鯛，燒烤、搭配輕盈酒體夏多內尤佳
真鰈，油炸、嫩煎，搭配未過桶的夏多內尤佳
湯，濃湯尤佳
酸奶油
小果南瓜
劍魚，烘燒、炙烤、燒烤或烘烤尤佳
龍蒿
百里香
鱒魚，搭配未過桶夏多內尤佳
鮪魚，燒烤尤佳
大圓鮃，嫩煎尤佳
火雞，烘烤、冷盤尤佳
小牛肉，燒烤或烘烤尤佳，搭配飽滿酒體夏多內尤佳
蔬菜及蔬食菜餚
避免
辣椒及辣椒基底莎莎醬
芫荽
蒔蘿
高油脂的魚類
紅肉

菜餚裡如果有奶油或乳製品，很能帶出夏多內的風味。

——克萊格・薛爾頓
the Ryland Inn 餐廳
大廚／老闆，紐澤西州

我沒有特別迷加州夏多內，因為對我來說很甜，好像喝鳳梨汁一樣。但是如果把夏多內搭配燒烤劍魚佐芒果莎莎醬，料理的口味會減少葡萄酒的甜味，讓夏多內變成偏干的白酒，而且酒的其他風味也都被帶出來了。

——大衛・羅森加騰
DavidRosengarten.com 網站主編

哪裡找得到好的夏多內酒？第一名是法國布根地；第二名是義大利。不過加州的夏多內現在急起直追，風味越來越均衡，橡木味也越來越淡。

——尚盧・拉杜
Le Dû's 酒窖，紐約市

談到夏多內，瑪歌堡的保羅・龐坦勒維（Paul Pontallier）就提出，葡萄酒是一種藝術品，而橡木味則是邊框。邊框太大會影響畫作，邊框大小應該要剛剛好，才能襯托藝術品。

——艾瑞克・瑞諾德
Bern's Steak House 餐廳
侍酒師，坦帕市

花絮：我們訪談了許多芝加哥的侍酒師，偶然發現歐普拉最愛的夏多內是索諾瑪郡的彼得麥可（Peter Michael）爵士酒莊，歐普拉喜歡冰得透涼再喝。

澳洲夏多內
乳酪（如藍紋乳酪、布利、豪達）
雞肉
鴨肉
燒烤菜餚
清淡的肉、白肉
義式麵食佐奶油白醬
白醬基底濃湯
酸辣料理
劍魚
火雞
蔬菜，燒烤尤佳

加州夏多內
輕盈酒體夏多內（含大量礦物味）
乳酪
中式料理
魚類
大比目魚
清淡的肉、白肉
菲律賓料理
笛鯛
越南料理
中等酒體夏多內
乳酪（如卡門貝爾乳酪）
雞肉，烘烤雞肉尤佳
火雞，烘烤火雞尤佳
飽滿酒體夏多內（橡木味最重）
鴨肉
海鮮醬
蠔油
豬肉
鵪鶉
鮭魚，燒烤尤佳
煙燻鮭魚
小牛肉
義大利夏多內（飽滿酒體）
雞肉
酥炸鮮魚蔬菜盤
義式麵食，佐奶油白醬尤佳
義大利燉飯，佐乳酪尤佳
水煮或燒烤鮭魚
海鮮，海鮮湯或燉煮尤佳

夏山－蒙哈榭村

Chassagne-Montrachet（法國布根地地區出產，飽滿酒體白酒；參見布根地、白酒）
雞肉，佐檸檬尤佳
蛤蜊
螃蟹，蒸煮尤佳
多佛真鰈
鴨肉
龍蝦，蒸煮尤佳
南瓜
扇貝，嫩煎尤佳

教皇新堡

Châteauneuf-du-Pape（法國隆河河谷出產，飽滿酒體葡萄酒）
紅酒（辛香、濃厚、帶土壤味、濃郁）
牛肉
乳酪
鴨肉，烘烤或油封尤佳
茄子，烘燒或燒烤尤佳
魚類
野味，烘烤尤佳
野禽，烘烤尤佳
鵝肉，烘烤尤佳
羊肉，烘烤或燉煮尤佳
肉類，燻烤、燜煮或烘烤尤佳
菇蕈
法式蔬菜燉肉鍋
禽肉
鵪鶉，烘烤尤佳
兔肉，燜煮尤佳
牛小排，燜煮尤佳
牛排，紐約客牛排尤佳
燉菜
白酒
乳酪，刺鼻的乳酪（如侯克霍乳酪）尤佳
雞肉
魚類
鵝肝醬
榛果
龍蝦
堅果類
義式麵食，佐白松露尤佳
豬肉
扇貝
貝類
鮪魚
小牛肉

白梢楠

Chenin Blanc（法國羅亞爾河河谷出產，輕盈至中等酒體、清爽、有酸味的白酒）
蘋果及蘋果甜點，搭配甜白梢楠尤佳
亞洲食物，特別是帶柑橘味，搭配微干白梢楠尤佳
燻烤
白肉腸
槍烏賊
熟肉
乳酪，山羊乳酪（如謝爾河畔塞勒乳酪）搭配較干白梢楠尤佳
雞肉，燻烤雞肉佐奶油白醬尤佳
中式料理，搭配微干白梢楠尤佳
柑橘
蛤蜊
玉米
螃蟹
時蘿
魚類，特別是嫩煎，佐檸檬尤佳
比目魚，燒烤尤佳
鵝肝醬，特別是大火油煎，搭配較甜的白梢楠尤佳
油炸食物
大比目魚
香草
日本料理
海螯蝦
墨西哥料理
水煮菜餚
豬肉，烘烤尤佳
禽肉
沙拉
炒或嫩煎料理
扇貝

海鮮
貝類
煙燻魚肉（如鮭魚）
辛辣菜餚
蒸煮料理
條紋鱸魚
鱒魚，燒烤尤佳
蔬菜
越南料理

The Modern 餐廳菜單上我最喜歡的料理是培根裹海螯蝦佐希臘優格醬，再配上 De Trafford 酒莊的白梢楠。海螯蝦的軟嫩配上培根的煙燻味，加上優格醬的刺激風味，跟白梢楠淡淡的橡木味恰呈對比。各種風味應有盡有！
——史蒂芬・柯林
現代美術館 The Modern 餐廳
葡萄酒總監，紐約市

奇揚地
Chianti（義大利中等酒體紅酒）
酸味食物
烘燒義式麵食，佐茄汁（如菠菜起司麵捲、千層麵）尤佳
羅勒
豆子及豆子基底料理
牛肉，燜煮或燉煮尤佳
小牛肝配洋蔥
薄切生牛肉
乳酪，義大利乳酪尤佳（如莫扎瑞拉、帕瑪、佩科利諾、義大利波伏洛）
雞肉，燜煮（特別是茄汁）、燒烤或烘烤尤佳
野味，搭配奇揚地珍藏紅酒尤佳
燒烤肉類及其他食物
義式香草
羊肉，特別是燒烤或烘烤、調味過，搭配經典奇揚地或是奇揚地珍藏紅酒尤佳
肝臟，小牛肝或雞肝尤佳
紅肉，燒烤或烘烤尤佳
菇蕈，燒烤尤佳
橄欖油
義式燉牛膝
義大利培根
＊義式麵食，搭配經典奇揚地、茄汁（波隆那肉醬）尤佳
披薩，搭配經典奇揚地尤佳
豬肉，燒烤或烘烤豬肉排尤佳
燜燉牛肉
禽肉
牛肋排，搭配陳年、奇揚地珍藏紅酒尤佳
義大利生火腿
鵪鶉，燒烤尤佳
兔肉
義式方麵餃
義大利燉飯，菇蕈口味尤佳
湯，義大利蔬菜濃湯尤佳
牛排，特別是燒烤，搭配陳年、奇揚地珍藏紅酒尤佳
燉菜，番茄基底尤佳
番茄基底醬汁
燒烤或烘烤小牛肉
燒烤蔬菜
野豬
避免
貝類
辛辣食物，搭配較細緻的奇揚地尤佳
風味強烈的料理
甜味菜餚

智利葡萄酒
Chilean Wines（有煙燻肉類的香味）
燻烤
牛肉
砂鍋菜
乳酪
野味
紅肉
肉腸
燉菜

南美洲因為內需下降，必須出口葡萄。他們的地價低廉、工資便宜，也有好的技術水準，可以生產優質的葡萄酒，更能以葡萄酒經典產區一半以下的價格，製造出足以匹敵經典產區的好酒。一瓶智利的卡本內蘇維濃不到 8 美元，品質還比 20 美元的波爾多或納帕山谷的梅洛更優。
——約瑟夫・史畢曼
侍酒大師，Joseph Phelps 酒莊

奇美啤酒
Chimay（未經高溫殺菌法、飽滿酒體的比利時愛爾啤酒 ，由嚴規熙篤隱修會釀造）
牛肉，燉煮、法蘭德斯風味尤佳
乳酪，**奇美乳酪尤佳**
甜點，特別是巧克力、卡士達，搭配奇美修道院啤酒（藍標）尤佳
魚類，搭配奇美藍或奇美白尤佳
野味，搭配奇美藍或奇美紅尤佳
禽肉，搭配奇美紅或奇美白尤佳
紅肉，燻烤或燒烤尤佳，搭配奇美藍尤佳
白肉，搭配奇美紅尤佳
貝類，搭配奇美藍或奇美白尤佳
燉肉

奇美出產三款愛爾啤酒 ，藍標的顏色比較深，較類似梅洛葡萄酒。我會拿它搭配法蘭德斯風味的燉牛肉，甚至搭配甜點，像是巧克力草莓或是比較清爽的巧克力蛋糕。奇美也出產奇美白，比較類似香檳。
——卡洛斯・索利斯
Sheraton Four Points 餐廳
餐飲總監／主廚，洛杉磯

希濃

Chinon（法國羅亞爾河河谷出產中等酒體紅酒，由卡本內弗朗葡萄釀造；參見卡本內弗朗）

山羊乳酪，陳年乳酪尤佳
雞肉
鴨肉
野禽，烘烤尤佳
鵝肉
燒烤菜餚
火腿
漢堡
熱狗
羊肉
龍蝦
波蘭料理
豬肉
兔肉
義大利撒拉米肉腸
鮭魚，燒烤尤佳
蝦，燒烤尤佳
壽司，油脂較多的魚肉尤佳
大圓鮃
小牛肉
蔬菜（如烘烤胡椒、波菜）

我個人喜歡把希濃視為具備黑皮諾風味的葡萄酒。它的單寧含量不高，有很明顯的成熟水果風味，所以酸度夠高。我覺得希濃跟鮭魚，尤其是燒烤鮭魚很配，因為卡本內弗朗葡萄中的單寧。另外希濃搭燒烤蝦還有大圓鮃也很棒。

——丹尼爾·強斯
Daniel 餐廳飲品總監，紐約市

蘋果氣泡酒

Cider
含酒精、發酵過的蘋果汁

蘋果及蘋果甜點，搭配類似葡萄酒的法式蘋果氣泡酒尤佳
雞肉
乳酪，布利、切達、科爾比、利瓦侯、莫恩斯特、彭雷維克等乳酪尤佳
奶油乳酪，搭配類似葡萄酒的法式蘋果氣泡酒尤佳
鹹味及甜味可麗餅，搭配干型類似葡萄酒的法式蘋果氣泡酒尤佳
鴨肉
魚肉，鮭魚、鱒魚尤佳
水果
牡蠣，搭配類似**啤酒**的**英國蘋果氣泡酒、高酒精濃度蘋果氣泡酒尤佳**
豬肉
兔肉，以蘋果氣泡酒烹調尤佳
海鮮，搭配類似葡萄酒的**法式蘋果氣泡酒或西班牙蘋果氣泡酒尤佳**
貝類，搭配類似葡萄酒的法式蘋果氣泡酒為佳
辛辣菜餚，搭配類似葡萄酒的法式蘋果氣泡酒為佳
火雞
蘋果汁（不含酒精，新鮮擠壓的蘋果汁）
蘋果甜點
甜甜圈，油炸尤佳

西羅紅酒

Ciro Rosso（義大利卡拉布里亞地區出產，中等酒體紅酒）

白豆
帕瑪乳酪茄子
羊肉，燜煮或燉煮尤佳
千層麵
義式麵食，含菇蕈尤佳
希臘金椒
披薩
辛辣菜餚

淡紅酒

Claret（法國波爾多產區中等酒體紅酒，主要由卡本內蘇維濃、梅洛以及卡本內弗朗葡萄釀造；另外也使用微量的馬爾貝克以及小維鐸品種葡萄）

乳酪（如切達乳酪）
野味及野禽
羊肉
肉類
豬肉
禽肉

調酒

Cocktail（烈酒調製的飲品）

日式點心跟調酒很合，尤其是搭配芥末豆。芥末豆又鹹又甜，跟柯夢波丹或蘋果馬丁尼是絕配。我覺得芥末豆的口味會蓋過原本味蕾上的味道，調酒又會蓋過芥末豆的味道。

——洛可·狄史畢利托，大廚

Blue Hills at Stone Barns 的調酒

Blue Hills at Stone Barns 餐廳的總經理菲利普・格茲（Philipe Gouze）與兩位大廚丹・巴柏及麥可・安東尼攜手合作，把農場的精神引入餐廳供應的調酒。這讓兩位大廚相當引以為榮。安東尼說：「菲利普在法國南部長大，從在地食材研發出很多款調酒。從浸著莓果的西班牙水果酒、浸著蜂蜜燕麥的伏特加，到紅酸模瑪格麗特，什麼都有。」巴柏又說：「如果來 Blue Hills at Stone Barns 用餐，會發現這家餐廳以農場為靈感，且跟農業密切相關。走到吧台，看到其他客人在喝的飲品，大家也會覺得這是一間很重視活在當下、發人深省的餐廳。我們依據時節供應調酒，提供客人完整的用餐體驗。我們也藉此機會供應時令的調酒，並且搭配當地食材。」

格茲對我們解釋道：「我想要找一種將農場與調酒結合起來的方法。通常餐廳服務生做的第一件事，是幫客人點調酒。但是我們餐廳的服務生會先向客人介紹時令的調酒，也會說明裡面放了哪些時令水果或蔬菜。」

– 春天：「春天最早生長的植物是酸模，它帶檸檬味、氣味強烈，讓我想到瑪格麗特，因為瑪格麗特也帶有酸酸的檸檬味。我以酸模替代瑪格麗特中的萊姆汁，效果非常棒。大黃也是春天生長的。我們將生大黃榨汁，用來取代柯夢波丹裡的蔓越莓，效果也是超級棒。」
– 夏天：「我們進了一些紫羅勒，調出這個餐廳特有的莫吉托；用紫羅勒取代薄荷，風味非常清新。夏季我們也會供應黃瓜汁與亨利爵士琴酒製成的馬丁尼，如此馬丁尼便帶有黃瓜的味道。」
– 秋天：「秋季我們會使用節慶用的小果南瓜。處理南瓜的時候，南瓜汁有種螢光橘，把它跟深色的蘭姆酒以及一小滴金巴利氏苦精調在一起。」
– 冬天：「要找到冬季的食材相當困難。不過蘋果是冬季採收的水果，所以我們用卡瓦多斯調蘋果馬丁尼。」

格茲又說：「時令調酒的特色是該季結束後，這款酒也就停止供應。有的客人因為想喝大黃調製的調酒而再度光臨我們餐廳，這時候我們會說：「不好意思，賣完了，明年請早！」格茲認為靈感俯拾皆是，他說：「我想要用伏特加調酒，所以到廚房裡盯著架子看，看到一些燕麥，於是想到：『嗯，伏特加也是穀物釀成的。』於是我把伏特加、燕麥還有蜂蜜調在一起。雖然試了幾次才成功，但最後的效果真的很神奇。」

那麼，調酒跟食物要如何搭配呢？格茲說：「我們的吧台有供應招牌熟肉盤以及其他小點心。不過調酒大多在餐前或餐後喝，而不是搭著餐喝。加入黃瓜的調酒風味清淡且清新，適合餐前飲用。用餐過程中時我還是喜歡搭配葡萄酒，或許是因為我是法國人吧？如果不夠小心，用餐時搭配調酒可能會覺得調酒味道太重、太豐富。我覺得甜菜伏特加很適合放在兩道菜餚之間，因為能讓風味迸發出來。如果客人前一道菜的食材中包含甜菜，我通常會在兩道菜餚之間上甜菜伏特加，讓大家喝了之後重溫剛才甜菜的滋味。我們的無花果及小茴香伏特加很適合餐後喝，比較屬於餐後酒。

主廚凱西·克西（Kathy Casey）及調酒師萊恩·馬格利恩（Ryan Magarian）談食物搭配調酒的基本原則

萊恩·馬格利恩：很多人覺得調酒只是酒精的載體，我們卻認為調製調酒比較像是打造自己的一款酒。

凱西·克西：好的調酒有多重結構。請使用最好的食材，包含優質烈酒以及新鮮果汁。用最好的食材，才能調出光彩耀眼的調酒。

馬格利恩：如果調酒的目的是帶出料理的風味，我們認為它便能夠提升用餐經驗。太多人調製調酒時下手過重，酒精過多會毀了調酒。我們認為好的調酒關鍵在於平衡。我們的原則是每杯調酒裡的烈酒頂多加45-60c.c.就夠了。一杯葡萄酒的酒精含量大概跟調酒差不多，不過調酒因為含有烈酒，所以比葡萄酒辛辣。

除了酒精之外，調酒有三種基本元素：甜的、酸的，以及我們稱為第三向度的元素：能增添清爽度的新鮮食材。這些食材能讓一杯調酒從「好喝」晉升到「神作」！例如，克西會調一種叫做Lemon Drop的酒，由伏特加、檸檬還有糖調製而成，但是又加入搗碎的馬鞭草，讓調酒的驚豔程度破表。

調酒中酒精含量可分為低、中、高以及超高四級。

低：*伏特加、琴酒、蘭姆酒、清淡的餐前酒（如法國橙香白葡萄餐前酒 、清酒、香檳）*

中：*較淡的白蘭地、淡琥珀色蘭姆酒、黃色龍舌蘭酒、較淡的蘇格蘭威士忌*

高：*波本威士忌、白蘭地、較濃的蘇格蘭威士忌、深色蘭姆酒*

超高：*酒精濃度超過40%的酒，如波本威士忌或蘭姆酒*

甜味、酸味可能來自於水果，例如蘋果、梨子、桃子或杏桃。

清爽度可能來自於葡萄柚、檸檬或萊姆。

克西：調製調酒的時候，我們會先看菜單。Thai Ginger餐廳裡，我們在廚房裡找到南薑、萊姆、暹羅羅勒、黃瓜以及咖哩等等。

馬格利恩：於是我們改良了莫吉托，加了新鮮的芫荽葉。僅僅是多加一種香草或香料，就可以改變整杯調酒的風味。

兩人提供的其他提示：

⊙*進食時不要搭配太大杯的調酒。每一杯調酒的酒精含量控制在60c.c.以下。這種情況下，酒精過多絕對不是好事。*

⊙*烈酒在平衡良好的調酒中，比起單喝效果更好。*

⊙*餐前可嘗試琴酒以及伏特加調酒；用餐時及餐後則可嘗試萊姆酒、威士忌以及白蘭地。*

⊙*白色烈酒（如伏特加、琴酒）是很好的入門酒，它們就像是畫布，可為你的特定需求繪製出各種風味。*

⊙*以調酒搭配食物時，額外添加的香氣物質（如柑橘皮）格外重要。這些香氣物質提供了另一個風味面向。*

⊙*如果菜餚與調酒的味道皆因此提升，就表示你成功了。*

我個人認為，從料理的觀點來看，用餐時搭配調酒比較好玩。用餐搭配葡萄酒已經老掉牙了，而且如果某款葡萄酒跟菜餚無法搭配時，只能換一瓶葡萄酒。但如果是調酒，覺得哪裡不對，你可以找出問題所在，然後稍微調整一下調酒配方，打造出更好的餐酒組合。

——羅伯·賀斯（Robert Hess）

DrinkBoy.com 創辦人

咖啡 Coffee

一般

蘋果派及蘋果塔

早餐，小麥為主的食物尤佳

早午餐，小麥為主的食物尤佳

巧克力及巧克力甜點

煎餅

鬆餅

非洲咖啡（如衣索比亞咖啡，濃度較低、溫和，帶花香以及莓果味）

巧克力及巧克力甜點

檸檬甜點

避免

鹹食

陳年咖啡 aged coffee

麵包布丁

南瓜派

香料甜點

亞太地區咖啡（如印尼、爪哇、蘇門答臘；厚重、濃郁、酸性較低的咖啡）

鹹食

中美洲及拉丁美洲咖啡（如較細緻、圓潤的咖啡，口感清爽口感，酸味純淨）

莓果類

義大利脆餅

早餐

紅蘿蔔蛋糕

小甜餅

甜甜圈

午餐

稍微調味的馬芬

堅果及堅果類麵包

司康餅，清淡尤佳

深焙（如義大利、法國、維也納烘培咖啡；由綠咖啡豆烘烤，產生「第二爆」，釋放出糖分，並且經過焦糖化；酸度非常弱，帶苦味及甜味）

風味飽滿的蛋糕

巧克力，黑巧克力及巧克力甜點尤佳

香濃甜點

冰淇淋

義式濃縮咖啡

義大利脆餅

小甜餅

提拉米蘇

我喜歡羅馬的飲品Café Correcto，那是一種改良義式濃縮咖啡，摻入義大利渣釀白蘭地或杉布卡茴香酒以抵消咖啡因。我很愛在餐後拿來配小甜餅喝。

——洛可・狄史畢利托，大廚

法式烘焙咖啡
青椒，烘烤紅椒和黃椒，佐橄欖油尤佳

冰咖啡（東非咖啡豆製成）
冰咖啡可能會破壞咖啡某些細緻的風味。所以我建議不要上冰的蘇門答臘或瓜地馬拉咖啡，而是選擇冰的坦尚尼亞及肯亞咖啡。

——杜黑（Dub Hay）
星巴克資深副總，星巴克

義大利烘焙咖啡
義式開胃菜
義大利脆餅

肯亞咖啡
水果甜點
檸檬甜點
司康餅，佐水果尤佳

淺焙（如肯亞、爪哇摩卡；風味鮮明、酸度高、帶烘烤穀香）
莓果類甜點
水果及水果甜點

中焙（如哥斯大黎加、瓜地馬拉、維也納咖啡；酸性高、風味鮮明，但無穀香）
乳酪蛋糕
卡士達點心
檸檬甜點
提拉米蘇

干邑白蘭地或干邑白蘭地基底調酒
Cognac Or Cognac-Based Cocktails
亞洲料理
烤鴨
鵝肝醬
豬肉
濃厚料理
烤乳鴿

恭得里奧
Condrieu（法國隆河河谷飽滿酒體白酒，由維歐尼耶葡萄釀造，帶果香以及花香）
杏桃
雞肉
螃蟹
咖哩
菲力牛排，佐柑橘荷蘭醬尤佳（少見的白酒紅肉推薦組合）
魚類
鵝肝醬
水果
龍蝦
芒果
魚
野菇

義式燉牛膝
豬肉，特別是烘烤的，佐水果尤佳
米飯及義大利燉飯
鮭魚
海鮮，油脂豐富尤佳

我對恭得里奧有特別的情感，它是 La Pyramide 餐廳（法國料理宗師 Fernand Point 知名餐廳）的招牌酒

——大衛・華塔克
Chanterelle 餐廳主廚／老闆
紐約市

高登－查理曼特級園

Corton-Charlemagne（法國布根地酒體飽滿的白酒）

雞肉，烘烤尤佳
白肉魚，多佛真鰈、大比目魚、真鰈、大圓鮃尤佳
龍蝦
兔肉
貝類，龍蝦、蝦子尤佳
小牛肉，佐檸檬醬尤佳

萊陽丘

Coteaux du Layon（法國半甜或甜白酒，由白梢楠葡萄釀造）

藍紋乳酪（如侯克霍乳酪）
黑巧克力，乳脂狀的巧克力甜點配甜萊陽丘尤佳
魚類
鵝肝醬，嫩煎尤佳
法式肉派
梨子及梨子甜點，搭配甜萊陽丘尤佳
肉凍

羅第丘

Côte-Rôtie（法國隆河河谷飽滿酒體紅酒）

牛肉，燜煮、燒烤或燉煮尤佳
乳酪，風味強烈尤佳（如布利、卡門貝爾、艾波瓦斯、霍布洛雄乳酪）
鴨肉
野味，烘烤尤佳
火腿
羊肉，烘烤尤佳
紅肉
菇蕈
芥末
豬肉或豬肚
兔肉
牛排，特別是肋眼牛排，佐黑胡椒尤佳
小牛肉
鹿肉

我認為羅第丘紅酒的形象就是酒體飽滿、厚實。以希哈葡萄而言，羅第丘算是很北邊的產區了，所以它不該跟艾米達吉產區的酒混為一談。羅第丘紅酒比較適合搭配精緻料理，帶點細緻的特質。陳年羅第丘紅酒味道跟陳年布根地十分相似，帶有美妙的乾燥花香跟香料味、單寧柔軟，還有清新的風味。羅第丘的紅酒跟艾米達吉由同一種葡萄釀造，但表現出的風味卻完全不同。

——丹尼爾・強斯
Daniel 餐廳飲品總監，紐約市

隆河丘

Côtes du Rhône（法國隆河河谷中等酒體紅酒；風味類似深色水果及甘草，中等單寧）

燻烤，肋排尤佳
牛肉，燜煮或燉煮尤佳
熟肉
乳酪，波特沙露乳酪、聖耐克戴爾乳酪尤佳
雞肉，烘烤尤佳
印度什香咖哩雞
辣椒
蛋料理（如煎蛋捲）
魚類，燉煮尤佳
漢堡
肉類，佐香料尤佳
墨西哥料理，辛辣尤佳
菇蕈
煮熟的洋蔥（如洋蔥湯）
牛尾，燜煮或燉煮尤佳
披薩
鵪鶉
尼斯沙拉
三明治，夾火腿及乳酪尤佳
肉腸
牛排，燻烤尤佳
燉肉
松露
燒烤鮪魚
蔬菜，燻烤、根莖類尤佳
野豬肉

克羅茲－艾米達吉

Crozes-Hermitage（法國隆河河谷飽滿酒體紅酒）

牛肉，燜煮或燉煮尤佳
燜煮菜餚
鴨肉
野味
羊肉
肉類，烘烤尤佳
豬肉，烘烤尤佳
燉菜，燉牛肉尤佳
鹿肉

甜點酒

Desert Wine（如：蜜思嘉微氣泡甜酒、冰酒等）

甜點
直接飲用，不需搭配其他食物

我並不是特別喜歡以甜點來搭配甜點酒，因為要讓甜點跟酒的甜度剛好對得上十分困難。我也認為甜點酒十分稀有，製作不易，例如冰酒的製作就十分耗費心力。所以冰酒再搭配甜點，就失去單獨享受它的意義了。我喜歡比較直接一點的甜點酒，像是蜜思嘉微氣泡甜酒、巴薩克或邦尼頓（Bonny Doon）冰酒。

——阿帕納・辛
Everst 餐廳侍酒大師，芝加哥

多切托
Dolcetto（義大利皮耶蒙地區輕盈至中等酒體紅酒）
雞肉，燒烤、烘烤、搭配番茄醬尤佳
辣椒
野禽，烘烤尤佳
蒜
漢堡
紅肉，燒烤、烘烤、冷盤尤佳
肉餅
菇蕈
洋蔥
義大利麵，特別是乳酪、蔬菜義大利麵，佐簡單的醬汁（如番茄醬汁）尤佳
青醬
披薩
豬肉，豬排尤佳
義大利生火腿
義大利燉飯
沙拉（如尼斯沙拉）
義大利撒拉米肉腸
燒烤鮭魚
肉腸，燒烤尤佳
海鮮
韃靼牛排
番茄及番茄基底料理
鮪魚
小牛肉，小牛肉排尤佳

杜羅
Douro（葡萄牙中等酒體紅酒；紅寶石色澤，帶菸草、西洋杉以及櫻桃香氣）
野味
羊肉
紅肉
燜煮及燉煮蔬菜

生命之水（水果蒸餾酒）
（水果酒，如梨子酒、覆盆子酒等）
雪酪，水果雪酪尤佳

兩海之間
Entre-deux-mers（法國波爾多地區中等酒體白酒；新鮮、帶果香的干型葡萄酒，有葡萄柚、荔枝以及桃子的香氣）
乳酪（如法國柏欣乳酪、山羊乳酪、聖安德雷乳酪）
魚類，油脂較少尤佳
牡蠣
生菜沙拉
海鮮
貝類，生食尤佳

義式濃縮咖啡
Espresso
義大利脆餅

法蘭吉娜
Falanghina（義大利坎佩尼亞區中等酒體、帶酸味的白酒）
義式番茄乳酪沙拉
簡單調理的魚類料理

菲亞諾
Fiano（義大利坎佩尼亞區中等酒體、干型帶香氣的白酒）
亞洲料理，辛辣不會過辣尤佳
中美洲料理，辛辣不會過辣的尤佳
魚類，清淡魚肉料理尤佳
新鮮香草
燒烤明蝦
沙拉（如義式番茄乳酪沙拉）
海鮮，清淡海鮮料理尤佳
燒烤蝦
辛辣菜餚
蔬菜，夏季出產尤佳

我很愛新鮮的義大利白酒，如菲亞諾搭配沙拉以及夏季的蔬菜。

——德瑞克·陶德
Blue Hill at Stone Barns
侍酒大師，紐約

覆盆子自然發酵酸啤酒
Framboise Lambic Beer
餐後
早午餐
乳酪，新鮮山羊乳酪尤佳
乳酪蛋糕
巧克力
卡士達及卡士達類甜點
鴨肉
蛋料理
林茲蛋糕
馬士卡彭乳酪
墨西哥摩爾醬
鹿肉

比利時自然發酵酸啤酒很好喝、帶果香，跟香檳很像。我們這裡供應覆盆子或桃子口味的，很適合搭配早午餐，也跟蛋類料理很合，尤其是班尼迪克蛋。啤酒的果香以及氣泡喝起來很像香橙氣泡調酒！我認為它不適合配甜點，因為它可能會蓋過甜點的味道，不過當餐後酒喝卻非常合適。

——卡洛斯·索利斯
Sheraton Four Points 餐廳
餐飲總監／主廚，洛杉磯

在夏天，我喜歡覆盆子口味的自然發酵酸啤酒。它普遍偏甜，但夏天喝很棒。這種啤酒也很適合在吃甜點時啜飲幾口，它帶有覆盆子的甜度，跟甜點絕配。

——伯納·森
Jean-Georges Management
飲品總監，紐約

弗拉斯卡蒂
Frascati（義大利羅馬區輕盈酒體白酒）
炸槍烏賊
魚類，油炸、辛辣調理尤佳
清淡料理
章魚

義大利麵，佐白醬或其他奶油醬汁尤佳
海鮮沙拉
海鮮
培根蛋麵
辛辣義大利料理

法國葡萄酒
French Wine

法國人很擅長推廣產地以凸顯葡萄酒的價值。對於法國人來說，重點不在於風味、酒精、強度或顏色，而在於產地凸顯的各種事實。香檳、夏布利或普里尼－蒙哈榭村跟鄰近梅索村莊葡萄酒的差異在於土壤。只要了解這一點，就能欣賞葡萄酒最美妙之處。好的羅第丘葡萄酒或優質的布根地葡萄酒都是令人興奮的飲品。也有很多法國酒沒有知名產區的光環，也不具優良傳統或歷史重要性。這種酒太多了！不過澳洲、智利以及其他許多國家的酒也都是這樣。

——約瑟夫・史畢曼
Joseph Phelps 酒莊侍酒大師

氣泡果汁
Fruit Juice Sparkling（不含酒精果汁加氣泡水）

高檔餐廳在找非酒精飲品時，找到了如 Fizzy Lizzy 這種高檔果汁（Blue Hill at Stone Barns 餐廳亦供應）。以下是幾種 Fizzy Lizzy 的口味，以及搭配的食物：
蘋果：乳酪（山羊乳酪尤佳）、鴨肉、野禽、鵝肝醬、豬肉
蔓越莓：乳酪、雞肉、鴨肉、野味、火雞
葡萄柚：魚類、貝類
橙：雞肉、巧克力、鴨肉、蔓越莓
百香果：辛辣菜餚（如加勒比海料理、拉丁美洲料理、美國西南方料理）
鳳梨：火腿、鯕鰍魚；辛辣菜餚（如加勒比海料理、拉丁美洲料理、美國西南方料理）
覆盆子檸檬：甜瓜、桃子、野餐

白芙美
Fumé Blanc（參見白蘇維濃）

加列斯托
Galestro（義大利托斯卡尼輕盈酒體、帶果香的白酒）

開胃菜
零食
乳酪

魚類
白肉
義式麵食，佐乳酪或奶油乳酪尤佳
義大利生火腿
義大利燉飯
鹹食及料理
海鮮
鹿肉

嘉美葡萄

Gamay（參見薄酒萊）

哥維

Gavi（義大利皮耶蒙飽滿酒體白酒，由柯蒂斯葡萄釀造，帶柑橘、青草、堅果風味）
杏仁
魚類，油炸、白肉魚尤佳
白肉
貽貝
章魚，燻烤尤佳
義式麵食，佐白醬或義式青醬尤佳
義大利燉飯，佐乳酪尤佳
沙拉
鮭魚
海鱸
海鮮，海鮮湯或燉海鮮尤佳
生番茄
鮪魚
鹿肉
蔬菜，油炸或烘烤尤佳

格烏茲塔明娜

Gewürztraminer（中等酒體白酒；香氣濃郁，帶花香以及荔枝、百香果等熱帶果香）
亞洲料理，特別是辛辣菜餚（如湘菜、川菜），搭配阿爾薩斯格烏茲塔明娜尤佳
加勒比海料理
乳酪，軟質、濃味、陳年的乳酪尤佳（如卡門貝爾乳酪、艾波瓦斯），以及＊莫恩斯特、侯克霍乳酪
雞肉，風味強烈的尤佳
中式料理，搭配德國、較甜的格烏茲塔明娜尤佳
酸白菜醃肉肉腸，搭配阿爾薩斯的格烏茲塔明娜尤佳
芫荽葉
肉桂
蛤蜊，煎炸尤佳
丁香
椰子
烤春雞
克里奧爾料理
咖哩
鴨肉，北京烤鴨或烤鴨尤佳
魚類（如鮟鱇魚、紅鯛）
鵝肝醬，搭配較干的格烏茲塔明娜尤佳
水果，熱帶水果（番石榴、芒果、木瓜、百香果、鳳梨等）、水果甜酸醬或水果莎莎醬尤佳
蒜
薑
冷醃鮭魚及其他醃漬食品
火腿
蜂蜜
湘菜
印度料理，搭配德國格烏茲塔明娜尤佳
龍蝦，炙烤或燒烤尤佳
白肉
洋蔥，甜的尤佳（如洋蔥塔）
義式麵食，搭配蒜及橄欖油尤佳
法式肉派，鴨肝尤佳
黑胡椒或白胡椒
豬肉，烘烤尤佳
義大利生火腿，佐甜瓜尤佳
風味烘烤菜餚及醬汁
烘烤菜餚
沙拉
莎莎醬
鮭魚
德國酸菜
肉腸
扇貝
海鮮，風味較強烈、油炸尤佳
貝類，辛辣的尤佳
煙燻食品，乳酪（如豪達、莫札瑞拉）、魚類（如鮭魚）、肉類等料理尤佳
醬油
辛辣菜餚（小辣到中辣）
南瓜
翻炒菜餚
甜（微甜）的料理
甘藷
川菜
泰式料理（如咖哩、泰式炒河粉），搭配德國格烏茲塔明娜尤佳
火雞
小牛肉，烘烤尤佳
蔬食菜餚及蔬菜，燒烤尤佳

莫恩斯特乳酪與格烏茲塔明娜是經典搭配，如果再佐葛縷子籽，就進入了另一個境界。
——丹尼爾・強斯
Daniel 餐廳飲品總監，紐約市

晚收格烏塔明娜（甜點白酒；黃金琥珀色，帶杏桃以及蜂蜜香氣，甜中又帶平衡的酸度）
乳酪，藍紋乳酪或莫恩斯特乳酪尤佳
椰子口味甜點（如馬卡龍）
鵝肝醬
水果，熱帶水果及水果甜點尤佳
荔枝
芒果
木瓜

我很喜歡晚收格烏茲塔明娜搭配莫恩斯特乳酪，兩者來自同一產區，是完美的在地搭配。
——史蒂芬・柯林
紐約現代美術館 The Modern 餐廳葡萄酒總監，紐約市

吉恭達斯

Gigondas（法國隆河谷地產區中等酒體紅酒；帶黑櫻桃、李子、甜

味香料以及菇蕈的香氣）
燉牛肉
乳酪，軟質乳酪尤佳
野味，烘烤尤佳
肉類，烘烤尤佳
牛排
燉菜

琴酒以及琴酒基底調酒
Gin And Gin Cocktails

亞洲炸春捲
蛤蜊
螃蟹
牡蠣
豬肉
鮭魚
海鮮
貝類

薑汁汽水
Ginger Ale（薑汁口味軟性飲料）

紅蘿蔔
螃蟹
鴨肉
魚類，紅鯛、鮭魚、鮪魚尤佳
火腿
甜瓜
梨子
豬肉，豬排尤佳
南瓜
炒或嫩煎料理
甘藷

格拉夫
Graves（法國波爾多產區酒的名稱；中等酒體紅酒；帶穗醋栗、成熟深色水果以及菸草風味，紫黑色澤；以侯貝酒莊釀造的最為著名）

鴨肉
魚類（如鯖魚、鮟鱇魚、鮭魚、鮪魚
鵝肉
龍蝦
扇貝

圖福格萊克
Greco Di Tufo（義大利阿韋利諾地區飽滿酒體白酒；純淨、好喝、味干）

鰓魚
雞肉
庫斯庫斯
魚
酥炸海鮮蔬菜盤
鮟鱇魚
義式麵食，佐奶油白醬尤佳
家禽
義大利燉飯，佐乳酪尤佳
鮭魚
海鮮，加在沙拉、湯以及燉菜中尤佳
辛辣（中辣）料理
魷魚
小牛肉

格那希
Grenache（法國及西班牙生長的紅葡萄；充滿黑莓的香甜氣味，並帶有胡椒味；教皇新堡酒中的主要葡萄，時常用來做粉紅酒以及維嘉西西里亞的酒；參見教皇新堡）

燻烤
豆類
牛肉
燜煮菜餚
乳酪
雞肉
鴨肉，烘烤尤佳
茄子
鵝肝醬
燒烤菜餚
漢堡
羊肉，燒烤尤佳
肉類，特別是紅肉，燻烤或烘烤尤佳
菇蕈，野菇尤佳
義式燉牛膝
義式麵食
披薩
豬肉
烘烤家禽
紅鯛
烘烤食物及料理
肉腸
貝類
煙燻肉類
辛辣菜餚，亞洲料理尤佳
牛排，燻烤或燒烤尤佳
燉菜及其他燉煮菜餚，摩洛哥菜尤佳
火雞
小牛肉

我很愛格那希，它就像更高級的黑皮諾。

——阿帕納・辛
Everest 餐廳侍酒大師，芝加哥

綠菲特麗娜
Grüner Veltliner（奧地利中等酒體白酒；果香味濃郁，帶荔枝、芹菜以及白胡椒的味道）

鮑魚
朝鮮薊
蘆筍
培根
秘魯酸漬海鮮
乳酪，味道強烈、高油脂、濃郁的、藍紋尤佳
雞肉，油炸尤佳
鴨肉，鴨胸尤佳
魚類
油炸食物
綠色蔬菜
香草
印度料理
日本料理
龍蝦
白肉
菇蕈
牡蠣
義式麵食
豬肉
家禽
沙拉
肉腸
扇貝
海鮮

貝類
蝦
蝸牛
大豆
壽司
小牛胰臟，烘烤尤佳
劍魚
泰式料理及香料
海膽
小牛肉，烘烤尤佳
蔬菜
芥末
維也納炸豬排

奧地利綠菲特麗娜跟白蘇維濃很像，人們只要嘗過一次，就會愛上它。
——凱倫·金恩
紐約現代美術館 The Modern 餐廳飲品總監，紐約市

我超迷奧地利葡萄酒，尤其是綠菲特麗娜。我常跟人家說：「如果不知道喝什麼酒，選綠菲特麗娜準沒錯。」不論在奧地利、德國甚至是阿爾薩斯，吃肉腸還有豬肉配白酒並不奇怪。綠菲特麗娜也有濃郁的感覺跟力度，能夠搭配口味重一點的料理。
——喬治·克斯特 Silverlake Wine 酒商合夥人，洛杉磯

艾米達吉

Hermitage（法國隆河河谷北邊，中等至飽滿酒體的葡萄酒）
紅酒（辛香、帶果香、單寧強勁）
牛肉，特別是黑胡椒牛肉，燜煮、燒烤、烘烤或燉煮尤佳
燜煮菜餚
乳酪，藍紋或硬質乳酪尤佳
鴨肉
野味，燜煮、烘烤或燉煮尤佳
蒜
羊肉，燜煮尤佳
肉類，特別是紅肉，烘烤尤佳
菇蕈
芥末
豬肉
乳鴿
牛排，燒烤丁骨牛排尤佳
燉煮菜餚
松露
鹿肉，燜煮或燉煮尤佳

我認為艾米達吉配風味強勁的料理，例如野味以及燉菜。
——丹尼爾·強斯
Daniel 餐廳飲品總監，紐約市

白酒
乳酪，味道刺鼻的尤佳
雞肉
螃蟹
魚類
龍蝦
白肉
豬肉
貝類
蝦
小牛肉

冰酒

Ice Wine（摘取藤蔓上自然凍結的葡萄所製成的甜白酒；帶西洋梨、杏桃、蘋果口味；非常濃郁；產自奧地利、德國、加拿大以及紐約五指湖地區；又稱為 Eiswein）
蘋果及蘋果甜點
藍莓及藍莓甜點
蛋糕
乳酪，軟質、藍紋乳酪尤佳（如斯提爾頓乳酪）
乳酪蛋糕
小甜餅（如英式奶油酥餅）
卡士達甜點（如法式烤布蕾）
甜點，乳脂狀、含水果尤佳
鴨肉
鵝肝醬
水果，水煮尤佳
水果甜點
檸檬甜點
萊姆甜點
夏威夷豆
堅果及堅果甜點
桃子及桃子甜點
豬肉
磅蛋糕
英式奶油酥餅
避免
山羊乳酪
巧克力甜點

居宏頌

Jurançon（法國西南方白酒，風味時而偏干時而偏甜；干的酒非常清新、香氣怡人；甜以及陳年酒則帶熱帶水果香以及蜂蜜香）
乳酪（如昂貝圓柱乳酪、侯克霍乳酪），搭配甜居宏頌
雞肉，烘烤尤佳
魚類，鮭魚或鱒魚搭配干型居宏頌尤佳
鵝肝醬，鴨肉搭配甜居宏頌尤佳
火腿，佐甜瓜尤佳
肉類，搭配干型居宏頌

拉格啤酒

Lager（頂層發酵啤酒，主要由大麥麥芽、啤酒花以及水釀造，顏色淺，氣泡多，啤酒花風味溫和）
一般
亞洲料理
燻烤
加勒比海料理
乳酪，豪達及爵士堡乳酪尤佳
雞肉
魚類
薯條
油炸食物
印度料理
較清淡的料理
白肉
披薩
水煮菜餚，搭配輕盈酒體的拉格啤酒尤佳
豬肉
家禽
沙拉

辛辣菜餚
蒸煮料理，搭配輕盈酒體的拉格啤酒尤佳
泰式料理
火雞
小牛肉

拉格啤酒帶有橙皮、香蕉還有芫荽葉的氣味，跟辛辣的料理，尤其是泰式料理非常相配。我推薦德國的斯帕登啤酒，是我喝過最淡的拉格啤酒。拉格啤酒搭配墨西哥菜不太適合，搭配亞洲料理、印度還有加勒比海料理則好得多。
——卡洛斯・索利斯
Sheraton Four Points 餐廳
餐飲總監／主廚，洛杉磯

琥珀色拉格（頂層發酵，麥芽比拉格啤酒多；輕焙的麥芽，帶溫和的奶油味）
牛肉
乳酪
雞肉，油炸、燒烤或烘烤尤佳
火腿
漢堡
熱狗
肉類，紅肉尤佳
披薩
豬肉及豬排
家禽，烘烤尤佳
肉腸，燒烤尤佳
辛辣食物
避免
海鮮，尤其是精緻的料理

深色拉格（頂層發酵，帶甜的氣味及巧克力香氣；帶麥芽香及微苦的啤酒花味）
培根
乳酪
雞肉，烘烤尤佳
中式料理
鹽醃牛肉
鴨肉
味道較重的魚
火腿
肉類，紅肉、烘烤、燉煮尤佳
菇蕈
五香燻牛肉
豬肉
義大利燉飯，佐菇蕈尤佳
風味強勁的料理
三明治
德國酸菜
肉腸
辛辣菜餚
燉菜
酸辣料理
鹿肉

維也納（奧地利琥珀色拉格，帶酵母香氣）
風味較重的雞肉料理（如匈牙利紅燴牛肉、匈牙利雞）
墨西哥料理
洋蔥
豬肉料理，肋排尤佳
椒鹽蝴蝶餅，佐芥末尤佳
避免
紅肉

藍布斯寇

Lambrusco（義大利艾米利亞－羅馬涅地區出產，輕盈酒體紅酒；帶草莓、覆盆子以及櫻桃風味，稍有氣泡，餘味純淨）
培根
披薩餃
乳酪，瑞可達乳酪尤佳
火腿
肉類
義式麵食
披薩，義式臘腸口味尤佳
義大利生火腿
兔肉
薩魯米臘腸
肉腸，燒烤尤佳
巴薩米克醋

藍布斯寇是侍酒師的最愛，很適合半夜飲用，夏天喝也很清新。像是打著赤膊喝紅酒一樣地輕鬆。
——約瑟夫・巴斯提昂尼奇
餐廳老闆／經營者，
義大利酒進口商，紐約市

拉西

Lassi（印度鹹味或甜味優酪乳飲品）

印度人不知道什麼芒果拉西是什麼，因為它是西方人發明的！不過我還是很喜歡芒果拉西。在印度，拉西就是純優酪乳加一丁點糖，才不會太膩。我也很喜歡鹹的拉西，感覺比較有活力。南印度的拉西是由冰優酪乳以及咖哩葉、芥末籽、辣椒、孜然籽和椰子的油脂製成。這種拉西非常適合搭配鮭魚或是大比目魚佐南印度椰子薄荷甜酸醬，因為辛辣之中搭配清涼的優酪乳，能達到很好的平衡，促進腸胃消化。在印度，優酪乳不加乳化劑、玉米漿、果膠或是吉利丁，所以質地較稀。在美國，我建議使用希臘優酪乳或是Ronnybrook農場優格，因為品質好又不含添加物。拉西在印度常搭配路邊的小吃，像是印度油炸小餅（chat）、印度澎澎餅（poori）或秋葵，都是完美搭配。
——蘇維爾・沙朗
（Suvir Saran）
Devi 餐廳主廚，紐約市

晚收葡萄酒

Late Harvest（由成熟之後較晚摘取的葡萄製作；熟透、糖分高的葡萄，用以釀造甜點酒）
麵包布丁
乳酪，藍紋乳酪（如侯克霍乳酪）、山羊乳酪、鹹乳酪尤佳
卡士達甜點（如法式烤布蕾）
甜點

鵝肝醬

水果及水果甜點

堅果及堅果甜點

磅蛋糕

英式奶油酥餅

避免

巧克力及巧克力甜點，晚收金芬黛除外

我很愛德國還有奧地利的晚收葡萄酒，搭配任何一款藍紋乳酪皆可。

——崔西・黛查丹
Jardiniere 餐廳主廚，舊金山

檸檬水
Lemonade

燻烤

印度料理

沙拉

檸檬水

這是紐約市格林威治村 Anne Rosenzweig 餐廳主廚夏琳・巴德曼（Charleen Badman）大受顧客歡迎的檸檬水配方。

12 人份

2 杯糖

9 杯水

2 杯新鮮檸檬汁

1/2 杯由草莓、西瓜或其他喜歡的水果所打成的果泥

使用平底鍋，加入兩杯糖以及兩杯水加熱，熬煮兩分鐘後離火，將糖漿放涼。

把檸檬汁以及剩餘的水倒入大型水壺後加以攪拌，再將放涼的糖漿加入一半，嘗嘗味道。

視個人喜好加入果泥，再用剩餘的糖漿調整檸檬汁甜度。

加入冰塊，再放一片檸檬作為裝飾。

我很愛檸檬汁加蘭姆酒跟薑汁糖漿！我會把薑泡在水裡，沸煮到薑軟化，磨成泥之後過濾，再加一點糖進去煮，製成薑汁糖漿。之後我把薑汁糖漿加入新鮮檸檬汁與蘭姆酒中，就非常好喝了，而且可以搭配大多數的印度料理。草莓檸檬汁跟印度小吃也很合。

——蘇維爾・沙朗
Devi 餐廳主廚，紐約市

法國橙香白葡萄餐前酒

Lillet（法國波爾多區的甜餐前酒）

開胃菜
貝類

人們常常會忽略餐前酒。法國橙香白葡萄餐前酒是一種含有橙跟草本植物的酒，顏色賞心悅目，我也喜歡看到冰塊上漂浮著一片橙的感覺。它的味道很好，價格平實，而且如果你點一杯法國橙香白葡萄餐前酒，身邊的人會對你刮目相看。他們會覺得：「法國橙香白葡萄餐前酒……我應該也要認識一下。我也來一杯吧！」

——洛可・狄史畢利托
大廚

洛克羅統都產區

Locorotondo（義大利白酒）

球花甘藍（油菜花）

馬貢村莊白酒

Mâcon（法國布根地區葡萄酒）

朝鮮薊
槍烏賊
熟肉
乳酪，法式山羊乳酪尤佳
薯條
法式乳酪泡芙
火腿
肉腸
海鮮，燉煮尤佳

馬德拉酒

Madeira（葡萄牙西南方馬德拉島出產，酒精強化型葡萄酒；帶焦糖風味，有核桃餘味）

餐後
杏仁及杏仁甜點
杏桃及杏桃甜點
香蕉及香蕉甜點
麵包布丁
蛋糕
焦糖及焦糖甜點
熟肉，特別是煙燻肉類，搭配偏干的馬德拉尤佳
乳酪，藍紋乳酪（如侯克霍）或溫和的乳酪（如泰勒吉奧羊奶乳酪）尤佳
巧克力，牛奶巧克力、巧克力甜點尤佳
咖啡以及咖啡甜點
法式清湯
小甜餅
鮮奶油及奶油甜點
卡士達及卡士達甜點（如法式焦糖布丁、奶蛋塔）
椰棗及椰棗甜點
甜點
無花果及無花果甜點
水果蛋糕
榛果及榛果甜點
杏仁軟糖
冷肉
菇蕈，搭配偏干的馬德拉尤佳
堅果及堅果甜點
牛尾，搭配偏干的馬德拉尤佳
水蜜桃及水蜜桃甜點
美洲山核桃及美洲山核桃甜點（如核桃派）
燻烤紅椒
杏仁糖
南瓜及南瓜甜點（如南瓜派）
濃郁菜餚
湯品，搭配較干的馬德拉尤佳
法式反烤蘋果派（焦糖蘋果塔）
核桃及核桃甜點

馬德拉的種類

馬德拉的四種類型，從輕盈而干，到濃郁而甜

1) 塞西爾品種 Sercial，色淺且干的餐前酒
2) 華帝露品種 Verdelho，餐前酒
3) 布爾品種 Bual，甜點酒
4) 馬瓦西亞品種 Malmsey，最深、最濃郁、最甜的馬德拉，亦是甜點酒

馬德拉保存期限很長，開瓶後也一樣。即便你在七月分把一瓶馬德拉放在冰箱上，八月分到漢普頓度假，度假完回到家之後，馬德拉的品質還是很棒。就算你是砸大錢花了 200 美元買了一瓶頂級馬德拉，夠你喝個 10-15 次，平均下來每次的享受其實不算太貴。況且，有誰比你還值得好好享受一番呢？

——提姆・科帕克
Veritas 餐廳飲品總監，紐約市

除了雪利酒，馬德拉是世界上最物超所值的酒了。

——葛雷格・哈林頓
侍酒大師

馬第宏產區

Madiran（法國西南區飽滿酒體紅酒；帶深色水果香氣、香料以及燒烤麵包的味道）

白豆什錦鍋
乳酪，藍紋乳酪尤佳
鴨肉及油封鴨
野味，烘烤尤佳
羊肉，燉煮尤佳
肉類，燜煮或燉煮尤佳
排骨，燜煮尤佳
牛排
燉菜

馬拉加酒

Malaga（西班牙安達魯西亞區酒精強化型葡萄酒；產量極少；堅果風味、中等清爽度至帶煙燻香以及葡萄乾甜味皆有之）
牛奶巧克力及牛奶巧克力甜點

馬爾貝克

Malbec（阿根廷出產酒體飽滿紅酒；單寧豐富，帶水果乾、黑醋栗以及洋李香氣；亦出產於波爾多地區以及卡歐地區）
培根
燻烤
牛肉，烘烤或燉煮尤佳
白豆什錦鍋
辣椒
齊波特辣椒
西班牙酥皮餃
法士達
火腿
漢堡
印度料理，雞肉、羊肉尤佳
羊肉，燻烤、燜煮或烘烤尤佳
肉類，燻烤、燜煮或燒烤尤佳
肉餅
墨西哥牛肉、羊肉或豬肉料理
菇蕈
披薩、配菇蕈、肉腸尤佳
豬肉，燻烤尤佳
肋排
肉腸
辛辣菜餚
燒烤牛排
燉菜
小牛肉

瑪格麗特

Margarita（由龍舌蘭酒、不甜橙皮香甜酒或君度橙酒和新鮮萊姆汁加冰塊；以調製出本調酒的女性為名）
墨西哥料理
辛辣菜餚
塔可

我以瑪格麗特搭配墨西哥菜時，都會請調酒師不要調得太甜。墨西哥菜比較適合搭配酸度高一點的酒。

——大衛・羅森加騰
DavidRosengarten.com 網站主編

瑪歌

Margaux（參見梅多克）

馬沙拉酒

Marsala（義大利酒精強化型甜點酒；深琥珀色，帶濃郁、煙燻風味；口味由干至甜皆有）
鯷魚，搭配干型馬沙拉酒尤佳
義大利脆餅，搭配甜馬沙拉酒尤佳
蛋糕
乳酪，特別是山羊乳酪、佩科利諾或瑞可達乳酪，搭配干型馬沙拉酒尤佳
巧克力
甜點
煙燻肉類
堅果
橄欖，搭配干型馬沙拉酒尤佳
番茄基底燉海鮮料理
義式薩巴里安尼醬甜點

有一年我住在西西里島，那年不管是吃鹹食或巧克力，我都搭配馬沙拉酒。這些搭配經驗改變了我原先的看法。我以馬沙拉酒搭配番茄海鮮燉菜佐酸豆跟松子，嘗試之後大感驚異。好笑的是，如此搭配在義大利是再正常不過的事。我從中獲得的啟示是，這一切原來是那麼自然，一點也不突兀。原本看似衝突的餐和酒，卻呈現出天衣無縫的和諧感。這種感覺把我征服了。這並非當頭棒般的啟示，而是自然而然就這麼發生了。

——約瑟夫・巴斯提昂尼奇
餐廳老闆／經營者，
義大利酒進口商，紐約市

馬姍

Marsanne（法國白葡萄品種，釀造出酒精濃度極高的葡萄酒；帶有洋李、焦糖以及鳳梨的風味）
乳酪
雞肉
咖哩
火腿
龍蝦，沸煮或蒸煮尤佳
法式肉派
豬肉
義大利燉飯，偏甜尤佳（如南瓜、節瓜）
海鮮
煙燻魚
蔬食菜餚

莫利

Maury（法國朗格多克－胡西雍地區出產，酒精強化型紅酒；帶果香、黑洋李、黑松露以及黑莓的特色；參見班努斯的推薦搭配）
莓果類
藍紋乳酪（如侯克霍）
櫻桃
巧克力及巧克力甜點
咖啡及咖啡口味甜點
乾燥水果
堅果類

梅多克

Médoc（波爾多產區，出產中等至飽滿酒體的紅酒，偏深紫色；含豐富扎實的單寧以及濃郁的洋李香氣）
鴨肉
野味，燻烤尤佳
羊肉，燻烤或烘烤尤佳
肝
紅肉，烘烤尤佳
牛排
燉菜

梅克雷村莊白酒

Mercurey Blanc（法國布根地區飽滿酒體白酒；偏干、清新、純

淨而鮮明，帶柑橘及鮮奶油風味）
龍蝦，水煮或蒸煮尤佳
鮭魚，冷盤尤佳
劍魚，烘燒或烘烤尤佳

梅里蒂奇

Meritage（美國紅酒，仿波爾多酒釀造方式；卡本內蘇維濃、梅洛、卡本內弗朗、馬爾貝克以及小維鐸混釀）
牛肉
鴨肉
羊肉
鮭魚，燒烤尤佳
牛排

梅洛

Merlot（中等酒體紅酒，帶些許莓果、洋李以及紅醋栗香氣；風味豐富）
牛肉，燒烤或烘烤尤佳（如燜燉牛肉、肋排）
燜煮菜餚
砂鍋菜，佐蔬菜尤佳
熟肉
乳酪，藍紋以及風味濃郁的乳酪尤佳（如卡門貝爾、切達、熟成傑克、戈根索拉乳酪、豪達、爵士堡、帕瑪）
雞肉，燜煮、燒烤或烘烤尤佳
辣椒
小紅莓
紅醋栗
鴨肉，燒烤或烘烤尤佳
茄子
魚類，高油脂的尤佳
水果及水果醬汁
野味
野禽，搭配輕盈的梅洛尤佳
蒜
鵝肉，烘烤尤佳
燒烤菜餚
漢堡
香草香料
羊肉以及羊排，燒烤、烘烤或燉煮尤佳
小牛肝，佐洋蔥
紅肉，燒烤尤佳
肉餅
菇蕈，燒烤尤佳
芥末，第戎芥末尤佳
洋蔥以及洋蔥湯
奧勒岡
義式麵食，佐肉類、番茄醬汁尤佳
黑胡椒
青椒
披薩
豬肉，特別是腰肉，燒烤或烘烤尤佳
家禽
鵪鶉
兔肉
濃郁菜餚
義大利燉飯，佐菇蕈尤佳
迷迭香
鮭魚
三明治
肉腸
炒或嫩煎料理
乳鴿
牛排，燒烤的菲力牛排尤佳
燉菜，牛肉、蔬菜燉菜尤佳
劍魚
龍蒿
百里香
番茄及番茄醬汁
鮪魚
火雞，烘烤尤佳
小牛肉及小牛排
鹿肉
核桃

要去哪裡找好的梅洛葡萄呢？最優的兩種來自法國和義大利。義大利的梅洛實在太美妙了。種在納帕山谷適合地點的梅洛葡萄，釀造出來的酒也非常棒。最好使用種植於山丘上的葡萄，像是 Howell Mountain 酒莊的就很優。

——尚盧·拉杜
Le Du's 酒窖，紐約市

加州梅洛酒搭配羊排還有雞肉非常美味。

——蘇維爾·沙朗
Devi 餐廳主廚，紐約市

梅洛是簡單的葡萄酒，所以應該搭配簡單的食物，例如簡單的義大利麵食或披薩。

——史蒂夫·貝克塔
Beckta Dining & Wine 餐廳老闆
渥太華市

梅索

Meursault（法國布根地區中等至飽滿酒體白酒）
乳酪，侯克霍尤佳
魚類，鱈魚、大圓鮃尤佳
龍蝦
菇蕈
義大利燉飯，佐海鮮尤佳
蝦
小牛肉

莫吉托

Mojito（由蘭姆酒、萊姆汁、糖以及薄荷調製的調酒）
加勒比海料理
魚類，辛辣尤佳
辛辣菜餚

蒙納詩翠

Monastrell（厚皮葡萄所製成西班牙中等至飽滿酒體紅酒；單寧扎實，帶黑莓、香料、胡椒以及皮革等香氣；參見慕維得爾）
乳酪，蒙契格尤佳
魚類，燒烤尤佳
青蛙腿
野味
漢堡，燒烤尤佳
羊肉，燒烤或烘烤尤佳
肉類，特別是紅肉，燒烤或燉煮尤佳
菇蕈
橄欖
牛尾
法式肉派

豬肉
家禽，燒烤尤佳
煙燻或醃漬肉類
牛排，燒烤尤佳
燉菜，燉肉、燉蔬菜尤佳
鹿肉

蒙地普奇亞諾
Montepulciano D'abruzzo
（義大利中等酒體至飽滿酒體紅酒；色澤為紅寶石紫，帶黑櫻桃、甘草香氣，單寧厚實、酸度均衡）
雞肉，燒烤或烘烤尤佳
羊肉，燜煮、燒烤、烘烤或是燉煮尤佳
肉類，燒烤或烘烤尤佳
菇蕈，燻烤尤佳
章魚，與番茄燉煮尤佳
義式麵食，搭配肉類、菇蕈、番茄醬尤佳
義大利辣椒（peperoncino）
披薩，佐菇蕈尤佳
豬肉，燒烤或烘烤尤佳
家禽
義大利燉飯，佐菇蕈尤佳
肉腸
湯，飽滿尤佳
辛辣菜餚
牛排，燒烤尤佳
燉菜
小牛排，燒烤或烘烤尤佳

蒙哈榭
Montrachet（參見布根地白酒）

蜜思嘉微氣泡甜酒
Moscato d'Asti
（義大利皮耶蒙地區微氣泡甜白酒）
蘋果及蘋果甜點
莓果及莓果甜點
義大利脆餅
早午餐
蛋糕
柑橘味甜點（如檸檬、橙口味）
小甜餅
甜點，水果口味尤佳
水果，新鮮、夏季水果、水果沙拉尤佳
薑及薑味甜點
冰淇淋
清淡、輕盈的甜點（如慕斯、舒芙蕾）
馬士卡彭乳酪及其甜點
蛋白霜
義大利水果蛋糕
水蜜桃及水蜜桃甜點
覆盆子及覆盆子甜點
雪酪，水果口味尤佳

蜜思嘉微氣泡甜酒是我最喜歡的萬用甜酒。它的甜味明顯，比義大利亞斯堤氣泡酒甜，且酒精濃度低，幾乎跟巧克力都能搭配，簡直難以抗拒！

——曼黛蓮・提芙
Matt Prentice 餐飲集團
葡萄酒總監／侍酒大師，底特律

莫斯菲萊若
Moschofilero
（希臘白酒；干型、帶柑橘味）
朝鮮薊
山羊乳酪
雞肉
魚類（如大比目魚、劍魚、鮪魚）
烘烤椒類
沙丁魚
海鮮

慕維得爾
Mourvèdre
（邦斗爾產區紅酒和粉紅酒的主要葡萄；法國品種，用以釀造中等至飽滿酒體紅酒；參見邦斗爾以及蒙納詩翠）
小牛肝
紅肉
肉腸
野豬肉

米勒－土高
Müller-Thurgau
（德國輕盈酒體白酒，被形容為麗絲玲以及希瓦那的綜合體）
蘆筍
魚類，如鮭魚、鱒魚
清淡的料理
肉類
豬肉
沙拉
鹹味菜餚
扇貝
海鮮
蝦
煙燻料理
辛辣菜餚

蜜思卡得
Muscadet
（法國隆河河谷輕盈酒體白酒；白葡萄帶有柑橘、青蘋果以及鹽的風味；也稱為布根地甜瓜 Melon de Bourgogne）
餐前酒
蛤蜊
魚肉（如鱸魚）
＊貽貝
＊牡蠣
沙拉
沙丁魚
海鮮，生食尤佳
貝類，生食尤佳
蝦

蜜思卡得本身幾乎不具風味，只是很清爽、帶檸檬香。搭配沙拉之後，油醋醬的酸味會均衡酒的酸味，並帶出酒的果香。太美妙了。

——大衛・羅森加騰
DavidRosengarten.com 網站主編

馬斯卡丁
Muscadine
（美國原生葡萄，於美國西南部生長）
山羊乳酪
美洲多鋸鱸

蜜思嘉
Muscat

（帶香料及桃子香的甜點酒；稍微甜膩；風味複雜、似烈酒，有些微甜漬橙皮的香氣）

一般
莓果類，搭配輕盈酒體的蜜思嘉尤佳
義大利脆餅
蛋糕
焦糖及焦糖甜點
乳酪，藍紋乳酪、熟成切達乳酪、莫恩斯特乳酪、軟質陳年乳酪
巧克力，黑巧克力及巧克力甜點尤佳
鮮奶油及乳脂狀甜點
卡士達
甜點，清淡、溫和的甜點尤佳
新鮮或乾燥水果，以及水果甜點
薑餅
蜂蜜
冰淇淋
甜瓜，搭配輕盈酒體的蜜思嘉尤佳
堅果甜點
義式奶酪
梨子，水煮、煮熟尤佳
美洲山核桃派
舒芙蕾
非常濃郁的甜點

威尼斯－彭姆產區 De Beaumes de Venise（法國隆河河谷飽滿酒體、酒精強化型白甜酒）
焦糖及焦糖甜點
藍紋乳酪
巧克力及巧克力甜點
小甜餅
烤布蕾
水果及水果甜點
冰淇淋，香莢蘭口味尤佳
檸檬及檸檬甜點
橙及橙甜點
酥皮點心
大黃及大黃甜點
太妃糖及太妃糖甜點

黑蜜思嘉（帶有巧克力、玫瑰以及橙特質的紅葡萄，又稱為漢堡蜜思嘉 Muscat Hamburg）
莓果類及莓果甜點
乳酪，藍紋尤佳
櫻桃及櫻桃甜點
巧克力，黑巧克力尤佳
奶油
鵝肝醬
水果
香莢蘭冰淇淋
橙及橙甜點
桃子及西洋梨，水煮尤佳
香莢蘭

晚收蜜思嘉（帶焦糖、乾燥西洋梨以及蘋果香氣的甜點酒，帶有均衡的酸性）
乳酪
鵝肝醬

加烈型蜜思嘉（澳洲加烈型蜜思嘉，帶有橙、葡萄乾以及蜂蜜香氣）
巧克力及巧克力甜點
奶油及奶油甜點
無花果及無花果甜點
冰淇淋
摩卡及摩卡甜點
堅果及堅果甜點

橙花蜜思嘉（原產於義大利的白葡萄，帶有蜂蜜及橙花香氣，以及清爽的酸味）
焦糖及焦糖甜點
藍紋乳酪
巧克力及巧克力甜點
橙及其他柑橘類甜點

避免
某些牛奶巧克力甜點，因為口味可能被蜜思嘉蓋過

蜜思妮
Musigny（法國中等至飽滿酒體紅酒）
烘烤野禽
野生菇蕈（如牛肚菇或羊肚蕈）

那瓦拉
Navarra（西班牙北部中等酒體紅酒，帶有櫻桃、西洋杉及菸草香氣，以及辛辣的單寧味）
乳酪，軟質尤佳
烤春雞
魚類，燒烤尤佳
羊肉
肉類，燒烤尤佳
豬肉

內比歐羅
Nebbiolo（義大利皮耶蒙地區所產葡萄釀造成的中等酒體葡萄酒，為釀造巴貝瑞斯可以及巴羅洛之主要葡萄；帶有菇蕈、紫羅蘭和黑醋栗的特色；參見巴貝瑞斯可以及巴羅洛）
牛肉，未加鹽的嫩牛腰肉尤佳
乳酪及乳酪火鍋
雞肉
野味
羊肉
肉類，紅肉及烘烤尤佳
菇蕈
動物內臟
義式麵食，佐肉醬尤佳
豬肉
小牛肉

內比歐羅葡萄是世界上單寧量最高的葡萄。如果單喝內比歐羅葡萄酒，年輕、單寧含量高的葡萄酒簡直難喝。但如果先吃一口未加鹽巴的菲力牛排，再喝一口酒，簡直太棒了！
——曼黛蓮・提芙
Matt Prentice 餐飲集團
葡萄酒總監／侍酒大師，底特律

內果亞馬諾
Negroamaro（義大利普利亞產區中等酒體紅酒）
乳酪，陳年尤佳
野味
肝
紅肉，烘烤尤佳
義式麵食

黑達沃拉品種
Nero d'Avola（義大利西西里島低酸度、中等至飽滿酒體紅酒）
義式炸飯球
牛肉，烘烤尤佳
羊肉，烘烤尤佳
肝
紅肉以及肉丸
義式麵食，烘烤尤佳
豬肋排，燻烤尤佳
劍魚，佐刺山柑尤佳

奧維特
Orvieto（義大利翁布里亞產區輕盈至中等酒體白酒）
開胃菜
槍烏賊，油炸尤佳
山羊乳酪
魚類，清爽或水煮的尤佳
龍蝦
義式麵食，清爽的尤佳（如加奶油、番茄、松露）
披薩，清爽尤佳
義大利生火腿，佐甜瓜尤佳
義大利燉飯
沙拉
海鮮
真鰈，水煮尤佳

波雅克
Pauillac（法國波爾多地區飽滿酒體紅酒）
牛肉
乳酪
野味，烘烤尤佳
羊肉，烘烤尤佳
肉類，烘烤尤佳
菇蕈

小希哈
Petite Sirah（新世界飽滿酒體紅酒）

燻烤
牛肉
熟肉
乳酪
雞肉
野味
燒烤菜餚
漢堡
羊肉，燜煮尤佳
紅肉
墨西哥料理
牛尾
豬肉
濃郁、風味強勁的醬汁
肉腸
牛排，燻烤尤佳
燉菜

皮克利
Picolit（義大利弗里烏利產區乾燥葡萄釀造的甜點酒）
莓果類
義大利脆餅
蛋糕，含堅果尤佳
乳酪，味道強烈尤佳（如布利、戈根索拉乳酪）
簡單、濃厚的甜點
鵝肝醬
水果
法式肉派

皮爾森啤酒
Pilsner（捷克出產干型啤酒，帶啤酒花風味）
亞洲料理，較辛辣尤佳
魚子醬
乳酪，較清淡尤佳
雞肉
辣椒
蛤蜊
鹽醃牛肉
鴨肉
高油脂食物及料理
魚類，油炸尤佳
油炸食物
水果
火腿以及乳酪三明治，燒烤尤佳
漢堡
印度料理
清淡料理
燒烤肉類
墨西哥料理及美式墨西哥料理
貽貝
五香燻牛肉
披薩
豬肉
家禽
熟肉
沙拉
鮭魚，煙燻尤佳
莎莎醬
肉腸
海鮮
貝類（如螃蟹、龍蝦、蝦）
辛辣菜餚
塔可
泰式料理
鱒魚，煙燻尤佳
小牛肉
越南料理
避免
精緻的魚肉料理
極為豐盛的料理

道地的德國或捷克皮爾森啤酒因為較干且苦，反而能帶出食物的味道，所以可搭配許多類型的食物。

——加列·奧立維
Brooklyn Brewery 釀酒師

皮爾森啤酒跟辛辣菜餚、肉腸、燒烤肉類、披薩和漢堡很搭。Pilsner Urquell 及 Czechvar 的皮爾森啤酒都帶有煙燻風味，所以跟燒烤肉類也很配。

——卡洛斯·索利斯
Sheraton Four Points 餐廳餐飲總監／主廚，洛杉磯

皮諾塔基
Pinotage（南非飽滿酒體紅酒）
燻烤肋排
切達乳酪
山羊乳酪
野味（如鹿肉）以及野禽（如鴨肉、鵪鶉），烘烤尤佳
漢堡
肝
披薩
燉菜

白皮諾
Pinot Bianco（義大利輕盈至中等酒體白酒）
杏仁
螃蟹
魚類
蝦，炒尤佳
真鰈
魷魚，燒烤尤佳

白皮諾
Pinot Blanc（法國中等酒體白酒，常產於阿爾薩斯及加州地區；類似夏多內）
亞洲料理
烘燒食物
奶油醬汁
鯰魚，炒尤佳
乳酪
雞肉，烘烤或雞肉沙拉尤佳
細香蔥
蛤蜊
螃蟹
蛋料理（如煎蛋捲、法國鹹派）
魚，特別是白肉魚，稍微烘燒或燒烤菜餚尤佳
比目魚，炒的尤佳
蒜
燒烤菜餚
大比目魚，烘燒尤佳
火腿
韭蔥
檸檬
菇蕈
洋蔥
牡蠣
荷蘭芹
義式麵食，簡單的尤佳

法式肉派
豬肉
家禽
兔肉
沙拉，蔬菜或雞肉的尤佳
鮭魚
肉腸
炒或嫩煎料理
扇貝
海鮮
貝類
蝦類
煙燻魚類
真鰈
辛辣菜餚
劍魚，燒烤尤佳
泰式料理，咖哩尤佳
鱒魚
鮪魚，燒烤尤佳
火雞，烘烤尤佳
小牛肉
蔬食菜餚

灰皮諾
Pinot Grigio / Pinot Gris

（義大利北部輕盈至中等酒體白酒，適合酒齡年輕時飲用；美國西部出產的灰皮諾與義大利出產的灰皮諾相似，但較為飽滿；阿爾薩斯地區出產的灰皮諾酒體最為飽滿，又名為 Tokay D'Alsace）

酸味食物
義式開胃菜
開胃菜
蘋果，蘋果塔尤佳
北極鮭
亞洲辛辣菜餚
培根
羅勒
炸魷魚
熟肉（如義大利牛肉乾、煙燻培根）
乳酪，山羊、綿羊或煙燻乳酪尤佳
溫和的乳酪（如芳汀那、莫札瑞拉、莫恩斯特、瑞可達）
雞肉，油炸、燒烤、水煮、烘烤或炒的尤佳
細香蔥
酸白菜
蛤蜊
螃蟹
清淡的奶油白醬
鴨肉
小茴香
魚類，特別是白肉魚，烘燒、燒烤或水煮尤佳
酥炸海鮮蔬菜盤
新鮮水果、水果莎莎醬及水果醬汁
野味以及野禽
蒜
薑
義式麵疙瘩
燒烤食物
大比目魚

火腿
香草
檸檬，作為醬汁尤佳
萵苣
清淡料理
龍蝦
白肉
甜瓜
貽貝
芥末
堅果，烘烤榛果尤佳
橄欖油
蛋捲，蔬菜的尤佳
洋蔥，烹調過尤佳（如洋蔥塔）
橙
牡蠣
義式麵食，佐海鮮或貝類尤佳
法式肉派
西洋梨
豆類
義式青醬
野餐
水煮菜餚
豬肉，烘烤尤佳
家禽
義大利生火腿
鵪鶉
兔肉
濃郁、高油脂的菜餚
沙拉
義大利撒拉米肉腸
鮭魚
三明治
沙丁魚，燒烤尤佳
肉腸
炒或嫩煎料理
扇貝
海鱸
海鮮料理，非常清淡尤佳
貝類
蝦
煙燻乳酪、煙燻魚類（如鮭魚、鱒魚）以及煙燻肉類
真鰈
微辣菜餚
蒸煮料理
劍魚，燒烤尤佳
龍蒿
百里香
番茄及番茄料理
鱒魚
鮪魚，燒烤尤佳
火雞
小牛肉，清爽的料理方式尤佳
蔬菜

晚收灰皮諾（法國阿爾薩斯地區出產，飽滿酒體甜點酒）
甜點佐水果、堅果

黑皮諾

Pinot Noir（法國、美國加州及俄勒岡州出產，輕盈至飽滿酒體、帶果香的紅酒）
培根
羅勒
牛肉，特別是瘦肉、烘烤，搭配飽滿的灰皮諾尤佳
甜菜
熟肉
乳酪，陳年山羊乳酪、溫和、軟質乳酪（如布利、卡門貝爾、休曼、希臘菲達羊酪、格呂耶爾、瑞士、蒙多瓦什酣乳酪）尤佳
櫻桃，櫻桃塔尤佳
雞肉，燜煮、水煮或烘烤尤佳
肉桂
丁香
***鴨肉，烘烤尤佳**
土壤味豐富的食物及料理
茄子
墨西哥辣椒醬玉米捲餅
小茴香及小茴香籽
魚
鵝肝醬
法式料理
野味，特別是烘烤，搭配酒體飽滿的黑皮諾尤佳
野禽，烘烤尤佳
薑
綠色蔬菜，特別是燜煮或炒的，搭配培根尤佳
燒烤肉類及其他食物
火腿，烘燒尤佳
香草及香草基底醬汁
什錦飯
腰只
羊肉
千層麵
肝
肉類，清淡、紅肉、燒烤、烘烤、冷盤尤佳
菇蕈以及蘑菇醬
洋蔥
奧勒岡
鷓鴣，烘烤尤佳
義式麵食，特別是較豐盛的義式麵食，佐番茄、蔬菜醬汁尤佳
黑胡椒
義式青醬
雉雞，烘烤尤佳
豬肉，腰肉尤佳
洋李
家禽，烘烤尤佳
鵪鶉，燒烤或烘烤尤佳
兔肉
義大利燉飯，搭配菇蕈尤佳
烤物，特別是烤牛肉，搭配酒體飽滿的黑皮諾尤佳
***鮭魚，水煮、嫩煎或燻烤尤佳**
肉腸，燒烤尤佳
炒或嫩煎料理
扇貝
海鮮
煙燻肉類以及其他食物（不含魚類）
醬油
菠菜派
乳鴿，燒烤或烘烤尤佳
燉菜，牛肉尤佳
劍魚
龍蒿
蒔蘿
番茄及番茄醬
白松露及松露油
鮪魚，特別是夏威夷鮪魚，燒烤尤佳
火雞，烘烤尤佳

小牛肉，肉排尤佳
一般蔬菜，根莖類尤佳
蔬食菜餚
鹿肉，搭配酒體飽滿的黑皮諾尤佳
避免
水果及水果基底料理或醬汁
煙燻魚類
辛辣菜餚
風味強烈的料理
甜味菜餚
提示：該如何分辨黑皮諾的酒體是輕盈還是飽滿？不要只看酒精濃度，也要看價格。價位較低的美國黑皮諾通常酒體較輕盈，價位較高的則酒體較飽滿。

要去哪裡找優質的黑皮諾？最好的黑皮諾還是產於布根地，它在酒精、果香還有礦物味的精緻度相當令人驚豔，是水準最高的黑皮諾。其次是加州索諾瑪郡的黑皮諾，再來是產自紐西蘭中部（奧塔哥半島）的黑皮諾。我覺得義大利、俄勒岡州以及加州中部海岸的黑皮諾也值得一提。

——史蒂夫・貝克塔
Beckta Dining & Wine 老闆
渥太華

我非常喜愛山羊乳酪配黑皮諾，是非常棒的組合。年輕新鮮的山羊乳酪很適合較年輕、風味較強勁的葡萄酒；陳年的山羊乳酪則適合較濃郁、有層次的葡萄酒。含菇蕈的食物很適合搭配黑皮諾，例如蘑菇披薩。

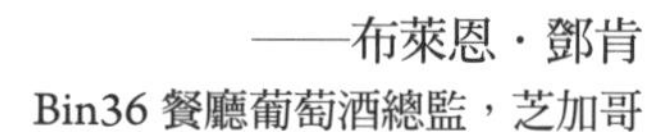
——布萊恩・鄧肯
Bin36 餐廳葡萄酒總監，芝加哥

波瑪村

Pommard（法國布根地產區紅酒）
牛肉，燒烤尤佳
熟肉
羊肉
豬肉
小牛肉

波特酒

Port（葡萄牙波爾圖產區酒精強化型甜點酒，通常為紅酒）
一般
蘋果
焦糖
藍紋乳酪：戈根索拉乳酪、侯克霍、＊斯提爾頓乳酪
櫻桃甜點
＊巧克力，苦甜巧克力、黑巧克力、巧克力甜點尤佳
咖啡及咖啡口味甜點
甜點
肉類，紅肉、煙燻尤佳
堅果及堅果甜點
水煮桃子
梨子，水煮尤佳
覆盆子及覆盆子甜點
核桃

餐酒搭配時，最常犯的錯誤是將波特酒搭配乳酪。波特酒跟乳酪不搭，要配藍紋乳酪才行。

——史蒂夫・貝克塔
Beckta Dining & Wine 老闆
渥太華

寶石紅波特（Ruby，葡萄牙，年輕、無年份紅酒）
莓果及莓果類甜點
藍紋乳酪
櫻桃及櫻桃甜點

陳年波特酒（Tawny，過桶無年份紅酒）

杏仁及杏仁甜點
蘋果及蘋果甜點
蛋糕
乳酪，陳年乳酪（如切達、佩科利諾乳酪）搭配陳年波特酒尤佳
＊巧克力，黑巧克力、苦甜巧克力及巧克力甜點尤佳
海棗
鵝肝醬
水果乾及水果乾甜點
冰淇淋，香莢蘭口味尤佳
堅果及堅果甜點
西洋梨及西洋梨甜點
南瓜派
核桃及核桃甜點

年份酒（具有特定年份，由紅波特葡萄所釀造）
杏仁
乳酪，藍紋乳酪、切達乳酪、昂貝圓柱乳酪、侯克霍、＊**斯提爾頓乳酪**尤佳
巧克力及巧克力甜點
核桃及核桃麵包

波特啤酒

Porter（英國深色甜愛爾啤酒；參見司陶特啤酒的搭配建議）
燻烤
燜煮菜餚
凱真族料理
乳酪，藍紋及切達乳酪尤佳
巧克力
炸魚
火腿
漢堡
肉類
菇蕈
牡蠣
迷迭香
鮭魚
燒烤蝦
牛肉
燉菜
美墨料理（如墨西哥潤餅）

普依富賽

Pouilly-Fuissé（法國布根地產區的酒體飽滿白酒）
乳酪，新鮮山羊乳酪或佩科利諾乳酪尤佳
雞肉
魚類，佐奶油或奶油白醬尤佳
火腿，烘烤尤佳
義式麵食
義大利生火腿
法式鹹派
鮭魚
扇貝
貝類
煙燻魚類
小牛肉
蔬菜

普依芙美

Pouilly-Fumé（法國羅亞爾河谷產區的干型中等酒體白酒）
開胃菜
蘆筍
山羊乳酪
雞肉，乳脂狀料理尤佳
螃蟹
淡水螯蝦
魚類
火腿
龍蝦，燒烤尤佳
貽貝
鮭魚
煙燻鮭魚
海鮮
貝類
燒烤蝦
鱒魚
大圓鮃
小牛肉，佐奶油白醬尤佳

我沒有偏見，各地的酒我都愛。不過講到白酒，我還是會選普依富賽跟松塞爾。

——尚盧・拉杜
Le Dû's 酒窖，紐約市

皮蜜提品種

Primitivo（義大利普利亞產區飽滿酒體紅酒；類似美國的金芬黛）
乳酪，風味濃重的尤佳
肉類，燒烤尤佳
義式麵食，佐肉類、辛辣的醬汁尤佳
家禽，燒烤尤佳
肉腸
蔬食菜餚，辛辣的尤佳

普里奧拉

Priorat（西班牙加泰隆尼牙產區的飽滿酒體紅酒）
牛肉，燜煮尤佳
白豆什錦鍋
蒙契格乳酪
鴨肉以及油封鴨
野味以及野禽
羊肉
肉類
西班牙海鮮料理，使用 fideo 麵而非米飯尤佳
兔肉
燉菜
劍魚，燒烤尤佳

普里奧拉現在非常熱門，因為現在很多人加入種植行列，建蓋新的葡萄園。雖然如此，還是老字號的酒莊出產的普里奧拉品質比較優良，因為葡萄藤蔓會往下蔓延 9 公尺，穿越多石的土壤以覓得養分。普里奧拉是濃烈而不害羞的葡萄酒。以 fideo 麵條代替米飯的西班牙海鮮料理就是這個區域的特產，裡面的食材可包含野味、鴨肉、鵪鶉或兔肉。紐約市的 Solera 餐廳供應油封鴨、蝸牛肉，以及蒜泥蛋黃醬所調製而成的智利燉湯卡茲維拉（cazuelas），都跟普里奧拉非常契合。

——朗恩・米勒
Solera 餐廳領班，紐約市

義大利氣泡酒

Prosecco（義大利維內多產區的輕盈酒體氣泡酒）

白酒
杏仁
開胃菜
蘆筍
中式料理
堅果
義大利生火腿
沙拉
煙燻鮭魚
蝦，冷食尤佳
壽司

粉紅酒
燻烤
熟肉
野餐
沙拉
三明治

普里尼－蒙哈榭村

Puligny-Montrachet（法國布根地產區的飽滿酒體干型白酒；參見布根地白酒）

杏仁
乳酪，艾波瓦斯、山羊乳酪、瓦什寒乳酪尤佳
雞肉，烘烤尤佳
鱈魚，嫩煎尤佳
螃蟹
奶油白醬
火腿
龍蝦
魚
義大利燉飯，佐松露尤佳
扇貝
蝦子及海螯蝦
真鰈
大圓鮃
小牛肉，佐奶油白醬尤佳

休姆－卡德甜白酒

Quarts de Chaume（法國羅亞爾河谷出產，由乾燥葡萄釀造的白甜點酒）

蘋果甜點，法式反烤蘋果派尤佳
香蕉甜點
水果甜點

休姆－卡德的甜白酒沒有索甸甜白酒那麼甜或黏膩，非常優雅。

——艾瑞克．瑞諾德
Bern's Steak House 餐廳
侍酒師，坦帕市

麗秋朵

Recioto（義大利維內多出產，由乾燥葡萄釀造的甜紅酒）

蛋糕
乳酪，藍紋（如侯克霍、斯提爾頓）、乳脂狀（如艾波瓦斯）或鹹乳酪（如帕瑪、佩科利諾）等尤佳
巧克力，黑巧克力及巧克力甜點尤佳
小甜餅
乳脂狀甜點
水果及水果甜點
堅果，美洲山核桃及堅果甜點尤佳

松香酒

Retsina（希臘出產，發酵時加進松脂的烈味紅酒或白酒）

希臘料理
蒔蘿
茄子
希臘菲達羊酪
鷹嘴豆泥蘸醬
橄欖，希臘橄欖尤佳
辛辣的食物
菠菜及菠菜派
希臘紅魚子泥沙拉醬

隆河產區葡萄酒

Rhône

紅酒（法國中等至飽滿酒體葡萄酒）
牛肉，燉煮尤佳
牛嘴邊肉
白豆什錦鍋
雞肉，燻烤尤佳
鴨肉，烘烤尤佳
野味及野禽
鵝肉
腰子
烘烤羊肉
肝，小牛肝尤佳
肉類，烘烤、煙燻或燉煮尤佳
墨西哥料理，多肉、辛辣尤佳
菇蕈
燜煮排骨
乳鴿
牛排
燉菜，燉牛肉、蔬菜尤佳
鮪魚，燒烤尤佳
蔬菜，根莖類尤佳
鹿肉

隆河河谷紅酒中的肉味跟羊肉類似。

——曼黛蓮．提芙
Matt Prentice 餐飲集團
葡萄酒總監／侍酒大師，底特律

白酒（法國隆河河谷北邊，酒體飽滿的葡萄酒，如維歐尼耶）
白豆
馬賽魚湯
乳酪，格呂耶爾或波特沙露乳酪尤佳
烤春雞
螃蟹
咖哩
鹹味卡士達，佐肉豆蔻尤佳
魚類，白肉魚尤佳
豬肉
家禽
海鮮

里貝羅

Ribeiro（西班牙輕盈酒體白酒）

秘魯酸漬海鮮
燒烤魚類
龍蝦

貝類
本區的酒是干型，帶些礦物味。雖然這個地方距離海岸有一般距離，但生產的酒還是適合搭配貝類。簡單的燒烤海鮮也都十分適合，龍蝦尤佳。另一道跟里貝羅白酒絕配的食物是秘魯酸漬海鮮，調理方式越簡單越好。

——朗恩·米勒
Solera 餐廳領班，紐約市

斗羅河岸
Ribera del Duero（西班牙飽滿酒體紅酒）

牛肉，燒烤或烘烤尤佳
乳酪，陳年的或乳脂狀尤佳
野味，燒烤或烘烤尤佳
羊肉以及羊排，烤的尤佳
肉類，燒烤或烘烤尤佳
豬肉
肉腸
排骨
辛辣菜餚
牛排
燉菜
根莖類蔬菜，烘烤尤佳

斗羅河岸所產的是豐厚、經過萃取、風味強烈的葡萄酒。你會發現傳統的斗羅河岸紅酒比較纖瘦而難入口，較新穎的國際型酒款則帶有較多果香。這個地區野味盛行，而羊排最適合這款酒。我這輩子吃過最棒的一餐，就是斗羅河岸紅酒，搭配在葡萄藤上燒烤的小羊排，佐該區出產的的橄欖油及鹽巴。

——朗恩·米勒
Solera 餐廳領班，紐約市

麗絲玲
Riesling（德國及阿爾薩斯出產，酒體輕盈、帶不同甜度的白酒；微甜帶果香）

一般
開胃菜
蘋果及蘋果甜點
亞洲料理
冷蘆筍，搭配阿爾薩斯麗絲玲尤佳
培根
烘烤甜菜
凱真族料理
秘魯酸漬海鮮
熟肉，搭配阿爾薩斯麗絲玲尤佳
乳酪，藍紋乳酪，軟質乳酪、三重脂肪乳酪（如布利）尤佳
雞肉，水煮或快炒尤佳
中式料理，較辣的菜餚搭配德國麗絲玲尤佳
阿爾薩斯酸菜，搭配阿爾薩斯麗絲玲尤佳
芫荽葉
椰子
玉米
螃蟹，包含軟殼蟹
克里奧爾料理
口味較溫和的咖哩
精緻的料理
鴨肉，特別是烘烤，搭配微干至甜的麗絲玲（奧地利尤佳）
魚，水煮、快炒或佐奶油白醬尤佳
鵝肝醬，搭配較甜的麗絲玲尤佳
水果，夏日盛產的水果尤佳（如櫻桃、甜瓜、桃子）以及水果沙拉、莎莎醬和水果醬
薑
鵝肉，搭配微干至甜的麗絲玲尤佳
大比目魚，嫩煎尤佳
火腿，烘烤尤佳
油甘魚，簡單料理尤佳（如義大利生肉片）
蜂蜜
印度料理
檸檬草
較清淡料理
萊姆，搭配較干的麗絲玲尤佳
龍蝦，水煮尤佳
芒果及印度芒果甜酸醬
肉類
貽貝
肉豆蔻
洋蔥，甜的尤佳（如在湯品中使用或是洋蔥塔）
橙
牡蠣，烘燒尤佳
法式肉派
桃子及桃子甜點
花生
椒類，燈籠椒或辣椒
野餐，搭配干型德國麗絲玲尤佳
水煮菜餚
豬肉，特別是烘烤、煙燻、燉煮，搭配水果醬汁尤佳
家禽，搭配微干麗絲玲尤佳
義大利生火腿
兔肉
生食料理
紅鯛魚，燒烤尤佳
沙拉，綠色、水果、海鮮尤佳
鮭魚，特別是水煮，搭配干型麗絲玲尤佳
煙燻鮭魚
肉腸
炒或嫩煎料理
扇貝，特別是韃靼扇貝，嫩煎或大火油煎尤佳
清淡的海鮮料理
貝類，搭配干型麗絲玲尤佳
蝦
煙燻及醃漬食物（如魚、肉），搭配干型德國珍品麗絲玲尤佳
真鰈
中辣菜餚
蒸煮料理
翻炒或嫩煎料理
壽司，搭配微干的德國麗絲玲尤佳
泰式料理，搭配德國麗絲玲尤佳

鱒魚，嫩煎尤佳
煙燻鱒魚
鮪魚，韃靼鮪魚尤佳
火雞，烘烤尤佳
蔬菜，燒烤或烘烤尤佳
越南料理

提示：麗絲玲葡萄的甜度，由最干至最甜依序如下：珍品（Kabinett）、遲摘（Spätlese）、精選（Auslese）、貴腐甜麗絲玲（Beernauslese, BA）、貴腐精選麗絲玲（Trockenbeernauslese, TBA），以及冰酒（Eiswein）。
提示：珍品以及遲摘麗絲玲的甜度是由干、半干到甜。

精選麗絲玲 Auslese（德國白甜點酒）
使用椰奶作為食材的亞洲料理
酪梨
黑鱸
麵包布丁
乳酪，濃郁尤佳
甜點
鵝肝醬，嫩煎尤佳
水果，熱帶水果尤佳
火腿
油甘魚
蜂蜜芥末醬
龍蝦
法式肉派
較烘烤菜餚
鹹中帶甜的料理
草莓
甜味菜餚
鹿肉，搭配陳年麗絲玲尤佳

麗絲玲是最棒的酒款。

——艾倫・莫瑞
Masa's 餐廳侍酒師，舊金山

要去哪裡找好的麗絲玲？最棒的在德國，然後是阿爾薩斯跟澳洲。

——尚盧・拉杜
Le Dû's 酒窖，紐約市

遲摘以及精選麗絲玲跟清淡的螃蟹料理、蝦以及許多亞洲料理都很搭配。麗絲玲因為帶礦物味，也很適合山羊乳酪。

——尚盧・拉杜
Le Dû's 酒窖，紐約

德國麗絲玲一般而言較輕盈、酒精濃度偏低，且帶花果香。阿爾薩斯麗絲玲一般而言風味較豐厚、濃郁，帶有較多果香跟礦物味。奧地利麗絲玲則介於兩者之間，酸度令人驚豔。優質的奧地利麗絲玲主要生長在岩石上，這種特性也會在葡萄酒中顯現出來。因為這幾種麗絲玲顯著不同，所以我想知道客人晚餐要吃什麼，才有辦法推薦酒款。如果只是想在傍晚五點喝點餐前酒，酒精濃度 8% 的德國摩澤爾河麗絲玲就非常合適（跟汽水一樣合適）。如果客人偏好更實在一點的酒，以搭配晚餐第一道菜，我或許會推薦奧地利麗絲玲。如果主菜是野味，我可能會推薦有點年份的阿爾薩斯麗絲玲。

——保羅・柯利克
Hearth 餐廳總經理，紐約市

麗絲玲不一定只能搭配清淡的料理和海鮮。越甜的麗絲玲，越能夠搭配烘烤過後焦糖化的料理以及甜食。

——提姆・科帕克
Veritas 餐廳葡萄酒總監，紐約市

麗絲玲是德國唯一值得關注的葡萄。德國葡萄酒通常比較輕盈（亦即酒精濃度較低），但比阿爾薩斯的酒款含更多殘糖。

——丹尼爾・強斯
Daniel 餐廳飲品總監，紐約市

貴腐甜麗絲玲
Beerenauslese（德國白甜點酒，由在藤枯萎的葡萄製成）
焦糖及焦糖甜點
鹹乳酪
甜點
鵝肝醬
水果，杏桃及桃子尤佳
甜食

冰酒麗絲玲
Eiswein / Ice Wine（德國或加拿大白甜點酒，由在藤結凍的葡萄製成）
酪梨
濃郁的乳酪
甜點
鵝肝醬
法式肉派
甜食

珍品麗絲玲 Kabinett（最干的德國麗絲玲）
亞洲料理
烘烤甜菜
雞肉
蒜及蒜味料理

榛果
清淡料理
豬肉
家禽
生食
海鮮
貝類
辛辣菜餚
泰式料理
鱒魚
鮪魚塔
蔬食
油醋醬
避免
奶油醬汁

晚收麗絲玲
Late Harvest（德國甜白酒）
蘋果及蘋果甜點
杏桃甜點
麵包布丁
藍紋乳酪
柑橘甜點
小甜餅，堅果類尤佳
烤布蕾及其他卡士達甜點
水果可麗餅
甜點，清爽尤佳
鵝肝醬
水果及水果甜點
火腿
蜂蜜
桃子及桃子甜點
梨子及梨子甜點
洋李及洋李甜點
豬肉
美洲山核桃派

遲摘麗絲玲 Spätlese（德國中等酒體、干型至甜的白酒）
亞洲料理
培根
黑鱸
乳酪
雞肉
冷盤
螃蟹
奶油白醬
烤鴨
魚類，較濃郁的魚類料理尤佳
油炸料理
水果以及水果醬汁
火腿
龍蝦
豬肉
義大利燉飯
沙拉，辛辣的亞洲沙拉尤佳
鹹味菜餚
三明治
扇貝
煙燻食物
辛辣菜餚
小牛胰臟
泰式料理
鮪魚，鮪魚塔尤佳
小牛肉

貴腐精選麗絲玲
Trockenbeerenauslese（德國甜點白酒，由最遲摘的麗絲玲葡萄釀造）
鹹乳酪（如藍紋乳酪）
甜點，蘋果（特別是蘋果塔）、焦糖、櫻桃、奶油、卡士達口味尤佳
水果甜點
鵝肝醬
新鮮水果，熱帶水果尤佳
甜食
避免
較厚重的料理

利奧哈
Rioja

利奧哈紅酒（西班牙酒，中等至飽滿酒體）
牛肉
卡伯瑞勒斯藍紋乳酪
乳酪，特別是硬質乳酪，搭配帶果香的利奧哈尤佳
蒙契格乳酪
雞肉，特別是烘烤，搭配陳年、輕盈的利奧哈尤佳
西班牙辣肉腸，搭配具果香、年輕的利奧哈尤佳
鴨肉，燒烤或烘烤尤佳
辛辣魚類料理，搭配具果香、年輕的利奧哈尤佳
野味及野禽，烘烤或燉煮尤佳
山羊肉
香草，迷迭香及蒔蘿尤佳
＊羊肉，燒烤、烘烤、炒、燜或燉煮尤佳
肝
紅肉，烘烤尤佳
菇蕈
內臟，搭配較輕盈、陳年的利奧哈尤佳
橄欖油
西班牙海鮮飯
甜椒
雉雞
披薩
豬肉，燻烤或烘烤尤佳
家禽，烘烤或燉煮尤佳
牛肋排，搭配陳年利奧哈尤佳
普羅旺斯燉菜
肋排
烘烤牛肉
鮭魚
肉腸
乳鴿
燒烤牛排
燉菜
火雞，紅肉部位尤佳
小牛肉，義式薄肉排尤佳
蔬菜，炒或燉煮尤佳

利奧哈白酒（西班牙酒，輕盈至中等酒體）
蒙契格乳酪
雞肉，燻烤或燒烤尤佳
蛤蜊，蒸煮尤佳
螃蟹
魚類，燒烤尤佳
塞拉諾火腿
貽貝，蒸煮尤佳
橄欖
洋蔥塔
西班牙海鮮飯
家禽

豬肉
鮭魚
沙丁魚
肉腸，辛辣尤佳
海鮮
蝦，炒尤佳
西班牙小菜
西班牙海鮮燉菜

陳年的利奧哈是一款我非常愛的白酒，陳放得非常好喝。不過現在只有兩家還在釀造，Murietta 以及 Lopez de Heredia 酒莊。
——*大衛．羅森加騰*
DavidRosengarten.com 網站主編

羅迪提斯
（希臘輕盈酒體白酒）
乳酪，溫和的尤佳
雞肉
魚類，燒烤尤佳
檸檬
橄欖油
海鮮

麥根沙士
Root Beer（不含酒精的碳酸飲料）
鵝肝醬
漢堡，燒烤尤佳
香莢蘭冰淇淋

西班牙粉紅酒
Rosado（西班牙輕盈至中等酒體粉紅酒）
鯷魚
醃漬肉類
橄欖
西班牙海鮮飯
紅椒
米飯料理
沙拉
肉腸
西班牙小菜，冷盤尤佳
蔬食菜餚

多年來，納瓦拉以及利奧哈是生產優質西班牙粉紅酒的區域。西班牙粉紅酒是春季的酒，釀造之後最好儘快飲用，搭配冷的西班牙小菜，如海鮮沙拉、甜椒茄子沙拉、白豆拌西班牙辣肉腸，都很合適。
——朗恩．米勒
Solera 餐廳領班，紐約市

朗恩．米勒談利奧哈：物超所值

田帕尼優（Tempranillo）是釀造利奧哈的主要葡萄品種，等同法國的黑皮諾。該區域將葡萄酒的等級分為三類，可幫助我們了解葡萄酒的品質：

1. 佳釀級（Crianza），可粗略翻譯為苗圃。這種酒上市之前，會先在法國或美國的橡木桶中（225 公升）陳放一年。
2. 精選級（Reserva），必須桶陳一年、瓶陳兩年，才能上市。
3. 特級陳年（Gran Reserva），只在最好的年份時釀造。必須桶陳兩年、瓶陳兩年才能上市。

由於這樣子的分級，所以佳釀階段的葡萄酒很適合作為陳年保留酒（reserve wine）。這種年輕的葡萄酒結構強，成熟的風味以及細緻的程度，都是其他桶陳一年後上市的葡萄酒所沒有的。如果吃烤物或燉菜時想嘗試新的搭配，選擇利奧哈就可以品嘗到其他地區同價位葡萄酒所沒有的細緻度。

粉紅酒

Rosé（輕盈至中等酒體粉紅酒，通常由紅葡萄釀造；由於與葡萄皮接觸時間不久，故顏色較淺；參見西班牙粉紅酒）

鯷魚，燒烤尤佳
餐前酒，特別是佐法式小點，搭配干型粉紅酒尤佳
茄泥芝麻醬
燻烤食物及烤肉醬
牛肉，較辛辣的料理尤佳
馬賽魚湯
焗烤鱈魚
熟肉，搭配干型粉紅酒尤佳
乳酪，溫和尤佳
乳酪，帕瑪乳酪尤佳
雞肉
辣椒
冷盤，肉類尤佳
庫斯庫斯
螃蟹，沸煮或蒸煮尤佳
蔓越莓
鴨肉
蛋及蛋料理
魚，油炸、燒烤或燉煮尤佳
火腿，塞拉諾火腿尤佳
漢堡
香草
熱狗
鷹嘴豆泥蘸醬
印度料理
龍蝦
肉類，白肉尤佳
甜瓜
墨西哥料理
橄欖油
橄欖
西班牙海鮮飯
法式肉派，搭配干型粉紅酒尤佳
花生及花生醬
燈籠椒，紅的燈籠椒尤佳
野餐
披薩
豬肉，燒烤或烘烤尤佳
家禽
義大利生火腿佐甜瓜
法式鹹派，搭配干型粉紅酒尤佳
覆盆子
馬賽魚湯
燒烤紅鯛
番紅花
沙拉，特別是生菜沙拉及組合式沙拉，搭配較干的粉紅酒尤佳
尼斯沙拉
鮭魚
三明治，牛肉或豬肉尤佳
沙丁魚
肉腸，燒烤尤佳
海鮮
海膽
貝類
蝦，燒烤尤佳
煙燻家禽及魚類
湯
辛辣食物，搭配酒體飽滿的粉紅酒尤佳
燉菜
草莓
夏季時節
川菜
龍蒿
泰式料理
生番茄
番茄醬
鮪魚
火雞，烘烤尤佳
小牛肉
蔬菜，搭配較干的粉紅酒尤佳
蔬食菜餚
避免
奶油白醬
生蠔

粉紅酒一半是紅酒，一半是白酒。因為是很像白酒的紅酒，或是很像紅酒的白酒，所以得花兩倍力氣來取悅酒客。粉紅酒有微干也有極干的。那些只帶一丁點、甚至感覺不到甜味的粉紅酒，天生就適合搭配食物。我們吃的食物，不論是美乃滋、扇貝或漢堡上的番茄醬，大多需要搭配稍帶甜度的葡萄酒，因為干型酒很容易因為搭配這類食物而壞了味道。另外，有些人只喝紅酒或只喝白酒，粉紅酒就很能應付這些人。

——喬許・韋森
Best Cellars 葡萄酒總監

花絮：我們跟粉紅酒的愛好者一樣，都愛樸實的粉紅酒。不過我們因緣際會品嘗了影星烏瑪・舒曼最愛的粉紅酒（她送了一箱給我們的朋友）之後，就愛上這款結構細緻如絲絨般優雅的酒。這款普羅旺斯丘歐特酒莊瑟勒葡萄園於2004年生產的粉紅酒（2004 Domaines Ott Chateau de Selle Cotes de Provence），被譽為「世界上最優質的粉紅酒」。

龍蝦
荔枝
牛肉（如生牛肉、韃靼牛肉）
生蠔，滑潤的（相較於鹹澀的）尤佳
五花肉
義大利生火腿
鮭魚
生魚片
海鮮，口味溫和的或生食尤佳
貝類
蝦
煙燻肉類
壽司
豆腐
番茄
小牛腰肉
避免
牛肉，尤其是工序繁複的料理
乳脂狀的料理，尤其是工序繁複的料理
野味，尤其是工序繁複的料理
非常辛辣的食物

粉紅酒什麼都能搭。

——茱莉亞・柴爾德（Julia Child）

我認為粉紅酒是常受到忽略的類別。由於對粉紅酒的刻板印象使然，很多人害怕白金芬黛給人的印象，或者擔心點這種酒會被認為沒有深度。喝粉紅酒時，我喜歡搭配燒烤肉腸、漢堡跟魚，甚至肉質精緻的燒烤白肉魚；這種烹調方式也經常適合搭配紅酒。粉紅酒的酒體跟紅酒相似，但是更冰涼而清新。

——丹尼爾・強斯
Daniel 餐廳飲品總監，紐約市

搭配技巧能夠開啟很多扇門，帶我們嘗試不同類型的葡萄酒，而粉紅酒就是很好的橋樑。粉紅酒能在嘗鮮菜單中占有一席之地嗎？大家如果喝到粉紅酒，會失望嗎？有些粉紅酒真的很棒，可以成就完美搭配。一道含有番紅花跟龍蒿的料理，或許可以搭配輕盈的紅酒，但粉紅酒其實更合適。我自己不會因為某種搭配使用了粉紅酒就排斥它，但我覺得許多人對粉紅酒的印象還是比較負面。

——麥可・安東尼
Blue Hill at Stone Barns 餐廳主廚，紐約市

胡姍

Roussane（法國隆河河谷出產，飽滿酒體白酒）
乳酪
火腿
義式麵食
法式肉派
豬肉
家禽
義大利燉飯
煙燻魚類以及肉類
蔬食菜餚

薩格蘭提諾

Sagrantino（義大利翁布里亞產區的飽滿酒體紅酒）
義式麵食
黑松露

聖愛美濃

Saint Emilion（法國波爾多地區的中等酒體紅酒）
牛肉
乳酪，聖耐克戴爾乳酪、霍布洛雄乳酪尤佳
雞肉，法式紅酒燴雞尤佳
鴨肉，油封鴨或燒鴨尤佳
羊肉
乳鴿

清酒

Sake（日本用米釀造的酒）
一般
法式小點
魚子醬
秘魯酸漬海鮮
細葉芹
雞肉
螃蟹
小茴香
魚類，清淡、白肉或生魚尤佳
薑
檸檬草

陳年清酒 Aged（酒體飽滿，豐厚；有些稱為古酒）
乳酪，藍紋以及卡門貝爾乳酪尤佳
咖哩
甜點
鴨肉
魚類，油脂豐厚的尤佳（如鰻魚、鮭魚）
鵝肝醬
肉類，油脂豐厚、口味強烈的尤佳
豬肉以及五花肉
鮭魚
甜味菜餚

陳年清酒是最醇厚的清酒，幾乎接近雪利酒，而且可以用白蘭地酒杯飲用。

——井內弘美
Jizake 餐廳副總裁

清酒的酸度不高，所以要跟食物搭配比較困難。大家都誤以為清酒跟壽司相配，其實清酒一旦搭配了芥末跟米飯，風味就會大為失色。不過清酒跟生魚片很合。喝清酒如果要配生蠔，最好搭配較滑潤的生蠔（creamy oyster），而不是鹹澀的生蠔（briny oyster）。

——葛雷格．哈林頓，侍酒大師

我認為清酒是很棒的餐前酒。如果不把清酒視為日本料理，我倒覺得在自家後院烤肉時還挺適合的，唯一的風險就是清酒的酒精濃度比較高。我認為清酒跟魚類或煙燻料理都很互補。如果有適合的清酒，也可以搭配義大利生火腿或類似的煙燻肉品。

——喬治．克斯特，Silverlake Wine 合夥人，洛杉磯

清酒的酒體從輕盈到飽滿的都有：生酒是最輕盈的，再來是吟釀、大吟釀、純米酒，然後是陳年的清酒。不過清酒的酒體變化不如葡萄酒那麼大，範圍大概介於輕盈的白酒到梅洛紅酒之間。所以如果是牛肉佐濃郁的醬汁，可能比較適合搭配葡萄酒。

——井內弘美，Jizake 餐廳副總裁

日本人不會以清酒搭配壽司，因為這等於以米配米；不過他們會以清酒搭配生魚片。因此，如果你想以清酒配壽司，純米大吟釀、吟釀或大吟釀都是不錯的選擇，但最好避免純米酒，因為它帶有米的特質，搭配壽司就太多米了。

——保羅．譚貴（Paul Tanguay），
飲品總監，Sushi Samba 餐廳，紐約市

古酒（陳年清酒）顏色較偏深金色或棕色，可以搭配紅肉及豬肉。

——羅傑．達格
Chantelle 餐廳領班，紐約市

大吟釀 Daiginjo（中等酒體，帶香氣、細緻、柔順但濃郁）
餐前酒
蘆筍
魚子醬
較清淡魚類（如鯛魚）
比目魚
水果
葡萄柚
較清淡料理
牡蠣，清淡且滑潤尤佳
水煮菜餚
日式柚子醋
沙拉
甜蝦
烏賊
豆腐
蔬菜，簡單調理（如慕斯或蒸

煮的）尤佳
柚子醬

干型清酒 Dry
白肉魚
香草
白肉
菇蕈
生蠔
海鮮
貝類
松露

吟釀 Ginjo（帶香氣、滑順、酒體輕盈）
朝鮮薊
蘆筍
生魚、醃漬的魚
比目魚
水煮菜餚
日式柚子醋
莎莎醬
甜蝦
烏賊
柚子醬

要測試清酒釀造廠的品質，就看它的吟釀。出羽櫻吟釀是我最愛的清酒，結構強、香氣豐富，帶甜瓜及白胡椒的風味，可搭配不同類型的食物，是我的最愛。另外一款我喜愛的是奧之松櫻花吟釀，在全美的清酒評比中獲得好幾項冠軍。它的結構不錯，帶點果香，口感圓潤，餘味則有甘草味，適合搭配食物。

——保羅・譚貴
Sushi Samba 餐廳飲品總監
紐約市

本釀造酒 Honjozo（輕盈、風格濃郁）
含奶油的料理
乳脂狀料理
油脂豐富、風味濃重的魚類
油炸食物
鯖魚
肉類
牡蠣
豬肉，油炸尤佳
鮭魚
天婦羅
黑鮪魚
鮪魚，油脂豐富尤佳

純米酒 Junmai（濃郁、中等酒體）
含奶油的料理
燒烤鱈魚
乳脂狀料理
風味濃重的魚類，燒烤尤佳
油炸食物
鯖魚
肉類
牡蠣，厚重、帶礦物味尤佳
豬肉，油炸尤佳
鮭魚
炒或嫩煎料理
天婦羅
照燒
黑鮪魚
油脂豐富的鮪魚

純米酒是最適合搭配食物的清酒，因為它的酸度比其他清酒高。它跟肉類、天婦羅等油炸食物，以及濃郁的醬汁（甚至是奶油醬汁）都能搭配。不過要注意的是純米酒的甜度不一，所以要選擇適當的甜度。

——保羅・譚貴
Sushi Samba 餐廳飲品總監
紐約市

純米吟釀 Jumnai Ginjo
水果，新鮮尤佳（如蘋果）
沙拉
海鮮
蔬菜，新鮮尤佳

我們只供應純米酒跟純米吟釀，這兩者是比較適合搭配食物的清酒類型。

——羅傑・達格
Chantelle 餐廳領班，紐約市

貴釀酒 Kijoshu（味甜，類似波特酒）
乳酪
巧克力
甜點佐乳酪或水果
鰻魚
鵝肝醬
麥芽
豬肉，佐焦糖、蘋果醬汁尤佳

貴釀酒是甜的清酒，相當適合配巧克力或麥芽。

——羅傑・達格
Chantelle 餐廳領班，紐約市

我們的菜單上有一道番茄冷湯，含蟹肉、番茄丁、細葉香芹醬汁以及黑魚子醬。另外我也有一道牡蠣佐番茄細葉香芹白胡椒肉汁，搭配清酒非常合宜。雖然以上這兩道菜都不是亞洲料理，搭配清酒卻都十分合適。

——大衛・華塔克
Chanterelle 餐廳主廚 / 老闆，紐約市

大吟釀是讓美國人認識清酒的絕佳橋樑。它冰冰涼涼，帶有果香，深受人們喜愛！很多人喝了一杯之後，會想再來一杯。不過記得，上菜之後，最好將搭配的酒換成純米酒以及本釀造酒，最後再喝陳年清酒。

——保羅・譚貴
Sushi Samba 餐廳飲品總監，紐約市

生酒 Nama Zake（酒體最輕盈，風味非常柔和，未經高溫殺菌）
白肉魚
沙拉

發泡清酒
餐前酒
甜點，清淡的、乳脂狀的尤佳
水果，新鮮的尤佳
鮭魚卵
避免
油炸食物，因為沒辦法搭配清酒中的氣泡

喝發泡清酒可以用香檳杯來享受氣泡的風味。酒體輕盈的清酒應該使用薄邊的酒杯，酒體較飽滿的清酒則適合形狀較圓的酒杯。

——井內弘美
Jizake 餐廳副總裁

發泡清酒從干的到超甜的都有。發泡清酒並非香檳，也沒有香檳那種大型氣泡。在美國，發泡清酒大多非常甜且酸度高，所以跟水果及清淡或乳脂狀的甜點都十分相配。

——保羅．譚貴
Sushi Samba 餐廳飲品總監
紐約市

甜清酒
秘魯酸漬海鮮
大根
甜點，乳脂狀、蛋糕尤佳
高油脂的魚
油炸食物（如天婦羅）
水果乾，蘋果及杏桃乾尤佳
薑
萊姆
海草
芝麻
貝類，甜味尤佳
涼麵
辛辣食物

上甜點的時候，我喜歡搭配神祕的酒，讓客人猜自己喝的是什麼。我最喜歡讓客人猜謎：「是雪利酒嗎？波特嗎？」結果是甜的清酒！

——羅傑．達格
Chantelle 餐廳領班，紐約市

濁酒（外觀有時類似奶水）
椰子
甜點
水果，新鮮的尤佳
野禽
內臟
木薯
避免
米飯料理
加熱飲用

提示：清酒都有標示出相對的甜度（以數字表示，數字前面「–」代表偏甜，「＋」代表偏干），標示範圍介於 –15（非常甜）至＋ 15（非常干）。清酒一般分類為非常干、干、甜、非常甜。Sushi Samba 的保羅．譚貴跟我們分享了以下的搭配祕訣：

非常甜（如晚收葡萄酒的甜度）：非常甜、酒精濃度較高的清酒可搭配甜點，非常甜、酒精濃度較低的清酒則可搭配辛辣的食物。

甜（如加州夏多內的甜度）：甜清酒可搭配照燒或甜點等甜味菜餚。

干（如法國夏多內的干度）：干型清酒可搭配貝類，牡蠣尤佳。

非常干（如松塞爾的干度）：非常干的清酒可搭配高酸度料理，如秘魯酸漬海鮮。

提示：清酒的酒標也會列出酒精濃度。低酒精濃度的清酒大約含 8-10% 的酒精；未經稀釋的清酒含 17-20% 的酒精；一般清酒則含 15-16% 的酒精。清酒跟葡萄酒相同，酒精含量跟酒體是相互關連的（也就是說，清酒的酒精含量越高，酒體就越飽滿）。

松塞爾

Sancerre（法國羅亞爾河谷出產，白蘇維濃葡萄釀造的中等酒體酸性白酒；參見白蘇維濃）
酸性食物及醬汁
開胃菜
蘆筍
秘魯酸漬海鮮
＊山羊乳酪，新鮮的山羊乳酪尤佳
魚類，清淡魚類料理尤佳
檸檬及檸檬醬汁
生蠔，藍點蠔、熊本蠔或加拿大馬佩奎灣蠔尤佳
沙拉
鮭魚
煙燻鮭魚
貝類
番茄
鱒魚
蔬菜，生食尤佳
避免
甜品

山吉歐維列

Sangiovese（義大利中等酒體紅酒，主要產自托斯卡尼；參見奇揚地、蒙塔奇諾產區布魯內羅等）
牛肉，燜煮或燉煮尤佳
熟肉
乳酪
芳汀那乳酪
帕瑪乳酪
雞肉，燜煮或燉煮尤佳
辣椒
茄子
小茴香

春雞
燒烤菜餚
火腿
漢堡
香草，新鮮尤佳
羊肉
小牛肝
紅肉
肉餅
菇蕈及菇蕈料理
奧勒岡
義大利培根
油煎料理
義式麵食，佐簡單的醬汁（如番茄、肉類醬汁）尤佳
烘烤燈籠椒
披薩
義式玉米餅
豬肉
家禽
義大利生火腿
鵪鶉
兔肉
義大利燉飯
烘烤菜餚
迷迭香
義大利撒拉米肉腸
肉腸
炒或嫩煎料理
海鮮
煙燻肉類
酸奶油或法式鮮奶油
乳鴿
牛排，燒烤尤佳
蒔蘿
番茄基底醬汁
番茄
火雞
小牛肉，小牛排尤佳
蔬食菜餚
節瓜

索甸甜白酒

Sauternes（法國波爾多地區白甜點酒）

杏仁及杏仁甜點
蘋果及蘋果甜點
杏桃及杏桃甜點
莓果及莓果甜點
義大利脆餅
蛋糕，杏仁、奶油或柑橘口味尤佳
焦糖及焦糖甜點
乳酪，藍紋乳酪（如*侯克霍）、軟質乳酪（如楓丹白露乳酪）尤佳
椰子
小甜餅
卡士達以及卡士達甜點（如烤布蕾）
甜點，濃郁尤佳
鴨肉
魚類
漂浮之島（蛋白霜加卡士達）
***鵝肝醬**
水果及水果甜點，熱帶水果尤佳
火腿
榛果
檸檬甜點
芒果及芒果甜點
堅果
法式肉派，雞肝為食材尤佳
桃子及桃子甜點
梨子及梨子甜點
美洲山核桃派
鳳梨甜點
家禽
榲桲
覆盆子，覆盆子塔或是覆盆子醬汁尤佳
舒芙蕾
草莓以及草莓甜點
小牛胰臟
核桃
避免
巧克力甜點
過甜的甜點

索甸甜白酒跟鵝肝醬是絕美搭配。但如果一開始用餐就享用Chateaux d'Yquem酒莊的葡萄酒搭配鵝肝醬這種絕妙組合，接下來的食物就會食之無味了。一般來說，只有以下三家酒莊的索甸葡萄酒，我們才會提供單杯點酒：Climens酒莊、Coutet酒莊以及Raymond-Lafon酒莊。以我多年的品酒經驗，只有這三家酒莊的酒比較經典，不會太甜或太膩，有助於銜接下一道料理。

——保羅・羅伯斯
侍酒大師
納帕the French Laundry餐廳
以及紐約市Per Se餐廳

索甸甜白酒跟侯克霍乳酪是共生關係。我至今依然記得，二十年前第一次在法國George Blanc餐廳嘗到這種搭配時的景象。

——崔西・黛查丹
Jardiniere餐廳主廚，舊金山

許多索甸年份酒其實不那麼甜。我嘗過Chateau d'Yqyem酒莊五種不同年份的索甸甜白酒，風味都相當不同。1970年份的酒比較適合作為餐酒，可搭配龍蝦。甜酒搭配鹹食在過去三十年已經慢慢退了流行，不但使德國葡萄酒產業萎縮，索甸甜白酒也遭邊緣化，被視為只能搭配甜點或鵝肝醬。我覺得這非常不幸，也不公平。我先前去拜訪索甸甜白酒的釀造商時，他們便以自己的酒搭配一道蔬食菜餚、一道非常清淡的肝料理，以及肉類料理。這些酒都屬於不同年份，搭配起來非常合宜。對我來說，這樣的搭配比起傳統的作法有新意多了。

——約瑟夫・史畢曼
Joseph Phelps酒莊侍酒大師

杏仁跟桃子，不管是分開還是一起食用，可能都是和索甸甜白酒最相配的風味。

——理察・翁利

白蘇維濃

Sauvignon Blanc（新世界輕盈至中等酒體的酸性白酒；有時帶青草味、柑橘味、輕微橡木味）

一般
酸性食物
開胃菜
朝蘇薊
亞洲料理，辛辣尤佳
蘆筍
羅勒
魷魚
芹菜
乳酪，特別是乳酪塔，布利、卡門貝爾、希臘菲達、山羊以及帕瑪乳酪尤佳
雞肉，油炸、水煮、烘烤或炒尤佳
辣椒
細香蔥
芫荽葉
柑橘
蛤蜊
鱈魚
烤春雞
螃蟹
蔬菜棒
黃瓜
孜然
咖哩
蒔蘿
多佛真鰈
小茴香
魚類，白肉魚、水煮、炒、稍微燒烤、佐麥年醬汁尤佳
醬汁
油炸食物
水果莎莎醬及水果醬汁
蒜
蔬菜
燒烤食物
火腿
香草（新鮮尤佳）、香草料理及香草醬汁
印度料理，清淡料理佐芫荽葉或薄荷尤佳
檸檬（如檸檬醬汁）及檸檬口味料理
檸檬香茅
芒果
墨西哥料理，搭配芫荽葉尤佳
貽貝
芥末，第戎芥末尤佳
章魚，燒烤尤佳
高油脂的食物
奧勒岡
牡蠣，生蠔尤佳
荷蘭芹
義式麵食，清淡、佐奶油白醬或海鮮醬汁尤佳
豆類
黑胡椒
胡椒
義式青醬

豬肉，燒烤尤佳
家禽
法國鹹派，蔬菜尤佳
紅鯛
濃郁菜餚
義大利燉飯，佐香草尤佳
沙拉，沙拉拼盤、清淡、佐山羊乳酪尤佳
鮭魚，燒烤或水煮尤佳
莎莎醬（如莎莎青醬）
炒或嫩煎料理
扇貝
鱸魚
海鮮，水煮或稍微燒烤尤佳
海鮮沙拉
分蔥（紅蔥頭）
貝類，水煮、炒或稍微燒烤尤佳
蝦
煙燻魚類（如鮭魚）
鯛魚，烘燒尤佳
比目魚
湯品，清淡或乳脂狀尤佳
中辣菜餚
春捲，包蔬菜尤佳
蒸煮料理
甜醬
劍魚，燒烤尤佳
龍蒿
美式墨西哥料理
泰式料理
百里香
番茄莎莎醬
番茄，生食尤佳
鱒魚
鮪魚（如鮪魚塔）
火雞
小牛肉
蔬菜及蔬食菜餚，特別是綠色、燒烤，搭配紐西蘭白蘇維濃尤佳
油醋醬
優格
節瓜
避免
紅肉
鹹食及鹹味菜餚，搭配紐西蘭白蘇維濃
海鮮料理，搭配紐西蘭白蘇維濃

要去哪裡找優質的白蘇維濃？以風土而言，要超越北隆河河谷出產的普依芙美以及松塞爾產區的酒並不容易。緊追在後的是義大利跟紐西蘭白蘇維濃，比較有特色。

——尚盧·拉杜
Le Du's 酒窖，紐約市

晚收白蘇維濃（來自新世界、味甜，主要來自加州及智利）
蘋果及蘋果甜點
乳酪
鵝肝醬
水果甜點
梨子及梨子甜點

莎弗尼耶
Savennieres（法國羅亞爾河河谷的中等酒體干型白酒）

蘋果及蘋果甜點
蘆筍
山羊乳酪
蒸煮蛤蜊
螃蟹，烘烤尤佳
軟殼蟹，炒尤佳
魚類，白肉魚尤佳
大比目魚，水煮尤佳
龍蝦，蒸煮尤佳
蒸煮貽貝
梨子及梨子甜點
豬肉，烘烤尤佳
家禽，烘烤或佐奶油白醬尤佳
海鮮沙拉
鮭魚
貝類
煙燻魚類
烏賊
壽司
火雞

莎弗尼耶是法國一款最難搞懂、也最不容易欣賞的葡萄酒。因為它喝起來就像是在吸吮潮濕的石頭，冒險派的人超愛、一般人卻不喜歡。不過喜歡的人就會愛得不得了。

——史蒂夫·貝克塔
Beckta Dining & Wine 老闆
渥太華

休蕾柏
Scheurebe（德國中等至飽滿酒體白酒）

奶油醬汁
甜點，卡士達及水果甜點尤佳
水果、水果甜點、水果莎莎醬以及水果醬汁
濃郁菜餚
扇貝，搭配法式奶油白醬尤佳
貝類
辛辣菜餚
甜味菜餚
香莢蘭

單一麥芽威士忌
Scotch, Single Malt（如 Dalwhinnie）；完全來自同一家蒸餾廠，並以發芽大麥為單一原料

黑巧克力
野味
肉類，燜煮、煙燻或燉煮尤佳
牡蠣，濃郁尤佳
煙燻魚類

榭密雍
Sémillon（法國中等酒體白酒，通常由波爾多的品種釀造；參見波爾多、白酒以及白蘇維濃）

蘆筍
馬賽魚湯
芹菜
雞肉，烘烤尤佳
辣椒
細香蔥
蛤蜊濃湯
鱈魚，烘烤尤佳
烤春雞
奶油白醬

蒔蘿
魚類，燒烤的或燉煮尤佳
鵝肝醬
燒烤菜餚
大比目魚
香草
檸檬草
鯖魚，燒烤尤佳
清淡肉類或白肉
鮟鱇魚
鯔魚（烏魚），燒烤尤佳
貽貝
牡蠣
豬肉，特別是豬排，佐蘋果或其他水果尤佳
家禽
鵪鶉
濃郁菜餚
義大利燉飯
沙拉
煙燻鮭魚
炒或嫩煎料理
扇貝，大火油煎尤佳
海鱸
海鮮及海鮮湯
貝類
煙燻魚類
辛辣菜餚
燉煮菜餚
小牛胰臟
劍魚
生番茄
火雞，燒烤尤佳
蔬菜
蔬食菜餚
節瓜

晚收榭密雍（新世界甜點酒，依索甸甜白酒的方式釀造）
乳酪，侯克霍乳酪尤佳
水果甜點
堅果及堅果甜點

香蒂酒

Shandy（啤酒加檸檬汁，再加一點蘇打）
大比目魚，佐椰子以及薄荷尤佳
印度料理
沙威瑪
羊排
南印度烤鮭魚
印度唐杜里菜餚

如果是用唐杜里泥爐以450℃烹調菜餚，食物的油脂大多已經逼出。若以香蒂酒搭配這種料理，味蕾會感到清新。

——蘇維爾・沙朗
Devi餐廳主廚，紐約市

雪利酒

Sherry（西班牙酒精強化型白酒，來自Jerez De La Frontera地區，開瓶後必須立即飲用）
杏仁
鯷魚
朝鮮薊心
槍烏賊，油炸尤佳
熟肉
乳酪（如豪達乳酪）
辣椒
巧克力及巧克力甜點，乳脂狀尤佳
西班牙辣肉腸
法式清湯
魚類，油炸、燒烤或煙燻尤佳
油炸食物
西班牙涼菜湯
醃火腿，西班牙式尤佳
煙燻肉類
堅果，杏仁，烘烤或加鹽尤佳
橄欖，綠橄欖尤佳
牡蠣
沙拉，佐水果及堅果尤佳
鹹味點心
沙丁魚，燒烤或油炸尤佳
肉腸，西班牙辣肉腸尤佳
海鮮
蝦子
湯品
西班牙小菜（西班牙開胃菜，如堅果、橄欖、塞拉諾火腿）
普羅旺斯橄欖醬
墨西哥薄圓餅（馬鈴薯蛋捲）
蔬菜，燒烤、醃漬、烘烤尤佳

阿蒙特拉多Amontillado（安達魯西亞的陳年菲諾；低於室溫飲用；開瓶後需盡速飲用）
杏仁
焦糖
乳酪，乾／硬質乳酪尤佳（如陳年切達、新鮮的蒙契格乳酪，到煙燻的綿羊乳酪）
雞肉
西班牙辣肉腸
法式清湯
甜點
鴨肉
野味，燜煮尤佳
火腿
堅果
橄欖
兔肉
肉腸
蝸牛
湯品
辛辣食物
燉菜
西班牙小菜，較濃郁尤佳
核桃

奶油雪利酒Cream（甜的以及干的混釀）
蘋果及蘋果甜點
蛋糕
焦糖及焦糖甜點
乳酪，藍紋（如卡伯瑞勒斯藍紋乳酪）、硬質乳酪尤佳
椰棗
甜點
無花果
堅果及堅果甜點
梨子及梨子甜點
派
菲諾Fino（非常干；陳放6-9年；適合冰涼飲用）
杏仁
前菜

Solera 餐廳的朗恩·米勒教你如何搭配雪利酒

人們對雪利酒的了解還不夠深。雪利酒是一種適合搭配多種料理的酒，不僅能作為餐前酒，也可以搭餐喝。許多雪利酒已經陳放 3-5 年，卻仍然非常精緻，價格又便宜得驚人。

對於某些人而言，雪利酒因為偏干，沒那麼順口，喝久了之後才會喜歡。雪利酒的表現方式有很多種，有些帶礦物味、有些微甜，甚至有些完全沒有殘糖。甜味主要來自於葡萄跟橡木的作用。

雪利酒一年上市四次，瓶身都會標示上市日期。建議選擇到 6-8 個月以內上市的雪利酒，因為放得再久會容易氧化。

雪利酒一旦開瓶就必須冷藏，並且儘量在幾天之內飲用完畢。因為如此，如果是要在家中飲用，我建議選擇購買小瓶裝的。

Solera 餐廳大約有 30 種雪利酒，比一般西班牙酒吧所提供的種類更多。很多時候我們會免費送給客人喝，讓他們了解雪利酒其實很能搭配食物。

雪利酒的酒精濃度介於 15-22%，所以需要搭配食物飲用。至於在西班牙，他們喝雪利酒則從不搭配食物。我會在早上 10 點喝雪利酒，但是會搭配西班牙馬鈴薯蛋餅、杏仁或者其他小食。

喝雪利酒可以先從阿蒙特拉多以及歐洛索雪利酒入門，因為這兩者都帶有堅果和焦糖風味，一般人比較熟悉。這兩種酒也帶有甜味，且容易取得。

阿蒙特拉多適合搭配乳酪以及豐盛的食物，如雞肉或野味。

歐洛索適合搭配牛肉佐卡伯瑞勒斯藍紋乳酪。以這種方式搭配時，並非以歐洛索取代紅酒，而是在紅酒之外多一個選擇。

菲諾雪利酒非常百搭，跟西班牙小菜是完美組合。我們的小菜樣式很多，蔬菜、海鮮、乳酪、熟肉盤之外還有許多選項，而菲諾雪利酒幾乎無所不搭。它也非常搭配杏仁跟橄欖，切片的塞拉諾火腿或義大利生火腿也很合適。美國人愛吃油炸食物，而雪利酒從炸魚到炸槍烏賊簡直無所不搭，就連配天婦羅也很棒。順帶一提，天婦羅其實源自於葡萄牙跟西班牙，而不是日本。

由最輕盈、最干，到最厚實、最甜：

干：*菲諾（fino）以及曼薩尼亞（manzanilla）*

微干：*阿蒙特拉多（amontillado）*

微甜：*歐洛索（oloroso）*

甜：*奶油雪利酒（cream）*

非常甜：*PX*

雪利酒的搭配：

菲諾或阿蒙特拉多（屬於較輕盈的菲諾），是清蒸貽貝的完美搭配。

吃火腿時，除了可以搭配梅洛等具果香的紅酒，還可嘗試菲諾、蒙蒂亞（montilla）或淺齡的阿蒙特拉多。

燒烤蝦或炒蝦跟曼薩尼亞是完美搭配。生產曼薩尼亞的葡萄園就位於海邊，跟海平面等高，有些人甚至說海浪會打到葡萄藤上。雖然這並非事實，不過你也可以抓個大概了。曼薩尼亞有種清爽感跟礦物味，是唯一喝起來會帶鹹味的酒。此外，由於曼薩尼亞嘗起來像是帶有杏仁味的砂質和白堊土壤，非常容易搭配料理。

至於西班牙馬鈴薯蛋餅，因為它風味濃郁，又有馬鈴薯跟蛋，所以任何一款雪利酒都可以搭配。

蒙契格乳酪則適合比較複雜的雪利酒，例如 PX 或阿蒙特拉多。

乳酪
西班牙辣肉腸
油炸食物
火腿，義大利生火腿、伊比利火腿、塞拉諾火腿尤佳
堅果
橄欖，綠橄欖尤佳
牡蠣
生魚片
海鮮
貝類
蝦
湯品
壽司
＊西班牙小菜
天婦羅
墨西哥薄圓餅
烘烤火雞
蔬菜，烘烤尤佳

曼薩尼亞 Manzanilla（非常干；Sanlucar de Barrameda 為單一產區）
杏仁
前菜
卡伯瑞勒斯藍紋乳酪
油炸食物
火腿，伊比利、塞拉諾火腿尤佳
堅果，杏仁尤佳
橄欖，綠橄欖尤佳
牡蠣，貝隆生蠔尤佳
家禽
扇貝
海鮮
鯡魚子
貝類
蝦
壽司
＊西班牙小菜

歐洛索 Oloroso（酒體較飽滿）
牛肉，搭配較干的雪利酒尤佳
蛋糕
乳酪，藍紋、硬質乳酪尤佳
蒙契格乳酪
甜點，搭配較甜的雪利酒尤佳
奶蛋塔
羊肉
菇蕈
堅果
橄欖
駝鳥肉
法式肉派
派
湯品，白醬基底、濃湯尤佳
鹿肉

PX（味甜、色深、滑潤；來自於 Jerez 地區，又稱為 Pedro Ximinez）
香蕉甜點
乳酪，藍紋乳酪尤佳（如侯克霍乳酪）
巧克力及巧克力甜點，黑巧克力尤佳
小甜餅（如義大利脆餅）
烤布蕾
甜點
無花果
奶蛋塔
水果乾
冰淇淋，包括以 PX 淋在香莢蘭冰淇淋上
堅果（尤其是美洲山核桃）以及堅果甜點
美洲山核桃派
洋李
南瓜派
米布丁
甜雪利 Sweet（酒體飽滿、味甜，將甜的葡萄加入歐洛索釀造）
晚餐後
杏仁
巧克力及巧克力甜點
甜點

希哈

Shirah / Syrah（酒體飽滿紅酒，由希哈葡萄釀造；SHIRAZ 僅由澳洲出產）
燻烤以及烤肉醬，豬肋排尤佳
牛肉，燒烤、烘烤或燉煮尤佳
燜煮菜餚
砂鍋菜（如白豆什錦鍋）
乳酪，陳年、硬質乳酪（如豪達、帕瑪、佩科利諾）尤佳
雞肉，燻烤、燜煮、烘烤、佐香料尤佳
辣椒
咖哩
鴨肉，特別是北京烤鴨（佐海鮮醬）、燒烤或烘烤，搭配較豐厚的隆河希哈尤佳
茄子，燒烤尤佳
野味及野禽，搭配隆河希哈尤佳
鵝肉，搭配較豐厚的隆河希哈尤佳
燒烤肉類以及其他食物
漢堡，佐番茄醬尤佳
豐盛料理
羊肉，燒烤、烘烤或燉煮尤佳
肉類，特別是紅肉，燻烤、燜煮、燒烤、烘烤或燉煮尤佳
菇蕈及野菇
義式燉牛膝
義式麵食，濃郁尤佳
黑胡椒
披薩
豬肉
家禽，燒烤或烘烤尤佳
兔肉
普羅旺斯燉菜
肋排，佐烤肉醬尤佳
濃郁食物
鮭魚
醬汁，食材豐盛尤佳
肉腸，燒烤尤佳
煙燻肉類
辛辣肉類
乳鴿，烘烤尤佳
牛排，燒烤並佐胡椒或牛排醬汁尤佳
燉菜，肉類尤佳
鮪魚，燒烤或燉煮尤佳
烘烤火雞
小牛肉及小牛排
鹿肉，燒烤或烘烤尤佳
野豬肉，搭配隆河希哈尤佳

避免
精緻魚類
清淡海鮮
貝類

整體而言，澳洲出產的希哈是世界第一。以小區域的年份酒而言，法國隆河北部、羅第丘以及艾米達吉出產的希哈酒最佳。我還發現，義大利皮耶蒙跟西西里島，也都出產優質的希哈酒。

——尚盧・拉杜
Le Du's 酒窖，紐約市

提示：澳洲希哈酒比其他地方出產的希哈酒更多果香，也更細緻。

氣泡希哈
Shiraz, Sparking（澳洲氣泡葡萄酒，由干至甜都有）

餐前酒
燻烤食物
莓果類
早餐／早午餐
甜殼片
乳酪，藍紋乳酪尤佳
巧克力
甜點，巧克力甜點尤佳
鴨肉
法式吐司，佐紅色水果尤佳
新鮮水果，紅色水果尤佳
火腿
楓糖漿
肉類，燒烤尤佳
煎餅，佐紅色水果尤佳
酥皮點心
豬肉
覆盆子
草莓
鮪魚，燒烤尤佳
感恩節晚餐烘烤火雞
鬆餅，搭配紅色水果尤佳

氣泡希哈酒配任何一種紅色的水果都很合適，例如草莓或覆盆子。它的甜度甚至足以搭配早餐麥片香果圈的甜味。如果想找一款帶著甜味、風味又不會被楓糖漿的強度所蓋過的酒，也可以選擇氣泡希哈酒。

——喬許・韋森
Best Cellar's 葡萄酒總監

希瓦那
Silvaner（參見 Sylvaner / Silvaner）

蘇瓦章
Soave（義大利維內多地區，輕盈酒體白酒；經典蘇瓦章為中等酒體）

開胃菜
山羊乳酪
雞肉，雞肉沙拉尤佳
蛤蜊
螃蟹
魚類，烘燒、油炸、水煮或其他工序簡單的料理
龍蝦
義式麵食，佐海鮮尤佳
義式青醬
披薩，清淡尤佳
義式玉米餅，佐戈根索拉乳酪尤佳
義大利生火腿
義大利燉飯
沙拉
鹽漬鱈魚
義大利龍蝦，搭配經典蘇瓦章尤佳
鱸魚
海鮮
貝類，清淡尤佳
蝦
鰩魚
湯品
劍魚
鱒魚
蔬菜

氣泡酒
Sparking Wine（非出產於法國香檳地區的氣泡酒，如西班牙氣泡酒 cava、義大利氣泡酒 prosecco、德國氣泡酒 sekt 等；參見香檳、西班牙氣泡酒、義大利氣泡酒、梧雷氣泡酒等）

開胃菜
亞洲料理，辛辣菜餚尤佳
莓果類
早午餐
魚子醬
熟肉
乳酪，帕瑪乳酪尤佳
雞肉
中式料理，辛辣的尤佳
馬鈴薯片
蟹肉餅
甜點
港式點心
蛋及蛋料理
民族風味料理
魚類
油炸食物
乳酪泡芙
開胃菜
印度料理，辛辣的尤佳
義大利乳酪通心粉
白肉
牡蠣
義式麵食
披薩
爆米花
豬肉
洋芋片
義大利生火腿
沙拉
煙燻鮭魚
鹹味食物
炒或嫩煎料理
海鮮
貝類
蝸牛
舒芙蕾
湯品
辛辣食物

烈酒及調酒專業人士葛瑞．雷根（Gary Regan）談食物與烈酒的搭配

我參加過的幾次威士忌餐酒會，每道料理都是以不同的單一麥芽威士忌搭配。但就我個人看來，成效並不彰。為什麼呢？因為不同款的威士忌雖然差異極大，廚師還是依照一種基本口味來作搭配的基準，因此有時不免顯得單調。畢竟，威士忌就是威士忌，沒有太多變化。

比起純飲的烈酒，調酒容易搭配得多，而且風味眾多，任君挑選。

我覺得最好的方法，就是讓主廚準備料理，然後由調酒專業人士自行決定每一道菜要配什麼酒。

不過也要特別小心，因為餐酒搭配過猶不及。這種情況下，調酒就比較危險，加上我們習慣一邊吃飯一邊大口喝飲料，倘若此時灌下肚的是調酒（例如曼哈頓調酒），情況可就不妙了。所以，餐酒搭配也該把長飲型調酒納入選項。

我還發現，苦艾酒（無論是干型還是甜的）非常好用。例如干型的氣泡苦艾酒搭配**沙拉**或**油膩食物**就會非常爽口。另外，加入微量的檸檬酒、君度橙酒或桑椹酒，都能提引出沙拉某些食材的細緻風味。

瑪格麗特和通寧水是很棒的飲品，搭配**墨西哥料理**或**辛辣食物**剛好。將一杯瑪格麗特倒到三到四杯裝有冰塊的玻璃杯中，然後加入通寧水，之後再擠一點萊姆汁，搭配起來效果非常棒。莫吉托搭配上述料理也很棒。

也可以嘗試用香檳做調酒，例如以些許的曼哈頓調酒作為基酒：把曼哈頓調酒倒入四杯香檳杯，分別加入香檳，再放上檸檬皮裝飾，就是**紅肉**的絕佳搭配。

另外要特別小心，用餐時不要搭配太多甜味飲料，而大多數的調酒都可能太甜，不適合搭餐飲用。

還有一種很適合搭配食物（尤其是海鮮）的飲品，就是馬丁尼。馬丁尼是由一半琴酒和一半干型苦艾酒調配而成，另外再灑入幾滴柑橘苦精。

調酒還可以加入一點點純威士忌，以此搭配晚餐，例如煙燻味重的雅柏威士忌（Ardbeg）或拉弗格威士忌（Laphraoig）來搭配**煙燻食物**。雖然這樣並非以餐酒來平衡食物，不過有時以煙燻搭配煙燻，效果是很不錯的。

所以，只含烈酒的飲品酒單上，可能會以干型調酒（琴酒或伏特加調製成的馬丁尼）作為餐前酒，以氣泡苦艾酒搭配沙拉，然後由葡萄酒配主菜，最後以純烈酒或偏甜的調酒來搭配甜點。

草莓
壽司
西班牙小菜
天婦羅
泰式料理
火雞
小牛肉，義式薄肉片尤佳
蔬菜
蔬食菜餚

司陶特啤酒

Stout（愛爾蘭深色、酒體飽滿黑啤酒，頂部泡沫呈深咖啡色）
燒烤肉類，肋排尤佳
燜煮菜餚
凱真族料理
斯提爾頓乳酪
乳酪及乳酪醬汁料理
雞肉，烘烤尤佳
巧克力及巧克力甜點（如慕斯）
甜點，水果、微甜尤佳
魚類，佐奶油白醬尤佳
水果甜點
燒烤菜餚
火腿
漢堡
肉類，烘烤尤佳
墨西哥料理，搭配黑豆或辣椒尤佳
***牡蠣，搭配健力士司陶特啤酒尤佳**
家禽，烘烤尤佳
鮭魚，燒烤尤佳
肉腸
貝類
燉菜
劍魚，燒烤尤佳
鮪魚，燒烤尤佳

愛爾蘭健力士啤酒會騙人：你以為這可以搭配甜點，才發現它很清淡，只不過顏色較深而已。美國的司陶特啤酒比較適合搭配甜點，因為啤酒的風味比葡萄酒豐富，具有均衡作用，能讓甜點嘗起來不至於那麼甜。

——卡洛斯・索利斯
Sheraton Four Points 餐廳
餐飲總監／主廚，洛杉磯

巧克力司陶特（帶明顯的巧克力風味）
乳酪蛋糕
巧克力甜點
野味，燒烤尤佳
冰淇淋
肉類，燒烤或煙燻尤佳
義式奶酪
避免
清淡甜點

搭配的時候，一定要考慮菜餚相對的重量感。我之前試過將巧克力司陶特啤酒搭配甜點。啤酒單獨喝很令人驚豔，但是搭配甜點之後風味就太淡了。而且不幸的是，吃完之後還會有啤酒的餘味。

——菲利普・馬歇
Daniel 餐廳侍酒師，紐約市

奶油司陶特（微干）
焦糖甜點
乳酪蛋糕
巧克力甜點，乳脂狀尤佳
水果甜點
堅果甜點

干型
燻烤
風味濃重乳酪
豐盛食物
肉類料理
牡蠣
燉菜

皇家司陶特（英式啤酒，原為聖彼得堡的朝廷釀造，黑色至焦油色，深焙風味）
布朗尼
藍紋乳酪，斯提爾頓乳酪尤佳
乳酪蛋糕，搭配水果尤佳
巧克力，深色的甜點尤佳
咖啡／義式濃縮咖啡
牛排，佐黑胡椒醬尤佳
核桃

我們以皇家司陶特來搭配乳酪蛋糕佐覆盆子醬。

——卡洛斯・索利斯
Sheraton Four Points 餐廳
餐飲總監／主廚，洛杉磯

燕麥司陶特（英式、深色，中等至飽滿酒體，由麥芽釀造；較深焙的至甜味皆有）
燻烤
黑麵包
風味濃重乳酪（如陳年斯提爾頓乳酪）
巧克力甜點，搭配甜司陶特尤佳
蟹肉餅
蛋
水果甜點
火腿
豐盛食物
冰淇淋
肉料理
墨西哥摩爾醬
牡蠣
牛排
燉菜
生蠔司陶特（英式、甜味）
火腿
牡蠣
烘烤牛肉

甜司陶特（英式、中等至飽滿酒體，風味溫和，幾乎呈乳脂狀）
焦糖及焦糖甜點
巧克力及巧克力甜點
水果及水果甜點
堅果及堅果糖點
煎餅

超級托斯卡尼

Super Tuscan（義大利中等至飽滿酒體混釀紅酒）

牛肉，烘烤尤佳
肉排
野味
蒜
燒烤菜餚
香草，迷迭香、百里香尤佳
羊肉，燜煮或羊肉排尤佳
肉類
菇蕈，燒烤尤佳
橄欖油
義式麵食佐肉醬（如義式寬扁麵佐野豬肉）
豬肉
迷迭香
薩魯米臘腸
肉腸
牛排，燒烤尤佳
鹿肉
野豬肉

如果我喝超級托斯卡尼，我會先看是哪家釀酒廠出產的，再決定要搭配鹿肉還是野味。

——伯納・森
Jean-George Management
飲品總監，紐約市

希瓦那

Sylvaner / Silvaner（中等酒體，帶有酸味的白酒；Sylvaner來自法國阿爾薩斯產區，Silvaner來自德國產區）

開胃菜
雞肉，燒烤或佐以乳脂狀醬料尤佳
酸白菜
魚類，燒烤或佐以乳脂狀醬料尤佳
洋蔥塔
牡蠣
豬肉，燜煮或燉菜尤佳
法式鹹派
貝類

在阿爾薩斯，麗絲玲是葡萄之王，但我愛的是希瓦那，這是阿爾薩斯常被遺忘的基本款葡萄品種。希瓦那是我最喜歡的葡萄酒。它是干型的，但也可以找到非常引人入勝的晚收希瓦那。

——史蒂芬・柯林
紐約現代美術館 The Modern 餐廳
葡萄酒總監，紐約市

塔烏拉希

Taurasi（義大利坎佩尼亞生產的酒體飽滿、辛香紅酒）

乳酪，陳年乳酪尤佳
野味
義式麵疙瘩
羊肉
肉類，烘烤尤佳
鮟鱇魚
薩魯米臘腸
辛辣菜餚
燒烤牛排

茶

Tea

一般
下午茶
午餐／早午餐
中式料理
港式點心

茶樹是帶葉子的綠色植物。葉片光滑、質地硬挺，葉子摘下後會枯萎。茶樹的葉片摘下後先經過加熱，再加工成為茶葉。茶葉的主要類別有三，差別就在於氧化的程度跟時間。例如，只經短暫加熱的綠茶是大吉嶺茶；日式綠茶會先燻蒸以停止氧化過程，之後再焙乾。綠茶是氧化最不完全的茶，烏龍介於中間，而紅茶的氧化過程最久。好的綠茶跟紅茶是由最幼嫩的葉片製成；大葉片的正山小種茶適合做烏龍茶，卻不適合做紅茶或綠茶。雖然烏龍茶氧化的程度介於兩者之間，但茶葉特質卻大不相同。

——詹姆士・勒柏
Teahouse Kuan Yin
侍茶師／老闆，西雅圖

提示：「綠茶和烏龍茶適合配白肉，紅茶和深色烏龍茶適合配紅肉。」這句話雖然有點過於簡化，但也是很有用的初步參考。

提示：一定要重視飲品的調味食材，包含咖啡或茶湯用糖的品質（我們訪問的專業人士就指出，黃砂糖或冰糖比白砂糖更能帶出飲品風味）。

我最喜歡台灣的烏龍茶／包種茶，這是烏龍茶中最生的茶，且餘味帶紫丁香或蘭花的香氣，順口、味甘、精緻。唯一的缺點是它保存不易，所以如果手邊有包種茶，就趕緊享用吧。

——詹姆士・勒柏
Teahouse Kuan Yin
侍茶師／老闆，西雅圖

非洲茶（南非豆科植物，製作成類似紅茶的飲品）
巧克力
咖哩
印度唐杜里菜餚

阿薩姆紅茶（印度、茶體飽滿）
培根
牛肉
早餐／早午餐
甜點，佐巧克力、卡士達、水果、檸檬尤佳
鴨肉
野味
紅肉
墨西哥料理

菇蕈
橙
酥皮點心
生的西洋梨
鮭魚
辛辣食物
牛排

喝完白酒之後，很適合再喝杯阿薩姆紅茶。

——麥可·歐布列尼
加拿大第一位侍茶師

包種茶
扇貝

紅茶（Black）（深色、完全發酵）
牛肉
乳酪蛋糕
櫻桃，搭配祁門紅茶尤佳
巧克力，黑巧克力搭配肯亞茶、牛奶巧克力搭配雲南紅茶尤佳
奶油白醬
咖哩
甜點，卡士達、水果、覆盆子口味尤佳
甜瓜水果沙拉，搭配祁門紅茶尤佳
野味
印度料理（如印度馬鈴薯薄餅），搭配熱或冰紅茶尤佳
肉類，特別是紅肉，搭配祁門紅茶尤佳
甜瓜，特別是哈密瓜，搭配祁門紅茶尤佳
義式麵食佐番茄醬，搭配祁門紅茶尤佳
酥皮點心
生西洋梨，搭配雲南紅茶尤佳
辛辣食物
牛排
風味強烈的食物，搭配祁門紅茶尤佳
甜食，搭配雲南紅茶尤佳

錫蘭紅茶（斯里蘭卡茶體飽滿的紅茶）
早餐
黃瓜
水果甜點，佐香蕉、柑橘、奶油乳酪、水果、香草尤佳
蒔蘿
義式麵食
美洲山核桃派
三明治
辛辣食物

洋甘菊茶（乾燥的洋甘菊花草茶）
肉類
薄荷，搭配深色洋甘菊茶尤佳
堅果
烘烤火雞，雞腿尤佳

菊花茶（中式花草茶，使用乾燥的菊花）
雞肉
貝類
劍魚

菊花茶是很棒的花草茶，適合搭配各類鹹食。

——詹姆士·勒柏
Teahouse Kuan Yin
侍茶師／老闆，西雅圖

大吉嶺紅茶（茶體飽滿的印度紅茶）
酸味食物
下午茶
紅蘿蔔蛋糕
乳酪
乳酪蛋糕
雞肉，佐開心果尤佳
巧克力
柑橘及柑橘類甜點
奶油乳酪
咖哩，番茄基底尤佳
甜點，特別是濃郁的，佐蘋果、杏桃、奶油、卡士達、覆盆子、草莓或香草尤佳
鴨肉
蛋料理（如鹹派）
新鮮水果
野味
薑
羊肉
檸檬
午餐
肉類，紅肉尤佳
橙
義式麵食，佐奶油白醬尤佳
美洲山核桃派
南瓜派
肉腸
貝類
辛辣食物
小牛肉
鹿肉

提示：大吉嶺屬於比較清淡的紅茶，能搭配各式各樣的食物。

吃鴨肉或羊肉，最好搭配熱騰騰的大吉嶺紅茶，去油解膩。這其實也是卡本內蘇維濃或希哈酒所扮演的功能。順帶一提，在飲用卡本內蘇維濃或希哈酒之後，再喝杯大吉嶺紅茶，效果很棒。

——麥可·歐布列尼
加拿大第一位侍茶師

伯爵茶（紅茶，添加蜂香薄荷油調味）
風味濃重的乳酪
雞肉
巧克力
卡士達甜點（如烤布蕾）
野味
火腿
肉類
豬肉

英式早餐茶（混調紅茶，通常由阿薩姆及錫蘭紅茶混調）

雞肉
厚重料理
酥皮點心
豬肉
司康餅，佐凝塊鮮奶油尤佳

金毛猴（中式紅茶，茶體飽滿，來自於中國福建）
甜點，巧克力、莓果類甜點尤佳

綠茶（中式綠茶，茶體輕盈，由綠色、未發酵的茶葉製成）
亞洲料理
乳酪，乳脂狀、山羊乳酪、風味濃重尤佳
雞肉
巧克力，搭配日式綠茶尤佳
乳脂狀料理
魚類
新鮮水果，搭配較甜的茶尤佳
烹調過的梨子（如水煮的）
家禽
米飯
沙拉
生魚片，搭配中式綠茶尤佳
海鮮
貝類，搭配日式綠茶尤佳辛辣菜餚
生魚片
日式甜食（如乾果、紅豆餅）
鮪魚，燒烤或嫩煎尤佳

亞洲料理的風味多元（甜、辣、酸、苦、鹹），幾乎都適合搭配綠茶，並且是餐後喝以幫助消化。亞洲傳統餐飲文化中，大多是在飯後喝茶。

——寇妮・莊
《亞洲料理精華》作者

烏龍綠茶（茶體輕盈，帶花香）
龍蝦
烹調過的西洋梨（如水煮）
扇貝
提示：綠茶在日本通常泡 1-2 分鐘，在中國則泡 3-5 分鐘。

木槿花茶 Hibiscus
巧克力及巧克力甜點
水果沙拉，佐梨子尤佳
冰淇淋，香莢蘭尤佳

冰茶（煮熟之後放涼；視茶葉不同，風味跟茶體會不一樣）
燻烤料理
鯰魚
涼拌高麗菜
炸玉米粉球
美國南方料理

花絮：由於冰茶非常普及，所以被稱為美國南方的「招牌酒」。

要製作冰茶，最好使用葉片鬆散的優質錫蘭或肯亞茶葉。將茶葉浸泡於熱水中，調製的濃度要比平常高出 1-2 倍，加入冰塊之後濃度才會剛好。可加入檸檬或薄荷，最好不要加糖。如果要加入柑橘，最好只占冰茶濃度的 5-10%。

——麥可・歐布列尼
加拿大第一位侍茶師

如果要調製冰茶，我心目中的前三名是木槿花茶、阿薩姆茶，以及格外清新的日式綠茶加檸檬。我先前在紐約 W Hotel 做侍茶師時，餐廳老闆珠兒・奈波尼（Drew Nieporent）一天會喝個三壺冰茶！

——詹姆士・勒柏
Teahouse Kuan Yin
侍茶師／老闆，西雅圖

印度茶
白胡桃瓜

茉莉花茶（茶體飽滿，茶葉加入茉莉花瓣之後再進行發酵）
檸檬草
龍蝦
家禽
沙拉
海鮮

肯亞（茶體飽滿的紅茶）
巧克力

京都櫻花玫瑰茶 Kyoto cherry rose（日式中等茶體綠茶，帶櫻桃與玫瑰香）
草莓

檸檬薑茶 Lemon ginger
家禽
海鮮

楓葉茶 Maple
白胡桃瓜
薄荷口味食物
摩洛哥料理，餐後喝
北非料理，餐後喝
香莢蘭及香莢蘭甜點

烏龍茶（中式，介於紅茶及綠茶之間的半發酵茶，多半產於台灣、中國福建省及江西省）
蘋果，搭配阿里山烏龍茶尤佳
杏桃及杏桃甜點
牛肉
黑莓
雞肉
巧克力
甜點，搭配鐵觀音烏龍茶尤佳
餐後酒
鴨肉，搭配深色烏龍茶尤佳
魚，搭配綠色烏龍茶尤佳
新鮮水果
薑
燒烤食物
龍蝦，搭配綠色烏龍茶尤佳
燒烤肉類，搭配深色烏龍茶尤佳
桃子
美洲山核桃派
洋李
扇貝，搭配綠色烏龍茶尤佳
海鮮，搭配綠色烏龍茶尤佳
貝類，搭配綠色烏龍茶尤佳
辛辣食物

梅子烏龍茶（中式，中等茶體；加入梅子之後再烘乾）
肉類
豬肉
家禽
海鮮

普洱茶（中式，時常與菊花茶混調，來自於中國雲南省）
雞肉
巧克力
肉桂
餐後酒
港式點心
鴨肉
油膩食物
油炸食物
肉類
炒或嫩煎料理
草莓

如意寶茶／紅樹茶 Rooibos（如瑪黛茶）
腰果棒
堅果以及堅果類甜點
美洲山核桃派

橘子茶
早餐
蛋捲（如印度香料或蔬菜蛋捲）

紫羅蘭薄荷茶
烘焙蘋果
焦糖
椰子
鮮奶油
草莓

在印度，我們喜歡喝橘子茶，由橘皮、香料及蜂蜜加水調製而成，是公認的健康保健茶。我母親每天早上都喝一杯，據說喝了之後氣色紅潤滑嫩。印度人的早餐也時常飲用橘子茶。典型的早餐內容可能是印度香料蛋捲，裡面有紅洋蔥、新鮮碎芫荽葉、綠色辣椒還有黑胡椒，再配上吐司跟鹹奶油。

——**蘇維爾・沙朗**
Devi 餐廳主廚，紐約市

田帕尼優
Tempranillo（西班牙酒體飽滿紅酒）
豆類
牛肉，燜煮或燉煮尤佳
燜煮菜餚
熟肉
乳酪
鴨肉
魚類，燒烤尤佳
野味及野禽，佐水果尤佳
蒜
燒烤菜餚
羊肉，羊排、燒烤尤佳
扁豆
肉類，紅肉、烘烤尤佳
菇蕈
西班牙海鮮飯
豬肉，燒烤尤佳
家禽，烘烤尤佳
米飯料理
烘烤菜餚
炒或嫩煎料理
牛排
燉菜
小牛肉
蔬菜，特別是根莖類，烘烤尤佳
鹿肉

田帕尼優是餐酒搭配時常被低估的酒，但我認為它能搭配的餐點非常多。有許多田帕尼優橡木味並不重，酸度扎實。有許多田帕尼優可能會讓人誤以為是黑皮諾，只是沒那麼香甜。山吉歐維列、田帕尼優以及黑皮諾之間是三角關係，三者在風味、單寧跟酸度之間非常相似，差別只在於水果的優雅風味以及葡萄的濃郁程度。

——葛雷格・哈林頓
侍酒大師

龍舌蘭酒

Tequila（墨西哥烈酒，由龍舌蘭果實製成）
辣椒
酪梨
拉丁美洲食物
墨西哥食物
鹹味菜餚
辛辣菜餚

龍舌蘭是好酒，只是不像葡萄酒那麼能搭配食物。墨西哥人晚餐前喝白色龍舌蘭，晚餐後喝黃色或陳年龍舌蘭。通常墨西哥人喝龍舌蘭不會搭配食物，因為兩者的風味不太好搭配。龍舌蘭可以分為三類：一、白色，陳釀不超過兩個月；二、黃色，桶陳時間介於兩個月至一年；三、陳年，至少桶陳一年之久，可能帶香莢蘭風味；如果桶陳於老的波本酒桶，則會帶波本酒桶的風味，所以龍舌蘭特別適合餐後飲用。

——吉兒・吉貝許
Frontera Grill and Topolobampo
餐廳侍酒師，芝加哥

富萊諾

Tocai Fruilano（義大利中等酒體白酒）
雞肉
酥炸海鮮蔬菜盤
義式麵食，佐奶油白醬尤佳
豬肉
義大利生火腿
義大利燉飯，佐乳酪尤佳
沙拉
鮭魚，水煮或燒烤尤佳
薩魯米臘腸
扇貝
海鮮，海鮮湯或燉菜尤佳
蝦，燒烤尤佳
小牛肉
夏季蔬菜

富萊諾有很棒的礦物風味，餘味帶黑胡椒味，很適合搭配豬肉飲用。

——德瑞克・陶德
Blue Hills at Stone Barns 餐廳
侍酒師，紐約

托凱貴腐甜白酒

Tokaji, sweet（匈牙利甜點白酒）
藍紋乳酪
巧克力甜點
烤布蕾
卡士達
甜點
鵝肝醬
水果甜點，濃郁且甜的尤佳
堅果

澳洲托凱貴腐甜白酒

Tokay, Australian（澳洲甜白酒）
焦糖及焦糖甜點
巧克力及巧克力甜點
鮮奶油基底甜點

托凱灰皮諾

Tokay Pinot Gris（法國阿爾薩斯地區的飽滿酒體灰皮諾，也稱為阿爾薩斯托凱貴腐甜白酒，但是跟匈牙利托凱並無關係；參見阿爾薩斯灰皮諾）
乳酪
魚，如鮟鱇魚
鵝肝醬
野味
鵝肉
龍蝦
肉類，特別是白肉，烘烤尤佳
貽貝
辛辣菜餚
火雞
鹿肉

托倫特斯

Torrontes（西班牙里貝羅地區出產，檸檬風味，中等酒體白酒）
亞洲料理，泰式以及越南料理尤佳
雞肉
柑橘水果（如檸檬）
魚
酪梨
墨西哥料理
海鮮及貝類
壽司

特雷比雅諾

Trebbiano（義大利輕盈酒體白酒）
開胃菜
魚，油炸或水煮尤佳
龍蝦
義大利生火腿
義大利燉飯
沙拉
海鮮
海鮮湯

特林加岱拉

Trincadeira（葡萄牙中等酒體紅酒）
火腿
羊肉
豬肉，烘烤尤佳
劍魚，燒烤尤佳
鮪魚，燒烤尤佳

查克利

Txakoli（西班牙巴斯克產區的微氣泡白酒，輕盈酒體、高酸度；也稱為 Txacoli、Chacoli）
鯷魚，醃漬的尤佳
鹽醃鱈魚
乳酪
螃蟹
魚，燒烤尤佳
蒜
牡蠣
Pil pil 醬

豬肉
沙丁魚，醃漬尤佳
海鮮
貝類
蝦
壽司
泰式料理
醋

查克利是一款難拼又難念的酒，但很適合夏季或是搭配海鮮飲用。查克利跟許多魚類料理很合，不管是油漬鯷魚或鮪魚肚，都可以搭配。巴斯克地區的經典搭配，就是橄欖熱油爆炒蒜、西班牙小紅椒及蝦，配上查克利酒。

——朗恩・米勒
Solera 餐廳領班，紐約市

瓦波利切拉
Valpolicella（義大利維內多產區的輕盈酒體干型紅酒）
燻烤料理
燜煮菜餚
乳酪（如芳汀那、佩科利諾、瑞可達乳酪）
雞肉，燒烤的或烘烤尤佳
咖哩
魚，燒烤尤佳
火腿
漢堡
千層麵
小牛肝及雞肝
肉類，燒烤或烘烤尤佳
墨西哥料理
菇蕈，油炸尤佳
義式麵食，佐清淡醬汁、番茄醬汁或烘燒尤佳
披薩
義式玉米餅，佐肉醬尤佳
豬肉
義大利生火腿
鵪鶉
法式鹹派
義大利燉飯，佐戈根索拉乳酪、菇蕈、肉腸、蔬菜尤佳
燒烤鮭魚
薩魯米臘腸
肉腸，豬肉、燒烤尤佳
燉菜
番茄醬
鮪魚
火雞，烘烤尤佳
小牛肉，烘烤尤佳
蔬菜及蔬食菜餚，濃郁尤佳

華帝露
Verdelho / Verdejo（中等酒體白酒；Verdhelo 是葡萄牙干型酒，Verdejo 則來自西班牙盧埃達產區）
開胃菜
秘魯酸漬海鮮
蟹肉餅
白肉魚，燒烤尤佳
印度料理
義式麵食，搭配青醬尤佳
沙拉
海鱸，烘燒尤佳
海鮮
貝類
辛辣菜餚
蔬菜，烘烤尤佳

維蒂奇諾
Verdicchio（義大利干型輕盈酒體白酒）
開胃菜
朝鮮薊，佐檸檬尤佳
蘆筍
魷魚
軟殼蟹
醃漬或煙燻魚
魚，特別是白肉魚，燒烤、水煮或烘烤尤佳
龍蝦
白肉
貽貝以及薯條
洋蔥
橙
義式麵食，佐乳脂狀醬汁、海鮮尤佳
義大利生火腿
義大利燉飯，佐蘆筍、海鮮尤佳
沙拉
扇貝
海鱸，烘烤尤佳
海鮮，燒烤尤佳
海鮮沙拉
蝦，燒烤尤佳
燉海鮮
番茄
蔬食菜餚

維門替諾
Vermentino（義大利薩丁尼亞以及利古里亞地區出產，帶香氣、中等酒體白酒，亦產於科西嘉島）
鯷魚
槍烏賊，油炸尤佳
魚，簡單調理尤佳（如燒烤海鱸）
酥炸海鮮蔬菜盤
橄欖油
義式麵食，佐青醬尤佳
義式青醬
披薩
家禽，簡單調理尤佳
沙拉
海鮮
貝類
蔬菜，烘烤尤佳

維納西
Vernaccia（義大利西耶那出產，清新、中等酒體白酒）
開胃菜
朝鮮薊
蘆筍
豆類料理，燉煮尤佳
雞肉，燒烤或烘烤尤佳
魚，油炸、燒烤或水煮尤佳
龍蝦
白肉
義式麵食，特別是奶油醬汁、乳酪醬汁或奶油白醬，佐海鮮尤佳
義大利生火腿佐甜瓜
義大利燉飯，佐蘆筍尤佳

沙拉
海鮮
湯品，豆類或海鮮湯尤佳
小牛肉

維也納琥珀色拉格啤酒
Vienna Lager（參見拉格啤酒，維也納）

綠酒
Vinho Verde（葡萄牙，高酸度、輕盈酒體、極干的微氣泡白酒）
亞洲料理
炸槍烏賊
秘魯酸漬海鮮
雞肉
蛤蜊，蒸煮尤佳
冷盤
螃蟹及蟹肉餅
魚，油炸或燒烤尤佳
水果及水果沙拉
蒜
檸檬
清淡料理
龍蝦
貽貝
野餐
義大利生火腿
紅鯛，燒烤尤佳
沙拉
莎莎醬
鹽漬鱈魚
＊沙丁魚，燒烤尤佳
肉腸
海鮮
扇貝
蝦
辛辣菜餚
炸烏賊
燉菜，海鮮尤佳
番茄，生食尤佳
蔬菜，綠色尤佳
油醋醬

黃酒
Vin Jaune（法國中等酒體干型白酒，色澤為黃色；來自侏羅區）
白蘆筍
霍布洛雄乳酪
鴨肉
炸魚
鵝肝醬
野禽
塞拉諾火腿
龍蝦
羊肚蕈
鮭魚
海鮮
炸貝類
大圓鮃

貴族酒
Vino Nobile（義大利中等至飽滿酒體紅酒，由山吉歐維列葡萄釀造；也稱 Vino Nobile di Montepulciano）
乳酪
雞肉，燜煮、燉煮尤佳
野味及野禽
肉類，燜煮、燉煮尤佳
義式麵食
披薩
牛排
小牛肉，義式燉牛膝尤佳
野豬肉

新酒
Vino Novello（義大利淺齡、帶水果風味紅酒）
乳酪
烘烤栗子
水果乾
野味
燒烤肉類
牛肝蕈
義式麵食
披薩
沙拉
義大利撒拉米肉腸
松露
核桃

新酒就像是義大利的薄酒萊新酒，配上烘烤栗子簡直太美味了！

——洛可．狄史畢利托
大廚

義大利甜白酒
Vin Santo（義大利托斯卡尼產區，混釀甜點酒）
蘋果甜點
＊義式脆餅，榛果口味尤佳
蛋糕
乳酪
小甜餅
烤布蕾
水果及水果甜點
榛果
堅果、堅果麵包及堅果甜點
西洋梨甜點
美洲山核桃
雪酪，熱帶水果口味尤佳
核桃

義大利甜白酒搭配榛果脆餅是天造地設的一對！

——皮耶羅．賽伐吉歐
Valentino 餐廳老闆，洛杉磯

維歐尼耶
Viognier（法國隆河河谷出產，干型、帶花香味、飽滿酒體白酒）
開胃菜
杏桃
朝鮮薊
亞洲料理
燜煮菜餚
奶油及奶油醬汁
紅蘿蔔
乳酪
栗子
雞肉，特別是烘烤，佐奶油白醬尤佳
中式料理
柑橘味料理，佐檸檬尤佳
椰子

螃蟹以及軟殼蟹
奶油及奶油基底醬汁
孜然
咖哩
鴨肉，烘烤尤佳
小茴香
魚，白肉魚、燉煮尤佳
鵝肝醬
燒烤菜餚
榛果
印度料理
龍蝦
菇蕈
堅果，烘烤尤佳
橄欖
橙
桃子
紅燈籠椒，烘烤尤佳
豬肉，烘烤尤佳
家禽
果仁糖
濃郁菜餚
迷迭香
沙拉，義式麵食沙拉尤佳
醃漬鮭魚
炒或嫩煎料理
扇貝
海鱸
海鮮
貝類
蝦
鰩魚
煙燻魚及其他食物
真鰈
添加些微香料的料理，以添加肉桂、孜然、咖哩或肉豆尤佳
小果南瓜
燉煮菜餚
泰式料理
番茄
小牛肉
蔬菜及蔬食菜餚
避免
土壤味重的料理
鹹味重的料理

我愛維歐尼耶。最好的維歐尼耶有令人驚豔的桃子及鮮奶油香，也有很棒的酒體及風味平衡。我發現具備香氣及酸度的維歐尼耶最好搭配食物，尤其是某些類型的堅果，以及佐奶油或鮮奶油的濃郁菜餚。我最喜歡的維歐尼耶葡萄酒莊是 Peay 以及 Cold Heaven。

——拉傑・帕爾
Mina 集團葡萄酒總監 / 侍酒大師

維歐尼耶和印度料理是美妙的搭配，因為酒中的果味相當均衡。

——蘇維爾・沙朗
Devi 餐廳主廚，紐約市

伏特加及伏特加基底調酒

Vodka and Vodka-based cocktails（無色的烈酒，由穀物或馬鈴薯蒸餾而成；源自於俄羅斯或波蘭）

魚子醬
濃厚乳酪
高油脂的魚、煙燻魚
牡蠣
醃漬蔬菜

渥爾內

Volnay（法國布根地產區，中等酒體紅酒；參見布根地紅酒的推薦搭配）

艾波瓦斯乳酪
雞肉，烘烤尤佳
鴨肉
野味及野禽
羊肉
肉類
菇蕈
兔肉
鮭魚，燒烤尤佳
小牛胰臟

梧雷

Vouvray（法國羅亞爾河谷出產，干型、中等酒體白酒）

杏仁
開胃菜
蘆筍
乳酪，山羊乳酪尤佳
雞肉，佐奶油白醬尤佳
蒸煮蛤蜊
油炸食物
水果及水果甜點
鹽漬鮭魚
龍蝦，蒸煮尤佳
蒸煮貽貝
牡蠣
義式麵食
豬肉，佐水果乾尤佳
家禽，佐奶油白醬尤佳
法式鹹派
法式肉派
海鮮沙拉
鮭魚
扇貝，烘燒尤佳
蝦
舒芙蕾
壽司
鱒魚，特別是烘燒，佐奶油白醬尤佳

梧雷是最好搭配食物的一種葡萄酒。如果有八個人一起吃飯，點了八道不同的開胃菜，我可能會搭配白梢楠或是梧雷。這些葡萄酒因為酸度跟果香的關係，比其他酒更受人喜愛，搭配油炸食物也很合適。

——布萊恩・鄧肯
Bin36 餐廳飲品總監，芝加哥

氣泡
早午餐
山羊乳酪
甜點，焦糖、鮮奶油、水果基底尤佳
日本料理
牡蠣

家禽，佐奶油醬汁尤佳
沙拉
扇貝
貝類
蝦
湯
壽司
鱒魚

如果你想交新朋友，就給對方喝帶有青蘋果、蜂蜜、白桃並帶果汁酸度的氣泡梧雷酒。這款酒一定會讓你的味蕾起立拍手叫好！非常適合派對開場時飲用。

——布萊恩．鄧肯
Bin36 餐廳飲品總監，芝加哥

甜
蘋果甜點
杏桃甜點
乳脂狀、清淡的乳酪（如山羊乳酪、戈根索拉乳酪）
鵝肝醬
水果甜點
檸檬甜點
堅果甜點
桃子甜點
梨子甜點
草莓甜點，乳脂狀尤佳

礦泉水
Water, Mineral

（以下分類來自於 finewaters.com 的量表，由大量氣泡至無氣泡）；大量、經典、輕量、微量、無氣

大量 Bold（帶大型氣泡；如沛綠雅、薩拉托加泉礦泉水）
酥脆開胃菜
薯片
油炸食物
漢堡，佐乳酪尤佳
開胃菜
堅果
炸牡蠣
披薩

經典 Classic（如愛寶琳娜、聖沛黎洛礦泉水）
炸槍烏賊
巧克力甜點配堅果
開胃菜
主菜
紅肉
牛肉

輕量 Light（帶小型氣泡，如朗羅沙、太陽礦泉水）
乳酪
巧克力甜點
主菜
嫩煎或水煮的魚
紅肉
家禽
第二道菜
壽司
火雞

微量 Effervescent（如波多、寶賽克、芙絲礦泉水）
魚子醬
巧克力甜點
甜點
南瓜派
家禽
沙拉
副菜

無氣 Still（如依雲、斐濟、富維克礦泉水）
魚子醬
甜點
開胃菜或沙拉
水煮的魚
凱薩沙拉
海鮮，清淡尤佳
壽司
茶

威士忌
Whiskey

（穀物搗碎後發酵釀造而成，酒液陳放於木桶中；源自美國、加拿大、蘇格蘭、愛爾蘭）
蘋果
培根
牛肉
乳酪，藍紋乳酪尤佳
雞肉，油炸或燒烤尤佳
巧克力及巧克力甜點
肉桂
鴨肉
無花果
鵝肝醬
水果乾
野味
愛爾蘭料理
日本料理
菇蕈，野生尤佳（如羊肚蕈）
牡蠣
醃漬食物（如薑）
豬肉，烘烤尤佳
德國酸菜
海鮮，燒烤尤佳
貝類
煙燻魚，鮭魚尤佳
煙燻口味料理
辛辣菜餚
牛肉
燉菜
壽喜燒
壽司
天婦羅
照燒
鹿肉
芥末
串燒

金芬黛
Zinfandel

紅金芬黛（加州中等至飽滿酒體紅酒；有調味莓果以及胡椒香）
亞洲料理，辛辣肉類料理尤佳
培根
＊燻烤肉類，特別是雞肉或豬肉，肋排尤佳
＊甜的烤肉醬（不辣）
羅勒
豆類，黑豆尤佳
牛肉，特別是燒烤、燉煮或烘烤，搭配酒體飽滿的金芬黛

尤佳
莓果及莓果醬
燜煮菜餚
砂鍋菜，牛肉尤佳
白豆什錦鍋
熟成稍久的傑克乳酪
山羊乳酪，陳年尤佳
帕瑪乳酪
乳酪，濃郁、風味濃重尤佳（如藍紋乳酪、羊奶乳酪、斯提爾頓乳酪）
雞肉，燒烤或燒烤尤佳
肉桂
丁香
甜點
鴨肉
茄子（如焗烤茄子）
小茴香籽
無花果
野味，燉煮尤佳
野禽
蒜
燒烤肉類及其他食物
漢堡，特別是燒烤，佐乳酪尤佳
豐盛料理
熱狗
較辣的日本料理
羊肉，特別是羊腿或小羊排，燜煮或烘烤尤佳
肉類，特別是紅肉，燻烤、燒烤或烘烤尤佳
肉味料理及醬汁
墨西哥料理，辛辣的肉類料理尤佳
薄荷
菇蕈
橄欖
洋蔥及洋蔥湯
奧勒岡
義式燉牛膝
義式麵食，烘燒、豐盛尤佳（如千層麵、義式麵食及肉丸）
黑胡椒
燈籠椒
披薩
日式柚子醋
豬肉，肉排、烘烤尤佳
兔肉
烘烤肉類（如牛肉）及其他料理
迷迭香
鼠尾草
鹽以及較鹹的料理
肉腸，辛辣、燒烤尤佳
煙燻料理（如乳酪、肉類等）
醬油
義式麵食及肉丸
排骨
辛辣菜餚，肉類尤佳
牛排，燒烤、黑胡椒牛排尤佳
燉菜，牛肉或野味尤佳
酸辣料理（如亞洲料理）
番茄及番茄醬汁
火雞，烘烤尤佳
小牛肉，牛腱、燜煮尤佳
蔬菜，燒烤、根莖類尤佳
蔬食菜餚，搭配輕盈至中等酒體金芬黛尤佳
鹿肉
芥末
避免
奶油白醬
魚
牡蠣
海鮮
貝類

白金芬黛（加州甜的淡粉紅酒，由金芬黛紅葡萄釀造）
開胃菜
亞洲料理（如中式、泰式料理）
番茄基底烤肉醬
燻烤肉類，清淡尤佳
莓果類
熟肉
溫和的乳酪（如切達、傑克），佐水果尤佳
雞肉，特別是燻烤、油炸或燒烤，佐甜烤肉醬尤佳
冷盤
螃蟹
咖哩
魚，燒烤尤佳
水果醬汁及水果莎莎醬
薑
燒烤菜餚
火腿
漢堡，佐番茄醬尤佳
熱狗，佐番茄醬尤佳
番茄醬
白肉，燻烤、燒烤或烘烤尤佳
墨西哥料理
芥末
洋蔥
義式麵食，清淡尤佳
野餐
義式臘腸披薩
豬肉
肋排，佐甜烤肉醬尤佳
沙拉
鮭魚，燻烤或燒烤尤佳
炒或嫩煎料理
扇貝
海鮮
蝦
辛辣菜餚
烘烤或煙燻火雞
蔬菜，燒烤或烘烤尤佳

如果有人問我是不是喜歡白金芬黛，內心的惡魔就會在我耳邊吐槽：「白金芬黛根本就是料理界的乳酪漢堡！」但是，我超愛乳酪漢堡！

——葛雷格．哈林頓
侍酒大師

我們認為金芬黛有很大的發展空間。我自己特別喜歡利吉酒莊釀酒師保羅・德瑞波（Paul Draper）選的酒，以及葡萄酒專業人士海倫・特莉（Helen Turley）挑選的金芬黛。如果不考慮名氣，其實很多小酒莊也出產很棒的酒。金芬黛一直是物超所值。可搭配辛辣湯匙麵包鑲鵪鶉，外裹牧豆木煙燻培根，置於豆餅上，佐以微染咖啡味的烤肉醬和珍珠洋蔥享用；也可搭配抹上乾燥辣椒泥、美洲山核桃、橙汁及蒜的燒烤牛腹肉排，佐原味烘烤馬鈴薯及蘑菇西班牙油炸醋魚。

——亞諾斯・懷德
Janos 餐廳主廚／老闆，土桑市

好的搭配有時會不經意出現。我剛入行時，會不斷找機會嘗試，也會去得自備酒瓶的餐廳用餐。有一次我去了一家壽司吧，因為手邊剛好有金芬黛，就帶了一瓶過去。這讓我上了寶貴的一課！我發現成熟的金芬黛可以包覆比較突出的風味，像是醬油味、酸甜味、柚子醋，甚至還可緩和芥末的辛辣。

——布萊恩・鄧肯
Bin36 飲品總監，芝加哥

CHAPTER 7 和專業人士共桌
美國頂級餐廳的酒食搭配

「一頓精心安排的晚餐，通常從風味較單純的酒開始，再推到風味更強烈更複雜的酒。若順序顛倒，可能會令人所望，或完全嘗不出酒味……品酒要循序漸進。設計適合的節奏，例如由細緻的麗絲玲開場，接著品飲羅亞爾河谷的白梢楠，下一杯則是夏多內，最後再以年份較老的黑皮諾作結。」

——賴瑞・史東，Rubicon 餐廳侍酒大師，舊金山為一道菜挑選飲品就如同聆聽交響曲的一首樂章，而設計一套完整的酒食搭配菜單，則如同聆聽整部交響樂。

設計完美的菜單是門藝術。細心搭配，讓味蕾的感受沿著圓弧往上攀，到達頂點後，再以柔和的風味收尾。在《烹飪藝術》一書中，我們探索了吃的層面，但喝的層面，即酒和其他飲品，也在這門藝術中扮演關鍵角色。

本章將介紹許多獨特的酒食搭配菜單，呈現全美各地頂尖餐廳的精心之作。這些菜單都是根據幾項基本原則設計而成。這些「漸進原則」讓一頓餐食優雅展開。「漸進」用在食物上，指的是風味與質地漸漸加強，從溫和、清淡的菜式，推到濃重、強烈的菜式。酒的漸進則是指「重量感」（酒體）與「強度」（風味）逐漸增強，例如以下幾項原則：

⊙*先上白酒，再上紅酒*
⊙*先上酒體輕盈的酒，再上酒體飽滿的酒*
⊙*先上酒精濃度低的酒，再上酒精濃度高的酒*
⊙*先上較干的酒，再上較甜的酒*
⊙*先上較淺齡的酒，再上較陳年的酒*
⊙*先上風味單純的酒，再上風味複雜的酒*
⊙*先上等級較低的酒，再上等級較高的酒*

若根據以上原則設計一餐中每道菜的佐酒，會出現以下幾種可能的例子：

舊世界葡萄酒：*麗絲玲→羅亞爾河產區白梢楠→布根地白酒→陳年布根地紅酒*
新世界葡萄酒：*氣泡酒→輕盈、爽口的白酒（例：白蘇維濃）→富果香的紅酒（例：黑皮諾）→單寧強勁的紅酒（例：卡本內蘇維濃）*
全球精選：*輕盈的日本濁酒→較厚實的清酒→阿爾薩斯產區格烏茲塔明娜→隆河河谷產區紅酒*

針對酒食搭配，Daniel 餐廳飲品總監丹尼爾・強斯的想法是：「我大力提倡以白酒配乳酪盤。但是品嘗完主菜之後，為精緻的一餐畫下尾聲的酒，必須跟搭配主菜的酒一樣，都有絕佳出身，甚至要更好。例如 Batard-Montrachet（巴達－蒙哈榭）、布根地一級葡萄園白酒，或是艾米達吉產區白酒。總之必須是出身非凡的頂級名酒。」

菜餚順序

「若要我為嘗鮮菜單設計五種酒，我通常喜歡從香檳開始，接著上清爽的白酒，可能是麗絲玲或其他羅亞爾河谷產區的白酒，下一款則選擇較厚重的布根地白酒。之後再進入黑皮諾，最後可能以隆河產區紅酒作結。」

——崔西．黛查丹，Jardiniere 餐廳廚師，舊金山

有些專家建議，選擇搭配的飲品時不僅要考慮食材內容，還要考慮上菜的順序。一般而言，若主菜與前菜的食材一模一樣，前菜選搭的白酒必須比主菜的白酒更輕盈。

侍酒大師史畢曼回想他在芝加哥 Charlie Trotter's 餐廳工作時，曾為傳統上認為難以與酒搭配的食材挑選酒。這個經驗讓他對酒食搭配有了全新思考。「我第一次為薑汁醬挑選酒，到底該怎麼選？」深思過後，「我的答案是什麼？除了口味，一道菜在整頓餐的位置，也是選酒的重要因素。選酒牽涉到各別菜色的風味，同時也須考量酒的風味應如何漸進。」

在餐廳中，即使主廚與侍酒師分頭設計菜單及酒單，只要雙方皆遵循漸進原則，到了搭配階段時這兩份單子仍可以有和諧感。史考特．卡爾弗特是 Inn at Little Washington 的侍酒師，他說：「在餐廳裡，大廚完全循著漸進原則設計菜單，搭配的酒單也是如此。大廚的菜單是從細緻的味道開始，然後向前推展。」

紐約 Chanterelle 餐廳主廚大衛．華塔克（David Waltuck）的嘗鮮菜單也充滿經典法式精神。他說：「嘗鮮菜單含冷熱前菜、魚類主餐、肉類主餐、乳酪及甜點。經典的安排完全符合酒的漸進節奏。」

Chanterelle 餐廳的侍酒大師羅傑．達格（Roger Dagorn）也分享他如何以新舊世界葡萄酒搭配大廚的菜單：

1. **揭幕：***香檳。*
2. **前菜：***我會搭配清酒、雪利酒，或富含果香的白酒（例：麗絲玲）。*
3. **魚類主餐：***我通常選擇酒體飽滿的白酒來搭配華塔克最知名的海鮮肉腸，例如維歐尼耶或灰皮諾。我也試過紅酒，例如黑皮諾，或是倫巴底產的 UvaRara（意思是「稀有的葡萄」）。後者特別適合搭配海鮮與松露。*
4. **肉類主餐：***我們偏好法國、西班牙、義大利及匈牙利所產的酒。*
5. **乳酪：***我們提供多種乳酪，每月變換。酒的選擇有：酒體飽滿的紅酒、果香濃郁的白酒（例：格烏茲塔明娜），或加烈酒，例如雪利酒、波特酒、馬德拉酒，或是克里特島的卡曼達蕾雅酒（Commandaria St. John）。*
6. **甜點：***為甜點選酒非常有趣。索甸甜白酒是明顯的選擇，我反而會盡量避開。我喜歡西班牙的麝香葡萄酒、澳洲托凱酒或羅亞爾河谷的晚收葡萄酒。奧地利的 Auslese 也不錯，雖然在美國很罕見，卻是當地最受歡迎的酒。我也試過覆盆子自然發酵酸啤酒或蘭姆酒，這兩種酒搭巧克力都是絕配。*

打破飲品常規

「在為嘗鮮菜單搭配酒時，我曾先上清酒，再上馬德拉和香檳。顧客都很意外，不是因為我上了香檳，而是我上香檳的時間。」

——艾倫・莫瑞，Masa's 餐廳侍酒大師兼飲品總監，舊金山

今時今日為了突破食藝極限，同一餐會搭配各種不同的飲品。本書的專業人士也都有挑戰極限的獨門祕技。

史蒂芬・柯林擔任 The Modern 餐廳的葡萄酒總監，他承認：「我們的餐廳取名『The Modern』（現代），所以我在選酒時喜歡出人意表，並樂在其中。我不會玩得太瘋。例如，我喜歡顛倒白酒與紅酒的順序。我會從輕盈的紅酒開始，例如嘉美或黑皮諾，接著再上極干或微干的白酒，例如羅亞爾河谷蒙路易產區的酒。這種酒搭配乳酪的效果非常好——我發現以白酒為一餐作結，口感更清新。」

Chanterelle 餐廳藉著嘗鮮菜單提供多種酒（也就是侍酒師所選的酒），也因此得以有機會引介清酒等非傳統酒類。該餐廳的侍酒大師羅傑・達格認為：

> 「事實上，顧客很能接受。有些人還會回頭點去年喝過的清酒，甚至要求只搭配清酒。現在餐廳裡隨時備有 15-30 種清酒。」
>
> 「我們的傳統作法是先上味道較單純的清酒，再進入風味較厚實、複雜的酒。但這種漸進原則其實是西餐獨有的哲學。日本並不像我們這樣遵循漸進原則。在日本，以清酒搭配食物時並不會這麼慎重，而是看當下的氣氛。」

華塔克最常以清酒搭配前三道菜的任一道，尤其是第一道。他說：「這種搭配很絕妙，此外還有『娛樂價值』，具有戲劇感。這使我們有機會讓顧客試試從未嘗過的酒。」

在葡萄酒暢飲中完美無間地融入其他飲品，這種體驗也激發新的靈感。史畢曼曾在一場活動中目睹另一位侍酒師史考特・泰瑞的絕妙一擊：「那場活動的大廚來自克里夫蘭，出了一道十分刁鑽的菜：小牛肉德國肉腸佐鵝肝芥茉，而史考特選擇以克里夫蘭的大湖司陶特啤酒來搭配。這真是精彩、漂亮又有趣的搭配，而且啤酒也沒有破壞之前或之後所飲用的葡萄酒風味。」

打破飲品常規

以下收錄十份美國頂尖餐廳的菜單，希望你也能在頂尖餐廳的自信之作中發掘新的搭配創意。你可以看到有些菜單展示了各種飲品（包括紅酒、白酒、氣泡酒及甜點酒），有些菜單則鎖定單一飲品，例如義大利酒、清酒、茶；還有菜單是以葡萄酒搭配墨西哥和日式料理，以及最創新的美國新式料理。

繼續看下去，發掘無窮創意！

ALINEA 餐廳

伊利諾伊州芝加哥市

主廚：格蘭特・阿卡茲（Grant Achatz）

侍酒師：喬・凱特森

2005 年 10 月 19 日

梨。芹葉及梗、咖哩

諾曼地克里斯蒂安・杜昂「獅心王」蘋果烈酒 Christian Drouin Pommeau de Normandie "Coeur de Lion"

栗子。無法一一列舉的諸多配菜

維切希・德・卡斯泰拉佐酒莊「喬治亞羅」黑皮諾 Vercesi del Castellazzo "Giugiaro" Pinot Nero Bianco

鱒魚卵。鳳梨、黃瓜、芫荽

2002 年阿爾薩斯迪赫雷－卡得酒莊的托凱灰皮諾 Dirler-Cade Tokay Pinot Gris, Alsace 2002

龍蝦。雞油菌及椰粉義式方麵餃

【項目】2004 年普法爾茲產區克里斯曼莊園麗絲玲 A. Christmann Estate Riesling, Pfalz 2004

多佛真鰈。傳統風味

2000 年摩亞酒莊「維利可」白酒（斯洛維尼亞貢斯卡博達產區）Movia "Veliko Bianco," Gonska Brda, Slovenia 2000

雉雞。蘋果酒、紅蔥頭、煙燻葉（burning leaves）

2003 年阿伯曼酒莊歐歐瓦皮諾老藤葡萄酒（阿爾薩斯）Albert Mann Pinot Auxerrois "Vieilles Vignes," Alsace 2003

乳鴿。西瓜、鵝肝、黑甘草

2002 年艾格尼科富土雷產區伊波塔利紅酒（義大利巴斯利卡塔產）I Portali Aglianico del Vulture, Basilicata, Italy 2002

羊肉。無花果、綠茴香酒、黃樟香氣包（pillow of sassafras air）

2000 年洛克・德・曼佐尼酒莊「峰」巴貝拉紅酒（皮耶蒙阿爾巴產區）

Rocche del Manzoni "La Cresta" Barbera d'Alba, Piedmont 2000

野牛肉。松露、開心果、甜香料

2001 年芬卡富里奇曼酒莊「杜朋嘉多山水」紅酒（阿根廷 Tinto 產區）

Finca Flichman "Paisaje de Tupungato" Tinto, Argentina 2001

松茸。松子、乳香脂、迷迭香

巴貝托葡萄園酒莊「查爾斯頓」塞西爾馬德拉酒 Vinhos Barbejto "Charleston" Sercial Madeira

培根。奶油硬糖、蘋果、百里香

玉米。蜂蜜、香豆、香莢蘭

布利葉家族酒莊夏朗德比諾「頂級白甜酒」Brillet Pineau des Charentes "Blanc Prestige"

花生。佩德羅希梅內斯雪利酒凍（frozen Pedro Ximenez）

巧克力。酪梨、萊姆、薄荷

阿爾托・阿迪傑產區慕斯卡多粉紅酒與黑醋栗香甜酒 Alto Adige Moscato Rosa with Crème de Cassis

焦糖脆片。鹽

CHANTERELLE 餐廳

紐約州紐約市

主廚：大衛・華塔克

侍酒大師：羅傑・達格

清酒品酩宴菜單，2005 年 9 月

開胃小點

蒟蒻絲

生魚片與醃魚什錦

白瀧上善如水純米吟釀

番茄冷湯佐蟹肉與細葉香芹，黑魚子醬

梅錦酒一筋

燒烤海鮮腸

浦霞清酒

清爽紐西蘭笛鯛佐夏末甜玉米與紫羅勒

浦霞清酒

燒烤大圓鮃佐紅酒醬汁燜紅蔥頭與開心果細香蔥油醋醬

梅錦大吟釀

節瓜花鑲雞肉與黑松露

若竹鬼殺純米吟

鴨胸佐酸辣鴨醬與鴨腿燜春捲

若竹鬼殺純米大吟釀

烘烤夏末巴梨佐榛果糖粉與榛果冰淇淋

男山純米原酒復古酒

咖啡

迷你小點

EMERIL'S NEW ORLEANS 餐廳

路易斯安那州紐奧良市

侍酒師：麥特・里列特

2003 年 2 月 22 日　星期六

藍鰭鮪魚佐烏魚子

黑松露馬鈴薯湯

2000 年帕拉佐內酒莊「維尼亞特大地」特級經典奧維特白酒（翁布里亞產區）

2000 Orvieto Classico Superiore "Terre Vineate," Palazzone (Umbria)

番紅花馬鈴薯糕佐鹽漬鱈魚、番茄及橄欖油

2000 年 Benito Ferrara 貝尼多・費拉拉酒莊「聖保羅」格雷科－迪圖福白酒（坎佩尼亞產區）

2000 Greco di Tufo "San Paolo," Benito Ferrara (Campania)

1999 年卡斯第里歐尼・畢習酒莊維迪丘・蒂・馬特里卡白酒（馬爾凱產區）

1999 Verdicchio di Matelica, Castiglioni Bisci (Marche)

炒蟹肉佐馬鈴薯義式麵疙瘩、炸馬鈴薯及卡波納拉奶油培根麵

2000 年吉尼酒莊「沙伐倫扎葡萄園」特級經典蘇瓦韋白酒（威內多產區）

2000 Soave Classico Superiore "Salvarenza," Gini (Veneto)

2000 年羅馬人之道酒莊「強班尼斯・維利斯」夏多內易松佐・德・弗留利產區）

2000 Chardonnay "Ciampagnis Vieris," Vie di Romans (Isonzo del Friuli)

小牛肉片、藍鰭鮪魚、義式乾醃火腿佐酸豆番茄醬

1996 年安東尼奧羅酒莊「舊金山」賈提娜拉紅酒（皮耶蒙產區）

1996 Gattinara "San Francesco," Antoniolo (Piemonte)

1997 年琥珀農場酒莊「樂維涅・阿爾特・蒙塔畢歐羅」卡米蘭諾珍藏紅酒（托斯卡尼產區）

1997 Carmignano Riserva "Le Vigne Alte Montalbiolo," Fattoria Ambra (Toscano)

義大利麵佐羔羊燉茄肉醬

1999 年齊納酒莊黑達沃拉紅酒（西西里產區） 1999 Nero d'Avola, Zenner (Sicilia)

2000 年坎提納酒莊艾格尼科富土雷產區「簽章」紅酒（巴斯利卡塔產區）

2000 Aglianico del Vulture "La Firma," Cantine del Notaio (Bascilicata)

薩巴里安尼醬佐新鮮莓果與餅乾

2002 年史賓涅塔酒莊利維蒂家族「山楂葡萄園」蜜思嘉微氣泡甜酒（皮耶蒙產區）

2002 Moscato d'Asti "Vigneto Biancospino," La Spinetta, Rivetti (Piemonte)

1994 年皮亞扎諾酒莊「白德廉柏列瑟」義大利甜白酒（托斯卡尼產區）

1994 Vin Santo "Bianco Dell'Empolese," Piazzano (Toscano)

FRONTERA GRILL/TOPOLOBAMPO 餐廳

伊利諾伊州芝加哥市

主廚：瑞克・貝雷斯（Rick Bayless）

侍酒師：吉兒・吉貝許（Jill Gubesch）

嘗鮮菜單

第一道菜

Sopes de Papa 爽口的洋芋船上載滿墨西哥錫那羅亞風味的豬肉 chilorio，

佐三椒莎莎醬、烤橙、陳年乳酪及當地鮮採有機嫩蔬

2003 年希拉與莫斯卡酒莊維門替諾「拉卡拉」白酒（義大利薩丁尼亞阿爾蓋羅產區）

2003 Sella & Mosca, "La Cala," Vermentino, Alghero, Sardinia, Italy

第二道菜

Sopa de Flores y Guías 盛夏鄉村風味湯：小果南瓜花及有機嫩藤。

佐燻雞、河谷地野生菇蕈、烘烤番茄

2003 年金塔多士羅奇斯酒莊恩庫魯薩多白酒（葡萄牙杜奧產區）

2003 Quinta Dos Roques, Encruzado, Dão, Portugal

第三道菜

Langosta con Salsa de Elote y Chile Chilaca 煎烤緬因州龍蝦佐奶油玉米奇拉卡斯辣椒醬、

蔬菜泥（馬鈴薯、歐洲防風與根芹菜）、新鮮羊肚蕈、燒烤節瓜與佛手瓜沙拉（佐綠蒜與烘烤波布蘭諾辣椒）

2003 年凡頌吉哈當酒莊「納佛」白酒（法國勃根地梅索產區）

2003 Vincent Giradin, "Les Narvaux," Meursault, Burgundy, France

第四道菜

Birria de Chivo 辣椒醃製之慢火烘烤波爾山羊，佐墨式脆馬鈴薯小餅與焦香醬料、

托斯坎無頭甘藍、紅花菜豆

1999 年柏德佳斯・塔素斯酒莊特級陳年紅酒（西班牙斗羅河岸產區）

1999 Gran Reserva, Bodegas Tarsus, Ribera del Duero, Spain

第五道菜

當日特選甜點盤

1996 年馬瑟・帶斯酒莊阿爾滕堡・貝格海姆上選格烏茲塔明娜葡萄（法國阿爾薩斯產區）

1996 Marcel Deiss, Grand Cru "Altenberg de Bergheim" SGN Gewürztraminer, Alsace, France

KAI餐廳

紐約州紐約市

行政主廚：香川仁（HITOSHI KAGAWA）

茗茶專家：凱・安德森（KAI ANDERSON）海蒂・柯樂維（HEIDI KOTHE-LEVIE）

秋季品茶宴，2004年11月7日

燻鮭魚佐鮭魚子

南非有機如意寶茶（紅樹茶）

鰹節（柴魚）高湯燉水田芥腐皮

日本靜岡縣本山藪北茶綠茶

嫩煎鮪魚佐洋蔥酸豆

日本鹿兒島縣知覽金谷茶綠茶

比目魚片茶泡飯

日本宇治縣宇治冠茶綠茶

牛肉涮涮鍋佐芝麻醬

台灣阿里山高山烏龍陳年老茶

如意寶茶口感溫順，微帶香莢蘭香，與味道較刺激的鮭魚子及燻鮭魚十分互補。

藪北茶以偏甜及溫順的風味聞名，十分適合搭配辛辣的水田芥與柴魚昆布湯。

第三道菜的口味很重：鮪魚、洋蔥、酸豆。搭配的茶飲必須有獨到風味。
知覽金谷茶的風味非常強勁、充滿草香與活力。

冠茶與享譽世界的玉露茶一樣，茶樹採收前皆需搭棚遮陽，但時間較短，所以滋味更甜、草香濃郁，十分順口。
茶泡飯同樣用冠茶，可從中分別感受冠茶與食物直接互動以及作為飲品的效果。

牛肉與芝麻的味道濃郁，應該搭配濃烈的烏龍茶。
此處所選之**高山烏龍陳年老茶**經過在台灣陳放十年，為本餐廳所選最昂貴的茗品之一。
此茶順口，甜味明顯，散發杏桃與桃子等硬核水果的濃郁芳香。這款茶品似乎讓牛肉風味顯得更豐富、甘甜。

MARY ELAINE'S AT THE PHOENICIAN 餐廳

亞歷桑納州斯科茲代爾市

主廚：布萊德福特・湯普森（BRADFORD THOMPSON）

侍酒大師：葛雷格・崔斯納

主廚精選菜單，2004 年 10 月 15 日

熊本蠔與羅宋湯、鮪魚、及芹菜芭菲
庫克特級園無年份干型香檳（法國）Krug Grand Cuvée Brut Champagne, France, NV
美國艾瑞爾干型氣泡酒（加州）DAAriel Sparkling Brut, California, DA

田雞腿天婦羅、荷蘭芹鮮奶油、蒜片
2000 年尚・柯雷酒莊「小谷地」一級園夏布利（法國布根地）Jean Collet "Vaillons" ler Cru Chablis, Burgundy, France, 2000

自製燻鮭魚、醃漬嫩甜菜、伏特加奶油
1999 年庫魯修斯博士酒莊尼德豪瑟弗森斯特耶園卡比內特級麗絲玲（德國那赫）
Dr. CrusiusNiederhäuserFelsensteyerRiesling Kabinet, Nahe, Germany, 1999

蛤蠣豬五花濃湯
1995 年金貝克酒莊「聖雲園」麗絲玲（法國阿爾薩斯）F.E. Trimbach "Clos Ste. Hune" Riesling, Alsace, France, 1995

奶油龍蝦千層麵、扇貝佐魚子醬
2000 年彭索酒莊「盧桑山一級園」紅酒（法國布根地莫黑聖丹尼產區）
Ponsot "Clos des MontsLuisants" ler Cru Morey-Saint-Denis, Burgundy, France, 2000

麥年醬佐多佛真鰈
當地鮮採玉米燉肉與耶路撒冷朝鮮薊
2002 年維尼卡白蘇維濃（義大利佛里烏利－威尼斯朱利亞區科利奧鎮）Venica Sauvignon Blanc, Collio, Friuli-Venezia Giulia, Italy, 2002

白胡桃瓜燉飯
野菇奶油醬、義式杏仁餅碎片
1999 年柏德利葡萄園「馬奇洛林」黑皮諾（俄勒岡州威廉梅特谷產區）
Broadley Vineyards "Marcile Lorraine" Pinot Noir, Willamette Valley, Oregon, 1999
2002 年 Navarro 灰皮諾果汁紅酒（加州安德森谷產區）Navarro Pinot Noir Juice, Anderson Valley, California, 2002

蜂蜜香料北京烤鴨、乳鴿、鵝肝千層派
1997 年卡斯泰利堡酒莊「康尼艾爾」卡本內蘇維濃（義大利托斯卡尼產區）Castellare "Coniale" Cabernet Sauvignon, Tuscany, Italy, 1997

手工乳酪
1995 年克羅采酒莊「新浪潮」第 7 號夏多內／瓦爾許麗絲玲 AloisKracher "Nouvelle Vague" #7 Chardonnay/Welschriesling
麗絲玲貴腐 TBA 級精選酒（奧地利新錫德爾湖產區）Trockenbeerenauslese, Neusiedlersee, Austria, 1995

草莓覆盆子水果湯

烘烤安久梨、夏季甜瓜

有機夏拉優格蛋糕、桃子、百里香
1996 年卡佩紮納酒莊義大利甜白酒（義大利卡米蘭諾產區）Capezzana Vin Santo, Carmignano, Italy, 1996

迷你小點與咖啡
1795 年巴貝托酒莊特倫特茲馬德拉酒（葡萄牙產區）BarbeitoTerrantez Madeira

現代美術館內 THE MODERN 餐廳

紐約州紐約市

主廚：蓋薇兒・庫瑟（GABRIEL KREUTHER）

飲品總監：凱倫・金恩（KAREN KING）

酒品總監：史蒂芬・柯林（StephaneColling）

以下為 THE MODERN 餐廳同時提供的兩份嘗鮮菜單，顯示出有些酒可以用來搭配不同的菜，令人驚艷。

招牌嘗鮮菜單，2005 年 3 月 19 日

無年份保羅喬治干型香檳（法國香檳區產）NV Paul Goerg– Brut Absolu, Champagne, France

鵝肝法式肉凍佐烘烤朝鮮薊與綠胡椒籽

無年份勞巴德酒莊福樂克香甜酒（法國）NV Domaine de Laubade, Floc de Gascone, France

韃靼黃鰭鮪魚及深海扇貝佐黃石河魚子醬調味

2003 年特拉福德酒莊白梢楠（南非沃克灣產區）2003 De Trafford –Chenin Blanc, Walker Bay, South Africa

烘烤緬因州什錦香草龍蝦佐蘆筍及蒜葉婆羅門參

2000 年克格爾酒莊夏多內（斯洛維尼亞波達維耶產區）2000 Kogl– Chardonnay,Prodravje, Slovenia

西班牙辣肉腸裹 Chatham 鱈魚佐白可可豆泥與北非辣椒橄欖油醬

1995 年路易佳鐸酒莊高登 – 格亥夫紅酒（法國阿羅斯 – 高登產區）1995 LouisJadot–Corton-Grève, AloxeCorton, France

香料卡本內煮水牛腰肉佐烘烤苣菜與紅蔥頭胡椒醬汁

2000 年 Joseph Phelps 酒廠英絲妮亞卡本內蘇維濃（美國）2000 Joseph Phelps – Insignia, Cabernet Sauvignon, United States

甜點盤

1999 年康士坦提亞酒莊康斯坦天然白葡萄酒（南非）1999 Klein Constancia, Vin de Constance, South Africa

現代美術館內 THE MODERN 餐廳

紐約州紐約市

主廚：蓋薇兒・庫瑟

飲品總監：凱倫・金恩

酒品總監：史蒂芬・柯林

春日嘗鮮菜單，2005 年 3 月 19 日

無年份保羅喬治干型香檳（法國香檳產區）NV Paul Goerg– Brut Absolu

緬因州龍蝦冷盤佐黑蘿蔔、芹菜、泰國長胡椒雪酪

2002 年迪赫雷 - 卡得酒莊席凡內老藤白酒（法國阿爾薩斯產區）

2002 Dirler-Cade –SylvanerViellesVignes, Alsace, France

炒蘇利文郡鵝肝佐羅勒醬汁、繁縷與紫蘇

2000 年蘇瓦斯朋特白酒（法國餐酒）2000 SuaSponte, Vin de Table, France

甘草煮東岸大比目魚佐新芽洋蔥、四季豆、杏仁、刺蝟菇什錦沙拉

2002 年黑洞山酒莊白酒（法國教皇新堡產區）2002 Château Mont-Redon Blanc, Châteauneuf-du-PapeFrance

路易斯安那風淡水螯蝦

1995 年路易佳鐸酒莊高登 – 格亥夫紅酒（法國阿羅斯 – 高登產區）

1995 Louis Jadot–Corton-Greves, AloxeCorton, France

牛乳餵養的小牛肉佐新鮮羊肚蕈與春日鮮蔬

2002 年約瑟費普酒廠英絲妮亞卡本內蘇維濃（美國）2000 Joseph Phelps – Insignia,Cabernet Sauvignon, United States

甜點盤

1999 年康士坦提亞酒莊康斯坦天然甜白葡萄酒（南非）1999 Klein Constancia, Vin de Constance, South Africa

SANFORD 餐廳

威斯康辛州密爾沃基市

主廚：珊迪・達瑪多（SANDY D'AMATO）

晚餐菜單，2005 年 4 月 11 日

在為本書蒐集資料時，我們造訪芝加哥地區，並邀請珊迪・達瑪多主廚接受我們的訪問。他與妻子安姬（Angie）邀我們到 SANFORD 餐廳共進晚餐。當天的主廚嘗鮮菜單征服了我們。菜單取了個隨性的名字，叫作「到 SANFORD 吃吃喝喝」，不過菜單的酒食搭配一點也不隨便，從雪利酒到啤酒都有，令人印象深刻。

燒烤梨子與侯克霍乳酪法國麵包佐焦糖洋蔥與核桃

2000 年巴赫米布謝酒莊歐托內蜜思嘉甜白酒（阿爾薩斯）2000 Muscat – Ottonel, Domaine Barmes Buecher, Alsace
盧士濤酒莊阿蒙堤拉多干型雪利酒 Lustau dry Amontillado

[1]橙汁灼燒阿拉斯加大比目魚佐羊肚蕈燉飯、蘆筍 Nage 醬汁。

2001 年綠菲特麗娜－皮希勒－洛柏納山（奧地利瓦豪河谷產區）
2001 Grüner Veltliner–Pichler–Loibner berg, Wachau/Osterreich, Austria
雲尼布侯酒廠「臨時工廠」白啤酒（蘋果啤酒）：與蘋果汁、芫荽、庫拉索橙皮味烈酒一同釀造的愛爾啤酒（維蒙特州謝爾本產區）Ephemere Witbier–Unibroue: ale brewed with apple juice, coriander, and curaçao, Shelburne, Vermont

[2]普羅旺斯魚湯佐紅椒醬

2002 三佛莊園灰皮諾釀製的灰葡萄酒（加州聖塔巴巴拉郡聖麗塔山產區）
2002 Vin Gris of Pinot Noir–Sanford Estate, Santa Rita Hills, Santa Barbara, California

[3]灼燒鮭魚佐酸豆葡萄酒馬鈴薯酢漿草蛋沙拉，魚子苦艾酒沙拉醬

柯維托拉茲酒廠瓦多比昂丹產無年分干型氣泡酒（義大利）NV Col Vetoraz–Prosecco di Valdobbiadene, Brut, Italy

[4]蕎麥蜂蜜乳鴿佐灼燒鵝肝、糖漬小蘿蔔、春日洋蔥

2002 年松塞爾產區瓦榭洪酒莊紅酒（羅亞爾河谷產區）2002 Sancerre Rouge–Domaine Vacheron, Loire Valley
1999 年布娜瑟伯爵夫人酒廠馬樂堡索甸甜白酒（法國）1999 Sauternes–Château de Malle–Comtesse de Bournazel, France
雲尼布侯酒廠尚布利啤酒：微帶辛香味的小麥愛爾啤酒（加拿大）Chambly Unibroue: wheat ale with subtle spices, Canada

[5]黑橄欖裹 Strauss 小牛牛腰肉、波菜瑞可達乳酪義式麵疙瘩，佐綠橄欖沙拉醬。

2001 年喬格綠橡園弗朗－席濃卡本內紅酒（羅亞爾河谷）2001 Carbernet Franc–Chinon, Clos du Chene Vert–Joguet, Loire Valley
勃根地女爵愛爾啤酒：酒色棕紅，以橡木桶熟成（比利時）
Duchesse de Bourgogne: reddish-brown ale matured in oak casks, Belgium

[6]甜點

罌粟籽甜塔、酸奶油－洋茴香冰淇淋
芒果香料蛋糕，肉桂冰淇淋
櫻桃克拉芙堤餡餅，黑櫻桃冰淇淋
香蕉奶油硬糖太妃糖餡餅，香蕉蘭姆冰淇淋
檸檬香熱磅蛋糕夾檸檬凝乳

1997 年休姆卡德產區須宏德堡白酒（法國）（白梢楠甜點酒）
1997 Quarts de Chaume–Château de Suronde, F. Poirel, France (dessert Chenin Blanc)
布洛班特酒莊十年馬姆齊馬德拉酒（馬德拉島）Broadbent 10-Year-Old Malmsey Madeira, Island of Madeira
2003 年嘉樂酒莊尼佛勒蜜思嘉微氣泡甜酒（義大利）2003 Moscato d' Asti (frizzante) Nivole, M. Chiarlo, Italy
1998 年夏柏帝酒莊班努斯產區甜紅葡萄酒（法國）1998 Banyuls–M. Chapoutier, France
雲尼布侯酒廠 Quelque Chose 啤酒：比利時風格的愛爾啤酒（加拿大）Unibroue-Quelque Chose: Belgian-style ale, Canada

1. 珊迪：比利時風格的啤酒若單獨飲用，風味可能太強烈，但與食物搭配則能大放異彩。這兩款飲料與菜餚搭配有不同效果。綠菲特麗娜與蘆筍是經典組合，而另一方面蘆筍也能帶出啤酒中的蘋果香。

2. 珊迪：三佛莊園釀出非常棒的灰皮諾與夏多內。這家莊園的酒極適宜搭食物，也適合陳放。2000 年，這座莊園的主人帶來一瓶 1988 年的夏多內，祝賀我與太太結婚紀念。老實說，夏多內大概算是我最不喜歡的酒。不過三佛莊園的夏多內真的很棒。

這道馬賽魚湯通常搭配粉紅酒。但是這道湯需要配一點甜味與果香。一般的法國粉紅酒太干，不適合我的魚湯。

安姬：這道菜有茴香與扇貝，兩種都是有甜味的食材，所以會蓋過粉紅酒的水果香，最後嘗到的只剩酒精味。

珊迪：這道菜實在不容易搭配酒，因為必須挑一支能帶出魚肉風味的酒。很多白酒都配不上馬賽魚湯。

3. 珊迪：我們不止在一開始上氣泡酒，也喜歡在用餐的後半段上氣泡酒，因為可帶來清新的口感。

4. 珊迪：這款比利時淡色愛爾啤酒很適合搭配鵝肝與大黃。松塞爾這款酒則與乳鴿十分契合，完美程度是啤酒比不上的。索甸甜白酒則完全不搭，質地不對。這道菜也有酸味，與索甸甜白酒並不對味。如果我們選的是胡椒鹽冷漬鵝肝，就可以搭配索甸甜白酒了。

5. 安姬：經典的希濃聞起來有鉛筆木屑的味道，不過鼻尖仍能察覺一絲綠橄欖香。希濃整體來說是很棒的酒。有一次晚餐公休，我們燒烤一隻龍蝦、一些羊肉，搭配希濃享用，滋味美妙絕倫。我認為這款酒就像精緻版的薄酒萊。

珊迪：這款酒會在第一口就直接散發水果香，還有美妙的地中海植物特色。這款酒也很纖瘦，不會喧賓奪主。

珊迪：這裡的搭配完美無瑕。啤酒甘甜、濃郁，還有櫻桃的特質。小牛肉可帶出啤酒的甘甜，但菜餚裡的其他成分卻又能壓抑那樣的甘甜。這支希濃是我最愛的葡萄酒，也是最適合搭配食物的紅酒。

6. 珊迪：這支啤酒配香料蛋糕與克拉芙提都很合適。

安姬：我喜歡用這支啤酒搭配香料蛋糕與罌粟籽餡餅。

SUSHISAMBA 餐廳

紐約州紐約市

主廚：提蒙．巴路（TIMON BALLOO）

侍酒師：保羅．譚貴（PAUL TANGUAY）

清酒佐食菜單，2005 年 11 月 3 日

第一道菜

「冷熱」藍點生蠔秘魯酸漬海鮮

第二道菜

海膽濃湯、松露紅酒香蔥醋汁

第三道菜

「逃離惡魔島」，柚子松露炙烤阿拉斯加帝王蟹佐正要逃走的小河蟹

第四道菜

玉米片裹田雞腿、秘魯 AjiPanca 辣椒慕斯、迷你蔬菜沙拉

第五道菜

鐵板神戶牛、鐵板咖哩鵝肝、芝　蘆筍天婦羅

第六道菜

手鞠松

荔枝鑲蘋果、咖啡鹽、黑芝　冰淇淋

秘魯 Rocotto 辣椒粉蛋糕佐百香果冰淇淋、百香果泥、百香果濃縮醬

清酒

純米酒，真澄，奧傳寒造，日本長野縣產

純米吟釀，出羽燦々生原酒，出羽櫻，日本山形縣產

櫻花吟釀酒，出羽櫻，日本山形縣產

純米古酒，八塩折之酒，日本島根縣產

純米大吟釀，賀茂泉，日本廣島產

米米酒，賀茂泉，日本廣島產

白滴發泡純米酒，春鹿，日本奈良產

CHAPTER 8 飲品精選
美國知名酒水專家在荒島上也不能不喝的飲品

「我對啤酒或清酒並沒有那麼著迷……只要一杯白酒或紅酒，就可以讓我置身天堂！」

——丹尼爾．布呂德，Daniel 餐廳主廚暨老闆，紐約市

如果有一天，頂尖的酒水專家被流放到無人荒島度過餘生，而且只能帶十二瓶酒水相伴，他們會選擇哪些酒款呢？從他們的答案中，我們可以看到每個專家偏愛的滋味、選酒的優先條件，以及獨特的個性。有些人喜歡選擇五花八門的種類，有些人則是特定葡萄品種的忠實擁護者（有位侍酒師便挑了十二瓶布根地紅酒）。還有一位很有勇氣，大方承認他無法想像沒有健怡可樂的生活！您也會發現某些酒款不斷出現：大部分的侍酒師都至少會帶一瓶麗絲玲，因為它實在是十分百搭的佐餐酒。另外還有好幾位專家挑了夏布利，因為他們相信自己一定會品嘗到不少生蠔，因此選了這款最適合搭配生蠔的酒。這類答案挑起了我們的興趣，啟發我們延伸出另一種情境。

於是我們大發慈悲，決定讓流放荒島的侍酒師帶著主廚同行。他們可以自行挑選主廚以及烹煮的菜餚，搭配先前選擇的十二款酒。我們很驚訝地發現，許多侍酒師的思考方式與主廚沒有兩樣。我們本來以為他們完全沉浸在酒的世界中，所以完全不在意食物，然而有幾位侍酒師卻說，他們會因為酒而激發自己下廚的靈感。這些侍酒師所選的下酒菜餚，從家常菜到四星級的華麗菜色都有。你一定也會發現，他們的選擇與你最喜歡的搭配不謀而合。以 Kinkead 餐廳的侍酒師麥可・富林為例，他就選擇以燻烤肋排來搭配金芬黛；洛可・狄史畢利托則希望來道法式烤布蕾，這與他所選的匈牙利托凱貴腐甜白酒（Tokaji Aszu）一定是天作之合。

本章收錄的清單不但趣味十足，也富有教育意義。這些清單完全體現本書不斷強調的觀念：無論餐酒搭配的規則、理論或原則為何，最重要的還是*自己喜歡什麼滋味*。為了幫助各位發掘自己最愛的風味，本章末尾附上酒食品飲記錄表，供你記錄評估品嘗過的餐酒組合（畢竟幾杯美酒下肚後，記性總是變得特別朦朧）。我們同時建議各位寫下自己的餐酒搭配日誌，才不會忘記曾經嘗過的滋味，最後累積成個人獨門的搭配精選。希望大家在美食、美酒的殿堂盡情探索！

用餐愉快，乾杯！

約瑟夫・巴斯提昂尼奇
JOSEPH BASTIANICH

餐廳老闆與經營者
義大利酒進口商

紐約州紐約市

1. 1947 年法國梧雷產區高地酒莊白酒，史上最偉大的酒。1947 Vouvray le Haut Lieu
佐餐：慢火煙燻帝王鮭。在沙灘上以野草升火，於烤架上慢慢燻烤六小時。配菜則是特級初榨橄欖油與春天初採**蠶**豆製成的豆泥。

2. 1990 年法國香檳王粉紅香檳 1990 Dom Pérignon Rosé
佐餐：我必須請羅德・米契（Rod Mitchelle，美國五大漁貨經銷商之一）替我弄些**魚子醬**。

3. 1953 年同由法國羅曼尼・康帝莊園出品的麗須布爾特級葡萄園或羅曼尼・康帝的紅酒。這兩支是我喝過最好的布根地紅酒。1953 D.R.C. Richebourg or Romanée-Conti
佐餐：紐約 Peter Luger 餐廳四人份**牛排**。不過我只接受一位賓客與我分享。

4. 1982 年義大利巴托洛・馬斯卡雷洛酒莊的巴羅洛紅酒 1982 Bartolo Mascarello Barolo
佐餐：皮耶蒙地區有一種**薄切生牛肉**，用肉質介於小牛肉及牛肉間的肉品製成，肉色呈粉紅色。食用時撒上蛋、紅蔥頭以及白松露削片。

5. 1989 年義大利歌雅酒廠巴貝瑞斯可紅酒 1989 Gaja Barbaresco
佐餐：*Tortellini al plin*。這道菜的**義式方麵餃要以閹雞的高湯沸煮**，並放在餐巾上直接上菜。我希望可以由義大利卡內里小鎮 San Marco 餐廳主廚馬里查（Mariuccia）親自烹煮這道菜。

6. 1968 年西班牙維嘉西西里亞酒莊紅酒（1.5 公升瓶裝），因為這是我出生年份的酒。Vega Sicilia from 1968
佐餐：我打算在生日當天開這瓶酒，所以我要搭**侯克霍乳酪培根漢堡**。

7. 1983 年法國哈夢內莊園蒙哈榭白酒 1983 Ramonet Montrachet
選擇這款有點了無新意，因為這是全世界最棒的一支酒，就跟下面那款酒一樣⋯⋯

8. 1967 年法國伊肯堡酒莊甜白酒 1967 Château d'Yquem
因為這支酒實在太棒了。
佐餐：沒有佐餐。光喝這支酒就是一場盛宴。我希望可以在菲爾地市滑雪度假的時候，一邊聆聽藍草音樂一邊品嘗。

9. 1947 年法國白馬堡酒莊紅酒（1.5 公升瓶裝），這也是一支歷史經典好酒。 1947 Cheval Blanc
佐餐：鴿肉或乳鴿。

10. 義大利巴斯提昂尼奇昂尼奇酒莊的富萊諾白酒，任一年份皆可。 Tocai Friulano by Bastianich
佐餐：義大利聖丹尼耶爾生火腿的搭配會很不錯。

11. 南非康士坦提亞酒廠康斯坦天然甜白葡萄酒，任一年份皆可。Constance de Constantia
這是最難以捉摸的酒款之一，所以在荒島上喝一定很有趣。而這也是拿破崙嘗過的唯一一款法國以外的酒。
佐餐：我會在餐後搭配**清爽的黑莓布丁**一起享用，而且要巴布餐廳的糕點主廚吉娜・德帕爾瑪（Gina de Palma）親手製作。

12. 2000 年法國夏夫酒莊的艾米塔吉白酒 Chave Hermitage Blanc 2000
佐餐：這個簡單，來份紐約市 Pearl Oyster Bar 的**龍蝦捲**。

史蒂夫・貝克塔 STEVE BECKTA

BECKTA DINING & WINE 老闆

加拿大渥太華州

1. 1971 年梧雷產區高地酒莊半干型白酒 Vouvray 1971 Demi-Sec Le Haut-Lieu
佐餐：我跟莫琳（史蒂夫的妻子）第二次約會的那天，氣溫高達 44℃。因為熱得吃不下東西，於是我們兩人相坐對飲，把我酒窖這支最好的酒喝光了。

2. 德國米勒－卡托酒莊休蕾柏品種遲摘白酒 Müller-Catoir Scheurebe Spätlese
佐餐：來自東亞某個國家、令我驚喜的異國菜色。我不太了解東亞地區的食物。但我希望這道菜包含許多熱帶水果、香料與香草，因為這些就是這支酒的風味特性。
接下來的三支酒，我選擇的原因是想了解美國最棒的黑皮諾在首釀年份後有什麼轉變。我會在同一天晚上喝完這三支酒。那一晚，我大概會說：「管他的，我要活在當下！」

3. 1996 年美國索諾瑪海岸馬爾卡森酒廠黑皮諾 Marcassin Pinot Noir Estate Sonoma Coast 1996

4. 1997 年美國索諾瑪海岸馬爾卡森酒廠黑皮諾 Marcassin Pinot Noir Estate Sonoma Coast 1997

5. 1998 年美國索諾瑪海岸馬爾卡森酒廠黑皮諾 Marcassin Pinot Noir Estate Sonoma Coast 1998
佐餐：中式無錫排骨。我想找一款簡單的菜餚，而且一定要是豬肉，油脂豐富到會從嘴角滴出來。這款優雅的黑皮諾會呈現完全相反的風味。如此搭配讓酒成了主角，這樣你才會想把同一道菜從頭到尾吃光，一點也捨不得丟掉。

6. 1989 年金貝克酒莊聖雲園遲摘麗絲玲白酒 1989 Clos Saint-Hune Riesling from Trimbach Vendage Tardive
佐餐：大廚做的**煙燻鰻魚**。雖然我根本不喜歡吃燻鰻魚，但是我可以想像金貝克先生喝自己的酒大啖燻鰻魚的畫面。

7. 1990 年波林格酒莊老藤法蘭西香檳 Bollinger Vielle Vignes Françaises 1990 Champagne
佐餐：龍蝦佐融熔奶油及黑松露，而且一定要用手來吃！

8. 庫克香檳廠無年份香檳 Krug Champagne NV
佐餐：丹・巴伯（Dan Barber）焙製的 15 **種法式小點**。（巴伯為紐約波坎提科丘地區 Blue Hill at Stone Barns 餐廳主廚。）

9. 1995 年伊貢米勒酒莊斯瓦茲伯格頂級葡萄園遲摘麗絲玲白酒 Egon Müller Scharzhofberger Riesling Spätlese 1995
佐餐：凱瑞・賀夫曼（Kerry Heffernan）的**北極紅點鮭佐豆苗及黑松露油醋醬，**燜蒜葉波羅門參。（賀夫曼為 Eleven Madison Park 餐廳主廚）。

10. 這是我的夢幻酒款：尼加拉地區馬利瓦何酒廠嘉美葡萄酒 the Niagara Malivoire Gamay
由釀酒師安・史柏齡（Ann Sperling）於未來二十年內釀造的嘉美葡萄紅酒。
佐餐：大火油煎**鴨胸**，上頭撒上培根、玉米、菇蕈與迷迭香豆煮玉米（succotash）。

11. 1947 年白馬堡酒莊紅酒，1.5 公升瓶裝。1947 Cheval Blanc in a magnum
佐餐：我只需要一個位於角落的位子！我希望可以品味這支酒的香味，至少要十八個小時才夠。食物只會讓人分心。

12. 1997 年積架酒莊羅第丘產區浪東葡萄園紅酒 Guigal la Landonne Côte-Rôtie 1997
這款酒可是全世界最好的希哈。
佐餐：一大盤**煙燻鹹味杏仁**。

丹尼爾・布呂德 DANIEL BOULUD

DANIEL 餐廳主廚暨老闆

紐約州紐約市

既然我能想帶什麼就帶什麼，那我就不客氣了。我要帶齊最有品味的酒！
（這裡要特別提到，布呂德主廚在回答我們的問題時太興奮了，不小心忽略「一箱酒」空間有限。最後他的一箱酒塞了 31 瓶酒。除此之外，他還選了所有 1955 年波爾多一級與二級酒！）

1. 1990 年庫克酒廠梅斯尼爾單一葡萄園香檳 Krug 1990 Clos du Mesnil Champagne
佐餐：法籍主廚傑哈・波耶爾（Gerard Boyer）烹煮的**海螯蝦**。

2. 1990 年教皇新堡產區翁希・波諾酒莊香檳特釀 Henri Bonneau Châteauneuf-du-Pape Cuvée Special 1990
這是隆河谷產區中我喝過最好的一支酒
佐餐：我希望可以吃到翁希・波諾在自家親手烹調的牛嘴邊肉佐胡蘿蔔。我上回在他家品嘗這道菜時，他也挑了這支酒，不過是 1955 年份。他真是太超過了！

3. 1985 年羅第丘產區杜克葡萄園紅酒 Côte-Rôtie la Turk 1985
佐餐：比利時籍皮主廚耶・侯孟耶（Pierre Romeyer）烹煮的**野生兔帶骨腰肉**佐雙醬汁。這是我吃過最好吃的野味料理，所以很想再嘗一次。當年品嘗這道菜時，我還很年輕。我當時十九歲，奉老闆羅傑・維賀吉（Roger Verge）之命而到侯孟耶手下工作。他是個出色的獵人，也是數一數二的野味料理高手。

4. 1921 年伊肯堡酒莊貴腐白甜酒 Château d'Yquem 1921
我曾在生日時與朋友共飲這支酒
佐餐：已逝主廚瓊－路易・巴拉丹（Jean-Louis Palladin）料理的**鵝肝**。

5. 1990 年代的翁希・佳葉酒莊克霍・帕宏圖酒區紅酒 Henri Jayer Cros Parantoux from the 1990s
只是以備萬一，假設我可能需要一支可以伴我變老的酒
佐餐：煙囪燻烤的**烤鴨**。

6. 我要來一輪 1955 年份波爾多紅酒的横向品酒。1955 是我出生的那一年，我要集合波爾多每個酒莊 1955 年份的一級與二級酒，全部品一輪來比較風味！
我還要進行 1921-2000 年期間所有佳釀年份的縱向品酒（此時，布呂德開始背誦出所有佳釀年份：1945、'49、'50、'51、'59、'61、'66、'70、'75、'82、'85、'86、'89、'90、'95、'96 以及 2000 年）。這個組合可能五花八門，不過一定要有 1961 年佩楚酒莊酒莊（Petrus）、1945 年拉圖堡酒莊（Latour）、1966 年帕瑪酒莊（Palmer）、1982 年木桐酒莊（Mouton），還有 1990 年白馬堡酒莊（Château Cheval Blanc）以及樂邦酒莊（Le Pin）這幾支酒。
佐餐：羊肉。這答案應該很好猜。一般來說，**紅肉**與**野生禽肉**滿適合搭在一起的。品嘗 1955 年份酒的時候，我希望是由我的祖母下廚烹調！

7. 基亞可薩酒莊巴貝瑞斯可產區紅酒 Giacosa Barbaresco
而且我希望選一支年份久遠一點的
佐餐：我會買一個大的**白松露**，親自烹調。

8. 幾款加州產的膜拜酒：賀蘭酒莊、嘯鷹酒莊、達拉維里酒莊、馬雅酒莊、阿羅厚酒莊及雪佛酒莊。Some mixed cult wines from California: Harlan, Screaming Eagle, Dalla Valle, Maya, Araujo, and Shafer
佐餐：我希望由**不同的主廚**各煮一道菜，來搭配這些酒。湯瑪斯・凱勒（Thomas Keller）、派翠克・歐康乃爾（Patrick O'Connell）、麥可・理察（Michel Richard）、查理・帕瑪（Charlie Palmer）、克斯欽・德路維（Christian Delouvrier）以及渥夫岡・波克（Wolfgang Puck）。我要請波克替我料理一道**維也納炸豬排**。我很喜歡這些主廚，也很喜歡他們的料理，因為他們都是有靈魂的人。在荒島的生活，就是要探索靈魂深處。

9. 幾款家常好酒：1995 年教皇新堡產區的紅酒和白酒 red and white
Châteauneuf-du-Pape from 1995
佐餐：搭配白酒的菜餚，我希望請艾略克・瑞普特（Eric Ripert）替我料理一道魚。紅酒的佐餐則要請尚喬治・馮耶瑞和頓（Jean-Georges Vongerichten）掌廚，因為他每一道菜都能直探靈魂深處，洋溢異國風情。

理察・布克瑞茲
RICHARD BREITKREUTZ

ELEVEN MADISON PARK 餐廳總監

紐約州紐約市

1. 科羅拉多州的胖輪胎啤酒，這款啤酒很棒。Fat Tire Beer from Colorado
佐餐：只要是**鹹的炸物**皆可。

2. 阿爾薩斯產的麗絲玲。阿爾薩斯產的酒通常較干，我眼前的這一支正是我的最愛。阿爾薩斯產的酒風貌萬千，與許多食物都十分契合。Alsatian Riesling
佐餐：一道精緻的印度或泰式**海鮮**料理。

3. 一款大膽、含辛香味的隆河谷紅酒 A red Rhône that is bold and spicy
佐餐：**燒烤鹿肉**。有了這款紅酒，你就可以盡情挑選各種食物來瘋狂搭配。例如袋鼠肉，我自己就試過。不過袋鼠肉十分精瘦，所以一分熟最好。

4. 西班牙利奧哈產區辛香味稍重的葡萄酒 A Rioja on the spicy side
佐餐：**烘烤小山羊**，葡萄牙風味的那種。這道菜簡單又好吃，與利奧哈搭配天衣無縫。

5. 布根地葡萄酒，在特殊的時刻一定會想喝。Burgundy
佐餐：布根地的經典佐餐是鴨肉，所以我會選**烘烤油封鴨**。

6. 在橡木桶內熟成 20 年以上的波特酒。這是一款波特年份酒。Colheita Port
佐餐：有了這款酒，就只缺一個朋友了。如果要搭餐飲用，我會選我摯友的母親烘焙的完美**奶蛋塔**。

7. 馬格蘭琴酒，加一點奎寧氣泡水和萊姆或黃瓜。Magellan gin served with a splash of tonic and lime or cucumber.
佐餐：搭上**龍蝦沙拉**佐黃瓜這道開胃菜，就能為美好的夜晚拉開序幕。

8. 卡瓦多斯蘋果白蘭地，卡穆或克里斯蒂安・杜昂酒莊的皆可。Calvados, either Gamut or Christian Drouin
佐餐：卡瓦多斯有蘋果的味道，讓我聯想到秋天。在火爐前來上一盤蘋果肉桂**麵包布丁**，我想就是這款酒最好的佐餐了。

9. 我想帶兩種水，一瓶無氣泡水，一瓶氣泡水：斐濟和波多。Fiji and Badoit. 水是一種助消化飲料，用餐時還可潔淨消化系統。

10. 聖朱里安酒區的陳年波爾多紅酒。Old Bordeaux from Saint Julien
佐餐：Eleven Madison Park 餐廳的完美頂級乾式熟成**牛肋排**。

11. 梧雷產區葡萄酒。羅亞爾河谷的白酒種類繁多、風貌萬千，例如氣泡酒、微氣泡酒、甜酒或干型酒都有。Vouvray
佐餐：較甜的梧雷產區圓潤型白酒（Vouvray Moelleux）滿適合搭配內臟類，例如**鵝肝或小牛胰臟**。這種酒的香氣細緻，但也有酸度，搭配內臟類有解膩的效果。

12. 畢卡莎夢粉紅香檳 Billecart Salmon Rosé Champagne
佐餐：我會搭配生鮪魚或鮭魚子，作為前菜。

喬・凱特森 JOE CATTERSON

ALINEA 餐廳總監

伊利諾伊州芝加哥市

我的第一個問題是：那個荒島在哪裡？有很多牡蠣嗎？那好……

1. 健力士司陶特啤酒 Guinness Stout
我只要有喝不完的健力士啤酒就行了，別無所求。
佐餐：牡蠣配健力士啤酒。愛爾蘭西部的高威灣（Galway bay）每年秋天都舉辦牡蠣節，你一定要去一次。高威灣的牡蠣搭配健力士啤酒，滋味真是絕妙！

2. 我會選香檳 Champagne
只選一種不太容易。不過如果遇難的船載滿了**庫克**香檳，我會非常開心。庫克香檳會讓我在荒島的生活快樂很多。
佐餐：牡蠣搭配香檳，一定很不錯。最好也來點**魚子醬**。不過我會先試試口味，再決定哪一種魚子醬適合庫克香檳。不同的魚子醬適合不同款的香檳，而我也沒有那種福氣，可以嘗遍所有魚子醬的滋味。我們曾經與香檳王的酒窖總管辦過一次很有趣的試品會：他拿出不同年份的香檳王，搭配不同款的魚子醬。每款年份酒都有最契合的魚子醬，這真是令人驚奇的發現。

3. 布根地白酒，例如高登－查理曼特級葡萄園白酒。A white Burgundy, such as Corton-Charlemagne
佐餐：橡木燻蘇格蘭鮭，因為這道菜也很適合搭配健力士啤酒。

4. 麗須布爾特級葡萄園布根地紅酒 Domaine Richebourg red Burgundy
佐餐：這座荒島上最好能找到不錯的禽鳥，例如**雉雞**，甚至**野生火雞**也行。我會用烘烤的，因為我認為好酒的搭餐關鍵之一，就是食物不能太複雜。不過我倒是會撒點**松露**提味。

5. 一瓶上好波爾多 A great Bordeaux.
我可能會選歐－布里昂酒莊的酒，他們的酒很好搭配。
佐餐：燒烤牛排或**烘烤羊肉**。

6. 帕拉修斯酒莊普里歐拉紅酒 Palacios Priorat
佐餐：我希望有一道**羊肉**料理來搭配這款酒。菜餚可以用點香料和香草來調味，增添一點異國風，也可以呈現地中海的風味。

7. 義大利多娜富佳塔酒莊一千零一夜紅酒 Donnafugata Mille e una Notte
佐餐：我會走到 Alinea 隔壁的 Boka 餐廳，挑戰那裡的主廚吉塞佩・斯拉多（Giuseppe Scurato）。他來自西西里，所以我想要求他端出一道**經典西西里料理**，搭配這款酒的風味。他得要翻翻他的食譜大全，才能做出一道精緻的十九世紀經典西西里料理。我有信心他能挑戰成功。

8. 辛・溫貝希特酒莊溫斯布爾葡萄園的阿爾薩斯灰皮諾 Domaine Zind Humbrecht Clos Windsbuhl Alsace Pinot Gris
佐餐：要找到搭配這款酒的餐點，得去一趟阿爾薩斯才行。我得找一位出色的阿爾薩斯主廚，料理一道完美的**阿爾薩斯風味菜**。

9. 一瓶昆斯特樂酒莊的絕佳干型德國麗絲玲 A great German Riesling, one of the dry Rieslings from Franz Kunstler
佐餐：這款酒與泰式口味的餐點都能一拍即合。例如**清淡的咖哩**佐香茅、椰子、花生等等。

10. 我要準備一款口味較淡的啤酒，以免我喝膩了健力士啤酒。我會選經典皮爾森啤酒。我曾經是法國號職業演奏家，在德國就讀音樂學院期間，我發現喝啤酒是件重要的事。最近我嘗到幾款年份較久的葡萄酒，才突然發現：「哇！這是我搬去德國那年的酒……我在那裡時從沒嘗過這款酒。」事實上，我住在德國那三年，喝葡萄酒的次數大概兩隻手可以數得出來。雖然我那時已經對葡萄酒產生興趣，也略懂如何品味，但是，德國啤酒實在是太棒了。

佐餐：一大碗**烘烤花生**。

11. 我一定要帶一點波特酒。我希望挑一款可以陳放的年份酒，所以我會選 1977 年的馮賽卡酒廠。1977 Fonseca

佐餐：我需要**斯提爾頓乳酪**來搭配這款酒。

12. 我還沒挑餐後酒，而且我也該選一款。我的選擇是侯傑．谷胡的陳年蘋果白蘭地。這款酒香氣十足，滋味美妙絕倫。Roger Groult's Doyen d'Age Calvados

佐餐：我會在餐後**單獨飲用**這支酒。諾曼地地區的人會在用餐時飲用這款酒。侍酒時就像上雪酪一樣：服務生會上一杯冰涼的卡瓦多斯，作用是替前半部的餐點做結，準備迎接後續的餐點。

貝琳達．張 BELINDA CHANG

OSTERIA VIA STATO 餐廳葡萄酒總監

伊利諾伊州芝加哥市

1. 沙龍酒莊白中白香檳 Salon Blanc de Blancs Champagne

這是全球數量最稀少的香檳酒之一，因為這間酒廠在判定年份酒時，實在太挑剔了。這款酒風味優雅細緻，我們都稱之為「超人」。

佐餐：乳酪泡芙！紐約市 Daniel 餐廳的**法式乳酪泡芙**。這兩種與香檳都是絕配。

2. 科許．杜希酒莊梅索佩希耶布根地白酒 Coche Dury Meursault Perrier White Burgundy

極緻奢華的一款酒，也是全世界最棒的布根地白酒之一。每個年份都要來一支！

佐餐：查理．卓特的**鯛魚**佐芥末茴香醬汁，底下舖一層燜茴香。

3. 1971 年悠芙．日晷園金頸麗絲玲白酒 1971 Brauneberger Juffer-Sonnenuhr Gold Cap Riesling

這是一款傳奇佳釀。

佐餐：**義式生魚片**（Italian crudo）：醃漬油甘魚佐白鯷魚與紅洋蔥果醬（芝加哥 Osteria Via Stato 餐廳的版本！）

4. 1979 年的翁希．佳葉酒莊愛雪索葡萄園紅酒 Henri Jayer Echezeaux 1979.

這是馮內．侯瑪內產區的特級葡萄園黑皮諾。我會把這罐放在奢華酒款的箱子裡。這款酒如絲綢滑順、甘口沁爽。

佐餐：任何**乳鴿**料理都行！吊掛三週以上的**榛雞**，熟成的程度連雞都可以站在桌上了，然後撒上**白松露**享用。我超愛蘇格蘭野味的產季，滋味實在太棒了！

5. 1971 年奔富葛蘭許酒莊紅酒 Penfolds Grange 1971

我替查理．卓特工作的時候，他曾經想把市面上能找到的這款酒全部買光。這支酒就是好喝。

佐餐：**美洲野牛佐紅酒石肉腸醬汁**。我會親自料理這道菜。

6. 納帕山谷產區布萊恩家族卡本內蘇維濃 Bryant Family Cabernet Sauvignon from Napa
我的最愛。
佐餐：**乾式熟成的神戶牛肉**，或是 Niman 牧場產的**乾式熟成丁骨牛排**。

7. 索諾瑪產地釀酒師瑪麗・愛德華酒廠溫莎園的黑皮諾紅酒 Merry Edwards Windsor Garden Pinot Noir from Sonoma.
酒色深，充滿黑色水果與棕色香料的風味。
加州俄羅斯河產的黑皮諾紅酒特色鮮明，充滿當地風土特性。
佐餐：主廚羅宏・葛斯（Laurent Gras）料理的**海鱸**佐小牛肉汁與喇叭黑菇。

8. 奧地利產赫茲貝格・史畢則酒莊辛格須爾德特級葡萄園麗絲玲白酒 Hirtzberger Spitzer Singerriedel Riesling from Austria
這款酒出自國王御用酒莊，也是我這輩子喝過最精準的酒。入口的感受驚為天人，陳年的滋味也很美妙。
佐餐：這款酒搭配魚子醬，滋味絕佳。我希望搭上舊金山 Gary Danko 餐廳的**俄式薄煎餅**佐魚子醬。這款酒以晚收葡萄釀成，潤厚的口感與魚子醬的芳香十分契合。

9. 柯依鴻酒莊恭得里奧產區夏葉葡萄園白酒 Cuilleron Condrieu le Chaillets
這款酒讓我第一次體驗到，原來白酒也能帶人進入超凡之境。喝到這款酒之前，我一直以為梅洛才是比較稱頭的選擇。維歐尼耶葡萄富含桃子、杏桃以及蜂蜜的香氣，從杯子裡大聲召喚你的味蕾。
佐餐：搭上羅宏・葛斯主廚的**龍蝦卡布奇諾湯**，風味絕美。實在是太棒了！我好愛這支酒。

10. 西班牙的帝曼希雅紅酒 Termanthia from Spain
我們稱這款酒為「終結者」。
佐餐：這款酒最適合搭配豐盛、油脂豐富的野味。我會想搭配我們自家餐廳 Osteria Via Stato 的**燜牛小排**。我們是以燒柴的烤箱料理，讓肋排帶有一些煙燻風味，然後佐歐洲防風草塊根搗成泥上桌。這個選擇有點混搭，把西班牙酒與義大利菜放在一起，不過結果很棒。

11. 大利昆達瑞利酒莊阿馬龍紅酒 Quintarelli Amarone
佐餐：非這道菜不可：**燉牛膝**佐番紅花調味的米型麵。

12. 1945 年木桐羅吉德堡酒莊波爾多紅酒。Mouton Rothschild Bordeaux 1945
這是一款大呼勝利的酒。這款酒訴說著許多堅毅不拔克服萬難的故事。而且這是由女人和小孩釀成的酒，所以充滿「女力」！
佐餐：換瓶醒酒後，以奧地利 Riedel 酒杯品嘗。我與六個好朋友一起共享，每個人都能飲上一大杯。只要能坐在沙龍裡、喝著酒，搭配切好的雪茄，以及接下來要喝的雅馬邑白蘭地。

喬治・克斯特 GEORGE COSSETTE

SILVERLAKE 酒業合夥人

加州洛杉磯市

我一定要帶幾瓶奧地利的綠菲特麗娜白酒：

1. 尼可拉依霍夫酒莊綠菲特麗娜。Nikolaihof Grüner Veltliner
他是力行生物動力自然農法的釀酒人，出產的酒十分出色。我想挑一支較陳的酒款。

2. 愛梅里赫・克諾爾酒莊綠菲特麗娜 Emmerich Knoll Grüner Veltliner

3. 吉隆坡酒莊綠菲特麗娜 Jamek[1] Grüner Veltliner
以上三款酒的佐餐：我希望搭上**炸小牛肉片**或**白肉魚佐白蘆筍**。這兩道菜與這三款酒都很契合。

4. 葛拉芙內酒莊富律烏力酒區布雷格葡萄園白酒 Gravner "Breg" Friulian White
佐餐：這款酒太棒了，我想**單獨品飲**。不過搭配**小牛肉**也不錯。

5. 教皇新堡產區伯卡斯特堡「向佳克・沛辛致敬」白酒 Jacques Perrin Hommage Beaucastel Châteauneuf-du-Pape Blanc.
我家裡現有一支 1998 年的。如果我被送到荒島，我會把這支帶走。我真的很愛這款酒。
佐餐：**乳鴿**或其他**野禽**都很適合。

6. 辛寬隆酒莊希哈紅酒 Sine Qua Non[2] Syrah
這款是我放縱享樂時要喝的酒。這家酒莊的酒每年都會換名字，不過我最喜歡的其中之一叫做 Midnight Oil。
佐餐：我總說口感醇厚的酒不能搭濃郁的食物，但我要打破自己的規矩。我會替這款酒選搭**烤乳羊**，也就是旋轉串燒**烘烤小羊**。

7. 奧地利克羅采酒莊休蕾柏品種甜葡萄酒 Alois Kracher Scheurebe dessert wine
這款酒應該**單獨飲用**。我不喜歡甜點酒搭餐飲用。

8. 2002 年梧雷產區休伊特葡萄園紅酒 Hewitt Vineyard Vouvray from 2002
佐餐：我會讓這款陳年酒擺放最久，然後搭配山羊乳酪或新鮮牛奶乳酪品嘗。

9. 香貝丹葡萄園布根地紅酒 Chambertin Red Burgundy

10. 聖喬治森林莊園紅酒、拉爾勞酒莊紅酒 Clos-de-Fôrets Saint-Georges, Domaine del'Arlot
佐餐：以上兩款酒，我會挑選經典菜式搭配，例如**牛肉佐骨髓**。

11. 2004 年依福・柯依鴻酒莊恭得里奧產區白酒 Yves Cuilleron Condrieu 2004
佐餐：**鮪魚翅**。

12. 艾姆西・修混雷柏酒莊干型麗絲玲白酒。Emrich-Schonleber Trocken Riesling
這是一款不甜的麗絲玲。
佐餐：**清淡的豬肉料理**。

1・ 編注 Jamek 為德文的「吉隆坡」。
2・ 編注 Sine Qua Non 為拉丁文，義同：「絕不可少」、「先決條件」。

崔西・黛查丹 TRACI DES JARDINS

JARDINIERE 餐廳主廚暨老闆

加州舊金山市

1. 麗絲玲 Riesling
佐餐：越南食物

2. 華芳莊園夏布利 Raveneau Chablis
佐餐：無

3. 年份香檳 Vintage Champagne
佐餐：無
品飲第 2 和第 3 款酒的時候，可能連主廚都不希望食物來攪局！

4. 艾米塔吉產區夏夫酒莊紅酒 Chave Hermitage
佐餐：傑哈・夏夫（Gerard Chave）料理的任何一道菜，例如他的兔肉佐芥末醬汁

5. 翁希・佳葉的布根地葡萄酒 Henri Jayer Burgundy
佐餐：乳鴿

6. 查克利白酒 Txakoli
佐餐：我希望能搭配西班牙近海的沙丁魚或鯷魚。

7. 匈牙利托凱貴腐甜白酒 Hungarian Tokaji
佐餐：侯克霍乳酪

8. 無年份的香檳 Nonvintage Champagn
佐餐：每道菜幾乎都可以搭配香檳。我試過烤雞搭無年份的粉紅香檳，口感趣味十足。我也喜歡炙烤藍紋乳酪土司搭配香檳享用。

9. 晚收麗絲玲 Late Harvest Riesling
佐餐：蘋果塔

10. 阿蒙特拉多雪利酒 Amontillado sherry
佐餐：西班牙的杏仁

11. 羅亞爾河谷的白蘇維濃 Loire Valley Sauvignon Blanc
佐餐：牡蠣

洛可・狄史畢利托 ROCCO DISPIRITO

大廚

紐約州紐約市

1. 法國橙香白葡萄餐前酒 Lillet (波爾多產的一種開胃酒，通常會搭配橙飲用)
佐餐：法國橙香白葡萄餐前酒搭上 Eli 的**帕瑪乳酪脆片**（餅乾），可說是天堂般的美味。

2. 庫克香檳 Krug Champagne
佐餐：我要一道**鹹味炸物**。魚子醬搭配香檳其實不如一般人想像得契合。我吃俄式蕎麥薄煎餅佐魚子醬時，喜歡搭配冰涼的甜伏特加。伏特加的味道與蕎麥很搭。

3. 1945 年拉菲堡紅酒 1945 Lafite Rothschild.
佐餐：**蒿雀**（一種小型鳥類，整隻皆可食）料理最適合這款酒。我們曾經用大量的鴨油料理蒿雀，味道真是棒極了，就像吃「鵝肝炸彈」（foie gras bomb）一樣滿足。如果找不到蒿雀，丘鷸肉與這款酒也十分對味。

4. 蒙鐵布奇亞諾產區的超級托斯卡尼 Super Tuscan Montepulciano
佐餐：我會搭上當地特色菜，也就是**義式寬扁麵佐野豬醬料**。

5. 白皮諾 Pinot Blanc
佐餐：飲用白皮諾時，我希望來一道**法式肉凍**，裡面要有**山羊乳酪、韭蔥，還有深炸芋頭**。

6. 綠菲特麗娜 Grüner Veltliner
佐餐：Union Pacific 餐廳有一道菜，是用**泰勒灣捕獲的扇貝佐海膽芥末油**。喝綠菲特麗娜就是要搭這道菜。

7. 彼得麥可爵士酒莊釀製的卡本內蘇維濃膜拜酒款 Peter Michael's Cult Cabernet Sauvignon
我最近嘗了這款酒，滋味非常棒，口感均衡絕美。
佐餐：要搭配卡本內蘇維濃，我的首選是熟成**肋眼燒烤牛排**。

8. 伊利義式濃縮咖啡，裝在伊利咖啡壺飲用。Illy espresso, served in Illy pots
佐餐：我希望用**我祖母的義大利脆餅**來搭配這款咖啡。她做的義大利脆餅又硬又好吃。我喜歡把脆餅浸到咖啡裡。

9. 隆河丘紅酒 Côtes du Rhone
佐餐：**奶油麵**佐 226 公克**黑松露**薄片及少許鹽調味。或者是一片**鄉村烤麵包**擺上一大團**黑松露薄片**與初榨橄欖油。這是我自創的「松露點心」。

10. 匈牙利托凱貴腐甜白酒。Hungarian Tokaji Aszu
佐餐：以**法式烤布蕾**搭配這款酒，簡直是天堂般的美味。

布萊恩・鄧肯 BRIAN DUNCAN

BIN 36 餐廳葡萄酒總監

伊利諾伊州芝加哥市

只要有客人問我最喜歡那一款酒，我就覺得要崩潰了。因為我沒辦法像在最終審判時刻，宣佈：「這就是聖杯！」事實上，隨著地點和同伴的不同，我每個星期都會有不同答案。

1. 沙龍香檳 Salon Champagne
我對沙龍香檳超級痴迷。這款香檳會隨時間釋放不同口感。就像是在嘴裡放了一個萬花筒，你以為已經看遍所有圖像，卻馬上又爆發出新的驚喜，餘味源遠流長。這款酒的生命期長得不可思議，裡面從果香、咖啡香到巧克力風味，應有盡有。沙龍香檳是人類所能嘗到最完美的食物之一。
佐餐：**貝類**，如龍蝦、牡蠣、螃蟹等。稍微蒸一下冷卻後即可食用。

2. 佳葉・羅曼尼－康帝紅酒 Jayer Romanée-Conti.
我無法想像連一瓶好的布根地紅酒都沒有的生活。既然選擇權在我手上（而且這款酒是全球最限量昂貴的酒款之一），我一定要選這瓶酒。
佐餐：只要搭配**菇蕈與松露**的料理都可以。

3. 佩德羅希梅內斯品種（PX）精選級雪利酒 Pedro Ximenez Reserva
我想帶一瓶雪利酒做甜點酒。PX 是上乘的選擇。
佐餐：這瓶酒就可以**單獨**做甜點享用。如果我在島上，應該可以找到**香蕉**。我會製作一些焦糖，倒在香蕉上。如果剛好有**堅果**和**巧克力**的話，也一併撒上去。不過，這道甜點絕對不能弄得太複雜。

4. 恩斯特・路森博士的德國麗絲玲白酒 Dr. Ernst Loosen's German Riesling
德國麗絲玲是我最愛的酒款之一，我也是這位釀酒師的大粉絲。他釀造的貴腐甜麗絲玲（BA 級）與貴腐精選麗絲玲（TBA 級）都有神奇的魔力。
佐餐：**辛辣的料理**皆可，如墨西哥、越南或韓國菜，只要嗆辣十足就行！我最愛的墨西哥料理是**辣椒佐核桃醬**（chiles en nogada）。這道菜是將波布拉諾辣椒剝皮，塞滿豬肩胛後烘烤。豬肉是事先醃漬過，再與核果、八角、蘋果、梨、油桃、葡萄乾等一起慢火烘烤而成。這道菜通常還會以去皮核果與石榴籽作為裝飾。由於重力的關係，這道菜越接近盤底，嗆辣口感就越重，每一口都不一樣。每咬一口菜、喝一口酒，都像在放煙火。

5. 拉馮公爵酒莊白酒 Comte Lafon
我想選一款出色的布根地白酒。這支酒讓我聯想到在大海游泳的感覺，因為必須不斷移動才能嘗到它的各種風味。喝第一口時，這支酒的味道並不明顯，但隨著一口又一口的啜飲，你會發現豐富的層次感流暢的展開，舌尖也會感受到果香和礦物味的移動。
佐餐：這支酒在我的心中並**不需要跟其他食物搭配**，但我想**龍蝦佐檸檬奶油**會是很適合的一道佐菜。

6. 伊肯堡酒莊的貴腐甜白酒 Château d'Yquem
沒有伊肯堡酒莊的酒，怎麼能活得下去呢？給我索甸甜白酒，否則我哪裡都不去！
佐餐：這瓶酒**本身就是一頓饗宴**。飲用時可以搭配西班牙的**瓦德翁藍紋乳酪**，或者我最近嘗到的一道菜也很適合，也就是伊利諾伊州 Le Frances 餐廳主廚羅蘭・利奇尼（Roland Liccioni）的**義式方麵餃佐鵝肝慕斯**、大火油煎鵝肝、焦糖香蕉和香蕉水。伊肯堡配這道菜絕對不會失色。

7. 彼雄－蘭格維男爵堡酒莊的紅酒 Pichon-Longueville Baron
我需要挑一些很棒的波爾多紅酒，而且我很愛這一支酒。或者我應該選拉圖堡或瑪歌酒莊的紅酒呢？
佐餐：**羊肋排**佐簡單的羊肉汁、**松露**薄片，還有一條口感香脆的麵包。

8. 慕沙酒莊的紅酒 Château Musar
這支酒來自黎巴嫩，有點兒撒爾沙根的味道，所以跟其他酒相比顯得十分特別。
佐餐：我希望搭配**帶點印度風味的野味料理**。

9. 梧雷產區的氣泡酒 Sparkling Vouvray
佐餐：**亞洲菜或壽司**。

10. 布叟拉酒廠阿馬龍紅酒。Bussola Amarone 口感絕佳，隨時間綻放不同風味
佐餐：搭配**鰻魚**很不錯，與**糖醋洋李醬汁**也十分對味。

11. 奇斯勒酒莊的黑皮諾紅酒 Kistler Pinot Noir
大部分人都不知道黑皮諾與重口味的食物非常契合。這款酒餘味持久，味道不會散掉，十分適合佐餐。
佐餐：**鮪魚、野味或牛排**。

12. 2003 年貝克曼酒莊普利斯馬山格那西紅酒 Beckmen Vineyards Purisima 2003 Grenache
這款酒的葡萄以生物動力自然農法種植，也讓我對格那西品種的風味刮目相看。我之前開了一瓶，嘗了一口，就把軟木塞塞回去，放在廚房的架子上，直到兩個月後才又想起。沒想到再打開時，整瓶酒的風味一點也沒減少！
佐餐：簡單的**烘烤雞佐菇蕈**。

麥可・富林 MICHAEL FLYNN

KINKEAD'S 餐廳葡萄酒總監

華盛頓特區

1. 布根地的夜丘產區紅酒 Côte de Nuits Burgundy
佐餐：**小牛腰肉佐松露**與紅酒醬汁。

2. 布根地的伯恩丘產區白酒 Côte de Beaune White Burgundy
佐餐：簡單的**烘烤雞**佐龍蒿與奶油白醬。

3. 羅亞爾河谷的半乾白梢楠白酒 Chenin Blanc Loire Valley in a medium-dry style.
佐餐：大火油煎**鵝肝**佐蔓越莓或羅甘莓。

4. 摩澤爾河產區的不甜麗絲玲。Dry Mosel Riesling
我超愛的一款酒
佐餐：水煮**鮭魚**佐蒔蘿。

5. 陳年義大利巴羅洛紅酒 Barolo, well-aged.
佐餐：**鹿肉**佐濃郁紅酒醬汁與烘烤栗子。

6. 陳年加州利吉酒莊的金芬黛 Old Ridge Zinfandel from California
佐餐：**德州風味燻烤肋排**。

7. 泰勒弗拉德蓋特酒莊波特酒，酒齡至少二十年。我喜歡充滿力量的波特酒，所以我想選有年份的波特。Taylor Fladgate Port
佐餐：**舒芙蕾佐侯克霍或斯蒂爾頓乳酪**與核桃。

8. 澳洲巴羅沙谷地產的格那西與希哈混釀 Grenache Shiraz blend from Barossa Valley in Australia
我很愛這類型的酒
佐餐：格那西有些野味與胡椒味。如果想搭上**燒烤袋鼠肉**會不會太困難？我曾經在澳洲嘗過袋鼠肉，滿喜歡肉裡的辛香味。我想這款酒與這道菜很合。

9. 俄勒岡州產區黑皮諾 Oregon Pinot Noir
佐餐：搭配慢煮的**豬腰肉**佐黑李乾和焦糖奇波利尼洋蔥，一定很棒。

10. 特級夏布利 Grand Cru Chablis
佐餐：這款酒有礦物味，所以我想搭**水煮牡蠣**佐鮭魚子與清淡的奶油白醬。

11. 波林格酒莊 RD[3] 級年份香檳。Bollinger RD Tete de Cuvée Champagne
因為我想挑一款知名酒莊的香檳
佐餐：這款香檳很適合牛肉，所以我會搭**燉牛肉**佐豌豆、胡蘿蔔和洋蔥。我曾經嘗過 1959 年的這支酒搭配燉牛肉，當時對於這兩者的契合度十分驚艷。
好的香檳有種豐腴的口感，所以與紅肉搭配良好。波林格和庫克一樣，出產口感豐郁度極高的香檳。親自嘗過就會了解我的意思。

12. 西班牙斗羅河岸產區的田帕尼歐紅酒 Spanish Tempranillo from the Ribera del Duero
佐餐：我會搭配濃郁的**慢烘根莖類蔬菜**

3・ 編注 RD，recently disgorged，新開瓶除渣後裝瓶，為 Bollinger 酒廠第二等級的香檳酒款，僅在葡萄極佳年份時生產。

保羅・葛利克 PAUL GRIECO

HEARTH 餐廳經理

紐約州紐約市

1. 庫克香檳 Krug Champagne
佐餐：加拿大產的完美牡蠣

2. 2001 年德國羅伯威爾酒莊麗絲玲貴腐精選酒 Robert Weil Riesling Trockenbeerenauslese 2001
佐餐：完美的杏桃

3. 奧地利皮謝樂酒莊的綠菲特麗娜 FX Pichler Grüner Veltliner
佐餐：烘烤小牛胰臟

4. 法國歐布里昂堡酒莊白酒 Château Haut-Brion Blanc
佐餐：野味法式肉凍

5. 1988 年西班牙羅佩茲德海倫蒂亞酒莊白酒 Lopez de Heredia 1988 Spanish white
佐餐：嫩煎菇蕈

6. 西維歐耶曼酒廠圖尼納佳釀白酒 Silvio Jermann Vintage Tunina
佐餐：熟海膽

7. 法國布隆克酒莊公國托凱灰皮諾白酒 Blanck Tokay Pinot Gris Furstentum
佐餐：法式鵝肝肉派

8. 1990 年義大利歐菲羅園巴巴瑞斯科釀酒合作社紅酒 Produttori del Barbaresco Ovello 1990
佐餐：烘烤小牛肉

9. 布根地紅酒 Red Burgundy
佐餐：羊腰肉

10. 1994 年西班牙慕卡酒莊普拉朵特選級紅酒 Muga Prado Enea 1994
佐餐：牛小排

11. 2003 年澳洲葛拉茲酒莊席瓦格紅酒 Glatzer Zweigelt 2003
佐餐：漢堡——單純的漢堡，不加佐料

12. 南非斯瓦特蘭產區賽蒂家族希哈紅酒 Sadie Family Syrah Swartland South Africa
佐餐：燻烤肋排

吉兒・吉貝許 JILL GUBESCH

FRONTERA GRILL AND TOPOLOBAMPO 餐廳侍酒師

伊利諾伊州芝加哥市

1. 1990 年法國香檳王酒莊年份香檳 Dom Pérignon 1990 Vintage Champagne
這支酒風味很集中，口感均衡又精準。即使是年份較久的陳年款也有鋒利的酸度與豐富的果香，所有風味都沒有跑掉。我就是喜歡這支酒。
佐餐：來自阿拉斯加 Pristine 灣區的生蠔，殼撬開之後上菜。我認識幾個當地的採蠔專家，他們技術絕倫。

2. 1990 年法國金貝克酒莊聖雲園麗絲玲 Trimbach Clos Saint-Hune 1990
我剛從阿爾薩斯回來。這支酒真的很棒！風味複雜、力道十足，餘味美妙綿長。
佐餐：來自法國里昂 Auberge de I'lle 地區的新鮮沙丁魚。

3. 2002 年法國羅曼尼・康帝莊園麗須布爾特級葡萄園紅酒 DRC Richebourg 2002
這是殺手級的美味。我會把這款酒陳放一下，因為這是一款出色的年份酒，風味十分複雜，蘊含松露、多種水果、土壤、還有絕妙的酸度，喝完後餘味迴盪數日還不會消散！而且如果我得待在一座島

上，我會希望有一瓶可以放的酒。
佐餐：義大利麵佐牛肝蕈。

4. 1982 年法國拉斐堡紅酒 Lafite 1982
既然想選什麼都可以，那這款絕不能錯過。這是款絕妙的年份酒，而且我很愛拉斐堡的特級波爾多。
佐餐：羊肋排佐迷迭香與蒜。

5.1962 年西班牙維嘉西西里亞酒莊的秋收醴讚紅酒 Vega Sicilia Unico 1962
這是我喝過最棒的一支酒之一。這款酒主要是由田帕尼歐與波爾多葡萄混合，可以一直陳放下去。我品這款酒時寫了三頁的筆記。每一口都嘗到了二十種不同的東西。
佐餐：烤乳豬。

6. 阿根廷蘇珊娜包柏的布莉歐叟紅酒 Susana Balbo Brioso
我想要一款順口、有深度、深紅酒色的阿根廷酒。這種酒的果香十分濃郁，單寧的口感如絲絨般滑順。
佐餐：Frontera Grill and Topolobampo 餐廳菜單上的**羊肉佐黑摩爾醬**。黑摩爾醬是用 30 種以上的食材烘烤至幾近燒焦的程度，所以醬料帶深焦糖色。這道菜的口感帶點深色辣椒、甜辛香料、乾燥水果和一點巧克力的風味。

7. 法國羅蘭佩希耶粉紅香檳 Laurent Perrier Rosé Champagne
這是我現階段的最愛之一。
佐餐：煙燻鮭魚佐經典配菜。

8. 法國教皇新堡產區的柏卡斯特堡紅酒 Beaucastel Châteauneuf-du-Pape
佐餐：Goat birria。這道菜是先以紅辣椒醃漬羊肉，再放進香蕉葉裡慢火烘烤。我們餐廳與一位飼養波爾山羊的農人合作，一年大約只有四週的時間供應這道菜。這道菜真的很好吃，那段期間我每週都會吃一次。

我也很愛喝白酒：

9. 紐西蘭會亞酒莊白酒 Huia
我想帶一些紐西蘭的白蘇維濃，因為順口又美味。
佐餐：茄子山羊乳酪塔，佐風乾番茄或烘烤紅椒。

10. 1955 年德國 J. J. 普魯姆酒莊的維爾內日晷園遲摘白酒 J.J. Prum Wehlener Sonnenuhr 1995 Spätlese
殺手級美味。德國麗絲玲陳放之後，甜味會開始減弱，而發展出一種濃郁複雜的風味，是由橘子、桃子和新鮮杏桃所組成的爆炸性果香。即使葡萄達到遲摘的熟度，也不會變甜。德國麗絲玲的酸度很高，會挑起味蕾對果香與礦物風味的感受。飲用有酸度的酒佐餐時，酒會提出食材的風味，讓人嘗到沒有酸度提味時無法發掘的滋味。有酸度的酒會增加食物風味的層次。如果酒的酸度不夠高，嘗到的滋味就會較為單調。品嘗年份較久的德國麗絲玲時，你不會注意到甜度，只會感受到不同層次的風味，就像千層派一樣厲害。
佐餐：扇貝祕魯酸漬海鮮佐羅望子與森田辣椒。下層以小茴香切片、橙、杏仁與橙皮舖底。

11. 1991 年法國羅第丘產區夏伯帝酒莊「山鷸」紅酒 1991 Côte-Rôtie la Chapoutier les Becasses
這款酒富含培根與煙燻風味。
佐餐：Alinea 餐廳主廚葛蘭特．阿夏茲（Grant Ashatz）或 Blackbird 餐廳主廚保羅．卡恩（Paul Kahan）的**豬五花**料理。

12. 奧地利尼玖酒莊珍藏綠菲特麗娜 Nigl Privat Grüner Veltliner
如果我需要在這座荒島上自己捕魚，我要把戰利品拿來配這款有胡椒味的酒。
佐餐：芝加哥 Bhabi's Kitchen 餐廳的**印度料理**。這間是我最愛的印度／巴基斯坦餐廳。我想要選這間餐廳的 boti 烤雞肉，辣勁十足。另外還想要來點由乾燥的青豆與印度式乳酪做成的「青豆家鄉乳酪」（mutter paneer）。這支酒的風味絕對能搭得上這兩道菜。

葛雷格・哈林頓 GREG HARRINGTON
侍酒大師

GRAMERCY CELLARS 老闆

華盛頓州瓦拉瓦拉市

1.「寶庫」龍舌蘭 El Tesoro Tequila
我一定要帶一瓶龍舌蘭。
佐餐：新鮮自製墨西哥酪梨沙拉。

2. 愛梅里赫・克諾爾酒莊的奧地利麗絲玲 Emmerich Knoll Austrian Riesling
酒廠的葡萄園名為 Schutt，釀造的酒是我嘗過數一數二的好酒。大家都說布根地和蒙哈榭有獨特的風土滋味……好吧，但這款酒可是萬中選一、毫不遜色！
佐餐：這款是干型酒，所以要佐以土壤風味的醬汁，例如菇蕈醬。

3. 艾米塔吉產區夏夫酒莊的希哈紅酒 Chave Hermitage Syrah
這支是全世界最棒的一款希哈。
佐餐：烘烤羊肉或鴨肉。

4. 義大利蒙特法哥產區薩格蘭提諾品種紅酒 Sagrantino de Montefalco
這款酒為義大利翁布里亞產區特有，口感出色。所使用的葡萄品種很難形容，因為每個人釀造出的結果都不太一樣。薩格蘭提的風味與田帕尼歐葡萄相似，但更多了些興味。
佐餐：燒烤肉腸或鴨肉。

5. 基亞可薩酒莊巴羅洛紅酒 Bruno Giacosa Barolo
我很喜歡內比歐羅這個葡萄品種。跟三十年的陳年黑皮諾相比，內比歐羅的表現絕對卓越許多。我想帶一瓶 1999 年份的到荒島去，等到獲救時開瓶享用。
佐餐：義大利麵佐松露與奶油。

6. 索諾瑪郡利多來酒廠黑皮諾紅酒 Littorai Pinot Noir from Sonoma
我很喜歡這家酒廠，因為他們不受市場潮流左右，堅持自己所愛。
佐餐：燒烤全魚。例如黑鱸或紅肉魚佐香草。

7. 馬德拉酒 Madeira
選這支酒的理由很簡單：把馬德拉酒放在箱底，就算溫度飆到 90℃，三十年後這支酒還是美味如昔。這是目前在葡萄酒世界裡價值最高的一款酒——除了雪利酒以外。雪利酒的價值可是無酒能敵。產地規定這支酒須至少陳放二十年，這規定真是前所未見，世界上找不到第二個產區會規定要陳放二十年。這支酒釀造的方式基本上等同於烹煮，所以酒的風味十分豐饒。
佐餐：草莓佐巴薩米克醋。

8. 雅格麗酒莊粉紅香檳 Egly-Ouriet Rosé Champagne
這是全世界最棒的粉紅香檳。
佐餐：任何你想得到的甜點，從法式小點到甜度不高的甜點都行。

9. 杜荷夫酒莊的德國麗絲玲 Donnhoff German Riesling
我很喜歡這位釀酒師的作品。
佐餐：多倫多市麗華軒餐廳的港式點心。

10. 華芳莊園夏布利 Raveneau Chablis
這個酒廠可說是布根地產區的第一把交椅。即使潮流改變，華芳莊園也不會改變原有作風。目前很流行在夏布利中加入橡木味，但他不這麼做。
佐餐：魚類佐具有土壤風味的菇蕈醬汁。

11. 我會帶一瓶水域酒廠的希哈。 Syrah from Waters Winery
我想要一些華盛頓州來的食物，我未來是否能獲救就看這個了。
佐餐：煙燻肉品、鴨肉、乳豬、羊肉之類的食物。

12. 休姆－卡德產區的白梢楠 Quarts de Chaumes Chenin Blanc
這是全世界最被低估的甜點酒款之一。酒的趣味十足，可惜不太常見。
佐餐：法式烤布蕾佐巧克力醬。

史蒂芬・簡金斯 STEVEN JENKINS

《乳酪入門》（CHESSE PRIMER）作者，FAIRWAY MARKET 專業乳酪商

紐約州紐約市

史蒂芬・簡金斯在老饕的心目中是乳酪權威。不過這麼多年來，他在研究乳酪的過程中也喝了不少好酒。以下這份列表我們稍作更動，延請簡金斯列出最喜歡的乳酪種類，並挑選適合搭配的酒款。

1. VCN 卡門貝爾乳酪 Camembert
佐酒：**教皇新堡產區的酒**。 Châteauneuf-du-Pape

2. 霍布洛雄乳酪 Reblochon
佐酒：加州、紐西蘭或澳洲產的**白蘇維濃**。或是**松塞爾產區**的酒。Sauvignon Blanc from California, New Zealand, or Australia—or a Sancerre

3. 法國薩瓦產區的阿邦當斯乳酪 Abondance from Savoie
佐酒：**黑皮諾**，任何產地都行。 Pinot Noir

4. 帕米吉亞諾－雷吉安諾乳酪 Parmigiano-Reggiano
佐酒：**超級托斯卡尼**。Super Tuscan

5. 庇里牛斯山脈的綿羊乳酪 Sheep's milk Pyrenees
佐酒：鄉村酒，例如卡歐產區的酒。Cahors

6. 薩丁尼亞島產的佩科利諾乳酪 Pecorino from Sardinia
佐酒：**薩丁尼亞的鄉村酒**，不需要什麼華麗的酒。Sardinian country wine

7. 翁布里亞產的佩科利諾乳酪 Pecorino from Umbria
佐酒：朗格羅堤家族釀的酒。Lungarotti

8. 托斯卡尼的佩科利諾乳酪 Pecorino from Tuscany
佐酒：**奇揚地**。Chianti
為什麼選了三種佩科利諾乳酪帶到荒島上呢？因為我超愛這種乳酪！我不太喜歡佩科利諾羅馬諾乳酪，但我非常喜歡上列的這三種鄉村佩科利諾。
你害我選得太倉促了。我一定要再加選**科西嘉島的佩科利諾乳酪**！搭配的酒可選較淺齡的**科西嘉島產的葡萄酒**或是**松塞爾產區的紅酒或粉紅酒**。佐酒不能有甜味，才能讓乳酪的風味發揮出來。

我喜歡這些乳酪，因為他們可與桌上其他食物完美搭配，例如麵包或其他配菜。重點不是乳酪本身，而是乳酪可以扮演餐桌的「太陽」，其他食物就像行星般圍繞著乳酪的美味打轉。

9. 西西里島產瑞可達乳酪 Sicilian Ricotta
佐酒：**西西里島紅酒**。Sicilian red

10. 西班牙埃斯特雷馬杜拉區的羊奶乳酪 Torta del Casar from Estreadura
佐酒：**維嘉西西利亞**酒廠或**佩德羅希梅內斯品種雪利酒**。Vega Sicilia or a PX sherry

11. 西班牙阿斯圖里亞斯地區出產的卡伯瑞勒斯藍紋乳酪 Cabrales from Asturias
佐酒：一瓶很複雜又豐厚的**波爾多葡萄酒**，例如**波雅克**。Pauillac

12. 西班牙阿斯圖里亞斯地區出產的阿夫高彼杜乳酪 Afuega'l Pitu from Asturias
佐酒：**利奧哈**產區附近的葡萄酒。 Rioja

13. 艾波瓦斯生乳乳酪 Raw milk Epoisses
佐酒：隆河區**教皇新堡**產區的酒，或是**積架**酒莊的陳年酒 Châteauneuf-du-Pape or an old Guigal
都很適合這款乳酪。

14. 中度熟成的法國羊乳酪，軟硬適中 Middle-aged French chèvre
佐酒：**比諾夏朗特甜酒**。這是一款酒精強化型葡萄酒，不會太甜。Pineau des Charentes

乳酪＋烈酒：
Genever Gin 是一種高級琴酒，目前主要產於法國北部與荷蘭，其中除了傳統的杜松子風味，還混入其他香氣。這種琴酒適合搭配口味充滿個性的乳酪，例如**馬魯瓦耶乳酪**。這是人類歷史中最古老的乳酪之一，起源可追溯至 1500 年前。
Boerenkaas 是一種四年熟成的硬質農家乳酪，帶有果香與燧石味，十分適合搭配琴酒、蘇格蘭威士忌或卡瓦多斯。品嘗這款乳酪時，舌尖會有灼燒感，並嘗到蜂蜜與蘇格蘭威士忌的風味。這也就是為什麼這款乳酪適合搭配烈酒。即使是自認不喜歡酒搭乳酪的人，試過這般搭配的完美口感，也會徹底改觀。這款乳酪與肯達基州的**波本酒**也十分契合，因為波本帶有甜味。

丹尼爾・強斯 DANIEL JOHNNES

Daniel 餐廳飲品總監

紐約州紐約市

1. 蜜思妮產區紅酒 Musigny
佐餐：丹尼爾・布呂德烹調的**烘烤野禽**，佐野生菇蕈。

2. 蒙哈榭特級園白酒，晚上飲用 Montrachet
佐餐：水煮雞肉佐羊肚蕈奶油白醬。

3. 騎士・蒙哈榭特級園白酒 Chevalier Montrachet，白天飲用
佐餐：烘烤大圓鮃佐韭蔥與奶油白醬。

4. 奧地利麗絲玲白酒 Austrian Riesling
佐餐：烘烤龍蝦佐奶油、鮮奶油與檸檬。

5. 梧雷產區白酒 Vouvray
佐餐：白肉魚為主的料理，例如**鯛魚佐淡水螯蝦**。我會讓這道料理再加一點甜味，例如橙的味道。

6. 玻美侯產區的紅酒 Pomerol
佐餐：烘烤牛肋排。

（這時強斯開始懊惱他只選了兩瓶紅酒，所以接下來的兩款酒，我們特別放寬限制，可以各帶半瓶。）

7. 羅第丘產區的紅酒 Côte-Rôtie
佐餐：皇家野兔肉。這道菜是將**野兔**去骨後，內部塞滿**鵝肝與松露**烹煮。

艾米塔吉產區的紅酒 Hermitage
佐餐：與上一瓶酒相同。

8. 薄酒萊 Beaujolais，在海灘上享用。
佐餐：熟肉與乳酪拼盤。盤子上要有：法式鄉村肉派、鴨肉凍、乾醃肉腸，以及西班牙的伊比利火腿。乳酪的部分要有：霍布洛雄乳酪、生乳卡門貝爾乳酪、蒙多瓦什寒乳酪，以及庇里牛斯山的熟成綿羊乳酪。

9. 阿爾薩斯產區聖雲園的麗絲玲 Clos Saint-Hune Alsatian Riesling
佐餐：這款酒可單獨享用。若要搭餐，我會選**水煮大比目魚、煙燻鱒魚或培根、新鮮的春採豌豆、小胡蘿蔔與蒜**。

10. 馮內－侯瑪內產區克霍・帕宏圖葡萄園紅酒 Vosne-Romanée Cros Parantoux
佐餐：有機放養雞肉製成的「松露苞酥心雞」（demi-deuil）。這道菜餚是在**雞皮下塞入黑松露**料理而成。

11. 巴羅洛紅酒 Barolo
佐餐：鹿肉或野豬肉都很適合這款酒，不過這兩個選擇我還不夠滿意。我會挑選**野生禽類**來搭配，例如乳鴿或丘鷸。

12. 一級園夏布利 Premier Cru Chablis
佐餐：一大盤**生蠔**：加拿大馬佩奎生蠔、美國西岸生蠔、法國貝隆生蠔、還有卡多芮岩蠔。最後這一種是法國的一種小型生蠔，在生蠔上擠一點檸檬汁就可以食用了。

凱倫・金恩 KAREN KING

現代美術館 THE MODERN 餐廳飲品總監

紐約州紐約市

1. 比格酒莊的一級園夏布利 Picq Chablis Premier Cru
這款酒是在不鏽鋼桶中發酵。我喜歡這款夏布利一級園酒，因為有鋼鐵般的風味。
佐餐：一盤精緻的經典**多佛真鰈**。

2. 尼佛酒莊松塞爾白酒 Neveu Sancerre
佐餐：我想搭配美國東岸的**牡蠣**，例如馬佩奎生蠔或藍點生蠔。

3. 布宏德馬耶酒莊綠菲特麗娜 Larry Brundlaeyer Grüner Veltliner
我很喜歡酒莊的老闆，他人非常親切。這隻酒我會挑年份久一點的，因為淺齡的酒款鋼鐵味很明顯，可能不太適合搭配以下的佐餐。這款酒越陳年，質地越圓潤。一開始嘗起來有白胡椒和綠色蔬菜的味道，之後則稍微帶有辛香味，同時也更有異國風味，散發出熱帶水果的香氣。
佐餐：椰棗塞杏仁，並以培根包裹食用。
這個組合是我的開胃菜。

4. 義大利巴貝瑞斯可產區歌雅酒莊提爾丁山頂葡萄園紅酒 Sori Tildin Gaja Barbaresco
陳年酒，我不想挑這裡出產的新酒。
佐餐：**松露**一定要有。我希望搭配一道簡單的雞蛋義大利麵，上頭撒上等松露橄欖油與松露薄片。

5. 巴托洛・馬斯卡雷洛酒莊的巴羅洛紅酒 Mascarello Bartolo Barolo
佐餐：跟第四款酒的佐餐一樣。如果稍作變化，可在義大利麵上加一顆水波蛋。

6. 1989 年教皇新堡產區翁希・波諾酒廠聖境特釀紅酒 Henri Bonneau Cuvée Celestine 1989,Chôteauneuf-du-Pape
這是我喝過最出色的酒款之一。
佐餐：**燉羊肉**類的菜色，裡面要有黑橄欖以及普羅旺斯香草和百里香。只要一道單純的砂鍋菜就夠了，不需要華麗的菜色。

7. 里尼耶・米榭洛酒莊香波－蜜思妮產區紅酒 Lignier Michelot Chambolle-Musigny
一支陳年的布根地紅酒，或者是挑一支 2002 年的，這樣我就可以在受困的荒島上讓酒陳放。葡萄酒也會因為溫度較高而加速熟成速度。
佐餐：絕對不要搭配布根地的傳統菜餚「布根地牛肉」。我想要搭配**雞肉佐波特貝羅大香菇**。

8. 布根地梅索村拉馮公爵酒莊白酒 Comte Lafon Meursault White Burgundy
佐餐：我想來一份**龍蝦**佐清爽的檸檬奶油白醬，謝謝。

9. 利奧哈產區 1976 年羅佩茲德海倫蒂亞酒莊的紅酒 Lopez de Heredia 1976 Rioja
佐餐：我希望搭配紐約市 L'Impero 餐廳的**烘烤山羊肉**。這道菜很美味。

10. 德國塞爾巴哈奧斯特酒廠麗絲玲白酒 Selbach Oster German Riesling.
這是我品嘗的第一款德國酒。
佐餐：**香辣好吃的泰國菜**，裡面的食材為雞肉或海鮮及蔬菜。但是有椰奶的菜式不太適合。

11. 巴貝多酒莊的馬德拉酒。Barbeito Madeira.
佐餐：口感溫和的軟質乳酪，例如**泰勒吉奧羊奶乳酪**。

12. 一瓶塔連提酒廠好喝的布魯內羅。 A nice old Brunello Talenti
佐餐：我想要來點燒烤**羊排**佐迷迭香燒烤蔬菜。

提姆・科帕克 TIM KOPEC

VERITAS 餐廳酒品總監

紐約州紐約市

1. 翁希・佳葉酒莊 1990 年沃斯內－侯瑪內產區克霍・帕宏圖一級葡萄園紅酒 1990 Vosne Romanée 1er Cros Parantoux,Henri Jayer.

在我的職業生涯中，每回嘗到這款酒都能獲得奇蹟般的感受。我第一次喝到這款酒時，一瓶要價 300 美元，隨後一路攀升，到現在價格是一瓶 2300 美元，聽起來貴得不得了。這款酒的釀酒師聲名遠播，人人皆知他釀酒是為了自己享用。他的酒比羅曼尼・康帝酒莊的作品更令人趨之若鶩。

佐餐：Veritas 餐廳主廚史考特・布萊恩（Scott Bryan）料理的**水煮雞肉佐法式酸奶油、菇蕈與新鮮香草**。這是一道神奇的菜，風味豐富，卻不會強蓋過酒。最重要的還是兩者結合的效果要好。

2. 德國啤酒或是皮爾森啤酒 German or pilsner-style beer

我要找一款爽口、令人耳目一新的淡啤酒。我不是特定啤酒的擁護者，也沒有特別喜歡淡啤酒。我喜歡的是一罐熱量高達 400-500 大卡、夠分量的啤酒。

佐餐：紐約州馬馬羅內克村的 Walter's **熱狗**。Walter's 餐廳位在住宅區，餐廳外觀像中式寶塔。他們的熱狗是小牛肉與牛肉製成，不提供德國酸菜、辣椒或其他佐料，頂多給你芥末醬和餐巾。

3. 香檳 Champagne.

我家冰箱裡，每種香檳都會有三種不同瓶裝。例如我有一款畢卡莎夢粉紅香檳（Billecart Salmon Rosé），就有標準瓶裝、二分之一標準瓶裝、1.5 公升瓶裝。1.5 公升瓶裝適合兩人享用；如果打算繼續喝別的酒，就開標準瓶裝；如果已經喝過了別的酒，那就開二分之一標準瓶。

雖然香檳王給人奢華酒款的感覺，我還是很愛這款酒。大概 100 美元出頭就可以買到這款的 1996 年份，滋味非常棒。這支酒在店裡也找得到，其他酒款很難能出其右。

佐餐：如果一定要選佐餐，我會選一片**陳年的蒙契格乳酪**。

4. 金貝克酒莊佛德烈埃米爾特釀麗絲玲白酒 Riesling Cuvée Frédéric Emile, Trimbach

這支酒的價格不到 40 美元。如果想放縱一點，我會喝聖雲園酒莊的系列酒。這座葡萄園很小，每年產量約 400 箱。與康爵酒莊（Kendall-Jackson）每年 40 萬箱的夏多內相比，400 箱實在不多。這是一支特別的酒，我相信很多人也都同意我的看法。

佐餐：我會親自料理一隻**水煮龍蝦**，冷卻後佐酒享用。龍蝦的佐菜，是由玉米、培根、龍蒿、上等法國奶油、鹽之花以及一點力加酒（Ricard）製成的蔬菜燉肉。

5. 德國艾特斯巴荷・卡陶斯霍堡酒廠遲摘麗絲玲 Eitelsbacher Karthauserhofberg German Riesling Spätlese

這款酒完全定義什麼叫做「活潑的麗絲玲」。這款酒沁爽、具燧石味和檸檬皮香味，並且令人生津。我會選 2001 年的，因為這個年份的十分經典，且最多可在酒窖中保存 20 年。

佐餐：**泰式鮮魚米線**。這道菜基本上是用米酒醋、萊姆汁、椰糖、新鮮芫荽葉、番茄、黃瓜和少許辣椒調味，還能有各式不同變化。我會來一道當季盛產食材料理的米線，例如田雞腿、軟殼蟹或其他你想得到的食材。

6. 西班牙塔拉戈納產區查爾斯特勒修道院酒 Green Chartreuse Tarragona

這是一群被法國驅逐出境的修士，在西班牙的塔拉戈納釀造出的酒款。這支酒的酒精濃度有 50%，晚上睡前喝一點點就夠了。

佐餐：**雪茄**，一根帕得嘉斯系列 D 四號雪茄（Partagas Series D No. 4）。

7. 1990 年聖愛美濃產區白馬堡酒莊紅酒 1990 Château Cheval Blanc, Saint-Émilion

這款 1990 年份的酒就跟 1982 年份那支一樣，讓所有人讚不絕口。這款酒狂野而複雜，只可惜價格不斷在攀升。你可以嘗到舊世界波爾多的風味：質地黏稠、口感美好又複雜。

佐餐：**春天的羔羊**，以現磨粗鹽與胡椒調味，高溫料理至一分熟，佐四季豆一同享用即可。

8. 1995 年教皇新堡產區拉雅堡酒廠紅酒 1995 Château Rayas, Châteauneuf-du-Pape.
這是格那希葡萄品種釀造出的最高境界，裡面有洋李、草莓、櫻桃等香氣，餘味也十分複雜持久。
佐餐：Veritas 餐廳主廚史考特．布萊恩料理的**燜牛小排**。這道菜非常好吃，幾乎所有紅酒都能搭配。我曾在家親手烹調，結果試了好幾次才做出完美的燜牛小排。技巧還是最重要的關鍵，這需要法式的烹調技巧。（見第 317 頁食譜）

9. 松塞爾產區艾德蒙．瓦東酒莊的酒 Edmond Vatan Sancerre
這個酒莊位於松塞爾產區的中心，每年生產約 450 箱的紅酒跟白酒。鄰近的酒莊每年都差不多有 10 萬箱的產量，但這家酒莊就是刻意維持小規模經營。此處生產的葡萄酒會讓我想起華芳莊園的夏布利，因為艾德蒙．瓦東酒莊會把酒一半放在不鏽鋼桶、另一半放在原木桶中發酵；六個月之後，再將兩種桶內的酒對調，酒的風味也變得複雜而迷人。我喝過瓶陳 15 年的酒，味道實在太棒了，超越我們對羅亞爾河谷的酒的想像。這支酒要價約 35 美元，若以一般人平均一瓶 12 美元的消費習慣來看，或許不算便宜，但是絕對值得。
佐餐：生蠔。如果是要搭配美酒，就一定要吃原味生蠔。我不討厭紅酒香蔥醋汁，不過裡面的紅蔥頭味道太強，會改變酒的味道。

10. 布爾品種或馬瓦西亞品種的馬德拉酒 Madeira in either the Bual or Malmsey style.
這款酒壽命很長，倒入酒杯後接觸到空氣也會發生改變。飲用時要換瓶醒酒，讓這款酒呼吸，才能讓瓶內的松節油味散去。當這款酒一旦釋放開來，口感會顯得更年輕。馬德拉酒可搭配的食物很多，包括法式清湯、肉類冷盤，也可作為一餐的結尾。
佐餐：馬德拉酒與許多食物都很契合，例如**烘烤的食物**、**醃漬紅椒**、**巧克力甜點**，或是任何**焦糖類**的食物。另外還有**果仁糖**、**核果**、**杏仁膏**、**椰棗**、**杏桃**、**無花果**等。

11. 1988 年巴薩克產區克里蒙酒堡甜白酒。1988 Châteaux Climens, Barsac.
這款酒不如伊肯堡酒莊的甜白酒有力，但口感還是頗為奢華。如果想喝甜酒，不一定得全世界最甜的不可。
佐餐：巴薩克產區的酒可搭配的食物有很多。如果在秋天時飲用，我想搭配**法式反烤蘋果派**。若是搭配「**福斯特火燒香蕉冰淇淋**」或是約 0.5 公升的哈根達斯**冰淇淋**也很合適。另外也可以搭配 Arthur Avenue 義大利餐廳的**義大利脆餅**或是**奶油小甜餅**。

12. 1990 年釀酒師嘉伯樂酒莊的艾米塔吉小教堂紅酒。1990 Hermitage La Chapelle, Jabou
這是一支很棒的酒，潛力無限。這款酒還沒到達巔峰，所以如果要在荒島上待一段時間，我希望帶一些慢一點才到達巔峰狀態的酒。
佐餐：搭配一道豐盛的菜餚，例如**燒烤丁骨牛排**，或是主廚史考特．布萊恩的**乳鴿鑲鵝肝**。這道菜會用保鮮膜包好水煮，然後再佐由乳鴿內臟與鴿血調製成的醬汁。

VERITAS 餐廳，*紐約州紐約市*

史考特．布萊恩：燜牛小排佐香味蔬菜與紅酒醬汁

四人份

牛小排　1.8 公斤，清理乾淨
鹽、胡椒
菜籽油　1 湯匙（足夠覆蓋平底鍋即可）
蒜　1 整顆，將每瓣分開剝皮
牛番茄　4 顆，去子、剝皮、切丁
紅酒　2 瓶
迷迭香、百里香、鼠尾草　各 2 株
奶油　6 湯匙
洋蔥丁　1 杯
胡蘿蔔丁　1 杯
芹菜丁　1 杯
新鮮牛肝蕈切片　約 250 公克
細香蔥末（裝飾用）　1 湯匙
迷迭香梗（裝飾用）

1. 烤箱預熱至 176℃。牛小排以鹽與胡椒調味。以大平底鍋中火熱油。將牛小排放入鍋中，呈金黃色時翻面。將牛小排取出放入砂鍋。
2. 將蒜與番茄放入平底鍋，以中火加熱，偶爾攪拌，烹煮至變軟。將紅酒加入鍋中煮沸，接著將紅酒料倒到牛小排上並加香草。以鋁箔覆蓋砂鍋，放入烤箱中燜 2.5 小時，直至牛小排可輕易以叉戳透。
3. 將牛小排取出放至盤中。鍋中剩餘液體以細網過篩，除去渣滓後，將濾清的醬汁與牛小排放回砂鍋。
4. 大平底鍋中放入 4 湯匙的奶油，以中火加熱融化。將洋蔥、胡蘿蔔與芹菜倒入鍋中，慢炒出汁至軟化褪色後，放到肋排上。平底鍋再放入 2 匙奶油，融化後倒入牛肝蕈切片，煎至金黃色，再擺置於肋排上。依個人口味調味。
5. 以細香蔥末及迷迭香梗裝飾。佐馬鈴薯泥或義式玉米餅上菜。

侍酒師提姆．科帕克的佐酒搭配：*我會挑選教皇新堡產區的酒搭配這道菜。選擇很多，但我會特別挑選 1995 年拉雅堡酒廠（1995 Château Rayas Châteauneuf-du-Pape）與 1998 年伯卡斯特堡（1998 Château Beaucastel Châteauneuf-du-Pape）這兩款。*

尚盧・拉杜 JEAN-LUC LE DÛ

LE DÛ'S 酒窖老闆

紐約州紐約市

1. 布根地夜丘產區紅酒 Côte de Nuits Red Burgundy
佐餐：烘烤小牛頸脊肉佐牛肝蕈。我希望嘗到主廚拉伯斯（Labelise）在他布根地的餐廳親手料理的這道菜。

2. 梧雷產區的干型酒 Dry Vouvray
佐餐：曼哈頓 Café Gray 餐廳主廚蓋瑞・康茲（Gray Kunz）料理的**義大利特寬麵佐碎番茄**。他會在裡面放一些番紅花，我很喜歡。

3. 德國精選白酒 German Auslese
佐餐：丹尼爾・布呂德的**蟹肉沙拉佐蘋果凍膠**。

4. 北隆河谷產的陳年希哈紅酒 Northern Rhône Syrah with some age
佐餐：燒烤**丘鷸**。

5. 西班牙普里奧拉產區紅酒 Red Priorat.
佐餐：燜牛肉。

6. 豪威爾山產區的卡本內蘇維濃 Howell Mountain Cabernet Sauvignon
佐餐：布魯克林 Peter Luger 餐廳的**燒烤丁骨牛排**。

7. 伯恩丘產區的夏多內白酒 Côte de Beaune Chardonnay
佐餐：鹽裹全魚。

8. 教皇新堡產區的胡姍白酒 Châteauneuf-du-Pape White Roussanne
佐餐：Alba 餐廳主廚柏哥・安提哥（Borgo Antico）的手工**義式方麵餃佐白松露**。

9. 巴羅沙產區希哈紅酒 Bosass Shiraz
佐餐：丹尼爾・布呂德的**乳鴿**佐野菇餅皮

10. 聖朱里安產區紅酒 Saint-Julien
佐餐：保羅・布斯的馬鈴薯派皮**鯔魚**佐紅酒醬汁。

11. 巴羅洛紅酒 Barolo
佐餐：燉羊肉

12. 阿爾薩斯產區的格烏茲塔明娜 Alsatian Gewürztraminer
佐餐：我會搭配**乳酪**。這是全世界最適合搭配乳酪的一款酒了！

麥特・里列特 MATT LIRETTE

EMERIL'S NEW ORLEANS 餐廳侍酒師

路易斯安那州紐奧良市

1. 摩澤爾河產區 J. J. 普魯姆酒莊的麗絲玲 J.J. Prum Mosel Riesling
麗絲玲是最高貴的葡萄品種之一，以其複雜度與適合陳放知名，但其實較淺齡的款式喝起來也很不錯。麗絲玲十分適合拿來佐餐。德國有好幾個產區的麗絲玲我都很欣賞：萊茵高、摩澤爾河、那赫等產區；那赫產區近來十分熱門。如果要我選擇一款德國麗絲玲，那就是摩澤爾河產區這款了。1971 年份最理想，不過近來的年份，如 2002 或 2001 年的，當然也不錯。另一款絕佳的麗絲玲就是凱瑟勒酒莊（August Kessler）的作品了。實在很難只選一款！
佐餐：我無法抗拒扇貝的誘惑。這款酒我會搭上嫩煎的**焦糖化扇貝**，如此可帶出扇貝的天然甜味。摩澤爾河或萊茵高區的微干麗絲玲甚至有點甜的麗絲玲，也可搭配這道菜。

2. 羅亞爾河產區波瑪酒莊酒莊白酒 Domaine des Baumard from the Loire Valle
陳放至少八至十年
佐餐：貝類會很適合，但我想我會選擇的是**水煮淡水鱸魚**佐中等稠度的醬汁與帶苦味的綠色蔬菜。

3. 華芳莊園特級葡萄園夏布利 A Grand Cru Ravenau Chablis
佐餐：牡蠣與夏布利很契合，所以我會選經典的**迎賓牡蠣**（Oysters Bienvenue）料理。這道菜的組成基本上跟洛克菲勒焗牡蠣一樣，只是另外加了保樂酒調味，這是我們在路易斯安那州的獨特作法。如果是搭配洛克菲勒焗牡蠣應該也同樣美味。

4. 1988 或 1989 年的巴托洛．馬斯卡雷洛酒莊巴羅洛紅酒，1.5 公升瓶裝 1988 or 1989 Bartolo Mascarello Barolo
我很喜歡巴羅洛紅酒。我會想單獨品嘗這款酒。雖然人們大多認為這種紅酒單寧高、不順口，所以需要搭餐，但是我反其道而行，這樣才能嘗出這款酒蘊含的複雜度。
佐餐：我會挑一道當地的風味菜，第一個想到的就是**野味**。如果你親自造訪產區，會發現那裡的人會以**兔肉佐濃郁的醬汁**。我希望醬汁裡也加點栗子。

5. 1993 年法國拉楓莊園布根地紅酒，或是年份更久的酒款 Laforge Burgundy
佐餐：**鵝肝和黑松露做成的法式肉凍**佐櫻桃果醬。

6. 石丘酒莊的夏多內 Stony Hill Chardonnay
我一定要帶一點加州的酒。如果我想品嘗加州白酒，這支就是最好的入門款。
佐餐：這種酒的味道又與夏布利白酒很相似。在我們餐廳裡，這款酒以單杯販售，所以我想搭配一道餐廳裡的菜：**法式內臟腸裹德州紅魚佐克里奧爾麥年奶油醬汁**。石丘酒莊的酒沒有橡木味，所以這款酒缺少奶油般的質地。這道菜的醬汁就可彌補這個問題。

7. 布拉格酒莊的綠菲特麗娜 Prager Grüner Veltliner
佐餐：我們 Emeril's 餐廳有一道**炸鴨胸肉片**佐黑扁豆。我想這款酒可搭得上鴨肉或珠雞，其他禽肉與扁豆也都十分對味。

8. 年份久一點的沙龍梅斯尼爾葡萄園香檳，例如 1985 年。這家酒廠只出年份酒，所以要就選最好的。可會在這款酒中，品嘗到有史以來最美妙的青蘋果滋味。
佐餐：傳統的**燻鮭魚**。我不是香檳搭魚子醬的忠實擁護者，但我覺得魚子醬又苦又鹹，需要甜的味道來搭配。

9. 陳年、剛勁的白馬堡酒莊紅酒 Cheval Blanc in a nice bold, old vintage
佐餐：**鹿肉**佐重濃郁的半釉汁。

10. 羅第丘產區稍有年份的紅酒，例如 1995 年的酒款 A Côte-Rôtie with a little age, like a 1995
佐餐：何不搭配肉類與馬鈴薯？我想來一塊**肋眼牛排**，因為這款酒的香氣與這種肉一定十分契合。

11. 坎佩尼亞塔烏拉希產區的紅酒 Taurasi from Campania
每回想吃大餐，我就會想到南義大利的酒，而這個產區的酒我十分喜歡。現在我還想要挑一支義大利白酒來搭配紅酒。我可能會選格圖福格萊克產區、菲亞諾品種、或是 Feudi 酒莊的白酒。不過這幾支酒太難分出高下，所以目前暫定坎佩尼亞產的白酒就行了。
佐餐：如果我人在一座荒島上，即使我比較喜歡坎佩尼亞產區的紅酒，我想最後還是會開一瓶坎佩尼亞的白酒來喝。佐白酒的餐點就選**卡布里沙拉**（番茄、羅勒以及新鮮莫札瑞拉乳酪）。

12. 普里奧拉產區帕拉修酒莊的任何一支酒 Any wine made by Alvaro Palacios from the Priorato
這是我私心的選擇。
佐餐：鄉村風味的**燉牛肉**。這家酒莊的酒強勁、豐厚，需要分量足以抗衡的食物。

菲利普·馬歇
PHILIPPE MARCHAL

DANIEL 餐廳侍酒師

紐約州紐約市

1. 恭得里奧產區的白酒 Condrieu
佐餐：**炒田雞腿**，下方是阿爾薩斯義式麵食佐新鮮菇蕈與少許鮮奶油。

2. 1966 香檳王粉紅香檳 1966 Dom Pérignon Rosé
佐餐：烤麵包佐**燻鮭魚**、鮮奶油和洋蔥，這樣我就滿足了！

3. 2003 年奧斯特塔格酒莊托凱灰皮諾白酒 Domaine Ostertag Tokay Pinot Gris 2003
佐餐：我希望搭配阿爾薩斯傳統的**火焰塔**—薄薄的麵團上綴有鮮奶油、乳酪、洋蔥和培根。我下週二放假時，就打算到 DB Bistro Moderne 餐廳（丹尼爾·布呂德的另一間餐廳）享用阿爾薩斯主廚奧利耶·慕勒（Olivier Muller）的這道菜餚。

4. 2002 年阿爾騰堡產區布隆克酒莊格烏茲塔明娜 2002 Altenbourg Domaine Paul Blanc Gewürztraminer
佐餐：**大火油煎鵝肝**以及些許沙拉，佐醬為這瓶酒製成的濃縮醬汁。

5. 2003 年霍格酒莊的綠菲特麗娜 2003 Hogl Grüner Veltliner
佐餐：**菇蕈奶油濃湯**。

6. 羅曼尼·康帝酒莊的蒙特哈榭白酒 Romanée-Conti Montrachet
佐餐：**扇貝綠蔬沙拉**佐黑松露薄片，再灑上幾滴橄欖油。

7. 阿爾薩斯的阿伯曼酒莊黑皮諾 Albert Mann Pinot Noir, from Alsace
佐餐：**烘烤鴿肉佐鵝肝**，搭配馬鈴薯泥與焗烤花椰菜。

8. 羅曼尼·康帝酒莊拉塔希紅酒 La Tache Romanée Conti
佐餐：野味類的菜色，例如**法式烘烤榛雞**（加入培根、胡蘿蔔等食材一同烘烤）。

9. 羅第丘產區積架酒莊浪東葡萄園紅酒 Guigal Côte-Rôte la Landonne
佐餐：這款酒很豐厚，所以我會搭上美味、**酸度高的乳酪**，例如卡門貝爾或布里乳酪。

10. 拉圖堡紅酒 Château Latour
佐餐：**香料裹羊肉**佐薯條與四季豆。

11. 帕瑪酒堡（波爾多） Château Palmer Bordeaux——這裡的葡萄酒是我的最愛之一。我在阿爾薩斯長大，成長過程中只喝白酒。1989 年時，我第一款喝到的紅酒就來自這裡。當時我喝的是 1982 與 1983 年份的酒。
佐餐：這些酒的風味太棒，我想**單獨**品酒就好。

12. 羅亞爾河谷邦諾產區甜白酒 Bonnezeaux from the Loire Valley
佐餐：**法式反烤蘋果派**（焦糖蘋果塔）佐發泡鮮奶油與香莢蘭冰淇淋——然後一口氣全部吃光！

麥克斯・麥卡門 MAX McCALMAN

PICHOLINE 餐廳與手工乳酪中心乳酪大師

紐約州紐約市

我們請麥克斯挑選他最喜歡的十二種乳酪，再分別挑選佐酒。

1. 史普林乳酪 Sbrinz
佐酒：這款乳酪搭什麼酒都適合。

2. 侯克霍乳酪 Roquefort
如果我參加一場乳酪品嘗會，我可以一次試吃很多種乳酪，但藍紋乳酪卻只能嘗一種。所以如果要選一種藍紋乳酪，一定要選最頂級的貨色：也就是不會過鹹、滋味香甜、爽口、清新、如奶油般滑順的侯克霍乳酪。
佐酒：**伊肯堡**酒莊的酒（Château d'Yquem），此處的酒根本是神明的瓊漿玉液。這樣的搭配算是經典組合，而且我要特別指出這樣的組合並不特別強調風土條件。侯克霍乳酪也很適合搭配**金芬黛**、**PX 雪利酒**、**索諾瑪郡富含果香的卡本內蘇維濃**，以及**巴貝托酒莊的馬德拉酒**（Barbeito Madeira）。

3. 西班牙蒙特內哥羅乳酪 Montenebro
佐酒：**蜜思嘉微氣泡甜酒**、**蜜思嘉甜白酒**、**雪利酒**、**麝香葡萄酒**、**伊肯堡酒莊的酒**，或者是一款不甜的酒，例如*田帕尼歐葡萄酒*。

接下來我要選擇的是綿羊乳、山羊乳或牛乳乳酪。

4. 一塊上好、熟成、清脆又香甜的格呂耶爾乳酪 Gruyère.
佐酒：**1990 年庫克干型香檳**或其他氣泡酒。

5. 熟成的豪達甜乳酪 Aged sweet Gouda
佐酒：**高登・查理曼特級葡萄園白酒**（Corton Charlemagne），因為這款乳酪與舊世界夏多內是絕配。

6. 葡萄牙賽拉乳酪、西班牙賽瑞娜乳酪或托爾塔德恰薩爾羊酪，視當天情況決定哪種乳酪最適合。Serra or Serena or Torta del Casar
這幾種乳酪產自西班牙或葡萄牙，是從薊類植物中提煉出的植物性凝乳酵素製造而成。
佐酒：**白梢楠**、**黑皮諾**或**隆河谷產區紅酒**。

7. 庇里牛斯山型式的綿羊乳酪：來自英格蘭的佛蒙特羊酪或史賓伍德乳酪。Vermont Shepherd or Spenwood
佐酒：**塔納葡萄**（Tannat）**釀製的紅酒**，例如**馬第宏產區**的紅酒，或是干型**麗絲玲**都很合適。

8. 謝爾河畔塞勒山羊乳酪 Selles-sur-Cher goat cheese
佐酒：干型**白梢楠**或微干的**白蘇維濃**。

9. 克魯門斯威樂・佛斯特乳酪，這是一種很棒的洗浸乳酪。Krümmenswiler Försterkäse
佐酒：夜丘產區的**麗絲玲**或黑皮諾、**嘉美葡萄紅酒**，或是**梧雷產區的干型酒**。

10. 蒙哥馬利切達乳酪 Montgomery's Cheddar
佐酒：索諾瑪郡或俄勒岡州的**黑皮諾**、**隆河谷紅酒**、微帶橡木味的**夏多內**、**阿馬龍紅酒**、**嘉美**、**希哈**或**香檳**。

11. 小費翁西爾乳酪 Le Petit Fiancier
這款洗浸乳酪產自庇里牛斯山鄰近區域，擁有乳酪中的聖杯級地位。口感滑順、乳脂般半軟的質地、略帶辛辣及清新的風味。嘗起來幾乎就像新鮮羊奶一樣豐富。我在法國 St. Malo 嘗到這款乳酪之後驚為天人，於是決定不要買回家，因為我不想要看到這麼好的乳酪回家後風味減退的樣子。
佐酒：**梧雷產區半干型葡萄酒**、**麗絲玲**，或**晚收白蘇維濃**。

12. 聖費利西安乳酪 Saint-Félicien
不幸的是，這種乳酪在美國買不到。聖費利西安乳酪的風味充滿趣味，我可以一次吃完一百多公克，並在隨後數小時都帶著滿足的微笑。
佐酒：**梧雷產區干型葡萄酒**、**白梢楠**、**微干的白蘇維濃**或**希哈**。

朗恩・米勒 RON MILLER

SOLERA 餐廳領班

紐約州紐約市

我挑的大部分是西班牙酒，因為我過去十二年來都把重點放在西班牙酒上。我選的前四支酒都很適合荒島的氣候飲用。雖然我也很愛布根地白酒，但我想可能對荒島來說口味太重了。

1. 西班牙盧埃達產區布利薩斯白酒
Las Brisas from Rueda
這是一款清爽的白酒
佐餐：以清淡魚肉製成的**秘魯酸漬海鮮**。

2. 阿爾巴利諾品種葡萄酒 Albarino
佐餐：蒸**貽貝**佐少許甜椒粉；**生蠔**與沸煮**蟹肉**佐內臟製成的醬汁。

3. 斗羅河產區特雷薩杜拉品種白酒
Ribeiro made from Treixadura grapes
佐餐：**燒烤明蝦**。

4. 查克利白酒 Txakoli
佐餐：**鹽漬鱈魚**。

5. 利奧哈產區的卡瓦利歐紅酒 Calvario from Rioja
佐餐：油脂豐富的**兔肉**或**野味**。

6. 坎塔布里亞山脈葡萄園特級精選紅酒
Sierra Cantabria Reserva Especial
佐餐：這款酒可搭很多種食物：**西班牙海鮮飯**、**豬肉**、**牛肉**、**肉質肥厚的魚**，甚至**真鱒**也行……

7. 聖文森特產區紅酒 San Vicente
佐餐：這款酒四季皆宜，與第 6 瓶酒一樣十分好搭配食物。昨晚我才用這支酒來搭配**雞肉**、**烘烤甜菜**和**蒜**，味道棒極了。

8. 芬卡・三多瓦爾酒莊紅酒，以希哈為主的酒款
Finca Sandoval, which is a Syrah-based wine
佐餐：需要搭配豐盛的大餐，我想當地盛產的**兔肉**會是最直覺的選擇。**羊排**佐烤肉醬與番茄也很適合搭配希哈的味道。我會選有摩洛哥風味的烤肉醬，因為我們 Solera 餐廳的羊排就是佐這種醬料。

9. 斗羅河岸產區阿里昂酒莊紅酒
Alion from Ribera del Duero
佐餐：**小羊排**是最好的選擇，其次是**牛肉**。

10. 埃米利摩洛酒莊馬耶歐洛斯紅酒
Emilio Moro Malleolus
這個酒莊屬於新一代的生產商，所產的酒非常平易近人。
佐餐：帶點油花的**肋眼牛排**。

11. 普里奧拉產區羅巴克酒莊的紅酒
Clos de l'Obac from the Priorato
佐餐：這款酒等同於西班牙的巴羅洛紅酒，特別適合搭配**燒烤蔬菜**。大蔥[4]是第二代的洋蔥品種，在美國找不到。這些大蔥以柴火烘烤之後，去皮，再沾羅曼斯科醬料享用。

12. 馬約卡島產區利巴斯・卡布雷拉紅酒
Ribas de Cabrera from Mallorca
這款美妙的酒口感醇厚，又不會太沉重。
佐餐：適合搭配新鮮**海鮮**，或甚至是**牛肉**。

4・編注 Calcotada，外形介於青蔥跟韭蔥之間的植物。

艾倫・莫瑞 ALAN MURRAY

侍酒大師

MASA'S 餐廳葡萄酒總監

加州舊金山市

1. 1986 年庫克酒廠梅斯尼爾葡萄園香檳
1986 Krug Clos du Mensnil Champane
選擇這款酒一方面是因為品質好，另一方面則是基於情感因素：我當年通過進階侍酒師考試時，就是開了這瓶酒與同學和恩師賴瑞・史東共飲，以表達我對他們的謝意。
佐餐：主廚貴格利・修特（Gregory Short）的**蟹肉沙拉**。他的沙拉帶了點西班牙涼菜湯的風格，裡面加了番茄與黃瓜。

2. 1996 布根地科許・杜希酒莊高登 – 查理曼特級葡萄園白酒 Coche-Dury 1996 Corton Charlemagne White Burgundy.
這款酒超級美味。我通過侍酒大師考試那天，就是以這款酒來慶祝。我把酒帶到賴瑞・史東面前，讓他做了矇瓶試飲。
佐餐：**多佛真鰈佐奶油白醬**。兩者搭配美味超凡。

3. 2000 年布根地拉維酒莊騎士・蒙哈榭產區白酒 Leflaive 2000 Chevalier-Montrachet White Burgundy.
這支酒的這個年份的風味十分特出，卻不太受到注意。
佐餐：奶油煮**龍蝦**佐洋薑泥。這道菜得由 Masa's 餐廳的前主廚隆・席格（Ron Siegel）操刀才行。

4. 2003 年赫曼・杜荷夫精選麗絲玲
Herman Donnhoff Auslese 2003
麗絲玲可說是最偉大的葡萄品種，而且杜荷夫是個天才。
佐餐：隆・席格主廚的**油甘魚薄片**，以少許醬油油醋醬（soy vinaigrette）調味。

5. 弗雷德里克王子村珍品麗絲玲，拍賣時買入 Fred Prinz Riesling Kabinett
德國的酒莊會把最好的酒留在拍賣時售出。這款酒的滋味驚為天人，風味層次豐富。
佐餐：**烘烤甜菜沙拉**佐榛果與榛果油醋醬。烘烤甜菜與麗絲玲非常契合。

6. 1978 年馮內 – 侯瑪內產區紅酒 Vosne-Romanée 1978
我迷上這款酒之後，馬上就淪陷在布根地黑皮諾紅酒的世界裡。
佐餐：搭配煎烤的**鵪鶉佐松露醬汁**，保證每個人都吃得心滿意足！

7. 1962 年翁希・佳葉麗須布爾特級葡萄園紅酒
Henri Jayer Richbourg 1962
佐餐：French Laundry 餐廳主廚湯瑪斯・凱勒的**烘烤蘇格蘭雉雞**佐舞菇。

8. 1985 年羅第丘產區積架酒莊杜克葡萄園紅酒
Guigal Côte Roti la Turk 1985.
這款酒用的是新藤葡萄，味道很棒。
佐餐：**慢燉豬五花肉**佐清淡的芥末原汁，與這瓶酒搭配堪稱一絕。

9. 1966 年奔富葛蘭許酒莊紅酒 Penfolds Grange 1966
這款酒絕妙無窮。這支的風格較傳統，培根與燻肉的風味比較明顯。年份較近的酒款比較著重於果香。
佐餐：**烘烤乳鴿**的野味風格十分適合這款酒。

10. 1994 年納帕山谷賀蘭酒莊的卡本內
Harlan Estate Napa Valley Cabernet 1994
這是我最早嘗過的幾款卡本內之一。我剛從澳洲搬到舊金山時，在 Rubicon 餐廳找到第一份工作，我就是在這裡的一場卡本內膜拜酒品酒會嘗到這款酒的。這款酒讓我了解到加州卡本內的滋味有多麼驚人。
佐餐：**肋眼牛排**是很不錯的牛肉部位，這個部位配上卡本內蘇維濃，讓我覺得自己像個快樂的小男孩。

11. 1976 年教皇新堡產區拉雅堡酒廠紅酒
Château Rayas Châteauneuf-du-Pape 1976
這瓶酒，拉傑・帕爾（Raj Parr）送過我兩次。第一次我管它做布根地紅酒，第二次就知道 1976 年拉雅堡酒廠這個名字的意義了。
佐餐：夏日風味的**油封鴨**，佐法國四季豆、舞菇或一點西班牙雪利酒醋。

12. 1986 年華芳莊園克羅夏布利 Raveneau les Clos 1986 Chablis
每次喝這瓶酒都像到海邊度假一樣，可以嘗到貝殼、海洋，伴隨著蘋果和百香果的滋味。風味充滿震撼力。
佐餐：**扇貝佐清淡奶油白醬**，搭上一點水果成份，例如百香果。

加列·奧立維 GARRETT OLIVER

Brooklyn Brewery 釀酒師

紐約市布魯克林區

我們請奧立維選出他想帶到荒島上的十二款啤酒。（不過我們也要強調他愛的不只有啤酒，他還是葡萄酒的收藏家。）他還補充：「以下這份小而美的酒單，也可供餐廳選擇啤酒時參考。」

1. 杜邦季節啤酒 Saison Dupont
佐餐：印度果阿地區特有的辣海鮮湯。這道料理得由紐約市 Tabla 餐廳主廚佛洛德·卡多茲（Floyd Cardoz）操刀。

2. 許奈德酒廠啤酒 Schneider Weis
這款小麥啤酒來自德國，酒色深，具重量感。
佐餐：我想要**早餐**時享用，搭配美國南方口味的**重度煙燻培根**佐剛產下的新鮮**雞蛋**與**玉米麵包**。這款啤酒的煙燻口感與培根一拍即合。

3. 布魯克林棕色愛爾啤酒 Brooklyn Brown Ale
佐餐：布魯克林 Peter Luger 餐廳的**三分熟牛排**。

4. 布魯克林黑巧克力司陶特啤酒
Brooklyn Black Chocolate Stout
佐餐：義大利的奧特亞·維利歐（Osteria Veglio）製作的生乳**義式奶酪**絕對是你這輩子嘗過的第一名。吃了他的奶酪，接下來六個月大概都沒辦法接受其他的白奶酪了。我想搭配一份他的奶酪，並淋上一點義式濃縮咖啡。

5. 英格蘭的艾德南苦味啤酒 Adnams Bitter Cast
佐餐：英格蘭 Southwold 海岸上賣的**炸魚和薯條**，炸魚是用新鮮魚肉製成。

6. 阿榭爾啤酒廠特級黑啤酒 Achel Extra Brun
這款酒是由隸屬嚴規熙篤隱修會的阿榭爾啤酒廠釀製，美味驚人。
佐餐：巴黎 Ambassade de Verne 餐廳有一道 saucisson with aligot，是**馬鈴薯泥中布滿康塔爾乳酪和蒜**。這道菜超級好吃，絕對讓你飛上天！

7. 克利斯多夫金色啤酒 Christoffel Blond
這款啤酒來自荷蘭，是一瓶未過濾的皮爾森啤酒。
佐餐：紐約市 Jean Georges 餐廳尚－喬治·馮耶瑞和頓主廚的**軟殼蟹**。

8. 內華達山脈淺色愛爾啤酒 Sierra Nevada Pale Ale
這款酒是淺色愛爾啤酒的標竿，品質十分精良穩定。
佐餐：墨西哥坎昆市郊約 16 公里處鮮魚攤子 Velasquez 的**鮮魚塔可**。而且我要點鮮魚特餐：等船靠岸後，那間店的婆婆會到船上抓一隻活跳跳的魚，十分鐘後特餐就上桌。

9. 比利時小麥啤酒 Belgian wheat beer
這種啤酒風格鮮明、泡沫軟綿，充滿酵母與土壤的芳香，令人耳目一新。
佐餐：阿姆斯特丹的 Spaniard 餐廳有一道三明治，上頭擺放著**鮭魚與融化的乳酪**，並在盤邊擺上幾片**檸檬**。這個酒食組合會讓你不禁感歎：此時此刻，這個三明治和這杯啤酒，簡直是世界無敵的組合！

10. 愛因格酒廠雙山羊禮讚者黑啤酒
Ayinger Double Bock Celebrator
佐餐：紐約市 La Palpa 餐廳的**豬肉佐 pipian 醬汁**（南瓜子醬汁）。

11. 里斯酒廠大麥酒 J.W. Lees Barley Wine
我曾經參加一場大麥酒品酒會，從 1935 到 1869 年份的酒款都有，風味令人大為驚豔。
佐餐：**斯提爾頓乳酪**。
既然酒源無虞，那我要帶一款平常不常喝到的啤酒。

12. 韓森工藝酒廠老哥爾斯啤酒
Hanson's Oude Gueueze
這是一款覆盆子自然發酵酸啤酒，有點酸度，口味明亮有個性，可視為「啤酒界中的藍紋乳酪」。初嘗時會覺得有點震驚，不過這款酒與祕魯酸漬海鮮料理很搭。
佐餐：芝加哥市 Frontera Grill and Topolobampo 餐廳主廚瑞克·貝利斯（Rick Bayless）的**祕魯酸漬海鮮**。他的這道菜充滿大膽的海鮮與酪梨風味。

拉傑・帕爾 RAJAT PARR
侍酒大師

THE MINA 餐飲集團酒品總監

加州舊金山市

1. 庫克香檳 Krug Champagne
——任一年份都不錯，這裡暫且選一瓶 1979 年好了。庫克是我最喜歡的酒之一，這款酒充滿力量，就像是充滿氣泡的靜態酒。庫克香檳發酵徹底，充滿強勁的皮諾葡萄主調，口感醇厚、滑膩，帶有煙燻風味，所有偉大香檳該有的風味都具備了。這款香檳一直以來都是如此完美。
佐餐：搭配**冷花椰菜佐黑松露**與**大火油煎扇貝**。

我會各帶一瓶德國與奧地利**麗絲玲**。如果我得待在一座荒島上，天氣一定很熱，所以下午的海灘時光一定要有一瓶麗絲玲相伴。

2. 岡德羅奇酒莊遲摘麗絲玲 Gunderloch Spätlese
萊茵黑森區的所有酒莊當中，我最愛這一款。
佐餐：我想搭配最簡單的菜餚，例如主廚麥可・米拿（Michael Mina）的名菜**韃靼鮪魚**。他會在鮪魚片撒上薄荷、松子、辣椒、芝 油，最上頭再放一點鵪鶉蛋。在沙灘上享用這樣的午餐真是再美好不過。米拿可以直接到海裡捕鮪魚，取一點鮪魚腹肉來做韃靼生鮪。太完美了！

3. 奧地利布拉格酒莊干型麗絲玲 A dry Prager Austrian Riesling
布拉格是我最愛的奧地利酒莊。這款酒我想挑一支 2001 年的。
佐餐：**大火油煎扇貝**鋪放在薯餅上方，佐簡單的檸檬魚子奶油白醬。
我也會帶三瓶**布根地白酒**。這三瓶酒都出自同一位釀酒師之手：拉維酒莊的安勞德・拉維（Anne-Claude Leflaive）。這三瓶都得是 2000 年特級園的葡萄酒，葡萄出自同一片山丘上，但每款風味卻大不相同。

4. 巴達 – 蒙哈榭白酒，葡萄出自山腳的葡萄園。
Batard Montrachet
這裡的葡萄藤生長在密實的土壤中，所以酒體較厚實，有奶油香氣與密實口感。可以在淺齡時飲用，感覺較柔順。

5. 騎士 – 蒙哈榭，葡萄出自山腰的葡萄園。
Chevalier Montrachet is at the middle of thehill
騎士 – 蒙哈榭生長的土壤含石灰岩、白堊土，以及大量礦物質。這款酒扎實、酸度高，轉變所需花費的時間也最長。

6. 蒙哈榭，葡萄出自山頂的葡萄園。
Le Montrachet is at the top of the hill
蒙哈榭的日照充足，土壤含有石灰岩與黏土。這款酒醇厚、扎實且含礦物質風味，融合得恰到好處。他也是全世界最貴的一款白酒，每瓶要價超過 1000 美元。這款酒的年產量約 30-40 箱。
佐餐：搭配上述三款布根地白酒。這三款酒擁有類似的香氣，但酒體的扎實度不同。巴達 – 蒙哈榭最濃郁、最醇厚；騎士 – 蒙哈榭酒體纖瘦、含礦物味，且酸度高；蒙哈榭則是完美均衡，帶有迷人的白松露與玉米香氣，又透著一絲果仁糖的味道。這幾款酒體重量感各異，香氣卻十分類似。
如果我挑的是較陳年的酒，搭配的食物就會不同。但現在這幾支酒的的年齡尚淺，風味尚未完全釋放開來。
如果我挑選的是 1992 年份，搭配的食物會更加不同：巴達 – 蒙哈榭比較適合奶油味重的料理；騎士 – 蒙哈榭需要風味純淨或清爽的菜式；蒙哈榭則得搭上稍微烘烤過的鵝肝佐以少許義式麵疙瘩與白松露，或是其他油脂豐富、較濃郁的菜餚。這裡選的佐餐會是**脆皮馬鈴薯海魴**（potato-crusted John Dory）的基本款。把馬鈴薯壓碎，大火油煎至酥脆的程度即可。這幾瓶酒口感豐富醇厚，若是年份只有五年，口感還是有點纖瘦，此時我也會搭配一點烘烤玉米、一點番紅花鮮奶油醬汁與新鮮香莢蘭。這幾瓶酒的香氣也包含玉米、椰子和香莢蘭。

最後，我要選六瓶布根地紅酒：

7. 1985 年羅曼尼．康帝酒莊的拉塔希紅酒
La Tache 1985
佐餐：我有一回喝這種酒，搭配了 Rubicon 餐廳某位主廚的絕佳料理：一道非常美味的**乳鴿胸肉**佐乳鴿汁。旁邊搭配的是馬鈴薯鑲乳鴿內臟，最後再削一些黑松露上去。

8. 1978 年羅曼尼．康帝酒莊的紅酒
Romanée-Conti 1978
佐餐：我會搭配一道自己做過的菜色：農場放養的**雞佐黑松露與鵝肝**，以烘焙紙包裹後一起烘燒。雞皮下面還塞了烘烤栗子泥、黑松露以及鵝肝油。
至於醬汁，我會將雞高湯濃縮成雞精，然後加一點這款酒收尾；稍微煮個幾秒就得熄火，以維持酒裡的果香。醬汁淋上雞身後，再削上一些黑松露，這道與酒具有同樣香氣的菜就能上桌了。

9. 1962 年翁希．佳葉的麗須布爾特級葡萄園紅酒
Henri Jayer Richebourg 1962
佐餐：這是一款豐厚又扎實的酒。我希望搭上一款以真空低溫烹調法慢煮的去皮**鴨胸**佐肉桂風味的庫斯庫斯。這款酒很細緻，但也帶些重量感，所以我會選一款非常簡單的黑皮諾醬汁。就這樣。

10. 1945 年胡米耶酒莊的蜜思妮產區紅酒
Roumier Musigny 1945
要找到這款怪獸等級的酒根本是不可能的任務。
佐餐：我會搭配傳統布根地牛肉。這道菜需以**神戶牛小排**為主角，以黑皮諾醬汁燜煮，簡單料理即可。另外還要搭上烘烤蔬菜與馬鈴薯。菜式不要弄得太複雜，因為這款酒非常扎實而豐富。

11. 1990 年樂華酒莊的羅曼尼聖維望產區紅酒
Romanée Saint-Vivant from Domain Leroy 1990
佐餐：灰燼松露乳酪（Sottocenere truffle cheese）。
這款酒酒體豐厚，富含大黃與草莓風味。土壤味強烈、扎實、年份又輕。我們曾舉辦 1990 年份頂級葡萄酒的矇瓶試飲大會，當時這款酒真是驚豔四座。我記得它的風味十分扎實、甜美而且豐富，跟乳酪配合天衣無縫。

最後一瓶酒也很重要，我的選擇是：

12. 1978 年杜佳酒莊荷西特級葡萄園紅酒
Clos de la Roche, 1978 Domaine Dujac
這款酒有神奇的魔力，而且很難尋獲。
佐餐：鵪鶉佐些許紅酒與芥末。我上回料理這道菜時，只是把鵪鶉簡單燒烤一下，放到一堆生的牛肝蕈削片上。牛肝蕈上頭除了整隻鵪鶉，也放了一些牛肝蕈燉飯，最後淋上一點點半釉汁。
調製半釉汁時，就是以這款酒來收尾。我喜歡以同款餐酒來為醬汁收尾——僅僅用來收汁，而不是烹煮，如此才能保留酒中的果香。這道菜很簡單，這款酒則充滿土壤風味，很像帶點松露香氣的雪利酒。

保羅・羅伯斯 PAUL ROBERTS
侍酒大師

PER SE 及 FRENCH LAUNDRY 餐廳侍酒師

紐約州紐約市與加州揚特維爾

我的第一個要求是一手啤酒，因為荒島的天氣可能很炎熱。我來自德州，而且還是個守舊派，所以我要挑罐裝的**墨西哥提卡特啤酒**，搭配萊姆與鹽巴。這樣的組合仍然是全世界最棒的搭配之一！我知道大家可能覺得我應該要喝奇美修道院啤酒之類的，不過如果我人在炎熱的荒島，我坐在海灘上時想喝這款啤酒。而且到時候我會覺得既然我只能困在那兒，不需要進行什麼深刻的思考，只需要大醉一場就好。

所以，羅伯斯在海灘上暢飲墨西哥提卡特罐裝啤酒時，希望搭配什麼菜餚呢？

我會用蒜、萊姆、墨西哥 chilcostle 辣椒以及一點龍舌蘭酒製成**奶油醬汁**，然後淋在**蝦子**身上再拿去燒烤。這道菜也很適合搭配瑪格麗特調酒。

1. 莎弗尼耶產區白酒 Savennieres
佐餐：主廚尚－喬治・馮耶瑞和頓料理的**水煮大比目魚佐椰肉削片與新鮮青蘋果**。我們是在上回到紐約參加詹姆士比爾德獎頒獎典禮時，嘗到了這道菜。那一刻我真以自己為傲，覺得自己真是選對行業、選對工作了。我不再只是個「瘋狂」喝酒的男孩，而是坐在尚－喬治餐廳裡，享受完美的紐約春日時光。我身旁盡是餐飲界的大人物：查理・卓特（Charlie Trotter）與弗萊迪・吉哈戴（Fredy Girardet）同桌，蓋爾・甘德（Gale Gand）與瑞克・特拉滿都（Rick Tramonto）共餐，還有渥夫岡・波克（Wolfgang Puck）等等。
當時尚－喬治親自將菜端到我們桌上，然後侍酒師柯特・艾克特（Kurt Eckert）拿了一瓶蘇雪喜酒莊莎弗尼耶產區的佩希耶園白酒（Soucherie Savennieres Clos de Perrier）出來。就在那間餐廳裡，我享受著陽光、中央公園的景色，還有那道絕妙的菜餚。我覺得自己此生可謂死而無憾了。

2. 我在葡萄酒與瑪瑪格麗特調酒之間天人交戰。不過話說回來，在我心目中，摩澤河麗絲玲的地位等同於瑪格麗特，因為兩者的結構、滋味和風味都很類似。瑪格麗特酸度高，帶有檸檬－萊姆的味道、礦物般的鹹味，還有君度橙酒的香氣。不過我想我還是會選擇 Fritz Haag 釀造的摩澤河珍品麗絲玲。他不僅是我在這個行業中最欣賞的釀酒師，釀造出的酒也十分特別。
佐餐：**煙燻鮭魚**。我通常都是喝香檳配燻鮭魚。但是有一次在德國，我用這款酒配燻鮭魚，味道棒極了。搭配**酪梨沙拉醬**我也會很喜歡！

3. 香波－蜜思妮村的紅酒 Chambolle-Musigny
佐餐：Four Story 農場的雞調製成的完美脆皮**旋轉串烤全雞**。雞天生無法消化乳糖，但這間農場卻發明了能讓雞消化奶粉的方法，肉質變得特別多汁。這家的雞是雞肉界的「聖杯」。
我希望 French Laundry 與 Per Se 餐廳的主廚湯瑪斯・凱勒與 Café Annie 餐廳的羅伯・德光迪（Robert Del Grande），聯手做出這道料理。湯瑪斯可以取得這隻雞，然後交給羅伯調味。Four Story 農場是湯瑪斯的供應商，而羅伯調理過一道肉桂雉雞。烤雞出爐後，我們可以一起享用美食與美酒。

4. 洽奇・畢可羅米尼酒莊布魯內羅紅酒
Ciacci Piccolomini Brunello
佐餐：這個簡單：翡冷翠大牛排。新鮮芝麻菜、三分熟牛排、巴薩米克醋、托斯卡尼橄欖油、海鹽、壓碎的蒜與帕瑪乳酪削片。

5. 庫克梅斯尼爾單一葡萄園香檳
Krug Clos du Mesnil
這款酒很豐厚，而如果你困在某個地方，這款酒就是最佳良伴。這款香檳的關鍵在於產地。整個葡萄園只有 1 萬 2000 平方公尺大，生產的成果非常精準。
佐餐：**我不想搭配任何食物**。我會與妻子一起坐看夕陽，啜飲著這款香檳，說：「整個荒島只有我們兩個人，真棒，對吧？」

6. 華芳莊園夏布利 Raveneau Chablis
佐餐：這一道是春天的菜餚：**烘烤大比目魚佐醃漬野生韭蔥**。另外也可搭配**烘烤條紋鱸魚全魚**。

7. 門多西諾郡產的希哈 Mendocino County Syrah
這個區域是個很棒的地方。當地森林深處，有一群瘋狂的人在那裡種大麻；不過也有一群認真的農夫，在陡峭的山丘上種植釀酒的葡萄，真正彰顯那塊地的價值。
佐餐：簡單的**燒烤羊肉**。

8. 溫巴赫酒莊公國葡萄園格烏茲塔明娜
Domaine Weinbach Gewürztraminer Furstentum
佐餐：在環繞納帕山谷的道路 Silverado Trail，住著一戶越南家庭，他們在 1970 年代越南情勢動盪之際，遷居到此處。這戶人家擁有一片 3 萬 2000 平方公尺的地，價值數百萬美元，種滿了草莓。納帕山谷的人們都迫不及待看到他們的草莓收成。只要他家的草莓攤開張，所有人都會爭先打電話互通消息。
我希望吃到他家的**草莓**，加上簡單的糖漿與**奶油麵包**，還有湯瑪斯．凱勒的快煮**鵝肝**切片。

9. 波爾多產區拉斐堡紅酒
Lafitte Rothschild Bordeaux
任何年份皆可，只要是這款酒我都愛。
佐餐：這款酒很像庫克，是支發人深省的酒，所以很適合拿來搭配羅伯．德光迪的菜。他有一道菜是將**小里肌肉**沾滿菲律賓**阿多波醬**（adobo paste）與**咖啡**，烘烤之後佐以奧勒岡牛肝菌沾墨西哥摩爾辣醬。
我們餐廳第一次料理這道菜時，請到艾瑞克．德羅柴（Eric de Rothschild）來品嘗。他是拉斐酒堡的老闆，也是全世界最受推崇的釀酒師之一。他嘗過這道菜後說：「我想我剛找到這世界上與我的酒最契合的一道菜了。」當下我就衝進廚房大喊：「也給我來一份！」

10. 我和湯瑪斯．凱勒釀造出的限量卡本內蘇維濃
Modicum Cabernet Sauvignon that Thomas Keller and I made
佐餐：**陳年切達乳酪**。

11. 有點年份的曼薩尼亞雪利酒 Manzanilla sherry
佐餐：湯瑪斯．凱勒的**乾醃西鯡魚子佐烏魚子削片**。這些食材加在一起，會讓人以為身處西班牙南部，世界變得非常美好。

12. 香貝丹葡萄園阿蒙．盧梭酒莊貝斯園紅酒
Armand Rousseau Chambertin Clos de Ves
佐餐：**烘烤野生禽鳥**，例如鵪鴣或雉雞，接著再上布根地產的**熙篤會乳酪**（Abby de C　teaux cheese）。這款乳酪與艾波瓦斯乳酪相似，只是較不刺鼻，質地也較密實。

查爾斯・史沁柯隆內
CHARLES SCICOLONE

I TRULLI AND ENOTECA RESTAURANTS 餐廳集團酒品總監

1. 1990 年露飛諾酒廠經典奇揚地珍藏紅酒
Rufino Chianti Classico Reserva 1990
蘇維濃是搭配食物的絕佳葡萄酒。
佐餐：**燒烤奇亞那牛肉**（Chianina beef）。*翡冷翠大牛排*就是要用這種牛肉來做。

2. 1996 年巴貝瑞斯可產區歐菲羅葡萄園精選級紅酒 Ovello Barbaresco Reserva 1996
這家酒莊屬於義大利最古老的聯合酒廠之一。這款酒帶有凋萎玫瑰花、菸草和櫻桃的風味，偶爾還有白松露的味道。
佐餐：**菇蕈或松露燉飯**，或是鵪鶉等**野味**料理。

3. 維也提酒莊阿爾巴產區巴貝拉品種紅酒
Vietti Barbera d'Alba
這款酒酸度很棒，風味絕佳，十分優雅。
佐餐：這款酒不管搭什麼菜都合適。如果一定要指定一道菜，我會選**兔肉**。

4. 卡希納・卡斯雷特酒莊莉提娜紅酒
Litina Cascina Castlet
佐餐：這也是一款出色的佐餐酒，幾乎所有菜式都合適。我會選義大利肉醬麵。

5. 瑪利亞・波利歐酒莊亞斯堤產區巴貝拉品種紅酒
Maria Borio Barbera d'Asti
佐餐：這款清爽的紅酒適合搭配**鮪魚**。

6. 2001 年蒙特城堡產區法康珍藏級紅酒
Il Falcone Castel del Monte Riserva 2001
這是一款很優雅的酒。
佐餐：**小牛牛腱**做出的義式燉牛膝。

7. 2001 年德努大・波達爾酒莊艾格尼科富土雷產區紅酒
Tenuta de Portale Aglianico del Vulture 2001
佐餐：**燒烤肉腸**。

8. 艾奇歐・佛亞酒莊穆拉利耶紅葡萄餐酒
Ezio Voyat Vino da Tavola Rosso "Le Muralie"
佐餐：**烘烤春雞**。

9. 倫嘉洛提酒莊盧貝斯寇蒙帝奇諾葡萄園紅酒
Lungarotti Rubesco Vigna Monticcino.
這是一款很豐厚的酒。
佐餐：**烘烤豬肉**。

10. 保利斯堡酒莊「四個摩爾人」紅酒 Castel de Paolis I Quattro Mori.
這款酒帶皮革味，非常有趣。
佐餐：烘烤羊腿。

11. 艾米迪歐・貝倍酒莊阿布魯佐區蒙地普吉諾葡萄紅酒 Montepulciano d'Abruzzo Emidio Pepe
我想選 1985 年或更早的年份。這款酒十分特別，因為釀酒時所有葡萄都是手工壓碎。
佐餐：原味**牛排**，因為不希望讓食物味道阻礙酒的風味。

12. 愛德華都・瓦內第尼酒莊阿布魯佐區特雷比安諾葡萄白酒 Edwardo Valnetini Trebbiano d'Abruzzo.
這是一款豐厚又醇厚的酒，跟布根地白酒相近。（這是查爾斯・史沁柯隆內選的唯一一支白酒）
佐餐：**劍魚**。

I TRULLI 餐廳，*紐約州紐約市*

尼可拉·馬鄒拉（NICOLA MARZOVILLA）
義式麵疙瘩佐羊肉醬（GNOCCHI AL RAGU DI AGNELLO）

六至八人份

橄欖油	*2 湯匙*
中等大小洋蔥	*1 顆，切細末*
蒜瓣	*2 瓣，切細末*
羊瘦肉絞肉	*454 公克*
罐裝義大利番茄與番茄汁	*1 罐（約 800-1000 公克），切碎*
番茄糊	*1 湯匙*
月桂葉	*1 片*
鹽巴	*酌量*
新鮮現磨胡椒	*酌量*
義式麵疙瘩	*（食譜請見下頁）*
現磨羅馬諾佩科利諾或帕米吉安諾 - 雷吉安諾乳酪	*半杯*

1. 取一大平底鍋，以中火加熱橄欖油。鍋中加入洋蔥拌炒 10 分鐘，或至洋蔥軟化。接著加入蒜，加熱 1 分鐘。

2. 加入羊肉拌炒，加熱約 15 分鐘。肉色轉白前需不斷拌炒以避免肉末結塊。加入番茄拌炒後，再加入番茄糊、月桂葉，並酌量加入鹽巴與胡椒。

3. 轉小火，繼續熬煮鍋中食材，視需要攪拌至醬汁收至濃稠狀。約需 1.5 小時。

4. 搭配義式麵疙瘩與現磨乳酪上桌。

查爾斯·史沁柯隆內的佐酒選擇：*1999 年德努大·波達爾酒莊艾格尼科富士雷產區珍藏紅酒（巴斯利卡塔產區）*。

義式麵疙瘩（馬鈴薯餃類）

四人份

馬鈴薯	*約 1 公斤（約四顆）*
大型雞蛋	*3 顆*
鹽巴	*3 茶匙*
肉豆蔻	*少許*
中筋麵粉	*2.5 杯，視需要增加*

1. 馬鈴薯置大鍋中以沸水煮軟，直至叉子可輕易戳入中心即可。接著將馬鈴薯去皮（替滾燙的馬鈴薯去皮時，可戴上隔熱手套或隔著厚布拿取馬鈴薯，另一隻手以湯匙將皮刮除）。把去皮的馬鈴薯放入壓泥器或食物碾磨器中壓碎。壓碎的馬鈴薯需均勻鋪放在一個大平盤上，有助加速降溫及揮發多餘水分。馬鈴薯泥靜置約 15 分鐘冷卻。

2. 將冷卻的馬鈴薯移到乾淨的工作檯面，揉成一堆後在中間挖洞。將蛋打入中間的洞，加入肉豆蔻與一茶匙鹽巴。以手指混合馬鈴薯泥與蛋，大致揉成麵團的形狀，再撒上一杯中筋麵粉，輕輕混合。如果麵團太濕潤，繼續加入麵粉（最多再加 1.5 杯）。持續搓揉麵團約 3-4 分鐘，直至平滑均勻。如果不確定麵團的比例是否正確，可捏一塊 2.5 公分大小的麵團丟入沸水實驗。如果煮沸後質地黏糊，代表麵粉太少。

3. 將麵團整理成長方形，切成八等份。在平坦的工作檯面將每一等份搓成長條狀，約 7 公分長、一根手指寬。一開始可能不太容易成形，但可以慢慢用手指延展麵團的長度，前後搓揉。最後為每條麵團撒上少許麵粉。

4. 將二條長型麵團橫放在身前的工作檯面，以刀將麵團切成 2 公分左右的長度。剩下的麵團也做同樣處理。將切好的義式馬鈴薯麵疙瘩平鋪在盤子上，不要重疊，以免互相沾黏。

5. 烹煮義式麵疙瘩時，取一大鍋裝水，煮沸後加入二茶匙鹽巴。輕輕將義式麵疙瘩倒入滾水中，煮至麵疙瘩浮起來即可，約需 2-3 分鐘。

皮耶羅・賽伐吉歐 PIERO SELVAGGIO

VALENTION 餐廳老闆

加州洛杉磯市

1. 巴羅洛紅酒 Barolo.
佐餐：這款酒就是要搭**松露**。

2. 潘特雷里亞區帕西多甜白酒
Passito de Pantelleria
這是一款強勁的甜葡萄酒，來自西西里附近的一座小島。
佐餐：當然是**鵝肝**。

3. 2002 或 2003 年份的淺齡奇揚地紅酒
A young Chianti
我希望能嘗到櫻桃的鮮味，還有紅酒那種隱約的奔放香氣。
佐餐：這款酒我喜歡搭配義式麵食佐適度醬汁，像是手工**義式麵食佐鮮蔬**（如蘆筍、頂級菇蕈等）；或是搭配以蒜味橄欖油和辣椒調味的甘藍類蔬菜（如球花甘藍或青花菜）。

4. 俄羅斯河或中央海岸產區的黑皮諾
Pinot Noir from the Russian River, or Central Coast
中央海岸現在也被稱為 Sideways 產區。黑皮諾有濃郁強勁的果香，又不會太過強勢，真是很好的酒。
佐餐：**豬里肌**佐水果乾，再搭配黑皮諾享用，真的是經典的美味組合。我也很喜歡搭配豬肉佐糖煮蘋果和無花果。

5. 西西里島產黑達沃拉品種紅酒
Nero d'Avola from Sicily
佐餐：我會搭配**義式炸飯球**（*arancini*），好讓傳統義式飲食傳承不息。

6. 夏多內 Chardonnay
我好不容易才接受夏多內的味道，因為我覺得這種酒的橡木味或香莢蘭味有時太重了。
佐餐：雖然如此，如果現在我面前擺著一道*酥炸海鮮蔬菜盤*，一款豐厚的加州夏多內會是很棒的搭檔。我的酥炸海鮮蔬菜盤裡除了海鮮，還要有節瓜、小果南瓜、菇蕈等蔬菜，以及小牛胰臟或腦等內臟類食物。這些炸物要佐檸檬皮食用。

7. 蒙鐵奇亞諾產區布魯內羅紅酒
Brunello di Montalcino
佐餐：要搭配這款酒，必須要有同等分量的菜式。無論是力量或豐厚感，都不能遜色才行……我是義大利人，所以我得想出一道終極的完美組合。我會搭配野味燉飯，食材要有鵪鶉、雉雞或是羊肉丸。

8. 藍布斯寇品種紅酒 Lambrusco
很多人已經忘了這款酒的好，實在不應該。
佐餐：如果不點一道**薩魯米臘腸**的話，我就算不上真正的義大利人了。藍布斯寇紅酒與這道菜可謂傳統搭配，因為大部分的薩魯米臘腸都是在艾米利亞－羅馬涅地區生產，而這兩者可謂天作之合。

9. 希哈 Syrah
這種酒很適合搭配好吃的美國食物，兩者搭配起來可讓辣味加倍、濃郁度再加乘。
佐餐：任一種**肋排**都適合搭配任一種希哈。

10. 清爽的白蘇維濃
A Sauvignon Blanc with some crispness
佐餐：這款酒要搭上**乳酪**享用。

11. 強勁又大膽的陳年阿馬龍紅酒
An old Amarone that is powerful and bold
這是準備拿來犒賞自己用的。
佐餐：任何一種**乳脂狀或陳年乳酪**。

12. 酒窖裡年份最高的一支葡萄酒，配上麵包。
佐餐：如果你有一支陳年葡萄酒，不知道該怎麼搭配的話，不需要大費周章。找一塊美味的**麵包**來搭配。這世界上有樣東西我永遠吃不厭，就是帕里尼麵包加上義式乾醃豬脂、瑞可達乳酪和番茄。
如果我可以帶第十三瓶酒去荒島：
我會加一隻**義大利甜白酒**。這款酒本身就很出色，不過要是配上**榛果餅乾**，滋味真是能帶人上天堂！另一個能讓人置身天堂的酒食組合是**馬沙拉酒搭配瑞可達乳酪**。這個組合有點像醬汁，所以可以同時擁有喝與吃兩種體驗。

VALENTINO 餐廳，*加州洛杉磯市*

皮耶羅・賽伐吉歐的
INVOLTINI DI PESCE SPADA CON COUSCOUS TRAPANESE
劍魚捲佐庫斯庫斯

四人份

庫斯庫斯	*半杯*
奶油	*2 湯匙*
橄欖油	*3 湯匙*
細切蒜末	*2 茶匙*
明蝦	*8 隻，去殼除腸泥之後切大塊*
紅燈籠椒細丁	*1/4 杯*
黃燈籠椒細丁	*1/4 杯*
節瓜細丁	*1/4 杯*
芹菜細丁	*1/4 杯*
胡蘿蔔細丁	*1/4 杯*
干型白酒	*半杯*
鹽巴與胡椒	*酌量*
劍魚排	*8 片（共 113 公克），敲打成 3 公分的薄片*
嫩萵苣	*裝飾用*
白酒醋	*1 湯匙*

1. 烤箱預熱至 260℃。取一小鍋，倒入一杯半的鹽水煮沸。加入庫斯庫斯，加蓋後離火。讓庫斯庫斯浸泡至吸收完所有水分為止，時間約 5-7 分鐘。
2. 取一平底鍋，以中火加熱一湯匙奶油與一湯匙橄欖油。鍋中倒入一茶匙蒜，炒至金黃。加入明蝦與蔬菜。倒入白酒，烹煮至酒液收乾、蔬菜軟化為止。最後拌入庫斯庫斯，並酌量以鹽巴與胡椒調味。
3. 將劍魚片放在乾淨檯面上，均勻鋪上餡料，捲成魚捲。若有必要可以牙籤固定。將魚捲放在淺烤盤上，淋上一湯匙橄欖油、一湯匙奶油、一茶匙蒜末，並以鹽巴和胡椒調味。烘焙約 7-10 分鐘，直至劍魚表面微微變色，劍魚與明蝦也完全熟透即可。將劍魚移至盤上，下方墊一層嫩萵苣。
4. 將烤盤中的湯汁倒入小鍋，以大火加熱幾分鐘，快速收乾。接著拌入一湯匙橄欖油與醋。最後將此醬汁淋在魚捲與萵苣上。

賽維吉歐的佐酒選擇：*選一款酒體飽滿，充滿柑橘、酒石酸還有水果乾香氣的白酒——一款橡木味不會太重的加州夏多內，例如利多瑞（Littorai）或鐵馬酒莊（Iron Horse）的作品，其中還略帶酸澀。若選擇香檳，口感就比較醇厚——白中白或是一瓶好的粉紅香檳都可以。*

阿帕納・辛 ALPANA SINGH
侍酒大師

EVEREST 餐廳侍酒師

伊利諾伊州芝加哥市

這些酒都是我的孩子，我每個都喜歡。怎麼可能挑得出幾個最喜歡的呢？

1. 白蘇維濃 Sauvignon Blanc
我下廚時喜歡喝這種酒。

2. 灰皮諾 Pinot Gris
我對這種酒的表現最有信心。我喜歡這款酒的原因是質地溫和，不會太飽滿、沒有任何橡木味，卻又有足夠的熱帶水果風味。灰皮諾毫無疑問是必選酒款，會自動對比出食物的風味，遇上**培根**的煙燻味尤其如此。以質地來說，這款酒合適的食物很多，也替味蕾帶來愉悅感受。

3. 布根地 Burgundy
享用布根地時，需要善用嗅覺。我發現很多人嗅聞布根地時，都會閉上眼睛。你必須靜下來，注意力回到自己身上，自問：「這款酒在跟我說什麼？我現在感受到了什麼？體驗到什麼？」這款酒散發出最純粹的誘惑藝術。你會把自己完全交付給這款酒，這是最原始的情感。

4. 金芬黛 Zinfandel
這是我最愛的超值好酒。我想都不用想，這款酒的名字就會自然浮現在腦海中。這款酒有趣、平價又活潑。我也很愛裡面鮮明的水果調性。金芬黛是美國的葡萄品種。我為我們餐廳挑了將近二十支金芬黛，可是我們大概只有**乳酪盤**與金芬黛比較契合。這是因為金芬黛跟波特類似，只是甜度較低。

5. 麗絲玲 Riesling
如果我得在一座島待上一段時間，這款酒可以撐最久，可以永遠陳放下去。我喜歡拿這款酒搭配**越式料理**。真是絕妙的組合。

6. 香檳 Champagne
波林格酒莊是我心目中的香檳冠軍。我喜歡有核果、烘烤香氣的香檳。這款香檳一向都很出色，也有多種風味可供選擇。

7. 格那西 Grenache
我超愛格那西！有黑皮諾的特質，卻又更上一層樓。我喜歡搭配烘烤的肉類菜餚享用，例如**義式燉牛膝**和**燉肉**。

8. 利奧哈產區 Rioja
這大概是我選的酒當中，最令人驚豔的一款，因為他讓我了解到科技與決心如何能為一個產區改頭換面。我剛開始品酒時很討厭利奧哈產區的酒，覺得嘗起來很疲乏，橡木味也太重。幾年之後，這裡的酒進步了，價格也很合理。這裡的酒與加州卡本內有得比。不過以 60 美元的預算，你可以買到一瓶非常特別的西班牙酒，卻只能買到一般的加州卡本內。

卡洛斯・索利斯 CARLOS SOLIS

Sheraton Four Points 餐廳餐飲總監／主廚

加州洛杉磯市

與其找個主廚替我料理食物，不如我自己下廚。但如果能派個人來替我洗碗那就太棒了。

1. 比利時奇美修道院啤酒 Chimay
這是全世界我最愛的啤酒，是啤酒中的佳釀。
佐餐：我想用這款啤酒搭配**隔夜的燉菜**享用。

2. 科羅拉多州的新比利時啤酒
New Belgium Beer from Colorado
這款啤酒連結美國與比利時啤酒的特色。釀酒師曾是奇美修道院啤酒釀酒師的助理。
佐餐：**燒烤鮭魚**或新鮮**蒸貽貝**。這個組合是我的午餐。

3. 自然發酵酸啤酒 Lambic beer
我喜歡這種啤酒的水果風味，不過我應該會帶原味的自然發酵酸啤酒到荒島。原味帶點酸度，餘味也很美妙。
佐餐：一道雞蛋**料理**或**水果沙拉**。沙拉裡的水果不要太甜，像是甜瓜或莓果類都不錯。這個組合要在早餐時享用。

4. 北海岸酒廠的皇家司陶特波特啤酒
Imperial Stout Porter from the North Coast Brewery
這款啤酒帶甜味，風味多樣且十分強勁。
佐餐：適合搭配甜點。我會搭配**覆盆子乳酪蛋糕**。

5. 費雪酒廠琥珀色愛爾啤酒 Fisher Amber
佐餐：我會搭配自家餐廳的**彩虹沙拉**享用。我們的彩虹沙拉裡有：藍紋乳酪、焦糖核桃與培根，佐上芫荽油醋醬。

6. 陽光聖誕老人啤酒 Sunny Claus
這款瑞典啤酒可幫助我夜間好好入睡。品嘗這款啤酒就像品飲白蘭地一樣，酒精濃度有十四度，所以比較像飯後酒。
佐餐：我會喝這款酒搭配**雪茄**，為一天劃下完美的句點。搭配的雪茄要淡一點，帶點柔順的甜味，組合起來的效果會很棒。

7. 英格蘭雙倍巧克力司陶特啤酒
Double Chocolate Stout from England
這款啤酒與可可一同發酵釀造，所以可以做甜點飲用。
佐餐：**草莓沾巧克力**。因為水果的酸以及巧克力的苦，會與這款啤酒十分契合。

8. 康迪龍啤酒廠甘布里努斯玫瑰啤酒
Cantillon Rosé de Gambrinus
這款就像是啤酒家族裡的葡萄酒，因為帶點苦味、酸味、酸度，而且是氣泡酒。
佐餐：這是一種**餐前酒**，就像香檳一樣在飯前飲用，讓大夥先互乾一杯彼此敬酒。它同樣也適合在週日早晨享用。另外，若是你白天喝多了，晚上也可以喝這款酒，因為可以讓你馬上呼呼大睡。

9. 法國烈性啤酒 Bière de Garde
這款法國啤酒充滿花草香，幾乎跟亞洲茶沒什麼兩樣。這款酒的風味極為清新，常溫下飲用的滋味與冰鎮後一模一樣，非常特別。野餐的時候也適合帶這瓶酒。
佐餐：因為酒裡富含花草香，所以很適合搭配由鮮嫩蔬菜製成的**春天沙拉**。

10. 一桶 B. J.'s Brew Pub 餐廳的含酵母小麥啤酒
Hefeweissen
這間餐廳來自芝加哥，在洛杉磯非常受歡迎。這家餐廳的小麥啤酒充滿果香、十分清新。
佐餐：可以單獨品飲，不過我也喜歡搭配**泰式紅咖哩**或**黃咖哩牛肉**。另外也可以選擇**辛辣的亞洲菜**或**地中海料理**。

賴瑞・史東 LARRY STONE
侍酒大師

RUBICON 餐廳釀酒師

加州舊金山市

1. 1934 年布根地產區羅曼尼・康帝酒莊羅曼尼・康帝紅酒 DRC Romanée-Conti 1934, Burgundy

2. 1921 年玻美侯產區彼德綠堡酒莊紅酒 Petrus 1921, Pomer

3. 1947 年聖愛美濃產區白馬堡酒莊白酒 Château Cheval Blanc 1947, Saint-Émilion

4. 1941 年納帕山谷爐邊酒莊陳年卡本內蘇維濃紅酒。Inglenook Reserve Cabernet 1941, Napa Valley

5. 1847 年索甸產區伊肯堡白酒 Château d'Yquem 1847, Sauternes

6. 1795 年阿布達蘭酒莊德函地斯葡萄馬德拉酒。Abudarham Terrantez Madeira 1795

7. 2001 年（奧地利）瓦浩產區布拉格酒莊的「波登斯坦」特級麗絲玲白酒 Prager "Bodenstein" Riesling Smaragd 2001, Wachau（Austria）

8. 2001 年（奧地利）克羅采酒莊布根蘭邦貴腐精選級葡萄酒（TBA 級）#8Kracher Trockenbeerenauslese #8 2001,Burgenland（Austria）

9. 2001 年納帕山谷產區魯比孔酒莊紅酒 Rubicon 2001, Napa Valley

10. 1985 年羅第丘產區積架酒莊「拉慕林園」紅酒 Guigal Côte-Rôtie "La Mouline" 1985

11. 2001 年利奧哈產區甘露莎酒莊紅酒 Remirez de Ganuza 2001, Rioja

12. 2001 年普里奧拉產區艾米塔紅酒 L'Eremita 2001, Priorat

佐餐：以上這幾支酒大多足以讓食物相形失色……除此之外，我相信無論是哪一種酒，只要去抓幾隻**活蟹或蝦**來搭配就可以了。如果剛好在附近看到一、兩隻**野山羊**，還有工具可以做旋轉串燒的話（當然要以永續農法與採集的原則來獵食，這樣才能維持物種延續），我想我這輩子的生活都可以無憂無慮（也不需要派人來救我了）。這些複雜的酒適合搭配單純的菜色。

伯納・森 BERNARD SUN

JEAN-GEORGES MANAGEMENT
餐飲集團飲品總監

紐約州紐約市

我會帶十二支布根地葡萄酒。就我的背景來說，畢竟在蒙哈榭餐廳待了四年半，早已嘗過全世界最偉大的幾支布根地葡萄酒。我覺得沒有任何酒能比得上一款好的布根地。一杯 1929 年的拉圖堡或 1961 年的彼德綠堡紅酒當然很棒，不過其實只要給我一瓶蜜思妮產區布夏酒莊的老藤紅酒，我就別無所求了。
我嘗過的美酒太多了，實在沒辦法只挑十二支。我品飲過 1929 年蜜思妮產區紅酒和 1900 年的伊肯堡酒莊的白酒。我曾經看過一篇文章，上面列出歷來最偉大的酒。我當時一邊看一邊喃喃自語：「這個喝過、那個喝過、下一支也喝過。」我品飲過 1945 年木桐堡紅酒，750 毫升、1.5 公升、3 公升裝都喝過。這真的是史上最偉大的經典酒。我很幸運，曾經在 Le Cirque、蒙哈榭以及 Lespinasse 餐廳工作過。這幾家餐廳的酒單上都是得獎的好酒，也有許多懂得品嘗美酒的顧客。
當然，我也永遠不會忘記，無論是中央海岸或俄勒岡州產的黑皮諾，也有同樣敬業的釀酒師。
遇到像我這種被布根地迷倒的人，你會發現我們眼中根本看不到其他種類的酒。

保羅・譚貴 PAUL TANGUAY

SUSHI SAMBA 餐廳飲品總監

紐約州紐約市

1. 皮爾森啤酒——捷克皮爾森拉格啤酒或愛因貝克酒廠的作品
Pilsner beer—either a Pilsner Urquell or an Einbecker
佐餐：**原味披薩**，上面撒些羅勒與奧勒岡。

2. 麗絲玲珍品級白酒 Riesling Kabinett
佐餐：一盤綜合**壽司**。

3. 遲摘麗絲玲 Riesling Spätlese
佐餐：我想搭配**泰式炒河粉**或**咖哩雞**。

4. 綠菲特麗娜 Grüner Veltliner
佐餐：紐約市 Blue Ribbon 餐廳的**皇家藍帶**這道菜。裡面有牡蠣、蛤蜊、龍蝦、蝦以及其他種海鮮。味道一絕！

5. 冰酒 Ice Wine
佐餐：我會搭配**鵝肝佐鮪魚肚**。這個組合要在涼爽的夜晚享用。

6. 維歐尼耶白酒 Viognier
佐餐：Moqueca Mista。這是我們餐廳菜單上的一道燉菜，食材用上了貝類以及一點椰奶，所以風味稍微濃郁，也帶點甜味。維歐尼耶與這道菜一定非常契合。

7. 皮耶・費弘干邑白蘭地 Pierre Ferrand Cognac
佐餐：我會單獨品飲，或搭配**法式烤布蕾**享用。

8. 一罐好水：斐濟或薩拉托加礦泉水
A good bottle of water: either Fiji or Saratoga
佐餐：我想搭配**清爽的沙拉**，裡面要有芝麻菜和黃瓜。

9. 櫻花吟釀。這支清酒的滋味從不令我失望！
Oka sake. This is my go-to sake!
佐餐：這款清酒是款百搭酒，所以我一定要來個**鮮蝦五吃**：生蝦、燒烤、酸漬、炸蝦，以及翻炒。

10. 大吟釀 Daiginjo sake
佐餐：我會搭配**新鮮蔬菜**，或是**番茄、羅勒與莫札瑞拉乳酪沙拉**，甚至是**水果沙拉**也合適。

11. 夢殿大吟釀 Super daiginjo sake Masumi Yumedono
佐餐：這款清酒滋味絕倫，只要坐著單獨品飲就很棒了。另外可以搭配**味噌蜜汁海鱸**，效果也很棒。

12. 布根地產的上好黑皮諾
A great Pinot Noir from Burgundy
佐餐：我只需要一款簡單的菜色來搭配：**羊排**。

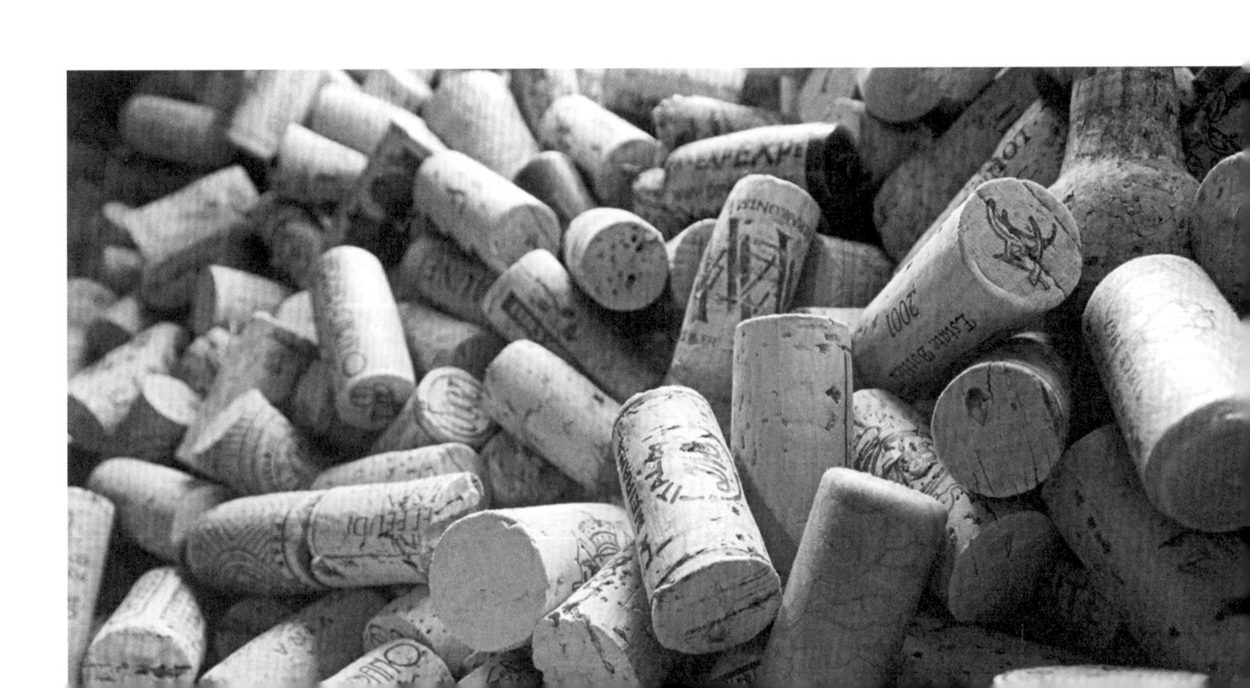

德瑞克·陶德 DEREK TODD

BLUE HILL AT STONE BARNS 餐廳侍酒師

紐約州波坎提科丘市

1. 豪格登小麥啤酒 Hoegaarden Wheat Beer
這款啤酒會帶來清新口感。
佐餐：由比利時主廚所料理的**貽貝佐薯條**。

2. 布根地渥爾內產區紅酒 Volnay Red Burgundy
這是我品酒生涯的初戀，我喜歡土壤味重一點的。
佐餐：有菇蕈的菜餚，例如 Stone Barn 餐廳的**龍蝦佐菇蕈高湯**。

3. 布根地白酒 White Burgundy
這是「風土」特性最神奇的展現。
佐餐：紐約市 Per Se 餐廳的**水煮魚肉**料理。

4. 健怡可樂 Diet Coke
喝了一整晚的酒後，健怡可樂想必十分清新醒腦。
佐餐：**鹽香醋洋芋片**。我特別喜歡 Cape Cod 牌的洋芋片。

5. 利奧哈產區紅酒 Rioja
佐餐：Stone Barns 的**山葵高湯煮羊肉**。

6. 坎佩尼亞產區的菲亞諾品種白酒
Fiano from Campania
我很愛清爽的義大利白酒。
佐餐：**燒烤明蝦**沙拉。

7. 教皇新堡產區柏卡斯特堡酒莊紅酒
Beaucastel Châteauneuf-du-Pape
我就是無法抗拒這支酒！
佐餐：這款酒無論搭什麼我都喜歡，包括普羅旺斯香草奶油煎**紐約客牛排**。

8. 嘉柯莫·康特諾酒莊蒙佛帝諾巴羅洛紅酒，任何優良年份皆可。
Giacomo Conterno Monfortino Barolo
佐餐：紐約市 Babbo 餐廳的任何一道菜幾乎都可以搭配，尤其是他們的**羊舌沙拉**。這個組合的重點在於讓同樣產地的酒與食物連結在一起。這款酒必須搭配有森林、土壤風味的菜餚。

9. 艾米塔吉產區夏夫酒莊紅酒
Jean-Louis Chave Hermitage
我是 1983 年北隆河葡萄酒的酒迷。所有專家都同意，這一支酒是北隆河酒中的國王。
佐餐：帶點柑橘與煙燻風味的**豬肉**料理。

10. 萊昂丘產區的晚收白梢楠
Late Harvest Chenin Blanc from Coteaux du Layon
總是要帶瓶餐後酒。
佐餐：一定要搭配陳年的**山羊乳酪**或**西班牙白乳酪**。

11. 唐霍夫酒莊尼德豪瑟·赫曼斯霍勒葡萄園麗絲玲 Dönnhoff Niederhäuser Hermannshohle Riesling
這款酒很讚，發音也很有趣。
佐餐：**什麼食物都可以**。這是一款百搭的酒，我會想搭配調味偏甜的**扇貝**。

清單列到這裡有點棘手了。我覺得現在讀者可能正在納悶：「咦？他怎麼沒有選某某支酒？」

12. 教皇新堡產區羅傑薩邦酒莊文藝復興特釀白酒 Roger Sabon White Châteauneuf-du-Pape Cuvée Renaissance
佐餐：帶核果風味的菜餚，例如風味濃郁的**龍蝦沙拉佐榛果**。

葛雷格・崔斯納 GREG TRESNER
侍酒大師

MARY ELAINE'S AT THE PHOENICIAN 餐廳侍酒師

亞歷桑納州斯科茨代爾市

我要帶一個保冰桶！

1. 1998 年的庫克佳釀香檳
Krug Champagne, vintage 1998
佐餐：一系列**開胃菜**：韃靼鮪魚、熊本蠔佐魚子醬，以及芹菜芭菲。

2. 義大利維尼卡與維尼卡酒莊或艾迪康特酒莊的蘇維濃
Venica e Venica or Edi Kante Sauvignon from Italy
佐餐：**多佛真鰈**佐麥年醬。

3. 西班牙艾米塔酒莊紅酒 L'Ermita from Spain
佐餐：我們自家餐廳主廚布萊德・湯普森（Brad Thompson）料理的**白豆什錦鍋**。這道菜是用燜羊肩、蒜味肉腸、油封鴨以及豬五花肉料理而成。

4. 西班牙維嘉西西利亞酒莊紅酒
Vega Sicilia from Spain
佐餐：**烘烤豬小里肌**。

5. 羅曼尼・康帝酒莊的拉塔希紅酒，任何優良年份皆可
Domaine Romanée-Conti La Tache **佐餐**：裹滿香草的**羊頸脊肉**佐蒜、春天的蔬菜以及義大利培根。

6. 梅索產區拉馮公爵酒莊白酒
Comte Lafon Meursault
佐餐：**大圓鮃佐菇蕈**，因為這款酒的酒體很飽滿。

7. 赫茲柏格酒莊綠菲特麗娜
Hirtzberger Grüner Veltliner
佐餐：這款酒非常適合搭配魚肉！我會搭配帶點咖哩味道的**奶油煮龍蝦**。

8. 阿爾薩斯溫巴赫酒莊的麗絲玲
Domaine Weinbach Riesling from Alsace
佐餐：**油甘魚**。

9. 戴利酒莊的白袍白酒
White Coat by Turley Vineyards
佐餐：**海鱸**。

10. 俄勒岡州雄鷹酒莊紅酒
Domaine Serene from Oregon
佐餐：蜂蜜香料蜜汁**鴨**。

11. 澳洲奔富葛蘭許紅酒
Penfolds Grange from Australia
因為每個年份都很棒，我就選 1996 年的好了。不然我也不知道怎麼選。
佐餐：**燒烤牛排**。

12. 馬賽多紅酒 Antinori Masseto
這是義大利的梅洛。
佐餐：這款酒很適合搭配**乳酪**。我會選擇帕米吉安諾－雷吉安諾乳酪、Vella 傑克乾酪，以及法國的 Laguiole 乳酪。

13. 1982 年拉圖堡波爾多紅酒
1982 Château Latour Bordeaux
佐餐：這款酒很適合搭配牛肉。來一道**牛肉佐波爾多紅酒醬**，然後與酒一起品嘗。只要你嘗過這味道，就算你之前想嘗試新潮流行的餐酒搭配，這種想法也會馬上拋諸腦後。這種經典組合只要嘗過一口，你就別無所求了。

曼黛蓮・提芙 MADELINE TRIFFON
侍酒大師

MATT PRENTICE 餐飲集團葡萄酒總監

密西根州底特律市

1. 白中白香檳 Blanc de Blancs Champagne
佐餐：**酥脆餅皮披薩**，撒上香草與鹽調味（不要番茄醬），或是奶油狀的**馬鈴薯泥**。

2. 羅亞爾河谷（松塞爾產區）或南非的未過桶白蘇維濃。Sauvignon Blanc, unoaked, from the LoireValley (Sancerre), or South Africa.
佐餐：鮮蔬**沙拉**，拌上等橄欖油、檸檬與鹽。或是**蕎麥麵**拌芝麻油。

3. 摩澤河產區的珍品、干型或遲摘麗絲玲
Mosel Riesling, Kabinett or Trocken or Spätlese.
佐餐：三重脂肪乳酪。

4. 傳統布根地瓶陳白酒 White Burgundy in a traditional style with some bottle age
佐餐：新鮮**義式麵食**佐焦香奶油或**烘烤雞肉**。

5. 北隆河谷羅第丘產區紅酒
A Côte-Rôtie from northern Rhône
這是一款有肉味與胡椒味的作品。
佐餐：**烘烤羊腿**佐奧勒岡。

6. 納帕谷地卡本內 Napa Valley Cabernet
我希望是一款豐厚、銳利、高單寧、精粹、淺齡的酒。
佐餐：**燒烤沙朗牛排**佐 Detroit Zip 醬汁（醬油、蒜、橄欖油與胡椒調味而成）。品飲這款酒時，我自己的佐餐其實是烘燒馬鈴薯佐 Detroit Zip 醬汁，牛排的美味就讓一同用餐的朋友享用。

7. 經典奇揚地珍藏紅酒或是山吉歐維列單一品種葡萄酒 Chianti Classico Riserva or a 100 percent Sangiovese
佐餐：**波隆那義大利肉醬麵**。

8. 西班牙東南部蒙納詩翠紅酒
Monastrell from southeast Spain
這個產地的酒帶點隆河谷地葡萄酒的特質。.
佐餐：**蒙契格乳酪**佐小顆綠橄欖。

9. 拉格啤酒 Lager beer
我喜歡啤酒，也很喜歡純淨好喝的拉格啤酒。
佐餐：**深炸的食物**，如炸薯條或節瓜條。

10. 茶 Tea
我喜歡品質好的紅茶，冰的熱的都喜歡。
佐餐：我特別喜歡喝紅茶配辣的**扁豆與印度馬鈴薯薄餅**（potato dosa）。

11. 水 Water
好幾公噸的水。而且我希望是五大湖區汲取的水。
佐餐：**無**。

12. 俄勒岡州的黑皮諾，或是現代的布根地紅酒。
Pinot Noir from Oregon, or a modern red Burgundy.
佐餐：**瑞士萘菜或綠色野菜**，簡單蒸熟、燉煮或快炒方式料理。也可以搭配自製的**菠菜派**。

13. 羅亞爾河谷萊昂丘地區邦若產區甜點級白梢楠白酒
Coteaux du Layon Bonnezeaux dessert-level Chenin Blanc from the Loire Valley
佐餐：**梨子酥皮**佐新鮮的發泡鮮奶油。

史考特・泰瑞 SCOTT TYREE

TRU 餐廳侍酒師

伊利諾伊州芝加哥市

我必須先知道兩件事：那裡有儲酒用的冰箱嗎？會給我開瓶器嗎？有，好，那我要求被流放到南太平洋的荒島上，然後我要挑選適合熱帶水果的葡萄酒。

我一定要帶德國麗絲玲。我的前三瓶酒都是德國麗絲玲，因為我需要各種不同甜度。那座島氣溫一定很高，而德國麗絲玲酒精濃度低，含有清新提神的酸度，對於在島上被烤焦的我來說，非常合適。德國麗絲玲也富含成熟水果的風味，屆時與我可以嘗到的芒果與木瓜會十分搭配。

我不是在開玩笑，我真的會帶三瓶麗絲玲一起去。

1. 珍品級 Kabinett
這款甜度最低。
佐餐：芝加哥 Blackbird 餐廳主廚保羅・卡恩的**根莖類蔬菜法式肉凍**。裡面有芫荽、烤蒜以及酥脆的芋頭。

2. 遲摘級 Spätlese
比珍品級稍甜一點。
佐餐：紐約市 Le Bernardin 餐廳主廚艾瑞克・瑞柏的鮪魚料理。這道是以**稀有的藍鰭鮪魚**佐菊芋、魚子醬以及法式酸奶油所製成。

3. 精選級甜白酒 Auslese
滋味頗甜，幾乎接近甜點的程度。
佐餐：芝加哥 Avec 餐廳主廚可倫・吉弗森（Koren Grieveson）的**肥肝料理**（foie gras torchon）佐糖煮榲桲。

幾家酒莊的麗絲玲都很不錯：Donnhoff、Robert Weil 和 Gunderloch 等酒莊的作品，都值得考慮。

4. 我也要帶一瓶香檳——白中白或是 1982 年畢卡莎夢粉紅香檳
Blanc de Blancs or Rosé Billecart Salmon 1982
佐餐：Orville Redenbacher 的熱騰騰奶油爆米花。

5. 1990 年梅索產區尚 – 弗朗索瓦・科許 – 杜希酒莊胡久葡萄園白酒
1990 Jean-Francois Coche-Dury Meursault Rougeots
佐餐：搭配的餐點出自我最愛的主廚：我的祖母諾拉・泰瑞（Nora Tyree）。她是密蘇里州 Thayer 市 Nora's café 的餐廳主廚。我要搭配她的南方炸雞翅佐馬鈴薯泥與雞汁。這個餐酒組合絕對是有史以來最上乘的美味搭配。

6. 紐西蘭帕利斯莊園的白蘇維濃
Palliser Estate Sauvignon Blanc from New Zealand
我很喜歡這款酒的活力、酸度以及熱帶水果風味。我曾參加一場紐西蘭白蘇維濃的矇瓶試飲活動，共嘗了 25 款不同的酒，而所有參加者一致贊成這支就是冠軍。這支酒是紐西蘭白蘇維濃最極緻的表現，也是當時品飲活動中唯一一支螺旋蓋酒。
佐餐：主廚羅宏・葛斯的**棕櫚心沙拉**佐芒果與松露油醋醬。

7. 布根地馮內 – 侯瑪內產區紅酒
Vosne-Romanée Burgundy
我要法蘭索・葛候（Francois Gro）或其他釀酒師所釀的酒。這個區域的酒表現出布根地黑皮諾的精髓。這種酒非常濃縮、均衡，且如絲綢般滑順。
佐餐：我們社區街角一位古巴婦女所做的**撕肉三明治**。

8. 艾米塔吉產區尚 – 路易・夏夫酒廠釀造的紅酒
Hermitage made by Jean-Louis Chave.
我覺得這是所有希哈基底葡萄酒當中最優雅的一款。希哈的風味有可能單寧強勁、暗沉、憂傷、沉默且太過強勁，但這位釀酒師的酒十分精緻。我每回品嘗都在想：「這就是尚 – 路易斯・夏夫釀造的完美艾米達吉產區紅酒。」這款酒不太好找，產量很少，所以價格不便宜。
佐餐：紐約市 Gabrielle Hamilton of Prune 餐廳主廚加布列・漢彌敦（Gabrielle Hamilton）的**烘烤乳鴿佐佩里戈爾地區松露**。

9. 俄羅斯河谷產區黑皮諾紅酒
Pinot Noir from the Russian River Valley

我要挑選瑪麗·愛德華（Merry Edwards）釀的酒，她的酒口感柔順、果味豐富，就如釀酒師本人。瑪麗的個性溫暖大方、親切可人。她非常熱愛黑皮諾，而她的酒也充滿這種熱情。她的酒含有美妙的莓果風味，質地如絲綢般滑順。

佐餐：紐約市Per Se餐廳主廚強納森·班諾（Jonathan Benno）料理的**鹿肉佐舞菇**與法國扁豆。

10. 經典波爾多葡萄酒 Classic Bordeaux

我會選一款我出生年份的酒，也就是1961年的拉圖堡紅酒。要體會究竟什麼是全世界頂級年份的波雅克，這瓶酒就是最好的例子。這支我要留到最後才開。我要把它帶到船上，與我的救命恩人一同享用。這款酒無法獨自品飲，一定要與朋友共享！

佐餐：芝加哥Billy Goat Tavern餐廳的**雙層乳酪漢堡**。

11. 我叔叔釀的酒 My uncle's wine

如果我流落到荒島上，一定十分孤單，希望有什麼能讓我回想起家的東西。我叔叔以前會用家鄉當地的葡萄釀酒。我是美國南方人，那裡的野生葡萄品種大概是卡托巴（Catawba）。他會把葡萄放在瓶子裡發酵，那味道有夠糟糕，幾乎就是私釀酒了。酒的顏色非常紅。聖誕節時，他會帶著自己的酒到我祖父母家，每個人都會嘗一點。我們家的人都沒在喝酒，因此對當時的我來說，能喝到這種酒實在是天大的恩賜。我那時候還未成年，覺得自己享用火雞大餐時有酒可喝，實在是很成熟的事。我叔叔的酒是我人生中嘗到的第一種發酵葡萄汁，所以這個酒的風味能讓我腳踏實地，不忘自己的根。

佐餐：聖誕大餐。

12. 1961年小教堂產區嘉寶樂酒莊紅酒 Le Chapelle Jabolet 1961

這是我嘗過最不可思議的一款酒。

佐餐：煙燻**燒烤菇蕈**佐香草奶油。

大衛・華塔克 DAVID WALTUCK 與羅傑・達格 ROGER DAGORN

CHANTERELLE 餐廳老闆與領班

紐約州紐約市

我們同時對 Chanterelle 餐廳主廚大衛・華塔克及侍酒師羅傑・達格提出這個問題。多數情況下，他們會輪流選擇餐酒；但有時則會互相討論、爭辯……或是任性地選擇想帶的東西：

1. 達格：1989 年羅曼尼・康帝紅酒
1989 Romanée-Conti
佐餐：乳鴿鑲鵝肝。

2. 華塔克：梅索白酒 Meursault
佐餐：經典魚肉料理。我會選擇我自己做的菜：**鴨油嫩煎扇貝、龍蝦沙拉或法式魚餃**應該都很不錯。

3. 達格：波本酒或蘭姆酒——美格波本酒或是聖詹姆斯蘭姆酒 Bourbon or rum—Maker's Mark Bourbon or St. James Rum
佐餐，華塔克：古巴雪茄。

4. 達格：如果我妻子雪若和我一起在島上，我一定要來點香檳，庫克香檳或香檳王粉紅香檳都行
Krug or Dom Pérignon Rosé
佐餐（為雪若挑選）：魚子醬佐俄式薄煎餅，旁邊附上酸奶油與碎蛋末。

5. 華塔克：凱倫（他的妻子）不太喜歡白酒——她比較偏愛波爾多紅酒 Bordeaux
達格幫腔：那還用說，當然要選 1961 或 1966 年的**拉圖堡酒莊紅酒** Château Latour。
佐餐（為凱倫挑選）：羊排佐清爽羊肉醬汁。

6. 達格：羅第丘產區聖喬瑟夫紅酒，因為我需要一瓶扎實的隆河谷地紅酒 A Saint-Joseph Côte-Rôtie
佐餐，華塔克：牛肉、羊肉，或**艾波瓦斯乳酪。**
佐餐，達格：霍布洛雄或樂福（Levroux）乳酪。

7. 達格：朗格多克產區圖福葡萄園紅酒。這款酒口感豐厚、紅寶石色澤，帶有辛香味。柔軟與絲綢般的口感中透著一點丁香與黑醋栗的香味。
Clos des Truffiers from the Languedoc
佐餐，華塔克：燉菜類的料理，例如羊肩。
佐餐，達格：燜牛尾佐紅酒醬汁與歐洲防風草塊根。

8. 華塔克：孔德里耶酒區依福・柯依鴻酒莊白酒
Yves Cuilleron Condrieu
我對這支酒有特殊感情，因為這支是 La Pyramide 餐廳（傳奇法籍主廚 Fernand Point 主掌的傳奇性餐廳）的特色酒。
佐餐，達格：海鮮肉腸（Chanterelle 餐廳的招牌菜之一）。

9. 華塔克：伊肯堡酒莊的酒是我唯一會考慮的甜酒
Château d'Yquem
達格：1893 年份的最好，特色與 1967 與 1983 年相似。味道甜但不膩，酒體適中，整體均衡感絕佳。有些陳年酒會失去甜味，但這款不會。我們有顧客專門收藏這款酒，也會分我們一起品嘗，所以我們嘗過每個年代的作品。
佐餐，華塔克：單獨飲用。
佐餐，達格：楓丹白露乳酪。

10. 達格：賀蘭酒莊卡本內蘇維濃
Harlan Cabernet Sauvignon
因為我們需要帶一些新世界的酒。這款有經典卡本內風格，酒體適中，氣味直接，所含的單寧讓酒體結構完整。是一款容易被誤認為波爾多產的酒。
佐餐，達格：**燒烤側腹橫肌牛排**佐紅蔥頭奶油。
華塔克：我也要，這個我吃！

11. 達格：2001 年席亞酒窖酒莊的莊園黑皮諾（俄勒岡州）
Shea Wine Cellars Pinot Noir Estate 2001（Oregon）
這位釀酒師平常是在種植葡萄，再把葡萄賣給其他釀酒商。但這款酒是他為自己所釀的。
佐餐：野生鮭魚，水煮後佐鮮奶油韭蔥上桌。

12. 華塔克：我們說不定會想在沙灘上野餐，帶瓶薄酒萊以備萬一吧！ Beaujolais
達格：Potel Aviron 酒莊的酒很棒。
佐餐，達格：三明治，種類有**燒烤乳酪、培根番茄生菜、紐奧良炸牡蠣，或是龍蝦卷。**
佐餐，華塔克：牛排加薯條。

喬許・韋森 JOSHUA WESSON

BEST CELLARS 酒業老闆

紐約州紐約市

1. 德國普法爾茲產區米勒－卡托酒莊珍品休蕾柏品種白酒
Müller-Catoir Scheurebe Kabinett from the Pfalz in Germany.
佐餐：**燒烤當日採收扇貝**佐大溪地香莢蘭提味的奶油白醬。

2. 白中白香檳 Blanc de Blancs Champagne
佐餐：**白松露麵包片佐帕米吉安諾－雷吉安諾乳酪**。

3. 諾曼地的杜邦蘋果氣泡酒
Dupont sparkling cider from Normandy
這是一款世界級的干型蘋果氣泡酒。
佐餐：**重乳酪**拼盤精選：利瓦侯乳酪（Livarot）、彭雷維克乳酪（Pont l' Évêque），以及純正的莫恩斯特乾酪（Muenster）。

4. 薩丁尼亞產區的維門替諾品種葡萄酒
Vermentino from Sardinia
佐餐：這款酒是海鮮良伴，例如**燒烤海鱸佐野生香草**。

5. 希臘聖托里尼產區白酒
Santorini white from Greece
佐餐：精緻的魚類料理，例如**烤紙包真鰈**佐檸檬香草奶油。

6. 澳洲馬根酒莊放血法製粉紅希哈
Margan Saignee Rosé Shiraz from Australia
這款酒帶一點甜。
佐餐：**北京烤鴨、燻烤肋排，或是撕肉三明治**。不小心被路上的車撞死的**袋鼠肉**，內臟清理乾淨後燒烤。

7. 紐西蘭夏多內未過桶白酒
Chardonnay from New Zealand, unoaked.
佐餐：柴燒**眼斑龍蝦**，淋上茴香籽奶油。

8. 華盛頓州哥倫比亞谷地的卡本內與梅洛混釀
Cabernet Merlot blend from the Columbia Valley in Washington State
佐餐：**燒烤羊排**。

9. 隆河谷村莊酒 Côtes du Rhône Villages
佐餐：豐盛的**義式寬麵佐蔬菜燉牛尾**。或是紐約市Maremma主廚西薩・卡瑟拉（Cesare Casella）的**義式寬扁麵佐巧克力蔬菜燉野豬**。

10. 加州中央海岸產區的黑皮諾
Pinot Noir from the California Central Coast
佐餐：**燒烤乳鴿**佐酸櫻桃。

11. 尼加拉半島的白皮諾
Pinot Blanc from Niagara Peninsula
這款酒就像飲料界的雞肉一樣，什麼都可搭
佐餐：**雞肉沙拉**自製美乃滋。我喜歡好吃的雞肉沙拉三明治。我不像其他人一樣擔心美乃滋不健康。我毫無保留地擁抱美乃滋，而且會從零開始製作。新鮮的美乃滋非常美味。薯條沾自製美乃滋的美味完全破表！就像完美的性愛一樣，美乃滋帶來的鮮味實在上乘。

12. 阿根廷產馬爾貝克品種混釀或希哈
Argentinian Malbec blend or Syrah
佐餐：紐約市第一家披薩店Lombardi's**餐廳的披薩**，上面的佐料是菇蕈與肉腸。

酒食品飲記錄表

日期：____

酒水資訊：

年份：____

製造商（原產國／產地）：________________________________

葡萄種類：______________________________________

其他：____

在以下各項口感特性光譜上，以 X 標記出這款酒水的評價。

香氣：	無	←——————————→	濃
重量感：	輕盈	←——————————→	飽滿
風味強度：	弱	←——————————→	強
質地：	靜態	←——————————→	劇烈冒泡
甜度：	干	←——————————→	甜
酸度：	低	←——————————→	高
單寧：	無	←——————————→	高
橡木味：	無	←——————————→	重
複雜度：	直接	←——————————→	複雜微妙

搭配菜餚：

菜式描述：______________________________________

主要組成風味：____________________________________

烹調方式：________ 生食 ________ 蒸 ________ 炒／嫩煎

________ 烘烤 ________ 燒烤 ________ 燜

主要特色（*圈選所有符合者*）：

重量感	輕盈	中等	厚重	
質地	乳脂狀	酥脆	易碎	
風味	鹹	甜	酸	苦

餐酒搭配度： *最高* +2 +1 0 -1 -2 *最低*

*搭配心得：*____

____

____

____

專業人士簡介

ABOUT THE EXPERTS

柯林・阿勒瑞斯（Colin Alevras）在紐約市 Tasting Room 餐廳擔任大廚及侍酒師，妻子兼合夥人芮妮則負責外場。這對夫妻檔於 1999 年開業，經營這間 25 席的餐廳。兩人均畢業自彼得・康普紐約餐飲學校（現為美國廚藝學院），並曾在法國米其林三星餐廳 L'Arpège 實習。阿勒瑞斯曾任聯合國大使的私人廚師。
www.thetastingroomnyc.com

凱・安德森（Kai Andersen）是伊藤園株式會社的行銷經理。伊藤園旗下茶飲餐廳 Kai 位於紐約市麥迪遜大道，2004 年獲《紐約時報》二星評價，並於 2006 年經美國知名餐館指南《查加調查》（*Zagat Suevey*）評選為紐約最佳品茗地點。安德森來自檀香山，在巴黎攻讀法國文學時對茶產生興趣，並於 2002 年進入伊藤園，致力於尋找新茶樹品種及開發新配方。安德森對各種日本茶瞭若指掌，他不僅是茶類專家，也從事教學工作，曾在布魯克林植物園主持「煎茶的藝術」工作坊。
www.itoen.com/kai

麥可・安東尼（Michael Anthony）在紐約擁有自己的餐廳。他曾於紐約州波坎提科丘的 Blue Hill at Stone Barns 及紐約市的 Blue Hill 等餐廳擔任行政主廚。畢業於法國高等廚藝學校，領有法國專業廚師證書，曾在 L'Arpège、Les Prés d'Eugénie 及 L'Astrance 等一流餐廳受訓。在巴黎 Jacques Cagna 餐廳任職期間結識同事丹・巴柏。1995 年返回美國進入 Daniel 餐廳，兩年後加入 March 餐廳的工作團隊擔任副主廚，後晉升為行政主廚。
www.bluehillstonebarns.com

丹・巴柏（Dan Baber）在紐約州波坎提科丘的 Blue Hill at Stone Barns 及紐約市的 Blue Hill 等餐廳擔任行政主廚。巴柏的廚師生涯始於麻州柏克郡的 Blue Hill 農場，他在農場工作並親自為家人、朋友下廚，這些經驗使他認識並開始重視在地生產的當令蔬果。Blue Hill 曾於 2001 年獲得美國餐飲業最高榮譽詹姆士・畢爾德基金會之最佳新餐廳提名；近來亦獲《美食雜誌》（*Gourmet*）評選為「美國最佳餐廳」。2002 年夏天，巴柏以全美最優秀新人廚師身分，接受《美食與美酒》雜誌專訪。《大快朵頤》（*Bon Appétit*）雜誌也在第十期年度餐廳專刊中，將巴柏列為新一代重要廚師。
www.bluehillstonebarns.com

約瑟夫・巴斯提昂尼奇（Joseph Bastianich）在紐約市內與馬利歐・巴達利（Mario Batali）在紐約市共同擁有 Babbo、Bar Jamon、Casa Mono、Del Posto、Esca、Lupa 及 Otto Enoteca Pizzeria 等餐廳，兩人也與瑟吉歐・艾波席多（Sergio Esposito）共同成立 Italian Wine Merchants，專營義大利酒進口。巴斯提昂尼奇在義大利東北部的 Friuli 擁有酒莊 Azienda Agricola Bastianich，並在 Colli Orientali 及 Trieste 的橄欖園進行橄欖油裝瓶生意。巴斯提昂尼奇與同為主廚的母親莉迪雅・巴斯提昂尼奇共同經營 Becco 與 Felidia 兩家餐廳，亦與大衛・林區（David Lynch）合撰兩本關於義大利酒的書籍：Vino Italiano、Vino Italiano Buying Guide。2005 年獲詹姆士・畢爾德基金會頒贈葡萄酒與烈酒傑出專家獎，亦榮登「美國飲食名人堂」。
www.italianwinemerchant.com

史蒂芬·貝克塔（Stephen Beckta）在渥太華經營 Beckta Dining & Wine 餐廳，並親任侍酒師。該餐廳於 2003 年榮獲加拿大《旅途上》（*enRoute*）雜誌選為加國最佳新餐廳第四名；同年並獲得渥太華《太陽報》五星肯定。2005 年獲得加拿大 AAA 四鑽評等。貝克塔曾於丹尼爾·布呂德的 Café Boulud 擔任兩年侍酒師，期間 Café Boulud 兩度獲得《葡萄酒旁觀者》（*Wine Spectator*）雜誌卓越大獎。貝克塔在紐約時，亦曾與丹尼·梅爾和理查·科倫在紐約的 Eleven Madison Park 餐廳共事。他是渥太華亞崗昆學院（Algonquin College）侍酒師訓練學程的畢業生，曾擔任渥太華麗緻餐飲集團侍酒師。
www.beckta.com

丹尼爾·布呂德（Daniel Boulud）在自己開設的餐廳擔任行政主廚，旗下餐廳包括曾榮獲《紐約時報》四星殊榮的 Daniel 餐廳（紐約市）、Café Boulud（紐約市及佛羅里達州棕櫚灘）、DB Bistro Moderne（紐約市）及 Daniel Boulud Brasserie（拉斯維加斯）。這位里昂近郊農場出身的世界級主廚曾兩次贏得詹姆士·畢爾德基金會獎項：1992 年紐約最佳主廚及 1994 年傑出主廚獎，並由《大快朵頤》雜誌評選為年度廚師。《紐約時報》國際版將 Daniel 餐廳列為全球十大餐廳，《美食雜誌》《葡萄酒旁觀者》雜誌榮譽大獎及《查加調查》都給予極高評比。布呂德著有五冊食譜，亦曾多次出席 Today、The Late Show with David Letterman 以及 Martha Stewart Living 等電視節目。
www.danielnyc.com

理察·布克瑞茲（Richard Breitkreutz）任職於紐約市 Hudson Yards Catering 外燴公司，曾擔任 Eleven Madison Park 餐廳的總經理，其專業背景來自英國葡萄酒與烈酒教育基金會與世界侍酒大師公會。布克瑞茲曾是 Eleven Madison Park 的創業團隊，一度於 2000 年 7 月離職，轉至隔壁的印度風高級餐廳 Tabla 服務，2002 年 10 月再度回到 Eleven Madison Park 擔任飲品及服務部門經裡，並於 2004 年升任總經理。
www.hycnyc.com

史考特·卡爾弗特（Scott Calvert）在維吉尼亞州華盛頓市的 Inn at Little Washington 任侍酒師，自 2003 年起連續三年榮獲《葡萄酒旁觀者》榮譽大獎。卡爾弗特曾在瑞克·拉克寧的餐廳 Ilo 擔任葡萄酒顧問。這家位於 Bryant Park Hotel 的餐廳曾獲《紐約時報》三顆星評價。克爾特在布魯克林的 River Café 接受葡萄酒總監喬·戴利西歐的訓練，並成為該餐廳首位侍酒師。卡爾弗特為其他員工規劃了葡萄酒教學，並建立該餐廳第一份酒食搭配菜單。
www.theinnatlittlewashington.com

凱西·克西（Kathy Casey）在西雅圖主持 Kathy Casey Food Studios。她的食譜《西北太平洋：美好食譜》（*Pacific Northwest: The Beautiful Cookbook*）曾獲得茱莉亞·柴爾德食譜獎提名。最近出版有《與凱西·克西一同盛菜》（*Dishing with Kathy Casey*）與《凱西·克西做最愛的菜》（*Kathy Casey Cooks Favorites*），合著有《西雅圖勝地食譜》（*Best Places Seattle Cookbook*）及《出色味覺》（*Star Palate*）。克西與丈夫約翰共同經營位於派克市場的外燴兼零售店 Dish D'Lish，並在西雅圖 Sea-Tac 機場開設據點。克西也為《西雅圖時報》撰寫「盛菜」（*Dishing*）專欄。
www.kathycasey.com

喬·凱特森（Joe Catterson）在芝加哥的 Alinea 餐廳任總經理及葡萄酒總監。他曾在伊利諾州艾文斯頓市的 Trio 餐廳與美國知名餐廳 Alinea 大廚格蘭特·阿恰茲（Grant Achatz）共事，並為 Trio 設計葡萄酒課程。Trio 的葡萄酒課程於 2002 及 2003 年獲《芝加哥》雜誌餐廳特輯頒贈最佳萄酒課程，凱特森也於 2003 年獲選為最佳侍酒師。與阿恰茲共事前，他曾先後在伊利諾州威林市的 Le Francais 餐廳及芝加哥的 Les Nomades 擔任侍酒師。凱特森也曾以古典音樂家的身分旅居國外發展。
www.alinearestaurant.com

貝琳達·張（Belinda Chang）在 Osteria Via Stato 及 Big Bowl 餐廳擔任葡萄酒總監，兩者皆隸屬於芝加哥 Lettuce Entertain You 集團旗下。張曾在舊金山的 Fifth Floor 餐廳擔任兩年的總經理兼葡萄酒總監，並於 2004 年獲詹姆士·畢爾德基金會提名傑出侍酒服務獎。任職於 Fifth Floor 之前，張在芝加哥 Charlie Trotter's 餐廳接受侍酒師賴瑞·史東及約瑟夫·史畢曼設計的侍酒訓練課程，並於該餐廳擔任三年侍酒師。張就讀萊斯大學時，也曾在休士頓著名餐廳 Café Annie 的廚房打工。
www.leye.com

蕾貝卡·查爾斯（Rebecca Charles）在紐約市格林威治村擁有 Pearl Oyster Bar 餐廳，並親任行政主廚。她曾先後在緬因州肯納邦克波特市（Kennebunkport）的 White Barn Inn 及自己的 Café

47 餐廳獲得《紐約時報》四星肯定。查爾斯於 1987 年回到曼哈頓，在安・羅森威格的 Arcadia 餐廳擔任副主廚，之後在紐約市數家餐廳擔任行政主廚後，並於 1997 年創立 Pearl Oyster Bar，廣受美食界與一般大眾好評。查爾斯於 2003 年出版了傳記式廚藝書《龍蝦卷與藍莓派》（*Lobster Rolls & Blueberry Pie*），內容結合緬因州的家族生活記憶及多年廚房工作經驗。
www.pearloysterbar.com

史蒂芬・柯林（Stephane Colling）自 2004 年紐約當代藝術館的 The Modern 餐廳開幕以來，即擔任該餐廳的葡萄酒總監。1998 年他就讀於牛津大學時，就已在英國 Bray 的三星旅館 Waterside Inn 工作。隔年他搬至紐約，在紐約州柏油村 The Castle 餐廳擔任首席侍酒師。2002 年擔任紐約市 Compass 餐廳葡萄酒總監，獲《葡萄酒旁觀者》雜誌頒發卓越獎；之後在 Alain Ducasse at the Essex House 餐廳任職助理首席侍酒師，獲得《葡萄酒旁觀者》雜誌榮譽大獎。柯林為 The Modern 設計了一份酒單，列出九百多種酒，以搭配他同鄉來自法國阿爾薩斯的廚師蓋布瑞爾・克雷優瑟（Gabriel Kreuther）所做的料理。
www.themodernnyc.com

喬治・克斯特（George Cossette）是 Silverlake Wine 酒行的合夥人，兩位搭擋分別是曾為 Campanile 餐廳工作的藍迪・克萊門（Randy Clement）及曾在洛杉磯柏悅酒店任職的艾波・朗佛（April Langford）。克思特亦曾任 Campanile 的酒類總監，並獲得詹姆士・畢爾德基金會傑出侍酒服務獎提名。他也曾為其他地區的餐廳製作酒單，如 Lucques、Jar，以及麻州康橋市的 East Coast Grill。
www.silverlakewine.com

羅傑・達格（Roger Dagorn）這位侍酒大師從自 1993 年起即擔任紐約市 Chanterelle 餐廳的領班與侍酒師，並於 1996 年獲詹姆士・畢爾德基金會傑出侍酒服務獎。達格曾代表美國參加第六屆國際侍酒師大賽，並於之後的第八屆比賽中擔任評審。他於 1987 年及 1988 年皆獲得法國最佳葡萄酒與烈酒侍酒師總決賽亞軍。達格進入 Chanterelle 之前，曾擔任 Tse Yang 餐廳侍酒師、L' École 餐廳經理，以及紐約黎客艾美酒店侍酒師。達格目前在紐約技術學院任兼任教授，教授酒類相關課程。
www.chanterellenyc.com

山佛・達瑪托（Sanford D'Amato）在威斯康辛州密爾沃基市開設 Sanford 餐廳、Coquette Café 與 Harlequin bakery 烘焙坊等店，並親任主廚。達瑪托連續六年獲詹姆士・畢爾德基金會提名，並於 1996 年獲得中西部地區最佳廚師獎。《美食雜誌》於 2001 年 10 月號將 Sanford 餐廳列為全美 50 大餐廳的第 21 名。Sanford 餐廳持續獲得各種肯定：AAA 四鑽評比、Mobil Travel Guide 旅遊書四星評價，《查加調查》在食物及服務均給予 29 分的最高評價。1992 年 11 月，茱莉亞・柴爾德邀請 12 位廚師到她的家鄉波士頓為她的 80 壽宴料理美食，達瑪托是其中一位。
www.sanfordrestaurant.com

崔西・黛查丹（Traci Des Jardins）是舊金山 Jardiniere、Acme Chophouse 和 Mijita 餐廳的行政主廚兼合夥人。1995 年獲得詹姆士・畢爾德基金會的新秀廚師獎後，也常獲加州地區最佳廚師獎提名。《美食與美酒》雜誌將黛查丹選為最佳新進廚師，《舊金山》雜誌也連續兩年將黛查丹選為年度主廚。餐廳開張後，《舊金山紀事報》更兩度將她列為灣區最傑出的三位大廚之一。黛查丹在歐洲時曾師事數位法國名師，包括米夏與皮耶・圖華戈（Michel and Pierre Troisgros）、路卡・卡登（Lucas Carton）、亞倫・杜卡斯（Alain Ducasse）及亞倫・帕薩（Alain Passard）。在回到洛杉磯為約阿希姆・思皮里哈（Joachim Splichal）新開幕的 Patina 餐廳擔任行政主廚之前，曾在紐約市 Montrachet 餐廳掌廚。
www.tracidesjardins.com

洛可・狄史畢利托（Rocco DiSpirito）是紐約市的大廚兼電台主持人。他曾是 Union Pacific 及 Rocco's 22nd Street 等餐廳的合夥人兼大廚。Rocco's 22nd Street 開幕後曾參與 NBC 電視頻道 The Restaurant 節目 2003-2004 年間的製作。狄史畢利托出版了三本食譜，其中《風味》（*Flavor*）一書贏得 2004 年詹姆士・畢爾德基金會食譜獎。他也有一系列自家品牌烹飪器具，並在 wine.com 上主持品酒社團。1999 年《美食與美酒》雜誌將狄史畢利托名列最佳新進廚師，《美食雜誌》則於 2000 年稱之為全美國最受期待的新一輩大廚。狄史畢利托 1986 年畢業於美國廚藝學校（Culinary Institute of America），1990 年取得波士頓大學商學院學位。
www.roccodispirito.com

布萊恩・鄧肯（Brian Duncan）在為芝加哥 Bin 36、Wine Bar & Market 及伊利諾州林肯郡 Bin 36

Lincolnshire 等餐廳的合夥人與葡萄酒總監。鄧肯於 2003 年贏得《芝加哥論壇報》美食獎，也擔任 Frontera Grill/Topolobampo、Spruce、Erwin 與 Zinfandel 等餐廳的酒單設計顧問。他獨創了大約 12 種混釀，而且非常熱中於傳授有關餐酒搭配的知識。鄧肯成立一系列的互動式研討會 Discovery Series，提供許多食物與酒類相關的實務訓練。
www.bin36.com

麥可・富林（Michael Flynn）在華盛頓 DC 的 Kinkead's 餐廳擔任葡萄酒總監及侍酒師。1988 年起在 Le Pavillon 擔任侍酒師，負責管理的酒窖藏有六萬多瓶佳釀，並獲得《葡萄酒旁觀者》雜誌榮譽大獎。Kinkead's 曾獲 Mobil 旅遊指南四星評等，十年間連續獲得《華盛頓人》雜誌藍絲帶獎，並七度獲得《葡萄酒旁觀者》雜誌卓越大獎。《華盛頓人》雜誌讚譽富林為華盛頓「最知名、最受歡迎的侍酒師」，勞勃・派克則在《葡萄酒擁護者》（*Wine Advocate*）一書中稱其為「美國最優秀的侍酒師」。富林曾獲詹姆士・畢爾德基金會傑出侍酒服務獎多次提名。
www.kinkead.com

菲利普・格茲（Philippe Gouze）在紐約波坎提科丘的 Blue Hill at Stone Barns 餐廳任總經理兼調酒專家。格茲出身於普羅旺斯，當年他為了慶祝自己取得行銷學 MBA 學位，到紐約度過一個夏天，不料從此愛上這個城市，再也不曾離開。高茲在格林威治村的餐廳擔任基層員工時，便決心投入餐飲業，且很快就在法國大廚尚－喬治・馮耶瑞和頓的集團中升至管理階層。1993 年開始， 高茲為 66 餐廳服務，亦在 Vong 餐廳任職總經理。
www.bluehillstonebarns.com

保羅・葛利克（Paul Grieco）與大廚馬可・卡諾拉（Marco Canora）共同成立位於紐約市的 Hearth 餐廳，葛利克並擔任該餐廳總經理。他對高級餐飲的訓練始於家族在多倫多的義大利餐廳 La Scala，之後他到義大利學習葡萄酒知識。葛利克於 1991 年前往紐約，在 Remi 與 Gotham Bar & Grill 等餐廳工作；1994 年與克里斯・卡農（Chris Cannon）一同開設 Judson Grill 餐廳。葛利克後來在 Gramercy Tavern 管理飲料部門。該酒館於 2002 年贏得詹姆士・畢爾德基金會傑出侍酒服務獎。同年葛利克在美國侍酒師協會主辦的全國最佳侍酒師大賽中獲得第八名。
www.restauranthearth.com

吉兒・吉貝許（Jill Gubesch）在芝加哥 Frontera Grill/Topolobampo 擔任該餐廳開業以來第一位侍酒師，並於 2005 年獲尚・班薛卓越廚藝獎提名。她與大廚瑞克・貝雷斯（Rick Bayless）共同設計了一套課程，教授如何以葡萄酒搭配墨西哥料理。貝雷斯讚譽吉貝許是「我所見過最優秀的餐酒搭配專家」。古貝許畢業於伊利諾州衛斯理大學，並於 2001 年取得侍酒師認證。《葡萄酒狂》（*Wine Enthusiast*）雜誌、《餐飲》（*Restaurant Hospitality*）雜誌及 Starchefs.com 皆曾刊載吉貝許對葡萄酒的專業意見，吉貝許也曾擔任《美食與美酒》雜誌美國葡萄酒類獎項的評審。
www.fronterakitchens.com

葛雷格・哈林頓（Greg Harrington）是侍酒大師，也是 Gramercy Cellars 的主人兼釀酒師。這座位於華盛頓州瓦拉瓦拉市的精緻釀酒廠提供小量的地域性葡萄酒，以希哈品種為主。1996 年，年僅 26 歲的哈林頓成為侍酒師考試中年紀最輕的美國籍合格考生。哈林頓的經歷包括：B. R. Guest and James Hotels 旅館的合夥人兼飲料部門總監；先後管理紐約、拉斯維加斯、亞利桑那州斯科茨代爾與芝加哥等地共 15 家餐廳與旅館；曾擔任沃夫岡普克餐飲集團葡萄酒總監及初級合夥人；為艾默利・拉加西在紐奧良及拉斯維加斯的餐廳擔任葡萄酒總監；在喬依絲・高斯坦（Joyce Goldstein）位於舊金山的 Square One 餐廳擔任侍酒師。

威勒・「呆伯」・赫爾（Willard "Dub" Hay）是西雅圖星巴克企業的咖啡與全球收購部門的資深副總裁。他負責管理咖啡生豆的購入、烘培、配方及星巴克咖啡的品項開發，同時負責員工的咖啡知識教育。赫爾 2002 年時即以咖啡部門資深副總裁身分加入星巴克，2005 年起負責業務擴大至茶類飲品。赫爾加入星巴克前，曾任職 Sonoma UBS PaineWebber 公司，亦曾擔任雀巢公司副總裁，負責咖啡配方的品質控管。
www.starbucks.com

羅伯・賀斯（Robert Hess）是 DrinkBoy.com 網站的創立人，也是微軟公司西雅圖總部的主管。賀斯幼時看到酒保毫不費力地將各種酒類混成光澤閃耀的飲品，開啟了對調酒的興趣。賀斯將幼時憧憬轉為實際行動，努力學習所有調酒相關知識。他以所受的餐飲訓練為基礎，將調酒化為一種如法國料理般具有各種風味潛能的藝術。賀斯並積極推廣精緻調酒，與餐廳、酒保及消費者一同宣揚這門未受重視的藝術。www.drinkboy.com

井內弘美（Hiromi Iuchi 音譯）是 Jizake 有限公司（前身為日本酒服務研究會）的營運長及副總裁。她在大阪關西外國語大學取得英語學士學位，接著赴美實習，並在新罕布什爾州教授日本文化。1993 年井內遷至紐約，並在紐約藝術學生聯盟學習繪畫。井內在 1997 年進入 Jizake 服務，擔任東岸行銷經理。2000 年升任全國行銷經理，四年後升到目前職位。身為清酒侍酒師，她時常向大眾推廣日本清酒。
www.sakejapan.com

史蒂芬·簡金斯（Steven Jenkins）是紐約市 Fairway 市場的資深乳酪商。他在 1996 年出版《乳酪啟蒙書》（*The Cheese Primer*），並於隔年贏得詹姆士·畢爾德圖書獎。詹金斯的乳酪生涯始於汀恩德魯卡食品百貨。他自 1976 年起加入 France's Guilde de St. Uguzon，同時也是美國乳酪協會的董事會成員。《紐約時報》稱他為「精緻食品界的野孩子」，《紐約雜誌》則說他是「本市最受矚目的雜貨店員」。簡金斯在 National Public 電台的節目 The Splendid Table 中負責主持 The Jenkins Chronicles 單元。
www.fairwaymarket.com

丹尼爾·強斯（Daniel Johnnes）是 Dinex 集團的葡萄酒總監。該集團旗下餐廳包括紐約的 Daniel、紐約市及佛羅里達州棕櫚灘的 Café Boulud、紐約市的 DB Bistro Moderne，以及拉斯維加斯的 Daniel Boulud Brasserie 等餐廳。強斯之前曾在 Montrachet 餐廳擔任葡萄酒總監。他成立了葡萄酒進口公司 Jeroboam Wines，並於 2004 年推出自有品牌葡萄酒 Petit Chapeau，亦曾出版 Daniel Johnnes's Top 200 Wines 一書。強斯 2002-2004 連續三年獲得詹姆士·畢爾德基金會提名年度葡萄酒與烈酒專業人士，並於 2000 年由《健康》（*Santé*）雜誌選為年度葡萄酒與烈酒專家。酒類品飲作家勞勃·派克（Robert Parker）稱強斯為「美國最優秀（也最好相處）的侍酒師」。
www.danielnyc.com & www.danieljohnneswines.com

凱倫·金恩（Karen King）在紐約當代藝術館內 the Modern 餐廳擔任飲品總監。金恩是由侍酒大師公會認證的高級侍酒師。於 2003 年應聘前往 Gramercy Tavern 之前，在 Union Square café 任葡萄酒總監。Union Square café 在 1998 年獲得詹姆士·畢爾德基金會提名最佳侍酒服務獎，並於次年奪得傑出侍酒服務獎。該餐廳酒單亦於 2001-2003 連續三年獲得《葡萄酒旁觀者》雜誌最高榮譽卓越獎。金恩曾任教於紐約大學、法國廚藝學院與美國侍酒師協會。
www.themodernnyc.com

提姆·科帕克（Tim Kopec）克自 1999 年起就在紐約市的 Veritas 餐廳擔任葡萄酒總監。於 2005 年獲得詹姆士·畢爾德基金會傑出侍酒服務獎。科帕克精益求精，使 Veritas 成為世界級品酒勝地，並於 2000 年榮獲餐飲界最高榮譽：《葡萄酒旁觀者》雜誌的榮譽大　。他也協助 Montrachet 餐廳更上一層樓，讓這家三星級餐廳在 1994-1999 年間連續獲得此尊榮獎項。柯派克畢業於紐約海德公園的美國廚藝學校，持有美國侍酒師學會的有效會籍。
www.veritas-nyc.com

詹姆士·勒柏（James Labe）在西雅圖經營茶館 Teahouse Kuan Yin，也是自有品牌 Teahouse Choice Teas 的品茶師兼採購。1998 年 W Hotel 旗艦店在紐約開幕，勒伯應聘為全美第一位侍茶師，從此成為世界知名的品茶及備茶大師，身兼指導者、講師、品茶師及侍茶師，常獲世界各大報章報導。他也常為全球各大茶類供應商提供專業諮詢，並與知名大廚合作設計獨特的茶餐宴與下午茶。勒伯的精選茗茶與原創印度拉茶配方在印度的泰姬陵酒店都喝得到，他目前正在為泰姬陵酒店集團設計世界第一座茶窖。
www.teahousechoice.com

麗仙·拉普特（Lisane Lapointe）是 Dom Pérignon 香檳在美國的首席品牌大使。拉波特也在美國首屈一指的高價進口酒公司酩悅軒尼詩負責加州地區 Dom Pérignon 香檳的公關與教育活動。成為 Dom Pérignon 品牌大使之前，曾在數家酒類品牌擔任娛樂行銷經理，包括軒尼詩干邑白蘭地、柑曼怡香橙干邑甜酒、約翰走路純麥威士忌及坦奎瑞琴酒。拉普特在加拿大蒙特婁高等商學院取得學士學位，也曾在侍酒大師公會與 New School of Cooking 修課。她已取得國際侍酒師公會一級與二級證書。
www.moet.com

尚盧·拉杜（Jean-Luc Le Dû）在紐約市擁有 Le Dû's Wines 酒品專賣店。他曾任 Daniel 餐廳的首席侍酒師，表現突出，後來於 2004 年 12 月離職。拉杜在 Daniel 服務期間擴充酒單，涵蓋了將近兩千多種來自世界各地的佳釀，並設立全美數一數二的葡萄酒課程，也為丹尼爾·布呂德旗下所有新開幕餐廳（紐約市 DB Bistro Moderne 與紐約市和佛羅里達州棕櫚灘的 Café Boulud）設計酒單。拉杜在 1997 瑟貝莎大賽贏得美國東北地區最佳侍酒師。他所設計的酒單在 2002 年 8 月獲得世界級殊榮《葡萄酒旁觀者》雜誌榮譽大獎，本人則在 2000 年獲詹姆士．畢爾德基金會傑出侍酒服務獎提名，並於 2003 年贏得此獎項。
www.leduwines.com

麥特．里列特（Matt Lirette）在艾默利．拉加西（Emeril Lagasse）開設的 Emeril's New Orleans 餐廳任侍酒師，並於 1996 年加入拉加西親自領軍的工作團隊，不久晉升為助理侍酒師。這個職位讓他有機會研究經手的佳釀，並研讀餐廳豐富的酒單。一年後里列特升任為拉加西第二間餐廳 NOLA 的侍酒師，學習酒類採購、倉儲管理，以及如何增加酒的魅力。2002 年在 Emeril's Delmonico 餐廳短暫擔任侍酒師，隨即回到集團旗艦店 Emeril's New Orleans 餐廳任侍酒師。該餐廳自 1999 年起接連獲得《葡萄酒旁觀者》雜誌榮譽大獎。里列特本人亦在 2005 年獲得詹姆士．畢爾德基金會傑出侍酒服務獎提名。
www.emerils.com

萊恩．馬格利恩（Ryan Magarian）是西雅圖 Kathy Casey Food Studios 的調酒大師。《美食與美酒》雜誌曾於 2004 年頒給他引領潮流獎，並稱他為「衝勁十足的後起之秀」。《西雅圖》雜誌則先後於 2000 及 2002 年評選他為俄勒岡州波特蘭市與西雅圖的最佳酒保。馬格利恩部分酒譜收錄於蓋瑞．雷根的《調酒師之樂》（*The Joy of Mixology*）及《食物與葡萄酒調酒》（*Food & Wine Cocktails 2005*）。馬格利恩也為《調酒師》與《西北攪動》（NW Stir）等雜誌寫過文章。他目前正為荷美航運設計酒吧／調酒課程，同時也為萬豪國際集團研發新調酒。馬格利恩也是 Fris Vodka 的代言人。
www.kathycasey.com

菲利普．馬歇（Philippe Marchal）是紐約市 Daniel 餐廳的侍酒師。他負責掌理該餐廳的酒單，有 15 個國家的 1500 種以上佳釀，皆為一時之選，其中包括餐廳自有品牌 Cuvée Daniel、Champagne Cuvée Daniel 及法國格拉夫產波爾多紅酒。Daniel 餐廳自信酒單上豐富的選擇必能滿足每位顧客的需求，無論是 25 美元一瓶的帕坎納陳年紅酒（這支葡萄牙 Estremadurra 地區出產的紅酒味道強勁、風味十足），或是一瓶要價 5000 美元以上的拉菲．羅斯柴爾德酒莊傳奇佳釀。
www.danielnyc.com

麥可．邁沙博士（Dr. Michael Mascha）是 finewaters.com 網站的創立者及發行人，該網站於 2003 年在洛杉磯成立。邁沙鑽研廚藝 20 餘年，後來因心臟病無法飲酒，便率先以高級瓶裝水多方開創嶄新廚藝。在此之前，邁沙是主動式內容管理系統先驅 CrownPeak 科技公司的共同創辦人，曾在南加大擔任助理教授，教授視覺人類學，同時也是 E-Lab 實驗室第一位指導者。邁沙在此實驗室與珍古德博士共同研發創新互動式媒體計劃。他在南加大任教時參與開創的 Mercury Project 獲《倫敦時報》讚譽「將留名電腦發展史」。
www.finewaters.com

麥克斯．麥卡門（Max McCalman）是紐約市手工製作高級乳酪中心（Artisanal Premium Cheese Center）的教務主任與乳酪師。他是美國第一位駐餐廳乳酪師，並擁有法國乳酪公會授予的 Garde et Jure 頭銜。麥克曼在過去十年間為紐約市的 Picholine 與 Artisanal 餐廳開設乳酪課程並大受歡迎，更於世界各地積極推廣手工乳酪製作。他的第一本書《乳酪盤》（*The Cheese Plate*）入圍詹姆士．畢爾德基金會食譜獎及國際烹飪專業協會食譜獎，另一本書《乳酪：行家指南》（*Cheese: A Connoisseur's Guide*）於 2005 年出版。麥卡門與女兒住在曼哈頓。
www.artisanalcheese.com

丹尼．梅爾（Danny Meyer）在紐約市擁有數家極受歡迎且獲獎無數的餐廳，包括 Union Square Café、Gramercy Tavern、Eleven Madison Park、Tabla、Blue Smoke、Shake Shack 及紐約當代美術館內的 The Modern 餐廳。梅爾致力於消弭飢餓問題，身兼數個相關組織的董事，並於 1996 年獲得詹姆士．畢爾德基金會年度人道獎。梅爾與長期合作夥伴大廚麥可．羅曼諾（Michael Romano）合著有《The Union Square Cafe Cookbook》與《Second Helpings from Union Square Café》。梅爾得獎紀錄包括 2000 IFMA 金盤獎、非營利組織 Share Our Strength's 頒發的人道獎，旗下餐廳及主廚則共獲得 12 項詹姆士．畢爾德基金會獎項。
www.ushg.org

朗恩．米勒（Ron Miller）於 1993 年進入紐約市 Solera Restaurant and Tapas Bar 餐廳服務，目前擔任

領班。《紐約雜誌》曾特別撰文報導 Solera 餐廳的「最佳前菜」，《紐約時報》美食評論家露絲·瑞秋（Ruth Reichl）在介紹該餐廳時寫到：「準備好面對西班牙美食美酒的誘惑吧。」Solera 餐廳的酒單全由西班牙酒組成，因而享有盛名，該餐廳亦獲得《葡萄酒旁觀者》雜誌卓越大獎。米勒曾參與《紐約時報》舉辦、葡萄酒評論家艾瑞克·艾西莫夫（Eric Asimov）主持的品酒座談會，講授雪利酒及西班牙酒的相關知識。
www.solerany.com

艾倫·莫瑞（Alan Murray）侍酒大師自 2001 年起在舊金山 Masa's 餐廳擔任侍酒師及葡萄酒總監。在 1997 年與妻子移居美國之前，他修過幾門葡萄酒相關課程，也曾服務於雪梨一家十分重視酒單的餐廳。莫瑞在 Rubicon 餐廳為賴瑞·史東工作時，史東鼓勵他去上世界侍酒大師公會開設的認證課程，兩年後莫瑞取得進階證書。2001 年轉往 Masa's 就職後，以優異成績通過英國葡萄酒與烈酒教育基金會的進階考試，並於 2005 年取得侍酒大師資格。莫瑞是第一位取得侍酒大師資格的澳洲人。
www.masasrestaurant.com

麥可·歐布列尼（Michael Obnewlenny）曾在多倫多 Fairmont Royal York 旅館的 Epic 餐廳擔任侍茶師。他是加拿大第一位侍茶師，並獲加拿大茶葉協會與加拿大茶葉委員會認證，此特殊身分為歐布列尼引來全國媒體關注。歐布列尼將他對茶的淵博知識及熱情灌注到他所設計的茶單中，希望能發展不同方法以滿足顧客的各種口味。他當班時會引領顧客品茶、解答問題、提供茶與餐點的搭配建議，並分享關於茶的專業知識。歐布列尼深信茶與餐點的正確搭配應該會「在舌上起舞，並讓人垂涎三尺」。

派翠克·歐康乃爾（Patrick O'Connell）是維吉尼亞州 Inn at Little Washington 的主廚暨老闆。1972 年與夥伴萊因哈德·林區在維吉尼亞州山間發展外燴事業，後來逐漸演變為今日的旅店。這間旅店現在是美國最著名的鄉間度假勝地，並在過去 15 年間持續贏得 Mobil 旅遊指南的五星級獎。歐康乃爾和他的旅館曾多次獲得詹姆士·畢爾德基金會諸多獎項，包括中大西洋地區最佳大廚獎、傑出餐廳獎、傑出服務獎，以及傑出大廚獎。《旅遊與休閒》（*Travel + Leisure*）雜誌評比該旅店為北美第一，在高級餐飲旅店中名列第二。歐康乃爾目前擔任法國著名飲食集團 Relais & Chateaux 旗下餐廳聯盟 Relais Gourmands 的北美區總裁。
www.theinnatlittlewashington.com

加列·奧立維（Garrett Oliver）在紐約布魯克林的 Brooklyn Brewery 擔任釀酒師，同時也是合夥人。他在 1998 年贏得釀酒研究學院主辦的羅素·雪萊創新傑出釀酒獎，此獎項是美國釀酒界中最高榮譽。他也於 2003 年在丹麥獲得 Semper Ardens Award 啤酒發酵技術獎。奧利維的釀酒事業始於 1989 年，當時他在曼哈頓釀酒公司工作，1993 年他成為釀酒師，並於隔年轉至布魯克林釀酒廠工作。奧立維共出版了兩本書：與提莫西·哈波（Timothy Harper）合著的《啤酒佳釀》（*The Good Beer Book*），及另一本獲得 2004 年國際烹飪專業協會獎的《釀酒大師的工作檯》（*The Brewmaster's Table*）。
www.garrettoliver.com

拉傑·帕爾（Rajar Parr）侍酒大師是舊金山 Mina 集團的葡萄酒總監。他負責數家餐廳的酒單，包括拉斯維加斯貝拉吉歐飯店的 Michael Mina 餐廳（前身為 Aqua Bellagio）、聖荷西萬豪飯店的 Arcadia 餐廳，以及拉斯維加斯米高梅金殿飯店的 Nobhill 與 SeaBlue 餐廳。帕爾的事業始於舊金山的 Rubicon 餐廳，後來在 1999 年轉往舊金山的 Fifth Floor 餐廳工作。他畢業於印度 ITC 飯店集團旅館管理研究所及美國廚藝學校。帕爾負責為 Michael Mina 餐廳設計酒單，該餐廳於 2005 年獲得《葡萄酒旁觀者》雜誌榮譽大獎，是第一家開幕未滿一年即獲此大獎的餐廳。
www.westinstfrancis.com

葛瑞·雷根（Gary Regan）是備受推崇的調酒行家、烈酒專家、作家及吧檯與餐廳顧問。他任職於紐約 Croton-on-Hudson 餐廳。2003 年出版《調酒之樂》（*The Joy of Mixology*）一書，之前也曾撰寫《酒保的吧檯》（*The Bartender's Bible*）。雷根與妻子瑪蒂共同撰寫了數本書，包括《馬丁尼指南》（*The Martini Companion*）、《新經典調酒》（*New Classic Cocktails*）以及《波旁及其他威士忌佳釀》（*The Book of Bourbon and Other Fine American Whiskey*）。
www.ardentspirits.com

艾瑞克·瑞諾德（Eric Renaud）是佛羅里達州坦帕市 Bern's Steak House 餐廳的資深侍酒師。1995 年他開始在 Bern's 餐廳當兼職侍酒員，1998 年升任侍酒師。瑞納德的工作除了與另外兩位侍酒師一起協助顧客選擇佐餐酒，還包括替餐廳庫存的6500瓶酒編目。Bern's的酒窖藏有184支雅馬邑白蘭地（最早可追朔至1830年代）、196支干邑白蘭地（可追朔至1785）、206支蘇格蘭威士忌及111支「生命之水」（eaux-de vie）。瑞納德通過世界侍酒大師公會入門課程，並在Bern's Steak House開班授課。
www.bernssteakhouse.com

麥斯米蘭・瑞德爾（Maximilian Riedel）是新澤西州艾迪遜市瑞德爾水晶公司的執行長，該公司是全球最大的精緻玻璃酒杯製造商，瑞德爾則是此家族企業的第11代傳人。1997年，他年僅20歲便進入公司，從行銷與行政管理做起。瑞德爾在美國各地主要的葡萄酒相關活動現場主持品酒座談會，向顧客說明酒杯的確會影響酒的香氣、味道與品飲者對酒的感受。
www.riedel.com

保羅・羅伯斯（Paul Roberts）侍酒大師在加州納帕谷的Thomas Keller Restaurant Group任葡萄酒類與飲品總監。他負責管理14位全職侍酒師，這些人分別服務於加州揚特維爾French Laundry、紐約市Per Se與加州Yountville和拉斯維加斯Bouchon等餐廳。在進入Thomas Keller餐飲集團之前，他在休士頓的Café Annie任葡萄酒總監。羅伯斯曾獲《美食與美酒》雜誌與《美食雜誌》頒予優異酒單獎項，亦於2001年獲得詹姆士・畢爾德基金會提名傑出侍酒服務獎。羅伯斯首次參加侍酒大師認證考試即一舉通過三大項目，並獲得最高積分，因而獲頒世界侍酒大師公會庫克獎盃（Krug Cup）。他是世界上第六位獲得此殊榮的人。
www.frenchlaundry.com

大衛・羅森加騰（David Rosengarten）是www.DavidRosengarten.com網站總編，同時也是《羅森加騰通訊》（*The Rosengarten Report*）的編輯。該書刊報導最有趣卻鮮為人知的食品、餐廳、酒類以及旅遊地點，曾獲2003年詹姆士・畢爾德基金會最佳美食美酒報刊獎。羅森加騰曾出版得獎食譜《品嘗》（*Taste*），內容主要來自他主持的同名烹飪電視節目。《汀恩德魯卡烹飪書》（*The Dean & DeLuca Cookbook*）也是出自其手，這本食譜包含500道菜餚，所使用食材及烹飪靈感皆來自汀恩德魯卡食品百貨這間全美最著名的食品雜貨連鎖店。羅斯葛坦擁有康乃爾大學戲劇系博士學位。
www.davidrosengarten.com

蘇維爾・沙朗（Suvir Saran）是紐約市Devi餐廳的行政主廚。他與合作十年多的坦都里燒烤大師赫曼特・馬杜爾（Hemant Mathur）一同於2004年開設Devi餐廳。同年沙朗與資深美食作家史蒂芬妮・琳奈絲（Stephanie Lyness）合作出版他的第一本食譜《印度家常菜》（*Indian Home Cooking*）。沙朗曾任教於紐約大學食品營養系，以及《食物之藝》（*Food Arts*）雜誌與eGullet.com印度論壇的專業顧問。
www.suvir.com

亞瑟・許維茲（Arthur Schwartz）著有《亞瑟・許維茲的紐約市食物》（*Arthur Schwartz's New York City Food*）。他是全美報業第一位美食版男性編輯，並曾任餐廳評論家。目前史瓦茲是美食作家、烹飪教師及電台節目主持人。他的節目The Food Maven每週在紐約的WWRL Radio電台播出。史瓦茲其他的出版品有《在小廚房作菜》（*Cooking in a Small Kitchen*）、《覺得家中沒有東西可以吃時該煮什麼》（*What to Cook When You Think There's Nothing in the House to Eat*）、《晚餐湯品》（*Soup Suppers*）以及《餐桌上的拿波里：在坎佩尼亞下廚》（*Naples at Table: Cooking in Campania*）。
www.thefoodmaven.com

查爾斯・史沁柯隆內（Charles Scicolone）在I Trulli Restaurant餐廳及專門提供義大利酒的Enoteca餐廳／酒吧擔任葡萄酒總監，這兩家餐廳皆位於紐約市。史沁柯隆內曾數次獲詹姆士・畢爾德基金會傑出侍酒服務獎提名，最近一次是2006年。史沁柯隆內也替曼哈頓的義大利葡萄酒與烈酒酒行Vino擔任專業顧問。他與義大利美食家妻子蜜雪兒合著有《披薩——怎麼切開都可以》（*Pizza—Any Way You Slice It*）。史沁柯隆內也曾替《飲食得宜》（*Eating Well*）、《美麗住宅》（*House Beautiful*）、《麥卡爾的雜誌》（McCall's）、《美食雜誌》、《饕客》（*Epicurean*）以及《葡萄酒狂》等雜誌撰寫文章。史沁柯隆內也是葡萄酒媒體公會（*Wine Media Guild*）的會員。
www.vinosite.com

皮耶羅・賽伐吉歐（Piero Selvaggio）擁有位於聖塔莫妮卡和拉斯維加斯的Valentino，及拉斯維加斯的Caffe Giorgio等餐廳。賽伐吉歐率先將一些美味食材帶到美國西岸，例如新鮮的水牛莫札瑞拉乳酪。葡萄酒愛好者讚譽他的酒窖收藏是「世上數一數二的酒窖」。Valentino餐廳曾獲得數座詹姆士・畢爾德基金會獎項，包括1994年傑出侍酒服務獎、1996 年傑出服務獎，以及 2000 年傑出餐廳獎。富比世將 Valentino 餐廳列為全國第一，《葡萄酒旁觀者》雜誌則將該餐廳酒單列入全美前十大酒單。賽伐吉歐著有《瓦倫提諾烹飪書》（*The Valentino Cookbook*）。
www.welovewine.com

克萊格・雪登（Craig Shelton）在新澤西州懷特豪斯開設 Ryland Inn，並親任主廚。雪登於 2000 年獲得詹姆士・畢爾德基金會大西洋地區最佳大廚獎。Ryland Inn 獲《紐約時報》評比為「極為傑出」，《克萊恩商業周刊》雜誌記者鮑伯・拉佩（Bob Lape）稱之為「可說是全美最好的鄉村法國餐廳」，《美食雜誌》也將該餐廳列入「全美前十大鄉村餐廳」。Ryland Inn 的酒單在第八屆年度世界葡萄酒節由《餐飲》雜誌選為全美最佳法國酒酒單。Ryland Inn 在 20 公頃的地產上設有數公頃大的蔬菜及香料植物園，雪登不下廚時都待在這裡。
www.therylandinn.com

阿帕納・辛（Alpana Singh）侍酒大師在芝加哥 Everest 餐廳擔任侍酒師多年，該餐廳更因他獲得詹姆士・畢爾德基金會傑出侍酒服務獎。辛最近升職為 Lettuce Entertain You 集團的企業侍酒師。《美食與美酒》雜誌譽其為「天才型侍酒師」，因為她年僅 26 歲即取得侍酒大師資格。辛不僅是全美最年輕的侍酒大師，也是全球僅 14 位的女性侍酒大師之一。辛 21 歲時放棄大學學業，辭去餐廳女侍工作參加世界侍酒大師公會的進階考試，並順利通過，也曾主持芝加哥 WTTW 的電視節目 Check, Please!。
www.leye.com

卡洛斯・索利斯（Carlos Solis）在洛杉磯國際機場喜來登四星酒店的 T. H. Brewster's 餐廳擔任食物及飲品總監與行政主廚，負責掌理的世界各地稀有啤酒逾 75 支，並設計一系列可搭配啤酒的餐點，每道菜色皆可搭配不同啤酒。索利斯曾在加州大學洛杉磯分校研讀烹飪，也曾就讀加州納帕谷灰石市的美國廚藝學校，並於康乃爾大學學習食物及飲品管理。他的興趣包括戶外烤肉以及自釀啤酒。
www.fourpointslax.com

約瑟夫・史畢曼（Joseph Spellman）是侍酒大師，也是加州 Spring 山谷 Joseph Phelps Vineyards 酒莊的教育指導。他在 1996 年取得侍酒大師證書，隔年在法商瑟貝莎股份有限公司贊助的法國侍酒師大賽贏得冠軍，獲頒法國葡萄酒與烈酒最佳國際侍酒師。1998 年史畢曼獲選為《大快朵頤》雜誌的葡萄酒與烈酒年度專家。史畢曼已通過葡萄酒教師認證考試，目前在世界侍酒大師公會擔任教師與考官，也是該公會美國分會的主席。史畢曼曾為《葡萄酒與烈酒》（*Wine & Spirits*）、《葡萄酒狂》、《健康》、《品酒》（*Decanter*）以及《產區》（*Appellation*）等雜誌撰寫文章。他曾在查理・卓特的餐廳擔任侍酒師，因此也曾替查特的著作寫酒類註解。
www.jpvwines.com

賴瑞・史東（Larry Stone）侍酒大師是加州納帕谷 Rubicon Estate 的總經理。他是第一位在法國葡萄酒與烈酒項目中贏得最佳國際侍酒大師頭銜的美國人，也是迄今唯一擁有法國 Union de la Sommellerie Française 認證法國侍酒大師頭銜的美國人。史東是英國侍酒大師公會旗下的侍酒大師。他在芝加哥 Charlie Trotter's 餐廳及舊金山 Rubicon 餐廳服務時，獲得《葡萄酒旁觀者》雜誌榮譽大獎肯定。他所任職的餐廳皆獲得詹姆士・畢爾德基金會傑出侍酒服務獎。史東是侍酒大師公會董事會的一員，亦為詹姆士・畢爾德基金會的受託管理人之一。他的自有品牌 Sirita 在納帕谷釀有卡本內蘇維濃、卡本內弗朗以及梅洛等酒。
www.rubiconestate.com

伯納・森（Bernard Sun）是尚－喬治・馮耶瑞和頓的四星餐廳集團的企業飲品總監，負責幫尚－喬治・馮耶瑞和頓打點上海、紐約等地共 16 家餐廳的飲料單，同時要設計酒單、開發新調酒、訓練員工並管理財務。 柏納・森對酒的知識與品味來自多年自行鑽研，以及長期在紐約一流餐廳工作的經驗。他曾在蓋瑞・康茲的四星餐廳 Lespinasse、西瑞歐・馬齊歐尼（Sirio Maccioni）的著名餐廳 Le Cirque 2000 和德魯・涅波倫的傳奇餐廳 Montrachet 擔任侍酒師，2005 年 1 月轉往尚－喬治・馮耶瑞和頓集團服務。森對其關注的活動與組織不遺餘力，包括傑克森酒類拍賣會（Jackson Hole Wine Auction），以及希望之窗：家庭救助基金（Windows of Hope Family Relief Fund）。
www.jean-georges.com

保羅・譚貴（Paul Tanguay）是 Sushi Samba 的企業飲品總監。公司設立在紐約市，並有四家分公司分別設立於曼哈頓、芝加哥、邁阿密等地。譚貴在 2003-2005 年間擔任全美日本酒歡評會評審，他在大會中品嘗 150 種清酒，並鑑定其香味、風味和整體平衡。譚貴大力推動日本境外最盛大的清酒品嘗大會「清酒之歡」（The Joy of Sake）進入紐約。2004 年，譚貴有幸與少數幾名美國人一同參與日本新酒鑑評會，這是在廣島市舉行的全球最大清酒品酒活動。
www.sushisamba.com

唐・提爾曼（Don Tillman）與妻子千夏（音譯）共同擁有位於紐約市的 ChikaLicious 餐廳，提爾曼擔任該餐廳侍酒師。這間餐廳在餐點部分提供甜點。知名美國餐館指南《查加調查》於 2006 年給予其食物評比 25 分，並稱該餐廳是個「非常新奇的概念」，提供顧客「極佳的甜點與完美的搭配酒」。提爾曼來自賓州赫胥，曾在 Prime、Tom Tom 與 Tavern at Phipps 等餐廳服務。休假的時候，他會在聯合廣場的農夫市集吹奏薩克斯風。
www.chikalicious.com

德瑞克・陶德（Derek Todd）在紐約波坎提科丘的 Blue Hill at Stone Barns 餐廳任侍酒師。他來自加拿大溫哥華，年幼時跟著媽媽待在廚房裡，讓他從小就對烹飪產生興趣。20 年前陶德搬到紐約發展戲劇事業，並跨足餐飲界。直到有一天，陶德發現他寧可把晚上的時間花在品酒會或新開幕的餐廳，而非劇院，於是毅然將全副熱情投注在美食與美酒上。陶德曾在紐約數家餐廳工作，最近的經歷是在 Red Cat 餐廳任職經理，以及在 Vanderbilt Station 擔任總經理與葡萄酒總監。
www.bluehillstonebarns.com

克里斯多夫・崔西（Christopher Tracy）在紐約州 Bridgehampton 市的 Channing Daughters Winery 兼任釀酒師與主廚。他在美國侍酒師學會取得侍酒師證書，亦獲得英國葡萄酒與烈酒教育基金會的進階證書與文憑，並且於 2001 年起便持續研發高級品葡萄酒等產品。崔西畢業於曼哈頓的法國廚藝學院，曾任 March 餐廳任點心房副主廚與 Robbins Wolfe Eventeurs 餐廳的行政主廚。
www.channingdaughters.com

寇妮・莊（Corinne Trang）是紐約作家，曾多次獲獎，為《美食與美酒》、《健康》、《烹飪之光》（*Cooking Light*）、《個人底線》（*Bottom Line Persona*）、《有機風格》（*Organic Style*）與《美食》等出版品執筆。1996-1998 年間，寇妮在《美食》雜誌擔任實驗廚房總監以及製作編輯，著有《真正的越南料理》（*Authentic Vietnamese Cooking*）、《亞洲食物精髓》及《亞洲燒烤》等書。《華盛頓郵報》稱寇妮為「亞洲版茱莉亞・柴爾德」。
www.corinnetrang.com

葛雷格・崔斯納（Grey Tresner）侍酒大師在亞利桑那州 Scottsdale Phoenician 飯店中的 Mary Elaine's 餐廳擔任侍酒師。在此之前，崔斯納已在餐飲界工作 20 多年，他是亞利桑那州第一位獲得侍酒大師公會美國分會認證的侍酒大師。崔斯納替 Mary Elaine's 餐廳設計酒單並採購酒，該餐廳也因此於 2000 年獲得第一座詹姆士・畢爾德基金會榮譽大獎。由於崔斯納的專業，Mary Elaine's 也因此取得 AAA 五星評等、Mobil 五星評比以及數次詹姆士・畢爾德基金會傑出侍酒服務獎。截至 2005 年，該餐廳已連續六年獲得《葡萄酒旁觀者》雜誌榮譽大獎。
www.thephoenician.com

曼黛蓮・提芙（Madeline Triffon）侍酒大師在底特律 Matt Prentice 餐飲集團擔任葡萄酒總監，負責替五家高級餐廳及三家一般餐廳設計酒單與飲料單，八家餐廳中有四家曾獲得《葡萄酒旁觀者》雜誌卓越大獎。提芙也協助舉辦美食美酒活動，並擔任法人葡萄酒講師。她於 1987 年獲得侍酒大師頭銜，是第八位取得此資格的美國人，也是當時世上唯二的女性侍酒大師。1999 年獲《健康》雜誌選為葡萄酒與烈酒年度專家；2002 年獲《餐飲》雜誌先鋒獎，以表彰提芙的產業領導力與遠見。
www.mattprenticerg.com

史考特・泰瑞（Scott Tyree）是芝加哥 Tru 餐廳的侍酒師。泰瑞畢業於西北大學，取得廣電影視學位。在法國波爾多地區念書時，對葡萄酒及葡萄栽培產生極大興趣。1996 年泰瑞應聘到 Lettuce Entertain You 集團旗下賓客雲集的 Shaw's Crab House 擔任侍酒師。1999 年前往 Tru 餐廳擔任酒類總監，他為 Tru 餐廳設計的酒單佳評如潮，獲得報章媒體盛讚。《美食與美酒》雜誌將其列為 2000 年全美十大新酒單，《葡萄酒旁觀者》雜誌則於 2000 及 2001 年頒贈卓越大獎。泰瑞已通過侍酒大師公會證書考試與進階考試。
www.leye.com

大衛・華塔克（David Waltuck）擁有紐約市 Chanterelle 餐廳，並親任主廚。該餐廳獲獎無數，包括詹姆士・畢爾德基金會 2000 年傑出服務獎與 2004 年傑出餐廳獎。華塔克獨具創新性格，24 歲即開始與妻子凱倫經營 Chanterelle 餐廳。餐廳開設地點在當時算是曼哈頓邊陲地區，居民大部分是藝術家。華勒克一直致力於發掘小規模生產廠商與魚貨品質最好的海鮮供應商，並尋找最佳食材、本國與進口肉類，當然還有各式野菇。華塔克在 2000 年出版《雞油菌員工餐》（*Staff Meals from Chanterelle*）。
www.chanterellenyc.com

喬許・韋森（Joshua Wesson）是最佳酒窖公司（Best Cellars, Inc.）的共同創辦人與葡萄酒總監。韋森於 2003 年獲歐洲葡萄酒理事會頒予大使獎。他與大衛・羅森加騰合著的《紅酒配魚肉》（*Red Wine with Fish*）獲得 1990 年國際烹飪專業協會銀牌獎，以及 1989 年杜柏夫年度葡萄酒書籍獎。韋森也替費南多・薩拉列吉（Fernando Saralegui）的《我們的拉丁餐桌》（*Our Latin Table*）、安・羅森威格（Anne Rosenzweig）的《阿卡迪亞的季節壁畫與食譜》（*Arcadia Seasonal Mural and Cookbook*），以及貝蒂・芙賽爾（Betty Fussell）的《法式小餐館（Bistro Fare）等書撰寫酒品推薦。1984 年韋森獲得美國最佳法國葡萄酒侍酒師頭銜；1986 年法商瑟貝莎股份有限公司評選他為世界前五大侍酒師之一。韋森也是 National Public Radio 電台 The Splendid Table 節目的評論家。
www.bestcellars.com

亞諾斯・懷德（Janos Wilder）是亞利桑那州圖森市 Janos 餐廳的老闆兼主廚。2000 年獲得詹姆士・畢爾德基金會西南地區最佳大廚獎。1990 年出版《亞諾斯：來自西南餐廳的食譜與傳說》（*Janos: Recipes and Tales from a Southwest Restaurant*）。1998 年 Janos 餐廳搬遷至威斯汀帕洛瑪度假飯店，從該餐廳的獨棟建築內可俯瞰整座圖森峽谷。1999 年 J Bar 在同一棟建築裡開幕。與 Janos 餐廳相比，J Bar 是沒那麼正式且相對平價的用餐選擇，提供亞利桑那州南方、拉丁美洲、墨西哥及加勒比海等地區料理，並刻意凸顯同桌共食的宴飲之樂。

名詞對照

中文	原文
1-5 劃	
J.J. 普魯姆酒莊	J.J. Prum
Pil Pil 醬汁鱈魚	Bacalao Pil Pil
PX 雪利酒（佩德羅希梅內斯品種雪利酒）	Pedro Ximenez / Px
一級葡萄園	Premier Cru
丁香	Clove
二焗馬鈴薯	Twice-Baked Potatoe
八角	Star Anise
力加酒	Ricard
三奶蛋糕	Tres Leches Cake
三明治	Sandwich
燒烤火腿乳酪三明治	Croque Monsieur
撕肉三明治	Pulled Pork
烤鹽醃牛肉三明治	Reuben
茶點型三明治	Tea
上梅多克產區	Haut-Médoc
土荊芥	Epazote
大力水手炸雞	Popeye'S Fried Chicken
大干貝	Day Boat Scallops
大比目魚	Halibut
大利昆達瑞利酒莊阿馬龍紅酒	Quintarelli Amarone
大型通心麵	Manicotti
大麥酒	Barley Wine
大麥麥芽	Malted Barley
大黃	Rhubarb
大圓鮃	Turbot
大塊烘烤肉	Roasts
大蔥	Calcotada
大蕉	Plantains
小希哈	Petite Syrah
小果南瓜	Squashes
小河蟹	Sawagani
小青南瓜	Acorn Squash
小茴香	Fennel
小維鐸品種	Petit Verdot
小鱈魚	Scrod
山吉歐維列品種	Sangiovese
干邑	Cognac
中央海岸產區	Central Coast
中式綠茶	Chinese Green Tea
中式料理	Chinese Cuisine
五漁村產區	Cinque Terre
什錦飯	Jambalaya
內比歐羅品種	Nebbiolo
內果亞馬諾	Negroamaro
六種葡萄波特酒	Six Grape Port
切片牛排	Sliced
孔德里耶酒區夏葉葡萄園	Condrieu Le Chaillets
巴巴瑞斯科釀酒合作社	Produttori Del Barbaresco
巴多利諾產區	Bardolino
巴貝托酒莊	Barbeito
巴貝拉品種	Barbera
巴貝瑞斯可產區	Barbaresco
巴梨	Barlett Pears
巴斯利卡塔產區	Basilicata
巴達－蒙哈榭	Batard-Montrachet
巴赫米布謝酒莊	Barmes Buecher
巴薩米克醋	Balsamic Vinegar
巴薩克產區	Barsac
巴羅沙產區	Barossa
巴羅洛產區	Barolo
手指馬鈴薯	Fingerling Potato
手鞠松（菜名）	Temari Matsu
手續簡單的料理	Light Preparation
斗羅河岸	Ribera Del Duero
日式鮪魚	Toro
月桂葉	Bay Leaf
木十字園（品名）	Croix De Bois
木桐堡酒莊	Château Mouton Rothschild
木槿花	Hibiscus
木質感	Oak Texture
比目魚	Flounder
水牛城辣雞翅	Buffalo Chicken Wings
水果香甜酒	Fruit Liqueur
水果調酒	Cocktail : Punch
水晶香檳	Cristal
水煮	Poach
火焰雪山	Baked Alaska
火焰塔	Tarte Flambee
牙買加香辣雞	Jerked Chicken
牛肉	Beef
紅酒燉牛肉	Bourguignon
野牛肉	Bison
波爾多紅酒醬汁	Bordeaux Wine Sauce
紅酒燉牛肉	Bourguignon
布根地牛肉	Bourguignonne
牛胸肉	Brisket
墨西哥烤肉	Carne Asada
薄切生牛肉	Carpaccio
奇亞那牛肉	Chianina
牛肋排	Cote De Boeuf
腹肌牛排	Hanger Steak
牛腰肉	Loin

五香燻牛肉	Pastrami
燜燉牛肉	Pot Roast
烘烤肋排	Rib Roast
大塊烘肉	Roasts
牛腱	Shank
沙朗	Sirloin
俄羅斯酸奶牛肉	Stroganoff
牛肉塔可	Tacos
韃靼生牛肉	Tartare
豬小里肌肉／嫩牛腰肉	Tenderloin
小里肌	Tenderloin
牛肉威靈頓牛肉派	Wellington
牛排	Steak
丁骨牛排	Porterhouse
小塊牛腰肉	Shell Steak
牛肋排	Prime Rib
牛肩胛肉排	Chuck Steak
牛絞肉	Ground
牛腹肉排	Flank Steak
肋眼牛排	Rib-Eye
佛羅倫斯丁骨牛排	Bistecca Alla Fiorentina
夏多布利昂牛排	Chateaubriand
紐約長牛排	Strip (New York)
無骨沙朗牛排	Delmonico
菲力牛排	Filet Mignon
費城乳酪牛排	Philadelphia Cheesesteak
翡冷翠大牛排	Bistecc Alla Fiorentina
韃靼牛肉	Tartare
牛肉馬鈴薯餅	Corned Beef Hash
牛肝蕈	Porcini/ Cèpes
丘鷸	Woodcock
出貓烤薯	Roasted Potato
加列斯托土質	Galestro
加利西亞風味章魚	Pulpo Ala Gallega
加利西亞產區	Galacia
加勒比海美食	Caribbean Cuisine
加斯科涅區	Gascony
加爾達湖產區	Lake Garda
加糖、香料的熱飲酒	Mulled
北海岸酒廠	North Coast
北極紅點鮭	Arctic Char
半釉汁	Demi-Glace
卡士達	Custards
卡內里小鎮	Canelli
卡布里沙拉	Caprese Salad
卡布奇諾	Cappuccio
卡本內弗朗	Cabernet Franc
卡本內弗朗品種	Carbernet Franc
卡本內蘇維濃品種	Cabernet Sauvignon
卡瓦多斯	Calvados

卡皮利亞調酒	Cocktail : Caipirinhas
卡米蘭諾產區珍藏紅酒	Carmignano Riserva
卡西斯	Cassis
卡西斯（黑醋栗白酒）	Cassis Blanc
卡佩紮納酒莊	Capezzana
卡拉布里亞產區	Calabria
卡斯泰利堡酒莊	Castellare
卡慕堡酒廠	Château Camou
卡歐產區	Cahors
卡穆酒莊	Gamut
卡諾納烏品種	Cannonau
古典調酒	Old Fashioned Cocktail
司康餅	Scone
史坎薩諾產區莫雷利諾	Morellino Di Scansano
史特林酒莊	Sterling Vineyards
史賓涅塔酒莊	La Spinetta
四季豆	Green Beans
四季豆	String Bean
奶油香	Buttery
奶油甜餡煎餅卷	Cannoli
奶油雪利酒	Cream Sherry
奶油蒜頭檸檬炒大蝦	Scampi
奶油糖果	Butterscotch
奶油雞蛋麵	Buttered Egg Noodles
尼可拉依霍夫酒莊	Nikolaihof
尼克羅尼調酒	Negroni Cocktail
尼斯沙拉	Niçoise Salad
尼爾吉利紅茶	Nilgiri
布包鵝肝	Torchon
布列斯雞	Bresse Chicken
布拉切托品種	Brachetto
布拉切托・達桂	Brachetto D'Acqui
布拉格酒莊	Prager
布朗尼	Brownies
布根地	Burgundy
布根地氣泡酒	Crémant De Bourgogne
布雷格葡萄園	Breg
布爾品種	Bual
布魯內羅品種	Brunello
弗里烏利－ 威尼斯朱利亞產區	Friuli-Venezia Giulia
弗里烏利產區	Friulian
弗拉斯卡蒂產區	Frascati
玉米粉圓餅湯	Tortilla Soup
玉米脆餅	Tortilla Chip
玉米黑穗菌	Huitlacoche
玉米粽	Tamale
玉溜	Tamari
瓦多比昂丹	Valdobbiadene
瓦波利切拉產區	Valpolicella

瓦浩產區	Wachua
瓦榭洪酒莊	Vacheron
瓦爾許麗絲玲品種	Welschriesling
甘藍	Cabbage
甘藷	Sweet Potato
甘露莎酒莊	Remirez De Ganuza
生命之水（水果蒸餾酒）	Eau De Vie/Eau-De-Vie
生物動力自然農法	Biodynamic
田帕尼優品種	Tempranillo
田園沙拉	Green Salad
田雞腿	Ancas De Rana
白中白（以 100% 白葡萄釀製而成的白香檳）	Blanc De Blanc
白汁黑嘉美葡萄	Gamay Noir(À Jus Blanc)
白肉魚	Light-Fleshed Fish
白色龍舌蘭酒	Blanco Tequila
白豆什錦鍋	Cassoulet
白芙美	Fumé Blanc
白金芬黛（粉紅酒）	White Zinfandel
白胡桃瓜	Butternut Squash
白格那希品種	Grenache Blanc
白馬堡酒莊	Château Cheval Blanc
白馬堡酒莊	Cheval Blanc
白堊土；石灰質土壤	Chalk
白梢楠品種	Chenin Blanc
白毫銀針	White Silver Needle
白葡萄酒	Vino Bianco
白蘇維濃品種	Sauvignon Blanc
皮克利	Picolit
皮姆的調酒	Cocktail : Pimm'S Cup
皮耶蒙產區	Piemonte/Piedmont
皮爾森	Pilsner
皮蜜提品種	Primitivo
皮諾	Pinot
白皮諾	Pinot Blanc / Pinot Bianco
皮諾莫尼耶	Pinot Meunier
皮諾塔基	Pinotage
灰皮諾	Pinot Gris/Pinot Grigio
黑皮諾	Pinot Noir / Blauburgunder/ Spätburgunder
皮謝樂酒莊	Fx Pichler
石斑魚	Grouper
石榴	Pomegranates
石蟹腳	Stone Crab Claws
6-10 劃	
伊比利火腿	Ibérico
伊肯堡酒莊	Château D'Yquem
伊貢米勒酒莊	Egon Müller
休伊特葡萄園	Hewitt Vineyard
休姆－卡德產區	Quarts De Chaume
休蕾柏品種	Scheurebe
冰沙	Sorbet
冰淇淋汽水	Cream Soda
列賓斯酒莊	Nepenthe
印度什香咖哩雞	Chicken Tikka Masala
印度咖哩餃	Samosa
印度拋餅（印度甩餅）	Paratha
印度波亞尼肉飯	Biryani
印度油炸小餅	Chat
印度香料雞／奶油雞	Tikka Masala/Butter Chicken
印度唐杜里烤雞	Tandoori
印度馬鈴薯薄餅	Potato Dosa
印度菠菜乳酪	Sag Paneer
印度澎澎餅	Poori
吉恭達斯產區	Gigondas
吉塞佩・斯拉多	Giuseppe Scurato
在藤熟成	Vine-Ripe
多切托品種	Dolcetto
多佛真鰈	Dover Sole
多隆蒂絲品種	Torrontés
多羅（地名）	Toro
夸蒂酒廠	Quady
安邦內村	Ambonnay
安索尼卡品種	Ansonica
安提瓜產區	Antigua
安德森谷	Anderson Valley
安聶品種	Arneis
年份酒	Vintage
托倫特斯品種	Torrontes
托凱灰皮諾甜白酒	Tokay Pinot Gris
托凱貴腐甜白酒	Tokaji/Tokay/Tocai
早午餐	Brunch
有殘糖的葡萄酒	Wine With Residual Sugar
灰葡萄酒	Vin Gris
竹莢魚	Bluefish
米型麵	Orzo
米高・烏里巴里	MiguelUllibarri
米勒－土高品種	Müller-Thurgau
米勒－卡托酒莊	Müller-Catoir
羊小腿	Shanks
羊乳酪	Chevre
羽衣甘藍	Kale
老藤	Vieilles Vignes
肉豆蔻	Nutmeg
肉凍	Rillettes
肉桂	Cinnamon
肉乾	Jerked
肉腸	Sausage
布克肉腸	Bockwurst

白肉腸	Boudin Blanc
石肉腸	Boudin
安道爾肉腸	Andouille Sausage
西班牙辣肉腸	Chorizo
波蘭蒜味燻腸	Kielbasa
法式內臟腸	Andouille
法式蒜味肉腸	Saucisson
義大利肉腸	Salsiccia/Italian
義大利撒拉米肉腸	Salami
義式辣肉腸	Pepperoni
薩魯米臘腸	Salumi
肉餅	Meat Loaf
肋排	Ribs
艾米利亞－羅馬涅產區	Emilia-Romagna
艾米塔吉產區夏夫酒莊	Chave Hermitag
艾米達吉白酒	Hermitage Blanc
艾米達吉產區	Hermitage
艾姆西－修混雷柏酒莊	Emrich-Schönleber
艾格尼科品種	Aglianico
艾格尼科富土雷產區	Aglianico Del Vulture
西西里產區	Sicilia
西洋杉	Cedar
西洋梨	Pears
西班牙小菜	Tapas
西班牙水果酒	Sangria
西班牙布丁	Flan
西班牙冷湯	Gazpacho
西班牙油炸醋魚	Escabeche
西班牙油條	Churros
西班牙氣泡酒	Cava
西班牙海鮮飯	Paella
西班牙海鮮燉菜	Zarzuela
西班牙烤麵包片	Tostadas
西班牙馬約卡	Majorca
西班牙甜椒油	Pimenton Oil
西班牙蛋餅	Spanish Tortillas
西班牙陶鍋	Cazuela
西班牙酥皮餃	Empanadas
西蒙古堡酒莊	Chateau Simone
西羅紅酒	Cirò Rosso
串燒	Yakitori
亨利爵士琴酒	Hendrick's
伯恩丘	Cote De Beaune
克利優－巴達－蒙哈榭特級葡萄園	Criots Bâtard- Montrachet
克里特島	Crete
克里斯曼酒莊	A. Christmann
克里斯蒂安・杜昂酒莊	Christian Drouin
克里奧爾	Creole
克格爾酒莊	Kogl
克萊格・薛爾頓	Craig Sheraton
克羅采酒莊	Alois Kracher
克羅茲－艾米達吉產區	Crozes-Hermitage
冷肉	Cold Meats
冷醃鮭魚	Gravlax
利吉酒莊	Ridge
利奧哈產區	Rioja
君度橙酒	Cointreau
坎佩尼亞產區	Campania
孜然	Cumin
希瓦那品種	Sylvaner
希哈品種	Shiraz/Syrah
希哈紅氣泡酒	Sparkling Shiraz
希濃產區	Chinon
希臘金椒	Peperocini
希臘茴香酒	Ouzo
希臘旋轉串烤肉片	Gyro
杏仁膏	Marzipan
杜克葡萄園	La Turk
杜邦	Dupont
杜佳酒莊	Domaine Dujac
杜松子	Juniper Berries
杜荷夫酒莊	Donnhoff
杜羅產區	Douro
杉布卡茴香酒	Sambucca
沙邦樂品種	Charbono
沙威瑪	Kebabs
沙嗲	Satay
沙龍香檳	Salon
沛綠雅氣泡礦泉水	Perrier
汽水	Soda
牡蠣	Oyster
卡多芮岩蠔	Speciales Spéciales Cadoret Du Belon
奶油白醬燉牡蠣	Pan Roast
生蠔	Raw
貝隆蠔	Belon
迎賓牡蠣	Bienvenue
洛克菲勒焗牡蠣	Rockefeller
紐奧良炸生蠔	Po' Boy
奧林匹亞生蠔	Olympia Oyster
熊本蠔	Kumamoto
藍點生蠔	Blue Points
男山酒造株式會社	Otokoyama
豆薯	Jicama
貝里尼調酒	Cocktail : Bellinis
辛格須爾德特級葡萄園	Singerriedel
辛・溫貝希特酒莊	Domaine Zind Humbrecht
辛辣菜餚	Spicy Food
辛寬隆酒莊	Sine Qua No

邦斗爾產區	Bandol
邦尼頓冰酒	Bonny Doon
邦若產區	Bonnezeaux
那瓦拉產區	Navarra
那赫產區	Nahe
里昂丘	Coteaux Du Lyonnais
里斯酒廠	J. W. Lees
乳酪	Cheese
三重脂肪乳酪	Triple Crème /Triple Cream Cheese
山羊乳酪	Goat Cheese
切達乳酪	Cheddar
孔德乳酪	Comte
巴儂乳酪	Banon
戈根索拉乳酪	Gorgonzola
水牛莫札瑞拉乳酪	Buffalo Mozzarella
加洛特薩羊乳酪	Garrotxa
加蒙尼多乳酪	Gamonedo
卡司特爾馬紐乳酪	Castelmagno
卡伯瑞勒斯藍紋乳酪	Cabrales Blue
卡門貝爾乳酪	Camambert
可提亞乳酪	Cotija
史普林乳酪	Sbrinz
奶油乳酪	Creamy / Cream
布利乳酪	Brie
布利亞薩瓦蘭	Brillatsavarin
布里克乳酪	Brick
布夏戎法式羊奶乳酪	Bûcheron
布萊德阿莫爾乳酪	Brind'Amour
札馬拉諾乳酪	Zamarano
瓦德翁乳酪	Valdeon
白黴乳酪	Bloomy Rind
皮耶佛乳酪	Piave
皮爾羅伯乳酪	Pierrerobert
休曼乳酪	Chaumes
灰燼松露乳酪	Sottocenere Truffle Cheese
米摩勒特乳酪	Mimolette
羊奶乳酪	Torta Del Casar
艾波瓦斯乳酪	Epoisses
艾登乳酪	Edam
西班牙托爾塔德恰薩爾乳酪	Torta Del Casar
西班牙碧優斯乳酪	Beyos
西班牙蒙得內波羅山羊乳酪	Montenebro
伯堡乳酪	Beaufort
利瓦侯乳酪	Livarot
坎塔布里亞乳酪	Cantabria
希臘菲達羊酪	Feta
貝比貝爾乳酪	Babybel
貝比型瑞士乳酪	Babyswiss
貝爾佩斯乳酪	Bel Paese
佩科利諾乳酪	Pecorino
奇美乳酪	Chimay
帕達諾乳酪	Grana Padano
帕瑪乳酪	Parmesan Cheese
昂貝圓柱乳酪	Fourme D'Ambert
波伏洛乳酪	Provolone
波特沙露乳酪	Port Salut
法國柏欣乳酪	Boursin Cheese
法國默城布里乳酪	Briedemeaux
芳汀那乳酪	Fontina
阿夫高彼杜乳酪	Afuega'l Pitu
阿邦當斯乳酪	Abondance
侯克霍乳酪	Roquefort
哈伐第乳酪	Havarti
哈葛來特乳酪	Raclette
柔皮白黴乳酪	Paveaffinois
柯霍丹乳酪	Crottin
科爾比乳酪	Colby
迭地亞乳酪	Tetilla
修爾斯乳酪	Chaource
夏洛萊乳酪	Charolais
夏維諾乳酪	Chavignol
柴郡乳酪	Cheshire
格呂耶爾乳酪	Gruyere/Gruyère
格洛斯特乳酪	Gloucester
泰勒吉奧羊奶乳酪	Taleggio Cheese
泰勒門乳酪	Teleme
馬士卡彭乳酪	Mascarpone
馬耶羅洛乳酪	Majorero
馬魯瓦耶乳酪	Maroilles
乾乳酪	Grana
康塔爾乳酪	Cantal
探險家乳酪	Explorateur
莫比耶乳酪	Morbier
莫札瑞拉乳酪	Mozzarella
莫恩斯特乳酪	Muenster Cheese
傑克乾酪	Dry Jack
彭雷維克乳酪	Pont L'évêque
斯品之乳酪	Sprinz
斯提爾頓乳酪	Stilton
隆卡爾乳酪	Roncal
奧弗涅藍乳酪	Bleu d'Auvergne
愛亞格乳酪	Asiago Cheese
愛蒙塔爾乳酪	Emmental
楓丹白露乳酪	Fontainebleau Cheese
瑞士乳酪	Emmenthaler Cheese
瑞可達乳酪	Ricotta
義大利布瑞達生乳酪	Burrata

聖安德雷乳酪	Saint-André
聖奈克特乳酪	Saint-Nectaire
聖馬賽林乳酪	Saint-Marcellin
聖費利西安乳酪	Saint-Félicien
葛瑞爾乳酪	Gruyère
農家乳酪	Boerenkaas / Farmer's Cheese
僧侶頭乳酪	Tete De Moine
榭弗爾乳酪	Chèvre
瑪宏乳酪	Mahon
綿羊乳酪	Sheep'S Milk
維切林乳酪	Vacherin
蒙多瓦什寒乳酪	Vacherin Mont D'Or
蒙契格乳酪	Manchego
蒙特內哥羅乳酪	Montenebro
蒙特利傑克乳酪	Monterey Jack
豪達乳酪	Gouda
德比乳酪	Derby
樂福乳酪	Levroux
霍布洛雄乳酪	Roblochon
爵士堡乳酪	Jarlsberg
謝爾河畔塞勒乳酪	Selles-Sur-Cher
賽瑞娜乳酪	Serena
藍紋乳酪	Blue Cheese
雙格洛斯特乳酪	Doublegloucester
羅比歐拉乳酪	Robiola
羅馬諾乳酪	Romano Cheese
蘭開夏爾乳酪	Lancashire
乳酪大師	Maître Fromager
乳酪蛋糕	Cheesecake
乳酪漢堡	Cheeseburgers
亞洲美食	Asian Cuisine
亞洲梨	Asian Pear
亞美克酒莊	Jamek
依山霞（甜酒品牌）	Essensia
依雲礦泉水	Evian
依福・柯依鴻酒莊	Yves Cuilleron
佳釀級（西班牙葡萄酒等級名稱）	Crianza
佩內德斯產區	Penedés
侏羅產區	Jura
兩海之間產區	Entre-Deux-Mers
味道、口感、口味	Taste
坦奎瑞琴酒	Tanqueray Gin
夜丘	Côte De Nuits
奇揚地珍藏紅酒	Chianti Riserva
奇揚地產區	Chianti
奔富葛蘭許酒莊	Penfolds Grange
尚・路易斯・夏夫酒廠	Jean-Louis Chave
居宏頌產區	Jurançon
岡德羅奇酒莊	Gunderlock
帕利斯莊園	Palliser Estate
帕坎納陳年紅葡萄酒	Palha-Canas
帕里尼麵包	Panini
帕索羅布斯產區	Paso Robles
帕爾產區	Paarl
帕瑪火腿	Parma
彼得麥可爵士酒莊	Peter Michael
彼德綠堡	Petrus
彼諾甜酒（法國加烈甜酒）	Pineau Des Charentes
拉弗格威士忌	Laphraoig
拉西	Lassi
拉傑・帕爾	Rajat Parr
拉斐堡酒莊	Lafite-Rothschild, Château
拉菲•羅斯柴爾德酒莊	Château Lafite-Rothschild
拉雅堡酒廠	Rayas
拉塔希酒莊	La Tache
拉圖堡酒莊	Château Latour
拉爾勞酒莊	Domaine De L'Arlot
拉維酒莊	Leflaive
披薩餃	Calzone
昆斯特樂酒莊	Franz Kunstler
明蝦	Prawn
果仁蜜餅巴克拉瓦	Baklava
果仁糖	Praline
林茲蛋糕	Linzer Torte
松香酒	Retsina
松塞爾產區	Sancerre
松露汁	Truffle Jus
松露油	Truffle Oil
松露苞酥心雞	Demi-Deuil
河鱸	Perch
波本威士忌酒	Bourbon
波多礦泉水	Badoit
波坎提科丘	Pocantico Hills
波拉酒莊	Bolla
波林格香檳	Bollinger
波雅克產區	Pauillac
波達維耶產區	Prodravje
波爾山羊	Boer Goat
波爾多	Bordeaux
波爾圖產區	Oporto
波瑪村	Pommard
法式小點	Canapés
法式反烤蘋果派	Tarte Tatin
法式冰山白乳酪蛋糕	Fromage Blanc Island Cheesecake
法式肉派	Pâté
法式肉凍	Terrine
法式乳酪泡芙	Gougères
法式紅酒燴雞	Coq Au Vin
法式清湯	Consommé

法式黑胡椒牛排	Au Poivre
法式蕾慕拉芙醬	Rémoulade
法式蔬菜燉肉鍋	Pot Au Feu
法式鹹派	Quiches
法朵礦泉水	Font D'Or
法芙娜巧克力	Valrhona
法國土司	French Toast
法國四季豆	Haricot Verts
法國產區認證	A.O.C.
法國橙香白葡萄餐前酒	Lillet
法國薄酒萊布依區	Brouilly
法薇爾礦泉水	Wattwiller
法蘭吉娜白酒	Falanghina
油甘魚／鰤魚	Hamachi
油桃	Nectarines
油漬鯷魚	Boqueron / Boquerón
油醋醬	Vinaigrette
泡芙塔	Profiteroles
玫瑰果	Rose Hip
芝麻菜	Arugula
芙絲礦泉水	Voss
芙蓉蛋	Egg Foo Yung
芭菲	Parfait
芹菜	Celery
芹菜籽汽水	Dr. Brown'S Cel-Ray Soda
芹菜根	Celery Root
花柚	Yuzu
花草茶	Floral Or Scented Tea
花椰菜	Cauliflower
芬卡富里奇曼酒莊	Finca Flichman
金巴利氏苦精	Campari
金貝克酒莊	F.E. Trimbach
金芬黛品種	Zinfandel
金桔	Kumquats
金萬利香橙甜酒	Grand Marnier
長野縣	Nagano
門多西諾郡	Mendocino
阿米埃爾酒莊	Mas Amiel
阿西爾提可品種	Assyrtiko
阿伯曼酒莊	Albert Mann
阿里山烏龍	Ali Shan Oolong
阿里昂酒廠	Alion
阿里哥蝶品種	Aligoté
阿韋利諾產區	Avellino
阿根廷七芒星特級紅酒	Clos De Los Siete
阿馬龍	Amarone
阿曼盧棱酒莊	Armand Rousseau
阿連特茹產區	Alentejo
阿斯圖裏亞斯地區	Asturias
阿爾巴利諾	Albarino / Albariño
阿爾本加產區	Albenga
阿爾瓦里尼奧品種	Alvarinho
阿爾托・阿迪傑產區	Alto Adige
阿爾伯產區	Arbois
阿爾蓋羅產區	Alghero
阿爾薩斯氣泡酒	Alsatian Crement / Crémant D'alsace
阿爾薩斯葡萄品種	Alsatian Varietals
阿爾薩斯酸菜醃肉香腸	Choucroute Garnie
阿蒙特拉多	Amontillado
阿薩姆紅茶	Assam
阿羅斯－高登村	Aloxe-Corton
青豆家鄉芝士	Mutter Paneer
青花菜	Broccoli
青葡萄品種	Verdejo
芫荽	Coriander
芫荽葉	Cilantro
侯貝酒莊	Château Haut-Brion
保羅傑香檳	Pol Roger
俄式薄煎餅	Blini
俄羅斯河	Russian River
南方安逸香甜酒	Southern Comfort
南印度烤鮭魚	Salmon Tikka
哈夢內莊園	Ramonet
威士忌戴茲	Whiskey Daisy
威尼斯－彭姆產區	Beaumes-De-Venise
威拉梅特谷	Willamette Valley
度（酒精濃度單位）	Proof
扁豆	Sambar
春雞	(Cornish) Game Hens
柿子	Persimmons
柯依鴻酒莊	Cuilleron
柯蒂斯品種	Cortese
柯夢波丹調酒	Cocktail : Cosmopolitans
柯維托拉茲酒廠	Col Vetoraz
柑橘苦精	Orange Bitters
柑橘類微氣泡酒	Citrus Spritzer
查克利白酒	Txakoli
柏卡斯特堡酒莊	Beaucastel
柏克郡	Berkshire
柏德利葡萄園	Broadley Vineyards
洋李	Plums
洋香瓜／哈密瓜	Cantaloupe
洋蔥塔	Onion Tart
洽奇・畢可羅米尼酒莊	Ciacci Piccolomini
洛克羅統都產區	Locorotondo
洛林鄉村鹹派	Lorraine
炸小牛肉片	Schnitzel
炸玉米餅	Tostada
炸馬鈴薯	Fried Potato

炸甜奶球	Gulab Jamun
珊迪・達瑪多	Sandy D'Amato
玻美侯產區	Pomerol
珍珠洋蔥	Pearl Onion
砂鍋菜	Casserole
科利　產區	Collio
科許・杜希酒莊	Coche Dury
紅豆餅	Red Bean Cake
紅酒香蔥醋汁	Mignonette
紅甜椒	Red Pepper
紅酸模	Bloody Sorrel
紅蔥頭、分蔥	Shallot
紅鯛	Red Snapper
約瑟費普酒廠	Joseph Phelps
美洲山核桃	Pecans
美洲多鋸鱸	Wreckfish
美國南方海鮮秋葵湯飯	Gumbo
胡米亞產區	Jumilla
胡西雍產區	Roussillon
胡姍品種	Roussane
胡桃香甜酒	Nocello
苦艾酒 加微氣泡酒調製的調酒	Cocktail : Vermouth Spritzer
茄泥芝麻醬	Baba Ganoush
英國棕色甜味愛爾	Nut Brown Ale
英絲妮亞（美國加州葡萄酒品牌名稱）	Insignia
韭蔥	Leeks
風土人文條件	Terrior
風乾番茄	Sun-Dried Tomato
香貝丹葡萄園	Chambertin
香果圈	Fruit Loops
香波－蜜思妮村	Chambolle-Musigny
香蒂酒	Cocktail : Shandy
香蒜鯷魚熱沾醬	Bagna Cauda
香橙氣泡調酒	Mimosa
香檳	Champagne
香檳王	Dom Pérignon
倫巴底產區	Lombardy
凍頂烏龍茶	Tung Ting
唐金蟹	Dungeness
唐棣	Saskatoon Berry
哥倫比亞谷地產區	Columbia Valley
哥維產區	Gavi
埃米利摩洛酒莊	Emilio Moro
夏山－蒙哈榭村	Chassangne-Montrachet
夏布利白酒	Chablis
夏多內品種	Chardonnay
夏伯帝酒莊	Chapoutier
席瓦格品種	Zweigelt
庫克香檳	Krug
庫拉索酒（橙皮味烈酒）	Curaçao
庫斯庫斯	Couscous
恭得里奧產區	Condrieu
朗格多克產區	Languedoc
朗羅沙礦泉水	Ramlosa
核桃	Walnut
核桃麵包	Nut Bread
桑椹酒	Chambord
桑盧卡爾・德・巴拉梅達產區	Sanlúcar De Barrameda
柴郡乳酪	Cheshire Cheese
柴燒	Wood-Grill
格那希白品種	Grenache
格拉夫產區	Graves
格烏茲塔明娜品種	Gewürztraminer
格蘭姆酒廠	Graham
氣泡金巴利調酒	Cocktail : Campari Spritzer
氣泡酒	Sparkling Wine
泰式雞肉沙拉	Chicken Larb Gai Salad
泰勒灣	Taylor Bay
海綿奶油夾心蛋糕	Hostess Twinkie
海魴	John Dory
海膽	Uni
海螯蝦	Langoustines
海鱸	Sea Bass
烘烤味	Toast
烤布蕾	Crème Brûlée/Crème Caramel
烤乳羊	Cabrito
烤乳豬	Suckling Pig
烤馬鈴薯皮	Twice-Baked Potatoes
特定範圍葡萄園／酒莊	Cru
特拉密品種	Traminer
特拉福德酒莊	De Trafford
特林加岱拉品種	Trincadeira
特級波爾多	Bordeaux Supérieur
特級陳年 （西班牙葡萄酒等級名稱）	Gran Reserva
特級葡萄園	Grand Cru
特雷比雅諾品種	Trebbiano
特雷薩杜拉品種	Treixadura
班尼迪克蛋	Benedict
班努斯產區	Banyuls
珠雞	Fowl / Guinea Hen
真鰈	Sole
秘魯酸漬海鮮	Ceviche
粉紅酒	Rosé/Rosado/Rosato
索甸甜白酒	Sauternes
索諾瑪郡產區	Sonoma
純真瑪莉（調酒名）	Virgin Mary

純餅皮披薩	White Pizza
紐頓酒莊未過濾夏多內白酒	Newton Unfiltered Chardonnay
納帕山谷	Napa Valley
翁布里亞產區	Umbria
翁希・佳葉酒莊	Henri Jayer
翁希・波諾酒莊	Henri Bonneau
草本的	Hearbaceous
茴香籽	Anise
茶	Tea
大吉嶺紅茶	Darjeeling
小種茶	Souchong
中式綠茶	Chinese Green
日本煎茶	Japanese Sencha Green Tea
玉露茶	Gyokuro
瓦倫西亞杏仁茶	Horchata
白茶	White Tea
印度香料奶茶	Chai
武夷山正山小種紅茶	Lapsang Souchong
祁門紅茶	Keemun
花果茶	Fruit Tisanes
花草茶	Hearbl/ Floral/ Scented
金毛猴	Golden Monkey
冠茶	Kabuse-Cha
洋甘菊茶	Chamomile
淡茶	Light Tea
普洱茶	Pu-Erh
焙茶	Hojicha
菊花茶	Chrysanthemum
楓葉茶	Maple Tea
滇紅	Yunnan
煙小種	Smoked Black
瑪黛茶	Yerba Chai
茶泡飯	Ochazuke
酒莊	Domaine
酒窖總管	Cellar Master
酒精強化型葡萄酒	Fortified Wine
馬丁尼	Cocktail : Martinis
馬卡龍	Macaroons
馬瓦西亞品種	Malmsey
馬沙尼拉橄欖品種	Manzanillo
馬沙拉酒	Marsala
馬里查	Mariuccia
馬佩奎灣	Malpeque Bay
馬姍品種	Marsanne
馬拉加酒	Málaga
馬芬	Muffins
馬約卡島	Mallorca
馬貢村莊產區	Mâcon-Villages/Mâcon
馬第宏產區	Madiran
馬斯卡丁品種	Muscadine

馬鈴薯冷湯	Vichyssoise
馬爾貝克品種	Malbec
馬爾凱產區	Marche
馬德拉酒	Madeira
馬樂堡	Château De Malle
馬賽魚湯	Bouillaisse
馬鞭草	Verbena
高地酒莊	Haut Lieu
高威灣	Galway
高級侍酒師	Advanced Sommelier
高登－查理曼特級葡萄園	Corton-Charlemagne
乾果李	Prunes
11-15 劃	
乾溪谷產區	Dry Creek Valley
側車調酒	Cocktail : Sidecar
偏甜的酒	Sweeter Wine
曼薩尼亞雪利酒	Manzanilla
啤酒	Beer
琥珀色愛爾	Amber Ale
杏桃愛爾啤酒	Apricot Ale
燕麥司陶特啤酒	Beeer : Oatmeal Stout
比利時愛爾啤酒	Belgian-Style Ale
比利時 Triple 型態淺色烈啤酒	Belgian-Style Triples(Tripel)
法國烈性啤酒	Bière De Garde
苦啤酒	Bitter
白啤酒	Blanche
山羊啤酒（烈性拉格啤酒）	Bock
精品啤酒	Boutique Beer
棕色愛爾（一種帶有微甜風味的啤酒）	Brown Ale
尚布利（加拿大白啤酒品牌）	Chambly
奇美修道院啤酒（藍標）	Chimay Blue Label
奇美修道院啤酒（白標）Triple 型態淺色烈性啤酒	Chimay Triple
克利斯多夫金啤酒	Christoffle Blond
奶油司陶特啤酒	Cream Stout
深色愛爾啤酒	Dark Ale
黑啤酒	Dark-Roasted Beer
加強型烈性拉格啤酒（可為深色或淺色）	Doppelbock
雙山羊啤酒	Double Bock
女皇爵黑啤酒	Duchesse De Bourgogne
英國啤酒	English Beer
胖輪胎啤酒	Fat Tire Beer
覆盆子自然發酵酸啤酒	Framboise Lambic Beer
愛爾蘭健力士啤酒	Guinness
含酵母小麥啤酒	Hefeweizen
豪格登啤酒	Hoegaarden

皇家司陶特	Imperial Stout
英式印度淺色苦味愛爾	India Pale Ale（IPA）
庫爾許啤酒	Kölsch
拉格啤酒	Lager
自然發酵酸啤酒	Lambic Beer
新比利時啤酒	New Belgium
燕麥司陶特啤酒	Oatmeal Stout
德國啤酒節（十月慶典啤酒）	Oktoberfest
生蠔司陶特	Oyster Stout
帕奇菲科啤酒	Pacifico
淺色苦味愛爾啤酒	Pale Ale
Urquell 捷克皮爾森拉格啤酒	Pilsner Urquell
波特啤酒	Porter
煙燻啤酒	Rauchbier
紅紋啤酒	Red Stripe
夏季啤酒	Saison
杜朋季節特釀啤酒	Saison Dupont
三寶樂／札幌啤酒	Sapporo
施麗茲啤酒	Schlitz
許奈德酒廠啤酒	Schneider Weis
內華達山脈淺色愛爾啤酒	Sierra Nevada Pale Ale
內華達山脈淺色愛爾啤酒	Sierra Nevada Pale Ale
勝獅啤酒	Singha
煙燻波特啤酒	Smoked Porter
司陶特啤酒	Stout
泰迪波特啤酒	Taddy Porter
墨西哥提卡特啤酒	Tecate
湯瑪斯哈代愛爾啤酒	Thomas Hardy's Ale
嚴規熙篤隱修會啤酒	Trappist
青島啤酒	Tsingtao
維也納琥珀色拉格啤酒	Vienna Lager
德國白啤酒	Weissbier
小麥啤酒	wheat beer
冬季愛爾啤酒	Winter Style Ale
啤酒的泡沫層	Beer Head
基爾調酒	Cocktail : Kir
基輔雞	Kiev
培根生菜番茄三明治	Blt (Bacon, Lettuce, Tomato) Sandwich
培根蛋麵	Spaghetti Alla Carbonara
密露瓜　白蘭瓜	Honeydew Melon
康士坦提亞酒廠	Constantia
康迪龍啤酒廠	Cantillon
康斯坦天然甜白葡萄酒	Vin De Constance
康爵酒莊	Kendall-Jackson
彩虹沙拉	Cobb Salad
得樂夢香檳	Delamotte
悠芙－日晷園	Brauneberger Juffer-Sonnenuhr

肉捲（牛蝦魚等）	Involtini
接骨木果	Elderberry
教皇新堡產區	Châteauneuf-Du-Pape
晚收	Late Harvest
梧雷產區	Vouvray
梭子魚	Pike
梅多克產區	Médoc
梅克雷村莊白酒	Mercurey Blanc
梅里蒂奇	Meritage
梅洛品種	Merlot
梅索村莊	Meursault
梅索佩希耶	Meursault Perrier
梅酒	Plum Wine
梅斯尼爾單一葡萄園	Clos Du Mesnil
梅爾檸檬	Meyer Lemon
條紋鱸魚	Striped Bass
梨子氣泡酒	Pear Cider
涼拌高麗菜	Cole Slaw
淡水螯蝦	Crayfish
淡紅酒	Claret
清酒	Sake
上善如水	Jozen Mizunogotoshi
大古酒	Daikoshu
大吟釀	Daigingo/Daiginjo
出羽櫻	Dewazakura Oka
古酒	Koshu
本釀造酒	Honjozo
生酒	Nama Zake
米米酒	Kome-Kome-Shu
吟釀	Ginjo
若竹	Wakatake
浦霞	Urakasumi
純米古酒	Junmai Koshu
純米吟釀	Junmai Ginjo
純米原酒復古酒	Fukkoshu
純米酒	Junmai
鬼殺	Onikoroshi
梅錦山川株式　社	Umenishiki
甜清酒	Sweet Sakes
發泡清酒	Sparkling Sake
貴釀酒	Kijoshu
奥之松櫻花吟釀	Okunomatsu
夢殿大吟釀	Super Daiginjo Sake Masumi Yumedono
濁酒	Unfiltered Sake
混釀；調配	Blend
球芽甘藍	Brussels Sprouts
球花甘藍	Broccoli Rabe
甜瓜	Melon
甜苦艾酒	Sweet Vermouth

甜菜	Beets
甜點酒	Dessert Wine
甜葡萄酒／甜酒	Sweet Wine
眼斑龍蝦	Spiny Lobster
笛鯛	Snapper
第戎芥末	Dijon
細香蔥	Chives
細葉香芹	Chervil
莎弗尼耶產區	Savennieres
莖茶	Kukicha
莫吉托調酒	Cocktail : Mojitos
莫利產區	Maury
莫斯菲萊若品種	Moschofilero
荷蘭芹	Parsley
荷蘭醬	Hollandaise Sauce
蛋白霜烤餅	Meringues
蛋酒	Egg Nog
軟性飲料	Soft Drink
通心粉沙拉	Pasta Salad
通寧水	Tonic
野豬	Wild Boar
陳年波特酒	Tawny Port
陳年保留酒	Reserve Wine
陳年龍舌蘭酒	Anejo Tequila
陳酒	Aged Wine
雪利酒	Sherry
魚子醬	Caviar
魚餅凍	Gefilte Fish
麥克斯・麥卡門	Max Mccalman
麥克雷倫谷產區	Mclaren Vale
麥芽味	Malty
麥根沙士	Root Beer
麥特・里列特	Matt Lirette
麥粒番茄生菜沙拉	Tabbouleh
麥稈酒	Vin De Paille
焗烤鱈魚	Brandade
凱真族美食	Cajun Cuisine
凱穆士酒莊謎語白酒	Caymus Conundrum
凱薩沙拉	Caesar Salad
勞巴德酒莊	Domaine De Laubade
博卡斯特爾莊園	Beaucastel
單一品種葡萄酒	Varietal Wine
單寧	Tannins
富萊諾品種	Tocai Friulano
富爾民特品種	Furmint
富維克礦泉水	Volvic
彭索酒莊	Ponsot
彭費南	Fernand Point
提利坎姆調酒	Cocktail : Tillicum
提藍特礦泉水	Ty Nant

斐濟	Fiji
斯內普香甜酒	Schnapps
斯瓦特蘭	Swartland
斯帕登啤酒	Spaten
普利亞產區	Puglia
普利茅斯琴酒	Plymouth Gin
普里尼－蒙哈榭村	Puligny-Montrachet
普里奧拉產區	Priorat / Priorato
普依芙美產區	Pouilly-Fumé
普依富賽產區	Pouilly-Fuissé
普拉朵特選級紅酒	Prado Enea
普法爾茲產區	Pfalz
普級餐酒	Vino Da Tavola
普羅旺斯丘	Cotes De Provence
普羅旺斯蒜泥蛋黃醬	Aïoli
普羅旺斯橄欖酸豆鯷魚醬	Tapenade
普羅旺斯燉菜	Ratatouille
朝鮮薊	Antichokes
森田辣椒	Morita
椒	Chiles/Pepper
卡宴辣椒	Cayenne
四川花椒	Szechuan
瓜吉羅辣椒	Guajillo
安佳辣椒	Ancho Chili
佩姬羅紅椒	Piquillo Pepper
帕西里亞乾辣椒	Pasilla Chili
阿納海椒	Anaheim
哈巴內羅辣椒	Habanero
哈拉佩諾辣椒	Jalapeño
紅椒	Paprika
泰椒	Thai
塞拉諾辣椒	Serrano
鈴鐺辣椒	Cascabel
辣椒粉	Chili Powder
墨西哥紅番椒	Chili
燈籠椒	Bell Pepper
椒鹽蝴蝶餅	Pretzels
殘糖	Residual Sugar
渥爾內產區	Volnay
渣釀白蘭地	Marc De Bourgogne
湯匙麵包	Spoonbread
焦糖	Caramel
焦糖味麥芽汁	Caramelized Wort
無年份	Non Vintage (NV)
無氣泡水	Still Water
無國界料理	Fusion Food
無甜味蘋果酒	Dry Cider
琥珀色拉格	Amber Lager
番石榴	Guavas
番紅花	Saffron

番茄蛤蜊汁	Clamato
發泡性飲料	Fizz
發酵蘋果酒	Hard Cider
窖藏或釀造香氣／酒香	Bouquet
紫羅勒	Purple Basil
絲帕礦泉水	Spa
菠菜起司麵捲	Cannelloni
華芳莊園	Raveneau
華帝露品種	Verdelho
華爾道夫沙拉	Waldorf Salad
菱花酒莊	Argyle
萊茵高區	Rheingau
萊茵黑森區	Rheinhessen
萊陽丘	Coteaux Du Layon
菲亞諾品種	Fiano
菲爾地市	Valdezer
菲諾	Fino
蛤蜊濃湯	Clam Chowder
貽貝	Mussels
貽貝佐薯條	Moules Frites
賀蘭酒莊	Harlan
貴族酒	Vino Nobile
超級托斯卡尼	Super Tuscan
鄉村酒	Country Wine
酥皮	Pastries / En Croute
酥皮派	Pot Pie
酥炸海鮮蔬菜盤	Fritto Misto
隆河丘	Côtes Du Rhône
雅柏威士忌	Ardbeg
雅格麗香檳	Egly-Ouriet
雅馬邑白蘭地	Armagnac
雄鷹酒莊	Domaine Serene
須宏德堡	Château De Suronde
馮內－侯瑪內	Vosne-Romanée
馮度丘	Cote Du Ventoux
馮賽卡酒廠	Fonseca
黃色龍舌蘭酒	Reposado Tequila
黃尾鮪魚	Yellowtail Tuna
黃金葡萄乾雪利油醋醬	Golden Raisin Sherry Vinaigrette
黃砂糖	Brown Sugar
黃酒	Vin Jaune
黑中白（以 100% 黑葡萄釀製而成的香檳）	Blanc De Noirs
黑甘草	Black Licorice
黑扁豆	Beluga Lentil
黑洞山酒莊	Mont-Redon
黑胡椒	Au Poivre
黑達沃拉品種	Nero D'avola
黑線鱈	Haddock
黑醋栗	Black Current

黑醋栗	Black Currant
黑醋栗香甜酒	Crème De Casis
黑麵包	Dark Bread
黑櫻桃	Black Cherries
黑櫻桃	Morello Cherry
黑蘭姆酒	Dark Rum
菇蕈	Mushroom
羊肚蕈	Morels
刺蝟菇	Hedgehog
波特貝羅大香菇	Portobello
椎茸	Shiitake-Mushroom
舞菇	Hen Of The Woods
雞油菌／酒杯蘑菇	Chanterelle
蠔菇	Oyster
塞西爾品種	Sercial
塞拉諾火腿	Serrano
塞爾巴哈奧斯特酒廠	Selbach Oster
塑膠塞	Plastic Cork
塔巴斯克辣椒醬	Tabasco
塔可（墨西哥捲）	Tacos
塔烏拉希產區	Taurasi
塔納品種	Tannat
塔斯馬尼亞產區	Tasmania
塔維勒產區	Tavel
奧勒岡	Oregano
奧維特產區	Orvieto
微炙鮪魚	Ahi Tuna
微型釀酒廠	Microbrewery
微氣泡酒	Frizzante / Spritzer
微氣泡水	Effervescent
愛梅里赫．克諾爾酒莊	Emmerich Knoll
愛寶琳娜礦泉水	Apollinaris
新酒	Vino Novello
新錫德爾湖	Neusiedlersee
椰棗	Dates
滇紅	Yunnan
溫巴赫酒莊	Weinbach
溫斯布爾葡萄園	Clos Windsbuhl
煎餅	Pancakes
煙燻培根	Speck
照燒	Teriyaki
瑞士火鍋	Fondue
瑞士炸肉火鍋	Meat Fondue
經典奇揚地產區	Chianti Classico
義大利水果蛋糕	Panttone
義大利生火腿	Prosciutto
義大利杏仁香甜酒	Amaretto
義大利亞斯堤氣泡酒	Asti
義大利氣泡酒	Prosecco
義大利脆餅	Biscotti

義大利茴香甜酒	Sambuca
義大利起士通心粉	Macaroni And Cheese
義大利培根	Pancetta
義大利甜白酒	Vin Santo
義大利渣釀白蘭地	Grappa
義大利聖丹尼耶爾生火腿	Prosciutto San Daniele
義大利寬扁麵	Fettucine
義大利細扁麵	Linguine
義大利寬麵	Tagliatelle
義大利蔬菜濃湯	Minestrone
義大利燉飯	Risotto
義大利麵	Spaghrtti
義大利麵瓜	Spaghetti Squash
義式方麵餃	Ravioli
義式奶酪	Panna Cotta
義式玉米餅	Polenta
義式杏仁餅碎片	Grated Amaretti
義式炸飯球	Rice Croquettes / Arancini
義式乾醃豬脂	Lardo
義式蛋餅	Frittatas
義式番茄乳酪沙拉	Caprese Salad
義式開胃菜	Antipasto /Antipasti
義式煎蛋捲	Italian Omelets
義式蒜味香腸	Sopressata
義大利特寬麵	Pappardelle
義式濃縮咖啡	Espresso
義式燉牛膝	Osso Buco
義式薄肉排	Scallopine
義式獵人燉雞	Cacciatore
聖托里尼產區	Santorini
聖朱里安產區	Saint Julien
聖艾斯台夫產區	Saint-Estephe
聖沛黎洛礦泉水	San Pellegrino
聖喬治森林莊園	Clos-De Fôrets Saint-Georges
聖雲園	Clos Ste. Hune/Clos Saint-Hune
聖塔馬利亞產區	Santa Maria
聖愛美濃產區	Saint-Émilion
聖維宏村	Saint-Véran
聖麗塔山	Santa Rita Hills
葛拉芙內酒莊	Gravner
葛拉茲酒莊	Glatzer
葛縷子籽	Caraway Seeds
葡萄牙綠酒	Vinho Verde
葡萄酒 1.5 公升瓶裝	Magnum
賈提娜拉產區	Gattinara
路易佳鐸酒莊	Louis Jadot
路斯格蘭產區	Rutherglen
達拉維里酒莊	Dalla Valle
達爾巴產區	D'alba
過桶	Oaked

酪梨沙拉醬	Guacamole
酩悅	Moët
鼠尾草	Sage
鼠尾草瑪格麗特	Sage Margarita
嘗鮮菜單	Tasting Menu
嘉柯莫・康特諾酒莊	Giacomo Conterno
嘉美品種	Gamay
圖福格萊克產區	Greco Di Tufo
榛果糖粉	Hazelnut Streusel
槍烏賊	Calamari
榭密雍品種	Semillon
歌雅酒廠	Gaja
漂浮之島	Floating Island
熙篤修道院	Abby De Citeaux
瑪歌堡酒莊	Château Margaux
碳酸氣泡葡萄酒	Carbonated Wine
福朋喜來登餐廳	Sheraton Four Points
福斯特火燒香蕉冰淇淋	Bananas Foster
福樂克香甜酒	Floc De Gasgone
精選級（西班牙葡萄酒等級名稱）	Reserva
綜合海鮮杯	Cocktail : Seafood
綠茴香酒	Pernod
綠番茄	Tomatillo
綠菲特麗娜	Grüner Veltliner
維也納炸豬排	Wiener Schnitzel
維內多產區	Veneto
維尼亞特大地	Terre Vineate
維門替諾品種	Vermentino
維納西品種	Vernaccia
維奧娜品種	Viura
維蒂奇諾品種白酒	Verdicchio
維嘉西西里亞酒莊	Vega Sicilia
維爾內日晷園	Wehlener Sonnenuhr
維歐尼耶品種	Viognier
維羅納產區	Verona
翠鳥	Kingfisher
舞菇	Hen Woods Mushrooms
蒿雀	Ortalan
蒙巴西亞克產區	Monbazillac
蒙地普奇亞諾阿布魯佐產區	Montepulciano D'abruzzo
蒙多瑞酒莊	Mordorée
蒙岱維酒莊／品牌	Mondavi
蒙非拉多產區	Monferrato
蒙哈榭特級葡萄園	Montrachet
蒙納詩翠	Monastrell
蒙塔奇諾若索產區	Rosso Di Montalcino
蒙塔奇諾產區	Montalcino
蒙塔奇諾產區布魯內羅紅酒	Brunello Di Montalcino
蒙蒂亞產區	Montilla

蒙路易產區	Montlouis
蜜思卡得產區	Muscadet
蜜思妮特級葡萄園	Musigny
蜜思嘉品種	Moscatel/Moscato/Muscat
蜜思嘉微氣泡甜酒	Moscato D'asti
赫茲貝格・史畢則酒莊	Hirtzberger Spitzer
辣燉羊肉湯	Lamb : Birria De Chivo
酸白菜	Choucroute
酸豆	Capers
酸果汁	Verjus
酸模	Sorrel
蒔蘿	Dill
劍魚	Swordfish
德國氣泡酒	Sekt
德國酸菜	Sauerkraut
慕莎卡	Moussaka
慕維得爾品種	Mourvèdre
摩亞酒莊	Movia
摩洛哥塔吉鍋	Tagine
摩澤爾河	Mosel
樂邦酒莊	Le Pin
樂華酒莊	Domaine Leroy
歐－布里昂酒莊	Haut-Brion, (Château)
歐白芷	Angelica
歐托內－蜜思嘉品種	Muscat-Ottonel
歐洛索雪利酒	Oloroso
歐菲羅葡萄園	Ovello
歐歇瓦	Auxerrois
歐維爾・荷巴榭	Orville Redenbacher
熟肉	Charcuterie
熱巧克力醬	Hot Fudge
熱辣	Hot
磅蛋糕	Pound Cake
膜拜酒	Cult Wine
蔬菜棒	Crudités
蔬菜燉肉	Ragout
蝦	Shrimp
蝸牛	Snail / Escargots
調酒	Cocktail
豌豆奶豆腐	Matar Paneer
豬肉	Pork
豬肋排	Spare Ribs
豬里肌	Loin
豬肩胛	Shoulder
質地、口感	Texture
醃漬食品	Pickles
魷魚	Squid
魯佳納產區	Lugana
墨西哥胡椒葉　聖胡椒葉	Hoja Santa
墨西哥香炸辣椒捲	Chile Rellenos
墨西哥烤肉	Carne Asada
墨西哥鄉村蛋餅	Huevos Rancheros
墨西哥辣椒醬玉米捲餅	Enchilada
墨西哥潤餅	Burrito
墨西哥薄圓餅	Tortilla
墨西哥薄餅	Quesadilla
墨角蘭	Marjoram
暹羅羅勒	Thai Basil
16-20 劃	
橙	Orange
橘香蜜思嘉	Orange Muscat
橡木味	Oaky
澳洲餐後甜酒	Australian Stickies
澳洲蘿絲蔓酒廠	Rosemount
燉肉	Fricasee
盧士濤酒莊	Lustau
盧埃達產區	Rueda
盧桑山莊園	Clos Des Monts Luisants
積架酒莊	Guigal
遲摘甜酒	Vendanges Tardives
餐前酒	Aperitif
餡餅、塔（甜）；派（鹹）	Tarts
鴨肉凍	Duck Rillette
鴨油	Duck Fat
龍蒿	Tarragon
龍蝦捲	Lobster Roll
戴利酒莊	Turley Vineyards
薄酒萊村莊酒	Beaujolais-Villages
薄酒萊特級村莊酒	Beaujolais Crus
薄酒萊產區	Beaujolais
薄酒萊新酒	Beaujolais Nouveau
薑汁汽水	Ginger Ale
薑汁糖漿	Ginger Syrup
薑餅	Gingerbread
薊	Thistle
螺絲起子（調酒名）	Screwdriver
謝爾本	Shelburne
賽蒂家族	Sadie Family
賽爾茲碳酸水	Seltzer
邁波山谷	Maipo
鮮水	Agua Frescas
點心房副主廚	The Pastry Sous Chef
黛克瑞調酒	Cocktail : Daiquiris
檸檬皮	Lemon Twist
檸檬香茅	Lemongrass
檸檬香甜酒	Limoncello
舊世界	Old World
薩丁尼亞島	Sardinia
薩瓦產區	Savoie
薩拉托加泉	Saratoga Springs

薩格蘭提諾	Sagrantino
藍布斯寇品種	Lambrusco
藍色佛朗克品種	Blaufränkisch
藍迪・克萊門	Rndy Clement
覆盆子酒	Crème De Framboise
豐收麥酒	Harvest Ale
醬料	Sauce
烤肉醬	Barbecue
貝納斯醬汁	Béarnaise
奶油檸檬白醬	Beurre Blanc
亞洲黑豆醬	Black Bean, Asian-Style
波隆那肉醬	Bolognese
焦化奶油醬	Brown Butter Sauce
奶油醬	Butter Sauce
印度甜酸醬	Chutney
柑橘醬汁	Citrus
奶油肉汁醬	Cream Gravy
奶油白醬	Cream Sauce
海鮮醬	Hoisin Sauce
薄鹽醬油	Low-Sodium Soy Sauce
蒜香番茄醬	Marinara
麥年醬汁	Meunière Sauce
墨西哥摩爾醬	Mole
乳酪奶油白醬	Mornay
義式青醬	Pesto
墨西哥綠南瓜籽醬	Pipian
日式柚子醋	Ponzu
牛肝蕈醬	Porcini Port
煙花女醬	Puttanesca Sauce
義大利肉醬汁	Ragu Sauce
紅酒醬汁	Red Wine Sauce
紅酒汁	Red-Wine Essence
羅曼斯科醬料	Romesco
紅椒醬	Rouille Sauce
莎莎醬	Salsa
海鮮醬	Seafood Sauce
醬油油醋醬	Soy Vinaigrette
希臘紅魚子泥沙拉醬	Taramasalata
茄汁	Tomato
柚子醬	Yuzu Dressing
薩巴里安尼醬	Zabaglione
辣椒核桃醬	Chiles En Nogada
莎莎醬	Sauce: Salsa
蠔油	Oyster Sauce
鬆餅	Waffle
鵝肝切片	Foie Gras Trochon
鵝肝醬	Pate De Foie Gras
矇瓶試飲	Blind Taste
羅吉德堡酒莊	Rothschild
羅伯威爾	Robert Weil

羅亞爾河谷	Loire Valley
羅佩茲德海倫蒂亞酒莊	Lopez De Heredia
羅柏拉品種	Robolo
羅迪提斯品種	Roditis
羅馬人之道酒莊	Vie Di Romans
羅勒	Basil
羅曼尼・康帝莊園	Domaine De La Romanee Conti(Drc)
羅望子	Tamarind
羅望子水	Tamarindo
羅望子樹茶室	Tamarind Tea Room
羅第丘	Cote-Rotie / Côte-Rôtie
羅傑薩邦酒莊	Roger Sabon
羅萊夏朵精品酒店集團	Relais & Chauteau
羅蘭皮耶	Laurent Perrier
鯛魚	Daurade
鵪鶉	Quail
麗秋朵（葡萄酒製作方式）	Recioto
麗絲玲	Riesling
麗須布爾特級葡萄園	Richebourg
麗維薩特產區	Rivesaltes
鯰魚	Catfish
鯔魚／烏魚	Mullet
鯕鰍魚	Mahi-Mahi
鯡魚	Herring
寶石紅波特	Ruby
寶賽克天然氣泡礦泉水	Borsec
蘋果氣泡酒	Apple Cider/ Cider/ Sidra
蘋果塔	Apple Tart
蘋果醬	Apple Gelee
蘇瓦韋產區	Soave
蘇格蘭威士忌	Scotch
蘇格蘭調和威士忌	Double-Blend Scotch
鹹蘇打	Saltine Cracker
麵包片	Crostini
麵包布丁	Bread Pudding
麵包豆子湯	Ribolita
巍峨酒莊	Willakenzie Estate
21 劃以上	
櫻桃白蘭地	Kirsch
櫻桃蘿蔔	Radishes
櫻桃蘿蔔煎餅	Radish Paratha
蘭姆酒	Rum
鐵馬酒莊	Iron Horse
露飛諾酒莊	Ruffino
露酒	Aquavit
魔鬼蛋	Deviled
鰩魚	Skate
鰩魚翅	Skate Wing
韃靼鮪魚	Tartare Tuna

鷹嘴豆	Chickpeas
鷹嘴豆泥醬	Hummus
鹽烤杏仁	Marcona Almond
鹽烤麵皮	Croute De Sel
鹽焗	in a salt crust
鹽漬牛肉	Corned Beef
鹽漬鱈魚	Bacalao/ Salt Cod
鱸魚	Bass
榅桲	Quinces
鰈形比目魚	Fluke

甜度表

葡萄酒甜度，由干至甜排序

極干型	微干	干型、不甜	半干型（微甜）	半甜型	甜
bone dry extra dry extra brut extra-sec	off-dry light dry	dry brut/sec trocken	half-dry semi dry demi-dec	semi-sweet moelleux	sweet doux

德國葡萄酒等級，由干至甜排序

珍品	遲摘	精選	貴腐甜（BA）	貴腐精選（TBA）	冰酒
Kabinett	Spätlese	Auslese	Beerenauslese / BA	Trockenbeerenauslese / TBA	Eiswein/ Icewine / Vin De Glacière

*葡萄在某個時間之後採收，且必須達到特定的品質才能標示遲摘（Spätlese），晚收（late harvest）不一定等於遲摘。

烹飪辭彙

Pan Roast	煎烤	先用平底鍋煎，再放入烤箱烤。
Sautéing	炒；嫩煎	以熱油在鍋中不斷搖動或攪拌鍋中的小片食物；或是小火油煎魚類、干貝、菇蕈等食材。
Sear	大火油煎	以高熱的油於熱鍋中煎香大塊食材，讓食材表面產生焦香物質。
Stir-Fry	翻炒	以高熱的油於熱鍋中快速翻動食材。
Boil	沸煮	以到達沸點的滾水烹煮食材。
Simmer	熬	熬煮的溫度通常只比沸點稍低，液體偶爾會冒泡。
Poach	水煮	以中溫水煮。
Braise	燜	以沸點以下蓋上鍋蓋烹煮，只有部分食材浸在煮液中，食材較大塊。
Stew	燉	以沸點以下蓋上鍋蓋烹煮，食材大部分浸在煮液中，食材較小塊。
Cure	醃、醃製	以鹽或其他乾的方式處理食材。
Marinade	醃漬	以鹽水等液體用濕的方式處理食材。

品酒辭彙

Austere	酸澀（酒體不圓潤、缺乏深度、酸度高，需再陳放的淺齡葡萄酒的常有特質）
Barrel Aging	桶陳（桶中培養熟成）
Big	豐厚（強烈、厚實、飽滿的酒；酒體較飽滿，酒精濃度較高）
Body	酒體
Chewy	扎實
Clean	純淨
Complex	複雜的
Corked	變質、帶木塞味
Crisp	清爽
Dense	濃厚
Earthy	土壤味、泥土味
Fat	肥厚
Oily	滑膩
Finish / Aftertaste	餘味
Flabby	口感鬆散
Flavor	風味
Flinty	燧石味
Fruity	帶果香的
Full	飽滿
Grassy	青草味
Green	青澀；生青風味
Harsh	粗糙
Heavy	厚重、厚實
Hint	香氣
Juicy	沁爽（帶有新鮮水果香氣）
Lean	纖瘦（缺乏果香而微酸）
Legs	酒腳 / 酒淚
Light-Bodied	酒體輕盈
Lusciousness	甜美
Meaty	密實
Medium-Bodied	酒體中等
Mineral / Minerally	礦物味
Opulent	豐富
Peaty	泥煤味
Rich	醇厚
Richness	風味的豐厚程度
Round	圓潤的
Rustic	帶金屬味
Short	餘韻不足
Smooth	滑順
Soft	溫和、柔順（酒體較輕盈、酒精濃度較低）
Spicy	辛香
Steely	金屬味的
Tannic	單寧強勁
Unctuous	滑潤；油滑稠密
Unoaked	未過桶
Yeasty	酵母味
Young	淺齡

國家圖書館出版品預行編目資料

酒╳食聖經：食物與酒、咖啡、茶、礦泉水的完美搭配，73位權威主廚與侍酒師的頂尖意見 / 凱倫.佩吉(Karen Page), 安德魯.唐納柏格(Andrew Dorenburg)作；黃致潔譯. -- 初版. -- 新北市：大家出版：遠足文化發行, 2012.08
面；　公分
譯自：What to drink with what you eat : the definitive guide to pairing food with wine, beer, spirits, coffee, tea-- even water-- based on expert advice from Americas best Sommeliers
ISBN 978-986-6179-41-9(平裝)

1.飲食 2.葡萄酒 3.飲料

427　　　　101013193

What to Drink with What You Eat: The Definitive Guide to Pairing Food with Wine, Beer, Spirits, Coffee, Tea - Even Water - Based on Expert Advice from America's Best Sommeliers by Andrew Dornenburg and Karen Page, Photography by Michael Sofronski

酒╳食聖經 食物與酒、咖啡、茶、礦泉水的完美搭配，73位權威主廚與侍酒師的頂尖意見

作者・凱倫・佩吉&安德魯・唐納柏格（KAREN PAGE & ANDREW DORENBURG）｜譯者・黃致潔｜封面設計・王志弘｜內頁設計排版・林宜賢｜責任編輯・陳又津｜副主編・宋宜真｜行銷企畫・柯若竹｜總編輯・賴淑玲｜社長・郭重興｜發行人兼出版總監・曾大福｜出版者・大家出版｜發行・遠足文化事業股份有限公司　231 新北區新店區民權路108-3號6樓　電話・(02)2218-1417　傳真：(02)2218-8057　劃撥帳號19504465　戶名・遠足文化事業股份有限公司｜印製・通南彩色印刷有限公司｜法律顧問・華洋法律事務所　蘇文生律師｜初版一刷・2012年8月｜定價・600元｜